KB272604

레고® 마인드스톰®
EV3 로봇 프로젝트

THE LEGO® MINDSTORMS® EV3 Laboratory

By Daniele Benedettelli

레고® 마인드스톰® EV3 로봇 프로젝트

EV3를 통해 배우는 로봇 조립 기법과 프로그래밍

초판 1쇄 발행 2016년 1월 20일 **2쇄 발행** 2018년 10월 10일 **지은이** 다니엘 베네데텔리 **옮긴이** 김규성 **펴낸이** 한기성 **펴낸곳** 인사이트 **편집** 김강석·조은별 **본문 디자인** 신병근 **제작·관리** 박미경 **용지** 월드페이퍼 **인쇄** 현문인쇄 **제본** 자현제책 **등록번호** 제 10-2313호 **등록일자** 2002년 2월 19일 **주소** 서울시 마포구 잔다리로 119 석우빌딩 3층 **전화** 02-322-5143 **팩스** 02-3143-5579 **블로그** http://blog.insightbook.co.kr **이메일** insight@insightbook.co.kr **ISBN** 978-89-6626-172-7 책값은 뒤표지에 있습니다. 잘못 만들어진 책은 바꾸어 드립니다. 이 책의 정오표는 http://www.insightbook.co.kr에서 확인하실 수 있습니다. 이 도서의 국립중앙도서관 출판예정도서목록(CIP)은 서지정보유통지원시스템 홈페이지(http://seoji.nl.go.kr)와 국가자료공동목록시스템(http://www.nl.go.kr/kolisnet)에서 이용하실 수 있습니다.(CIP제어번호: CIP2015033275)

| 일러두기 | 본문 중 레고머리와 함께 쓰인 글은 모두 옮긴이의 글입니다.

레고® 마인드스톰®
EV3 로봇 프로젝트
The LEGO® Mindstorms® EV3 Laboratory
EV3를 통해 배우는
로봇 조립 기법과 프로그래밍
다니엘 베네데텔리 지음 | 김규성 옮김
인사이트
insight
no starch press

1 레고 마인드스톰 EV3 세트　1

2 로버 만들기　17

12 슈퍼카 프로그래밍   249

13 센티넬 조립   271

14 센티넬 프로그래밍 317

15 티-렉스 조립 337

인간이 자신과 닮은 존재를 만들고자 하는 꿈은 로보트 태권브이나 기동 전사 건담 같은 만화 영화 속에서 거대 로봇 이야기로 형상화되기도 하고, 카이스트KAIST 연구소의 휴보HUBO나 혼다HONDA사의 아시모ASIMO처럼 스스로 생각하고 두 발로 걷는 휴머로이드 로봇 연구로 구체화되기도 하였습니다. 그런데 이 로봇들은 상상 속에서 지어낸 허구에 불과하거나 오랜 시간 해당 연구에 몸담아 온 과학자들이 재정적 지원을 받아 개발하는 로봇들이었기 때문에 일반인들이 그러한 로봇을 제작한다는 것은 그저 먼 나라 이야기에 불과하였습니다.

1998년에 레고 그룹이 마인드스톰 시리즈를 발표하면서 이제 남녀노소 누구나 쉽고 재미있게 자신만의 로봇을 만들어 볼 수 있는 로봇 제작 대중화의 시대가 열리게 되었습니다. 마인드스톰은 이미 많은 이들로부터 큰 인기를 누리고 있던 기존의 레고 테크닉 시스템(기계적 움직임을 구현하는 시리즈)을 기반으로 로봇 제작에 필요한 특수 블록들(센서, 모터, 마이크로 컴퓨터)을 더한 제품입니다. 기존 테크닉 제품이 가지고 있던 조립의 편리함과 무한한 확장성 그리고 장난감으로서의 즐거움 같은 레고 본연의 매력들이 온전히 계승되었고, 더불어 그래픽 기반의 직관적인 프로그래밍 환경을 제공하여 프로그래밍을 처음 접하는 아이들과 일반인들도 어렵지 않게 로봇을 조립하고 프로그래밍해볼 수 있게 되었습니다. 마인드스톰은 마치 레고 블록을 조립하는 것처럼 특정 기능을 가지고 있는 프로그래밍 블록들을 순서에 맞추어 나열하는 것만으로도 간단하게 프로그래밍을 할 수 있습니다. 심지어 최신 마인드스톰 EV3는 PC 없이도 간단한 프로그래밍을 할 수 있는 기능까지 들어 있습니다.

이처럼 사용이 쉬운 마인드스톰이지만 이 도구를 제대로 활용하기 위해서는 다소의 시간과 노력이 필요합니다. 내 뜻대로 움직이는 나만의 로봇을 만들려면 프로그래밍의 기본 개념과 로봇의 동작 원리를 이해해야 하기 때문입니다. 그래서 로봇 제작에 대한 넘치는 의지만 가지고 마인드스톰을 덜컥 구입했다가 예제 모델만 한번 만들어 보고 앞으로 무엇을 만들어야 할지 몰라 마인드스톰을 그저 먼지받이로 사용하시는 분들, 혹은 아이들의 교육을 위해 사주고 싶은데 과연 아이가 활용을 잘 할 수 있을지 몰라 구매를 망설이시는 분들을 주변에서 많이 접하게 됩니다. 이는 일반 대중의 눈높이에 맞추어 마인드스톰을 마인드스톰답게 활용할 수 있도록 도움을 줄 만한 책이 국내에는 거의 소개되지 않았던 탓이 컸다고 생각합니다. 실제로 대부분의 마인드스톰 관련 책들이 다른 프로그래밍 언어나 운영체제를 배우기 위한 실습 교재로 마인드스톰을 다루는 데 그치고 있거나 그나마 볼만한 책들은 원서뿐이었기 때문에 영어가 서투른 어린 친구들에게는 큰 쓸모가 없었습니다.

그래서 이 책의 한국어 번역을 처음 제안 받고 책의 첫 장을 펼쳐 보았을 때, 마인드스톰을 사용하여 로봇 만들기를 취미로 시작하려는 일반 사용자들에게 좋은 길잡이가 하나 생겼다는 생각이 들었습니다. 이 책은 누구나 좋아하는 세 가지 요소인 레고, 로봇, 만화를 함께 버무려 놓았기 때문에 매 장마다 지루하지 않고 흥미진진하게 내용을 읽어 내려 갈 수 있습니다. 만화의 주인공인 꼬마 덱스터가 로봇 과학자인 대니 박사의 제자가 되어 EV3 연구소 안에서 겪는 모험을 통해 다양한 형태의 로봇들을 만나게 됩니다. 책에서 알려주는 대로 이 로봇들을 하나하나 만들고 프로그래밍하다 보면, 모험을 끝내고 연구소를 떠날 때 즈음 마인드스톰의 기본 사용 지식들을 자연스럽게 마스터한 자신을 발견하게 될 것입니다. 또한 책 전반에 걸쳐 상당한 수준의 학문적 지식이 곳곳에 들어있습니다. 로봇을 동작시키고 제어하는 데 필요한 대학 교양 수준의 물리법칙과 수학 원리, 제어 및 프로그래밍 이론들을 소개하고 있으며, 이와 더불어 배운 것을 확인해 볼 수 있는 다양한 도전 과제들도 실려 있습니다. 이 책은 마인드스톰을 처음 접하는 초보자부터 로봇 공학을 심도 있게 배워보고자 하는 사람 모두에게 좋은 선생님이 될 것입니다.

아마 많은 독자들이 보다 쉽고 더욱 재미있게 로봇을 제작하는 방법을 배우기 위해 이 책을 선택했을 것입니다. 요즘과 같이 제어 및 소프트웨어 분야의 중요성이 강조되는 시대에 장난감을 가지고 놀면서 프로그래밍과 로봇 제어의 개념을 배울 수 있다면 그보다 더 좋을 수는 없을 것입니다. 하지만 한 가지 명심할 것은 '즐겁게 노는 것'이 첫째이고 '개념을 배우는 것'은 그 다음 이야기라는 것입니다. 책에서 소개하는 여러 개념이 잘 이해가 되지 않는다고 해도 괜찮습니다. 꼭 교육적 성과가 있어야만 한다는 부담감은 버리세요. 더 나아가 즐겁게 놀아야겠다는 생각까지도 잊어버리세요. 일부러 찾지 않아도 즐거움은 알아서 따라올 것이며, 마인드스톰을 가지고 놀다보면 자연스럽게 개념이 잡히고 지식은 쌓이기 마련일 것입니다. 다만 꼭 하나 남겨야 할 것이 있다면 그건 로봇 만들기의 순수한 즐거움입니다. 이 책과 마인드스톰을 통해 내가 꿈꾸던 로봇을 직접 설계하고 완성해가는 과정 속에서 재미와 기쁨을 마음껏 누려 보기 바랍니다. 그리고 여러분 마음속 창고에 그 즐거움을 최대한 많이 보관해 두세요. 언젠가 로봇 관련 분야에서 단순히 취미로서 혹은 전문가로서 일을 해야 할 때 그 창고에서 로봇을 만들며 즐거웠던 기억들을 꺼내어 보세요. 그 기억들이 여러분의 일과 삶을 보다 즐겁고 생기 있게 만들어 주는 활력소가 될 것입니다.

끝으로 이 책이 나오기까지 도움과 지원을 아끼지 않으신 인사이트 출판사 분들에게 감사드립니다. 그리고 한동안 많이 놀아주지 못한 세 살 배기 아들 태양군에게 미안한 마음을 전하며 태양군이 어서 자라 아빠와 함께 로봇을 만드는 그때를 그려 봅니다.

김규성

감사의 말

레고 마인드스톰 관련 서적을 쓴다는 것이 얼마나 힘든 일인지 기억조차 나질 않습니다. 특히 책 안에 만화 이야기가 들어 있는 경우에 말이지요. 이 책이 실제로 나오기까지 도움을 주신 많은 분들에게 감사를 드리고자 합니다.

먼저, 책을 집필하는 동안 지원해주고 감내해준 우리 가족들에게 감사합니다. 완전 레고 초보자였던 우리 부모님은 로봇 조립설명서를 검토하시고 설명서에 틀린 곳이 하나도 없도록 하셨습니다. 우리 형은 제가 진정한 나의 일을 찾도록 도와주었습니다.

나의 조부모님은 레고 블록들이 모여 점점 장난감이 되어가는 모습을 지켜보시며 놀라움을 금치 못하셨습니다. 특히, 우리 할머니가 닌자 같이 슬그머니 작업하는 책상에 다가와서는, 등 뒤에서 내 귀에 대고 "뭐하니? 일하니?"라며 속삭이는 바람에 그만 제 머리가 하얗게 새버렸습니다. 그리고 잊지 못할 애증의 반려견은 털과 침으로 마루를 뒤덮고 레고 로봇이 살아있기라도 한 것처럼 짖어댔습니다.

No Starch Press 출판사 팀께 감사하고, 특히 이 프로젝트를 믿고 검토와 제안을 아끼지 않았던 빌과 지치는 기색도 없이 친절하게 도와준 라일리에게 감사합니다.

저명한 학교 경영자이자 교사이며 작가인 클라우드 바우만에게 큰 감사를 드립니다. 마감 시간까지 꼼꼼하게 기술적 관점에서 이 책을 리뷰해 주셨습니다.

내가 회원이라는 것이 자랑스러운 투웰브 몽키스 그룹, 그들의 우정과 영감에 대해 감사합니다. 초창기에 EV3 스크린 캡처 툴을 만들어준 한센에게 감사합니다. 그리고 레고 마인드스톰 팀, 특히 저를 레고 교육용 제품의 프로그래머로 고용해준 리와 제 프로젝트를 지지해주었던 스티븐, 그리고 카밀라, 플레밍, 헨릭, 제스퍼, 조, 린다, 마리, 올리버, 펠레와 피터에게 감사를 전합니다.

실제 레고 제품에 들어 있는 것처럼 고화질의 조립설명서를 만들 수 있게 소프트웨어 도구들을 개발해준 LDraw 동호회원들에게 크나큰 감사를 드립니다. 특히 마스터 빌더이자 작가로서 3D 모델링의 대가인 필리페 허바인과 LPUB4의 개발자인 케빈 클래그에게 특별한 감사를 드립니다.

대단한 표지 사진을 만들어준 사진작가 친구 프란체스코 로시(http://www.fr-ph.

com)에게 감사합니다. 그는 Cyclops와 LEGO-NARDO 같은 내 작품을 아주 멋지고 아름다운 사진으로 남을 수 있게 도와주기도 하였습니다. 여성들은 이 친구가 찍어준 내 사진을 보며 나라는 것을 믿을 수 없어 했으며, 그 즉시 이 친구를 만나보고 싶어 했습니다. 이건 실화랍니다.

첫 원고를 완벽한 만화로 바꿔준 마르코와 수잔나, 막바지까지 도움을 준 니콜라에게도 감사합니다. 그리고 마지막으로 Dexter라는 캐릭터에 영감을 준 에디에게 감사합니다. 아마 자신은 그 사실을 잘 모를 겁니다. Dexter 외 다른 만화 캐릭터가 혹시 실존 인물과 닮았다면 그건 순전히 우연의 일치입니다.

다니엘 베네데텔리

2012년, 모래 폭풍이 몰아치던 사우디아라비아에서 이 책의 아이디어가 탄생하였습니다. 꼼짝없이 호텔 방에 갇힌 채로 날씨가 호전되기를 기다리며 폴 뒤카스Paul DuKas의 교향악 《마법사의 제자》를 듣고 있던 중이었습니다.

그 당시 저는 레고 사의 새로운 마인드스톰 EV3 개발과 테스트 작업을 도와주고 있던 터였습니다. 한 로봇 과학자의 제자가 된 소년에 대한 이야기를 써내려가기 시작했습니다. 마인드스톰에 대한 책을 쓰려고 준비하고 있었는데, 이 소년의 이야기가 내 책의 전체적인 모티브가 되었으면 했습니다.

컴퓨터 없이 EV3 즐기기

레고 사의 생각은 고속 인터넷 환경의 컴퓨터를 가지고 있다면 EV3 세트의 모든 기능을 온전히 사용할 수 있게 하는 것이었습니다. 제품박스 내부에 디스크 형태로 소프트웨어를 제공했던 이전 버전과 다르게 EV3 소프트웨어는 온라인 다운로드를 통해서만 제공됩니다.

제품박스 안에는 사용설명서도 없거니와 가장 간단한 공식 모델인 트랙커TRACK3R 로봇에 대한 조립설명서 일부와 온-브릭on-brick 프로그래밍에 대한 몇 개의 힌트만이 소책자로 제공될 뿐입니다.

온-브릭 프로그래밍은 PC를 사용하지 않고 EV3 인텔리전트 브릭에 내장된 기능을 이용하여 직접 만드는 간단한 프로그래밍 방법입니다.

하지만 사용 가능한 컴퓨터가 없다하더라도 이 책에서 소개하는 정도의 로봇을 만들고 갖고 노는데 전혀 지장이 없으니, 이는 새로 개발된 온-브릭 프로그래밍 덕분입니다. 프로그래밍 방법은 EV3 브릭 메뉴를 이용하여 로봇을 제어하는 것으로 효과적이긴 하나 다소 제약이 있기도 합니다.

1장에서 4장 그리고 8장에서 10장을 통해 컴퓨터 없이 로봇을 만들고 제어하는 여러 방법을 소개할 예정입니다.

누구를 위한 책인가?

이 책은 로봇에 대해 열정을 갖고 있는 모든 사람을 위한 책입니다. 나이와 관계없이 이 책을 통해 31313 레고 마인드스톰 EV3 소매점 판매용 세트를 사용해서 로봇을 제작하고 프로그래밍하는 방법을 배울 수 있습니다.

일반적인 레고 조립 기법뿐 아니라 컴퓨터 프로그래밍에 대한 기초 및 고급 개념을 구체적으로 배우게 될 것입니다. 전문가나 경험 많은 로봇 제작가라면 책 전반에 걸쳐 이곳저곳에서 좀 더 심도 있게 다루고 있는 섹션들을 찾아 볼 수 있을 것입니다.

이 책을 활용하기 위해 무엇이 필요한가?

이 책을 활용하려면 31313 레고 마인드스톰 EV3 소매점 판매용 세트가 필요합니다. 또한 다섯 가지 공식 모델에 대한 튜토리얼과 프로그래밍 소프트웨어를 다운로드하고 설치하기 위해서는 인터넷에 연결된 컴퓨터가 필요합니다. 만약 45544 교육용 기본 세트 사용자라면 부록 B에 정리된 부품표를 참고하여 31313 소매점 판매용 세트와 똑같은 부품 구성을 만들 수 있습니다.

세트에 들어 있는 USB 케이블을 이용하면 EV3 브릭을 컴퓨터에 연결할 수 있습니다. 블루투스로 연결하려면 컴퓨터에 블루투스 기능이 내장되어 있거나 블루투스 동글이 필요합니다. Wi-Fi를 이용하여 연결하려면 USB 타입 Wi-Fi 동글을 별도로 구매해야 합니다. 이 책을 쓰는 현재로써는 넷기어의 WNA1100이 EV3 브릭에서 유일하게 동작하는 동글입니다.

EV3 소프트웨어

EV3 소프트웨어는 랩뷰LabVIEW 개발 환경을 만든 내셔널 인스트루먼트NI사가 개발하였습니다. EV3 언어는 G라고 부르는 비주얼 데이터 플로 프로그래밍 언어에 기반을 두고 있습니다.

NI사는 이전 NXT 세대의 NXT-G라는 프로그래밍 언어를 개발한 경험이 있습니다. 이 NXT-G를 사용해 본 적이 있는 NXT 사용자라면 EV3 프로그래밍이 전작에 비해 훨씬 깔끔해졌다는 것을 알 수 있습니다.

지금은 모든 프로그래밍 블록들이 설정값을 한번에 모두 보여주는 구조이기 때문에 블록의 속성 패널에서 설정값을 확인하기 위해 개별 블록을 일일이 선택할 필요가 없어졌습니다. 프로그램 블록 라인의 확대 축소가 가능하여 전체 내용을 보다 쉽게 살펴볼 수 있습니다. 실제 소프트웨어를 사용하다보면 이 외에도 개선된 점을 찾을 수 있습니다.

이 책의 구성

이 책은 매뉴얼이자 워크북입니다. 만화 형식을 이용하여 이야기가 흘러가는 동안 새로운 개념들을 자연스럽게 소개합니다. 만화를 주의 깊게 읽다 보면 관련 웹사이트에서 보너스 자료를 다운로드할 수 있는 숨은 단서를 찾을 수 있습니다.

예를 들자면 식인 식물 로봇 오드리AUDR3Y나 리브-미-얼론L3AVE-ME-ALONE 상자 등에 대한 추가 정보를 볼 수 있습니다. '더 깊게 파보기' 코너에서는 고급 주제들을 심도 있게 다룹니다.

만약 전문가라면 앞장의 기초적인 내용을 넘어가고 네 가지 대표 로봇을 조립하고 프로그래밍해 볼 수 있는 9장부터 16장으로 바로 들어가도 무방합니다. 이 장들은 여러분의 지식을 활용하고 더욱 깊이 있게 만들어줄 과제들이 포함되어 있습니다. 다음은 각 장에 대한 간략한 설명입니다.

- **1장** 31313 세트 구성품 및 레고 테크닉 부품을 살펴봅니다.
- **2, 3, 4장** 로버ROV3R 만들기. 이 로봇은 바퀴가 달린 형태로 빠르게 조립할 수 있고 컴퓨터 없이 프로그램할 수 있습니다.
- **5, 6, 7장** 컴퓨터를 사용하여 EV3 프로그래밍하는 방법을 소개합니다.
- **8장** 레고 조립 기법을 알아봅니다.
- **9, 10장** 두 발로 걸어 다니는 경비 거위 로봇인 와치구스WATCHGOOZ3를 조립하고 프로그래밍합니다. 컴퓨터 프로그래밍과 온-브릭 프로그래밍 두 가지 방법을 사용합니다.
- **11, 12장** 조향이 가능한 슈퍼카SUP3R CAR를 조립하고 프로그래밍합니다.
- **13, 14장** 걸어 다니는 방어 로봇인 센티넬SENTIN3L을 조립하고 프로그래밍합니다.
- **15, 16장** 걸어다니는 무시무시한 공룡인 티-렉스T-R3X를 조립하고 프로그래밍합니다.

관련 웹사이트

관련 웹사이트인 http://EV3L.com/에는 로봇에 대한 EV3 프로젝트 그리고 오류 수정 내용, 추가적인 정보와 요령, 독자를 위한 보너스 모델과 같은 다양한 자료들이 담겨 있습니다.

어서 시작합시다!

환영합니다. 덱스터와 대니를 따라 모험을 헤쳐 나가서 EV3 연구소 과학자의 제자가 되어 보세요.

The EV3L Scientist's Apprentice

> 목표물 포착
> 얼굴 인식 시작…
> 특징 분석 중… 3%
209304354
490459434 0543
4059493823
9643254B2B92
3211B843902
2309485490
330498494
3004599
300459
2982
초인종이 어디있지?

꼼짝 마!
?!

출입이 허용되었습니다!
들어오시오!
드르르르

당신의 신원이 확인되었습니다.
덱스터 지푸, 지푸 인더스트리의
탁월한 경영자이자 에볼루션 3 랩의
후원자인 미스터 리 지푸의 2세…
흥..꽤나 친절하시군!
내가 누군지 나도 알아. 넌 누구니?
프로토타입 BDLIO4, 세미 휴머노이드 클래스입니다. 싸이클롭스 마크 I이라고 편하게 부르세요.
이제 나를 따라오세요.
드르르르

우리 어디 가는 거야?
랩에는 무슨 일로 왔나요?
다니엘 박사님이 나를 가르쳐 줌다고 아빠가 그러셨거든…

0x000DA1AB
박사님께 곧장 데려다 드리겠습니다.
오키

안녕하세요, 박사님…
얍!
딸칵!

저희 아빠가 말이에요…
아… 너로구나. 휴, 그래. 오늘 해야 할 일은 잠시 미뤄야겠군.
네 아버지가… 알아, 알고 있어. 내가 약속을 했었지.

며칠 전
그럼 자네가 덱스터를 제자로 삼는 일이 얼마나 중요한 일인지 이해한다는 거군.
물론 이해합니다. 하지만 제가 지금 하고 있는 연구가 있어서요!
그거야 나도 잘 알고 있지! 내가 후원을 하고 있는 일 아닌가. 기억하지?
네, 사장님. 하지만 그것뿐 아니라… 어… 여기 EV3L에 약간 차질이..
그건 자네 사정이고! 자네 지원금 대부분이 내 호주머니에서 나왔다는 걸 기억하게나.
네, 사장님 알겠습니다. 그 아이를 맡아 보겠습니다. 토요일 아침 EV3L 빌딩에서 기다리겠습니다.
기초를 조금 다시 공부하면 어떨까요?
그럼 어서 시작해볼까? 내가 말한 거 가져왔니? 기초는 아는지 모르겠다.

레고 마인드스톰 EV3 세트

your LEGO MINDSTORMS EV3 set

제품 번호 31313 레고 마인드스톰 EV3 박스 안에는 레고 부품, 프린트된 매뉴얼(공식 모델인 트랙커TRACK3R의 조립 설명서, EV3 인테리전트 브릭을 시작하는 방법에 대한 힌트), EV3 브릭과 컴퓨터를 연결하는 USB 케이블, 테스트용 종이 패드(박스를 감싸고 있는 슬리브를 펼쳐 보세요)가 들어 있습니다. 그러나 소프트웨어는 들어 있지 않습니다.

그럼 소프트웨어는 어디 있을까요? 레고 마인드스톰 EV3 공식 사이트의 다운로드 섹션에서 내려 받을 수 있습니다(http://LEGO.com/mindstorms/).

제품박스 안에는 모터, 센서, 케이블, EV3 인텔리전트 브릭 같은 전자 부품뿐만 아니라 빔, 핀, 기어, 휠 같은 레고 테크닉 부품도 들어 있습니다.

스터드 없이 조립하는 법

여러분도 이미 알고 있듯이 EV3 제품에는 전통적인 레고 브릭이 없고 빔에는 스터드가 없습니다. 그럼 어떻게 스터드가 없는 빔들을 연결할까요?

2000년 이후부터 레고 테크닉 제품은 스터드가 없는 부품 위주로 만들어지기 시작했습니다. 모서리가 날카롭고 스터드가 달린 예전의 테크닉 브릭은 점차 동그랗고 스터드가 없는 테크닉 빔으로 대체되었고, 이로 인해 요

새 제품은 훨씬 매끈하게 보입니다(그림 1-1).

스터드 있는 브릭에서 스터드가 없는 브릭으로 바꾸어 조립했던 때가 생각납니다. 수년간 '전통적인' 레고 테크닉 브릭을 사용했던 경험이 있었음에도 아주 간단한 것조차 만들 수 없을 것 같이 느껴졌습니다.

나는 너무도 좌절했지만 공식 레고 테크닉 제품을 자세히 살펴보면서 스터드가 없는 부품에 점차 익숙해졌습니다. 물론 완전히 다른 방식의 조립 기법을 배워야만 했지만 그만큼 노력할 만한 값어치가 있었습니다.

스터드 없는 조립 방법으로 인해 제품은 가벼워지고 단단해졌으며 아름다워졌습니다. 스터드가 없는 부품으로 조립을 시작하면서 그동안 이런 부품 없이 어떻게 조립해왔는지 놀라울 뿐이었습니다.

스터드로 조립하기 vs. 핀으로 조립하기: 구조적 차이점

테크닉 브릭에는 짝수 개의 스터드와 홀수 개의 핀 구멍이 있는데(2스터드 브릭은 하나의 핀 구멍이, 6스터드 브릭은 다섯 개의 핀 구멍이 있습니다), 이 스터드 개수를 세어 브릭 이름을 정했기에 그 길이를 가늠할 수 있습니다.

테크닉 빔은 테크닉 브릭에서 스터드를 없애고 최대한 작게 만든 버전입니다. 그림 1-1처럼 구멍 개수를 세어 길이를 가늠할 수 있습니다.

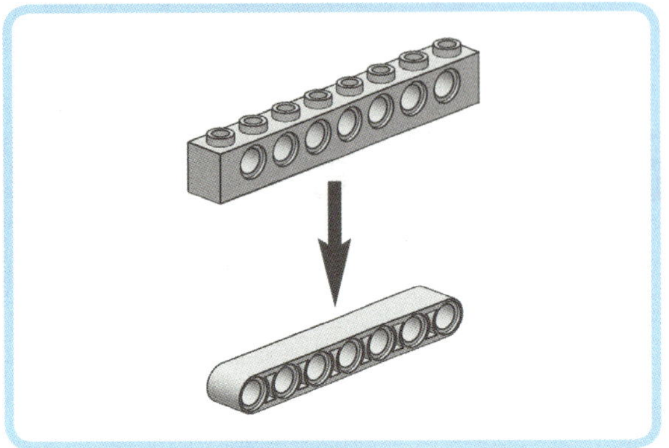

■**그림 1-1** 이전 8M 테크닉 브릭을 7M 빔과 비교할 수 있습니다. 스터드 없는 부품을 사용하는 조립 방식은 바닥에서 위로 브릭이나 플레이트를 쌓아가는 고전적인 방식만큼 직관적이지는 않습니다. 이 방식을 사용하려면 위아래, 안쪽과 바깥쪽, 전체에 대하여 삼차원적으로 생각하는 능력이 요구됩니다.

일반 레고 브릭의 스터드처럼 테크닉 핀은 여러분이 레고 창작을 할 때 접착제 역할을 합니다(그림 1-2). 테크닉 빔의 둥그런 끝단은 기본 레고 브릭을 사용하여 조립을 할 때보다 더욱 조밀하고 가벼운 구조와 메커니즘을 만들 수 있게 합니다.

예를 들어 테크닉 브릭 두 개를 각각 핀에 꽂아 회전시키기 위해서는 핀 사이에 구멍 두 개를 비워 둬야만 합니

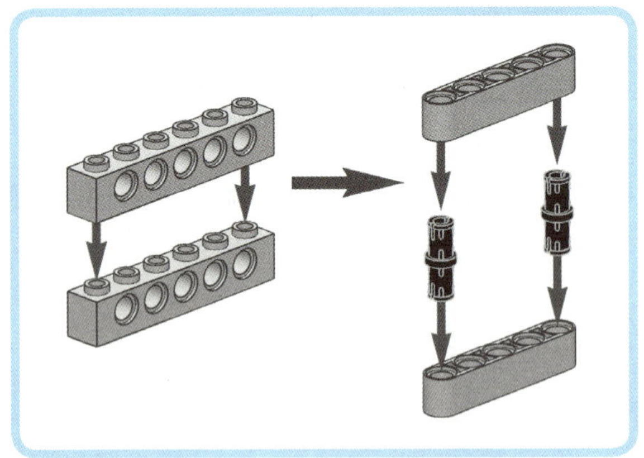

■**그림 1-2** 브릭의 스터드처럼 테크닉 핀은 접착제 역할을 합니다.

다(그림 1-3). 반면 테크닉 빔의 경우 빈 구멍 없이 두 핀을 서로 붙여 바로 옆에 꽂을 수 있습니다.

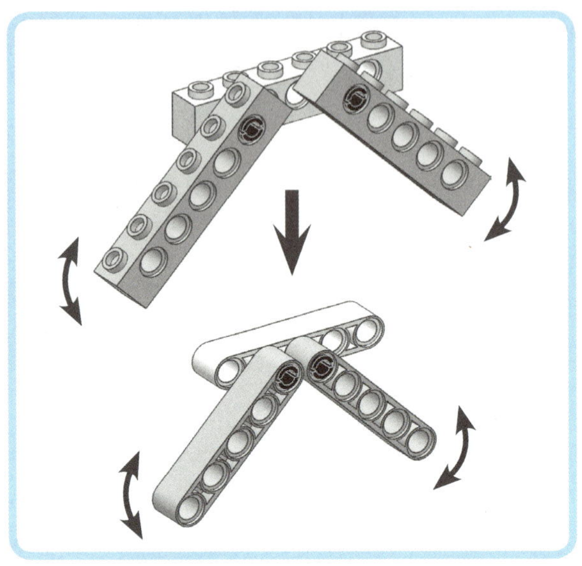

■**그림 1-3** 테크닉 빔은 스터드 있는 브릭보다는 공간을 많이 차지하지 않습니다. 이로 인해 더 조밀한 구조물을 만들 수 있습니다.

한편 기본 브릭과 플레이트를 사용하여 보다 튼튼하고 견고한 구조물을 만들 수 있습니다. 만들고자 하는 대상에 따라 스터드를 이용하거나, 핀을 이용하거나, 아니면 두 가지를 모두 조합하여 사용할 수 있습니다.

부품 이름 정하기

여러분이 나와 함께 함께 레고 로봇을 만들고 있는 중에 부품을 하나 잃어버렸다고 상상해봅시다. 내게 그 부품을 갖고 있는지 묻겠지요. 그런데 애써 물어 본 말이 "대니! 아, 그 뭐냐, 그 거시기 있잖아요, 그런 것 좀 건네줄 수 있어요?"라고 한다면 저는 여러분이 무엇을 원하는지 알 수 없을 것입니다.

더 좋지 않은 상황은, 온라인(브릭링크 같은 사이트)에서 어떤 부품을 사야 하는데 부품 명칭을 몰라 조회를 못하는 경우입니다. 만약 이렇다면 여러분은 시간만 허비하고 제시간에 로봇 제작을 끝마치지 못할 것입니다.

부품 이름은 중요합니다. 레고 부품의 명칭과 분류 및 측정 방법을 알고 있으면 레고 조립 기법을 훨씬 더 쉽게 마스터할 수 있습니다. 문법과 어휘를 모르면 소설을 쓸 수 없는 것처럼 레고도 마찬가지입니다. 부품에 대해서 알아야만 합니다.

EV3 세트에 들어 있는 부품들은 다음과 같이 분류할 수 있습니다.

빔 직선 빔, 각도 빔, 프레임, 얇은 빔, 링크

커넥터 핀, 축과 부시, 축과 핀 커넥터, 크로스 블록

기어 평 기어, 베벨 기어, 웜 기어

바퀴와 트레드 바퀴, 트레드, 타이어

장식 부품 패널, 이빨, 검, 기타 등등

기타 부품 볼, 볼 탄창, 볼 발사기, 고무줄

전자 부품 EV 인텔리전트 브릭, 모터, 센서, 케이블

> **NOTE** 부품 분류를 위해 가장 기억하기 쉽다고 생각되는 명칭을 골라 사용하였습니다. 레고 그룹의 공식 명칭을 알고 싶다면 부록 A를 참고하기 바랍니다.

부품 분류에 대하여 지루하지 않도록 간단히 설명하겠습니다.

빔

앞서 언급했듯이, 빔은 스터드를 없앤 테크닉 브릭이라고 할 수 있습니다. 이 분류에는 직선 빔, 각도 빔, 프레임 등이 포함됩니다. 얇은 빔과 링크 역시 테크닉 빔 범주에 속합니다. 테크닉 빔에는 핀을 끼울 수 있는 둥근 핀 구멍과 축이나 축 핀을 끼울 수 있는 십자 구멍이 있습니다. 링크에는 볼 핀을 끼울 수 있는 볼 소켓이 있습니다.

직선 빔

그림 1-4에 여러 종류의 직선 빔이 나와 있습니다. 각 빔의 명칭이 표 1-1에 나열되어 있습니다. 구멍의 개수를 세서 빔의 길이를 측정합니다. 예를 들어, 구멍이 세 개인 직선 빔은 3M으로 부릅니다. ('직선'을 없애고 그냥 '빔'이라고 해도 좋습니다.)

빔에 있는 구멍의 개수는 브릭 길이의 기본 단위 혹은 모듈(1M = 약 8mm)로 표현되는 빔의 길이에 비례합니다. 모든 레고 조립설명서 안에는 각 조립 단계마다 필요한 부품이 나열되어 있는 그림 상자가 있습니다. 정확한 빔의 길이는 이 책의 뒤에 삽입된 부품 차트를 참조하세요.

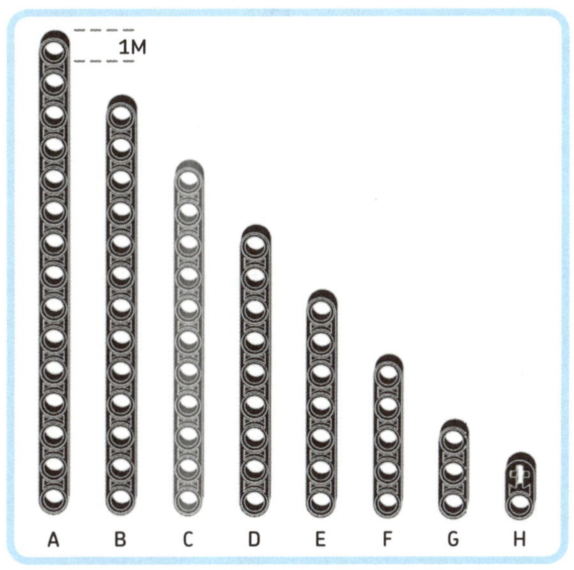

■ 그림 1-4 직선 빔

그림 1-4의 라벨	이름	색상
A	15M 빔	검정
B	13M 빔	검정
C	11M 빔	빨강
D	9M 빔	검정
E	7M 빔	검정
F	5M 빔	검정
G	3M 빔	검정
H	2M 빔(십자 구멍 있음)	검정

■ 표 1-1 직선 빔

각도 빔

그림 1-5와 표 1-2에 각도 빔 모양과 각각의 명칭이 있습니다. 구부러지는 부분을 기준으로 앞으로 구멍 세 개, 뒤로 구멍 일곱 개가 있는 빔을 3×7 각도 빔이라고 합니다. 다른 각도 빔의 이름도 이런 방식과 비슷하게 붙여졌습니다. 끝단에 십자 구멍이 있는 각도 빔도 있다는 것을 유의하기 바랍니다.

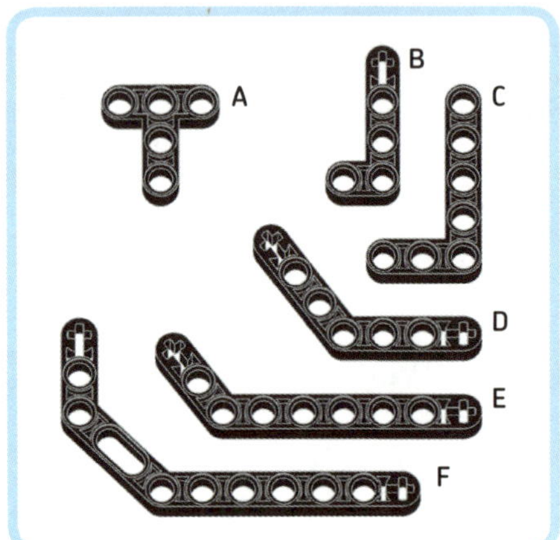

■ **그림 1–5** 각도 빔

그림 1–5의 라벨	이름	색상
A	T 빔	검정
B	2×4 각도 빔	검정
C	3×5 각도 빔	검정
D	4×4 각도 빔	검정
E	3×7 각도 빔	검정
F	이중 각도 빔	검정

■ **표 1-2** 각도 빔

A, B, C로 표기된 각도 빔은 직각으로 구부러진 반면에 F는 45도 각도로 두 번 구부러졌습니다. 그런데 다른 빔들은 어떤가요? 어떤 각도로 구부려졌을까요? 조립하는 데 이 빔을 어떻게 사용해야 할까요? 8장에서 다양한 각도 빔이 어떻게 사용되는지 그 비밀을 알아보도록 하겠습니다.

프레임

그림 1-6에서 볼 수 있듯이 프레임이라고 하는 특수한 빔이 있습니다. 프레임 모양에 기반하여 O 프레임과 H 프레임이라고 부릅니다. 이 프레임을 어떤 식으로 쓰는지 알게 되면 이것으로 바위처럼 단단하고 여간해서 분해되지 않는 구조물을 만들 수 있다는 사실을 깨닫게 될 것입니다.

■ **그림 1–6** O 프레임과 H 프레임

얇은 빔과 링크

그림 1-7과 표 1-3에서 얇은 빔과 링크를 살펴볼 수 있습니다. 얇은 빔은 양단에 십자 구멍을 가지고 있으며 일반 빔의 절반 두께입니다. 6M과 9M 링크는 양단에 볼 소켓이 달린 빔이라고 생각할 수 있습니다.

이 볼 소켓은 볼 핀과 함께 결합됩니다(그림 1-8의 D와 H). 볼 조인트는 사람의 어깨관절이나 고관절과 같이 큰 폭으로 움직이거나 회전운동을 할 수 있습니다.

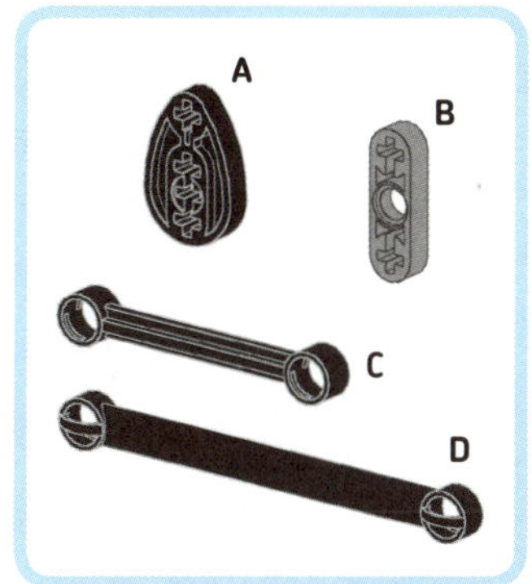

■ **그림 1-7** 얇은 빔과 링크

그림 1-7의 라벨	이름	색상
A	캠	검정
B	3M 얇은 빔	회색
C	6M 링크	검정
D	9M 링크	검정

■ **표 1-3** 얇은 빔과 링크

커넥터

EV3 세트에 가장 많이 들어 있는 부품입니다. 우리는 나무나 금속을 조립할 때 못, 접착제, 스테플러, 나사못, 볼트, 와셔 등을 사용하여 여러 조각들을 연결합니다. 레고 테크닉의 놀라운 세계에서는 핀, 축, 부시, 축 커넥터 그리고 다양한 크로스 블록을 사용하여 연결합니다.

핀과 축 핀

핀은 빔의 둥근 핀 구멍 안에 끼워져 빔을 고정시킵니다. 핀은 두 가지 부류로 나뉩니다. 마찰력이 있는 핀과 마찰력이 없는 핀(돌기 없는 핀으로 부르기도 합니다)입니다. 그림 1-8과 표 1-4에 2M과 3M 핀, 축 핀, 볼 핀, 스톱 부시가 달린 특수 3M 핀(부싱이라 부르기도 합니다)을 보여줍니다.

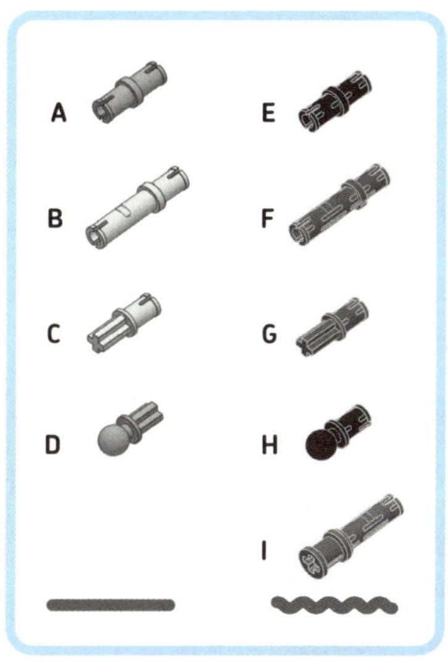

■ **그림 1-8** 잘 알려진 테크닉 핀들. 직선 표시는 마찰력 없는 핀을 의미합니다(A~C). 물결 표시는 마찰력 있는 핀을 가리킵니다(E~I). 볼 달린 축 핀(D)은 기술적으로 마찰이 없진 않지만 볼 달린 핀과 비교를 위해 마찰이 없는 핀 그룹 아래 배치하였습니다.

그림 1-8의 라벨	이름	색상
A	일반 핀	회색
B	3M 핀	모래색
C	축 핀	모래색
D	볼 달린 축 핀	회색
E	마찰 2M 핀	검정
F	마찰 3M 핀	파랑
G	마찰 축 핀	파랑
H	볼 핀	검정
I	스톱 부시 3M 핀	빨강

■ **표 1-4** 핀과 축 핀

일반(마찰 없는) 핀(그림 1-8의 A, B, C)은 테크닉 구멍에서 부드럽고 자유롭게 회전합니다. 핀은 색상으로 구분할 수 있습니다. 2M 핀은 항상 회색이며 3M 핀과 축 핀은 모래색입니다. 일반 핀은 움직임이 필요한 빔을 연결할 때 주로 사용하곤 합니다.

마찰 핀(E, F, G, H, I)에는 돌기가 달려 있어 핀이 테크닉 구멍 안에서 회전하지 못하게 하고 흔들리는 것을 막아 줍니다. 마찰 2M 핀은 항상 검은색이고 마찰 3M 핀과 마찰 축 핀은 파란색입니다.

스톱 부시 3M 핀은 다양한 색으로 제작되지만 EV3 세트에는 빨간색만 들어 있습니다. 핀은 색상으로 구분되어 있어서 어떤 기능을 갖고 있는지 한눈에 구별할 수 있습니다.

마찰 핀은 일반 핀에 비하여 빔을 서로 단단하게 고정시켜 주기 때문에 안정적인 구조를 만들고자 할 때 매우 적합합니다. 다음의 여러 장에 걸쳐 핀과 축 핀을 사용하는 여러 가지 방법을 배울 예정입니다.

십자 구멍과 둥근 구멍

다음의 다섯 가지 조합을 만들어 봅시다. 각 그림에 그려 넣은 기호는 정확한 부품을 고르는 데 도움을 줍니다. 물결선은 마찰 핀을 가리킵니다. 플러스는 축 핀을, 동그라미는 둥근 핀을 의미합니다.

- 네 가지 조합을 만들고 난 다음 사선으로 달려 있는 빔의 한쪽 끝을 잡고 움직여 봅시다. 각 경우마다 어떤 일이 벌어지나요?

- 맨 오른쪽에 있는 다섯 번째 조합에서 2×4 각도 빔 두 개 중에 어떤 빔이 더 쉽게 움직이나요?

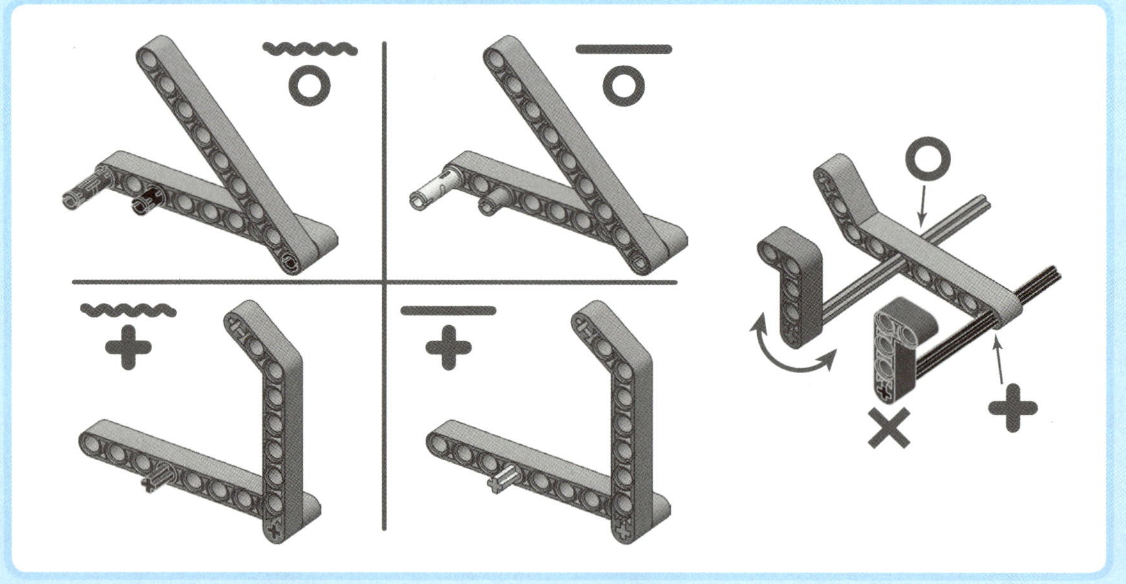

축과 부시

축은 회전운동을 전달하도록 고안되었습니다. 모터부터 바퀴까지 연결된 축을 예로 들 수 있습니다. 또한 구조물끼리 고정시키는 데에도 사용됩니다. 축의 단면은 십자가와 같은 형태로(실제로 원래 명칭이 십자 축입니다) 기어, 각도 빔, 크로스 블록에 있는 십자 구멍에 완벽하게 맞습니다.

축도 빔처럼 길이가 여러 가지입니다. 축을 빔 옆에 나란히 두고 축 길이에 해당하는 만큼의 구멍 개수를 세어서 축의 길이를 가늠할 수 있습니다. 축으로 작업하는 것이 익숙해지면 길이를 직접 재보지 않고도 한눈에 사이즈별로 분류할 수 있습니다. (이런 초능력은 사람들을 정말 놀라게 하죠!)

축도 핀처럼 색상으로 구분할 수 있습니다. 2M 축은 빨강, 홀수 길이(3M, 5M, 7M, 9M)의 축은 연회색, 짝수 길이(4M, 6M, 8M, 10M, 12M)의 축은 검은색입니다.

EV3 세트에는 일반 4M과 8M 축이 들어 있지 않습니다. 단, 중간에 원통형으로 막힌 구조를 지닌 모래색 축(4c)과 한쪽 끝이 막힌 몇 가지 축(3s, 4s, 8s)이 들어 있습니다.

막힌 4M, 8M 축(4s, 8s)과 달리 막힌 3M 축(3s)은 스터드를 가지고 있습니다. 3s, 4s, 8s 축에서 붙박이형 부시처럼 보이는 이 막힘 구조는 축을 구멍이나 십자 구멍으로 통과하지 못하도록 막아줍니다.

4c 축의 가운데 있는 막힘 구조는 축이 십자 구멍을 통과해 완전히 빠져나가버리는 것을 막아 줍니다. 그림 1-9에서 B1(노랑, 반 스터드 두께)과 B2(빨강, 1스터드 두께) 두 가지 종류의 부시를 확인할 수 있습니다.

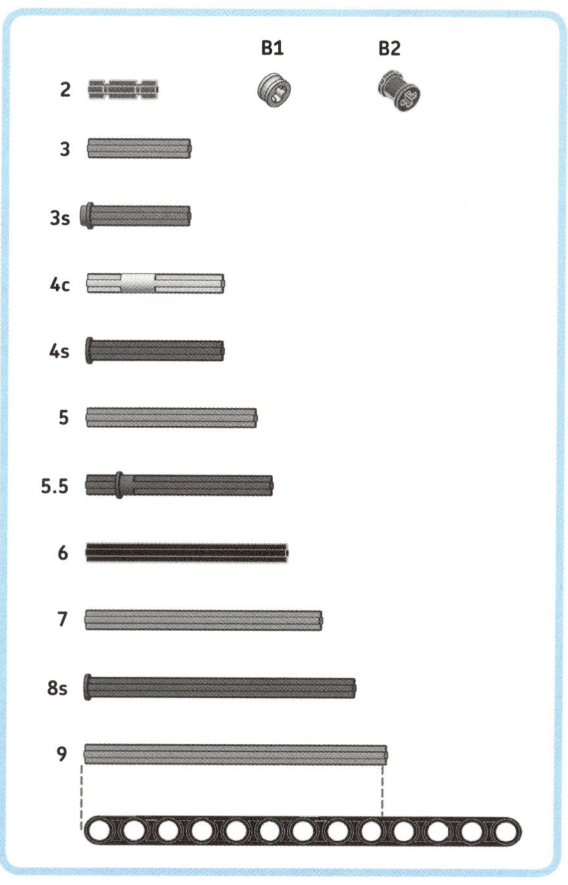

■ 그림 1-9 축과 부시(13M 빔은 비교용입니다.)

이 두 가지 부시는 주로 축 위에 끼워서 구멍에서 축이 빠지는 것을 막아주거나 두 개 이상의 구조물 사이에 공간을 유지시키는 데 사용합니다. 이 부시도 축과 더불어 자주 사용되고 있기 때문에 함께 나열하였습니다.

축, 핀, 각도 커넥터

그림 1-10은 축, 핀, 각도 커넥터 모양을 그려 놓았으며 표 1-5에 각 명칭을 나열하였습니다. 각 각도 커넥터(E, F, G, H)는 해당 몸체에 양각으로 새겨진 숫자를 통해 구분합니다.

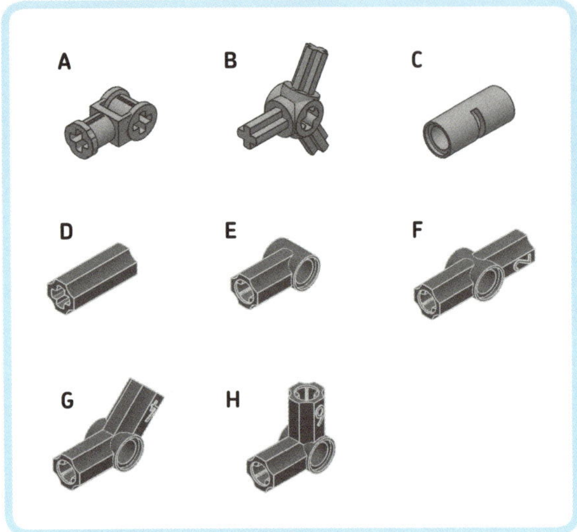

■ **그림 1-10** 축, 핀, 각도 커넥터

그림 1-10의 라벨	이름	색상
A	핀 홀 커넥터	회색
B	3축 허브	회색
C	핀 커넥터	회색
D	축 커넥터	빨강
E	각도 커넥터 #1	빨강
F	각도 커넥터 #2	빨강
G	각도 커넥터 #4	빨강
H	각도 커넥터 #6	빨강

■ **표 1-5** 축, 핀, 각도 커넥터

크로스 블록

재미있는 부품이 나왔습니다. 크로스 블록은 3차원으로 조립하고 생각해보게 만들기 때문에 스터드를 사용하지 않고 조립하는 데 가장 필수적인 부품입니다. 이 조립법은 단순하게 브릭을 위로만 쌓지 않습니다. 그림 1-11에서 볼 수 있듯이 모든 방향에서 부품을 연결시킬 수 있습니다.

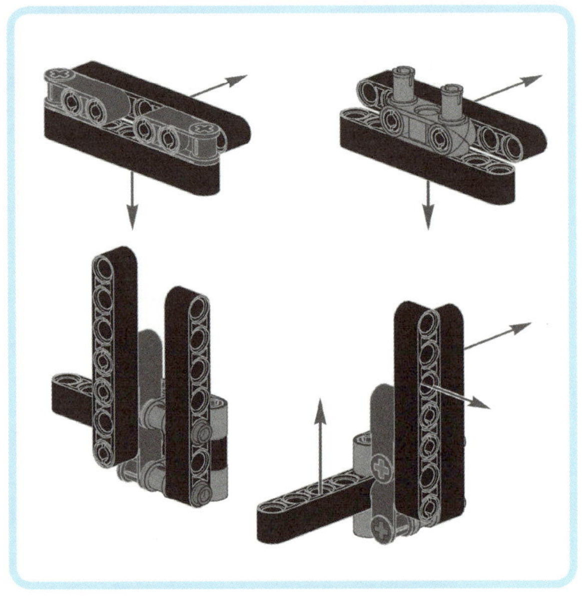

■ **그림 1-11** 크로스 블록을 사용하면 바닥에서부터 쌓아 올리지 않고 여러 방향에서 조립할 수 있습니다.

그림 1-12는 EV3 세트에 들어 있는 크로스 블록을 보여주고 표 1-6에는 명칭이 나열되어 있습니다. 독특하게도 부품에 별명이 붙은 것도 있는데, 2×1 크로스 블록은 '미키Mickey'이고, 2×2 포크 크로스 블록은 '미니Minnie' 입니다. (이 별명을 붙여준 마인드스톰 에듀케이션 디자이너 리 맥 필리에게 감사를 전합니다.)

라벨 L인 기어박스 크로스 블록은 기어박스처럼 12z와 20z 베벨 기어를 직각으로 연결시킬 수 있습니다(140쪽의 기어박스 미디엄 모터). 여기에서 크로스 블록을 이용해서 만들 수 있는 조합을 모두 소개하기는 거의 불가능합니다.

크로스 블록의 사용법을 배우기 위해서는 이 책에서 소개하는 여러 프로젝트와 현존하는 테크닉 모델들을 통해서 영감을 얻는 것이 가장 좋은 방법입니다.

기어

사람들은 복잡한 기계장치를 생각할 때 여러 가지 기어를 떠올리곤 합니다. 심지어 움직이는 부분이 거의 없어 보이는 컴퓨터의 경우도 그렇습니다. 그리고 기계가 제대로 동작하지 않으면, (때로는 있지도 않은) 기어 문제로 책임을 돌리곤 합니다.

기어는 회전하는 톱니바퀴의 일종으로 다른 톱니 부품(기어, 기어 랙, 웜 기어)과 맞물려 회전운동을 전달합니다. 그림 1-13은 EV3 세트에 포함된 기어를 보여주며, 각 기어의 명칭은 표 1-7에 나열하였습니다.

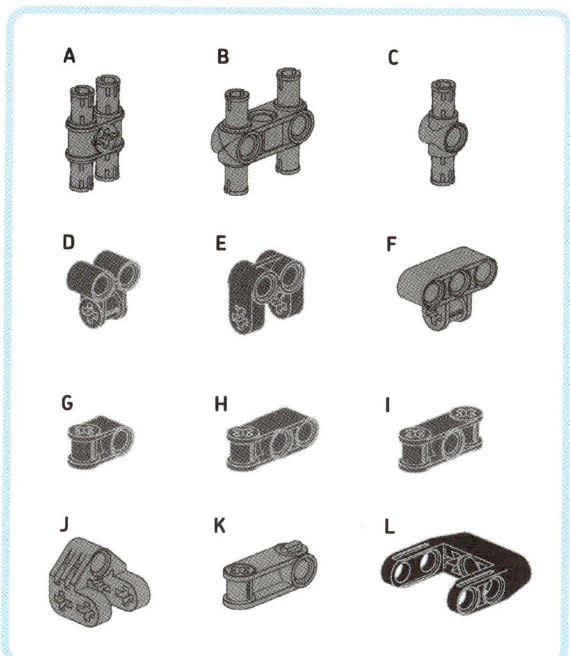

■ 그림 1-12 크로스 블록

그림 1-12의 라벨	이름	색상
A	4핀 2M 빔	회색
B	4핀 3M 빔	회색
C	3M 구멍 핀	회색
D	2×1 크로스 블록(Mickey)	빨강
E	2×2 포크 크로스 블록(Minnie)	빨강
F	3×2 크로스 블록	회색
G	2M 크로스 블록	빨강
H	3M 크로스 블록	빨강
I	이중 크로스 블록	빨강
J	2×2×2 포크 크로스 블록	회색
K	3M 크로스 블록, 스티어링	회색
L	기어박스 크로스 블록	검정

■ 표 1-6 크로스 블록

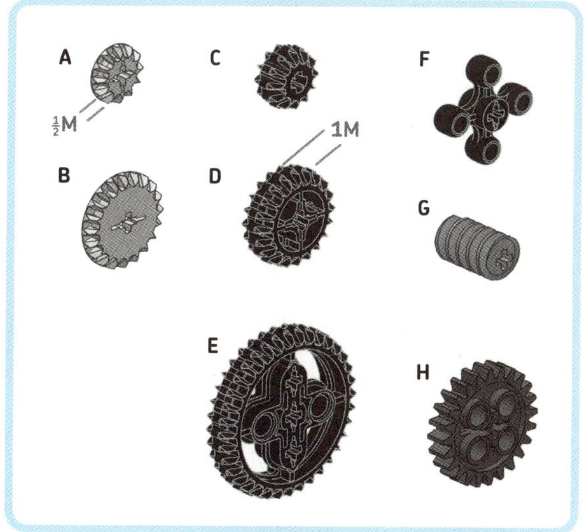

■ 그림 1-13 기어

그림 1-13의 라벨	이름	색상
A	12z 베벨 기어	모래색
B	20z 베벨 기어	모래색
C	12z 양면 베벨 기어	검정
D	20z 양면 베벨 기어	검정
E	36z 양면 베벨 기어	검정
F	4z 노브 휠	검정
G	웜 기어(1z)	회색
H	24z 기어	진회색

■ 표 1-7 기어

레고 기어는 톱니의 개수로 구분되며 이 개수 뒤에 알파벳 z를 붙여 표기합니다. 예를 들어 톱니가 24개인 기어는 24z 기어라고 부릅니다. 24 톱니 기어라고 부르기도 합니다. 보통 tooth를 '톱니'라고 번역하였는데 이 책에서는 'z'라는 약자를 사용했습니다.

대부분 기어의 두께는 1M이지만, 예외적으로 12z와 20z 베벨 기어는 모듈의 절반(1/2M) 두께입니다. 24z 기어(H)는 평 기어인데 '평'이라는 명칭이 생략되기도 합니다(8z, 16z, 40z 평 기어도 있습니다).

웜 기어는 특히 강력한 기어 중 하나입니다. 8장에서는 로봇을 조립해보며 웜 기어에 대하여 더욱 자세히 배우고 여러 기어들의 조합 방법도 배울 예정입니다.

휠, 타이어, 트레드

로봇을 이동시키는 데 가장 간단하고 효과적인 방법은 바퀴를 부착하는 것입니다. EV3 세트에는 라지 휠과 타이어 각각 네 개, 미디엄 휠과 타이어 각각 세 개, 스몰 휠 네 개와 스몰 타이어 두 개 그리고 고무 트레드 두 개가 들어 있습니다. 그림 1-14에 다양한 종류의 휠, 타이어, 트레드가 나와 있고 표 1-8에는 명칭이 나열되어 있습니다.

라지 타이어 옆면에는 43.2 × 22 ZR이라는 형식으로 타이어의 크기가 표시되어 있습니다. 이는 밀리미터 단위로 측정한 값인데 이 경우 타이어의 지름이 43.2mm이고 폭이 22mm라는 의미입니다. 미디엄 타이어는 지름이 30mm이고 폭은 약 3mm입니다. 스몰 타이어는 지름이 14mm이고 폭은 6mm입니다.

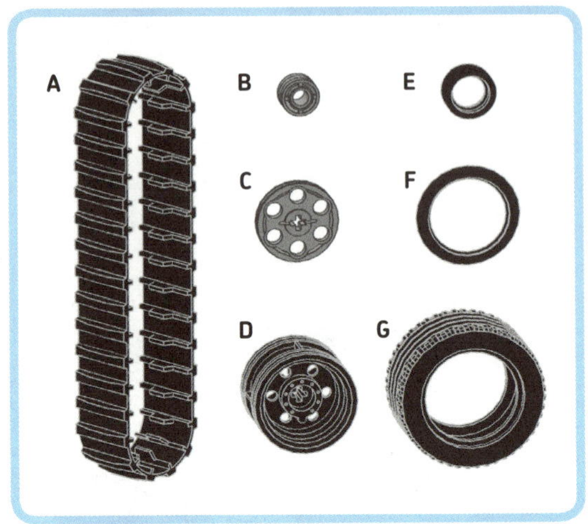

■ 그림 1-14 휠, 타이어, 트레드

그림 1-14의 라벨	이름	색상
A	고무 트레드	검정
B	스몰 휠	회색
C	미디엄 휠	회색
D	라지 휠	검정
E	스몰 타이어	검정
F	미디엄 타이어	검정
G	라지 타이어	검정

■ 표 1-8 휠, 타이어, 트레드

장식 부품

EV3 세트에는 여러 가지 장식용 부품이 들어 있습니다. 그림 1-15에서 볼 수 있듯이 축 구멍이 있는 이빨 모양 부품 외에도 패널, 블레이드, 검 등 많은 부품이 있습니다. 이 부품들의 명칭을 표 1-9에 나열하였습니다. 패널들은 좌우 대칭의 한 쌍으로 제공되며 패널을 구분할 수 있도록 안쪽 오목한 부분에 숫자가 적혀 있습니다. 패널에는 여러 가지 연결 구멍이 있어서 대형 크로스 블록처럼 사용할 수도 있습니다.

기타 부품

기타 부품은 특수한 부품으로서, 볼 탄창 한 개, 볼 발사기 한 개, 볼 세 개, 고무줄 한 개가 있습니다. 레고 고무줄은 색으로 구분되는데 EV3 세트에는 반지름이 24mm인 빨간 고무줄 한 개가 포함되어 있습니다. 그림 1-16에서 이 부품들을 확인할 수 있으며, 표 1-10에 명칭이 나열되어 있습니다.

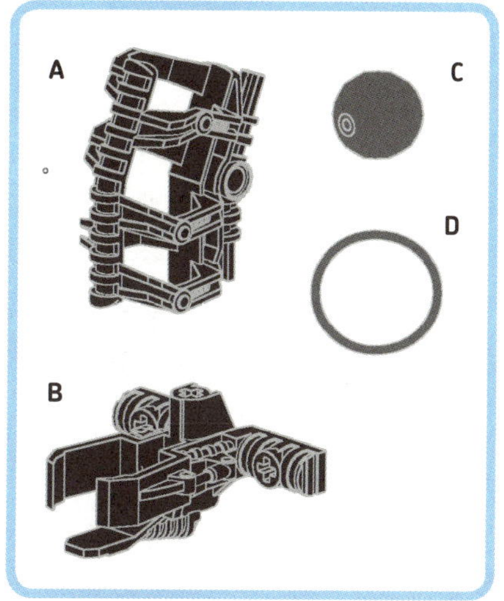

■ **그림 1-16** 기타 부품

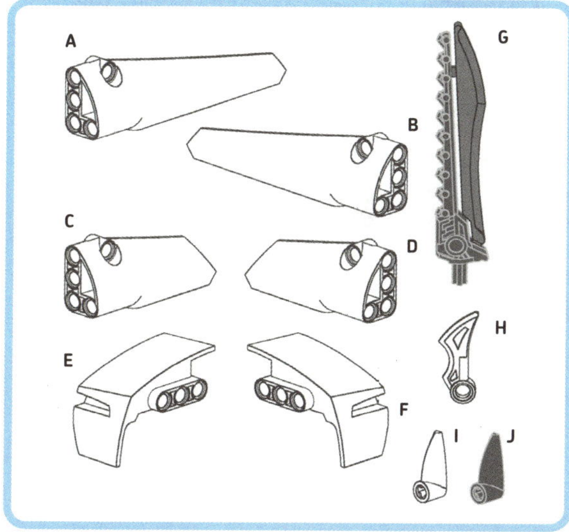

■ **그림 1-15** 장식 부품

그림 1-15의 라벨	이름	색상
A	긴 패널 #5	흰색
B	긴 패널 #6	흰색
C	미디엄 패널 #3	흰색
D	미디엄 패널 #4	흰색
E	오른쪽 머드가드	흰색
F	왼쪽 머드가드	흰색
G	검	빨강/회색
H	곡선 블레이드	흰색
I	이빨	흰색
J	이빨	빨강

■ **표 1-9** 장식 부품

그림 1-16의 라벨	이름	색상
A	볼 탄창	검정
B	볼 발사기	검정
C	볼	빨강
D	고무줄	빨강

■ **표 1-10** 기타 부품의 종류

전자 부품

마지막으로 마인드스톰 세트를 진정한 로봇공학 툴 세트로 만들어 주는 부품을 소개합니다. 31313 세트에는 라지 서보 모터 두 개와 케이블 일곱 개가 들어 있습니다 (25cm 네 개, 35cm 두 개, 50cm 한 개).

EV3 인텔리전트 브릭은 일종의 마이크로 컴퓨터로서 로봇 창작품의 두뇌 역할을 합니다. 여기에는 300MHz의 ARM9 컨트롤러에 리눅스 운영체제가 설치되어 있습니다. 64MB 램과 16MB 플래시 메모리가 내장되어 있으며 마이크로 SD 카드를 사용하여 32GB까지 확장이 가능합니다. 흑백 화면의 해상도는 178×128픽셀입니다.

miniUSB 2.0 포트를 사용하여 EV3 브릭과 컴퓨터를 연결할 수 있으며 옆면에 있는 USB 1.1 호스트 포트를 통해 다른 기기(데이지 체인 방식으로 네트워크를 구성한 여러 개의 EV3 브릭 혹은 Wi-Fi 동글)와 연결할 수 있습니다.

모터와 센서는 각각 네 개까지 연결할 수 있습니다. EV3 브릭은 자동 ID 기능이 있는 덕분에 포트에 어떤 종류의 모터나 센서가 연결되었는지 자동으로 구분할 수 있습니다. EV3 브릭을 구동하기 위해서는 AA 건전지 6개가 필요합니다. (레고 에듀케이션에서는 충전용 배터리를 판매하고 있습니다. 자세한 것은 부록 B 참조.)

EV3 서보 모터는 일반 레고 모터가 아닙니다. 서보 모터는 1도 단위까지 측정 가능한 회전 센서를 내장하여 정밀하게 동작을 제어합니다. 라지 서보 모터는 160에서 170rpm 사이에서 동작하는데 기동 토크는 20N·cm이고 스톨 토크는 40N·cm입니다. 라지 서보 모터는 미디엄 서보 모터보다 느리지만 힘이 셉니다. 미디엄 서보 모터는 240에서 250rpm 사이에서 동작하는데 기동 토크는 8N·cm이고 스톨 토크는 12N·cm 입니다.

기동 토크는 모터가 회전할 때 출력하는 힘을 이야기하고 스톨 토크는 정지하고 있을 때(0rpm) 나오는 힘을 말합니다. 정지해 있는 모터 축을 잡고 외부에서 돌리려고 힘을 가하면 모터에서는 이 힘에 반대되는 힘을 내어 모터 축이 회전하지 못하도록 방해하는데 이것이 스

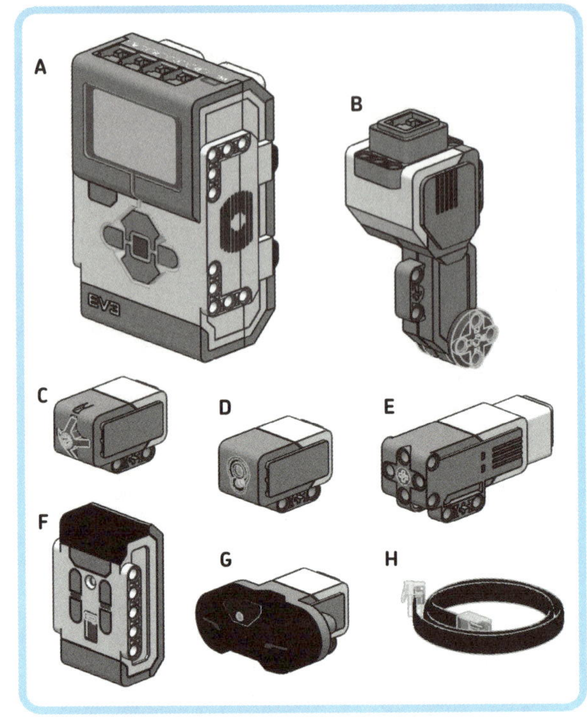

■ 그림 1–17 전자 부품

톨 토크가 작용하는 경우입니다.

라지 서보 모터의 경우처럼 스톨 토크가 40N·cm인 경우, 외부에서 가해지는 힘이 점점 증가하여 40N·cm이 될 때까지는 서보 모터가 외력에 상응하는 같은 힘을 생성하기 때문에 모터가 회전하지 않고 정지해 있지만 외력이 40N·cm를 넘어서게 되면 모터는 결국 회전을 시작합니다.

이러한 모터의 특성은 로봇을 제작할 때 서보 모터의 스펙을 결정하는 중요한 요소가 됩니다. 예를 들어, 굴삭기처럼 물건을 들어올린 채로 이동하는 로봇을 디자인한다고 가정해 봅시다. 이럴 때는 로봇이 들어올리려는 물체의 무게를 지탱할 수 있도록 모터의 스톨 토크를 먼저 결정해야 할 것입니다.

모터에 회전 명령을 주었으나 어떤 기계적 구조가 축의 회전을 방해하여 회전이 불가능한 것을 '모터가 스톨

그림 1-17의 라벨	이름
A	EV3 인텔리전트 브릭
B	라지 서보 모터
C	터치 센서
D	컬러 센서
E	미디엄 서보 모터
F	원격 적외선 비컨
G	적외선 센서
H	커넥터 케이블

■ **표 1-11 전자 부품**

되었다'라고 합니다.

이렇게 스톨이 된 모터는 배터리를 많이 소모하기 때문에 모터가 이런 상황에 빠지지 않도록 해야 합니다. 예를 들어 모터가 고착되어 움직이지 않기 전에 모터의 파워를 꺼버리거나 모터가 자유롭게 회전하지 못하게 막고 있는 방해물을 제거하는 방법이 있습니다.

센서는 로봇이 만질 수 있고 볼 수 있는 능력을 부여합니다. 터치 센서는 기본적으로 스위치의 일종으로, 로봇이 어떤 물체와 접촉했을 때 이를 감지하는 데 사용됩니다. 컬러 센서는 주변의 밝기, 물체에 반사된 빛을 양을 측정하고 물체의 색상을 인지할 수 있도록 해줍니다.

적외선 센서로는 거리를 측정하고 센서로부터 원격 적외선 비컨까지 떨어진 거리와 방향을 감지할 수 있으며 원격 적외선 비컨으로부터 원격 명령도 수신할 수 있습니다.

EV3 소매점 세트와 에듀케이션 세트의 차이점

EV3는 제품 번호 31313 소매점 세트(이 책에서 사용하는 세트)와 제품 번호 45544 에듀케이션 기본 세트 이렇게 두 가지 버전으로 출시됩니다. 각 세트는 부품 종류뿐 아니라 EV3 센서의 종류도 다르게 들어 있습니다.

일반 세트에는 터치 센서, 적외선 센서, 원격 적외선 비컨, 컬러 센서가 한 개씩 들어 있는 반면, 에듀케이션 세트에는 터치 센서 두 개, 컬러 센서 한 개, 초음파 센서 한 개, 위치 센서 한 개가 들어 있습니다. (두 세트에 들어 있는 부품을 비교하여 부록 B에 자세하게 나열하였습니다.)

이 장을 마치며

이 장에서는 제품 번호 31313 레고 마인드스톰 EV3 세트에 들어 있는 내용물을 전반적으로 소개하였습니다. 또한 세트에 있는 다양한 부품을 구별하는 방법도 배웠습니다. 둥근 구멍, 십자 구멍, 연결 블록, 핀, 마찰 핀 등 스터드 없는 테크닉 부품들의 독특한 면도 알게 되었습니다.

2장에서는 간단한 이동형 로봇을 제작하면서 레고 마인드스톰 EV3와 함께 로봇공학의 세계로 탐험을 떠나 봅시다.

좋아! 그럼 지금부터 네가 할 첫 번째 임무는 말이지, 이 주변을 좀 청소하는 거야, 어때?
네? 전 여기 배우러 온 거지 청소하러 온 게 아닌데요!
네가 초보자니까 내가 안내서를 하나 준비해 놓았지.
그럼 대신 청소할 EV3로봇을 만들어 볼까?
뭘 어떻게 만들어야 할지 하나도 모르는데….
와, 감사합니다!
어떤 원리로 청소를 하는 건가요?
이걸 읽어보렴.
이 책을 읽어보면 최소한의 부품을 사용해서 이동 로봇 만드는 법을 찾을 수 있을 거야.
Øx0B1E55ED
Øx0B1E55ED

이건 이동 로봇일뿐이라서 네가 청소 도구를 하나 만들어야 해.
어떻게 로봇을 움직이게 하죠?
당분간 컴퓨터 없이 이 로봇을 프로그래밍하게 될 거야. EV3 브릭 안에 설치된 브릭 프로그램 앱을 이용해서 말이지.
지금 바로 작업에 착수하도록.
와! 빨리 시작해야지!
여긴 정말 청소 좀 제대로 해야겠어!

로버 만들기

building ROV3R

EV3 세트에 들어 있는 부품들과 이제 좀 친숙해졌다면 첫 번째 로봇인 '로버ROV3R'를 만들어 볼 시간이 되었습니다. 로버는 몇 개 안 되는 부품으로 만들어진 이동 로봇입니다. 모듈화된 디자인 덕분에 로봇을 다양한 미션에 적합하도록 쉽게 재구성할 수 있습니다.

이 장에서는 바퀴를 장착한 버전의 로버에 여러 종류의 센서와 도구(그림 2-1, 2-2)를 결합시키는 방법을 소개할 예정입니다. 하지만 로버에 달린 바퀴를 트레드로 쉽게 바꿀 수도 있습니다.

다음 장에서는, 로봇에 장착된 센서와 도구가 어떤 식으로 동작하는지 배운 다음 이 여러 버전의 로버가 다양한 과제를 수행할 수 있도록 프로그래밍할 예정입니다.

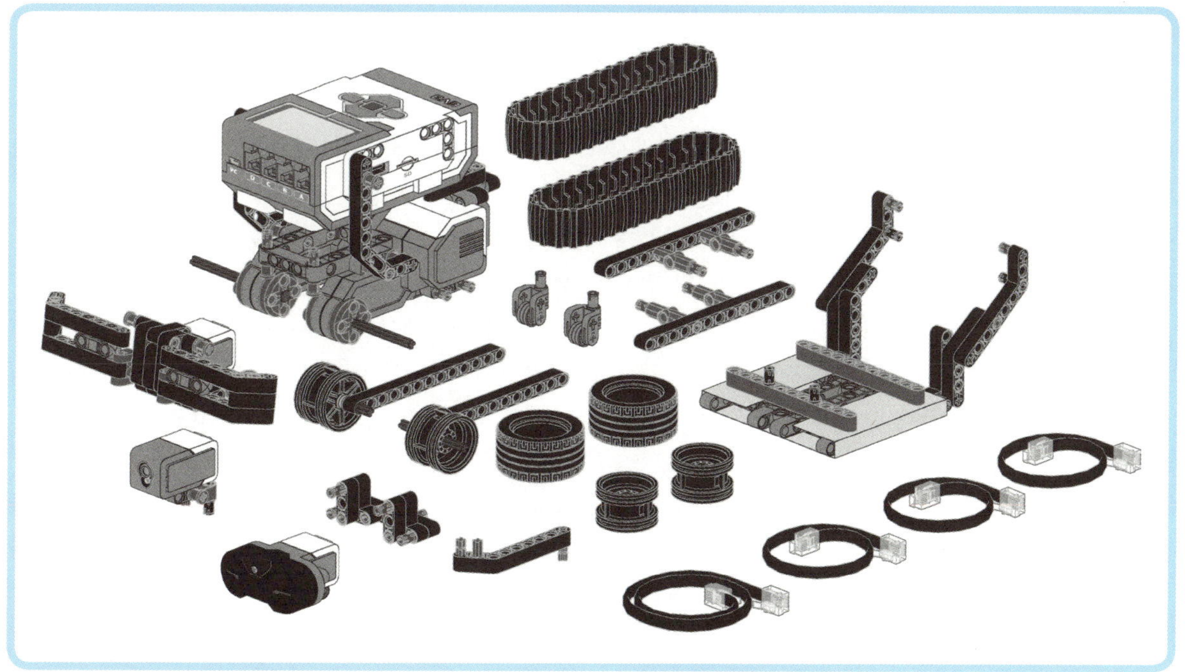

■ 그림 2–1 로버 모듈 살펴보기

■**그림 2-2** 로버는 모듈화된 디자인 덕분에 여러 가지로 재구성할 수 있습니다. 이 그림에 가능한 조합 몇 가지가 나와 있습니다.

뒤에 나올 조립설명서를 따라가다 보면 그 안에서 많은 팁과 요령을 발견할 수 있습니다. 조립설명서를 통해 다양한 조립 기법, 좋은 디자인 선택을 위한 팁, 그리고 스터드 없는 테크닉 부품으로 로봇을 만드는 '경험 법칙 rules of thumb'을 배울 수 있습니다.

경험 법칙rules of thumb: 과학적인 방법보다 경험적인 지식에서 도출된 일반적인 수단이나 방침을 말합니다. (사람의 엄지손가락으로 물건의 길이는 재던 풍습에서 유래되었다는 설이 있습니다.) 여기서는 레고를 오래 다루다 보면 따로 배우지 않아도 절로 깨닫게 되는 경험적인 조립 방법들을 의미합니다.

비록 이 책에는 색상 구현이 안 되어 있지만, 그림의 명암 대비를 통해 가독성을 최대로 높였습니다. 제품 번호 31313 세트에 들어 있는 거의 모든 부품은 흰색, 검은색, 빨간색입니다.

특정 부품의 색상을 꼭 알아야만 하는 경우에는(예를 들어 핀과 마찰 핀, 혹은 축 핀과 마찰 축 핀의 구분이 필요하다면) 색을 구분할 수 있도록 표시해 두었습니다(표 2-1 참조).

색상이 명시되어 있지 않은 경우, 핀은 검은색 마찰 핀, 축 핀은 파란색 마찰 축 핀, 3M 핀은 파란색 긴 마찰 핀입니다. 그리고 홀수 길이의 축은(3M, 5M, 7M, 9M) 연회색임을 기억하기 바랍니다.

색상	라벨
흰색 White	W
회색 Grey	G
진회색 Dark Grey	DG
노란색 Yellow	Y
빨간색 Red	R
파란색 Blue	B
모래색 Tan	T

■ 표 2-1 이 라벨은 조립설명서에서 사용됩니다.

기본 모듈

먼저 여러분은 기본 모듈을 만들어야 합니다. 이 모듈을 이용하여 로봇을 바퀴형(24쪽의 바퀴형 로버)이나 트레드형(41쪽의 트레드형 로버)으로 만들 수 있습니다.

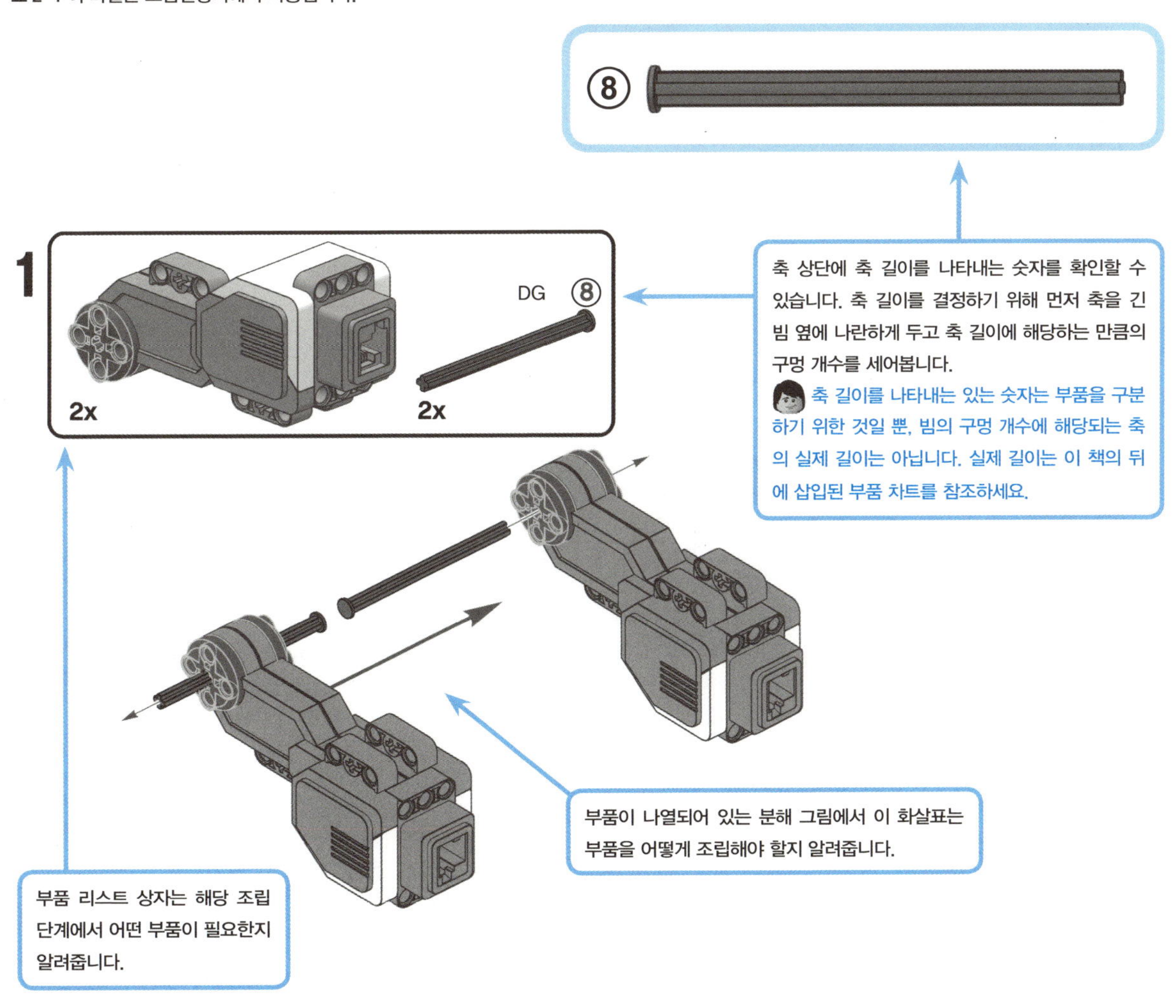

축 상단에 축 길이를 나타내는 숫자를 확인할 수 있습니다. 축 길이를 결정하기 위해 먼저 축을 긴 빔 옆에 나란하게 두고 축 길이에 해당하는 만큼의 구멍 개수를 세어봅니다.

축 길이를 나타내는 있는 숫자는 부품을 구분하기 위한 것일 뿐, 빔의 구멍 개수에 해당되는 축의 실제 길이는 아닙니다. 실제 길이는 이 책의 뒤에 삽입된 부품 차트를 참조하세요.

부품이 나열되어 있는 분해 그림에서 이 화살표는 부품을 어떻게 조립해야 할지 알려줍니다.

부품 리스트 상자는 해당 조립 단계에서 어떤 부품이 필요한지 알려줍니다.

EV3 라지 서보 모터는 내부에 감속 구조가 들어
있고 1도 단위로 각도를 측정하는 회전 센서를 내
장하고 있습니다. 이 모터는 160에서 170rpm으로
동작하며 기동 토크는 20N·cm이고 스톨 토크는
40N·cm입니다.

2

B

4x

1x

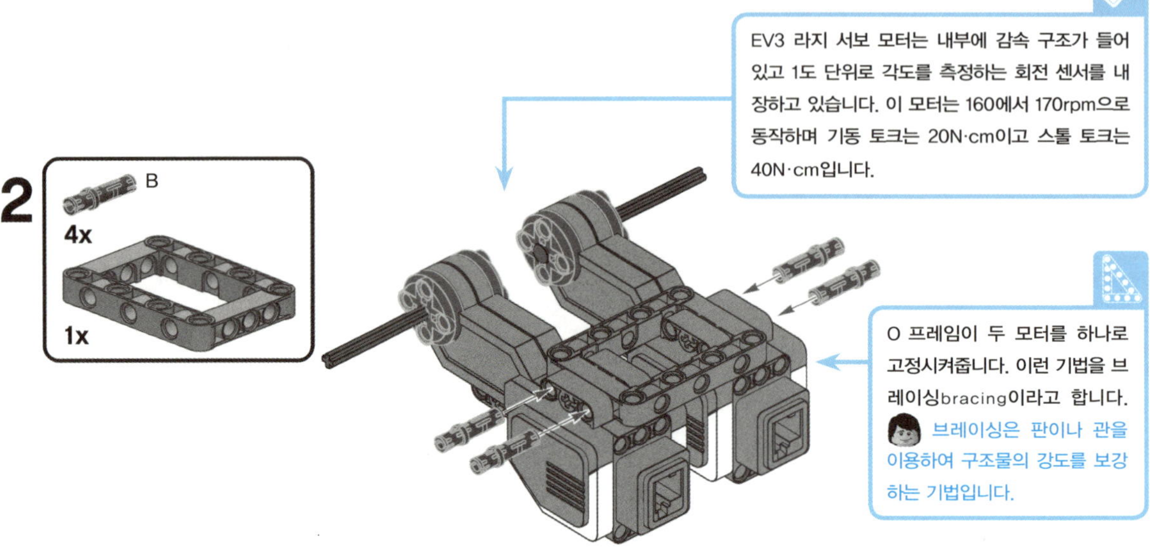

O 프레임이 두 모터를 하나로
고정시켜줍니다. 이런 기법을 브
레이싱bracing이라고 합니다.
브레이싱은 판이나 관을
이용하여 구조물의 강도를 보강
하는 기법입니다.

3

4x

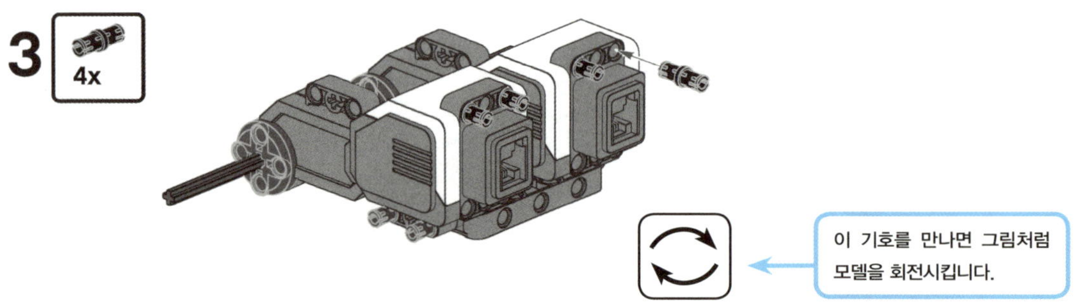

이 기호를 만나면 그림처럼
모델을 회전시킵니다.

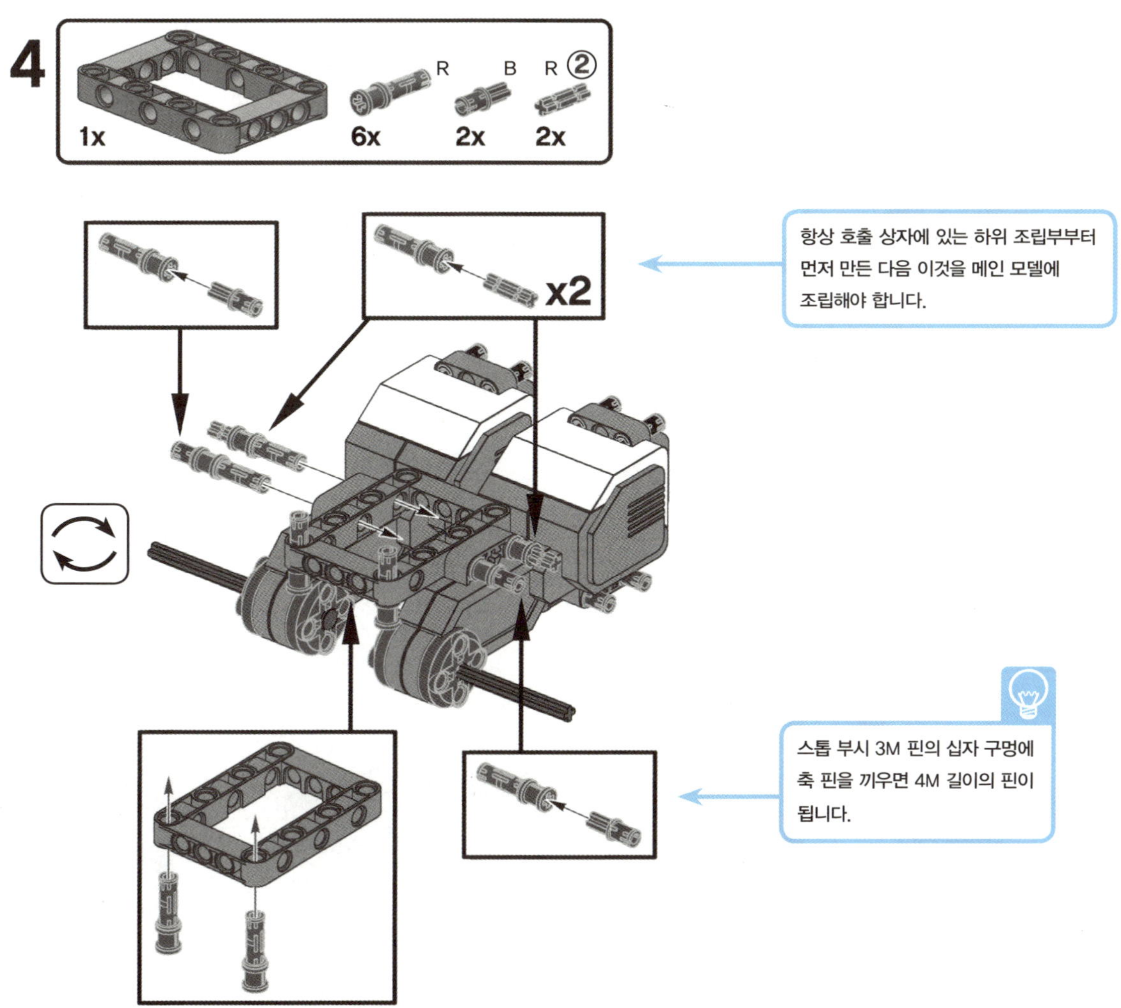

항상 호출 상자에 있는 하위 조립부부터 먼저 만든 다음 이것을 메인 모델에 조립해야 합니다.

스톱 부시 3M 핀의 십자 구멍에 축 핀을 끼우면 4M 길이의 핀이 됩니다.

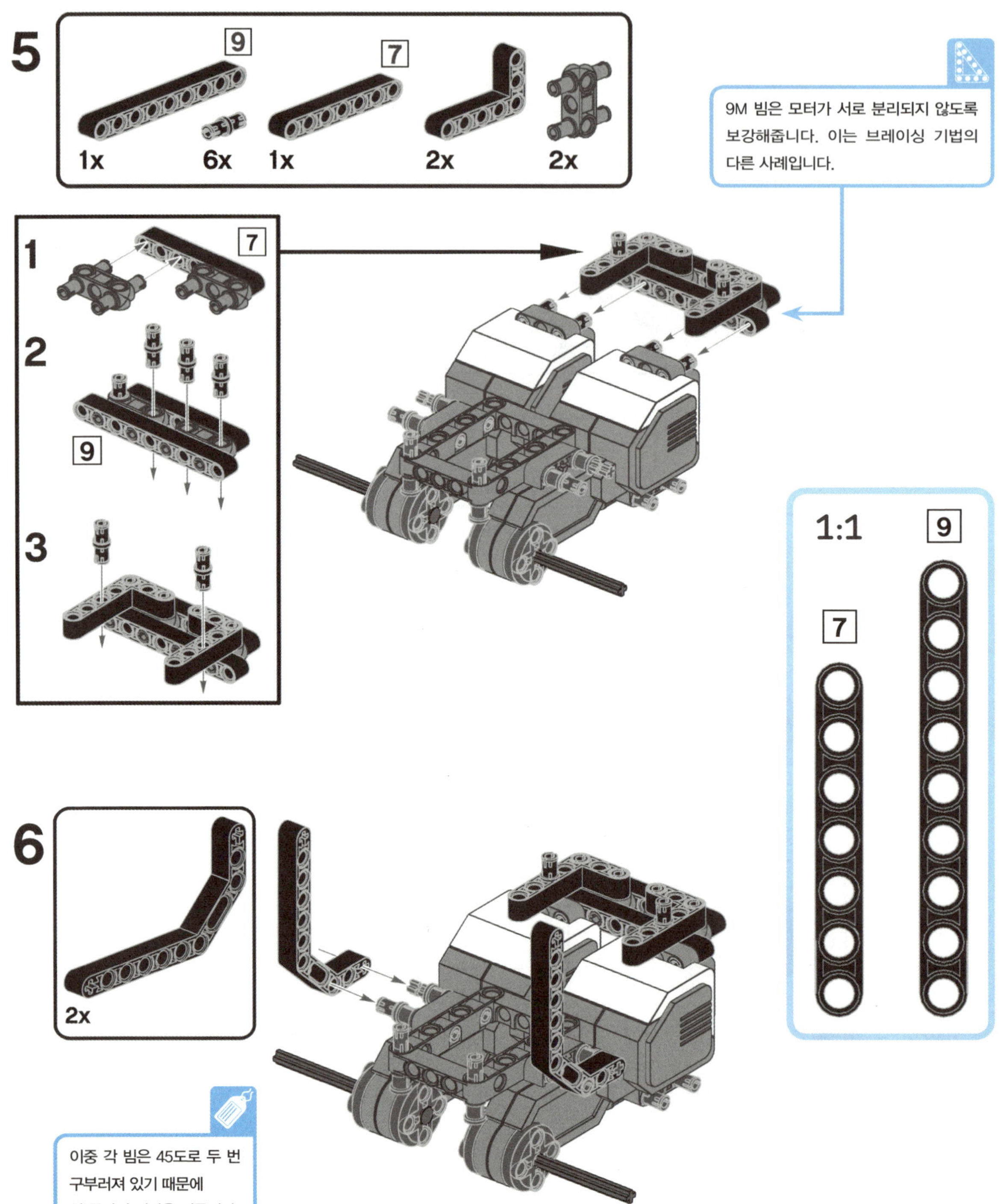

5

1x 6x 1x 2x 2x

1

2

3

1:1

6

2x

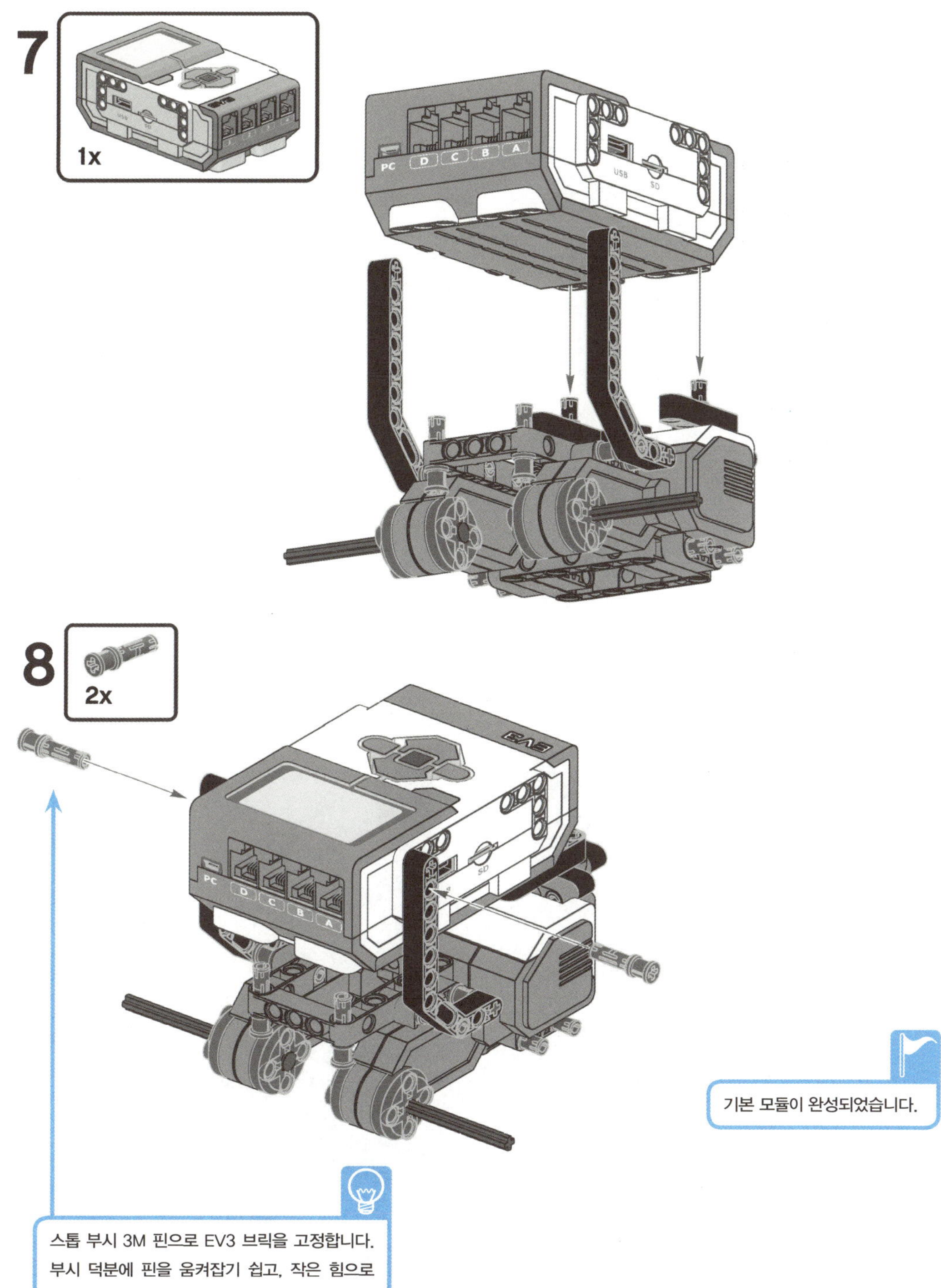

기본 모듈이 완성되었습니다.

스톱 부시 3M 핀으로 EV3 브릭을 고정합니다. 부시 덕분에 핀을 움켜잡기 쉽고, 작은 힘으로 도 빼낼 수 있습니다.

바퀴형 로버

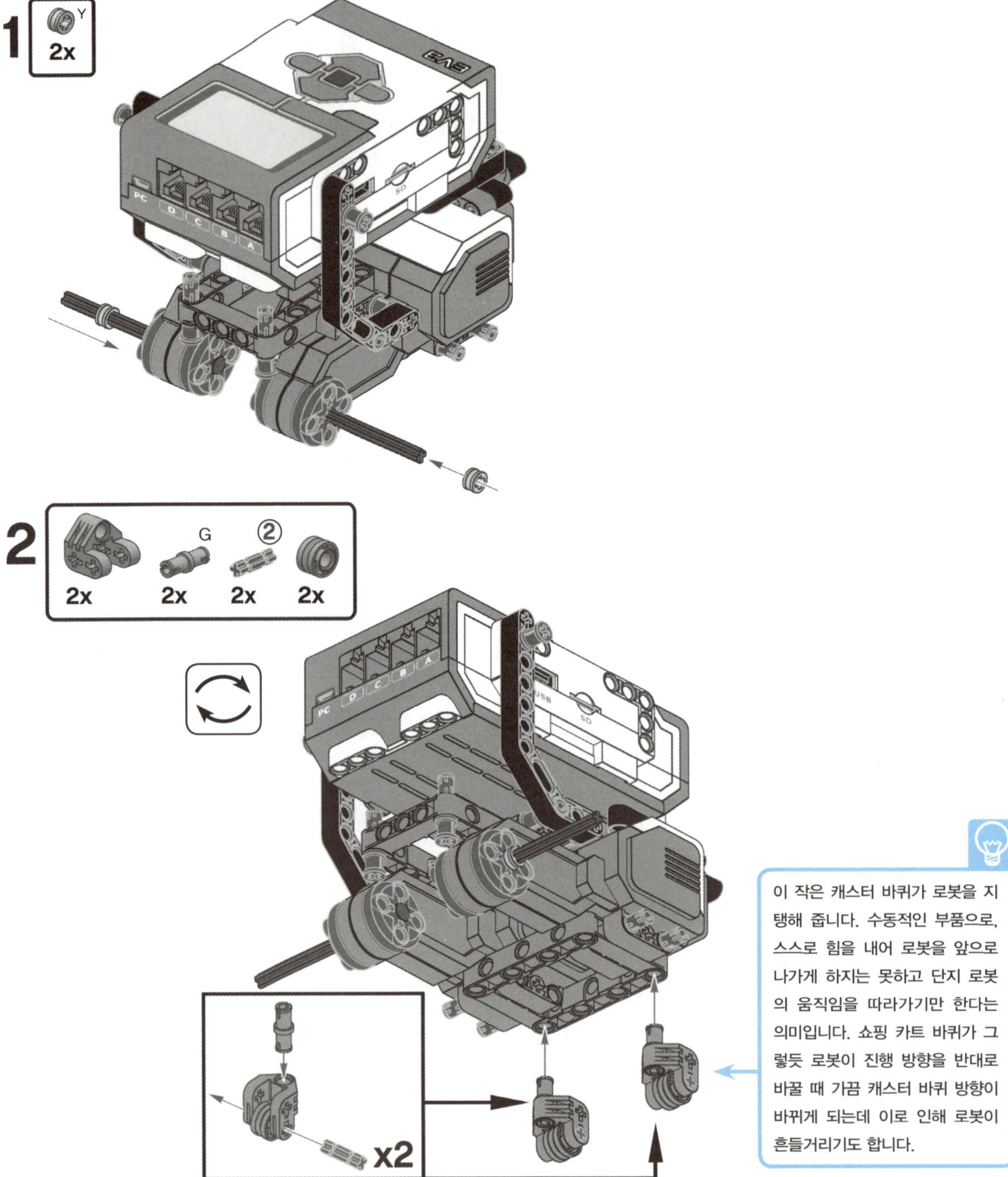

이 작은 캐스터 바퀴가 로봇을 지
탱해 줍니다. 수동적인 부품으로,
스스로 힘을 내어 로봇을 앞으로
나가게 하지는 못하고 단지 로봇
의 움직임을 따라가기만 한다는
의미입니다. 쇼핑 카트 바퀴가 그
렇듯 로봇이 진행 방향을 반대로
바꿀 때 가끔 캐스터 바퀴 방향이
바뀌게 되는데 이로 인해 로봇이
흔들거리기도 합니다.

3

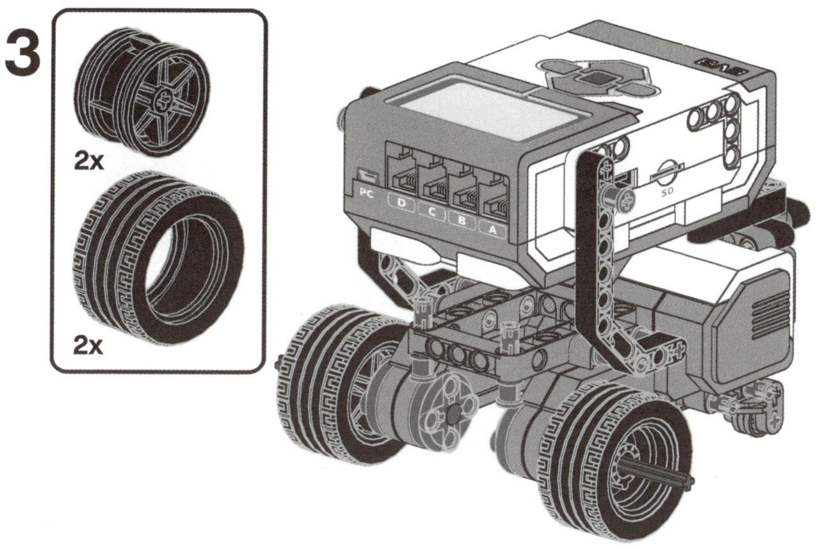

4 25cm

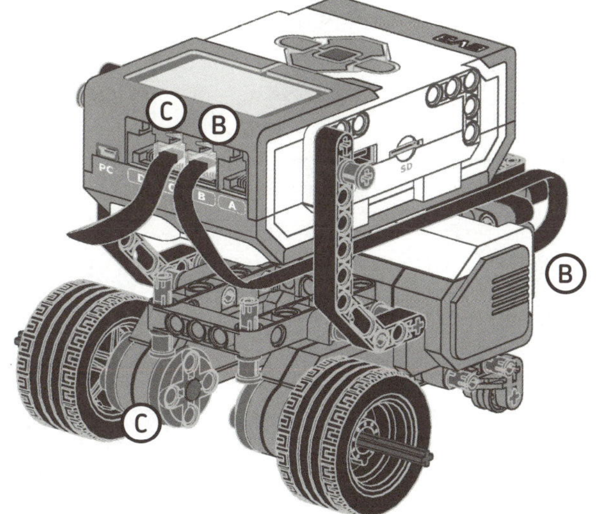

EV3 브릭에는 A, B, C, D라고 이름 붙인 출력 포트 네 개가 있습니다. 짧은 케이블을 이용해서 오른쪽 주행 모터와 C 포트를, 왼쪽 주행 모터와 B 포트를 각각 연결합니다.

이제 바퀴형 로버가 완성되었습니다. 이 장에서 소개될 모듈들은 지금 완성한 바퀴형이나 트레드형 로버에 모두 부착할 수 있습니다.

터치 센서 범퍼

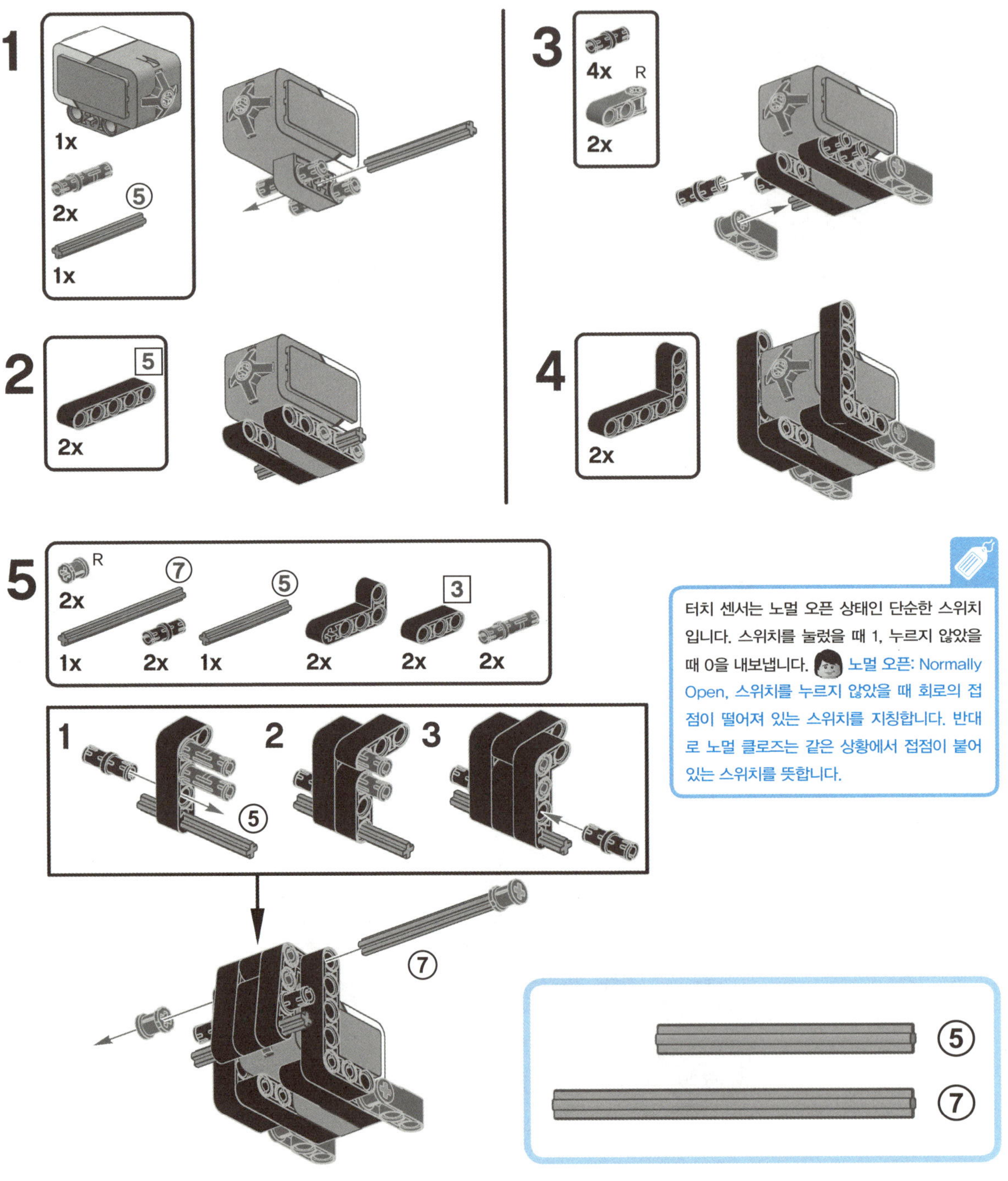

터치 센서는 노멀 오픈 상태인 단순한 스위치입니다. 스위치를 눌렀을 때 1, 누르지 않았을 때 0을 내보냅니다. 노멀 오픈: Normally Open, 스위치를 누르지 않았을 때 회로의 접점이 떨어져 있는 스위치를 지칭합니다. 반대로 노멀 클로즈는 같은 상황에서 접점이 붙어 있는 스위치를 뜻합니다.

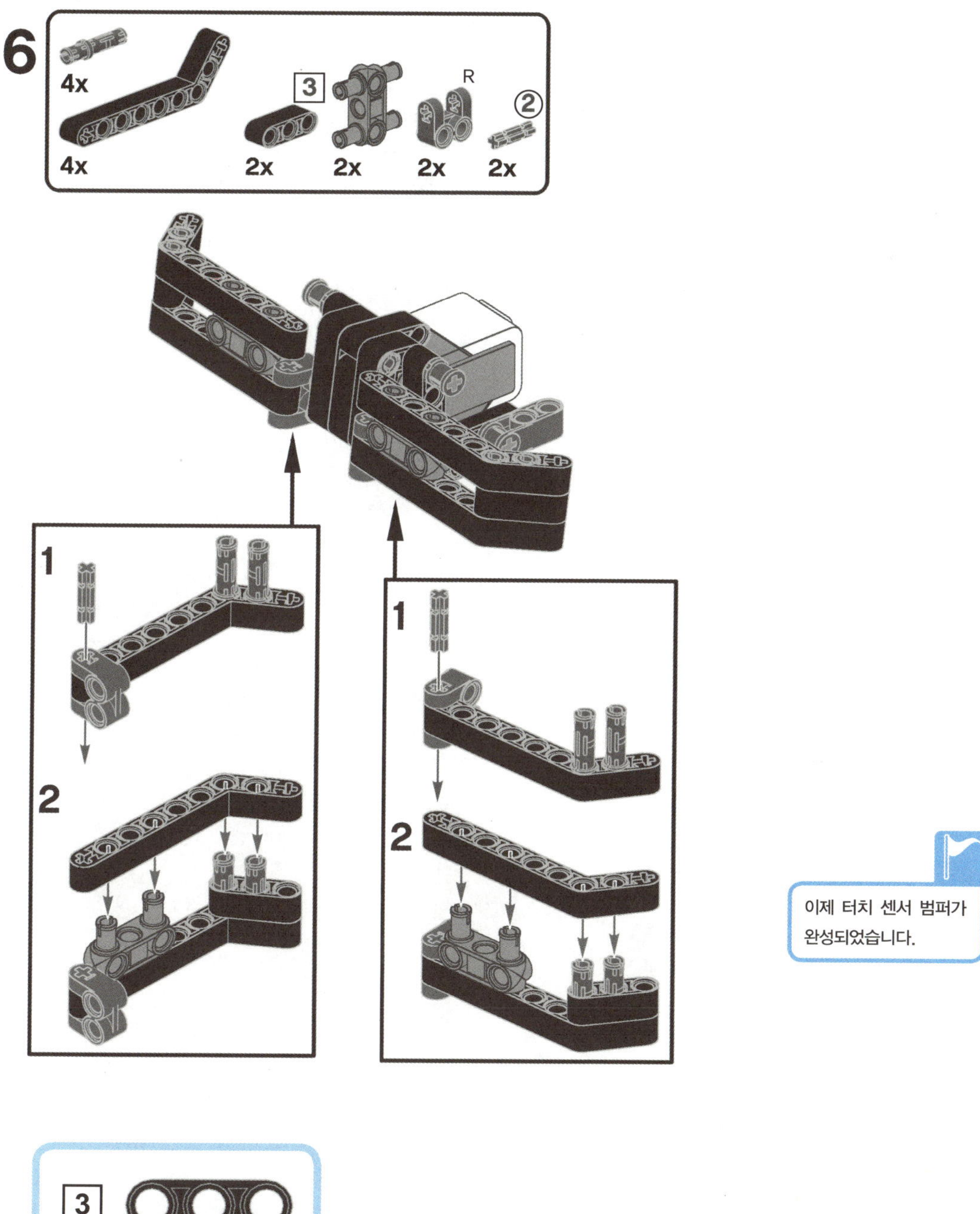

6
4x
4x
3
R
②
2x
2x
2x
2x
1
2
1
2
3
이제 터치 센서 범퍼가
완성되었습니다.

터치 센서 범퍼를 창착한 로버

1

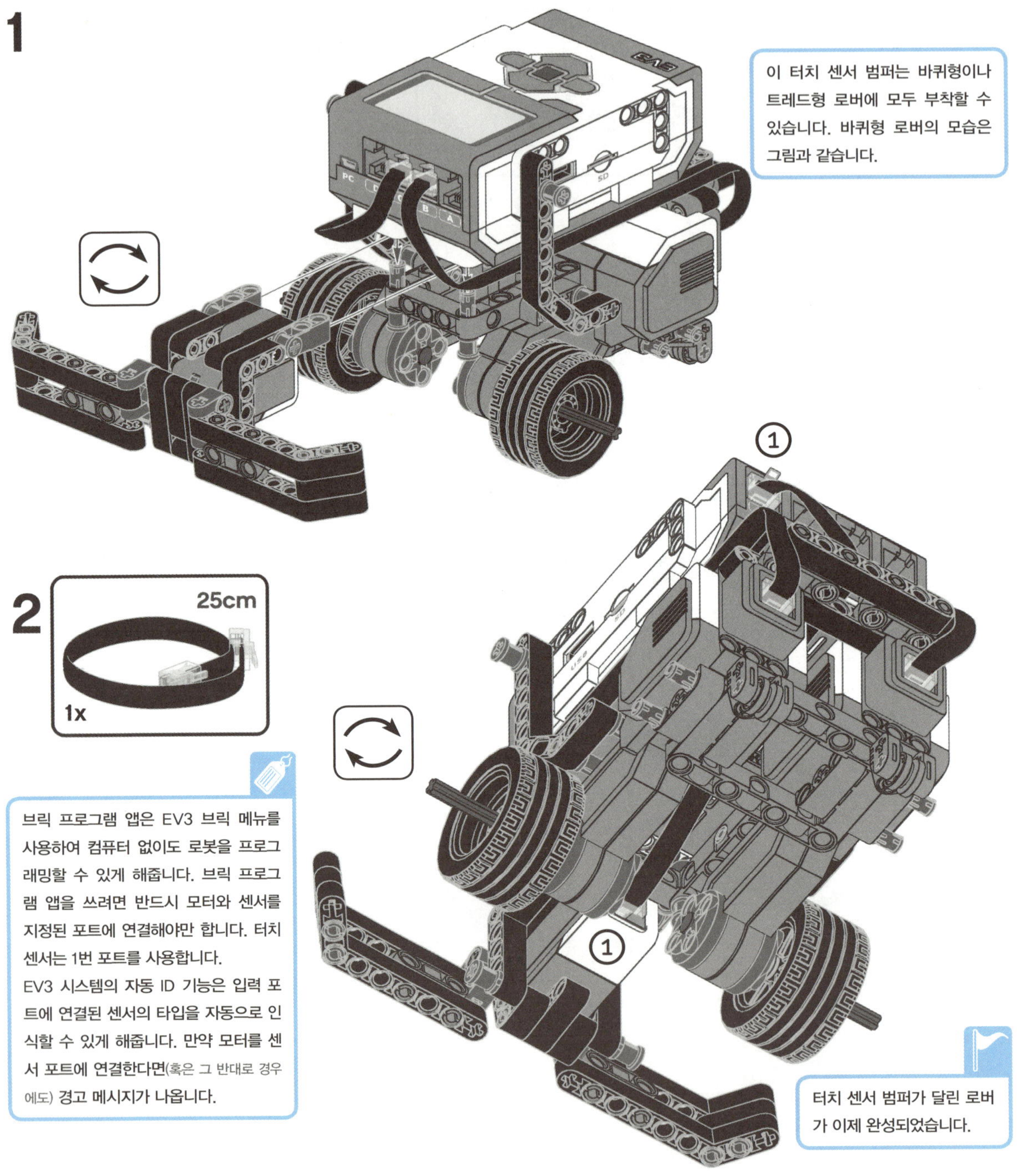

이 터치 센서 범퍼는 바퀴형이나 트레드형 로버에 모두 부착할 수 있습니다. 바퀴형 로버의 모습은 그림과 같습니다.

2 25cm 1x

브릭 프로그램 앱은 EV3 브릭 메뉴를 사용하여 컴퓨터 없이도 로봇을 프로그 래밍할 수 있게 해줍니다. 브릭 프로그 램 앱을 쓰려면 반드시 모터와 센서를 지정된 포트에 연결해야만 합니다. 터치 센서는 1번 포트를 사용합니다.

EV3 시스템의 자동 ID 기능은 입력 포트에 연결된 센서의 타입을 자동으로 인식할 수 있게 해줍니다. 만약 모터를 센서 포트에 연결한다면(혹은 그 반대로 경우에도) 경고 메시지가 나옵니다.

터치 센서 범퍼가 달린 로버가 이제 완성되었습니다.

선 따라가기 모듈

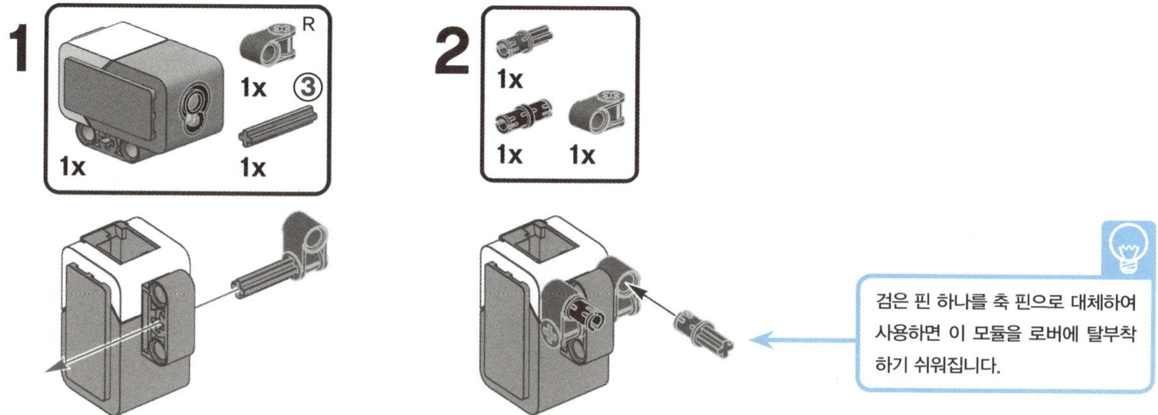

검은 핀 하나를 축 핀으로 대체하여 사용하면 이 모듈을 로버에 탈부착하기 쉬워집니다.

선을 따라가는 로버

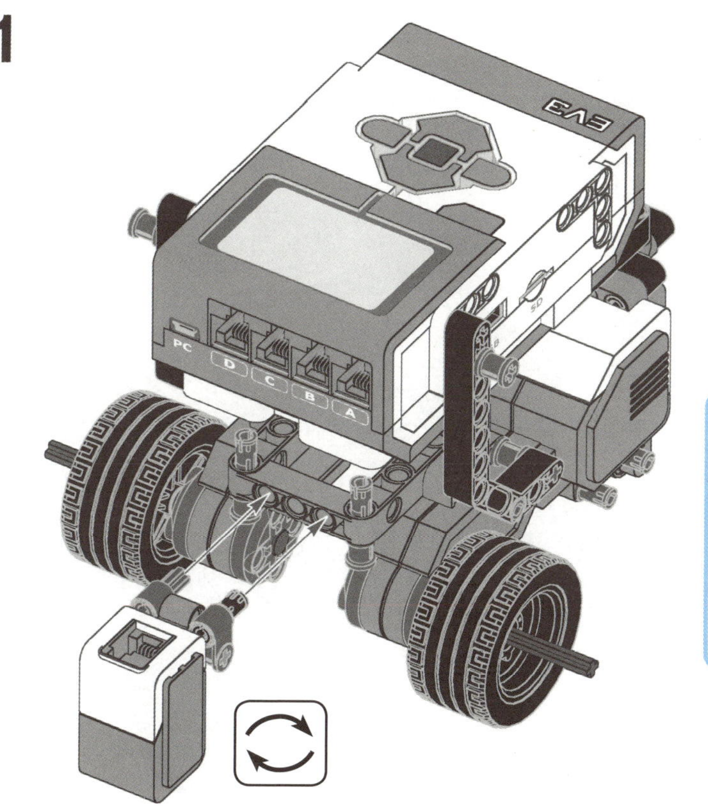

이 선 따라가기 모듈은 바퀴형과 트레드형 로버에 모두 부착할 수 있습니다. 바퀴형 로버의 모습은 그림과 같습니다.

컬러 센서는 RGB LED가 내장되어 있어 빨강, 초록, 파랑의 세 가지 빛을 낼 수 있습니다. 컬러 센서는 이 세 가지 빛을 매우 빠른 주기로 깜빡거리면서 스캔하고 물체 표면으로부터 반사되어 돌아오는 빛을 측정하여 어떤 색인지 구분합니다. 단순히 반사되는 빛의 양을 측정하고자 하는 경우에 센서 LED는 빨간 빛을 냅니다. 4장에서는 컬러 센서를 이용하여 로버가 선을 따라가도록 만드는 방법을 배울 예정입니다.

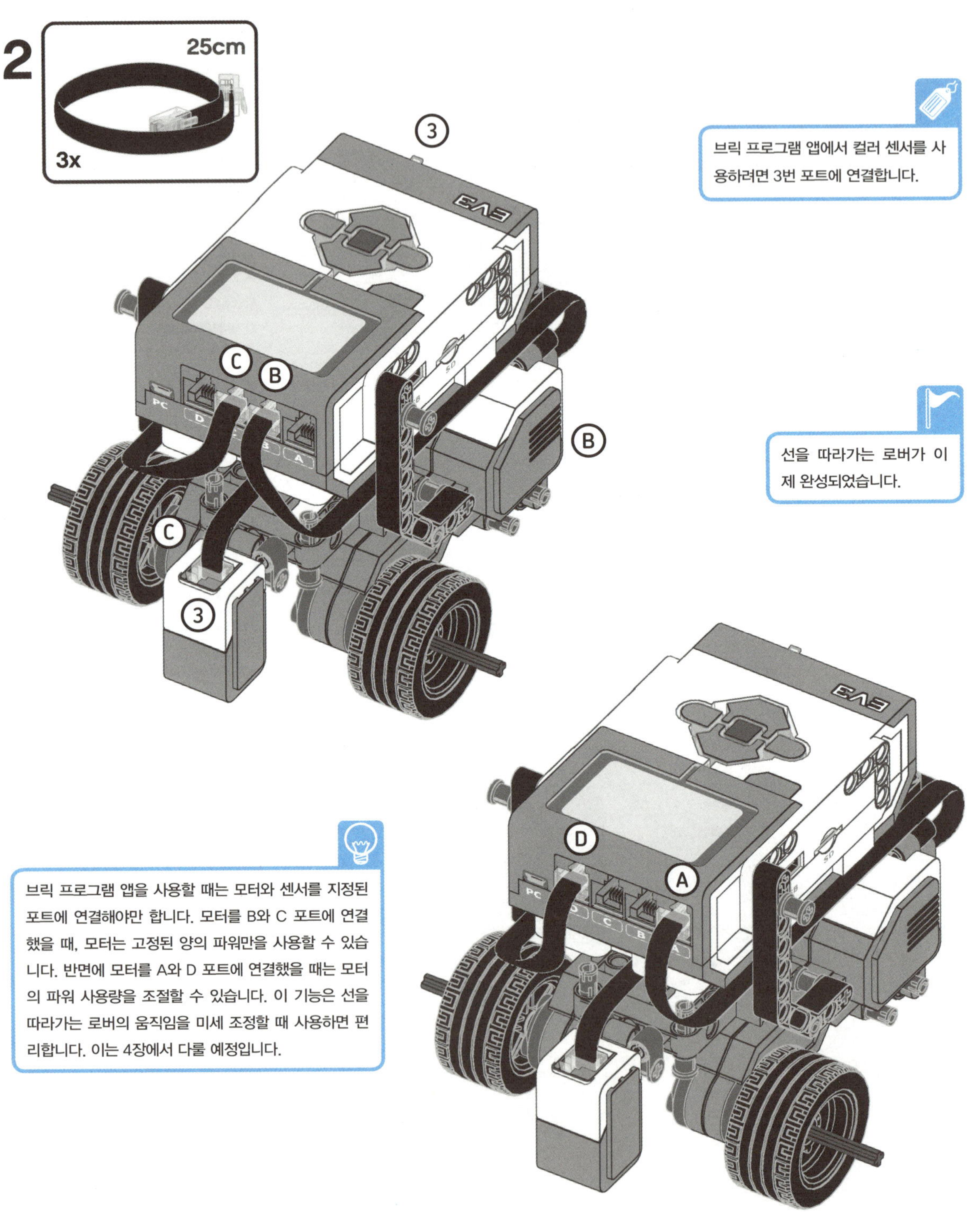

브릭 프로그램 앱에서 컬러 센서를 사
용하려면 3번 포트에 연결합니다.

선을 따라가는 로버가 이
제 완성되었습니다.

브릭 프로그램 앱을 사용할 때는 모터와 센서를 지정된
포트에 연결해야만 합니다. 모터를 B와 C 포트에 연결
했을 때, 모터는 고정된 양의 파워만을 사용할 수 있습
니다. 반면에 모터를 A와 D 포트에 연결했을 때는 모터
의 파워 사용량을 조절할 수 있습니다. 이 기능은 선을
따라가는 로버의 움직임을 미세 조정할 때 사용하면 편
리합니다. 이는 4장에서 다룰 예정입니다.

전방 적외선 센서

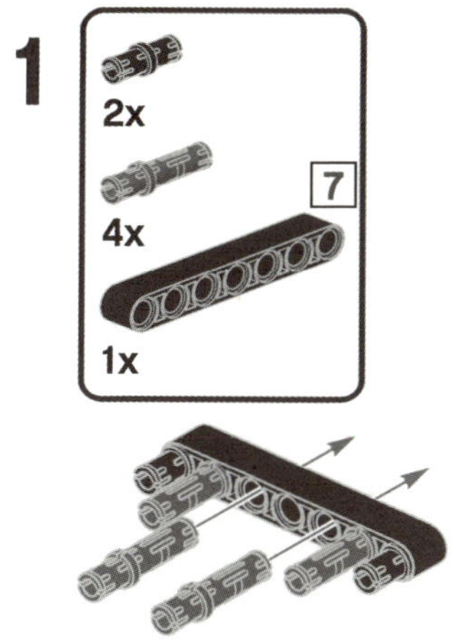

1
2x
4x
7
1x

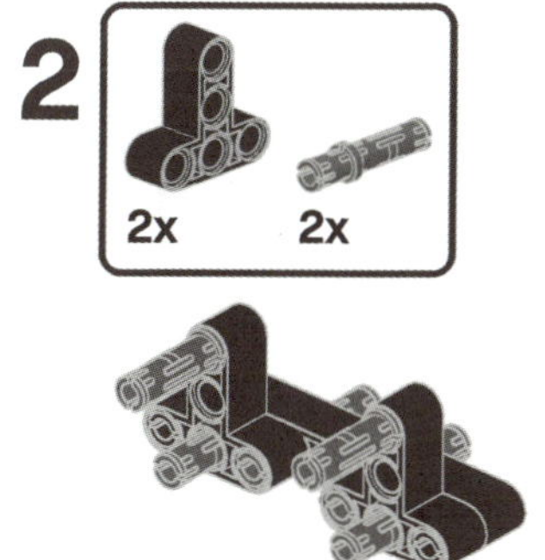

2
2x 2x

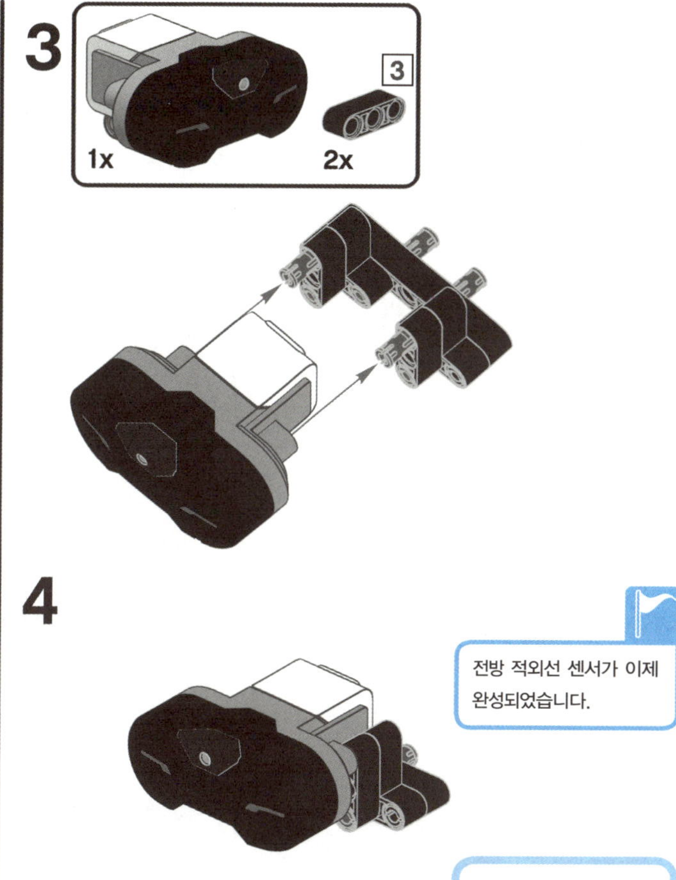

3
1x 3 2x

4

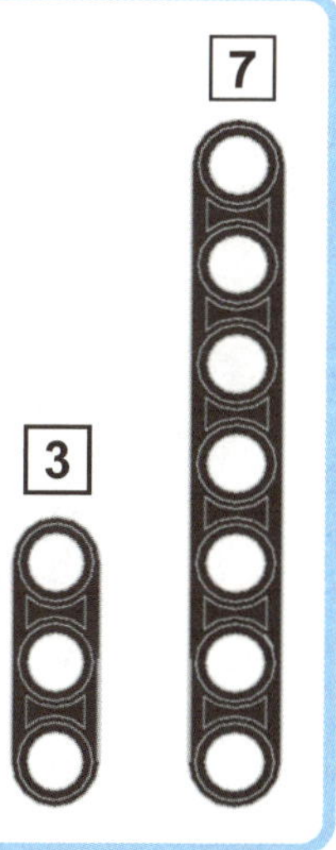

디지털 적외선 센서는 단단한 물체에 반사되는 적외선을 감지할 수 있으며 원격 적외선 비컨으로부터 명령을 받을 수 있습니다. 적외선 센서는 근접 모드, 비컨 모드, 원격 모드 이렇게 세 가지 모드로 사용할 수 있습니다.

근접 모드에서는 적외선을 발사하여 물체에서 반사된 적외선 량을 측정하여 적외선 센서에서부터 물체까지 떨어진 거리를 측정합니다. 센서는 0(가장 가까움)에서 100(멀리 떨어짐) 사이의 값으로 거리를 알려줍니다. 하지만 센티미터나 인치와 같은 실제 거리는 아닙니다.

비컨 모드에서는 센서가 비컨을 향하고 있는 방향(−25에서 25 사이의 값)과 비컨으로부터 떨어져 있는 거리를 측정합니다(0~100%). 원격 모드에서는 원격 적외선 비컨으로부터 숫자형 명령을 수신합니다.

전방 적외선 센서를 장착한 로버

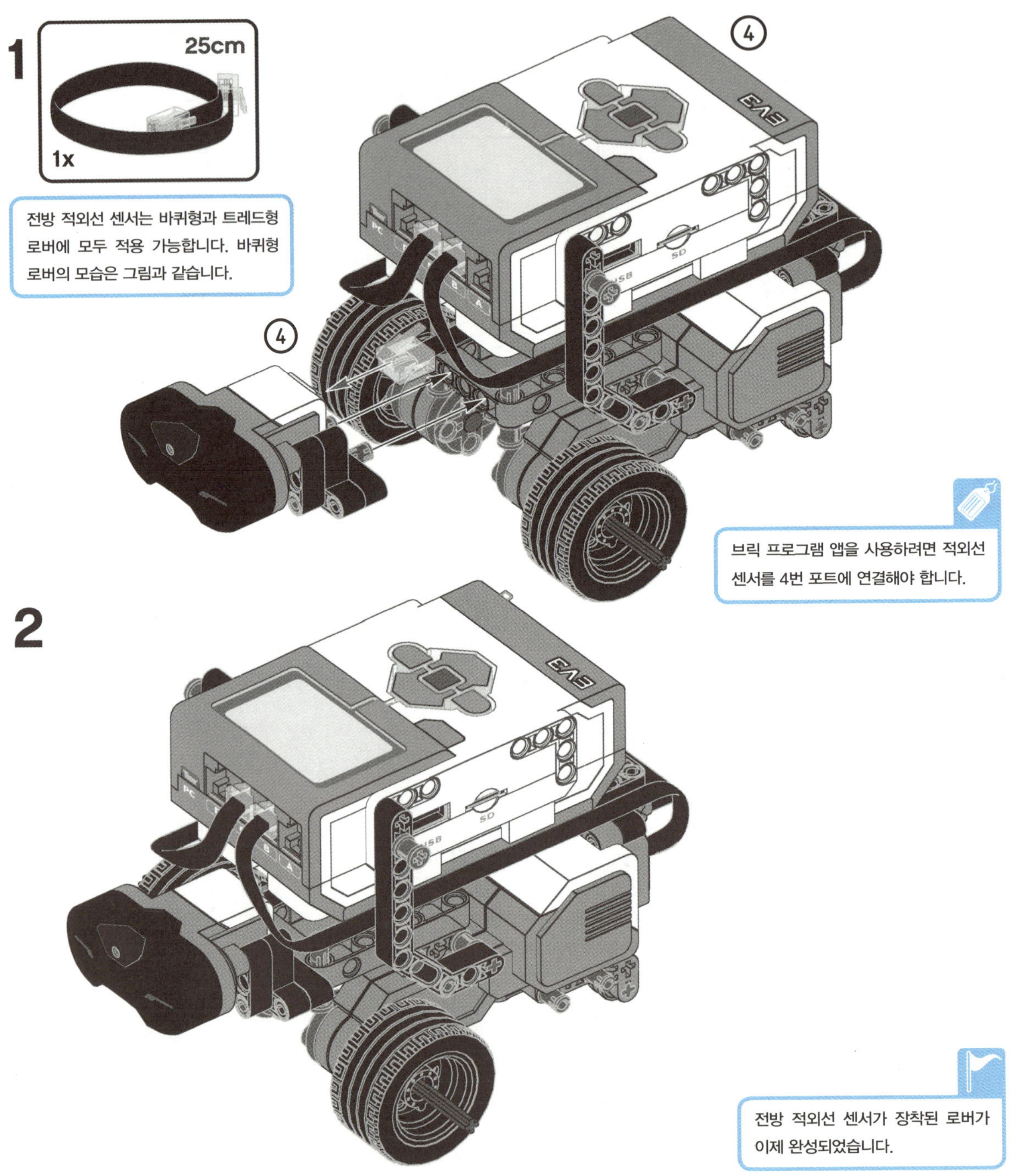

전방 적외선 센서는 바퀴형과 트레드형 로버에 모두 적용 가능합니다. 바퀴형 로버의 모습은 그림과 같습니다.

브릭 프로그램 앱을 사용하려면 적외선 센서를 4번 포트에 연결해야 합니다.

전방 적외선 센서가 장착된 로버가 이제 완성되었습니다.

벽 따라가기 모듈

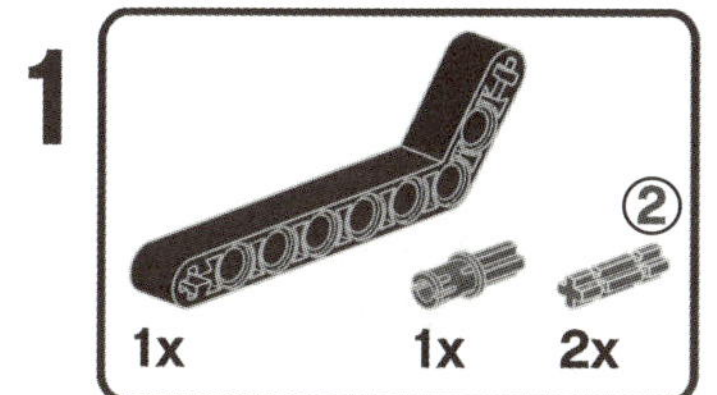

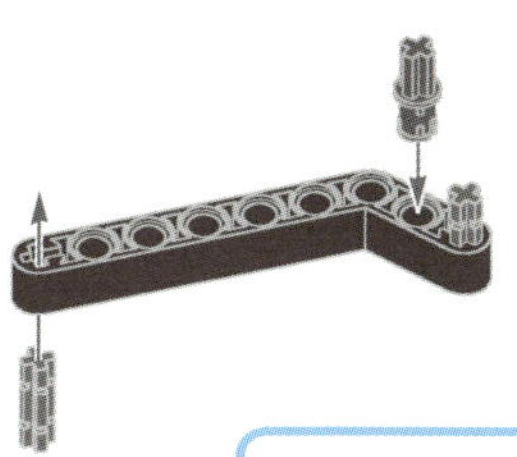

1　1x　1x　2x

2　1x

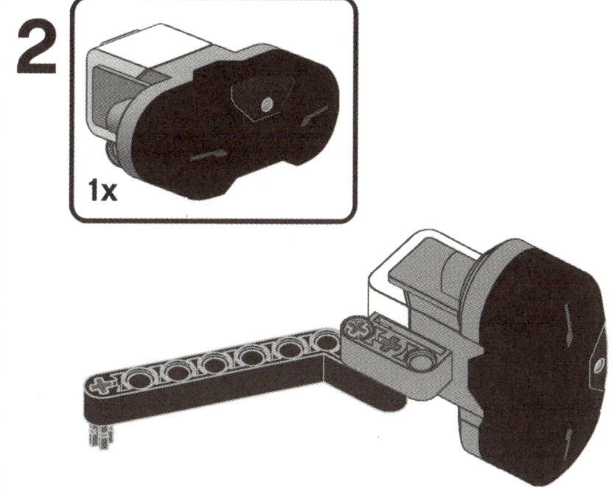

이 단계에서는 로버 몸체에서 적외선 센서와 모듈을 쉽게 분리하기 위해 축 핀 한 개와 2M 축 두 개를 사용하였습니다. 더 튼튼한 조립을 위해 마찰 핀이나 축 핀 같은 핀 부품을 구멍에 끼워 넣어야 합니다.

벽을 따라가는 로버

1

벽 따라가기 모듈은 바퀴형과 트레드형 로버에 모두 부착 가능합니다. 바퀴형 로버의 모습은 다음과 같습니다.

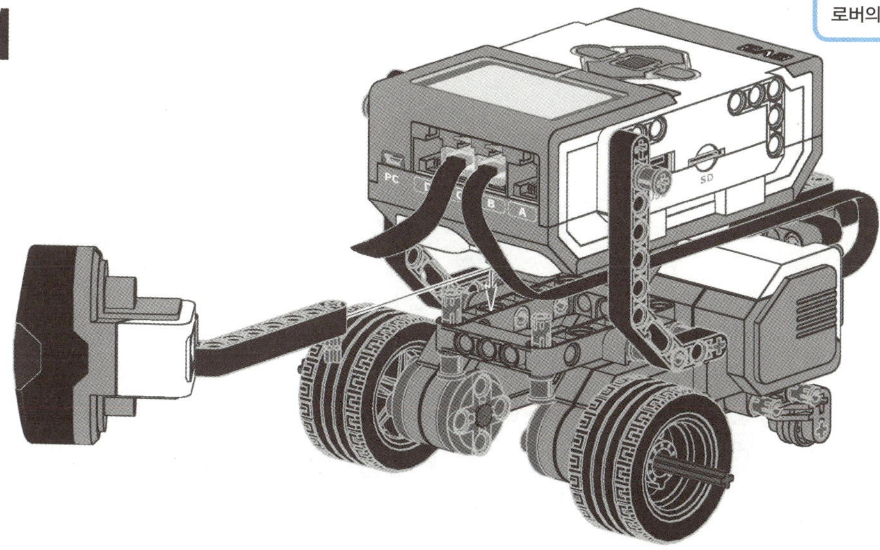

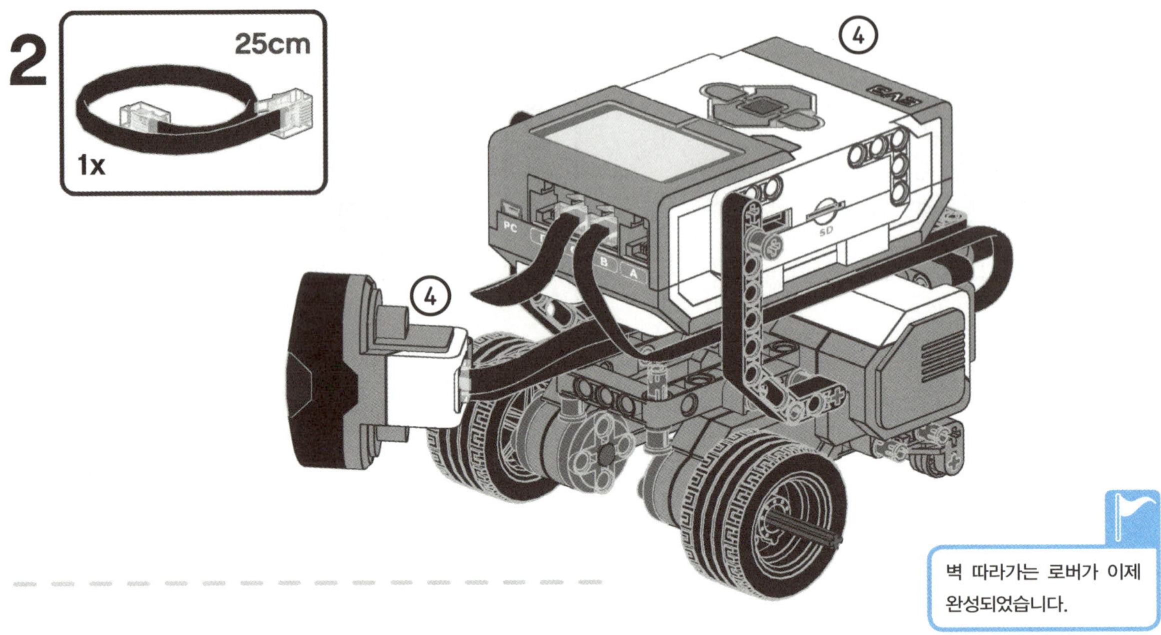

대안 모델:
벽 따라가기 모듈과
선 따라가기 모듈을 모두 장착한 로버

선 따라가기 모듈과 벽 따라가기 모듈을 모두 장착하여 로버가 벽을 따라 이동하는 동안 바닥의 색이 어디가 다른지 감지할 수 있습니다. 이 기법을 이용하여 로봇이 방안에서 자신의 위치를 알아내게 할 수 있습니다. 예를 들어 출발지는 녹색 점으로 목적지는 빨간 점으로 칠하는 방법이 있습니다.

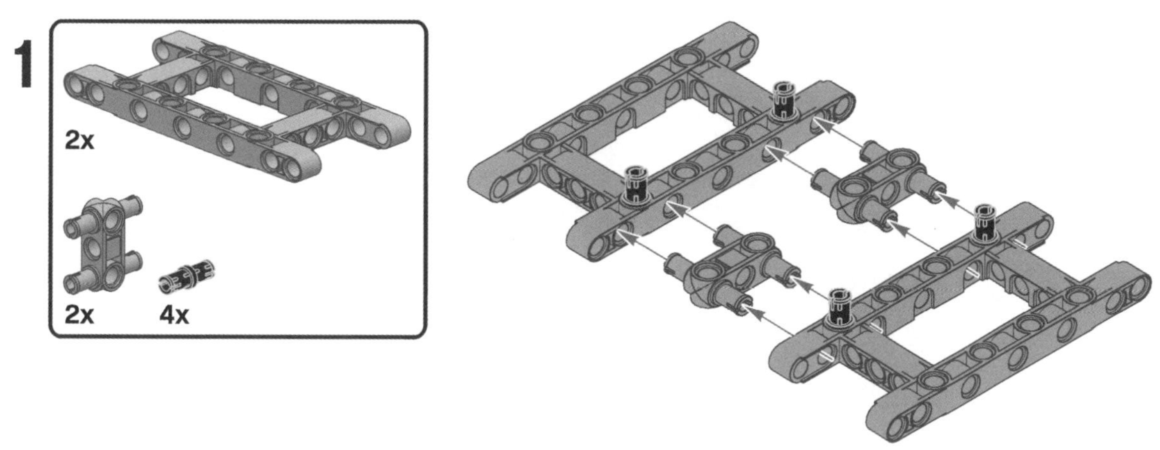

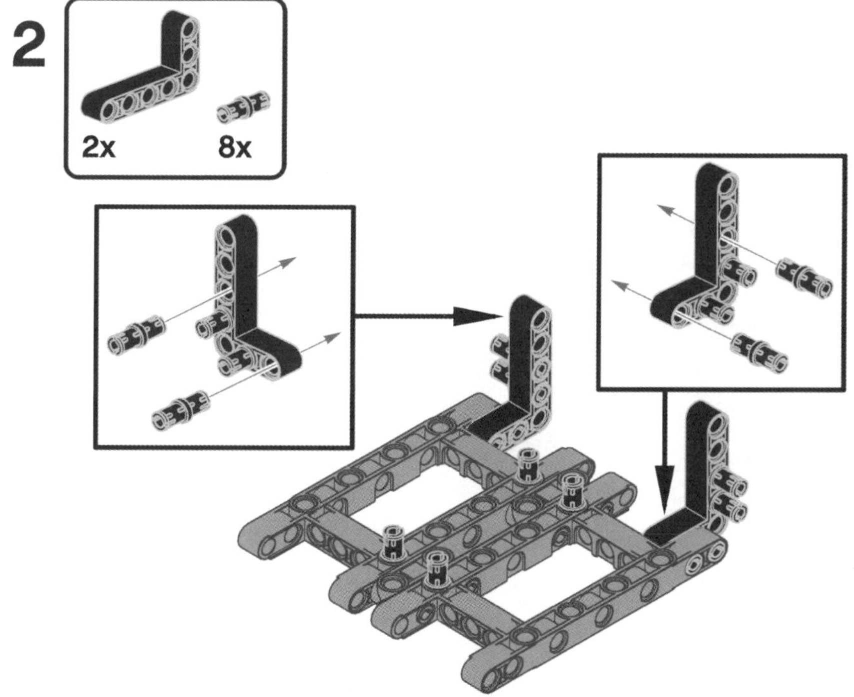

3

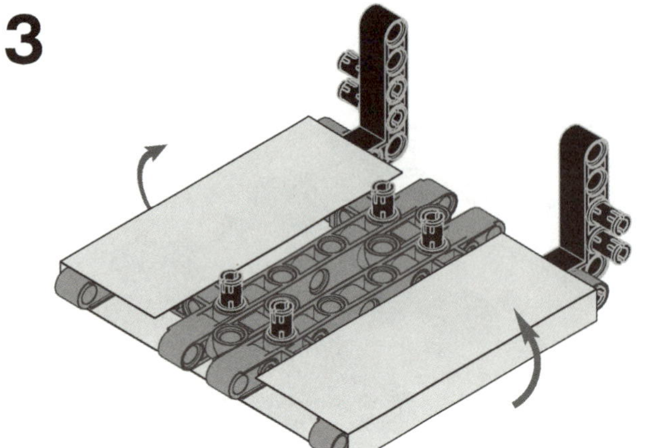

프레임 주변에 정전기 청소포를 감습니다. 이 청소포는 구동 부품을 사용하지 않고도 흙과 먼지를 모을 수 있게 해줍니다. 이런 종류의 헝겊은 일반적으로 화학물 처리가 되어 음전하를 띄고 있는데 이로 인해 로봇이 방 여기저기를 돌아다니는 동안 먼지 입자가 쉽게 들러붙게 됩니다.

4

R 11
2x   2x

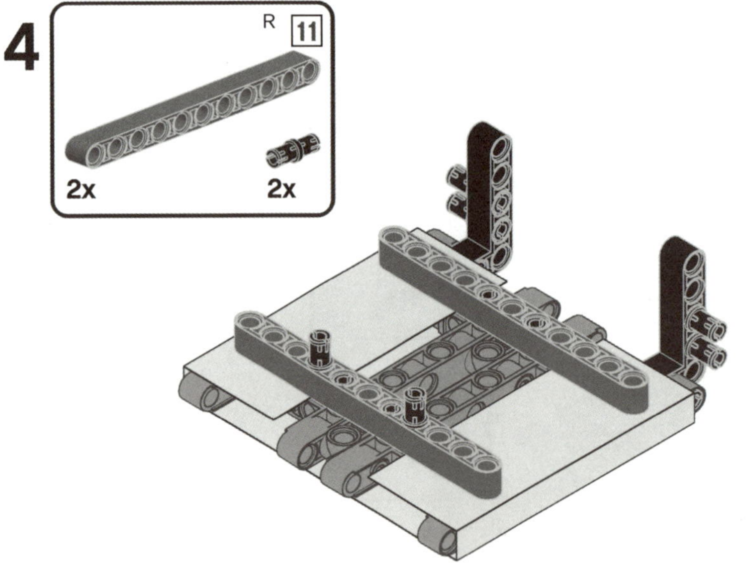

11M 빔 두 개를 사용하여 청소포를 고정시킵니다.

덱스터의 청소 도구가 이제 완성되었습니다.

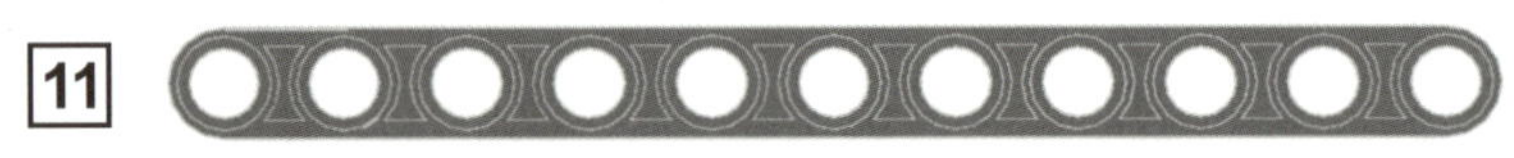

11

청소 도구를 장착한 로버

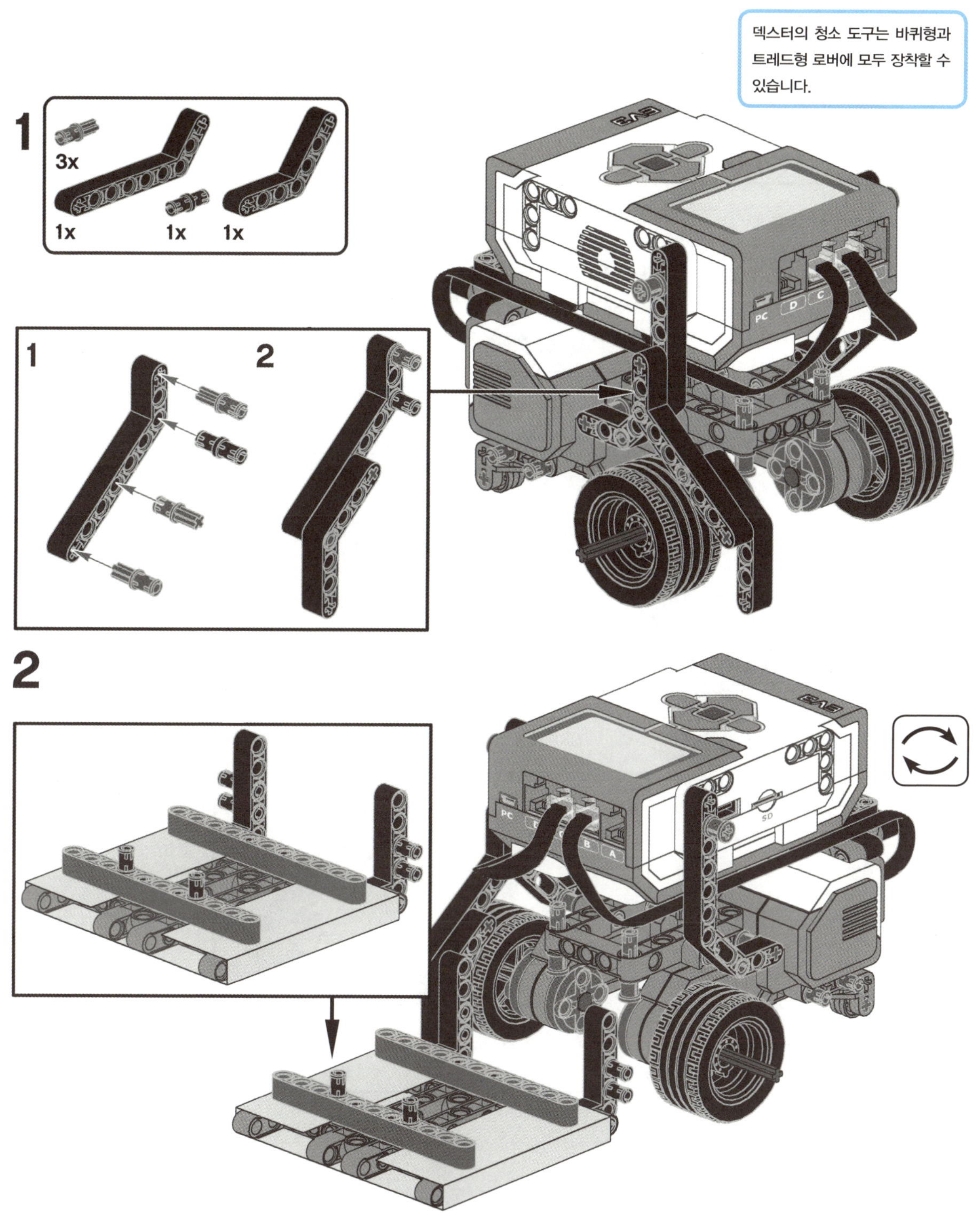

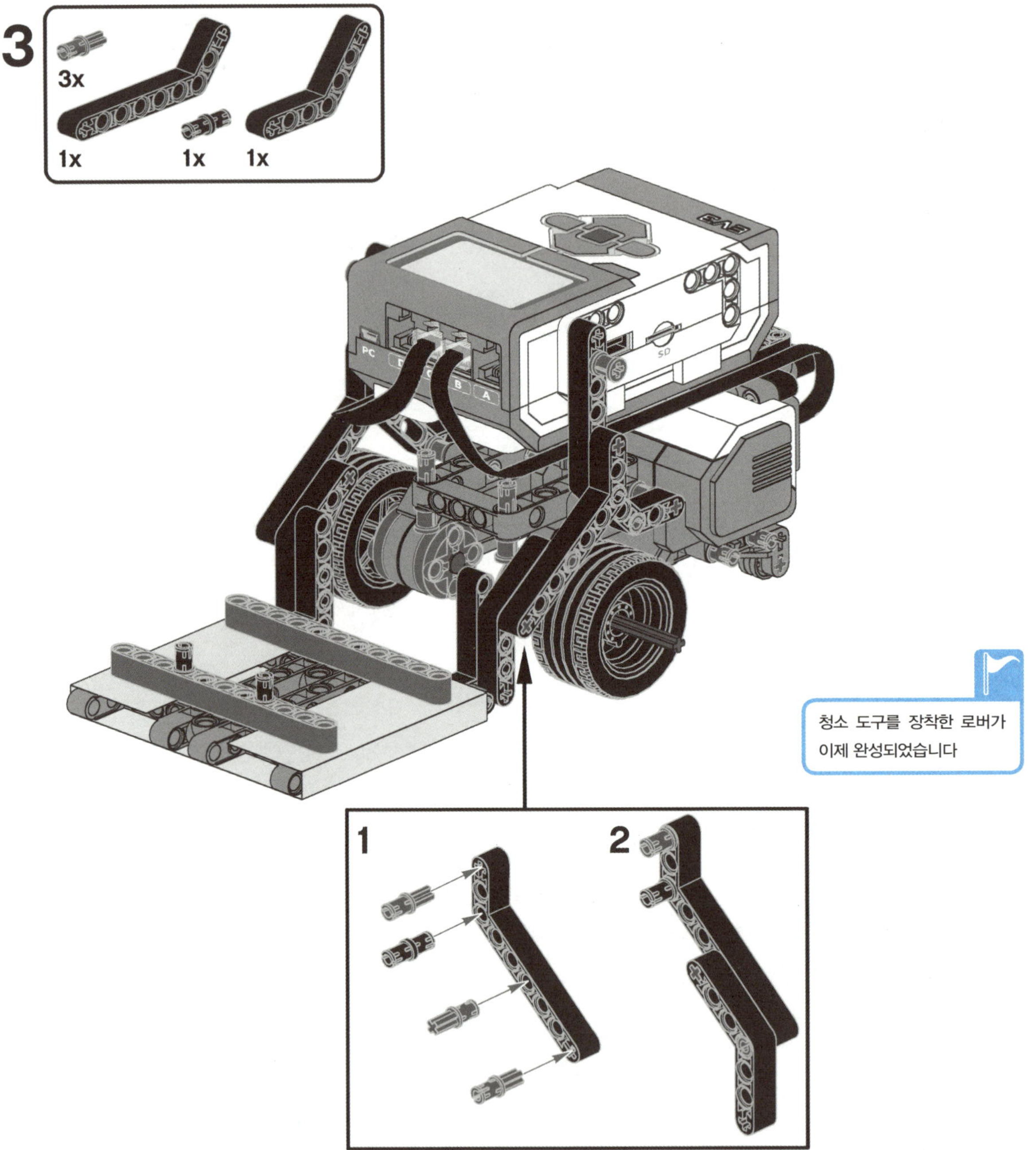

3x
1x
1x
1x
1
2
3
청소 도구를 장착한 로버가
이제 완성되었습니다

대안 모델 #1:
청소 도구와 터치 센서를 장착한 로버

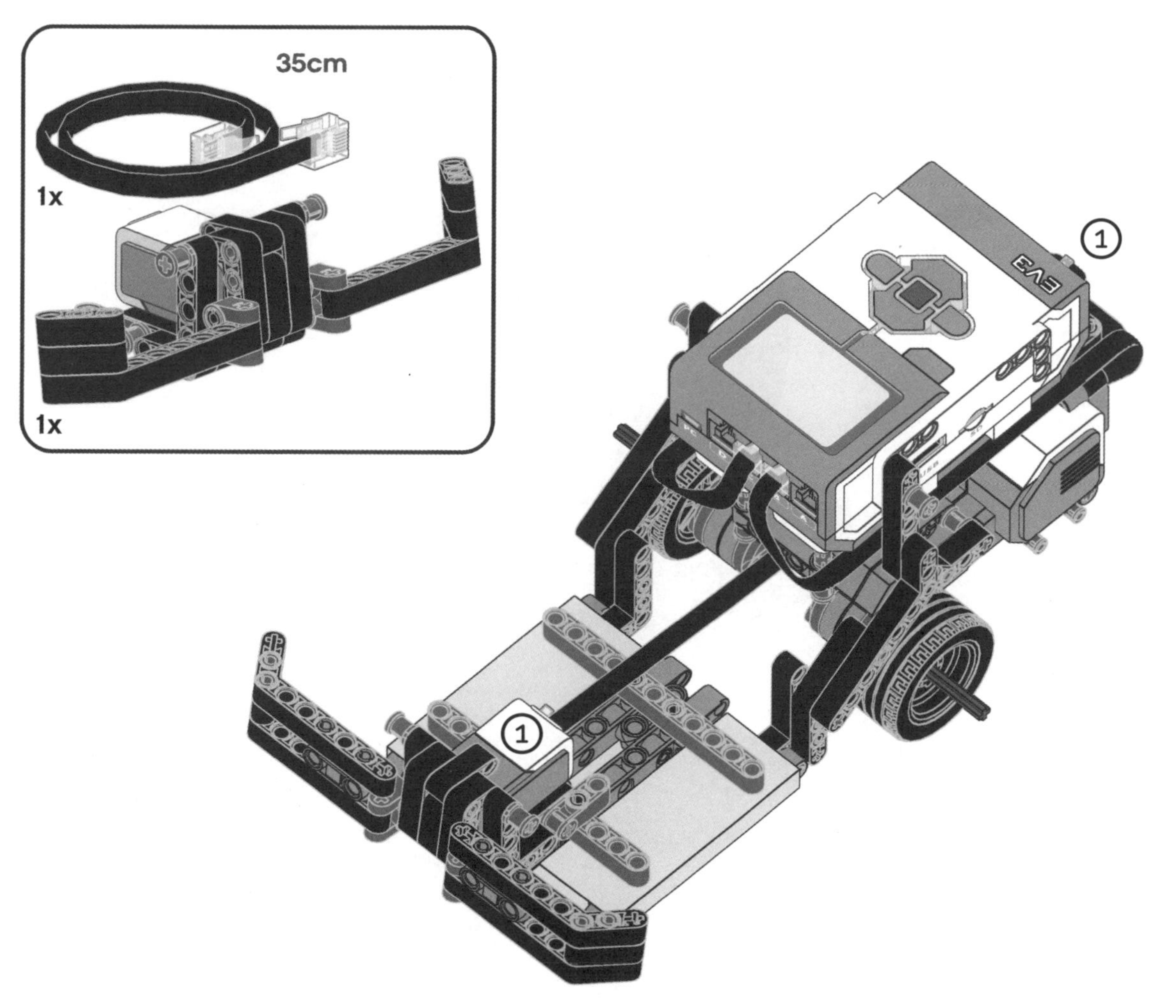

1x

25cm

1x

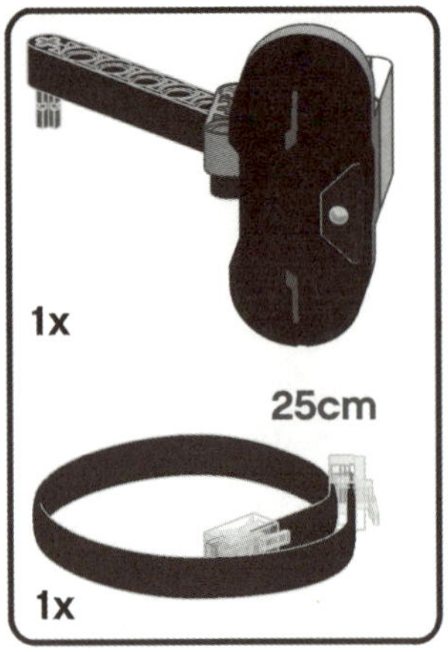

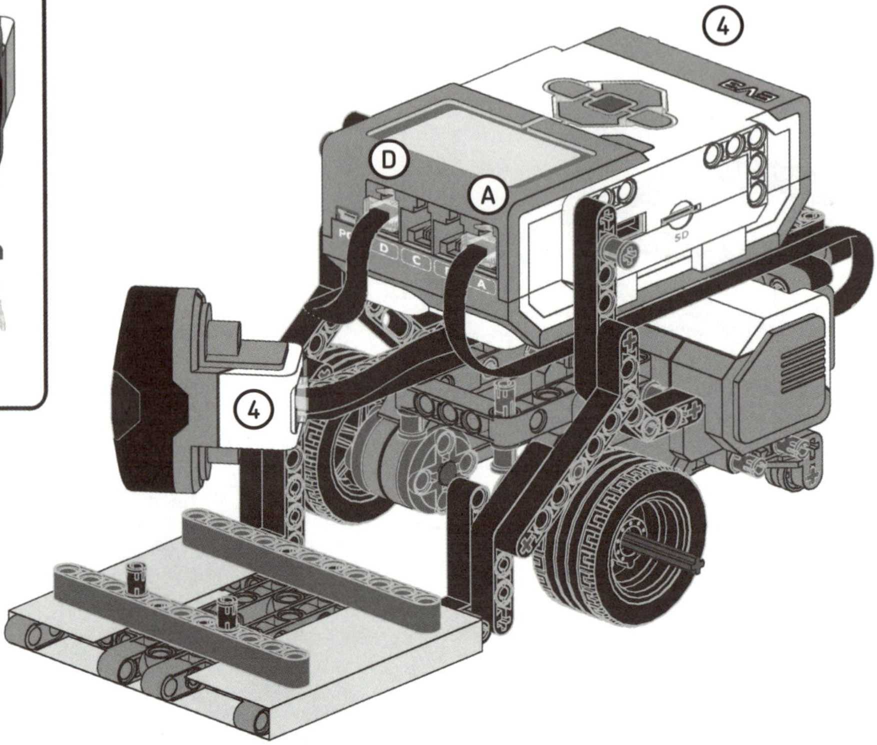

브릭 프로그램 앱을 사용할 때는 모터와 센서를 지정된 포트에 연결해야만 합니다. 모터를 B와 C 포트에 연결했을 때, 모터는 고정된 양의 파워만을 사용할 수 있습니다. 반면에 모터를 A와 D 포트에 연결했을 때는 모터의 파워 사용량을 조절할 수 있습니다. 이 기능은 선을 따라가는 로버의 움직임을 미세하게 조정할 때 사용하면 편리합니다. 이는 4장에서 다룰 예정입니다.

트레드형 로버

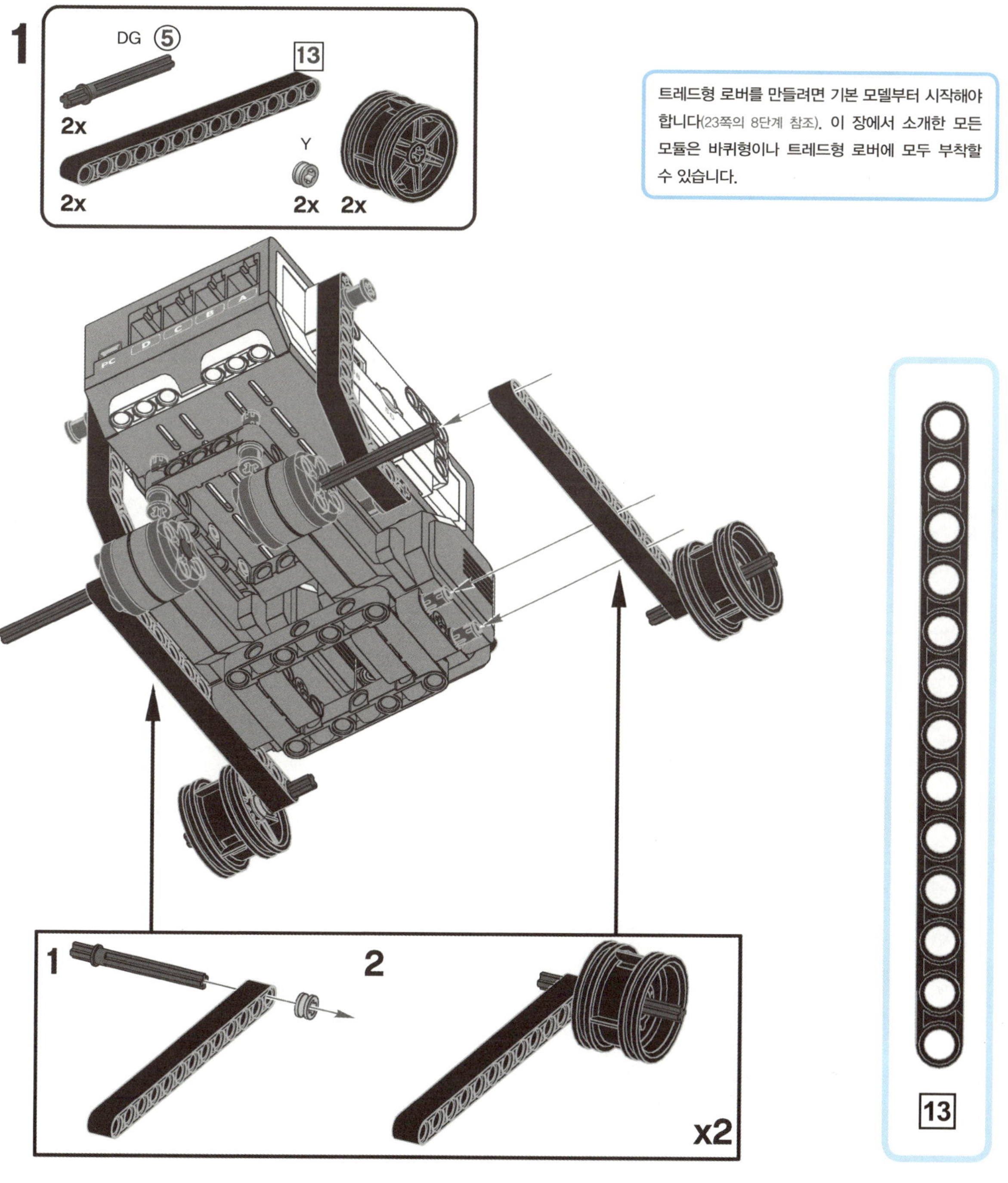

트레드형 로버를 만들려면 기본 모델부터 시작해야 합니다(23쪽의 8단계 참조). 이 장에서 소개한 모든 모듈은 바퀴형이나 트레드형 로버에 모두 부착할 수 있습니다.

2

2x

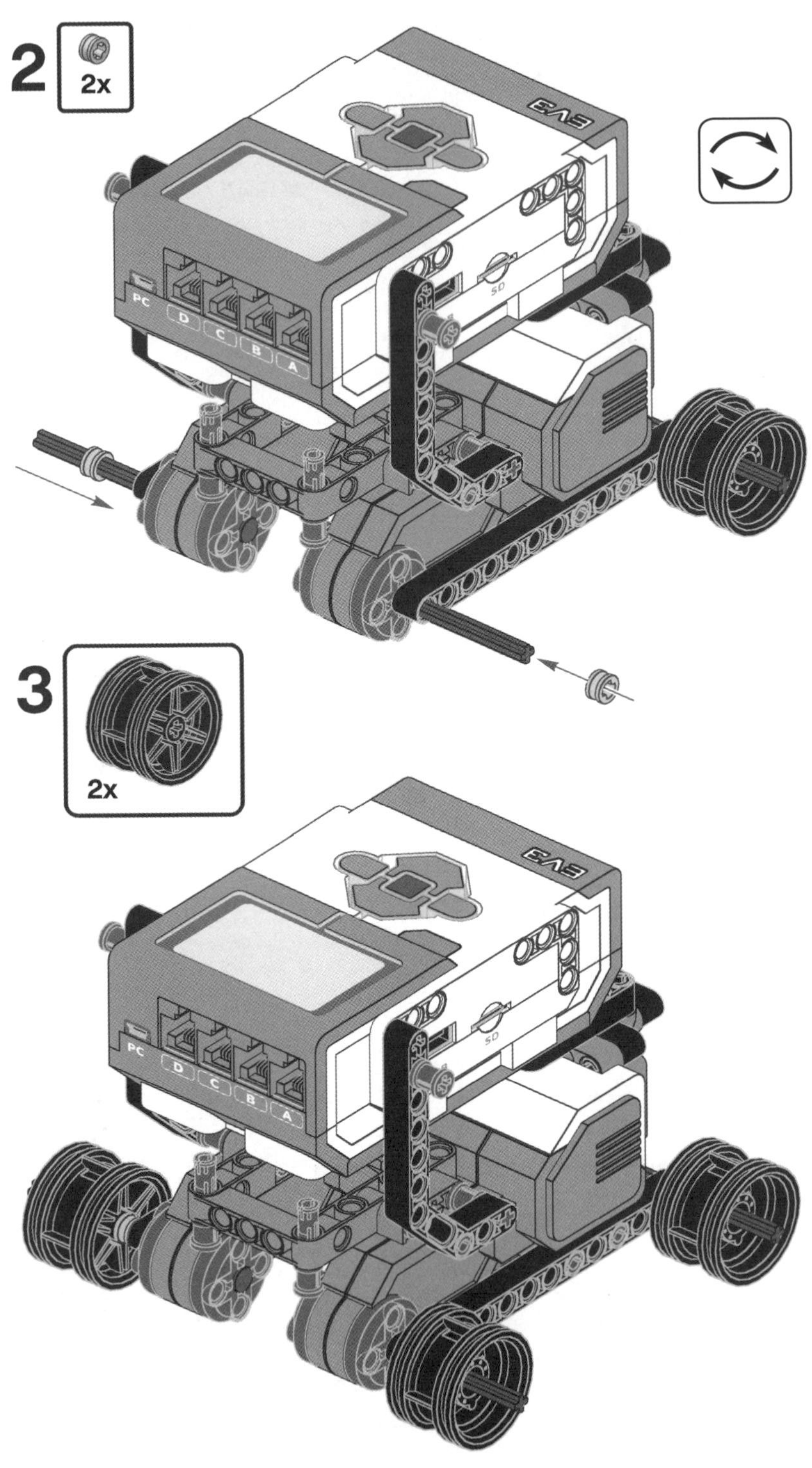

3

2x

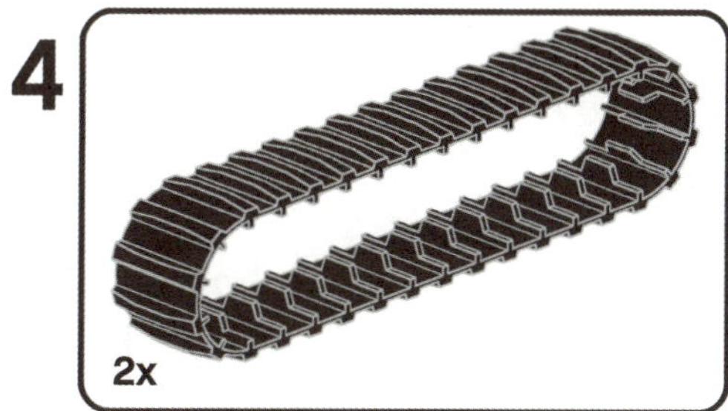

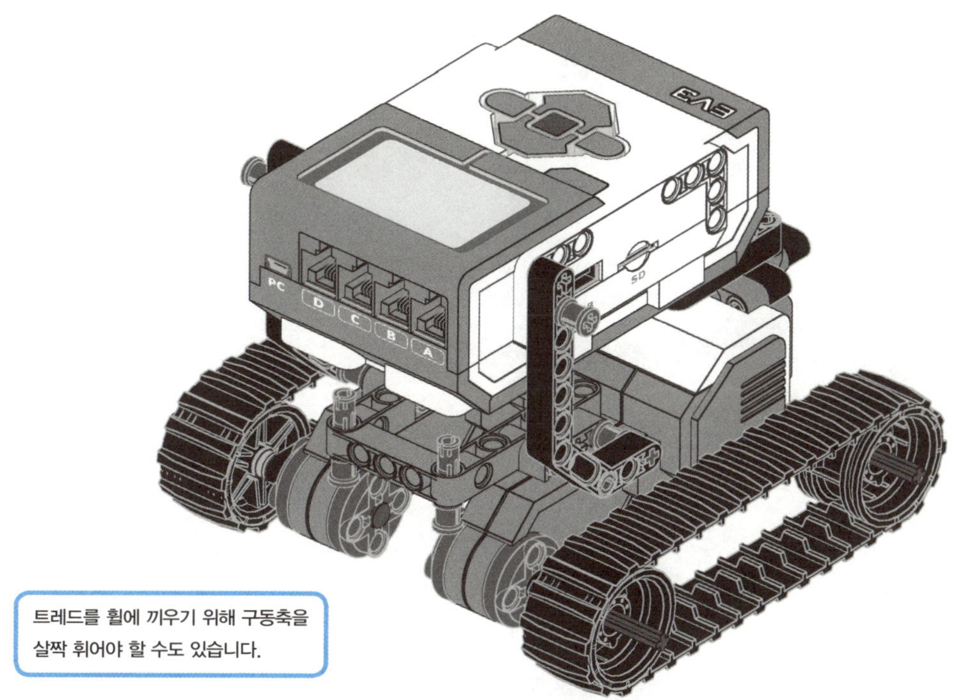

트레드를 휠에 끼우기 위해 구동축을
살짝 휘어야 할 수도 있습니다.

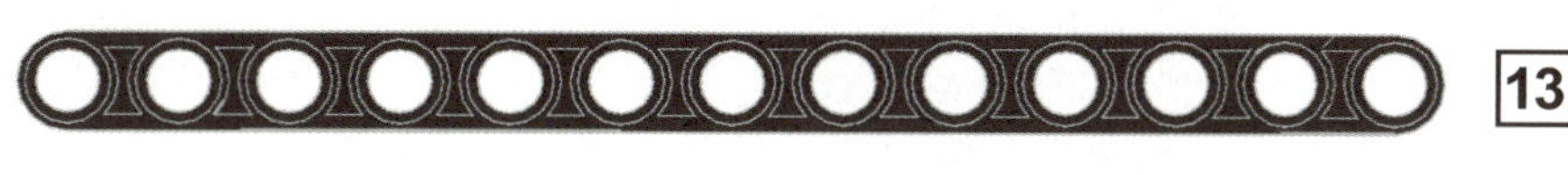

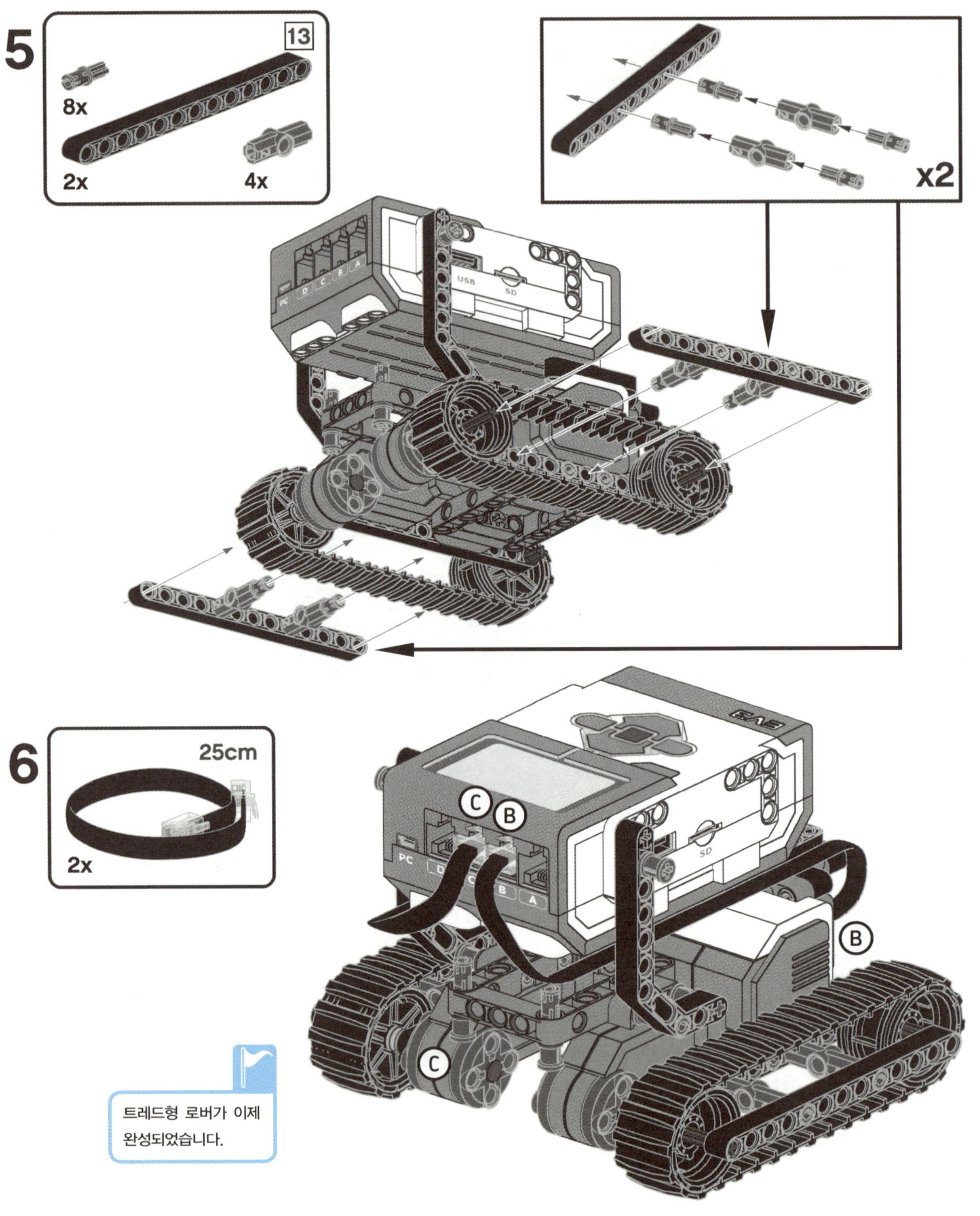
5
13
8x
2x
4x
x2
PC D C B A
USB
SD
6
25cm
2x
C B
PC D C B A
SD
EV3
B
C
트레드형 로버가 이제
완성되었습니다.

비밀 프로젝트: 집게 손 모듈

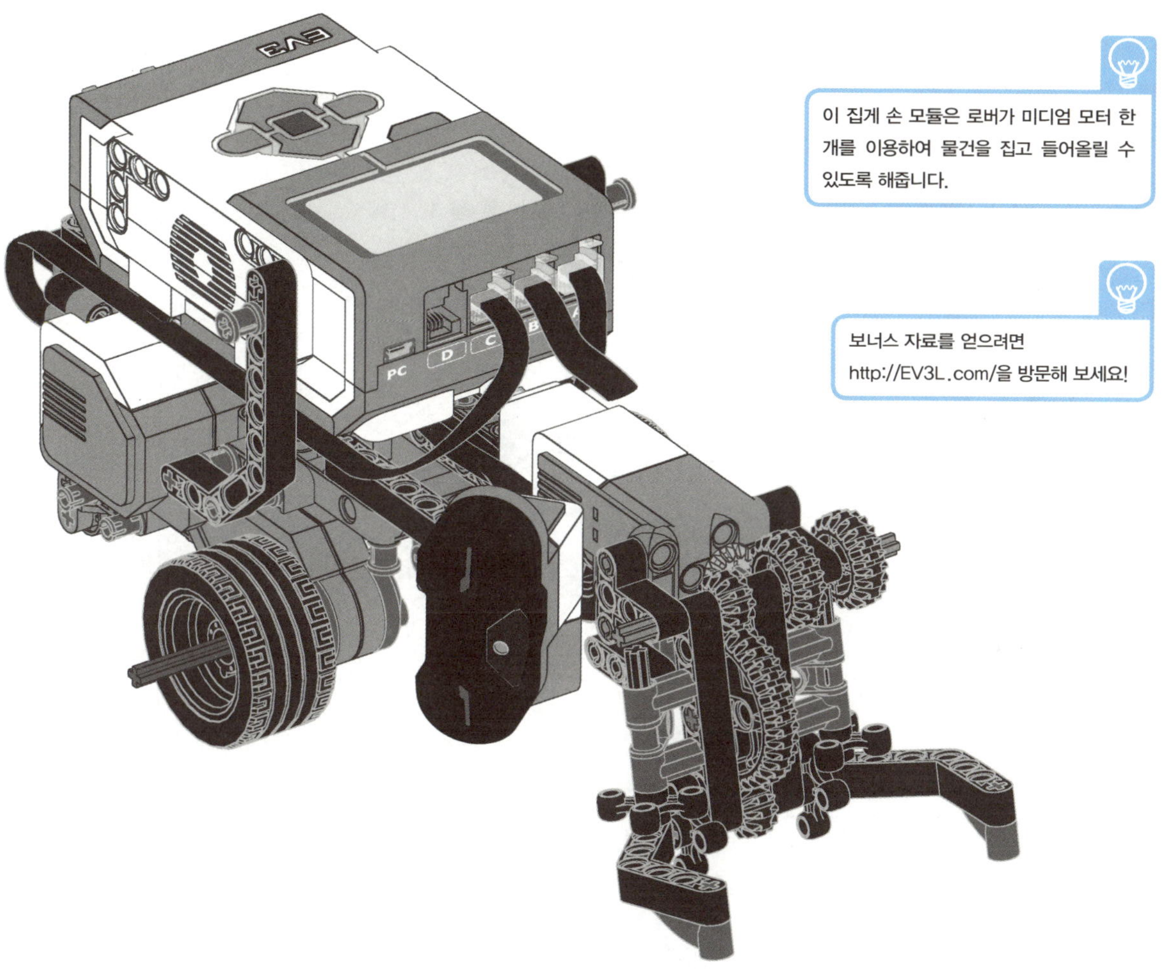

이 장을 마치며

이 장에서 로버를 만들고 다양한 센서와 도구들을 장착시켜 보았습니다. 조립설명서를 따라가며 브레이싱과 같은 몇 가지 기본 조립 기법을 배워 보았으며 레고 마인드스톰 EV3 시스템의 개요를 살펴보았습니다. 다음 장에서는 브릭 프로그램 앱을 사용하여 로버를 프로그래밍하는 방법을 배울 예정입니다.

난 작명 센스가 정말 꽝이라서 말이야. 이걸 뭐라고 부르면 좋을까?
우리 집 강아지랑 같은 이름이요. 로버ROVER요!
아냐! 로바야!
뭐가 다른 거죠? 발음은 같은데!
그래 그렇긴 한데 'ㅓ'를 'ㅏ'으로 바꾼 거야.
좀 다르게 들리지 않니?
후리리리리
박사님, 잘 동작하네요!
콜록! 콜록!

이건 정말 사람을 '질식' 시킬 만하구나! 정전기 부직포로 먼지를 모으다니 기발한데?

프로그래밍

로봇에 생명을 불어넣으려면 컴퓨터 프로그램을 작성해서 로봇에게 무엇을 할지 알려 주어야 합니다. 프로그램이란 어떤 결과를 내기 위해 명령어를 작성하고 순서대로 나열한 것을 말합니다.

이런 명령어는 컴퓨터가 이해할 수 있는 언어인 '프로그래밍 언어'로 짭니다. 예를 들어, 로봇 집사에게 "차를 좀 준비해"라는 지시를 내리는 것 자체만으로는 충분하지 않습니다. 로봇에게 이는 어려운 상급 명령어입니다.

실제로 로봇을 제어하려면 상급 레벨의 명령을 하위 레벨의 쉬운 명령어 여러 개로 쪼개야 합니다. "차를 좀 준비해"라는 상급 명령어는 아래와 같이 구분하여 잘 정의된 기본적인 여러 단계들로 잘게 쪼개어 하나의 리스트로 만들어야 합니다.

- 주전자를 집어 올려라.
- 주전자에 물을 채워라.
- 가스레인지를 켜라.
- 가스레인지에 주전자를 올려라.
- 물 온도가 95°C가 될 때까지 기다려라.
- 가스레인지를 꺼라.
- 컵에 물 200ml를 부어라.
- 컵에 티백을 넣어라.
- 4분간 기다려라.
- 티백을 꺼내라.
- 차에 설탕 네 스푼을 넣어라.
- 차에 레몬즙 10방울을 짜 넣어라.
- 물 온도가 45°C로 식을 때까지 기다려라.
- 차를 마실 사람 앞에 컵을 놓아라.

위의 모든 단계들이 우리들에게는 쉬운 것처럼 보이지만, 로봇을 위해서는 이 단계들을 더 쪼개야 합니다. 예를 들어, '주전자를 집어 올려라'는 'A 모터를 시계 방향으로 90도 돌려라'라고 하는 것처럼 더 하위 수준으로 쪼개야만 합니다.

일반적으로 프로그램에는 입력과 출력이 존재합니다. 로봇의 경우를 예로 들자면, 출력은 모터를 돌리고 멈추거나 특정 각도만큼 회전시킵니다. 입력은 센서로부터 측정값을 읽어 들이거나 주인(말하자면 여러분과 같은)이 내린 명령을 받아들입니다.

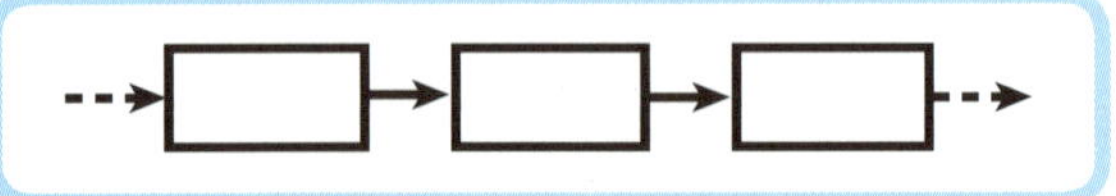 이 책에 나오는 EV3 프로그램과 관련된 용어들은 레고 공식 EV3 사용설명서(PDF 버전)와 레고 마인드스톰 EV3 홈 에디션 소프트웨어 한국어판의 도움말 페이지에서 사용하는 용어를 참고하였습니다.

프로그램 블록 만들기

여러분이 프로그래밍 언어를 모른다고 하더라도 프로그램을 설계할 수 있습니다. 어떻게? 플로차트를 사용하면 됩니다. 플로차트는 다이어그램의 한 형태로서 화살표로 연결된 상자 그림으로 순서를 나타내어 프로그램을 대신합니다.

여러분은 시퀀스sequence, 선택choice, 루프loop의 세 가지 기본 구조를 사용하여 어떤 프로그램이라 할지라도 흐름을 표현할 수 있습니다.

시퀀스

시퀀스는 그림 3-1과 같이 '모터를 켜라' '앞으로 가라' 같은 기본 동작이나 명령을 나열한 것으로, 네모 상자 안에 씁니다.

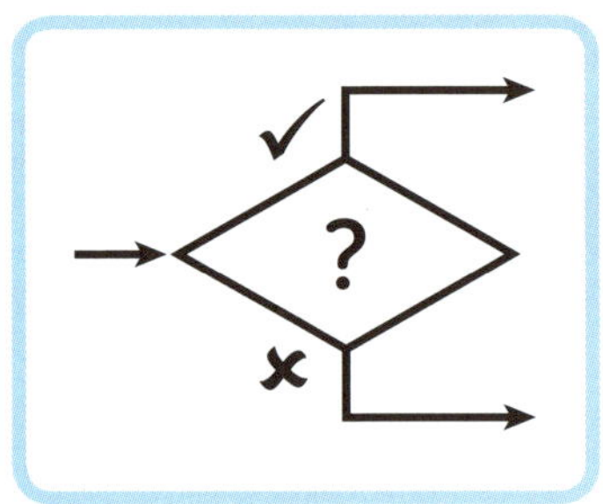

■ 그림 3-1 플로차트 시퀀스

선택

선택은 테스트(예를 들어, 입력값을 체크하는) 결과에 따라 여러 가지 다른 액션 중에 하나를 선택하는 데 사용합니다. 그림 3-2와 같이, 선택은 물음표가 들어 있는 마름모로 표현합니다.

프로그램의 흐름은 두 가지 방향 중 하나로 변경되는 데 엑스(✖) 표시하고 화살표가 가리키는 방향은 테스트 실패를 의미하고, 체크(✔) 표시하고 화살표가 가리키는 방향은 테스트 성공을 의미합니다.

여러분은 차 만들기 예제에서 선택choice 하나를 추가하여 차에 설탕을 넣고 싶은지 아닌지 로봇에게 알려줄 수 있습니다.

■ 그림 3-2 플로차트 선택

루프

루프는 특정 조건이 참이 될 때까지 처리 그룹을 반복 수행시킵니다. 그 조건은 그림 3-3(a) 마름모 내부에 물음표로 표현되어 있습니다. 그림 3-3(b)에서는 처리 시퀀스를 N번 수행하는 루프를 볼 수 있습니다. 반복 횟수는 1, 2, 3부터 심지어 무한대(영원히 시퀀스를 반복 수행한다는 의미)까지도 사용할 수 있습니다.

그림 3-4와 같이 특정 조건이 **참**이 될 때까지 대기하며 아무 동작도 하지 않는 루프를 사용할 수도 있습니다. 예를 들어 차 끓이는 로봇을 프로그래밍할 때, 차를 내오기 전에 45°C로 식을 때까지 기다리라고 명령할 수 있습니다.

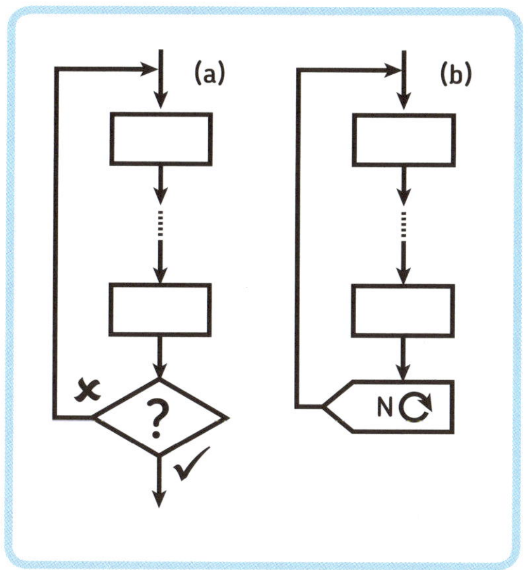

■ 그림 3-3 조건부 루프(a)와 시퀀스를 N번 반복 수행하는 루프(b)

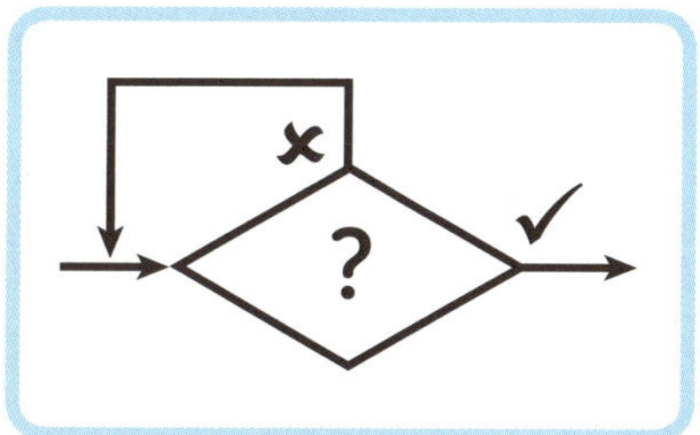

■ 그림 3-4 대기 루프

브릭 프로그램 앱으로 프로그래밍하기

EV3 로봇의 경우에는 실제로 문자형 명령 코드를 써넣을 수 없습니다. 하지만 실제 레고 부품을 조립하는 것처럼 EV3 브릭 프로그램 앱을 사용하여 프로그램을 조립하듯 짤 수 있습니다. 브릭 프로그램 앱은 편하고 자연스럽게 프로그래밍하는 경험을 제공합니다. 로봇을 가지고 재미있게 놀기 위해서 항상 PC가 필요한 것은 아닙니다. EV3 브릭에 바로 프로그래밍할 수 있습니다.

브릭 프로그램 앱을 사용하는 프로그래밍은 '로봇이 미리 정해 놓은 기본 동작을 수행하면서 어떤 이벤트가 발생하기를 기다린다'라고 하는 아이디어에 그 기반을 두고 있습니다. 어떤 부분에서 다소 제한이 있기는 하지만 이 방식은 잘 동작합니다. 브릭 프로그램 앱을 사용하기 위해 다음과 같은 사항을 숙지하기 바랍니다.

- 블록은 최대 16개까지만 배치하세요. 각 블록은 동작을 명령하거나 센서 입력을 기다리는 데 사용됩니다.
- 메인 루프는 하나만 두세요. 시퀀스는 한 번, 두 번, 심지어 배터리가 허락하는 한 영원히 실행시킬 수 있습니다.
- 여러 개의 동작을 하나의 시퀀스로 만들어 보세요. 모터를 동작시키고 멈추거나 소리를 재생하거나 화면에 이미지를 띄우는 동작들이 있습니다.
- 그림 3-4의 루프처럼 대기 블록을 추가하세요.
- 각 프로그래밍 블록의 파라미터 한 개는 원하는 대로 변경하세요. 파라미터는 변경 가능한 설정값 즉 변수값으로 이 값에 따라 블록이 다른 동작을 수행합니다.

그런데 브릭 프로그램 앱으로는 프로그램의 흐름을 두 가지로 분리시켜 주는 '선택'은 만들 수 없습니다. 예를 들어, 센서값이 1이면 A 동작을 하고, 0이면 B 동작을 수행하는 것을 말합니다. PC용 소프트웨어에서는 스위치 블록을 사용하여 이런 선택 기능을 만들 수 있습니다. 이는 제약 사항으로 보일 수 있지만 로봇을 프로그래밍할 때 범하게 되는 실수를 줄여줍니다. 보행하면서 장애물을 피하는 로봇일지라도 '선택'을 만들지 않고 해당 동작들을 프로그래밍할 수 있습니다.

브릭 프로그램 시작하기

브릭 프로그램 앱으로 프로그램 작성하는 방법을 살펴보 겠습니다. 그림 3-5에 EV3 브릭 버튼이 나와 있습니다.

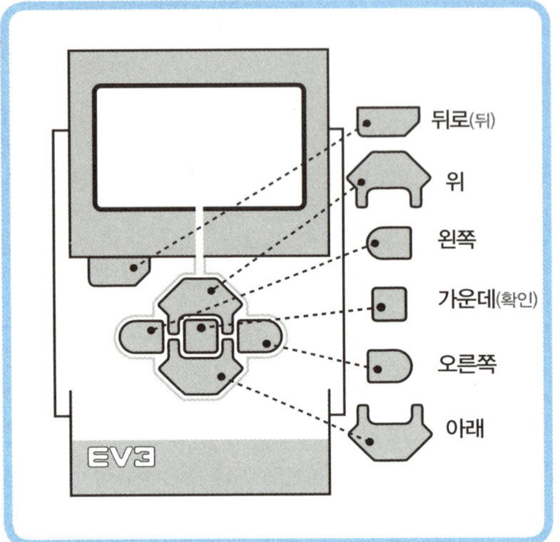

■ **그림 3-5** EV3 브릭 버튼

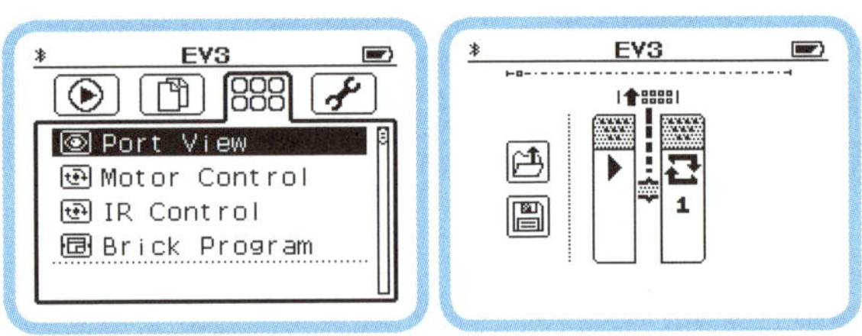

■ **그림 3-6** EV3 메뉴의 앱 탭(왼쪽)에서 브릭 프로그램 앱을 선택할 수 있습니다. 이 앱을 실행시키면 오른쪽과 같이 비어 있는 시퀀스를 볼 수 있습니다.

- **가운데** 버튼은 변경을 완료하거나 옵션을 선택할 때 사용합니다.

- **뒤로** 버튼은 메뉴에서 빠져나오거나 옵션을 취소할 때 사용합니다.

- **탐색** 버튼(위, 아래, 왼쪽, 오른쪽)은 다양한 메뉴를 탐색 할 때 사용하곤 합니다.

아직 준비가 되지 않았다면 **가운데**(확인) 버튼을 눌러서 EV3 브릭을 켜고 부팅이 완료될 때까지 기다리세요. **오른 쪽** 버튼을 사용해서 EV3 브릭을 탐색합니다. 세 번째 탭 (그림 3-6)에 가면 **포트 보기**Port View, **모터 제어**Motor Control, **적외선 제어**IR Control, **브릭 프로그램**Brick Program 앱 메뉴가 들어 있습니다.

아래 버튼을 사용하여 **브릭 프로그램 앱**을 선택하고 **가운데**(확인) 버튼을 눌러 실행시킵니다. 그림 3-6의 오른쪽처 럼 비어 있는 브릭 프로그램 시퀀스를 볼 수 있습니다. 프 로그래밍 시퀀스의 왼편에는 브릭 프로그램을 열고 저장 할 수 있는 아이콘들이 있습니다.

네 개의 탐색 버튼과 확인 버튼, 뒤로 버튼을 사용하여 이 아이콘들을 탐색해 볼 수 있습니다. 여러분이 시퀀스 의 어떤 요소를 선택하느냐에 따라 각 버튼이 가지고 있 는 기능이 달라집니다.

브릭 프로그램 앱을 시작하기 전에, 실내에서 적외선 센서를 사용하여 로버가 장애물을 감지하고 회피할 수 있도록 만들어 봅시다. 31쪽에 나와 있는 조립설명서를 참고하여 전방 적외선 센서(그림 3-7)를 부착한 로버를 만 들어 보세요.

왼쪽 모터는 B 포트에, 오른쪽 모터는 C 포트에, 그리 고 적외선 센서는 4번 포트에 연결되었는지 확인하세요. 그런 다음 플로차트 형식으로 프로그램에 대한 밑그림을 그려봅시다.

로버가 직진하다가 장애물을 만나면 곡선을 그리며 후 진한 다음 다시 직진을 하도록 설계합니다. 그림 3-8에 있는 것과 비슷할 것입니다.

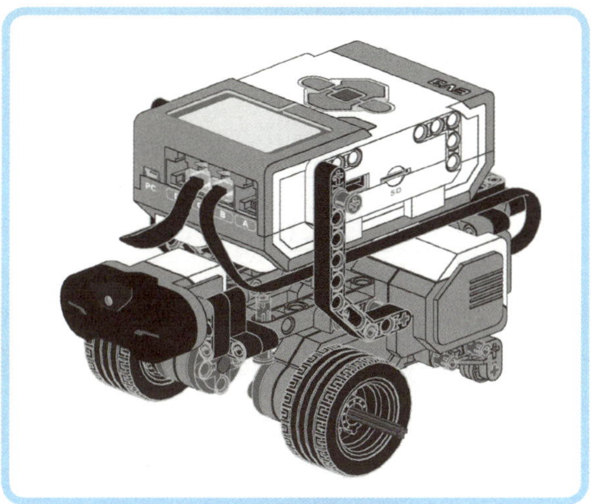

■ 그림 3-7 전방 적외선 센서를 부착한 로버

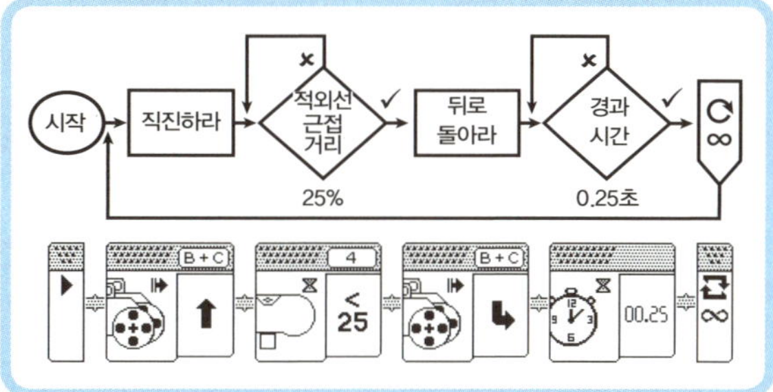

■ 그림 3-8 장애물 회피 프로그램의 플로차트와 브릭 프로그램

브릭 프로그램 앱 자주 쓰는 기능

블록 추가 방법

- **시퀀스 와이어**를 선택하세요.
- **위** 버튼을 눌러 블록 팔레트를 엽니다.
- 방향 버튼으로 블록 하나를 선택합니다.
- **가운데**(확인) 버튼을 눌러 선택한 블록을 시퀀스에 추가합니다.

블록 제거 방법

- 지우고자 하는 블록을 선택합니다.
- **위** 버튼을 눌러 블록 팔레트에 들어갑니다.
- 휴지통 아이콘을 선택합니다.
- **가운데**(확인) 버튼을 누릅니다.

블록 교체 방법

- 교체하려는 블록을 선택합니다.
- **위** 버튼을 눌러 블록 팔레트에 들어갑니다.
- 블록 팔레트에서 새로운 블록을 선택합니다.
- **가운데**(확인) 버튼을 누릅니다.

블록 파라미터 편집

- 편집할 블록을 선택합니다.
- **가운데**(확인) 버튼을 눌러 편집 모드에 들어갑니다.
- **위** 버튼과 **아래** 버튼을 눌러 편집 가능한 파라미터를 변경합니다.
- **가운데**(확인) 버튼을 눌러 완료하고 수정 모드를 빠져나옵니다.

지금부터 이 플로차트를 프로그래밍하는 방법을 차근차근 안내하겠습니다. 그림 3-6의 오른편에 있는 사진과 비슷한 브릭 화면에서 시작해야 합니다.

1. **위** 버튼을 눌러서 **블록 팔레트**를 열어보세요. 여기에는 시퀀스 안에 넣을 수 있는 모든 프로그래밍 블록이 들어 있습니다. (55쪽에서 블록 팔레트에 대해 자세히 배울 수 있습니다.)

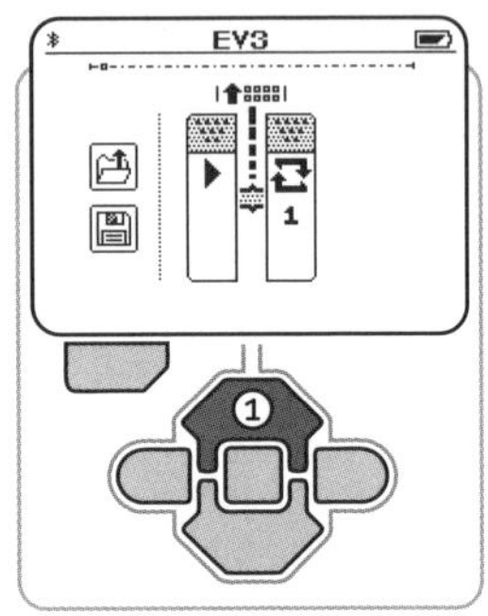

2. 블록 팔레트가 이제 열렸습니다. **오른쪽** 버튼을 눌러서 **주행** 블록을 선택합니다.

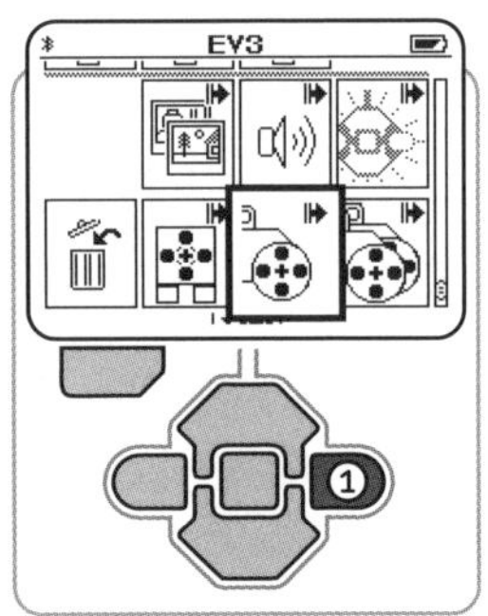

3. **확인** 버튼을 눌러 프로그램에 블록을 추가합니다.

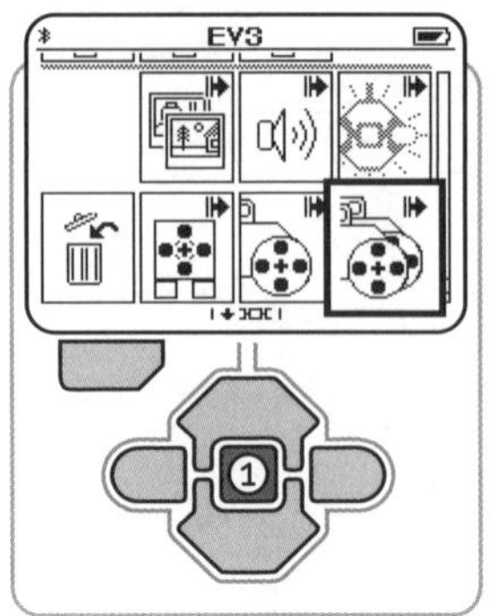

4. 기본 파라미터는 전진으로 설정되어 있습니다. **오른쪽** 버튼을 눌러 다음 **시퀀스 와이어**를 선택합니다. (시퀀스 와이어는 시퀀스의 블록끼리 연결해주는 선입니다.)

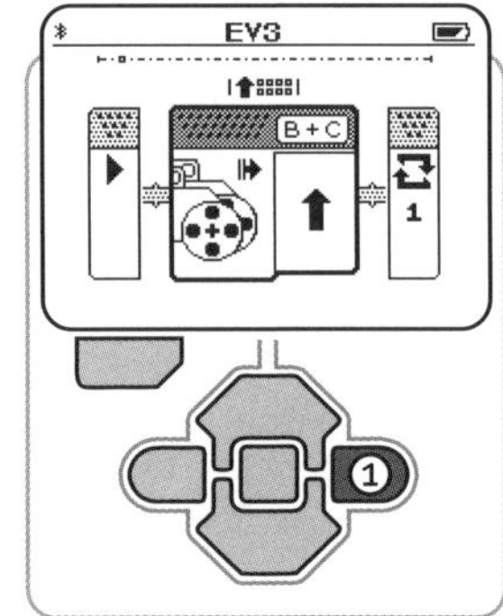

5. **위** 버튼을 눌러 **블록 팔레트**에 들어갑니다.

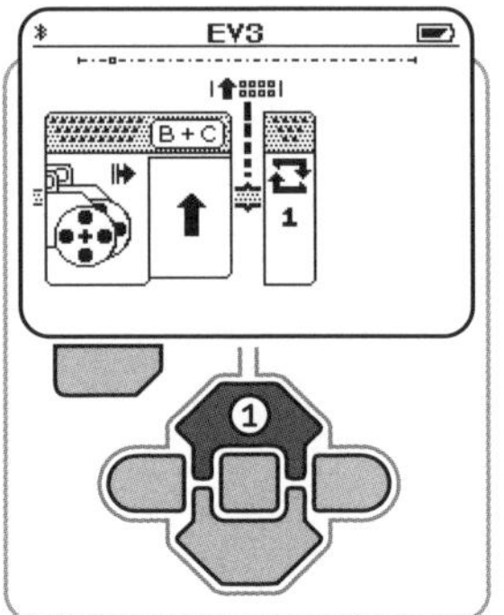

6. **위** 버튼을 세 번 누르고 **왼쪽** 버튼을 한 번 눌러 **적외선 센서 대기** 블록을 선택한 다음 **확인** 버튼을 눌러 프로그램에 추가합니다.

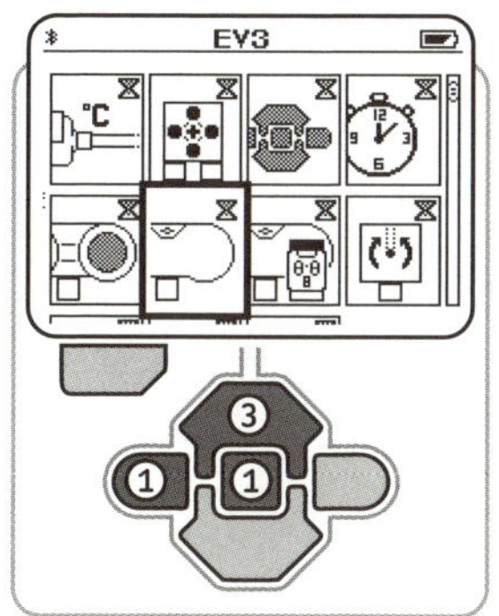

7. **확인** 버튼을 눌러 거리 경계값threshold 파라미터를 편집합니다. 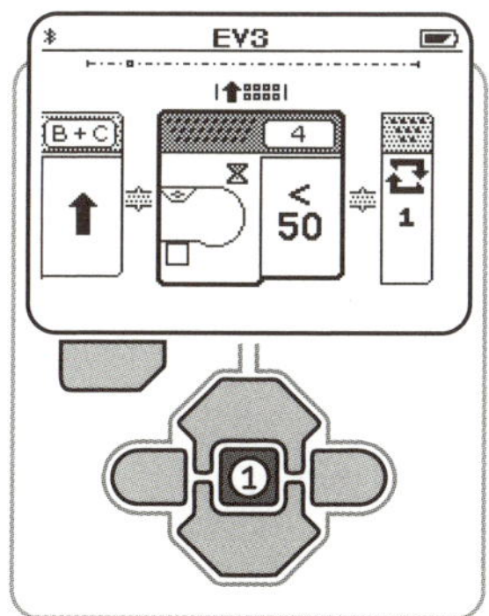 경계값threshold은 문턱치라고도 하며 판단을 위한 기준값을 의미합니다.

8. **아래** 버튼을 한 번 눌러 경계값을 <25로 변경합니다. **확인** 버튼을 눌러 변경을 확정합니다.

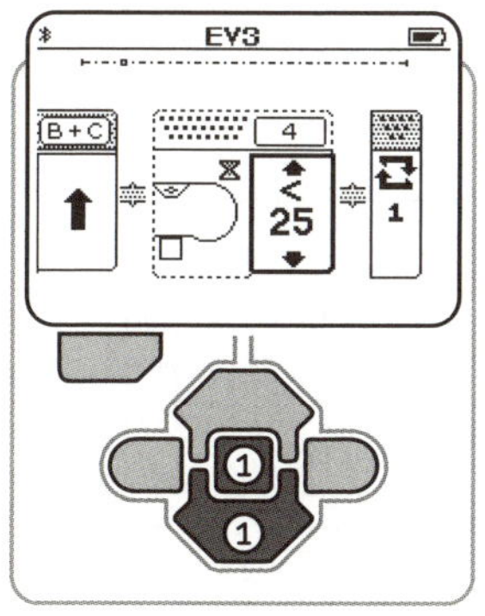

9. 이제 **오른쪽** 버튼을 눌러 다음 **시퀀스 와이어**를 선택하고 1단계에서 3단계를 반복하여 또 하나의 **주행** 블록을 추가합니다.

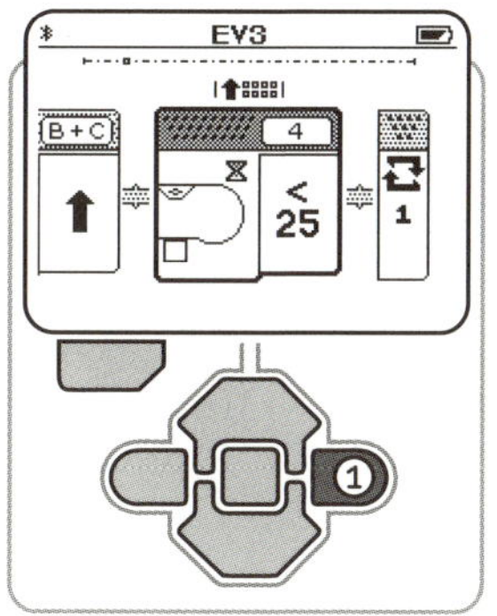

10. **확인** 버튼을 눌러 주행 블록을 편집합니다. **아래** 버튼을 두 번 눌러 로봇이 우회전하면서 후진하도록 설정합니다. **확인** 버튼을 눌러 변경을 확정합니다.

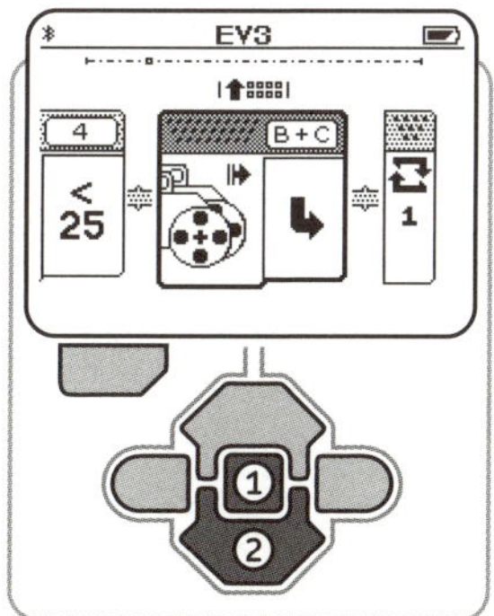

11. **대기** 블록을 추가하고 **0.25초**로 변경한 다음 **오른쪽** 버튼을 두 번 눌러 **루프** 블록을 선택합니다.

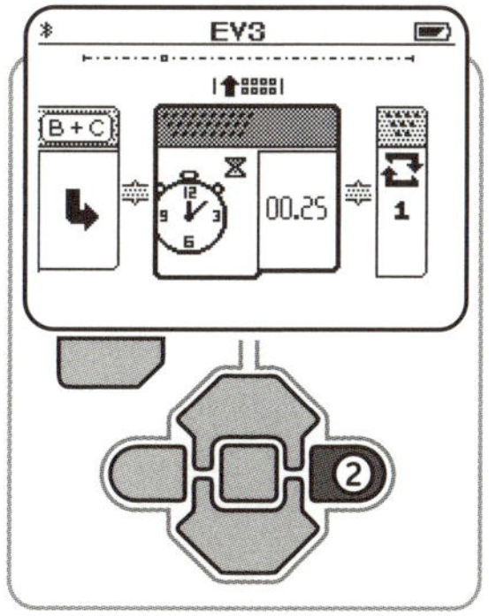

12. **확인** 버튼을 눌러 이 프로그램을 몇 번 반복할지 여
부를 원하는 횟수로 설정합니다.

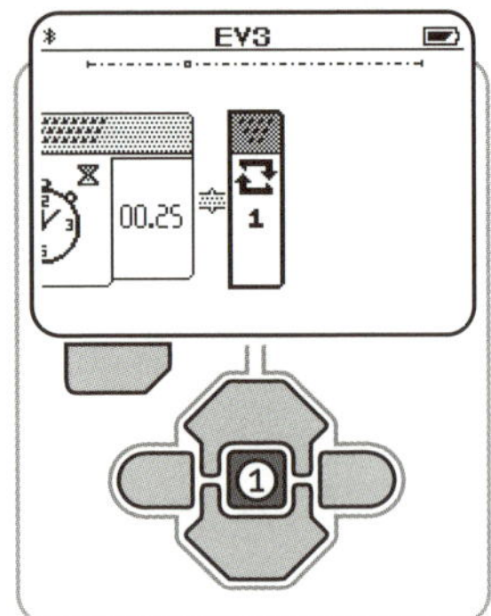

13. **위** 버튼을 여섯 번 눌러 시퀀스가 영원히 반복되도
록 루프 블록을 설정합니다.

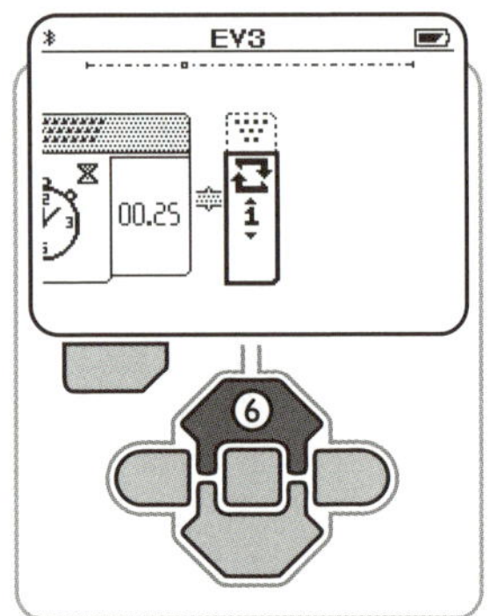

14. 무한대 아이콘(∞)은 프로그램이 영원히 반복 동작
한다는 뜻입니다. **확인**을 눌러 확정합니다.

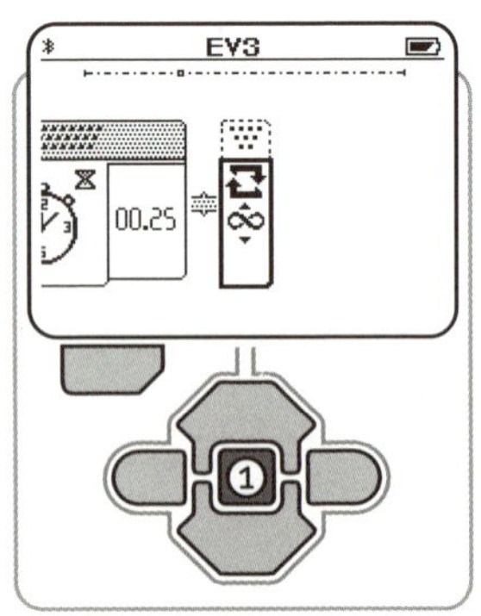

15. **왼쪽** 버튼을 열 번 눌러 **시작** 블록으로 이동하거나
간단히 **뒤로** 버튼을 누릅니다.

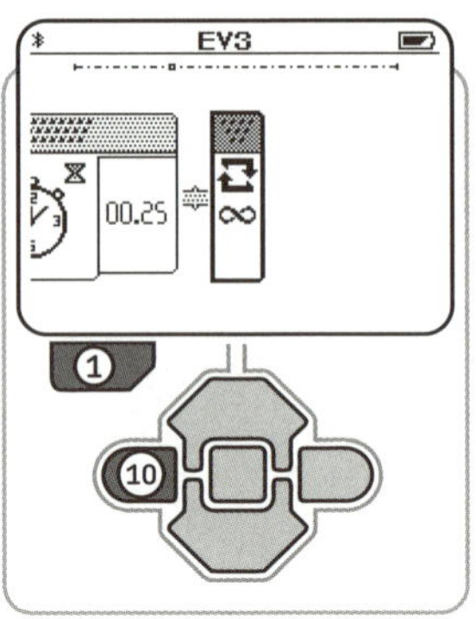

16. **확인** 버튼을 눌러 프로그램을 실행시킵니다.

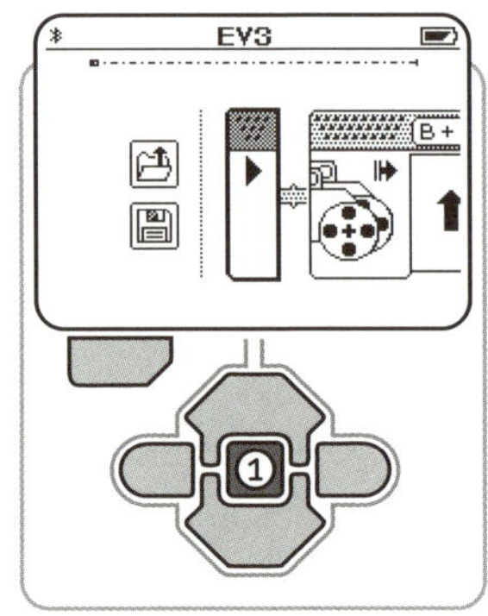

프로그램을 구동시키면 로버는 앞으로 움직이기 시작할
것입니다. 전방 적외선 센서를 손으로 가려 보세요. 로버
가 뒤로 가면서 약간 회전했다가 다시 앞으로 움직이기

시작할 것입니다.

프로그램을 멈추려면 **뒤로** 버튼을 누르세요. 프로그램을 저장하려면 왼쪽 버튼을 누른 다음 **확인** 버튼을 눌러 **저장** 아이콘을 선택하세요. 브릭 프로그램 저장 창이 뜰 것입니다. 이제 다음과 같은 방법으로 프로그램 이름을 입력하세요.

- 탐색 버튼을 이용해서 스크린 키보드의 글자에 커서를 위치시킵니다.
- **확인** 버튼을 눌러 커서가 위치한 글자를 입력합니다.
- 백스페이스 키(왼쪽을 가리키는 화살표)에 커서를 위치시키고 **확인** 버튼을 눌러 글자를 삭제합니다.
- 시프트(위를 가리키는 화살표)에 커서를 위치시키고 **확인** 버튼을 눌러서 대문자로 전환시킵니다.
- 123 버튼에 커서를 위치시키고 **확인** 버튼을 눌러서 숫자나 심벌로 전환시킵니다.
- 엔터(체크 표시) 키에 커서를 위치시키고 **확인** 버튼을 눌러 이름을 확정하고 저장합니다.

축하합니다. 여러분은 지금 막 첫 번째 브릭 프로그램을 완성했습니다. 지금부터는 프로그램 설정값들을 바꿔보면 어떨까요? 예를 들어 적외선 센서 블록의 경계값 파라미터나 대기 블록의 파라미터를 바꾸어 보세요.

그리고 여유를 갖고 블록 팔레트 이곳저곳을 둘러보세요. 다음 절에서는 블록 팔레트에 들어 있는 모든 블록에 대하여 자세히 설명할 예정입니다.

블록 팔레트

블록이나 시퀀스 와이어가 선택된 상태로 **위** 버튼을 누르면 브릭 프로그램 앱에 있는 블록 팔레트에 접근할 수 있습니다.

확인 버튼을 누르거나(이 경우 팔레트에서 선택된 블록이 시퀀스에 추가됩니다) 아니면 **뒤로** 버튼을 눌러서 프로그래밍 시퀀스로 되돌아갈 수 있습니다.

그림 3-9에 블록 팔레트에 있는 블록들이 빠짐없이 나와 있습니다. 각 블록은 한 개의 사용자 파라미터만을 가지고 있습니다.

예를 들어 주행 블록의 경우 로봇이 움직이는 방향을 결정할 수 있지만 바퀴의 최대 속도나 모터의 출력 포트 위치를 사용자가 마음대로 바꿀 수는 없습니다. 비록 제한을 받기는 하지만 이로 인해 로봇을 프로그래밍하는 수고가 줄어드는 장점이 있습니다.

프로그래밍 블록은 크게 동작 블록과 대기 블록의 두 가지 부류로 나누어집니다. 다음 절에서는 여러 가지 블록에 대해 자세히 다룰 예정입니다.

각 블록은 브릭 프로그램 앱 안에 있는 것과 똑같은 모양입니다. 테이블에는 다양한 아이콘과 블록 파라미터의 의미를 나열하였습니다. 테두리 선이 그려있는 파라미터 아이콘은 해당 파라미터의 초기 설정값입니다.

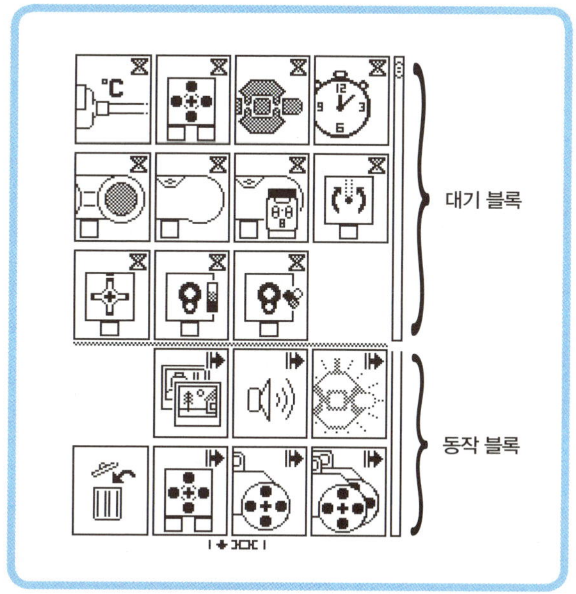

■ 그림 3-9 브릭 프로그램 앱의 전체 블록 팔레트

동작 블록

동작 블록은 여러분이 로봇을 움직이고 EV3 화면에 그림을 보여주고 EV3 브릭 상태 표시등을 점등하고 소리를 재생할 수 있게 해줍니다. 동작 블록에는 주행, 라지 모터, 미디엄 모터, 디스플레이, 사운드, 브릭 상태 표시등 이렇게 여섯 종류의 블록이 있습니다.

주행 블록

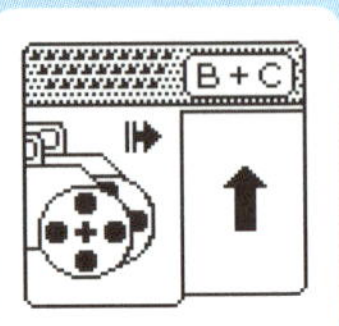 이 블록은 라지 모터 한 쌍을 제어하여 로버 같은 바퀴형 로봇을 움직이도록 해줍니다. 자동차의 일반적인 조향과 다르게 로버는 구동바퀴 두 개를 서로 다른 속도로 회전시켜 직진, 선회, 제자리 돌기 등을 할 수 있습니다.

만약 양 바퀴가 같은 방향과 속도로 회전한다면 로봇은 똑바로 나아갑니다. 양 바퀴가 다른 속도로 회전한다면 로봇은 곡선을 따라 이동하고 바퀴가 서로 반대 방향으로 회전하면 로봇은 제자리에서 뱅뱅 돌 것입니다.

모터가 두 개 달려 있고 각 모터가 따로 바퀴를 구동시키는 로봇을 디퍼렌셜 드라이브differential drive 로봇이라고 부릅니다. (디퍼렌셜 드라이브 자동차의 현존하는 예로는 무한궤도가 달린 굴삭기나 탱크 등이 있습니다.)

대개 바퀴 달린 로봇은 직선으로 주행하지 못합니다. 두 모터가 정확하게 같은 속도로 회전하지 못하기 때문입니다. EV3 브릭은 주행 블록을 사용해서 두 라지 모터의 속도를 동기화시켜 로봇의 직진 주행 성능을 향상시킵니다.

이 동기화 기능을 확인하려면 파라미터를 직진 주행으로 설정한 후 한쪽 바퀴가 자유롭게 회전하지 못하도록 손으로 잡아 보세요. 이렇게 되면 회전을 방해 받는 모터의 속도가 회복되기를 기다리면서 다른 한쪽 모터도 같이 속도가 처지는 것을 볼 수 있습니다.

다음에 보이는 것처럼 이 블록의 파라미터는 주행 방향입니다.

↓	뒤로 가기
↻	오른쪽으로 제자리 돌기: 모터가 서로 반대로 회전합니다. (왼쪽 바퀴는 앞으로, 오른쪽 바퀴는 뒤로)
↵	왼쪽으로 후진하기: 오른쪽 바퀴는 뒤로 돌고 왼쪽 바퀴는 서 있습니다.
↱	오른쪽으로 회전하기: 왼쪽 바퀴는 앞으로 돌고 오른쪽 바퀴는 서 있습니다.
↑	직진하기, 모터 속도 동기화를 유지합니다.
↰	왼쪽으로 회전하기: 오른쪽 바퀴는 앞으로 돌고 왼쪽 바퀴는 서 있습니다.
↳	오른쪽으로 후진하기: 왼쪽 바퀴는 뒤로 돌고 오른쪽 바퀴는 서 있습니다.
↺	왼쪽으로 제자리 돌기: 모터가 서로 반대로 회전합니다. (왼쪽 바퀴는 뒤로, 오른쪽 바퀴는 앞으로)
⊘	모터 정지

디스플레이 블록

이 블록은 가용한 이미지 12개 중의 하나를 화면에 보여주거나 화면을 깨끗하게 지우는 데 사용합니다. 블록 파라미터를 변경하여 그림을 선택할 수 있습니다. 파라미터의 종류는 아래 테이블에 나열되어 있습니다. 디스플레이 블록과 사운드 블록을 사용하여 표정과 감정이 있는 로봇을 만들 수 있습니다.

⊘	이미지 없음, 화면 초기화
1	평온함
2	의심 많음
3	화가 남
4	상처 받음
5	승인
6	거절
7	물음표
8	주의
9	정지 1
10	해적
11	쾅
12	EV3 아이콘

사운드 블록

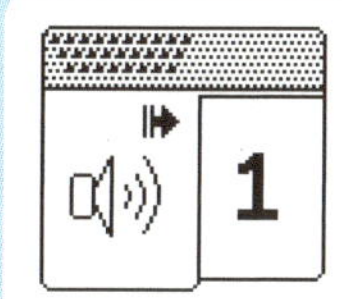

이 블록은 가용한 소리 12개 중에서 하나를 재생합니다. 블록 파라미터를 변경하여 소리를 선택할 수 있습니다. 파라미터의 종류는 아래 테이블에 나열되어 있습니다.

⊘	소리 없음, 재생 정지
1	헬로우
2	굿바이
3	팡파르
4	에러 알람
5	스타트
6	스톱
7	오브젝트
8	에취
9	삐리릭 3 (전기적 삐~ 소리)
10	로봇팔 1 (서보 모터 동작음)
11	딱 (공압 소음)
12	레이저 (레이저 발사 소리)

> **NOTE** 만약 한 번만 수행되는 시퀀스의 마지막 블록으로 사운드 블록을 두었다면 이 블록 다음에 시간 대기 블록(61쪽에 시간 대기 블록 참조)을 추가해야 합니다. 그렇지 않으면 소리가 재생되기 전에 프로그램이 종료되어 아무 소리도 들을 수 없습니다.

라지 모터 블록

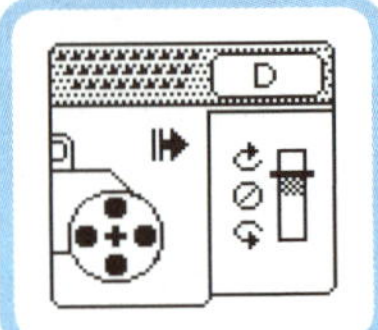

이 블록은 D 포트에 연결된 라지 모터를 제어합니다. 아래 보이는 것처럼 이 블록의 파라미터는 모터의 파워와 회전 방향입니다. 최대 파워의 25% 단위로 설정할 수 있습니다.

	100% 파워로 정회전
	75% 파워로 정회전
	50% 파워로 정회전
	25% 파워로 정회전
	정지
	25% 파워로 역회전
	50% 파워로 역회전
	75% 파워로 역회전
	100% 파워로 역회전

미디엄 모터 블록

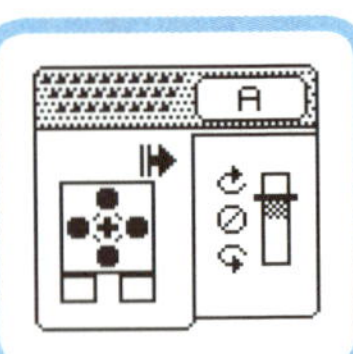

이 블록은 A 포트에 연결된 미디엄 모터를 제어합니다. 이 블록의 파라미터는 모터의 파워와 방향입니다. 최대 파워의 25% 단위로 설정할 수 있습니다. 이 블록의 파라미터 아이콘은 라지 모터 블록의 파라미터와 동일합니다.

브릭 상태 표시등 블록

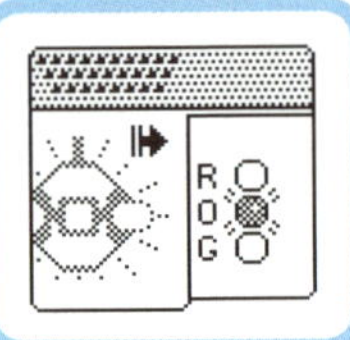

이 블록은 EV3 브릭 버튼 주변에 내장된 상태 표시등을 켜고 끄는 기능을 담당합니다. 선택된 파라미터는 빛의 색을 바꾸고 점등 여부를 선택하게 해줍니다.

	빨간 등 깜빡이기
	오렌지 등 깜빡이기
	녹색 등 깜빡이기
	빨간 등 켜기
	오렌지 등 켜기
	녹색 등 켜기
	등 끄기

대기 블록

이 대기 블록은 어떤 조건이 참이 될 때까지 그 프로그램을 잠시 정지시킵니다. 이 블록은 일정 시간이 지나가기를 기다리거나 센서에서 읽은 값이 특정 값과 같거나, 크거나, 혹은 작은 조건을 만족할 때까지 기다리기도 합니다.

또한 EV3 브릭의 특정 버튼이 눌리기를 기다리거나 A 포트에 연결된 서보 모터에 내장되어 있는 회전 센서가 어떤 특정 값에 도달하기를 기다리기도 합니다.

> **NOTE** 대기 블록이 프로그램의 흐름을 잠시 멈추었다고 해도 앞쪽에 있는 주행 블록이나 모터 블록이 동작시킨 모터는 회전을 계속 유지합니다.

블록 팔레트에 있는 어떤 대기 블록들은 제품번호 31313 EV3 세트에는 들어 있지 않은 자이로스코프 센서나, 초음파 센서, 온도 센서와 같은 센서가 필요합니다.

터치 센서 대기 블록

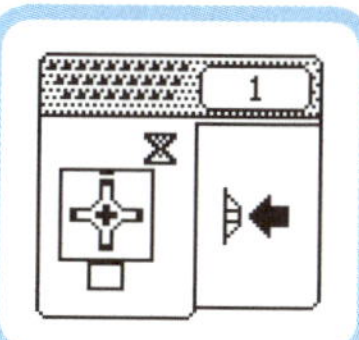

이 블록은 1번 입력 포트에 연결된 터치 센서가 눌리거나, 해제되거나, 부딪히는(눌렸다가 해제되는) 순간을 기다립니다.

▶◀	터치 센서가 눌렸다 해제될 때까지 대기하기
▶➡	터치 센서가 해제될 때까지 대기하기
▶◀	터치 센서가 눌릴 때까지 대기하기

광 센서 대기 블록

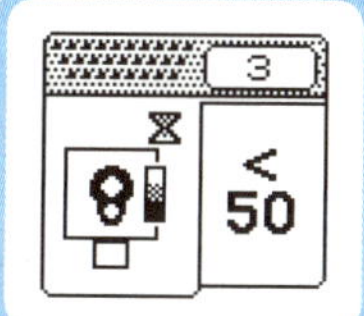

이 블록은 3번 포트에 연결된 컬러 센서를 사용하는데, 반사광 모드에서 측정한 센서값이 백분율로 표현한 경계값을 넘어설 때까지 기다립니다. 이 센서는 표면에서 반사되는 LED 빛(빨간색)을 측정합니다. 최고의 정확성을 위해서는 측정하는 표면에서부터 5~10mm 거리에 직각으로 센서를 설치해야 합니다. 밝은 표면은 어두운 표면보다 높은 값이 측정됩니다.

$\geq$ 90	$\geq$ 35	$<$ 90	$<$ 35
$\geq$ 75	$\geq$ 25	$<$ 75	$<$ 25
$\geq$ 65	$\geq$ 10	$<$ 65	$<$ 10
$\geq$ 50	$<$ 100	$<$ 50	$<$ 5

버튼 대기 블록

이 블록은 EV3 브릭 어느 한 버튼이 눌려질 때까지 기다립니다.

	오른쪽 버튼이 눌릴 때까지 대기합니다.
	왼쪽 버튼이 눌릴 때까지 대기합니다.
	아래 버튼이 눌릴 때까지 대기합니다.
	위 버튼이 눌릴 때까지 대기합니다.
	확인 버튼이 눌릴 때까지 대기합니다.

모터 회전 대기 블록

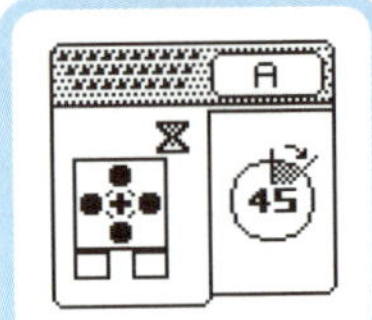

이 블록은 A 포트에 연결한 서보 모터에 내장된 회전 센서를 이용하는데, 이 센서로 측정한 모터 축 각도의 변화량이 시계 혹은 반시계 방향으로 표현한 파라미터 경계값과 일치하는 순간을 기다립니다.

이 블록은 상대적인 방식으로도 동작할 수 있습니다. 즉 모터의 축이 어떤 절대적인 각도에 도달할 때를 기다리는 방식 대신 축의 각도가 상대적으로 변하는 각도를 기다리는 방식입니다. 또한 여러 개의 모터 회전 대기 블록들을 조합하여 45° + 10° = 55°(시계 방향)처럼 파라미터로 설정할 수 없는 특정 각도를 만들어 낼 수 있습니다.

	시계 방향 360°
	반시계 방향 360°
	시계 방향 270°
	반시계 방향 270°
	시계 방향 180°
	반시계 방향 180°
	시계 방향 90°
	반시계 방향 90°
	시계 방향 45°
	반시계 방향 45°
	시계 방향 10°
	반시계 방향 10°

컬러 센서 대기 블록

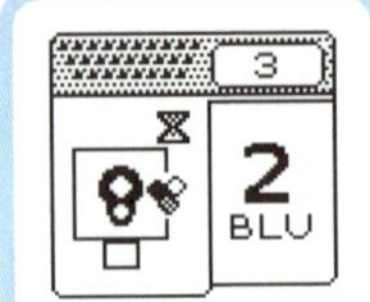

이 블록은 3번 입력 포트에 연결된 컬러 센서가 여러분이 미리 파라미터에 설정해 놓은 색을 감지할 때까지 기다립니다.

최고의 정확성을 위해 측정하는 표면으로부터 5~10mm 거리에 직각으로 센서를 설치해야 합니다.

색을 감지하기 위해 컬러 센서는 내장된 RGB LED의 세 가지 색(빨강, 초록, 파랑)을 매우 빠른 주기로 깜빡이면서 물체 표면에서 반사되는 빛을 측정합니다.

컬러 센서는 색상에 따라서 표면으로부터 빨강, 초록, 파랑의 반사 정도가 각기 다르다는 원리를 이용하여 색을 가려냅니다.

7 BRN	컬러 센서가 갈색 물체를 감지할 때까지 대기합니다.
6 WHT	컬러 센서가 흰색 물체를 감지할 때까지 대기합니다.
5 RED	컬러 센서가 빨간색 물체를 감지할 때까지 대기합니다.
4 YEL	컬러 센서가 노란색 물체를 감지할 때까지 대기합니다.
3 GRN	컬러 센서가 녹색 물체를 감지할 때까지 대기합니다.
2 BLU	컬러 센서가 파란색 물체를 감지할 때까지 대기합니다.
1 BLK	컬러 센서가 검은색 물체를 감지할 때까지 대기합니다.
0 N/C	컬러 센서가 어떤 물체도 감지하지 않을 때까지 대기합니다.

적외선 센서 대기 블록

이 블록은 4번 포트에 연결한 적외선 센서를 이용하여 어떤 물체와 얼마나 떨어져 있는지 거리를 측정하고, 미리 정해둔 거리보다 가까워지거나 멀어질 때까지 기다립니다.

적외선 센서는 백분율로 표현된 거리를 측정하지만 실제 거리와 정확하게 대응하지 않습니다. 제품번호 45544 에듀케이션 세트에 들어 있는 EV3 초음파 센서는 다릅니다. 이 초음파 센서는 0~255cm 혹은 0~100 inch까지 비교적 정확한 측정이 가능합니다.

적외선 센서의 출력값은 센서가 감지하고자 하는 물체의 색상에 따라 영향을 받습니다. 흰색 표면의 경우, 2cm 거리에서 1%, 40cm 거리에서 50%, 90cm 거리에서 100%의 센서값을 나타냅니다.

< 100	
< 75	≥ 75
< 50	≥ 50
< 25	≥ 25
< 5	

적외선 리모컨 대기 블록

이 블록은 4번 포트에 연결된 적외선 센서를 이용하여 원격 적외선 비컨으로부터 1번 채널을 통해 명령을 받을 때까지 기다립니다. (원격 조정기에는 네 개의 채널이 있기 때문에 같은 방 안에서 간섭 없이 EV3 로봇을 최대 네 대까지 원격 조종할 수 있습니다.)

이 블록의 파라미터를 아래 그림과 같이 설정하여 원격 적외선 비컨의 버튼에 따라 대기 동작을 수행할 수 있습니다.

	적외선 리모컨의 가운데 버튼을 누를 때까지 대기합니다.
	적외선 리모컨의 오른쪽 아래 버튼을 누를 때까지 대기합니다.
	적외선 리모컨의 오른쪽 위 버튼을 누를 때까지 대기합니다.
	적외선 리모컨의 왼쪽 아래 버튼을 누를 때까지 대기합니다.
	적외선 리모컨의 왼쪽 위 버튼을 누를 때까지 대기합니다.
	적외선 리모컨의 모든 버튼이 해제될 때까지 대기합니다.

시간 대기 블록

이 블록은 파라미터로 설정한 시간 동안 기다립니다. 이 블록들을 조합하면 0.50 + 0.25 = 0.75초처럼 파라미터 옵션에 없는 다른 대기 시간을 설정해 줄 수 있습니다.

60.00	10.00	02.00	00.50
20.00	05.00	01.00	00.25

루프 블록

아직 소개를 하지 못한 블록이 하나 더 남아 있습니다. 바로 루프 블록입니다. 이 블록은 모든 브릭 프로그램 시퀀스의 마지막에 위치하는 블록입니다. 이 블록은 이동하거나 지울 수 없으며 단지 프로그램 시퀀스가 반복되는 횟수만을 정할 수 있습니다. 이 블록은 블록 팔레트에 들어 있지 않습니다.

∞	무한 반복하기
10	10회 반복하기
5	5회 반복하기
4	4회 반복하기
3	3회 반복하기
2	2회 반복하기
1	반복하지 말고 한 번만 실행하기

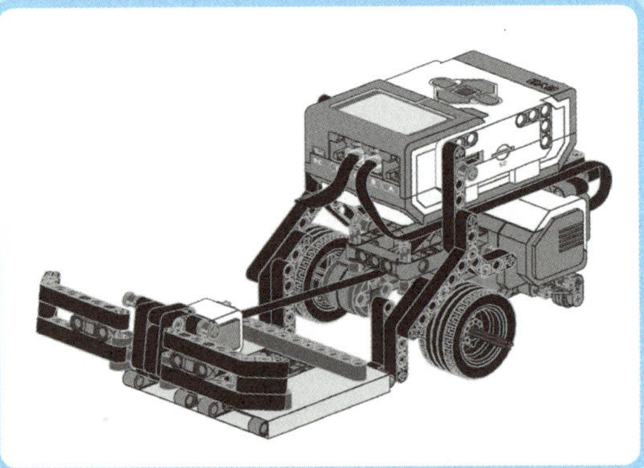

■ 그림 3-10 청소 도구와 터치 센서 범퍼가 장착된 로버 (39쪽)

이 장을 마치며

이 장을 통해 로봇 프로그래밍 기초를 배웠습니다. 특별히, PC 기반의 프로그래밍 환경이 아닌 브릭 프로그램 앱을 사용하여 EV3 로봇 프로그래밍하는 방법을 배웠습니다.

튜토리얼을 차근차근 따라가며 로버를 제어하는 첫 번째 브릭 프로그램을 만들었습니다. 마지막 절에서는 브릭 프로그램 앱의 블록 팔레트에 들어 있는 블록들을 자세하게 다루었습니다.

다음 장에서는, 브릭 프로그램 앱으로 프로그래밍하는 더욱 많은 팁과 요령 그리고 로버가 선과 벽을 따라 움직이도록 만드는 방법을 배우게 될 것입니다.

4

브릭 프로그램 앱
고급 프로그래밍

advanced programming with the brick program app

여러분은 2장에서 로버를 만들었고 3장에서 이 로봇이 방을 가로질러 이동하고 장애물들을 피하도록 프로그래밍하는 방법을 배웠습니다. PC 없이도 브릭 프로그램 앱을 사용하여 EV3 브릭을 프로그래밍할 수 있다는 것을 발견했습니다.

이번 장에서는 온-브릭 프로그래밍에 대해 더 자세히 배워 보기로 합니다. 마루 위에 그려진 선을 따라가고 벽을 따라 집 전체를 돌아다니는 것과 같이 특별한 패턴으로 움직이는 로버 제작 방법을 배울 예정입니다.

터치 센서 범퍼를 장착한 로버

3장 끝 무렵에 여러분에게 도전과제를 주었습니다(62쪽의 도전과제 3-2 참고). 적외선 범퍼 대신 터치 센서 범퍼를 이용하여 로버가 장애물을 인지하도록 프로그램을 수정하는 것이 과제 내용이었습니다.

이제 여기서 해답을 드리도록 하겠습니다. 그림 4-1은 터치 센서 범퍼만 장착한 모델과 터치 센서 범퍼와 청소 도구를 모두 장착한 모델 두 가지를 보여주고 있습니다. (2장에는 로버와 각 모듈의 조립설명서가 있습니다.)

그림 4-2에서 볼 수 있듯이 장애물을 회피하는 시퀀스는 다음과 같습니다. 직진한다, 터치 센서가 눌리기를 기다린다, 곡선을 그리며 뒤로 움직인다, 회전한다, 그리고 0.25초를 기다린다.

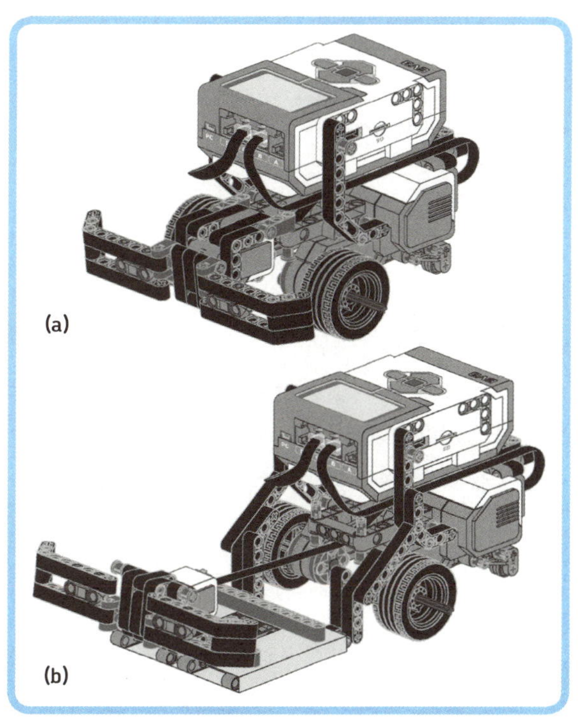

■ **그림 4-1** 터치 센서 범퍼만 장착한 로버(a)와 터치 센서 범퍼와 청소 도구를 함께 장착한 로버(b)

이 시퀀스는 루프 안에서 영원히 반복됩니다. 브릭 프로그램 앱을 사용하여 이 프로그램을 만들 수 있습니다. (50쪽의 '브릭 프로그램 시작하기' 조립설명서 참고)

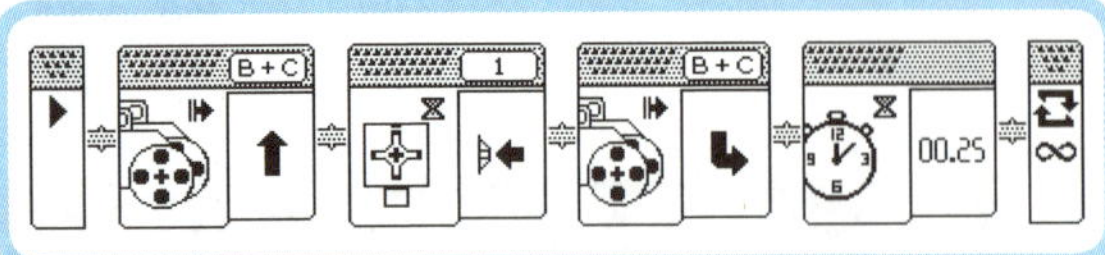

■ **그림 4-2** 터치 센서 범퍼를 사용하여 장애물을 회피하는 브릭 프로그램

기하학적 경로 따라 주행하기

로봇을 회전시키기 위해 바퀴의 회전 각도를 정확하게 제어할 수는 없겠지만(그림 4-3에 보이는 프로그램을 이용하여) 대기 블록으로 대기 시간을 조정하고 로버가 사각형 경로를 따라 주행하게 만들 수 있습니다.

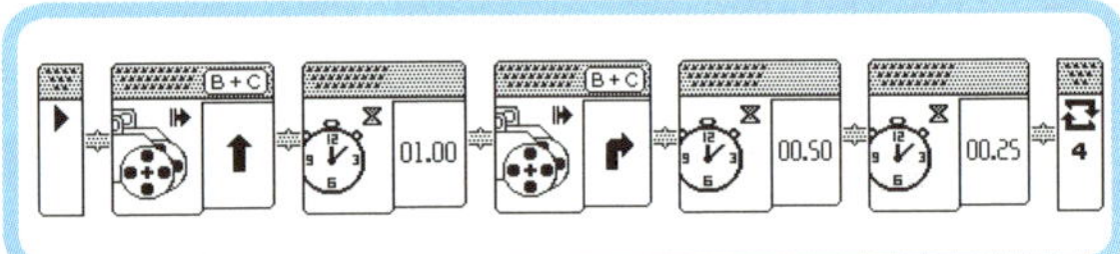

■ **그림 4-3** 사각형 경로를 따라 로버를 주행시키는 브릭 프로그램

이 로봇은 경로가 구부러진 곳에서 거의 직각으로 방향 전환을 해야 합니다. 정확한 방향 전환을 위해 양 바퀴를 바깥쪽으로 당겨서 바퀴 사이의 물리적 거리가 조금 멀어지도록 해줍니다.

같은 시간(0.75초) 동안 모터가 동작하도록 유지하고 바퀴 사이 거리를 늘려주면 바퀴는 더 큰 반경을 따라 움직이기 때문에 로봇의 방향 전환 각도는 더 작아집니다.

선을 따라가는 로버 만들기

로봇공학 연구 분야에서 가장 큰 도전 중에 하나는 어느 한 지점에서 다른 지점으로 로봇이 스스로 찾아가도록 학습시키는 일입니다. 이를 완수하는 가장 쉬운 방법은 땅에 그려진 선을 감지하여 미리 정해 놓은 경로를 따라 이동하도록 만드는 것입니다.

선을 따라가는 로봇을 만드는 이와 같은 접근법은 실제로 창고에서 화물을 나르는 이동 로봇에 사용하고 있습니다. 이 방법은 로봇이 공장의 생산라인 한곳에서 다른 곳으로 정확하게 이동하게 만들어 줍니다.

사실, 레고 그룹도 자체적으로 이런 종류의 로봇을 사용하고 있습니다. (이 로봇은 일반적으로 바닥에 페인트로 그려진 선을 카메라로 판단하여 따라가거나 노면 안에 묻힌 금속선을 자기 센서로 감지하여 따라갑니다.)

로버는 바닥으로 향한 컬러 센서를 사용하여 라인의 가장자리를 따라 이동할 수 있습니다. 로봇이 따라가는 데 사용되는 선은 컬러 센서가 주변 바닥과 구별할 수 있도록 색상 대비가 충분하여 눈에 쉽게 띄어야 합니다.

밝은 바닥에는 이와 대조되도록 어두운 선을 사용하고 반대로 어두운 바닥이라면 밝은 선을 사용합니다. 최적의 색 조합은 검은색과 흰색입니다. 흰 바탕에 빨간 선에서는 잘 동작하지 않을 것입니다.

밝은 색의 배경 위에 검정 테이프(전기 테이프라고 부르는)를 붙이거나 하얀 종이에 굵고 검은 경로를 프린트해서 쉽게 이동 경로를 만들 수 있습니다. 그림 4-4에 선 따라가는 로버가 나와 있습니다. (선을 따라가는 로버는 29쪽에 조립설명서가 있습니다.)

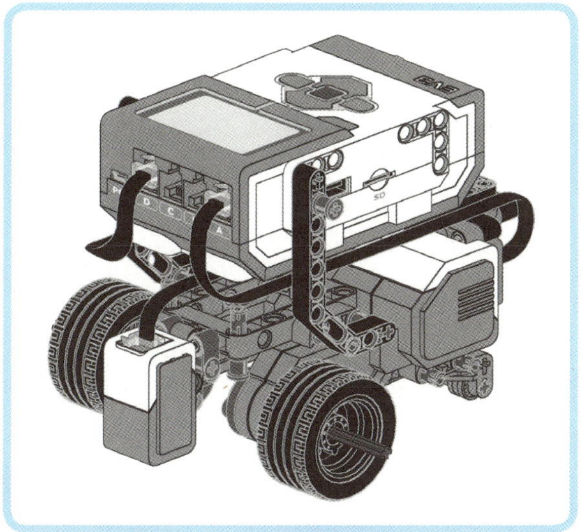

■ **그림 4-4** 선을 따라가기 위해 컬러 센서를 장착한 로버. 모터 케이블은 프로그램에 따라 반드시 B와 C 포트 혹은 A와 D 포트에 연결되어야 합니다.

그림 4-5에 로버가 어떻게 선을 따라가는지 보여주고 있습니다. 로봇이 앞으로 이동하면서 컬러 센서가 밝은 색을 감지하면(a) 검정 선 쪽으로 진행 방향을 바꾸고 컬러 센서가 검은색을 감지하면(b) 색이 밝은 쪽으로 진행 방향을 바꾸게 됩니다. 결과적으로 선의 가장 자리를 따라 지그재그로 움직이게 됩니다(c).

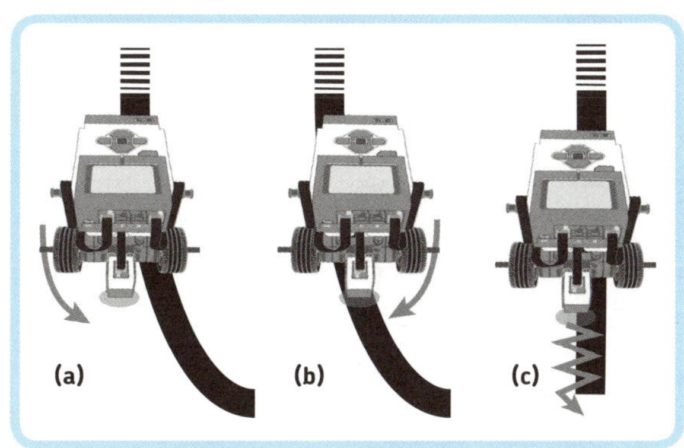

■ **그림 4-5** 간단한 라인 따라가기 접근법을 사용하는 로버

브릭 프로그램 사용하여 선 따라가게 하기

지금부터 브릭 프로그램 앱의 블록 팔레트에서 동작 블록과 대기 블록만을 사용해서 로버가 선을 따라가도록 만들어 봅시다. 3장에서 '브릭 프로그램 앱을 사용할 때는 센서값의 변화에 따라서 로봇이 각기 다른 동작을 수행하도록 만들 수 없다'라고 했던 것을 기억하세요.

그렇다면 어떻게 한 루프 안에서 센서값이 달라지는 것에 따라 로봇이 다르게 반응하도록 할 수 있을까요? 간단합니다! 한 루프 안에서 검정 선의 가장자리를 감지하기 전까지 우회전을 지속하도록 로봇을 설정하세요. 그러고 나서 로봇이 가장자리 끝을 감지하면 좌회전을 유지하도록 바꾸세요.

센서값의 변화를 감지하기 위해 대기 블록을, 그리고 로봇의 진행 방향을 바꾸기 위해 동작 블록을 사용할 수 있습니다. 그림 4-6에 나와 있고 아래 설명되어 있듯이 최종 루프 블록에 무한 반복 설정을 적용해서 프로그램이 영원히 동작하도록 해줍니다. 블록 네 개가 이 모든 일을 해내고 있습니다.

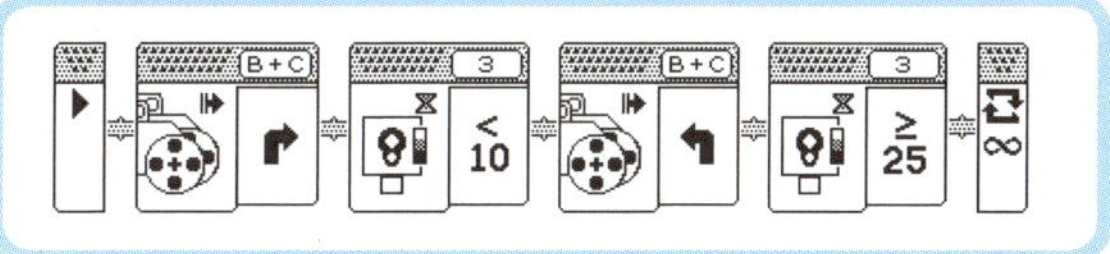

■ **그림 4-6** 검은색 선을 따라가게 하는 브릭 프로그램

> **NOTE** 이 프로그램을 만들기 위해서는 오른쪽 모터는 C 포트에, 왼쪽 모터는 B 포트에 연결해야 합니다.

- 첫 번째 주행 블록은 로봇이 우회전하도록 합니다.
- 대기 블록은 컬러 센서의 반사광 강도 모드 값이 10%(어두운 색)보다 작을 때까지 프로그램의 흐름을 잠시 중지시켰다가 센서값을 만족하면 프로그램을 계속 동작시킵니다.
- 두 번째 주행 블록은 로봇이 좌회전하도록 합니다.
- 두 번째 대기 블록은 컬러 센서값이 25% 이상(밝은 색)이 될 때까지 프로그램의 흐름을 중지시킵니다.

루프 블록이 무한 동작(∞)하도록 설정되어 있기 때문에 두 번째 대기 블록이 잠시 멈춰 있던 프로그램을 다시 진행시킬 때 시퀀스는 첫 번째 주행 블록부터 다시 시작하게 됩니다.

만약 로봇이 정확하게 동작하지 않는다면(예를 들어 선을 놓치거나 원 모양을 그리며 움직인다면), 대기 블록의 경계값 파라미터를 바꾸는 방법으로 미세 조정을 시도해 보시기 바랍니다.

예를 들어 어두운 색에 대한 경계값을 <10에서 <25이나 <5으로 바꾸어 보세요. 아니면 밝은 색과 관련된 경계값을 ≥25에서 ≥35이나 ≥10으로 바꾸어 볼 수도 있습니다.

주행 성능 개선하기

여러분은 로봇의 움직임이 불안하고 덜컥거리면서 급격한 방향 전환을 하는 바람에 바퀴에서 미끄러짐이 발생한다는 것을 알아차렸을 수도 있습니다. 이런 현상이 발생하는 이유는 큰 힘으로 모터를 구동하면서 한쪽 바퀴가 움직이는 동안 다른 쪽 바퀴는 정지시키는 방법으로 로봇의 방향을 전환하고 있기 때문입니다.

이런 움직임을 개선하기 위해서는 D 포트에 연결된 오른쪽 모터와 A 포트에 연결된 왼쪽 모터를 서로 교환하고 주행 블록을 동작 블록으로 교체하여 각 모터를 개별적으로 제어해야 합니다.

라지 모터 블록은 D 포트에 연결된 모터를 제어하고 미디엄 모터 블록은 A 포트에 연결된 모터를 제어합니다. 이 동작 블록들은 라지 혹은 미디엄 모터를 구동시킬 수 있으며 개별적으로 파워를 제어할 수 있게 해 줍니다.

파워 레벨을 변경하여 로봇의 움직임을 부드럽게 만들 수 있습니다. 그림 4-7에서 개선된 선 따라가기 브릭 프로그램을 확인할 수 있습니다.

주행 블록 하나를 사용하여 우회전하는 대신 모터 블록 두 개를 사용합니다. 왼쪽 모터(A 포트)가 오른쪽 모터(D 포트)에 비해 빨리 회전하도록 설정되어 있어 로봇은 약간 오른쪽으로 방향을 전환하며 앞으로 나아갑니다.

마찬가지로, 좌회전을 담당하는 두 번째 주행 블록을 왼쪽(A)보다 오른쪽(D) 모터를 빨리 구동시키는 모터 블록 두 개로 대체합니다. 대기 블록은 이전 프로그램과 같이 그대로 남겨 둡니다.

양쪽 모터가 멈추지 않고 서로 다른 속도로 구동하기 때문에 그림 4-6의 주행 블록을 사용한 경우와 비교하여 주행 움직임이 한결 부드러워집니다.

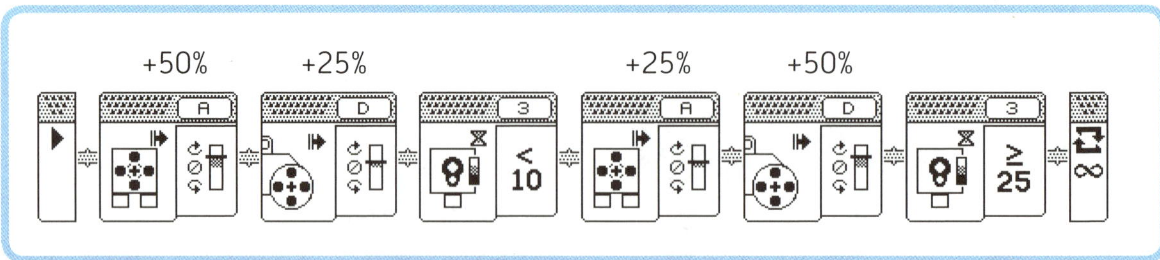

■ 그림 4-7 주행 성능이 개선된 검은 선 따라가기 브릭 프로그램

벽 따라가는 로버 만들기

공간을 탐색하고 다시 시작점으로 돌아오는 로버를 만들어 봅시다. 어떻게? 로봇이 벽을 따라 이동하도록 만들어 주면 됩니다.

그림 4-8에서 볼 수 있듯이, 로봇은 벽이나 다른 물체들(가구, 신발, 고양이 등)을 적외선 센서로 살펴보면서 일정한 거리를 유지한 채 어떠한 환경(방, 집, 학교)에서도 탐사를 수행할 수 있습니다.

측정 거리가 설정한 경계값 밑으로 떨어지면 로봇은 벽 쪽으로 방향을 전환합니다(a).

반면에 측정 거리가 경계값을 넘어가면 로봇은 벽 쪽에서 멀어지는 쪽으로 방향을 전환합니다(b).

이런 움직임의 결과로 벽에서부터 일정 거리를 중심으로 지그재그의 궤적을 그리며 이동합니다(c).

로봇이 벽으로부터 적당한 거리만 유지할 수 있다면, 코너와 모서리에 막히지 않고 잘 피해 갈 수 있습니다(d).

그림 4-10에 보이는 것과 같은 벽 따라가기 센서가 장착된 로버를 만들어 보세요(33쪽에 '벽 따라가는 로버' 참조).

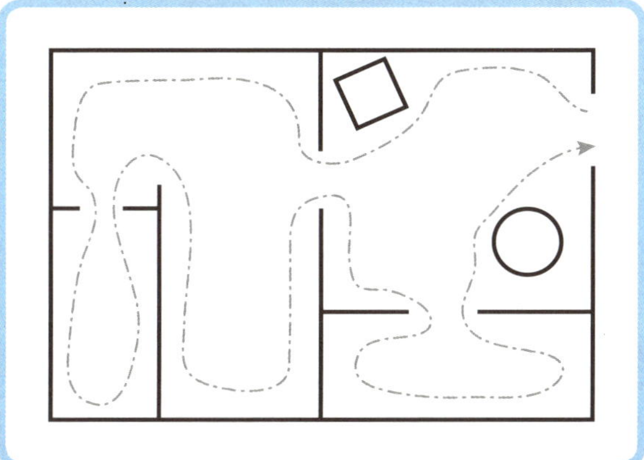

■**그림 4-8** 로버는 자신이 따라갈 경로가 복잡하지 않다면 공간을 탐색하고 출발점으로 돌아올 수 있습니다.

그림 4-9에 소개된 것처럼 벽을 따라가는 방법은 선을 따라가는 데 사용한 방법과 비슷합니다.

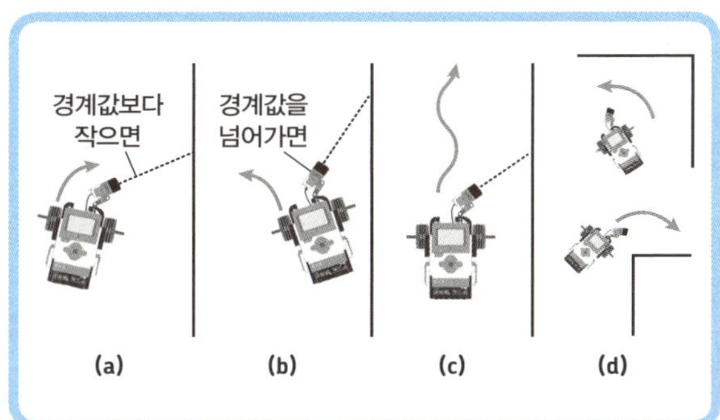

■**그림 4-9** 간단한 벽 따라가기 전략을 사용한 로버

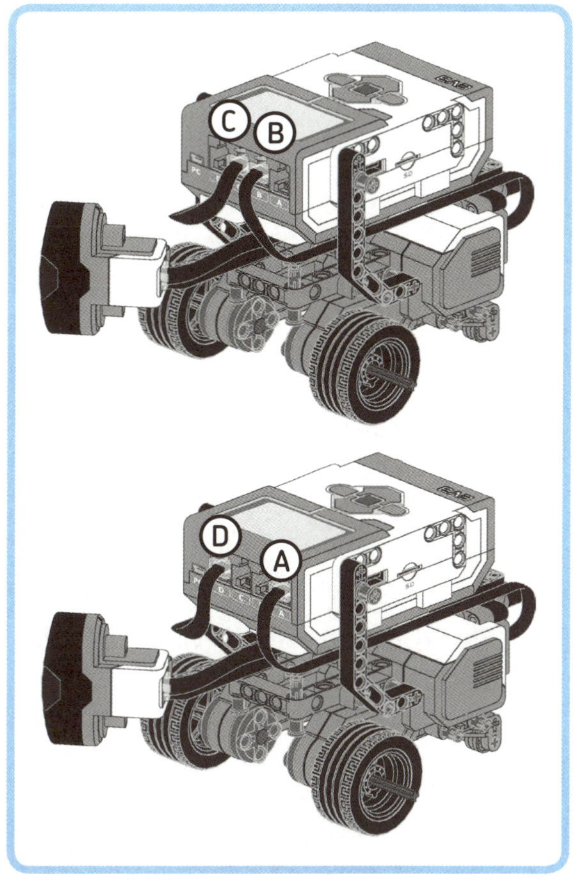

■**그림 4-10** 벽을 따라가기 위해 적외선 센서 부품을 장착한 로버. 모터 케이블은 여러분이 작성한 프로그램 종류에 따라 반드시 B와 C 포트에만, 아니면 A와 D 포트에만 연결해야 합니다. 로봇 오른쪽에 대각선으로 위치한 적외선 센서는 센서 앞의 사물을 인지할 수 있습니다.

이 로봇을 프로그래밍하려면, 선 따라가기 프로그램(그림 4-6)에서 사용한 반사광 센서 대기 블록을 적외선 센서 대기 블록으로 바꾸어 그림 4-11과 유사한 프로그램으로 만듭니다.

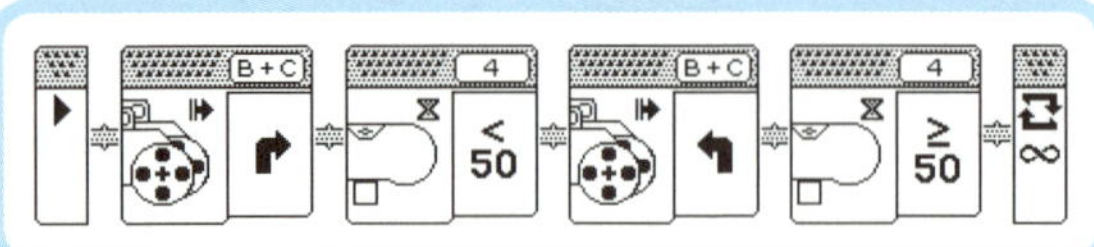

■그림 4-11 벽 따라가기 프로그램. 모터 케이블은 반드시 B와 C 포트에 연결해야 합니다.

주행 성능 개선하기

그림 4-6의 선 따라가기 프로그램과 같이 벽 따라가기 프로그램은 주행 블록을 사용하여 B와 C 포트에 연결된 두 개의 모터를 구동시키기 때문에 갑작스럽고 거친 움직임을 보입니다.

로버의 움직임을 부드럽게 하려면 그림 4-12처럼 프로그래밍해 보세요. 그림 4-7의 프로그램에서 했던 것처럼 블록을 나누어 사용하면 A와 D 포트에 연결된 모터를 각기 더 느린 속도로 제어할 수 있으므로 로봇이 방향을 전환하기 위해 한쪽 바퀴를 정지시키는 상황을 피할 수 있습니다.

경계값을 각각 <25과 ≥25으로 더 낮게 설정하면 로봇은 벽에 더 가깝게 붙어서 이동하게 되고 좁은 이동로만 탐사하게 됩니다. 그러나 모서리 부근(볼록한 모서리)을 통과하거나 얇은 벽 주변을 이동할 때 로봇이 걸려 꼼짝 못하게 될 수도 있습니다.

만약 경계값을 각각 <75과 ≥75으로 증가시키면 벽이나 물체로부터 더 멀리 떨어지게 되고 코너 주변을 부드럽게 지나갈 수 있습니다. 그러나 방 가운데 가까운 부분에서만 이동하게 되고 좁은 통로는 빼먹고 지나갈 수 있습니다.

이 장을 마치며

이 장에서는 로버가 특정 패턴으로 움직이고 선이나 벽을 따라 이동하는 방법을 배워보았습니다.

벽 따라가기 로봇은 어떤 환경이라도 스스로 탐사할 수 있으며 로봇 본부 기지에 비디오를 송신하기도 하며 심지어 여러분을 곤란한 문제에서 구해줄 수도 있습니다. 어떤 문제냐고요? 이 책을 계속 읽어 보세요.

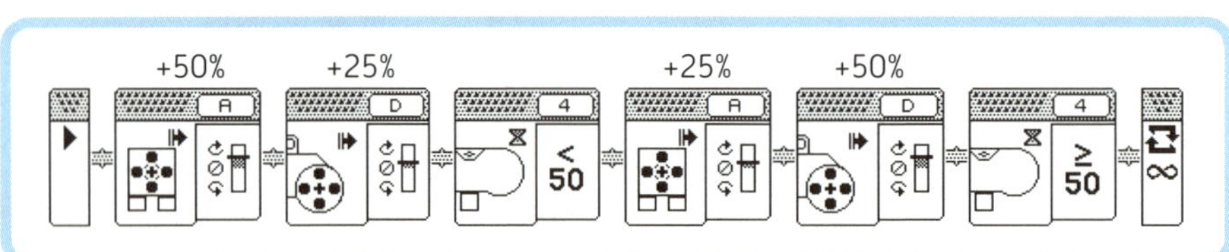

■그림 4-12 주행 성능이 개선된 벽 따라가기 프로그램. 모터 케이블은 반드시 A와 D 포트에 연결해야 합니다.

로버가 장애물을 피하고
선과 벽을 따라가면서 탐색하도록 만들었어요…
벽을 따라가는 기능은
어디에 써먹을 수 있을까요?
미로에서 길을 잃어 본 적 있지?
같은 방향으로만 벽을 계속 따라가다 보면
미로를 탈출할 수 있어!
훌쩍 훌쩍
그런데 어렸을 때
나도 그걸 몰랐지…
저도
그게 필요할까요?
툭!
누가 알겠어!

EV3 프로그래밍하는 게 진짜 간단하네요! 정말 컴퓨터는 쓰지도 않았어요!

워워~ 진정해! 아직 할 일이 많아. 가져온 노트북부터 꺼내볼래?

흐흐 네에

야, 너 뭐하니?

탁! 아이쿠 두야!
노트북을 집에 두고 왔네요.

EV3 프로그래밍

EV3 programming

이 장에서는 EV3 소프트웨어를 사용하여 프로그래밍하는 방법을 다루고자 합니다. 브릭 프로그램 앱이라는 제한적인 프로그래밍에서 벗어나 제대로 된 EV3 프로그래밍으로 쉽게 옮겨가는 방법을 알아보도록 하겠습니다. EV3 소프트웨어가 로봇 프로그램을 짜는 데 쉽고 직관적인 방법임을 깨닫게 되리라 생각합니다.

또한 EV3 소프트웨어는 프로젝트에 주석, 사진, 비디오를 추가하여 함께 기록할 수 있는 도구도 제공합니다. 공식 EV3 사용설명서는 디지털 형식(PDF)으로 EV3 소프트웨어와 함께 제공되며, 이 설명서는 EV3 브릭 인터페이스와 소프트웨어에 대한 기본적인 이해를 도와줍니다.

프린트된 설명서를 갖고 있으면 꽤 쓸 만하거니와, 용어와 개념 같은 기초적인 내용을 사전에 공유해 놓으면 큰 도움이 된다고 생각하기 때문에, 이장에서는 EV3 소프트웨어의 주요 특징에 대한 개요부터 설명하려고 합니다.

EV3 소프트웨어 설치하기

설치를 시작하기 전에 여러분의 윈도우 혹은 매킨토시 컴퓨터가 최소 시스템 요구사양을 만족하는지 확인해 보세요. EV3 세트 박스의 뒷면에 권장 사양이 표시되어 있습니다. EV3 소프트웨어는 CD 형태로 제공되지 않기 때문에 레고 마인드스톰 공식 웹사이트의 다운로드 섹션에서 설치 파일을 받아야만 합니다(http://LEGO.com/mindstorms/).

다운로드가 완료되면, 설치 파일을 더블클릭하여 설치를 시작하고 컴퓨터 화면에 나오는 순서를 따릅니다. EV3 소프트웨어 외에 EV3 브릭과 컴퓨터가 통신할 수 있도록 하는 드라이버도 자동으로 설치됩니다.

EV3 소프트웨어 개요

소프트웨어 설치가 완료되면 해당 아이콘을 더블클릭하여 레고 마인드스톰 EV3 홈 에디션 소프트웨어를 실행합니다. 우리가 주로 작업하는 소프트웨어의 영역은 로비(홈 화면), 프로그래밍 인터페이스, 프로젝트 속성입니다.

소프트웨어를 처음 실행했을 때 만나는 화면에 대하여 이 책의 원서 및 한국어판 공식 사용설명서에서는 '로비Lobby'로 표현하지만, 실제 한국어판 소프트웨어 상에는 '홈 화면'이라는 용어를 사용하고 있어 두 가지를 모두 기재합니다.

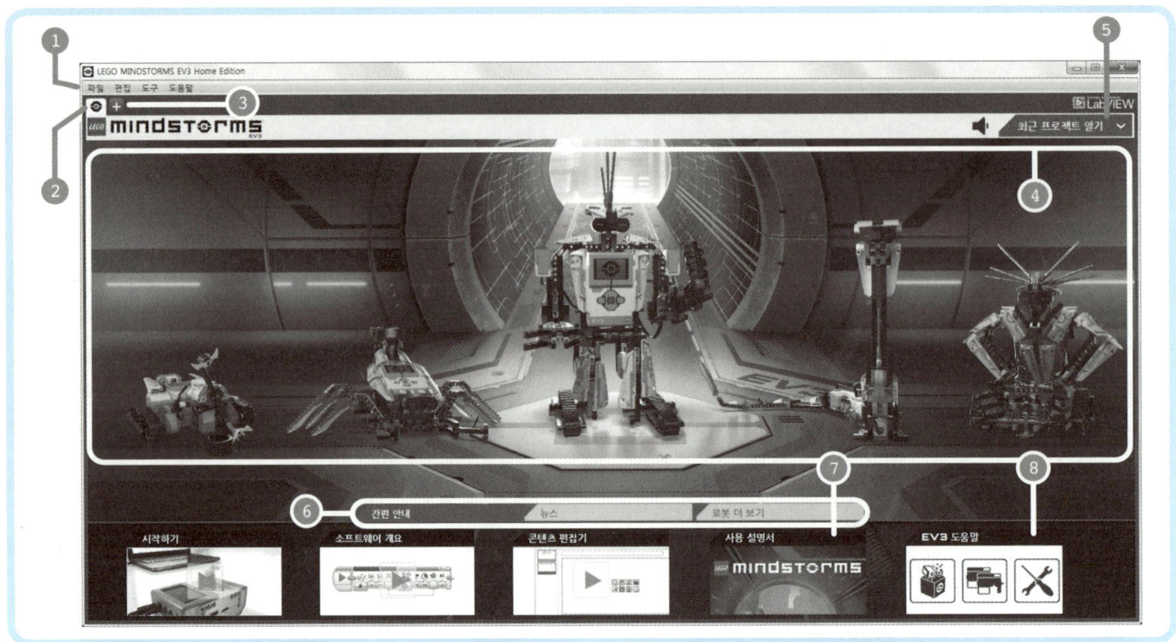

■ **그림 5-1** EV3 소프트웨어를 시작할 때마다 로비가 당신을 맞아 줍니다.

로비(홈 화면)

매번 소프트웨어를 실행시킬 때마다 여러분은 로비(홈 화면)를 (불행하게 들리지만) 만나야만 합니다. 그림 5-1에서 볼 수 있듯이 로비는 일종의 환영 화면으로 주요 작업 영역에 신속하게 접속할 수 있도록 해줍니다.

1. **메뉴 바**: 파일, 편집, 도구, 도움말이 들어 있습니다. 메뉴 바는 프로그래밍 도중 가장 애용하게 될 기능입니다.

2. **로비(홈 화면) 탭**: 이 탭을 클릭하면 언제라도 로비(홈 화면)로 다시 돌아갈 수 있습니다.

3. **프로젝트 추가 탭**: 플러스 기호 아이콘을 클릭하여 새로운 프로젝트를 생성합니다.

4. **미션**: 이곳에서 다섯 개의 공식 모델에 대하여 좀 더 상세히 배울 수 있습니다. 이 영역은 상호작용을 하는 곳입니다. 로봇을 클릭하여 상세 정보에 접근할 수 있고, 해당 로봇의 조립 강좌를 들을 수 있습니다.

5. **최근 프로젝트 열기**: 이곳을 클릭하여 최근 프로젝트를 신속하게 열 수 있습니다.

6. **간편 안내 탭, 뉴스 탭, 로봇 더 보기 탭**: 간편 안내 탭은 공식 비디오 사용법 강좌, 가이드, 문서 등에 접속하도록 해줍니다. 뉴스와 로봇 더 보기 탭을 누르면 레고 마인드스톰 웹사이트에 있는 온라인 콘텐츠에 접속할 수 있습니다. 웹사이트에는 필자가 설계한 일렉트릭 기타EL3CTRIC GUITAR를 포함하여 보너스 모델 12개가 담겨 있습니다.

7. **사용설명서**: EV3 사용설명서(PDF 형식)는 매뉴얼로서 EV3 시스템, EV3 브릭 사용법, 컴퓨터에 연결하는 방법 등에 대한 정보를 담고 있습니다. 또한 EV3 소프트웨어에 대한 간단한 소개와 세트에 들어 있는 레고 부품의 완벽한 리스트도 포함하고 있습니다.

8. **EV3 도움말**: 이 항목에는 EV3 소프트웨어의 특징과 도구 및 프로그래밍 블록에 대하여 자세한 정보를 담고 있습니다.

> **NOTE** 문서로 된 상세 정보를 알고 싶을 때는 EV3 사용설명서와 EV3 도움말을 꼭 찾아보세요. 그곳에 있는 정보들은 이 책에 다시 싣지 않았습니다.

프로그래밍을 새로 시작하려면 **프로젝트 추가** 탭을 클릭하여 새 프로젝트를 생성합니다(그림 5-1의 ③). 이를 통해 소프트웨어 화면에 프로그래밍 인터페이스가 갖추어지고, 소위 '프로그램'이라고 하는 빈 프로그램이 자동으로 생성됩니다.

프로그래밍 인터페이스

그림 5-2(a)에 프로그래밍 인터페이스가 나와 있는데, 이곳에서 로봇을 제어하는 프로그램을 만들게 됩니다. 다음에서 인터페이스의 다양한 제어 버튼에 대해 설명하겠습니다.

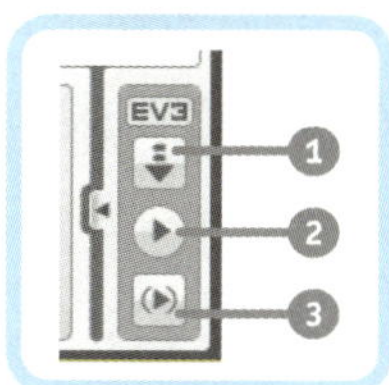

■ **그림 5-3** 하드웨어 페이지를 축소하면 컨트롤러가 나타납니다. 다운로드①, 다운로드 및 실행②, 실행 선택③ 버튼이 있습니다.

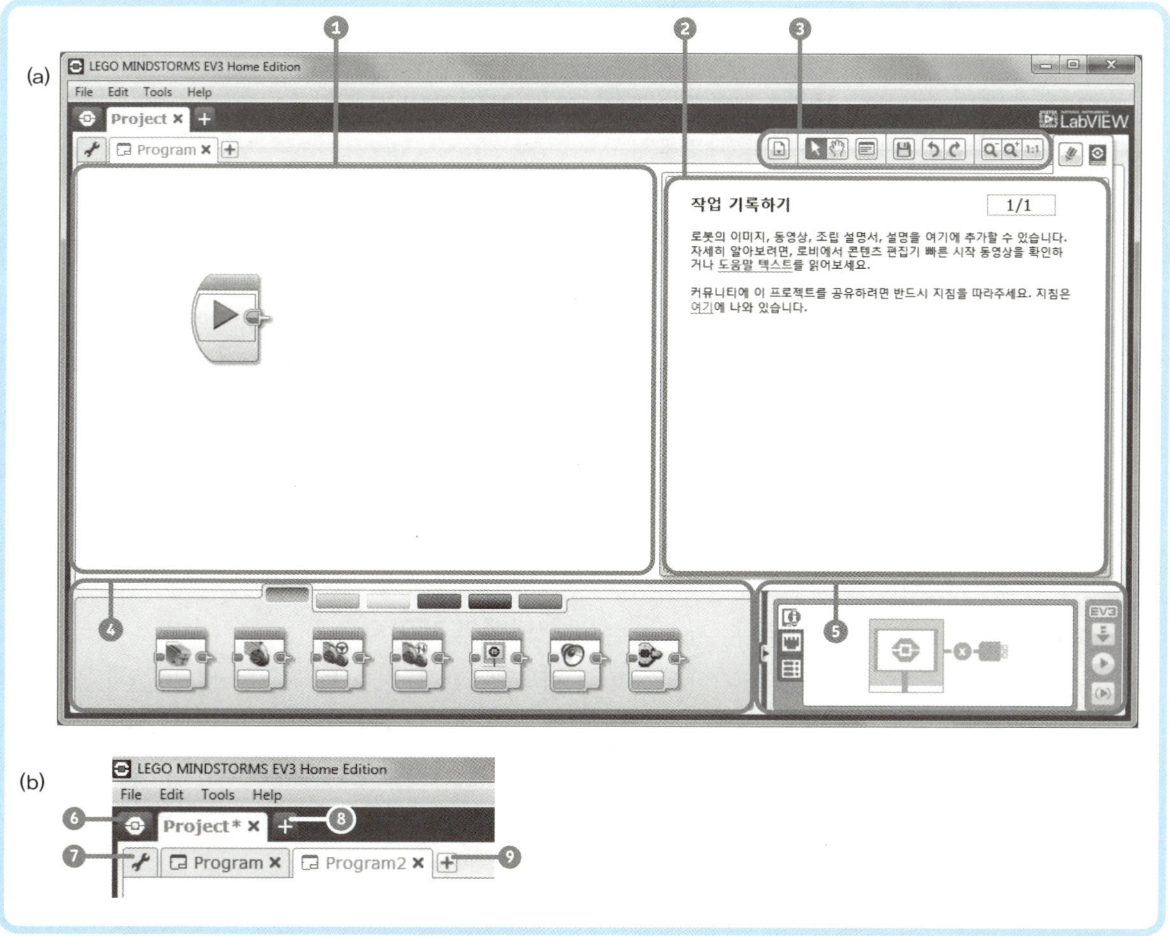

■ **그림 5-2** EV3 프로그래밍 인터페이스 오른쪽에 콘텐츠 편집기 창이 붙어 있고(a), 위쪽에는 프로그램 확대하기, 프로그램 탭, 로비(홈 화면), 프로젝트 속성 탭(b)이 위치하고 있습니다.

1. **프로그래밍 캔버스**: 이곳에서 프로그래밍 블록을 추가하여 프로그램을 작성합니다.

2. **콘텐츠 편집기**: 프로젝트에는 일종의 작업 기록장과 같은 것이 내장되어 있습니다. 프로젝트에 대한 부가 설명, 비디오, 그림, 심지어 조립설명서 같은 문서들을 프로젝트에 기록하여 문서화할 수 있습니다. 이것들은 편집 아이콘(연필 모양)의 오른편에 있는 EV3 모양 아이콘을 클릭하여 숨길 수 있습니다. 이 탭을 숨기고 나면 책 모양 아이콘 하나가 탭에 표시됩니다.

3. **프로그래밍 툴바**: 열려 있는 모든 문서 목록 살펴보기, 선택 툴과 이동 툴 중 하나를 선택하기, 프로그램에 주석 넣기, 프로젝트 저장하기, 실행 취소/재실행, 축소/확대, 초기화 등의 기능을 사용할 수 있습니다.

4. **프로그래밍 팔레트**: 이곳에는 로봇 프로그래밍에 필요한 모든 블록들이 들어 있습니다. 77쪽에 있는 프로그래밍 팔레트에서 좀 더 자세히 배울 예정입니다.

5. **하드웨어 페이지**: EV3 브릭과 연결 상태 관리, 센서와 모터의 실시간 모니터링 값, EV3 브릭 메모리 살펴보기 등의 기능이 있습니다. 박스 왼쪽 중간에 작은 화살표를 눌러 창을 작게 만들었을 때에도 **컨트롤러**는 여전히 살아있습니다. 이 컨트롤러는 프로그램을 다운로드하거나①, 프로그램을 다운로드하고 실행할 때②, 그리고 선택한 블록만 다운로드하여 실행하려고 할 때③ 사용합니다(그림 5-3).

   프로그램이 수행 중일 때 ②번 버튼은 '정지'로 변경됩니다. 다운로드 명령은 프로그램이 실행되기 전에 모든 프로젝트 데이터(다른 프로그램, 이미지, 사운드 포함)를 EV3에 보내는 기능입니다. '다운로드 및 실행' 버튼을 누르면 모든 프로젝트 데이터를 전달하고 현재 작업 중인 프로그램을 실행시킵니다.

'다운로드 및 실행 선택'은 수행 속도가 더 빠릅니다. 여러분이 선택한 프로그램 일부만을 다운로드하고 실행하기 때문입니다. 프로젝트가 점차 커지면 다운로드하는 데 시간이 많이 소비될 수 있습니다. 특히 블록 몇 개만 테스트해 보려고 할 경우에, 이 버튼을 유용하게 사용할 수 있습니다.

6. **로비(홈 화면) 탭**: 이 탭을 클릭하여 로비(홈 화면)로 돌아갑니다.

7. **프로젝트 속성**: 이곳을 클릭하여 프로젝트 속성을 확인할 수 있습니다(79쪽 프로젝트 속성 참고).

8. **프로젝트 추가 탭**: 클릭하여 새로운 프로젝트를 생성합니다.

9. **프로그램 추가 탭**: 클릭하여 프로젝트에 새로운 프로그램을 추가합니다.

하드웨어 페이지

하드웨어 페이지는 프로그래밍 인터페이스의 우측 하단에 자리 잡고 있습니다. EV3 브릭이 연결되지 않았을 때는, 대부분의 아이콘과 제어 버튼이 회색 음영 처리됩니다. 하드웨어 페이지에는 탭이 세 개 있습니다.

- **사용 가능한 브릭 탭**(그림 5-4) 이곳에서는 블루투스가 활성화되었거나 USB, 블루투스, Wi-Fi를 통해 컴퓨터와 연결되어 있는 여러 개의 EV3 브릭을 탐색할 수 있습니다.

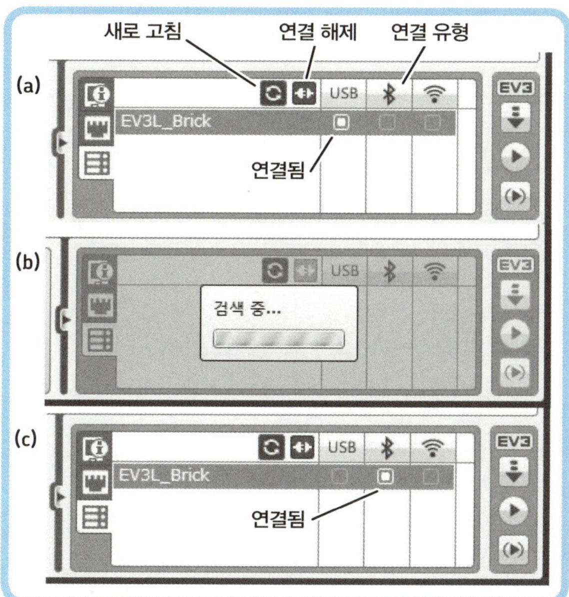

■**그림 5-4** 하드웨어 페이지의 사용 가능 브릭 탭. USB를 통해 연결된 EV3 브릭(a), 블루투스가 활성화된 EV3 브릭 탐색(b), 블루투스를 통해 연결된 EV3 브릭(c)

- **브릭 정보 탭**(그림 5-5) EV3 브릭이 연결되면 이 탭을 이용하여 배터리 양, 총 가용 메모리, EV3 펌웨어 버전 등을 확인해 볼 수 있습니다. 또한 EV3 브릭의 이름을 바꾸거나 무선 네트워크 설정을 변경하고 EV3 메모리 내부의 파일을 살펴볼 수 있습니다.

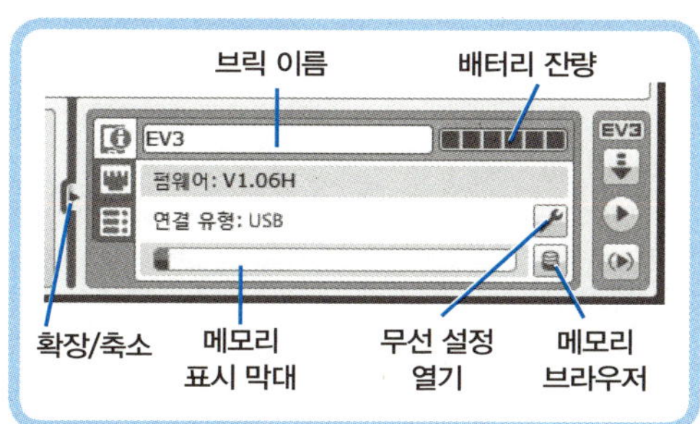

■**그림 5-5** 하드웨어 페이지의 브릭 정보 탭

- **포트 보기 탭**(그림 5-6) EV3 브릭이 연결되면, 실시간으로 브릭에 연결된 센서와 모터로부터 들어오는 각종 정보를 확인할 수 있습니다. 이 기능은 프로그래밍할 때 대기 블록의 경계값을 설정해야 하거나, 혹은 모터의 회전 속도를 측정하고 싶을 때 정말 유용하게 사용할 수 있습니다.

자동 ID 기능 덕분에 EV3 브릭의 입출력 포트에 센서나 모터를 연결하면 EV3 브릭은 장비의 종류를 자동으로 인식합니다.

아이콘을 클릭하여 센서의 동작 모드(예를 들어 컬러 모드, 반사광 강도 모드, 주변광 강도 모드)를 선택할 수 있습니다. 또한 포트 이름을 클릭하여 모터 회전 센서의 출력값을 초기화할 수 있습니다.

데이지 체인 모드를 활성화시키고(79쪽의 프로젝트 속성 참고) 포트 보기에 들어가면 데이지 체인 네트워크로 연결되어 있는 모든 EV3 브릭들에 접근할 수 있어서 각 EV3 브릭에 연결된 센서를 살펴볼 수 있습니다.

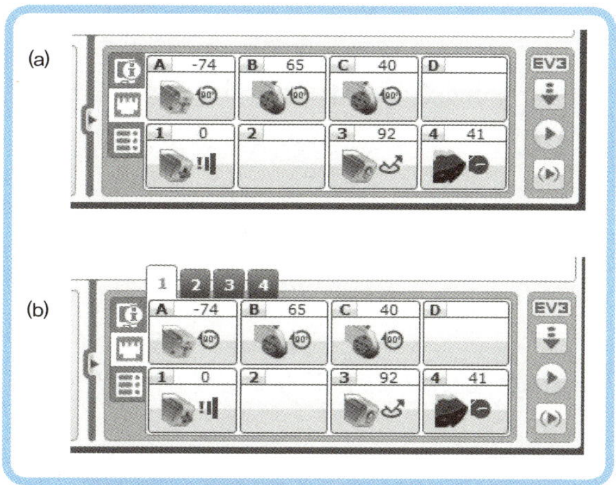

■**그림 5-6** 하드웨어 페이지의 포트 보기 탭에서 데이지 체인 모드가 활성화되지 않았을 때(a)와 활성화되었을 때(b)

도구 메뉴

도구 메뉴는 메뉴 바 안에 자리 잡고 있습니다(그림 5-1의 ① 참고) 이 메뉴에는 유용한 도구가 많이 있습니다.

- **사운드 편집기** 녹음을 통해 사운드 파일을 만들거나 외부에서 사운드 파일을 집어넣어 프로젝트에 저장할 수 있게 해줍니다. 그래서 사운드 블록을 사용하여 로봇에서 나만의 사운드를 재생할 수 있도록 도와줍니다.

- **이미지 편집기** 이미지를 새로 디자인하거나 외부에서 가져와서 편집하고 프로젝트에 저장할 수 있습니다. 디스플레이 블록을 사용해서 이미지를 EV3 브릭 화면에 보여줄 수 있습니다.

- **마이 블록 빌더** 이 기능은 사용자 정의 블록(마이 블록이라고 부릅니다)을 생성하는데, 이 블록에는 작은 크기의 하위 프로그램을 담고 있습니다. 여러 개의 블록들을 마이 블록 하나로 묶어주는 것은 시퀀스를 작고 간단하게 만들 때 유용한 기능입니다. 마이 블록을 사용하면 프로젝트의 여러 부분에서 반복해서 사용할 수 있고 프로그램이 훨씬 간결해집니다.

  마이 블록에도 데이터 전달을 위해 입력과 출력이 존재합니다. (아마 여러분은 이 도구를 자주 사용하게 될 것입니다. 10장에서 자세하게 설명하겠습니다.)

- **펌웨어 업데이트** EV3 브릭의 펌웨어를 업데이트할 수 있습니다. 펌웨어는 하드웨어를 제어하여 EV3가 동작할 수 있게 만들어 주는데, 레고 그룹에서 버그를 고치거나 새로운 기능을 추가하여 새 버전을 배포하였다면 업데이트하는 것이 바람직합니다.

- **무선 설정** Wi-Fi 동글을 이용하여 EV3 브릭에 접속할 수 있도록 Wi-Fi 네트워크 설정을 변경합니다. (하드웨어 페이지의 브릭 정보 탭을 통해 같은 도구를 사용할 수 있습니다.)

- **블록 가져오기 마법사** 레고 그룹이나 다른 회사에서 제작한 새로운 프로그래밍 블록을 추가할 수 있습니다.

- **메모리 브라우저** EV3 브릭 메모리에 저장된 파일들을 관리합니다. (하드웨어 페이지의 브릭 정보 탭을 통해 같은 도구를 사용할 수 있습니다.)

- **앱으로 다운로드** PC에서 작성한 프로그램을 EV3 브릭 앱의 형태로 다운로드하는 기능으로, 다운로드 후에 포트 보기, 모터 제어, 적외선 제어, 브릭 프로그램과 같은 기본 앱과 함께 브릭 앱 메뉴에 표시됩니다.

- **브릭 프로그램 가져오기** 이 도구는 EV3 브릭에서 만든 브릭 프로그램을 실제 PC의 EV3 소프트웨어로 손쉽게 이동시켜 주는 출발점이 될 것입니다. 이 도구를 사용하면 처음부터 새롭게 프로그래밍을 시작할 필요 없이 브릭 메모리에 저장된 브릭 프로그램을 EV3 프로그래밍 캔버스로 가져온 다음 EV3 소프트웨어 프로그램 기능을 활용하여 기존 프로그램을 개선할 수 있습니다.

프로그래밍 팔레트

프로그래밍 팔레트에는 로봇을 프로그래밍하는 데 필요한 모든 프로그래밍 블록이 들어 있습니다. 3장에서 모든 컴퓨터를 동작시키는 기본 구조는 액션, 선택, 루프의 시퀀스로 이루어져 있다고 설명한 것을 떠올려 봅시다.

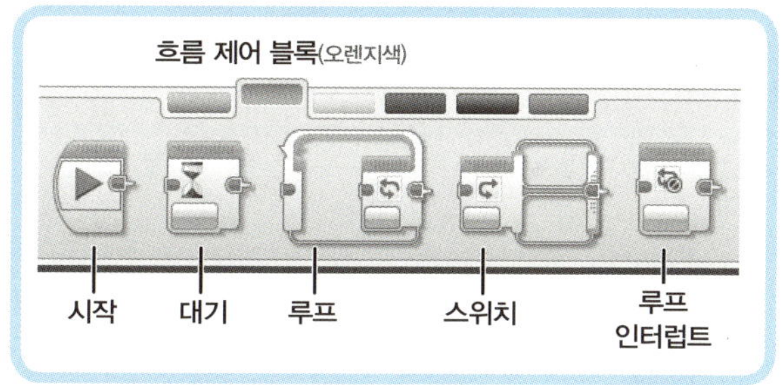 저자가 3장에서 설명한 세 가지 기본 구조는 시퀀스, 선택, 루프로, 지금의 액션, 선택, 루프와는 다소 차이가 있으나 넓은 의미에서 시퀀스와 액션을 같은 개념으로 설명하고 있습니다.

프로그램은 입출력 기능을 가지고 있으며 데이터를 저장하고 처리하고 전달합니다. 프로그래밍 블록은 팔레트 내부에서 기능에 따라 그룹을 이루고 있어 찾아 사용하기가 쉽습니다.

각 팔레트에는 고유 색이 지정되어 있는데, 같은 팔레트에 속해 있는 모든 프로그래밍 블록은 블록의 상단에 같은 색이 칠해져 있습니다. 예를 들어 모든 동작 블록의 상단은 녹색이고 루프나 스위치 같은 흐름 제어 블록의 상단은 오렌지색입니다.

프로그래밍 블록에 대한 자세한 내용은 다음 장에서 여러분들이 직접 블록을 사용하기 시작할 때 설명할 예정입니다. 특정 블록에 대한 정보를 찾으려면 이름으로 색인 검색을 해보기 바랍니다.

동작 블록

동작 블록(그림 5-7)은 로봇 프로그램의 출력을 제어합니다. 모터를 회전시키고 글자와 이미지를 화면에 띄우고 사운드를 재생하고 EV3 상태 표시등을 켤 수 있습니다.

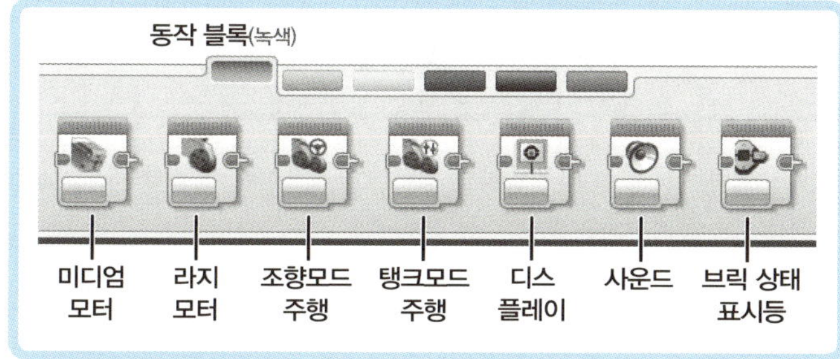

■ 그림 5-7 동작 블록 팔레트

흐름 제어 블록

흐름 제어 블록은 프로그램의 흐름을 제이합니다. 모든 프로그램의 시퀀스는 시작 블록에서 시작합니다. (12장에서는 하나의 프로그램에 하나 이상의 시작 블록을 추가하여 다중 시퀀스를 병렬로 동작시키는 법을 배울 예정입니다.)

브릭 프로그램 앱에 있는 것처럼 여기에도 대기 블록과 루프 블록이 있습니다. 이뿐 아니라 설정한 조건에 따라 프로그램의 흐름을 바꾸어 주는 스위치 블록도 추가로 포함되어 있습니다.

루프 인터럽트 블록은 루프 블록이 동작하지 못하도록 합니다. 만약 루프 내부에서 다른 블록이 동작하고 있는 중이라고 할지라도 루프 동작을 중단시킬 수 있습니다. 프로그램은 루프 블록 다음 블록부터 계속 수행해 나갑니다.

루프 인터럽트 블록에 중단하고자 하는 루프 이름을 설정하여 인터럽트 기능을 수행할 수 있습니다. 모든 루프 블록은 상단에 이름표를 가지고 있습니다.

■ 그림 5-8 흐름 제어 블록 팔레트

센서 블록

센서 블록은 프로그램의 입력값을 읽을 수 있습니다(그림 5-9). 터치 센서, 컬러 센서, 적외선 센서값을 읽는 블록뿐 아니라 EV3 버튼, 모터 회전 센서값을 읽는 블록 그리고 EV3 내부 타이머에서 시간을 읽을 수 있는 블록도 있습니다. 10, 12, 14, 16장에서는 로봇을 프로그래밍하면서 이 블록들에 대해 알아볼 예정입니다.

추가적인 센서 블록은 레고 마인드스톰 공식 웹사이트 (http://LEGO.com/mindstorms/)의 다운로드 섹션과 http://www.hitechnic.com/이나 http://www.mindsensors.com/ 같은 제3 센서 개발 업체의 웹사이트에서 받을 수 있습니다.

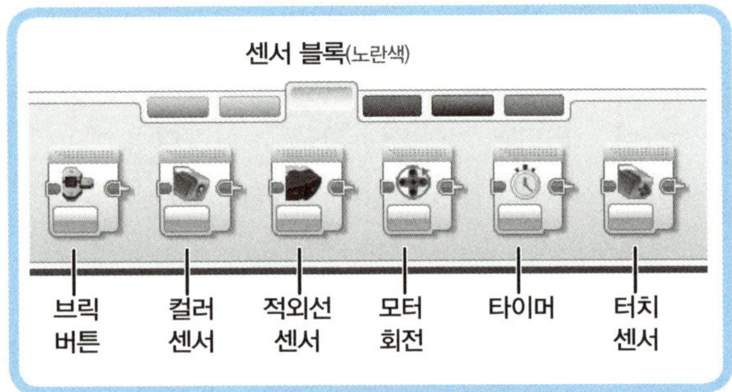

■ 그림 5-9 센서 블록 팔레트

데이터 연산 블록

데이터 연산 블록(그림 5-10)을 사용하여 변수와 배열을 읽거나 쓰고 수학 블록과 논리 연산 블록을 사용하여 데이터를 변환하고, 값을 비교하고, 글자를 조합하고, 임의의 숫자를 만들어 냅니다. (이것들은 다음의 장에서 설명할 예정입니다.)

고급 블록

고급 블록에는 다음과 같은 기능을 가진 블록이 있습니다. 파일과 블루투스 연결 관리 기능, 블루투스 메시지 전송 기능, EV3 브릭이 항상 켜 있도록 유지하는 기능(슬립 설정에 따라 자동으로 꺼집니다), 모터의 방향 전환과 비조정 모터 구동 기능, 데이터가 처리 되지 않은 센서의 원래 값을 읽고(센서가 제3 제조사 제품일 때), 프로그램을 정지시키는 기능 등 입니다.

현재 배포된 한국어판 소프트웨어 버전인 1.1.1 (2014.10.21.3)에서는 고급 블록 마지막에 주석 블록이 포함되어 있으나 이 책에서는 설명하지 않았습니다. 주석 블록은 시퀀스 내부에 사용자 임의로 기록을 남기는 것 외에는 별다른 기능이 없습니다. 실제로 대부분의 컴파일러는 주석 부분을 제외하고 컴파일을 수행하기 때문에, EV3에 이 주석 블록은 다운로드조차 되지 않습니다.

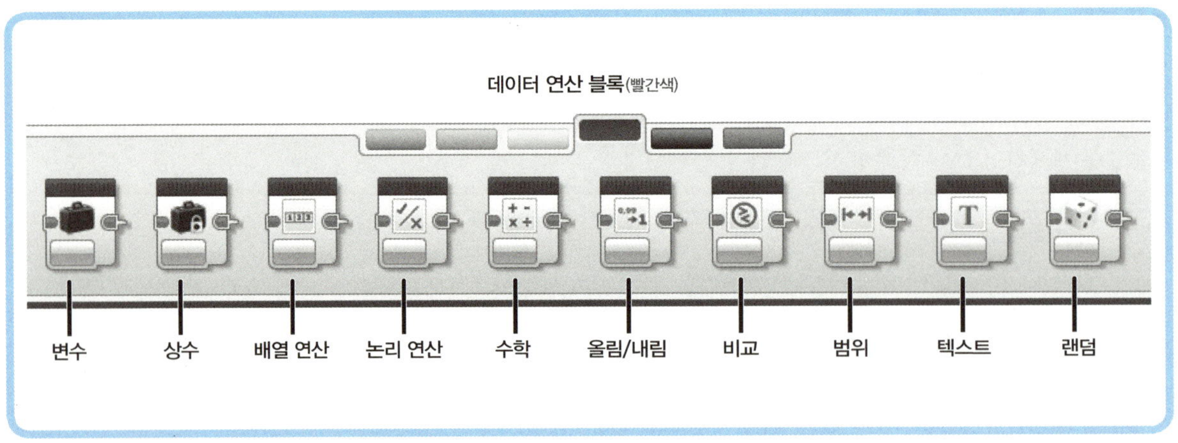

■ 그림 5-10 데이터 연산 블록 팔레트

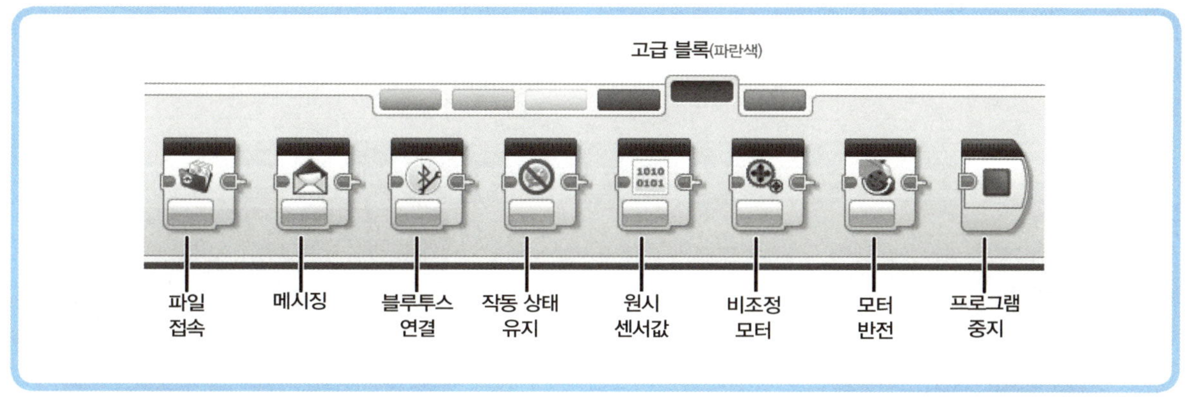

■ 그림 5-11 고급 블록 팔레트

마이 블록

팔레트의 맨 오른쪽 탭 마이 블록에는 여러분이 만들어 두었거나 혹은 다른 프로젝트에서 가져오기 한 블록들이 있습니다. 하지만 처음에는 아무것도 들어 있지 않습니다. 마이 블록 만드는 방법에 대해서는 10장에서 배울 예정입니다.

프로젝트 속성

EV3 프로젝트 파일(그림 5-12)은 실제로 모든 프로그램, 사용자 정의 블록, 사운드 파일, 이미지 파일, 비디오, 로봇 관련 문서들을 담고 있는 하나의 기록 보관소입니다. 프로젝트 속성properties의 특징들은 다음과 같습니다.

1. **프로젝트 설명**: 여러분의 프로젝트에 제목을 정하고 로비(홈 화면)에 보일 이미지와 동영상을 설정하고 프로젝트에 대한 설명을 써 넣을 수 있습니다.

2. **프로젝트 공유 버튼**: 이 버튼을 클릭하여 여러분의 프로젝트를 다른 마인트스톰 유저들과 함께 공유할 수 있습니다.

3. **데이지 체인 모드**: 이 상자를 체크하여 하나의 EV3 브릭이 세 개 이상의 슬레이브 브릭을 동시에 제어하도록 프로그래밍할 수 있습니다. (USB 케이블로 마스터 브릭의 USB 호스트 포트와 슬레이브의 miniUSB 포트에 연결하면 각 슬레이브 브릭은 마스터 브릭과 네트워크를 구성합니다.)

4. **프로젝트 콘텐츠**: 프로젝트에 들어 있는 모든 자료들을 카테고리별로 묶어서 나열한 것으로 프로그램, 이미지, 사운드, 마이 블록, 변수들이 여기에 포함됩니다. 여러분은 여기서부터 프로젝트의 파일과 변수를 관리할 수 있습니다.

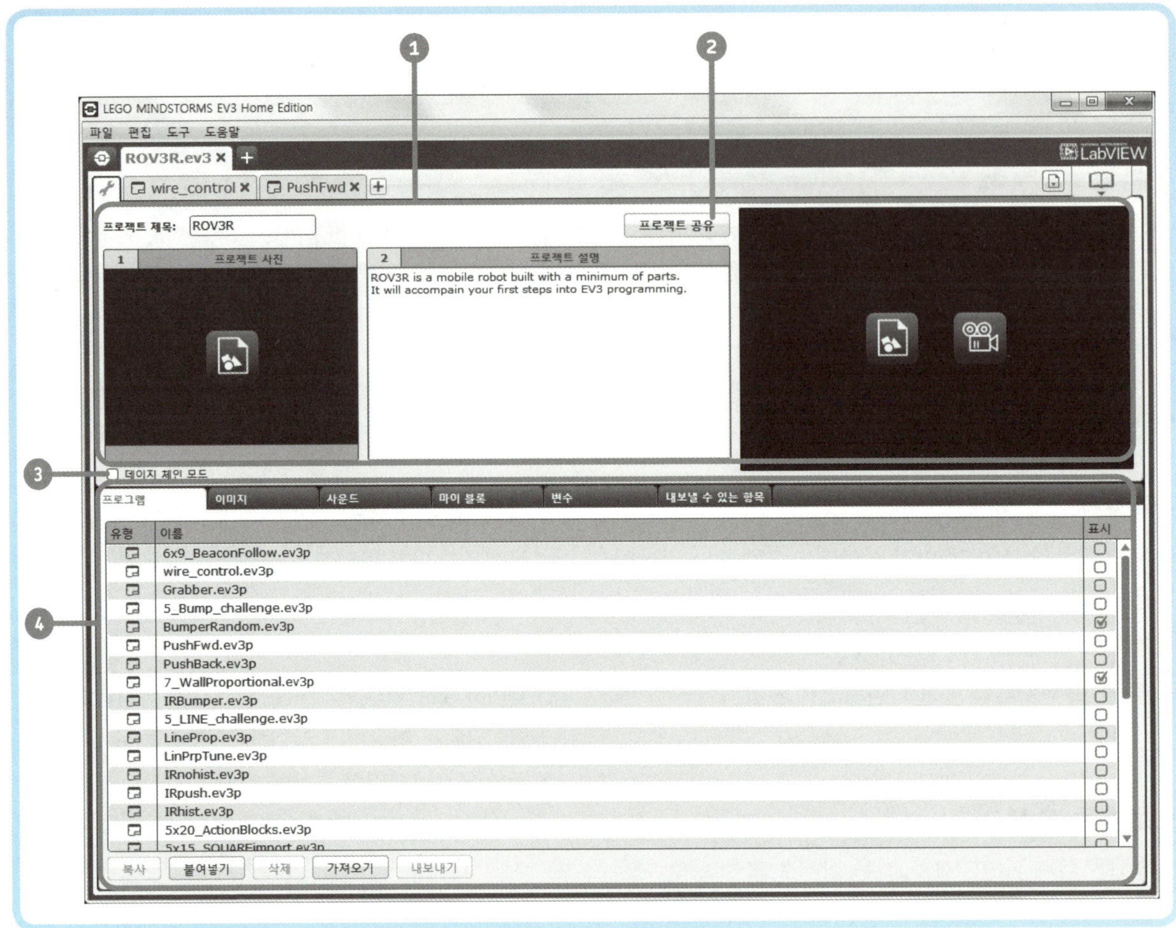

■ **그림 5-12** 화면의 왼쪽 상단에 스패너 모양 아이콘을 클릭하면 언제든지 프로젝트 속성에 접근할 수 있습니다.

EV3 브릭을 PC에 연결하기

하드웨어 페이지에 있는 사용 가능한 브릭 탭을 이용해서 EV3 브릭을 컴퓨터에 연결해 보세요(그림 5-4). 컴퓨터가 EV3 브릭을 인식하려면 전원이 켜진 상태여야 합니다.

USB를 통해 연결하려면 USB 케이블 한쪽을 EV3 브릭의 miniUSB 포트에 연결하고 다른 한쪽은 컴퓨터에 남아 있는 USB 포트로 연결합니다(그림 5-4(a)).

블루투스를 이용하여 연결하려면 EV3 브릭에서 블루투스 기능을 활성화시킨 다음 컴퓨터에도 블루투스 기능이 활성화되어 있는지 확인하세요(EV3 사용설명서 참조).

화살표 두 개가 그려진 **새로 고침** 버튼을 클릭하고(그림 5-4(b)) EV3 브릭을 탐색하여 페어(EV3 브릭과 PC에 패스키를 입력해야 합니다)가 되면 블루투스 열에 있는 네모 칸을 클릭하여 EV3 브릭과 연결할 수 있습니다(그림 5-4(c)).

블루투스를 스캔하고, 페어링하고, 연결하는 프로세스 전반을 처리하는 것은 EV3 소프트웨어이지 컴퓨터의 운영체제가 아닙니다. Wi-Fi로 연결하려면 Wi-Fi USB 동글을 EV3 옆면에 있는 USB 호스트 포트에 끼워야 합니다.

브릭 프로그램 가져오기

EV3 소프트웨어에 대한 개요를 숙지하였으니, 이제 프로그래밍 팔레트에 있는 블록을 어떻게 사용하는지 배울 시간이 되었습니다. 브릭 프로그램 가져오기를 사용하여 여러분이 4장에서 만들었던 사각형의 경로를 따라 움직이는 로버(그림 5-13과 동일)의 제어 프로그램을 가지고 오는 것부터 시작해 봅시다.

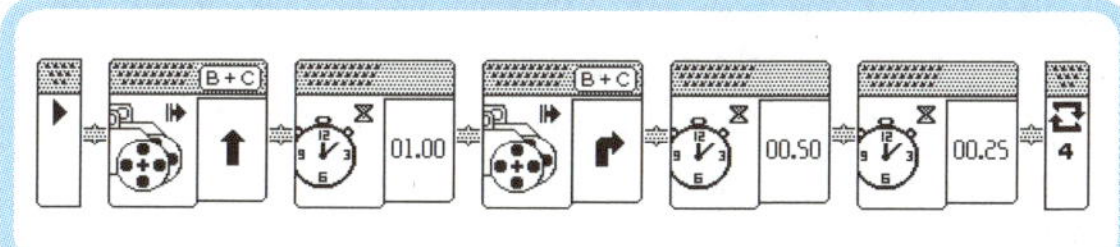

■그림 5-13 사각형의 궤적을 그리며 이동하는 로버 브릭 프로그램

혹시 전에 그 프로그램을 저장하지 않았다면 다시 프로그래밍하여 'SQUARE'라는 이름으로 저장하세요. (3장의 브릭 프로그램 만드는 법에서 소개한 설명서를 참고하세요.)

브릭 프로그램을 가져오기 위해 먼저 그림 5-1의 ③ **프로젝트 추가 탭(+)**을 클릭하여 새 프로젝트를 생성합니다. 그 다음, USB나 블루투스를 통해 EV3와 연결합니다. 이제 **도구 ▶ 브릭 프로그램 가져오기**를 선택하면 PC 화면에서 그림 5-14와 같은 다이얼로그를 확인할 수 있습니다.

만약 EV3 브릭이 연결되었다면 다이얼로그 안에 EV3 브릭 메모리에 저장되어 있던 브릭 프로그램 파일들이 나열되어 있을 것입니다. 여러분이 만든 SQUARE 프로그램을 선택하고 **가져오기** 버튼을 클릭합니다.

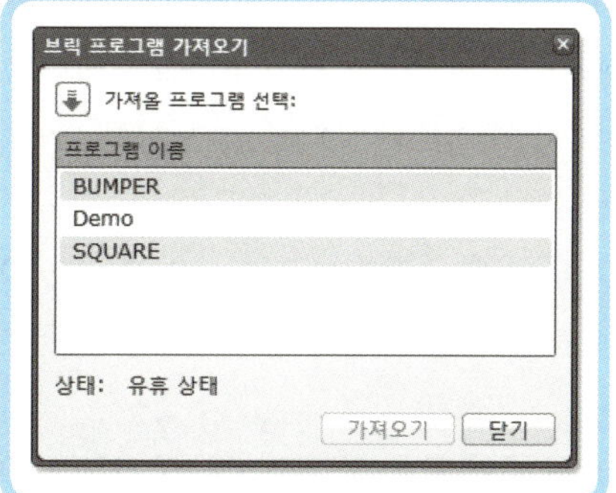

■그림 5-14 브릭 프로그램 가져오기 다이얼로그

가져온 브릭 프로그램 분석하기

지금부터 이 프로그램을 수정하기 전에 먼저 프로그램에 대해 분석해 보겠습니다. 시작 블록 오른쪽에는 모든 프로그래밍 블록을 담고 있는 루프 블록이 있습니다.

루프 블록 오른편에는 샤프(#) 기호가 있는 버튼이 있습니다. 이는 모드 선택에 사용하는 것으로 지금은 **횟수** 모드로 설정되어 있습니다.

모드 선택 버튼 옆에 있는 루프 블록 입력창을 통해 루프 내부에 있는 시퀀스를 여러분이 원하는 만큼 몇 번 반복할 것인지 설정할 수 있습니다. 아직 프로그램을 수정하지 않았다면 4번으로 설정되어 있을 것입니다.

루프 블록은 다양한 모드를 지원하기 때문에 루프 내에 존재하는 블록들을 여러 가지 방법으로 반복 수행할 수 있습니다. 특정 시간 동안 혹은 특정 횟수는 물론 영원히 반복할 수도 있으며, 논리 조건이 참이 될 때까지나 센서 출력이 특정 값이 될 때까지 반복할 수도 있습니다.

루프 블록 내부에는 조향모드 주행 블록과 대기 블록이 들어 있습니다. 조향모드 주행 블록은 다양한 모드로 설정이 가능합니다. '꺼짐' '켜짐' '시간(초)으로 동작' '각도로 동작' '회전수로 동작' 모드가 있습니다.

여기 있는 조향모드 주행 블록은 **켜짐** 모드로 설정되어 있습니다. 이 블록은 지정된 포트에 연결된 모터를 동작시킨 채로 다음 블록부터 프로그램이 계속 수행되도록 합니다.

켜짐 모드에서는 조향과 파워 두 개의 입력 창이 활성화됩니다. 이 두 개의 입력값을 통해 디퍼렌셜 드라이브 로봇(로버와 같은)의 조향 각도와 모터에 인가하는 파워를 제어합니다.

첫 번째 조향모드 주행 블록에는 **조향**은 0, **파워**는 70으로 설정되어 있어 로봇은 70%의 모터 파워로 직진 주행을 하게 됩니다.

두 번째 조향모드 주행 블록에는 **조향**은 45, **파워**는 50으로 설정되어 있어 오른쪽 모터는 거의 정지하고 왼쪽 모터는 50%의 힘으로 구동하여 로봇은 주행 방향을 변경합니다. 이 경우 로봇은 오른쪽으로 주행 방향을 변경합니다.

조향 파라미터 입력 창에는 -100부터 100까지 들어갈 수 있습니다. 0은 로봇이 똑바로 앞으로 나가게 해주며 양의 값(>0)은 오른쪽으로 방향 전환을, 음의 값(<0)은 왼쪽으로 방향 전환을 하게 합니다.

조향값이 0에서 멀어질수록, 회전 반경은 줄어듭니다. (값이 100이거나 -100이면 로봇은 제자리에서 회전합니다.)

대기 블록은 **시간** 모드로 설정되어 있어 해당 입력값을 설정하여 몇 초간 프로그램 흐름을 잠시 중단시켰다가 다시 동작시킬 수 있습니다. 시간은 초 단위로 표현되지만 0.25초 또는 0.5초처럼 1초보다 작은 시간도 입력할 수 있습니다.

myROV3R라는 제목으로 프로젝트를 저장하고 하드웨어 페이지의 **다운로드 및 실행** 버튼을 눌러 프로그램을 테스트해 봅니다(그림 5-3의 ②). 이 프로그램은 3장의 브릭 프로그램과 똑같이 동작할 것입니다.

블록 제거하기

가져온 브릭 프로그램 편집하기

그림 5-15에 보이는 프로그램을 변경해 보도록 합시다. **루프** 블록을 선택하고 메뉴 바에서 **편집 ▶ 복사**를 선택합니다(단축키는 Ctrl+C 혹은 ⌘+C).

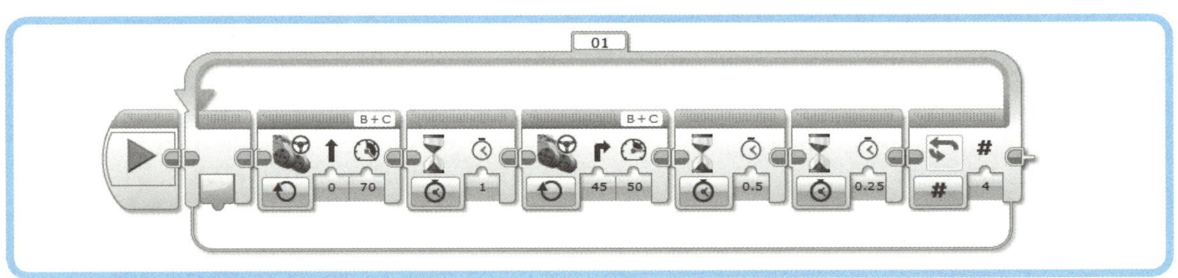

■ **그림 5-15** 브릭 프로그램을 EV3 언어 형태로 가져오기

프로그램 추가 버튼을 클릭하고(그림 5-2의 ⑨) 메뉴 바의 **편집 붙여넣기**(Ctrl+V 후은 ⌘+V)를 사용하여 루프 블록을 붙여 넣은 다음, 마우스로 끌어서 새로 만든 프로그램의 시작 블록에 붙여놓습니다. (시작 블록에 연결되지 않은 블록은 희미하게 보입니다.)

대기 블록을 사용하는 대신 동작 블록을 **시간(초)으로 동작** 모드로 설정하여 로봇이 같은 동작(즉 사각의 경로를 따라 주행)을 수행하도록 합니다. 이 모드에서는 '초'와 '정지 방식' 입력이 활성화됩니다.

각 이동 블록의 **초** 입력값에 대기 블록에 입력되어 있던 것과 같은 시간을 설정하고 대기 블록을 삭제합니다. **정지 방식**은 **참**으로 설정하여 동작이 완료되었을 때 모터가 정지되도록 합니다.

이 모드에서 조향모드 블록은 정해진 시간 동안 프로그램 흐름을 잠시 정지시킵니다. 그림 5-16에서 완성된 프로그램을 확인할 수 있습니다.

이제 '파워'와 '조향' 파라미터를 변경해 보세요. 입력 창을 클릭하면 값을 빠르게 바꿀 수 있는 '슬라이더'가 나타납니다. 그리고 키보드를 이용해서도 새 값을 입력할 수 있습니다.

정확하게 이동하기

4장에서 로버의 양 바퀴 사이의 거리를 늘여 90도 회전의 정확도를 개선하였습니다. 모터 제어의 모든 것을 배웠기 때문에 이제 하드웨어 대신 소프트웨어를 변경하여 로봇이 정확한 각으로 방향을 전환하게 만들어 봅시다.

로버가 정확한 각도로 방향을 전환하게 만들려면 동작 블록을 **각도로 동작** 모드로 설정해야 합니다. 입력하는 파라미터를 '초'에서 '각'으로 바꾸면 입력되어 있던 값도 다시 변경됩니다.

로봇이 직각으로 방향을 전환하기 위해 그림 5-17에 보이는 것처럼 두 번째 조향모드 주행 블록의 각 파라미터들을 변경해 봅시다. 단지 파라미터를 살짝 바꾸는 것만으로 어떻게 로봇이 동작하게 되는지 이제 곧 이해할 수 있을 것입니다.

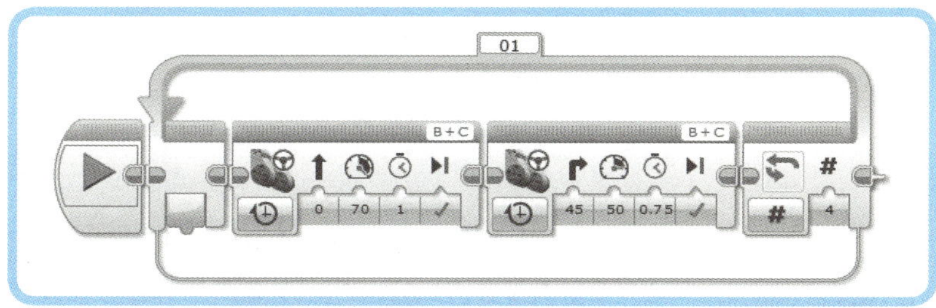

■그림 5-16 사각형을 그리며 주행하도록 개선된 로버 프로그램

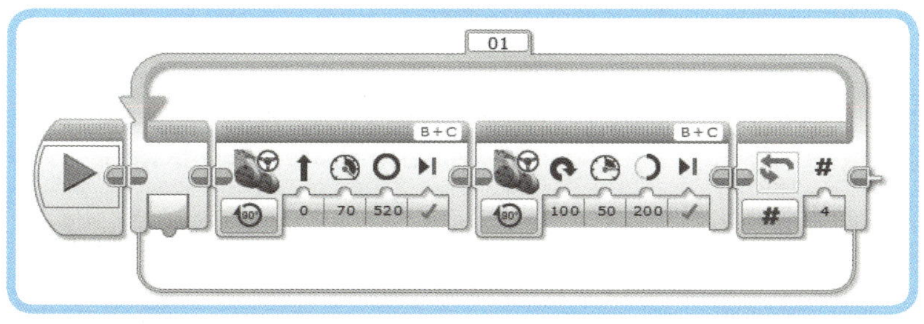

■그림 5-17 정확한 각도로 사각형의 궤적을 그리며 주행하는 로버 프로그램

첫 번째 조향모드 주행 블록의 각도 파라미터를 어떻게 설정해야 로봇이 정확한 거리를 주행할 수 있을까요?

같은 문제로 두 번째 조향모드 주행 블록의 각도 파라미터를 어떻게 설정해야 로봇이 진행 방향을 정확하게 직각으로 바꿀 수 있을까요? 시행착오를 거치지 않고 말입니다.

가장 쉬운 방법은 EV3 브릭에 있는 포트 보기 앱이나 EV3 소프트웨어에 있는 하드웨어 페이지 포트 보기 탭을 사용하여 손으로 잡고 로봇을 움직이는 동안 모터 회전 센서의 각도 값을 측정하는 것입니다.

하지만 먼저 이 모터의 회전수를 초기화해야 합니다. EV3 브릭에서 **앱** 탭(왼쪽에서 세 번째)으로 이동하여 **포트 보기 앱**을 실행시킵니다.

방향 버튼을 사용하여 모니터링하고 싶은 모터 포트를 선택합니다(그림 5-18). 회전값을 초기화하기 위해 모터를 포트에서 뽑았다가 다시 끼우거나 포트 보기 앱을 종료했다가 다시 실행하시기 바랍니다.

EV3 소프트웨어에서는 하드웨어 페이지의 **포트 보기** 탭을 열고 초기화하려는 포트에 해당하는 문자를 눌러 각 모터의 회전수를 초기화합니다.

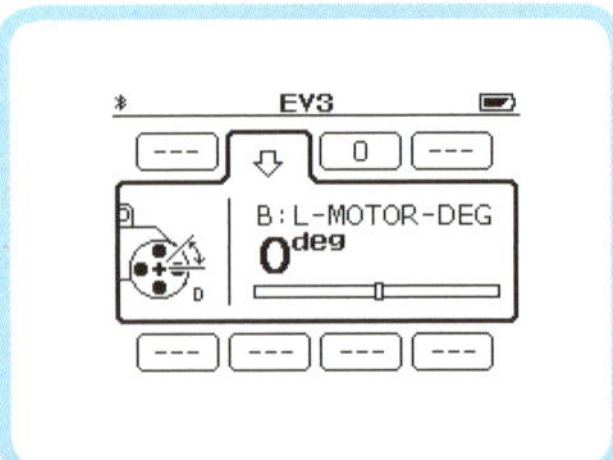

■ 그림 5-18 EV3 브릭의 포트 보기 앱을 사용하여 모든 센서값을 실시간으로 확인할 수 있습니다.

정확한 거리 주행하기

첫 번째 블록의 파라미터에 적절한 값을 찾기 위해서 참고용 자를 이용하여 손으로 로봇을 밀어 20cm 이동시켜 봅니다. 포트 보기에서 모터 각각이 520도인 것을 확인할 수 있습니다.

이는 각 바퀴가 앞으로 20cm를 주행하는 동안 측정된 값입니다. 이 값을 첫 번째 이동 블록의 **각도** 파라미터에 입력합니다. 실제 값은 바퀴의 미끄러짐 정도나 다른 기계적 손상으로 인하여 조금 달라질 수 있습니다.

그러므로 조향모드 주행 블록을 선택한 뒤 **다운로드 및 실행 선택** 버튼을 사용하여 로봇을 주행시켜 보기 바랍니다(그림 5-3의 ③). 필요하다면 자를 이용하여 주행한 거리를 측정하고 각도 파라미터를 조정하세요.

더 깊게 파보기:
정확한 주행을 위한 각도 파라미터 계산하기

다음은 간단한 수학을 사용한 각도 파라미터 계산 방법입니다. 우선, 자를 이용하여 바퀴 반지름을 측정해보세요(로버 타이어의 경우 R=21.6mm입니다). 아니면 타이어의 옆면에 양각된 치수(43.2mm)를 둘로 나누어도 됩니다.

Xmm를 주행하기 위해서는 조향모드 주행 블록의 조향 파라미터는 0(양 바퀴가 같은 속도로 앞으로 회전합니다)으로, 각도 파라미터는 X / R × 57.3으로 설정해야 합니다. (57.3은 180 / π의 근사값으로 라디안을 각도로 변환해야 합니다.)

앞서 든 예제에서 20cm(200mm)를 주행하는 데 필요한 바퀴 회전 각도는 공식을 이용하여 200 / 21.6 × 57.3 ≈ 530도가 되는 것을 알 수 있습니다. 측정의 불확실성이나 바퀴의 미끄러짐을 보완하기 위해 이 계산된 값을 조금 수정할 필요가 있습니다.

NOTE 모터에 부착한 바퀴로 이동한 거리는 모터 축의 회전수(각도 혹은 회전수)에 바퀴의 반지름을 곱한 것에 비례합니다.

정확한 각도로 방향 전환시키기

정확한 각도로 로봇의 방향을 전환시키기 위해서는 그림 5-17에 보이는 것처럼 두 번째 조향모드 주행 블록의 설정값을 수정한 것과 유사한 방법을 사용할 수 있습니다. 이를 위해 EV3 소프트웨어 혹은 EV3 브릭에 있는 **포트 보기**를 열어 모터 회전수를 초기화합니다.

제자리에서 오른쪽 바퀴(회전하지 않아야 합니다)를 기준으로 로봇을 회전시키는 동안에 로버가 시계 방향으로 90도만큼 방향을 전환하는 데 필요한 왼쪽 모터의 회전 각도를 측정합니다.

포트 보기에서 측정한 각도를 두 번째 조향모드 주행 블록의 **각도** 입력값으로 사용하고 **조향** 파라미터는 **50**(한쪽 바퀴를 고정하기 위해)으로 설정합니다. 조향모드 주행 블록은 더 빨리 도는 모터(이 경우에는 왼쪽 모터)가 미리 설정한 각도만큼 회전하는 동안만 수행됩니다.

이제 조향모드 주행 블록을 선택한 뒤 **다운로드 및 실행 선택** 버튼을 사용하여 단독으로 실행시켜 보기 바랍니다(그림 5-3의 ③). EV3 브릭은 회전 동작을 수행하는 조향모드 주행 블록 하나만을 실행시킬 것입니다.

로봇이 회전한 각도를 확인해보고 각도 파라미터를 조정하여 90도 방향 전환이 되도록 만들어 보세요. 한쪽 바퀴를 중심으로 회전하는 피봇 대신 로봇의 중심을 기준으로 제자리에서 회전하여 방향을 전환하는 것도 가능합니다.

그렇게 하려면, **조향** 파라미터를 **100**, **각도** 파라미터를 ___로 설정하기 바랍니다. 여러분들이 직접 이 값을 채워 보라고 비워 두었습니다! (아래 상자에서 해답을 찾을 수 있습니다.)

더 깊게 파보기: 정확하게 방향을 전환하기 위한 각도 파라미터 계산하기

앞서 설명했던 시행착오 법에 더하여, 우리는 수학을 사용하여 로버를 정확하게 방향 전환시킬 수 있습니다. 그렇게 하려면, 바퀴 반지름 R과 타이어 중심부터 로봇 중심까지 떨어진 거리 L을 측정해 봅시다. (로버는 R = 21.6mm, L = 50mm입니다.)

정확하게 각도 T만큼 로봇의 방향을 전환하기 위해 조향모드 주행 블록의 '조향' 입력을 100이나 -100(두 바퀴가 같은 속도, 반대 방향으로 회전합니다)로 설정하고 '각도' 입력을 $(T \times L) / R$로 설정합니다.

$T \times L$은 반지름 L인 원주의 중심에서 각도 T만큼에 해당하는 호의 길이와 같습니다. 원의 호 위에서 움직이는 바퀴가 몇 도 정도 회전해야 하는지 결정하기 위해서는 바퀴의 반지름 R로 그 호의 길이를 나누어 보면 알 수 있습니다.

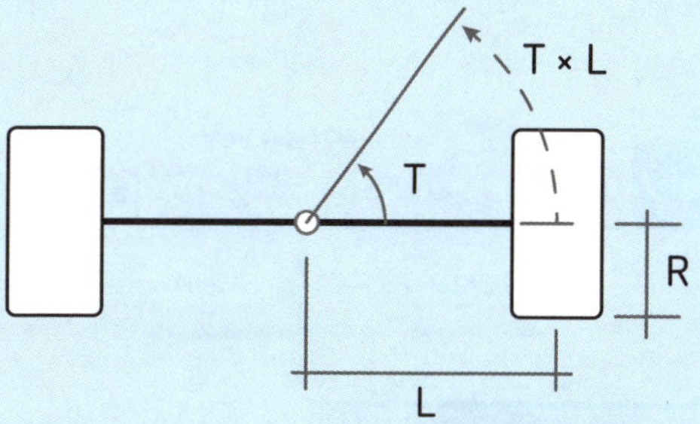

그림 5-17의 예제처럼 로봇이 90도를 회전해야 한다면 이 때 '각도' 파라미터에 입력해야 하는 값은 공식에 따라 $(90 \times 50) / 21.6 \approx 208$도가 됩니다.

측정의 불확실성과 특히 찌그러진 타이어와 지면이 접촉하는 정확한 지점을 알기 어렵기 때문에 계산으로 얻어진 값을 조금 수정해야 할 수도 있습니다.

동작 블록으로 실험하기

동작 블록의 특징을 배울 수 있는 왕도는 블록들을 가지고 실험을 해보는 것입니다. 그림 5-19와 같이 프로젝트에 **프로그램 추가 탭**(+)을 클릭하여 새로운 프로그램을 추가합니다①.

다음으로, 디스플레이 블록을 마우스로 끌어다 시퀀스에 가져다 놓습니다②. 블록을 끌어오는 동안 왼쪽 마우스 버튼을 계속 누르고 있어야 합니다. 블록이 거의 제자리에 위치하면 회색 그림자가 나타납니다.

마우스 버튼을 떼면 블록이 자리에 자동으로 착~하고 달라붙습니다. 디스플레이 블록의 초기 설정은 **이미지** 모드입니다. 나타난 이미지를 바꾸기 위해서는 **파일 선택** 필드를 클릭하고③, 가용 이미지 중에 하나를 선택합니다.

또한 이 블록의 입력값④을 바꿀 수 있고 모드를 변경할 수도 있습니다. 사용할 수 있는 모드의 종류에는 텍스트(화소/눈금) 모드, 모양(라인/원형/사각형/점) 모드, 이미지 모드, 그리고 화면 초기화(이 마지막 모드는 단순히 프로그램이 시작할 때 나오는 정보로 화면을 초기화합니다) 모드가 있습니다.

이제, 앞서 간단하게 수행했던 과정을 반복하여, 동작

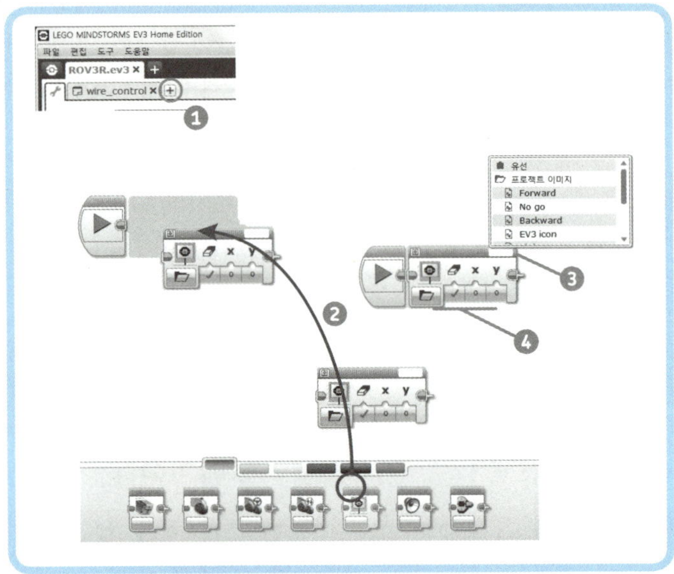

■ **그림 5-19 블록 추가하고 설정 변경하기**
(새 프로그램을 만드는 첫 번째 단계)

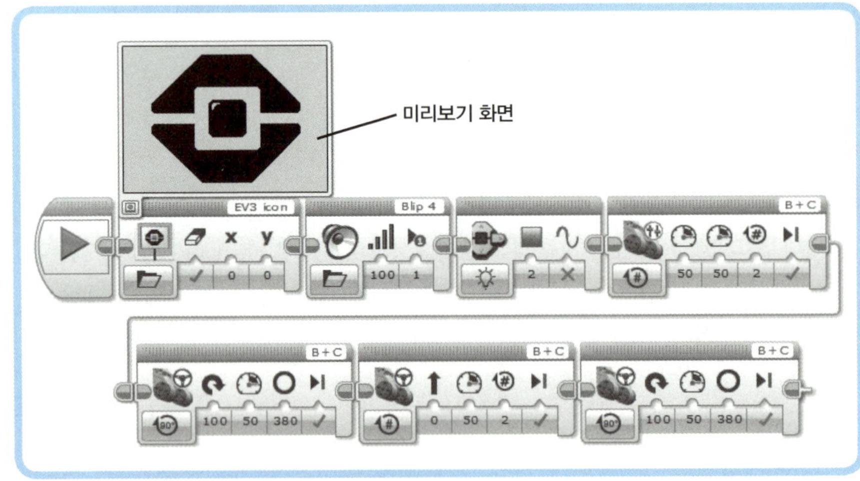

■ **그림 5-20 모든 종류의 동작 블록이 들어간 실험용 프로그램**

블록 팔레트에서 프로그래밍 블록을 가져와서 오른쪽에서 왼쪽으로 배치하여 그림 5-20과 같이 만들어 보기 바랍니다.

지면상 제약이 있기에 블록 몇 개를 다른 블록 아래에 배치시키고 시퀀스 와이어로 연결하였습니다. 시퀀스 와이어는 3장에서 소개된 플로차트에서 블록들을 연결했던 화살표와 같이 EV3 블록 프로그램의 흐름을 정의합니다. 이것을 '스네이킹snaking'이라고 부릅니다. 스네이킹은 뱀이 좌우로 지그재그로 움직이는 모습을 말하는 것으로, 프로그램 시퀀스를 배치한다하여 붙인 이름입니다.

이 방법으로 프로그램을 배치하면 수평 공간을 절약할 수 있으며 블록 그룹이 분리되어 가독성이 좋아집니다.

시퀀스 와이어로 블록끼리 연결하려면 그림 5-21(a, b, c)에 있는 것처럼 첫 번째 행 마지막 블록인 '시퀀스 출력 플러그'를 마우스로 클릭하고 시퀀스 두 번째 행에 있는 첫 번째 블록의 입력 플러그로 드래그합니다.

이 동작을 수행하는 동안 마우스 커서가 실패 모양으로 바뀌게 됩니다. 와이어의 직선 부분을 마우스로 클릭하고 끌어당겨 옮길 수 있습니다(그림 5-21(d)). 이제 프로그램의 가독성을 개선해 봅시다. 이전에는 시퀀스 길이가 짧아지도록 블록들을 서로 나란히 붙여놓았습니다.

이제 이 블록들의 출력 플러그를 한 번 클릭하면 그림 5-21(e)에 보이는 것처럼 블록 사이에 짤막한 시퀀스 와이어가 생겨납니다. 이 출력 플러그를 재차 클릭하면 와이어가 짧아지며 두 블록이 다시 가깝게 붙어버립니다. 블록끼리 연결을 해제하려면 시퀀스 와이어의 플러그 끝단을 클릭하세요.

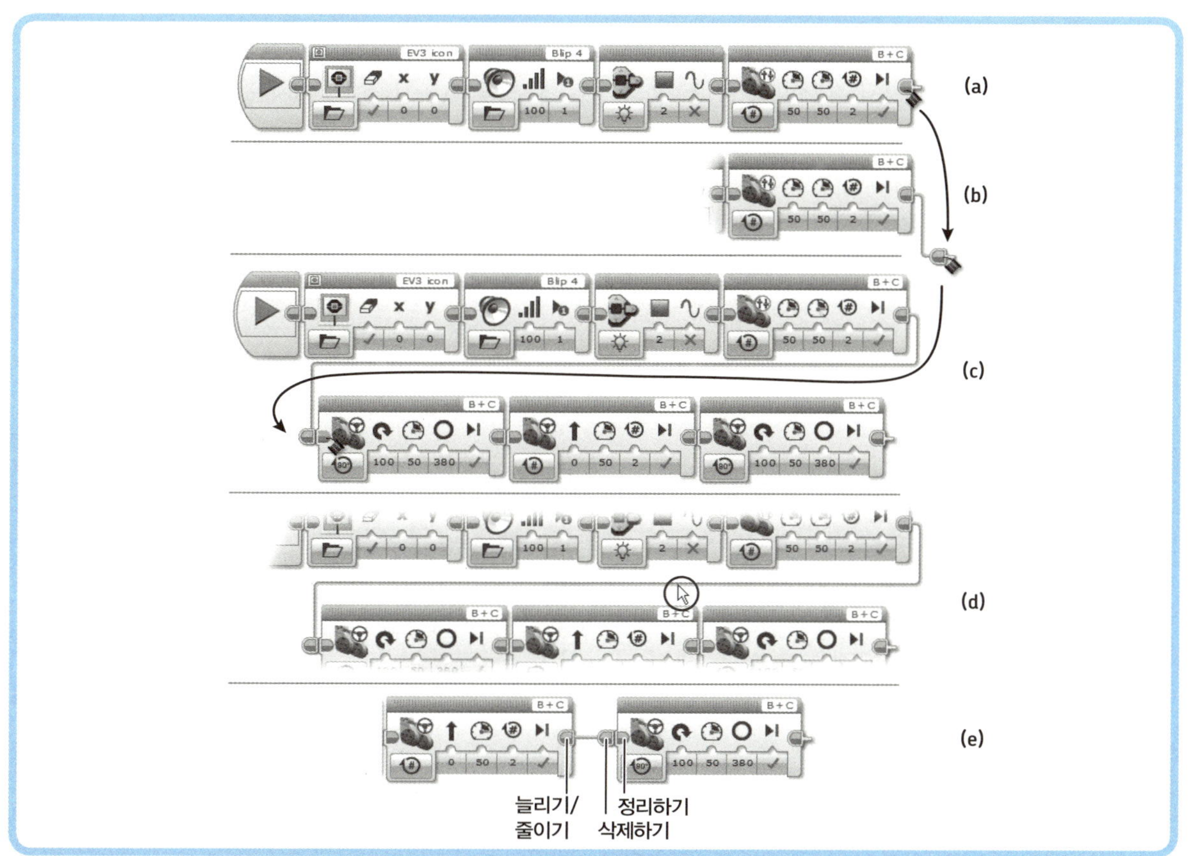

■ 그림 5-21 시퀀스 와이어를 연결하는 방법(a, b, c, d)과 시퀀스 와이어를 늘리고 줄이거나 삭제 혹은 정리하는 방법(e)

그림 5-20의 프로그램에서 첫 번째 주행 블록은 조향모드가 아닌 탱크모드 주행 블록입니다. 이 두 블록은 조금 다른 특성을 가지고 있습니다. 탱크모드 주행 블록은 구동 모터 두 개의 파워를 각각 따로 설정해야 합니다.

그러나 조향모드 주행 블록은 양쪽 모터를 하나로 놓고 파워와 조향되는 정도를 설정해야 합니다. 각 모터에 필요한 파워는 조향모드 주행 블록이 알아서 계산합니다. 디스플레이 블록은 미리보기 기능이 있어서 EV3 브릭 화면에서 어떻게 보일지 미리 살펴볼 수 있습니다.

이 미리보기 기능을 사용하려면 디스플레이 블록의 상단 좌측에 **디스플레이 미리보기** 버튼을 눌러야 합니다. (그림 5-20에 EV3 아이콘 미리보기 장면이 나와 있습니다.) 동작 블록에 들어 있는 블록들은 어떤 기능을 가지고 있을까요?

이를 알아보기 위해서는 프로그램을 수행하고 다양한 블록들의 파라미터를 변경해 보세요. 예를 들어 EV3 브릭 상태 표시등의 색상을 바꾸거나 화면에 표시되는 이미지를 변경하고 사운드 블록에서 재생되는 사운드 파일을 교체해 보세요.

프로그램 흐름 제어하기

흐름 제어(플로) 블록은 팔레트의 오렌지색 탭에 들어 있습니다. 이 블록은 프로그램의 흐름을 제어할 수 있는데 예를 들어 프로그램을 잠시 중지시키고 시퀀스를 반복하거나 조건에 따라 다른 동작을 선택하여 수행시킬 수 있습니다.

이 블록들에 대하여 좀 더 이해하기 위해서 브릭 프로그램 가져오기 툴을 이용하여 4장에서 실습한 벽 따라가기 프로그램을 가져오도록 하겠습니다(그림 4-11 참고). 그림 5-22에 EV3 브릭에서 가져온 프로그램이 나와 있습니다.

루프 블록 내부의 시퀀스가 영원히(무한대 기호로 표시됨) 반복되도록 루프 블록이 설정되어 있습니다. 대기 블록 두 개는 모두 **적외선 센서–비교–근접감지 모드**로 설정되어 있습니다.

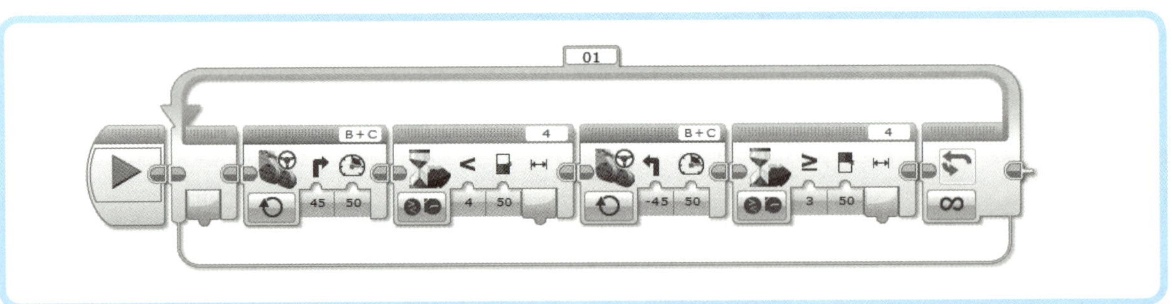

■ **그림 5-22** EV3 브릭에서 가져온 벽 따라가기 프로그램

각 대기 블록의 **비교 유형** 입력은 '<. 4'(보다 작음)과 '≥. 3'(보다 크거나 같음)으로 각각 설정하고 **경계값**은 모두 50으로 입력합니다. 이렇게 설정하면 대기 블록은 적외선 센서의 접근도와 경계값을 서로 비교하면서 조건을 만족하면서(접근도<50이거나 접근도≥50) 프로그램을 계속 진행시킵니다.

스위치 블록

4장에서 벽 따라가는 로봇을 처음 제작할 때는 어떤 조건을 만족하면 다음 동작을 수행하는 방식의 알고리즘을 사용하였습니다. 이번에는 스위치 블록을 사용하여 두 가지 다른 동작 중에 하나를 선택하는 방식을 구현할 예정입니다.

이 알고리즘이 어떻게 동작하는지 살펴보겠습니다. 먼저 그림 5-23과 같이 프로그램을 작성합니다.

1. **루프** 블록(흐름 제어 팔레트에 있는)을 가져다 놓고 기본 모드인 **켜짐** 모드(무한 반복)로 둡니다.
2. **스위치** 블록을 루프 블록 안에 배치합니다.
3. 스위치 블록 모드를 **비교-근접감지 모드**로 두고 **비교 유형**은 '<. 4'(보다 작음)으로 설정하고 **경계값**은 45로 입력합니다.
4. 조향모드 주행 블록을 스위치 블록 상단에 체크 표시가 되어 있는 참 케이스에 집어넣습니다.
5. 조향모드 주행 블록 모드를 **켜짐**으로 하고 **조향** 파라미터는 25, **파워** 파라미터는 40으로 입력합니다.
6. 조향모드 주행 블록을 새로 하나 끌어다가 스위치 블록 하단의 X로 표시된 거짓 케이스에 배치합니다.
7. 두 번째 추가한 주행 블록 모드를 **켜짐**으로 하고 **조향** 파라미터는 −25, **파워** 파라미터는 40으로 입력합니다.

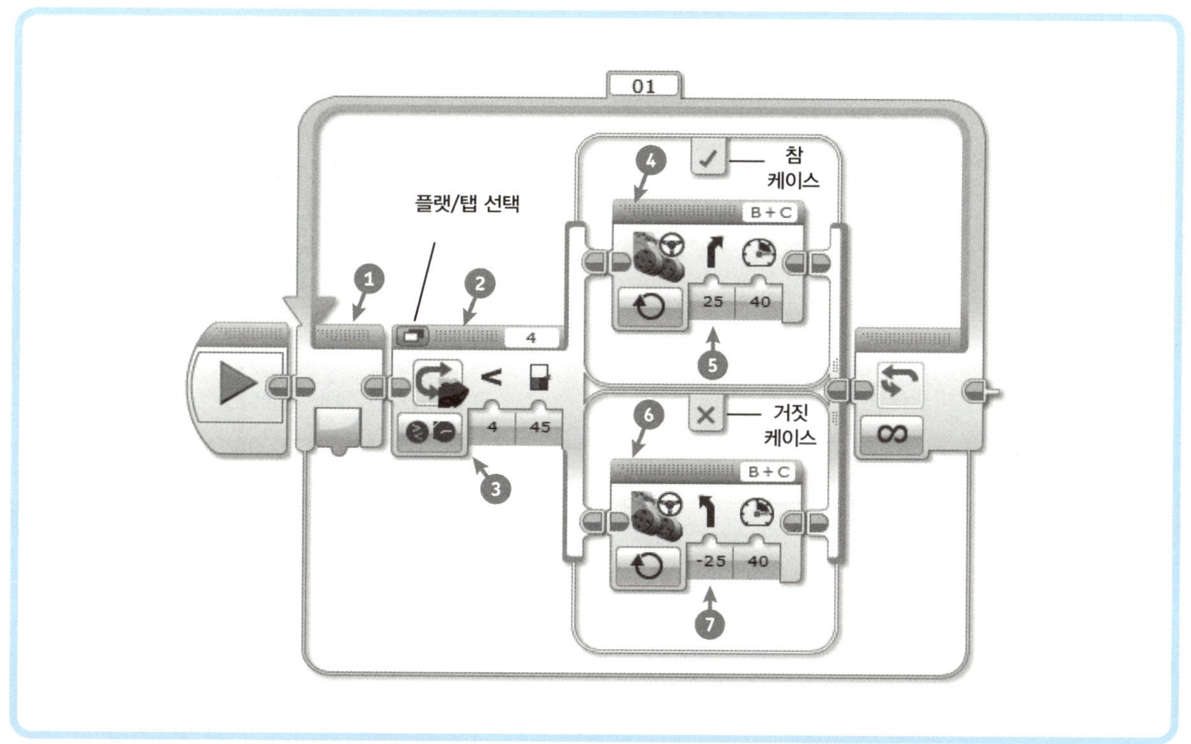

■ **그림 5-23** 스위치 블록으로 구현한 벽 따라가기 알고리즘.

기본적으로 스위치 블록은 참과 거짓 케이스를 한눈에 볼 수 있는 플랫 뷰 상태입니다. **플랫/탭 선택** 버튼을 클릭하면 탭 뷰로 전환할 수 있습니다(그림 5-23). 탭 뷰는 공간을 절약해주지만 한번에 하나의 케이스만 확인해 볼 수 있습니다.

스위치 블록의 케이스를 하나만 사용한다면 탭 뷰 모드를 사용하는 것도 괜찮은 방법입니다. 그렇지 않은 경우라면 플랫 뷰가 더 낫습니다. 그림 5-24처럼 블록의 크기 조절 손잡이를 마우스로 끌어당겨 루프 블록이나 스위치 블록의 크기를 조정해서 그 안에 들어 있는 블록에 딱 맞도록 해 봅시다.

스위치 블록은 각 케이스별로 크기를 다르게 조정할 수 있습니다. 블록(혹은 케이스)이 선택되었을 때 크기 조절 손잡이가 나타납니다.

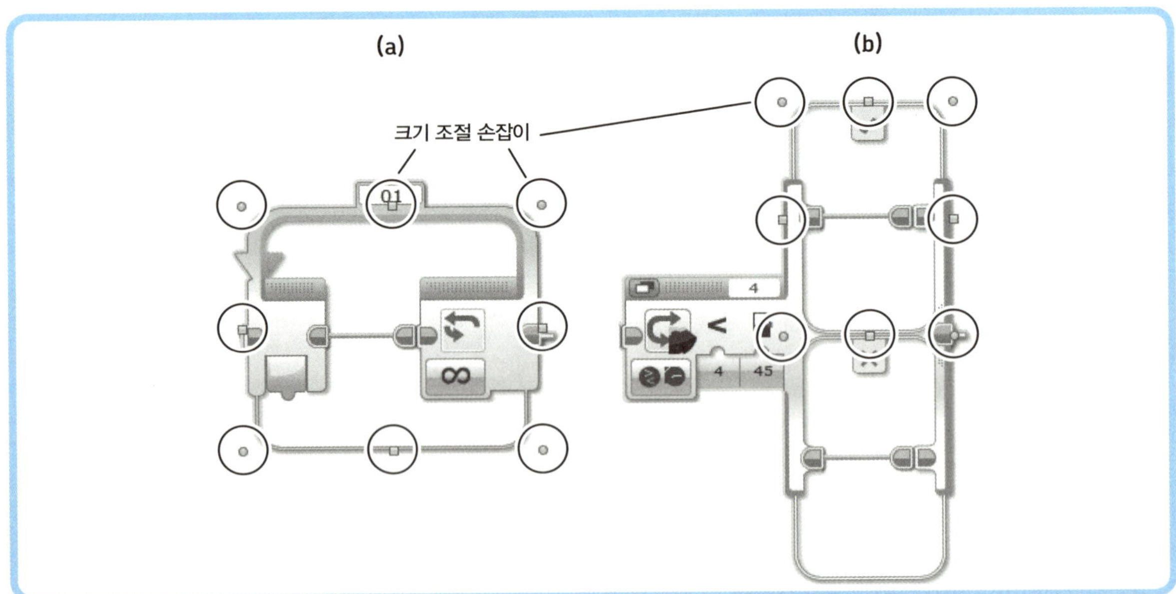

■ **그림 5-24** 크기 조절 손잡이를 이용하여 루프 블록의 크기를 변경하는 방법(a)과 스위치 블록의 크기를 변경하는 방법(b)

이 장을 마치며

이 장에서는 EV3 소프트웨어의 특징, 도구, 작업 공간에 대한 전반적인 내용을 빠짐없이 살펴보았습니다.

프로그래밍 팔레트에 프로그래밍 블록이 어떻게 구성되어 있는지 배웠으며 브릭 프로그램 가져오기 기능을 이용하여 제대로 된 EV3 프로그래밍을 향해 첫발을 내디뎠습니다. 또한 동작 블록과 흐름 제어 블록의 사용법도 학습하였습니다.

다음 장에서는 새로운 프로그래밍 개념뿐 아니라 원격 적외선 비컨의 모든 특징에 대해 알아보기로 하겠습니다.

휘리리리릭
콩!
네가 EV3를 그저 원격 조종 장난감 정도로 사용하지 않았으면 좋겠구나.
네, 안 그럴게요. 근데 이거 재밌는데요. 그럼 왜 이런 걸 박스에 넣어 뒀을까요?
그건 리모컨이지만 더 재미있는 사용법도 있단다. 이것을 비컨처럼 사용하면 로봇이 비컨과의 상대적인 위치를 알아낼 수 있어. 마치 배의 선장이 등대를 이용해서 연안에서 뱃길을 찾아 항해 하는 것과 같은 이치지. 네가 비컨을 가지고 다니면 로버가 강아지 마냥 졸졸 따라 다닐 거야. 비컨을 집어 던지면, 로버가 뒤따라가겠지.
휘리리리릭

적외선 부품 실험하기

이 장에서는 원격 적외선 비컨과 적외선 센서에 대해 배워 보도록 하겠습니다. 적외선 센서는 물체와의 거리를 측정할 뿐만 아니라 원격 적외선 비컨에서 나오는 적외선 신호를 감지하여 리모컨으로 텔레비전에 명령을 내리는 것처럼 로봇에 명령을 내릴 수 있습니다.

적외선 센서는 원격 적외선 비컨으로부터 떨어져 있는 거리와 방향을 측정할 수 있습니다. 이 멋진 기능을 사용하여 로봇을 가지고 술래잡기, 먹이 쫓기, 기지 찾기 등의 재미있는 놀이를 할 수 있습니다.

원격 적외선 비컨

원격 적외선 비컨을 동작시키는데 AAA 건전지 두 개가 필요합니다. 비컨의 양쪽 옆에는 테크닉 부품을 끼울 수 있는 구멍이 달려 있어 비컨을 레고 테크닉 모델에 손쉽게 부착할 수 있습니다.

그림 6-1에서 볼 수 있듯, 비컨에는 작은 버튼 네 개① ②③④와 큰 버튼 하나⑨ 그리고 빨간색 채널 선택 스위치⑫가 달려 있습니다.

채널 선택 스위치는 네 개 채널 중 하나만을 선택할 수 있습니다. 그래서 비컨을 최대 네 개까지 동시에 사용할 수 있습니다. 현재 사용하고 있는 채널 번호는 작고 둥근

창 안에 있는 빨간 플라스틱에 새겨져 있습니다. (각 리모컨의 채널이 겹치지 않는 한, 비컨 신호는 서로 간섭하지 않습니다.)

큰 버튼⑨을 누르면 비컨 모드로 진입합니다. 비컨 모드에 들어가면 다른 버튼을 누르기 전까지 한 시간 동안 적외선 신호를 지속적으로 송신합니다. 비컨 모드로 설정된 적외선 센서는 비컨으로부터 떨어진 거리와 방향을 측정할 수 있습니다.

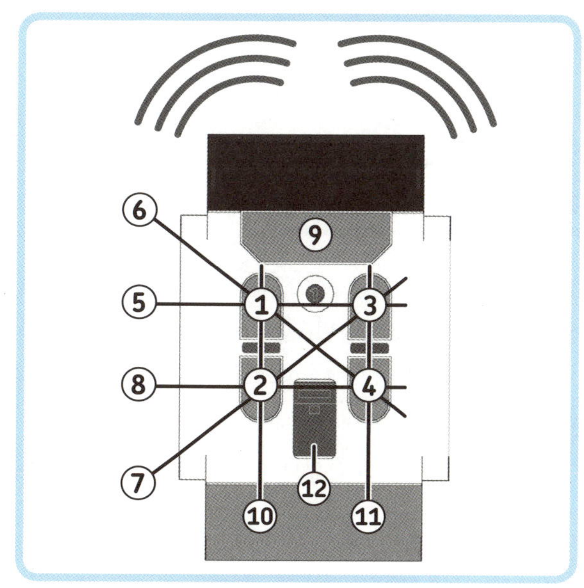

■ **그림 6-1 원격 적외선 비컨**

이 기능을 사용하여 움직이는 비컨을 따라가거나 고정된 비컨으로부터 상대적으로 떨어져 있는 거리와 방향을 알아낼 수 있습니다.

작은 버튼 네 개①②③④는 리모컨 앞쪽에 달린 적외선 발광 다이오드 두 개를 이용하여 적외선 센서로 명령을 전달합니다(아래 리스트의 숫자 참고). 짙은 청색의 플라스틱 필터가 LED를 감싸고 있어 적외선만 이 필터를 통과할 수 있습니다.

0   아무 버튼도 눌리지 않고 비컨 모드 꺼짐

1   ①번 버튼 눌림

2   ②번 버튼 눌림

3   ③번 버튼 눌림

4   ④번 버튼 눌림

5   ①번과 ③번 버튼 눌림

6   ①번과 ④번 버튼 눌림

7   ②번과 ③번 버튼 눌림

8   ②번과 ④번 버튼 눌림

9   비컨 모드 켜짐

10   ①번과 ②번 버튼 눌림

11   ③번과 ④번 버튼 눌림

원격 적외선 비컨을 리모컨으로 사용하기

적외선 제어 앱만 이용하여 원격 적외선 비컨을 간단한 리모컨처럼 사용하는 방법을 알아보겠습니다. EV3 브릭 메뉴에서 **앱 탭**(왼쪽에서 세 번째)으로 이동하여 **적외선 제어 앱**을 열어 봅니다. (그림 6-2(a)와 같은 화면을 볼 수 있습니다.)

그림 6-2와 같이 두 가지 모드를 선택할 수 있습니다.

그림 6-2(a)의 모드에서는 원격 적외선 비컨 채널 1, 2번을 사용하여 모터를 제어할 수 있습니다. 그림 6-2(b)의 모드에서는 채널 3, 4번을 사용하여 모터를 제어할 수 있습니다.

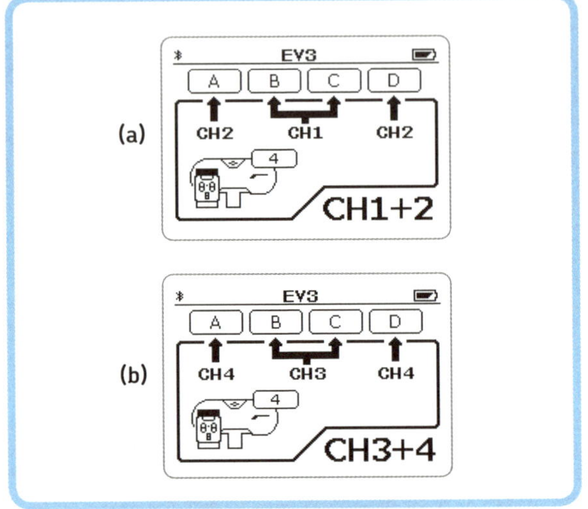

■**그림 6-2** 적외선 제어 앱. EV3 브릭의 입력 버튼을 사용하여 (a)의 1, 2번 채널과 (b)의 3, 4번 채널 중에서 하나를 선택할 수 있습니다.

EV3 브릭의 **입력** 버튼을 사용하여 모드를 변경할 수 있습니다.

첫 번째 모드에서 원격 채널(그림 6-1의 ⑫번)을 1번 채널로 설정하면 ①번(전진) 버튼과 ②번(후진) 버튼으로 B 포트에 연결된 모터를 제어할 수 있고, ③번(전진)과 ④번(후진) 버튼으로는 C 포트에 연결된 모터를 제어할 수 있습니다.

그리고 같은 모드에서 또 하나의 리모컨으로 2번 채널을 통해 A와 D 포트에 연결된 모터를 제어할 수 있습니다. 두 번째 모드는 첫 번째 모드와 비슷하게 동작하지만 3번이나 4번 채널에서 명령을 수신합니다.

적외선 제어 앱을 사용하면 로버 같은 바퀴형 로봇을 원격으로 제어하기 편리합니다. 이런 기능은 모터를 동력으로 사용하는 장치를 만들고 시험할 때 유용합니다. 왜냐하면 별도로 시험용 프로그램을 만들 필요 없이 모터를 앞뒤로 돌려 보며 장치를 시험해 볼 수 있기 때문입니다.

리모컨을 시험해보기 위해 2장에 소개된 여러 가지 로버 중 하나를 골라 조립하고 B와 C 포트에 모터를 연결합니다. 이제 EV3 브릭의 적외선 제어 앱을 실행시키고 원격 적외선 비컨을 가지고 와서 채널 1번으로 설정합니다.

리모컨의 작은 버튼을 사용해서 로버를 이리저리 움직여 볼 수 있습니다. 표 6-1에 로버를 제어하는 방법이 나와 있습니다.

버튼 조작법	해당 동작
①번과 ③번	전진하기
②번과 ④번	후진하기
①번과 ④번	오른쪽으로 제자리 회전하기
②번과 ③번	왼쪽으로 제자리 회전하기
①번	오른쪽 바퀴를 중심축으로 전진하며 오른쪽으로 방향 전환하기
②번	오른쪽 바퀴를 중심축으로 후진하며 왼쪽으로 방향 전환하기
③번	왼쪽 바퀴를 중심축으로 전진하며 왼쪽으로 방향 전환하기
④번	왼쪽 바퀴를 중심축으로 후진하며 오른쪽으로 방향 전환하기

■ 표 6-1 로버 같은 디퍼렌셜 드라이브 로봇의 조작법

> **NOTE** 처음에 리모컨이 동작하지 않는다면 적외선 센서가 4번 포트에 연결되었는지, 적외선 제어 앱이 올바른 모드로 설정되었는지, 리모컨은 1번 채널로 설정되어 있는지 확인해 보기 바랍니다. (채널을 2번으로 설정하였다면 모터를 A와 D 포트에 연결하세요.)

리모컨으로 조종되는 것을 보았나요? 이제 프로그램을 만들지 않고도 원격 적외선 비컨을 리모컨으로 사용하여 로버를 조종할 수 있습니다. 무한궤도가 달린 탱크나 굴삭기처럼 현존하는 차량에도 이와 같은 조종법이 사용되고 있습니다.

운전기사는 두 개의 레버를 움직여 차량들을 조종합니다. 각 모터는 자신과 대응되는 면에 위치한 무한궤도를 구동시키는데, 레버를 이용하여 이 모터를 제어하게 됩니다.

이것은 원격 적외선 비컨에서 ①번과 ②번 버튼 혹은, ③번과 ④번 버튼을 누르는 것과 똑같습니다.

원격 적외선 비컨과 함께 약간의 프로그래밍을 추가하여, 다른 조향 방법으로 차량을 조종할 수도 있습니다. 12장에서 수퍼카SUP3R CAR를 만들면서 확인해 보기로 합시다.

센서 블록과 데이터 와이어 사용하기

로봇은 자신의 센서를 통해 얻은 데이터를 사용하여 주변의 세상을 인식합니다. 3, 4, 5장에서 센서의 출력값과 경계값을 비교하여 대기 블록이나 스위치 블록을 동작시켰습니다. 이번에는 센서 블록(노란 탭의 프로그래밍 팔레트에 있음)을 사용하여 센서 출력값에 바로 접근해보겠습니다.

각 센서 블록은 여러 가지 모드를 가지고 있어 이에 따라 각기 다른 기능을 수행할 수 있습니다. 센서 블록이 측정 모드로 설정되었을 때는 다른 블록으로 숫자형의 측정값을 전달할 수 있습니다.

비교 모드로 설정되었을 때는 측정값과 경계값을 비교하여 논리형의 값을 생성합니다. (이에 대한 자세한 내용은 99쪽의 '데이터 유형 이해하기'를 참고하세요.) 센서 블록 중 일부(모터 회전 블록과 타이머 블록)는 측정값을 초기화시켜 주는 초기화 모드를 가지고 있습니다.

적외선 센서 블록은 근접 감지 모드(가장 가까이 있는 물체까지의 거리를 측정함), 원격 모드(원격 적외선 비컨으로부터 명

령을 수신함), 비컨 모드(원격 적외선 비컨으로부터 로봇까지 떨어진 거리와 방향을 측정함)를 가지고 있습니다.

적외선 센서 블록으로부터 데이터를 받아 봅시다. 전방 적외선 센서가 달린 로버(32쪽 참고)를 만들고 5장에서 설명했던 블록들을 추가하여 그림 6-3과 같은 프로그램을 만들어 보세요.

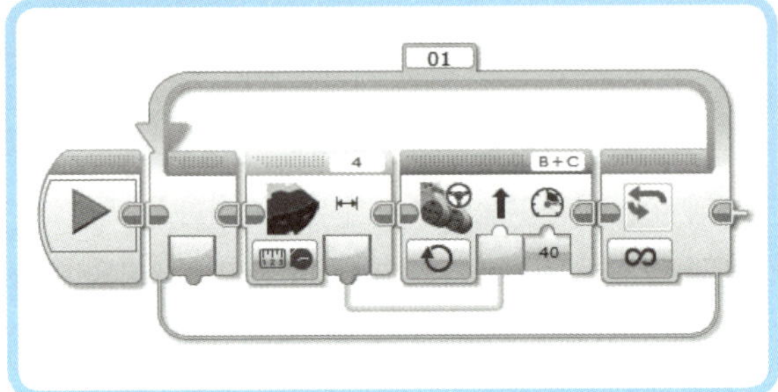

■**그림 6-3** 이 프로그램은 로봇이 적외선 센서로 측정한 거리에 따라 진행 방향을 바꿉니다.

적외선 센서 블록은 **측정▶근접감지 모드**로 설정하고 조향 모드 주행 블록은 **켜짐** 모드로 설정합니다. 이 간단한 프로그램의 핵심 아이디어는 적외선 센서 블록으로부터 '근접 감지 모드' 출력값을 얻은 다음 이 값을 주행 블록에 전달하여 '조향' 입력값으로 사용하는 것입니다.

센서가 물체까지 떨어진 거리를 측정한 값에 따라 로버는 주행 방향을 바꾸게 됩니다. 이 간단한 프로그램은 여러분이 적외선 센서 앞에 손을 갖다 대기 전까지 로버가 제자리에서 뱅뱅 돌게 합니다.

손을 대고 있는 동안 로봇은 당신의 손을 따라 직진 주행을 합니다. 센서의 출력값을 조향 파라미터의 입력으로 보내기 위해서는 데이터 와이어를 연결해야 합니다. (데이터 와이어는 한 블록에서 다른 블록으로 값을 전달합니다).

데이터 와이어를 만들려면 마우스로 **센서 블록의 출력단**을 클릭한 채로 와이어를 끌어다가(왼쪽에서 오른쪽으로) **조향** 파라미터 입력에 가져다 놓습니다(그림 6-4 참고).

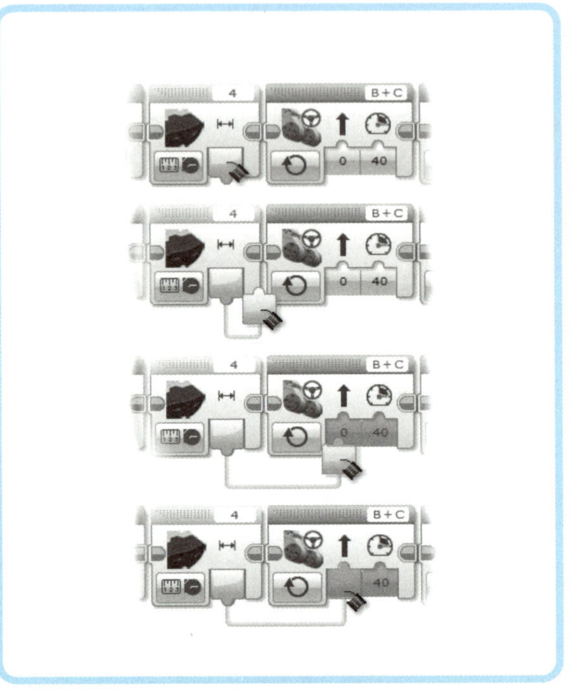

■**그림 6-4** 데이터 와이어를 연결하려면 블록의 출력단을 클릭합니다. 와이어 끝단에 플러그가 나타납니다. 플러그를 다른 블록의 입력으로 끌어다 놓습니다. 와이어가 입력창의 플러그에 자동으로 연결됩니다.

마우스 커서를 출력단 위에 올려놓으면 커서가 실패 모양으로 바뀌게 됩니다. 출력단을 클릭하면 와이어 플러그가 나타납니다. 와이어를 블록의 입력 근처에 끌어다 놓았을 때 해당 데이터 유형을 입력 받을 수 있으면 입력창이 파란색으로 강조됩니다.

플러그를 원하는 입력에 위치시키고 누르고 있던 마우스 왼쪽 버튼을 뗍니다.

데이터 와이어를 삭제하려면 와이어 끝을 마우스로 클릭하고 끌어당겨 입력단에서 약간 떨어트려 놓습니다. (그림 6-4에 보이는 것처럼 마지막으로 했던 두 단계의 역순) 데이터 와어어를 옮기려면 와이어를 그냥 클릭하고 끌어당깁니다.

EV3 소프트웨어를 다시 정렬하고 와이어를 간결하게 하려면(복잡하게 엉킨 경우), 와이어를 더블 클릭합니다.

출력값을 제공하는 블록은 반드시 그 출력값을 입력값으로 받는 블록보다 앞쪽에 위치해야 한다는 것과 시퀀스에 있는 블록들은 왼쪽에서 오른쪽 방향으로 수행된다는 것을 반드시 기억하기 바랍니다.

와이어가 시작되는 출력 블록은 반드시 와이어가 끝나는 입력 블록의 왼쪽에 위치해야만 합니다. 하지만 데이터 와이어는 여러 블록을 건너뛰어 멀리 떨어진 블록에도 연결할 수 있습니다.

그림 6-3의 프로그램을 다운로드하고 실행해 보세요. 무슨 일이 벌어지나요? 로버는 여러분이 센서 근처에 손을 갖다 대기 전까지 제자리에서 회전을 할 것입니다. 손이 근처에 있으면 로봇은 손을 향해 전진하고 손을 천천히 멀리하면 로봇은 손을 따라갑니다.

어떻게 하면 이렇게 움직일 수 있을까요? 적외선 센서가 멀리 떨어진 곳을 측정할 때(근처에 물건이 없을 때), 센서의 근접 감지 모드 출력은 약 80~90% 정도의 높은 값을 내보냅니다. 여러분이 센서 앞에 손을 갖다 대면 센서의 근접 감지 모드 출력은 거의 0%까지 떨어집니다.

근접 감지 모드 값은 데이터 와이어를 통해 조향모드 주행 블록의 조향 파라미터 입력으로 전달됩니다.

이 조향 파라미터는 −100에서 100(조향각의 백분율)까지의 범위를 갖는 값을 입력 받을 수 있습니다. 그 값이 크면 로봇은 제자리에서 회전을 하고, 작으면 로봇은 거의 일직선으로 전진합니다.

EV3 소프트웨어 프로그램 디버깅의 특징

5장에서 설사 프로그램이 동작 중이라 하더라도 하드웨어 페이지의 포트 보기 탭을 통해 센서값을 확인할 수 있다고 배웠습니다. 그런데 EV3 소프트웨어는 이뿐 아니라 더 많은 기능을 가지고 있습니다.

데이터 와이어가 지금 데이터를 전달하고 있다면 현재 센서의 출력값을 와이어 위에 표시해 줄 수 있습니다. 그림 6-5에 나온 것처럼, 마우스 포인터를 데이터 와이어 위에 올려 두면 작은 창이 생기면서 현재 전달되고 있는 값이 표시됩니다.

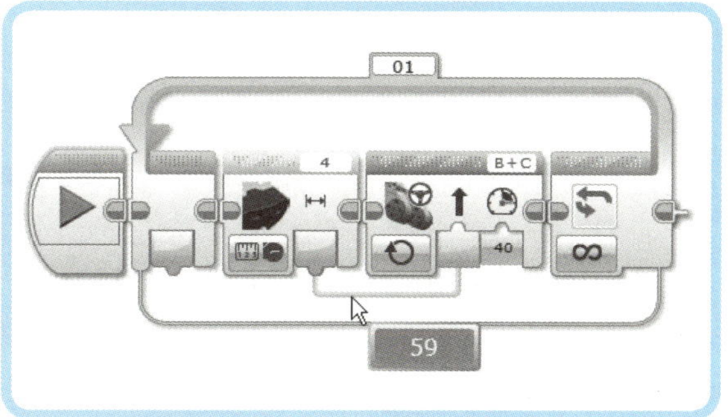

■그림 6-5 마우스 포인터를 데이터 와이어 위에 올려놓으면 와이어에서 전달 중인 값이 팝업창에 표시됩니다. 현재 실행 중인 블록은 움직이는 대각선 무늬로 강조되어 표시됩니다.

팝업창에 표시된 숫자가 계속해서 변하는데, 이는 루프 안에 있는 블록들이 무한대로 매우 빠르게 수행되기 때문입니다. 이 기능은 EV3 소프트웨어에서 컨트롤러 버튼을 사용하여 프로그램을 실행하였을 경우에만 동작합니다(그림 5-3 참고).

EV3 브릭 메뉴에서 프로그램을 수행시켰을 때는 이 기능이 동작하지 않습니다. EV3 브릭이 EV3 소프트웨어와 연결되어 있다고 하더라도 말입니다. 그림 6-5에서 각 블록의 헤더에 움직이는 대각선 무늬가 생긴 것에 주목하세요.

이 움직이는 대각선은 해당 블록이 현재 동작 중임을 알려줍니다. 이 실행 중인 블록의 강조 기능과 실시간 데이터 와이어 팝업 표시 기능은 프로그램을 디버깅(프로그래밍 용어로 에러나 버그를 하는 것을 찾고 고치는 일)하는 데 많은 도움이 됩니다.

텍스트 블록으로 데이터 표시하기

그림 6-5에 있는 프로그램에 블록을 몇 개 추가하여 로봇이 손을 따라가는 동안 EV3 브릭 화면에 적외선 센서 값이 표시되도록 만들어 봅시다. 그림 6-6을 참고하여, 텍스트 블록(빨간 헤더의 데이터 연산 팔레트에 있음)과 디스플레이 블록을 각각 하나씩 프로그램에 추가합니다.

텍스트 블록은 모드를 한 가지만 가지고 있습니다. 이 모드를 '병합'이라고 하며 입력단 A, B, C로 들어오는 각 문자들을 하나로 결합시켜 주는 기능을 갖고 있습니다. 문자열은 문자, 숫자, 공백과 기호(!"#$%&'()*+,-./:;<=>?@[\]^_⦀~)의 조합으로 이루어진 문장의 일부를 지칭합니다.

문자를 텍스트 블록에 입력하려면 이 블록 입력 필드 중 하나에 직접 키보드로 입력하거나 아니면 다른 블록으로부터 데이터 와이어를 가져다가 텍스트 블록 입력 중 하나에 연결하는 방법이 있습니다.

만약 적외선 센서의 출력단을 디스플레이 블록의 텍스트 입력으로 곧바로 연결한다면, 숫자형 값이 문자형으로 자동 변환되어 출력됩니다.

그러나 많은 숫자형 값들이 화면에 표시될 때 이 값이 어떤 의미인지 이해하기 어려울 수도 있습니다. 텍스트 블록을 이용하면 숫자형 값에 문자를 더해서 더욱 의미 있는 문자열을 만들 수 있습니다.

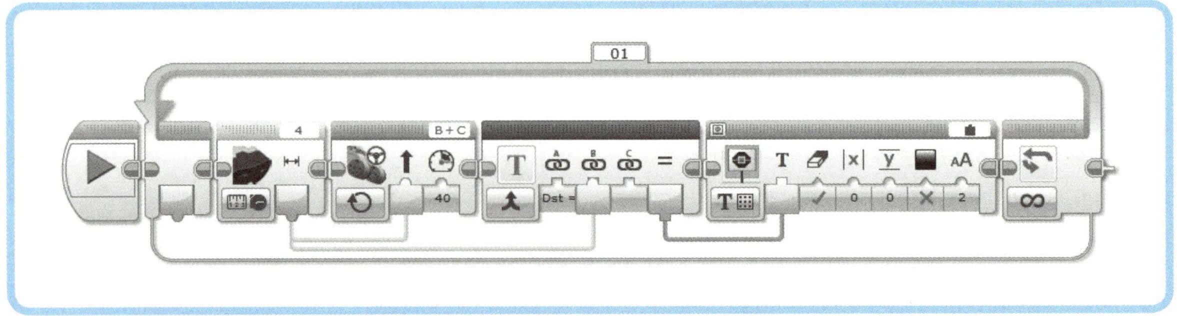

■그림 6-6 텍스트 블록을 사용하여 EV3 브릭 화면에 의미 있는 메시지를 출력할 수 있습니다. 이 프로그램은 그림 6-3과 유사합니다.

예를 들어, "접근도는 20%입니다"와 같은 문자열을 만들고자 할 때 숫자 20은 데이터 와이어를 통해 전달받은 것입니다. 또 텍스트 블록으로 "거리 = 40"이라고 표현하고자 할 때 이 40은 센서의 출력값입니다.

다음과 같이 한번 해봅시다. **텍스트 필드**(텍스트 블록의 문자 입력창) A에 Dst = (등호 뒤에 공백 필요)라고 입력하세요. 디스플레이 블록을 **텍스트-눈금** 모드로 설정합니다. 그리고 **텍스트 필드**를 클릭한 후 고정된 글자 대신 **유선**을 선택합니다(그림 6-7 참조). 디스플레이 블록에 **텍스트** 파라미터 입력창이 하나 생겨납니다.

이 파라미터에 변수형 문자 데이터를 입력하면 해당 문자가 EV3 화면에 출력됩니다. '화면 지우기' 입력을 **참**으로 설정하여 블록이 매번 수행될 때마다 화면을 지우도록 합니다.

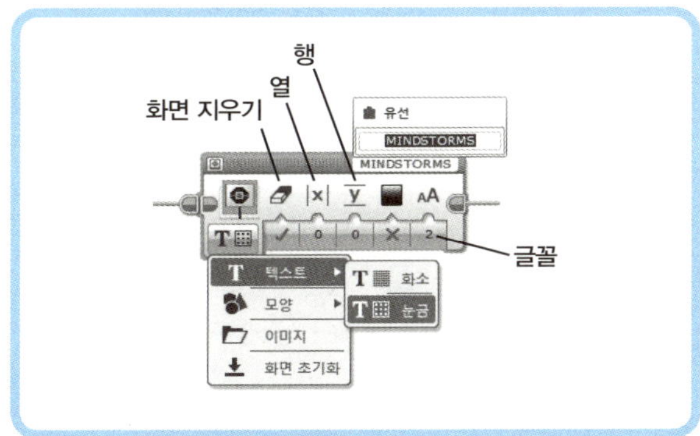

■ **그림 6-7** '유선' 파라미터 입력으로 받은 문자를 '눈금' 모드에서 보여주도록 디스플레이 블록 설정합니다.

'텍스트-눈금' 모드는 문자를 화면을 행(Y 입력창)과 열(X 입력창)을 갖는 격자 형태로 나누고 해당 위치에 정렬시켜 문자열을 표시합니다. 격자 한 칸의 크기는 글자(글꼴 보통=0, 글꼴 굵게=1) 하나와 같습니다. '크게'(2)로 설정한 글자 하나는 2행 2열의 너비를 차지합니다.

이제 적외선 센서 블록 출력단에서 데이터 와이어를 새로 하나 끌어와서 텍스트 블록의 두 번째 입력으로 연결합니다. 그리고 데이터 와이어를 하나 더 만들어 텍스트 블록 출력에서 디스플레이 블록의 '텍스트' 입력창으로 연결합니다. (이제 하나의 출력단으로부터 두개의 데이터 와이어가 연결되어 있습니다.)

프로그램을 다운로드하고 실행시킵니다. 로봇은 이전과 같이 동작하지만, 화면상에 적외선 센서의 거리 측정값이 크고 멋있게 표시되는 것을 볼 수 있습니다.

WARNING 출력단 하나에서 여러 개의 데이터 와이어가 나오는 것은 가능하지만 여러 개의 데이터 와이어를 입력단 하나에 모두 연결하는 것은 불가능합니다.

데이터 유형 이해하기

앞선 프로그램에서 이미 숫자형과 텍스트형의 데이터를 사용하였습니다. 세 번째 데이터 유형으로는 논리형 데이터(참 혹은 거짓)가 있습니다. 이 유형은 비교의 결과를 표현할 때 종종 사용되곤 합니다.

데이터 유형의 구별을 돕기 위해 숫자형, 텍스트형, 논리형, 숫자형 배열, 논리 배열의 입력단은 각기 다른 플러그 형태를 갖고 있습니다. 그리고 각 데이터 유형에 대응되는 데이터 와이어의 색도 구분되어 있습니다. 그림 6-8에 플러그 모양이 나와 있고, 이에 대한 설명이 다음 쪽에 있습니다.

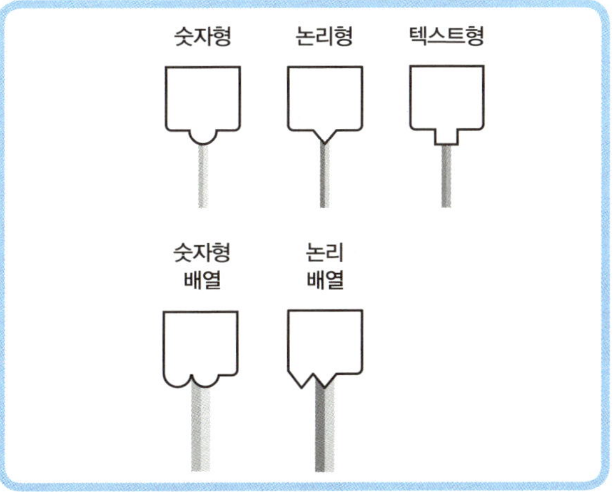

■ **그림 6-8** 입/출력 플러그의 모양과 와이어 색상을 통해 데이터 유형을 구별합니다.

- 숫자형 입/출력단은 둥근 모양 플러그에 노란색 와이어입니다.
- 논리형 입/출력단은 삼각형 모양 플러그에 바다색 와이어입니다.
- 텍스트형 입/출력단은 사각형 플러그에 오렌지색 와이어입니다.
- 숫자형 배열 입/출력단은 이중의 둥근 모양을 지닌 플러그에 두꺼운 노란색 와이어입니다.
- 논리 배열 입/출력단은 이중의 삼각형 플러그에 두꺼운 바다색 와이어입니다.

> **NOTE** 13장에서 배열에 대하여 배울 예정입니다.

데이터 유형 변환

EV3 소프트웨어에서는 입력과 출력의 유형이 다를 경우 데이터 와이어로 연결할 수 없습니다. 예를 들면, 텍스트형 출력단과 숫자형 입력단은 데이터 와이어로 연결할 수 없습니다.

하지만 몇 가지 데이터 유형은 출력단에서 입력단으로 데이터 와이어를 연결해서 다른 유형으로 자동으로 쉽게 바꿀 수 있습니다. 데이터 와이어 연결을 시도해보면 이를 간단하게 확인할 수 있습니다.

예를 들어 삼각형 플러그는 원형이나 사각형 입력단에 결합이 가능하기 때문에 논리형 데이터는 숫자형이나 텍스트형 데이터로 변환 가능하다는 것을 알 수 있습니다.

같은 맥락으로 사각형 플러그는 원형이나 삼각형 입력단에 연결되지 않으므로, 텍스트형 데이터는 숫자형이나 논리형 데이터로 변환할 수 없습니다. 표 6-2에 유형 변환이 가능한 목록을 정리하였습니다.

플러그(데이터 와이어의 끝단)와 소켓(블록 입력단)의 모양을 유심히 들여다보면, 데이터 유형 변환을 염두에 두고 플러그와 소켓 모양을 디자인했다는 것을 알아챌 수 있습니다. 폭이 좀 더 넓은 사각형 소켓(텍스트)에는 같은 데이터 유형인 사각형 플러그뿐 아니라 사각형보다 조금 폭이 작은 원형(숫자)과 삼각형(논리)의 플러그가 끼워질 수 있습니다.

원형 소켓(숫자)에는 이보다 폭이 넓은 사각형 플러그(텍스트)는 들어갈 수 없지만 폭이 작은 삼각형 플러그(논리)는 들어갈 수 있습니다. 이런 넓이에 대한 개념을 숙지한다면 플러그를 직접 연결해보지 않고도 이 플러그가 어떤 소켓에 연결될 수 있을지, 이 데이터 유형을 어떤 유형으로 변환 가능한지 미리 알 수 있습니다.

변환 전	변환 후		결과 데이터
숫자	텍스트		숫자가 문자열로 변환됩니다. 예를 들어, 3.1415는 문자열 "3.1415"가 됩니다.
논리	문자		논리값 참은 숫자 1이 되고 논리값 거짓은 숫자 0이 됩니다.
논리	텍스트		논리값은 참은 문자열 "1"이되고 논리값 거짓은 문자열 "0"이 됩니다.
논리	논리 배열		논리값은 길이가 1인 배열의 첫 번째 값이 됩니다.
숫자	숫자 배열		숫자값은 길이가 1인 배열의 첫 번째 값이 됩니다.

■ 표 6-2 자동 형 변환

눈으로 볼 수 있듯, 숫자와 논리값은 텍스트(겹따옴표로 표시)로 변환할 수 있지만 텍스트를 숫자나 논리값으로 직접 변환시킬 수는 없습니다. 논리값을 숫자로 변환할 수는 있지만 그 반대로는 할 수 없습니다.

EV3 브릭 같은 컴퓨터는 0과 1의 이진수를 사용하여 모든 종류의 데이터를 표현합니다. 관례적으로 논리값 참을 1로 거짓을 0으로 변환하지만, EV3 소프트웨어는 어떻게 숫자를 논리값으로 직접 변환하는지 알지 못합니다. 사실 여기에는 몇 가지 선택 사항이 있습니다.

예를 들어, 0이 아닌 숫자를 '참'으로 변환해야 할까요? 아니면 특정 경계값보다 작은 숫자를 '거짓'으로 변환해야 할까요?

다소 수고가 필요하지만 프로그래밍을 통해 자동 형 변환의 제한을 극복할 수 있습니다. 7장에서는 숫자형을 논리형으로 변환하는 방법을, 그리고 14장에서는 텍스트형을 숫자형으로 변환하는 방법을 배울 예정입니다.

자동 형 변환direct data conversion은 프로그래머가 따로 형 변환을 지정하지 않아도 소프트웨어 상에서 자동으로 변경해주는 암시적 형 변환implicit conversion과 유사한 개념입니다.

원격 적외선 비컨 따라가기

적외선 센서를 '측정-IR 비컨(표식장치)' 모드로 설정하여 로버가 원격 적외선 비컨을 따라가도록 할 수 있습니다. 로버는 비컨을 감지할 수 있는 한 계속해서 비컨을 따라갑니다. 원격 적외선 비컨은 일종의 랜드마크라고 생각할 수 있습니다.

로봇은 이 비컨을 이용하여 상대적인 거리와 방향을 결정할 수 있습니다. 이 개념을 여러 가지 창조적인 방법으로 재사용할 수 있습니다. 예를 들어, 로봇이 술래잡기를 하도록 만들 수 있습니다. 허리띠에 원격 적외선 비컨을 달아 로봇이 이를 추적하게 만드는 방법입니다.

혹은 비컨을 방구석에 놓아두고 로봇이 다시 되돌아오도록 합니다. 오랜 탐사를 마치고 기지로 돌아오는 것처럼 말입니다.

이러한 프로그램을 만드는 데 중요한 열쇠는 적외선 센서 블록(측정-IR 비컨 모드로 설정)의 '근접감지 모드'와 '범위' 출력값을 조향모드 주행 블록의 '파워'와 '조향' 입력값으로 사용하는 데 있습니다.

예를 들어, 그림 6-9에 나오는 프로그램에서 로봇은 비컨을 향하도록 진행 방향을 변경하게 됩니다. 측정된 비컨 방향에 비례하여 조향각을 변경하는 방법을 사용합니다. 비컨의 방향이 많이 틀어져 있을수록 조향각도 따라 커집니다.

'범위' 출력값이 거의 0(정면)에 가까워지면 로봇은 비컨을 향해 직선으로 주행합니다. 마찬가지로, 로봇의 주행 속도는 비컨으로부터 떨어진 거리에 비례합니다. 비컨이 멀리 떨어져 있으면 로봇은 빨리 움직입니다.

반대로 비컨이 가까워지면 로봇은 곧 정지하기 위해 천천히 움직입니다. 만약 비컨이 감지되지 않는다면 로봇은 미끄러지듯 정지합니다. (스위치 블록을 '플랫 뷰'로 둘 수 있다면 프로그램을 이해하기가 좀 더 쉬워질 테지만, 데이터 와이어를 스위치 블록에 연결하려면 어쩔 수 없이 '탭 뷰' 상태로 두어야만 합니다.)

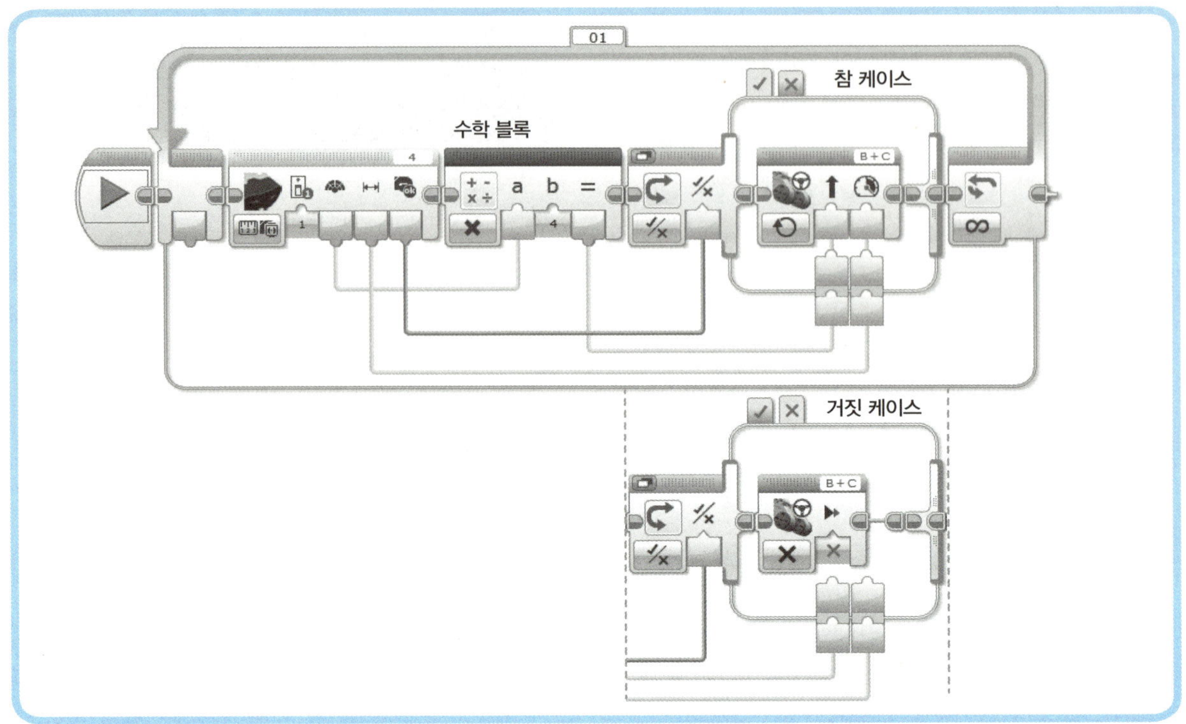

■**그림 6-9** 비컨 따라가기 프로그램. 스위치 블록이 탭 뷰 상태이며 참과 거짓 케이스 모두에 제어 블록이 들어 있습니다. 탭 뷰 상태일 때만 데이터 와이어를 스위치 블록에 연결할 수 있습니다.

여기서는 프로그램이 어떤 방식으로 동작하는지 설명하겠습니다. 우선 켜짐 모드로 설정한 루프 블록을 사용하여 전체 시퀀스가 영원히 반복되도록 설정합니다. 적외선 센서 블록을 '측정-IR 비컨' 모드로 두고 **채널**을 1로 설정합니다. 이 블록에는 세 개의 출력단이 있습니다.

- 첫 번째 출력은 '범위'로 센서가 원격 적외선 비컨이 위치한 방향을 알려줍니다. 이 값은 작게는 −25(비컨이 가장 왼쪽 방향에 위치한다는 의미)에서부터 크게는 25(비컨이 가장 오른쪽 방향에 위치한다는 의미) 사이의 범위를 갖습니다.
- 두 번째 출력은 원격 적외선 비컨에서 떨어져 있는 정도를 알려줍니다. 이 값은 0(가장 가까이 있음)에서 100(가장 멀리 떨어짐) 사이의 값을 갖습니다.

- 세 번째 출력은 비컨의 상태를 알려줍니다. 비컨 모드가 꺼져 있거나 비컨 신호를 감지하지 못하면 거짓을 출력하고 비컨 모드 신호를 감지하면 참을 출력합니다.

이 세 개의 출력값을 프로그램 안에 있는 다른 블록들로 전달해야 합니다. 먼저, 적외선 센서 블록의 범위 출력값을 조향모드 주행 블록의 '조향' 입력값으로 전달합니다. 그런데 '방향' 출력단은 −25에서 25 사이의 값을 출력하지만 '조향' 입력에서는 −100에서 100 사이의 값을 입력받기 때문에 이 방향 출력값을 그대로 사용할 수는 없습니다.

이런 문제점을 해결하기 위해서는 수학 블록을 이용하여 적외선 센서 블록에서 나오는 방향 출력값에 **4**를 곱한 다음 조향 입력단에 전달해야 합니다.

그다음, 근접감지 모드 출력값을 조향모드 주행 블록의 파워 입력단으로 전달합니다. 양쪽에서 사용하는 값의 범위가 동일하기 때문에 데이터 와이어를 바로 연결할 수 있습니다.

적외선 센서 블록의 '감지' 상태에 따라 탭 상태 스위치 블록의 두 가지 케이스 중 하나를 선택합니다. '감지' 상태가 참이면 켜짐 모드로 설정된 조향모드 주행 블록을 실행시킵니다.

적외선 센서 블록에서 나오는 출력들이 주향모드 주행 블록의 '파워'와 '조향' 입력으로 데이터 와이어를 통해 연결되어 있기 때문에, 원격 적외선 비컨과 떨어진 거리와 방향에 따라 로봇의 주행 속도와 방향이 변하게 됩니다.

'감지' 상태가 거짓일 때는, 꺼짐 모드로 설정된 조향모드 주행 블록이 실행되어 로봇은 이내 동작을 멈추게 됩니다. 이 조향모드 주행 블록은 '정지 방식'이 거짓으로 설정되어 있어서 비컨이 사라지거나 비컨 모드가 꺼지면 로봇은 미끄러지듯 정지합니다.

더 깊게 파보기: 로봇 위치 추정

로봇이 자신의 위치를 인식하고 주위를 탐사하는 기술은 이동로봇 연구 분야에서 가장 흥미롭고 도전적인 주제 중에 하나입니다. EV3를 이용해서 이 도전을 해보는 건 어떨까요?

이 실험을 위해서는 원격 적외선 비컨을 최대 네 개까지 사용할 수 있어야 합니다. 각 비컨을 서로 다른 채널로 설정하고 정해진 곳에 위치시켜서 EV3 로봇이 강력한 위치 인식 시스템을 구축할 수 있도록 합니다.

이 시스템은 적외선 센서로부터 네 개의 '근접감지 모드' 측정값과 네 개의 '범위' 측정값을 받을 수 있게 해줍니다. 그러나 '범위' 측정값은 매우 부정확해서 이 값은 그저 대략적인 참고 정도로만 사용하기 바랍니다.

반면에 '근접감지 모드' 측정값은 신뢰할 만합니다. 다만 적외선 센서부터 비컨까지 직선 거리의 시야를 방해받지 않고 센서 앞쪽으로 거의 일진선 상에 비컨이 위치해야 합니다.

최고의 성능을 위해서는 비컨 신호가 방해받지 않도록 적외선 센서 주변에 아무것도 만들지 않는 것이 좋습니다. 이렇게 하면 센서의 감지 영역(특히 옆쪽)을 최대로 할 수 있습니다.

로봇이 주변 환경에서 얻은 외부 정보와 주행 거리, 방향 변경 같은 내부 정보(예를 들어 서보 모터의 회전 센서를 이용하여)를 조합하여 로봇이 자신의 위치와 경로를 정확히 계산하도록 만들 수 있습니다.

이 기법은 다소 복잡한 수학 계산을 필요로 하지만 레고 EV3는 이를 처리할 수 있는 충분한 연산 능력을 가지고 있습니다.

수학 블록의
기본 연산 기능 사용하기

수학 블록은 일종의 데이터 연산 블록입니다. 설정된 모드에 따라 입력된 숫자 데이터에 수학 연산을 수행하고 출력단으로 결과를 내보냅니다. 수학 블록은 정수와 소수점 이하의 유효숫자를 갖는 수 모두를 처리할 수 있습니다.

사용할 수 있는 연산의 종류가 표 6-3에 나열되어 있습니다. '소수점 이하의 유효숫자를 갖는 수'는 쉽게 말해 1.23과 같은 소수를 이야기합니다. 수학 블록의 고급 모드는 7장에서 배울 예정입니다. 고급 모드에서는 블록의 방정식 창에 최대 네 개의 입력값을 포함한 계산식을 입력할 수 있습니다.

모드	입력	출력
더하기	a, b	a + b
빼기	a, b	a − b
곱하기	a, b	a × b
나누기	a, b	a / b
절댓값	a	a ≥ 0 일 때 a, a < 0 일 때 −a
제곱근	a	$\sqrt{a}$
지수	a, n	a^n

■ 표 6-3 수학 블록의 기본 연산

이 장을 마치며

이 장에서는, EV3 세트에 들어 있는 원격 적외선 비컨과 적외선 센서 같은 적외선 기기의 모든 특징에 대하여 배워 보았습니다.

　원격 조종 로봇을 만드는 데 원격 적외선 비컨과 적외선 센서가 어떻게 사용되는지 배웠으며 로봇이 비컨을 추적하도록 만드는 방법도 알아냈습니다.

　센서 데이터를 읽어 오는 방법과 데이터 와이어를 통해 블록끼리 데이터를 전달하는 방법 또한 배웠습니다.

　EV3 프로그램에서 사용할 수 있는 여러 가지 다른 유형의 데이터들을 알아보고 이 데이터들을 한 블록에서 다른 블록으로 전달하는 방법과 EV3 화면에 표시하는 방법을 공부하였습니다.

　마지막으로, 수학 블록을 이용하여 간단한 계산을 하는 법도 알게 되었습니다.

벌써 다했다고?
아주 좋아!
네가 할 일이 좀 더 있거든.
이번엔 뭔가요?

어, 특별한 건 아냐.
가서 데드 센터에 있는
EMP* 시스템을 재부팅해야 해.
문 바깥쪽에서 설명서를
찾을 수 있을 거야. 그리고
문 안으로 들어가면 메인 프레임을
찾을 수 있을 거구.
*EMP:
전자기 펄스

왜 저예요?
다른 사람이 하면
안 되나요?

내 제자가 되겠다는 거니,
말겠다는 거니?
알겠어요,
박사님!

좋아! 그럼 불평은 이제 그만하고.
로버와 액세서리를 챙겨서 일에
착수할 수 있도록!
휴!

마법 속에 숨은 수학 원리

the math behind the magic!

> "두렵다… 우리에게 필요한 것이 수학이라니!"
> – 벤더의 몸속에 들어간 판스워스 교수
>
> 〈퓨처라마〉 시즌6, 에피소드10에서)

〈퓨처라마Futurama〉는 미국의 유명한 애니메이션으로, 한 청년이 사고로 냉동되어 1,000년 뒤 깨어난 후부터 벌어지는 일화를 담고 있습니다.

6장에서는 데이터 와이어와 수학 블록의 사용법을 배웠습니다. 이 장에서는 비교 블록과 수학 블록의 고급 모드에 대하여 배울 예정입니다. 그런 다음 벽 따라가는 로버 프로그램을 새로 개발하도록 하겠습니다.

측정 노이즈 처리

벽 따라가는 로버(33쪽 참고)를 만들고 EV3 브릭의 전원을 켜서 포트 보기 앱을 열어 봅시다.

4번 입력 탭으로 가서 적외선 센서를 **IR-PROX** 모드로 설정합니다. 센서와 물체 사이의 거리가 변하지 않더라도 적외선 센서의 '근접감지 모드'의 마지막 자릿수 값이 샘플링마다 변하는 것을 알 수 있습니다.

이는 정상적인 것으로 모든 센서의 출력값은 소위 노이즈라고 하는 측정 오차에 영향을 받습니다. 주변 소음

이 음악 감상하는 데 방해가 되듯이, 측정 노이즈는 센서의 측정 수행을 방해합니다.

이렇게 무작위로 발생하는 노이즈를 '간섭 잡음'이라고 부릅니다. 이 간섭 잡음을 줄이거나 걸러내려면 물체까지의 거리를 여러 번 측정해서 평균을 취하는 방법이 있습니다. 다시 말해 측정값을 모두 더한 다음 총 측정 횟수로 이 값을 나누는 것입니다.

예를 들어, 줄자로 복도의 길이를 재고 있는 중이라고 상상해 보겠습니다. 측정 과정을 몇 번 반복하면서, 모든 것을 동일한 방법(같은 손으로 줄자를 늘리고 줄자 끝을 동일한 벽 모서리에 맞추는 일)으로 하려고 노력했습니다. 하지만 놀랍게도, 측정한 값은 5.10, 5.12, 5.09, 5.11, 5.08과 같이 모두 제각각입니다.

측정값을 평균내기 위해, 측정값의 총합을 측정한 횟수로 나누어야 합니다. 즉 다음과 같은 수식으로 표현할 수 있습니다.

$$A = (5.10 + 5.12 + 5.09 + 5.11 + 5.08) / 5 = 5.10$$

이 계산 결과를 산술 평균이라고 합니다. 평균을 계산하는 것은 측정 노이즈를 줄이는 효과적인 방법입니다. 무작위로 반복되는 오차가 있다 하더라도 반복 측정한 값들이 5 근처에 고르게 분포하기 때문입니다. 즉, 5.10보

다 큰 값과 5.10보다 작은 값이 거의 비슷한 확률로 측정 된다는 의미입니다.

그림 7-1에 보이는 것처럼 이 필터링 기법을 벽 따라가기 프로그램에 구현해 볼 수 있습니다. 다음 절에서 각 프로그래밍 블록에 대해 자세히 설명할 예정이지만, 개요를 조금 자세히 살펴보도록 하겠습니다.

이 프로그램에서는 세 개의 적외선 센서 블록에서 제공하는 '근접감지 모드' 측정값을 고급 모드 수학 블록으로 입력합니다. 수학 블록은 다음의 공식을 이용하여 센서 측정값의 평균을 구합니다(출력은 '결과'라고 부릅니다).

결과 = (a + b + c) / 3

고급 모드의 수학 블록을 사용할 때 좋은 점은 수학 블록의 방정식 입력창에 수학 공식을 입력할 수 있다는 것입니다. 그래서 평균을 계산하기 위해 별도의 수학 블록

세 개를 사용할 필요가 없습니다.

그림 7-1에서 볼 수 있듯이, 이 계산 결과는 데이터 와이어를 통해 비교 블록의 a 입력으로 전달되어 이 값을 b 입력창에 설정된 고정 경계값(40)과 비교하는 데 사용합니다. 비교 블록의 논리 출력값은 데이터 와이어를 거쳐 (플랫 뷰 상태인) 스위치 블록의 입력으로 전달되어 참과 거짓 논리 케이스 중 하나를 선택하는 데 사용됩니다.

스위치 블록에 있는 이 두 가지 케이스는 로봇이 번갈아 가며 왼쪽과 오른쪽으로 방향을 전환하도록 만들면서 로봇의 이동 경로를 조정하여 벽과 일정한 거리를 정확하게 유지하게 합니다.

이 프로그램을 작성하여 로버에 다운로드하고 실행해서 시험해 보세요. 센서 평균값을 사용하는 로버가 무작위적인 센서 노이즈에 덜 민감하기 때문에 이 로봇이 훨씬 부드럽게 주행한다는 것을 알 수 있습니다.

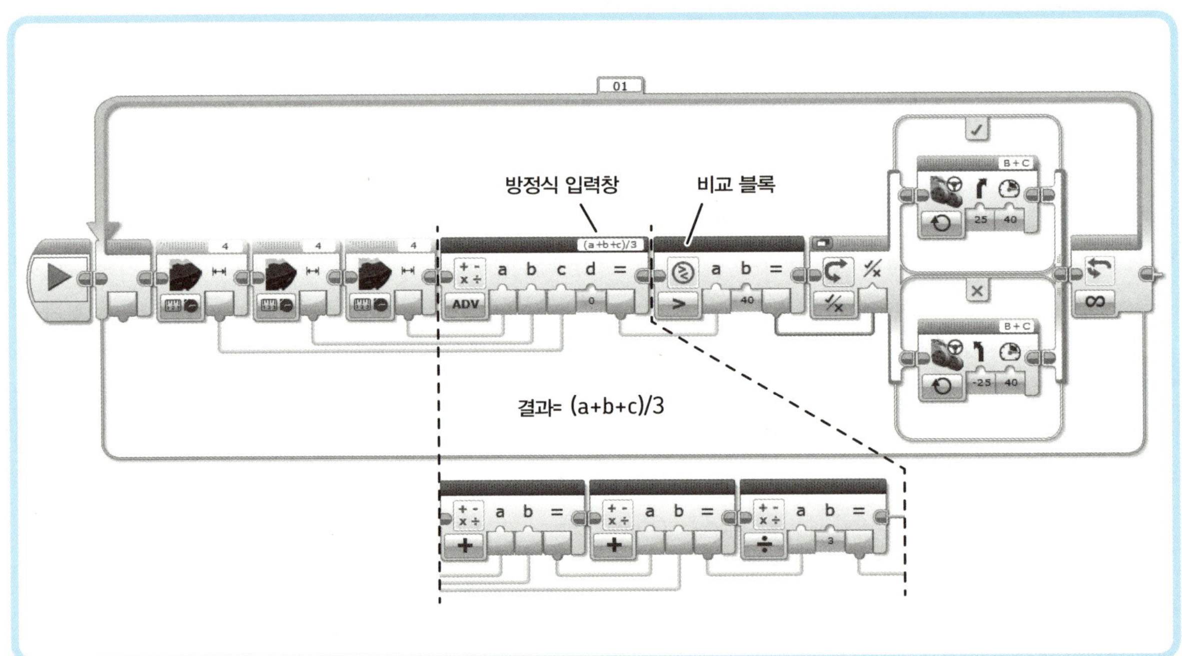

■**그림 7-1** 이 벽 따라가기 프로그램은 적외선 센서 측정값 세 개를 사용합니다.

고급 모드 수학 블록

앞에서 고급 모드로 설정된 수학 블록에 대해 알아보았듯이, 방정식 입력창에 수식을 넣어 수학 블록 하나만으로도 다양한 수학 공식을 연산할 수 있습니다. 고급 모드에서 수학 블록은 숫자형 입력을 **a, b, c, d** 이렇게 네 개 가지고 있습니다. 이 입력 문자들은 피연산자로 사용할 수 있습니다. 대문자 및 소문자를 모두 지원합니다.

EV3 소프트웨어는 입력한 실제 숫자값을 피연산자로 사용하여 방정식 창에 입력된 유효한 공식에 따라 결과를 계산합니다. 일반적인 계산을 하는 데 고급 모드로 설정한 수학 블록을 사용할 수 있을뿐 아니라, 방정식 입력창을 클릭하여 여러 가지 내장 함수를 이용할 수도 있습니다.

블록 함수 리스트에서 볼 수 있었던 함수들의 이름과 수식에 들어가는 기호, 그리고 계산 예제가 표 7-1에 나열되어 있습니다.

함수 이름	기호	예제
더하기	**+**	a + b
빼기	**−**	a − b
곱하기	*****	a * b
나누기	**/**	a / b
모듈로	**%**	a % b, 정수 나눗셈의 나머지를 구합니다. 예를 들어 4%2=0, 4%7=4입니다.
지수	**^**	a^b, a를 b번 거듭 제곱합니다.
음수	**−**	−a (빼기처럼 음의 기호를 붙입니다.)
내림	**floor(**	floor(a)는 a보다는 작은 수 중에 가장 큰 정수를 반환합니다. 예) floor(3.2)=3, floor(3.5)=3, floor(−3.2)=−4, floor(−3.5)=−4
올림	**ceil(**	ceil(a)는 a 보다 큰 수 중에 가장 작은 정수를 반환합니다. 예) ceil(3.2)=4, ceil(3.5)=4, ceil(−3.2)=−3, ceil(−3.5)=−3
올림/내림	**round(**	round(a)는 a에 가장 가까운 정수를 반환합니다. 0.5가 결정의 기준값입니다. 예) round(3.2)=3, round(3.4999)=3, round(3.5)=4, round(−3.2)=−3, round(−3.4999)=−3, round(−3.5)=−4
절댓값	**abs(**	abs(a)는 a≥0이면 a를, a<0이면 −a를 반환합니다. 결과는 항상 양수입니다.
로그	**log(**	log(a)는 10을 밑으로 하는 로그 a를 계산합니다.
Ln	**ln(**	ln(a)는 자연로그 a를 계산합니다.
Sin	**sin(**	sin(a)는 각도 a의 사인값을 계산합니다. (a의 단위는 '도')
Cos	**cos(**	cos(a)는 각도 a의 코사인값을 계산합니다. (a의 단위는 '도')
Tan	**tan(**	tan(a)는 각도 a의 탄젠트값을 계산합니다. (a의 단위는 '도')
Asin	**asin(**	asin(a)는 a의 아크사인값을 계산합니다. (결과의 단위는 '도')
Acos	**acos(**	acos(a)는 a의 아크코사인값을 계산합니다. (결과의 단위는 '도')
Atan	**atan(**	atan(a)는 a의 아크탄젠트값을 계산합니다. (결과의 단위는 '도')
제곱근	**sqrt(**	squrt(a)는 a의 제곱근을 계산합니다.

■ **표 7-1** 고급 모드 수학 블록에서 사용 가능한 함수

입력값이 적절치 않으면 몇몇 연산은 에러를 발생시킵니다. 모든 에러값은 데이터 와이어를 타고 지속적으로 전파되어 다른 수학 블록에도 영향을 끼칩니다.

즉, 수학 블록의 출력값을 데이터 와이어를 통해 텍스트 모드 디스플레이 블록으로 입력하여 어떤 수학 블록이 에러를 발생시켰는지 추적해 볼 수 있는 것입니다.

에러가 발생하는 상황 중 하나는 0으로 나눗셈을 했을 경우입니다. 이 에러값의 결과는 'Inf' 혹은 'infinite'라고 표시됩니다. 피제수의 부호에 따라 음의 기호가 붙을 수도 있습니다. 또한 $\log(0)$나 $\ln(0)$ 결과 역시 '-inf'입니다. 만약 이 값을 주행 블록의 '회전' 입력으로 사용한다면 모터는 쉬지 않고 동작할 것입니다.

또 다른 예로는 음수의 제곱근을 계산하거나 수식에 구문 에러(함수 이름을 잘못 쓰거나 괄호를 빼먹은 경우)가 들어 있는 경우, 디스플레이 블록은 '----'로 에러를 출력합니다.

이 에러를 다른 입력으로 사용하면 0으로 해석되지만, 함수의 출력값은 대개 근사값으로 계산하기 때문에 조심해야 합니다. 예를 들어 $\tan(90)$은 결과값은 무한대(Inf)가 되어야 하지만 큰 음수(-22,877,332)로 표현되고 있습니다.

올림/내림 블록

표 7-1에 있는 몇 가지 함수는 올림/내림 블록(빨간색 헤더의 데이터 연산 팔레트에 있음)을 사용하는 것과 동일한 기능을 합니다. 내림 함수는 올림/내림 블록에서 내림 모드로 설정한 것과 같습니다. 올림 함수는 올림 모드로 설정한 것과 같고, 반올림 함수는 반올림 모드로 설정한 것과 같습니다.

올림/내림 블록은 '버림/자릿수 맞춤' 모드도 가지고 있어서 '정수형 자릿수' 파라미터를 설정하여 소수점 이하 몇 번째 자릿수까지만 숫자를 남기고 그 이하는 버릴지 정할 수 있습니다.

예를 들어 3.2에서 '정수형 자릿수'를 0으로 설정하고 버리면 3이 되고 -3.34에서 1로 설정하면 버리면 -3.3이 반환됩니다.

비교 블록

비교 블록은 a와 b 입력으로 들어온 숫자 두 개가 같은지 아니면 하나가 다른 하나보다 큰지 비교하는 기능을 갖고 있습니다. 비교 결과는 참 혹은 거짓의 논리값으로 출력됩니다. 비교 블록의 모드를 변경해서 수행할 수 있는 비교 방법 여섯 가지를 표 7-2에 나열하였습니다.

모드	결과
다음과 같음	$a = b$ 이면 참, 아니면 거짓
같지 않음	$a \neq b$ 이면 참, 아니면 거짓
보다 큼	$a > b$ 이면 참, 아니면 거짓
보다 작음	$a < b$ 이면 참, 아니면 거짓
보다 크거나 같음	$a \geq b$ 이면 참, 아니면 거짓
보다 작거나 같음	$a \leq b$ 이면 참, 아니면 거짓

■ 표 7-2 비교 블록에서 사용 가능한 비교 모드

숫자값을 논리값으로 형 변환하기

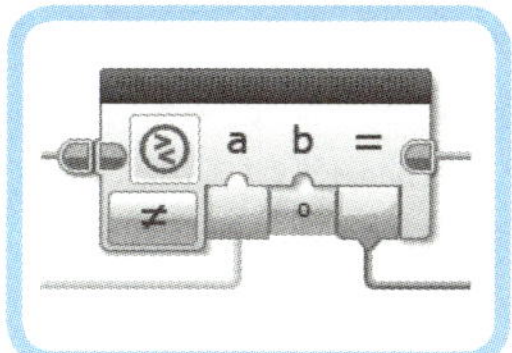

■ 그림 7-2 비교 블록으로 숫자값을 논리값으로 형 변환하기

6장에서 숫자값은 논리값으로 자동 형 변환할 수 없다고 한 것을 떠올려 보세요. 하지만 비교 블록(그림 7-2)을 '같지 않음' 모드로 설정하고 b 입력을 0으로 두면 형 변환을 할 수 있습니다. 이 방법으로 0보다 큰 어떤 숫자가 a로 입력되면 참이 출력되고 0과 같은 숫자가 입력되면 거짓이 출력됩니다.

> NOTE 0이 아닌 숫자를 참으로 처리하는 것은 많은 방법 중 하나일 뿐이지만, C나 자바 컴파일러가 이러한 방법으로 형 변환을 수행하고 있습니다.

내장 비교 블록

이전 장들에서는 비교 블록 없이도 비교 블록의 기능을 사용하였습니다. 사실 몇 가지 프로그래밍 블록에는 비교 기능이 내장되어 있습니다. 스위치 블록과 대기 블록이 비교 블록의 코드를 어떻게 사용하는지 살펴보겠습니다.

그림 7-3(a)에서 스위치 블록은 경계값과 센서값을 비교하여 어떤 케이스를 수행시킬지 선택합니다. 이것은 그림 (b)처럼 비교 모드의 센서 블록이 스위치 블록에 논리값을 전달해 주는 것이나 그림 (c)처럼 센서 블록이 비교 블록으로 그리고 다시 비교 블록이 스위치 블록으로 값을 전달하는 프로그램과 동일합니다.

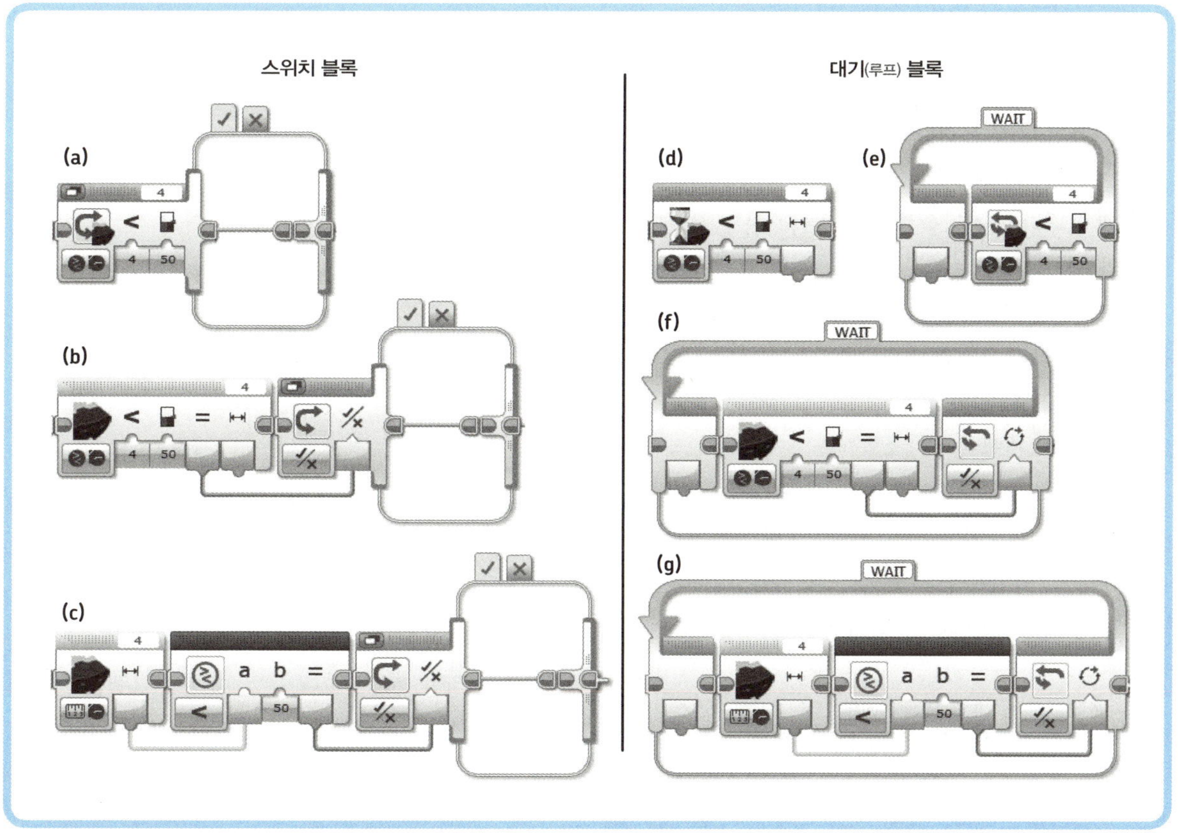

■ 그림 7-3 비교 블록을 사용한 동일 프로그래밍 예제

유사하게, 대기 블록(d)은 종료 조건이 **비교**로 설정되어 있는 루프 블록(e)과 동일합니다. (f)와 (g)에 있는 루프 기능은 (d)와 동일하며 (g)에서는 비교 블록이 명확하게 드러납니다.

상수 블록

상수 블록은 상단의 '값' 입력창에 입력한 대로 상수값을 출력합니다. 모드에 따라 상수 블록은 숫자, 논리, 텍스트, 배열과 같은 모든 종류의 데이터 유형을 제공할 수 있습니다. (99쪽의 데이터 유형 이해하기 참조)

벽 따라가기 프로그램 개선하기

이제 벽 따라가기 프로그램을 개선하여 로봇이 여느 때보다 한층 부드럽고 영리하게 움직이도록 해 보겠습니다.

현재 벽 따라가기 프로그램(그림 5-23)은 적외선 센서의 '근접감지 모드' 출력값이 경계값과 같지 않으면 좌회전과 우회전을 끊임없이 반복하도록 만들어 로봇이 요동을 치게 됩니다. 회전각을 조정하여 이러한 급격한 움직임을 완화해 보려고 하지만 크게 개선되지는 않습니다.

벽 따라가기 프로그램을 개선하기 위해, 그림 6-3에 있는 프로그램과 비슷한 개념을 사용하려고 합니다. 로봇이 앞으로 나아갈 때 적외선 센서의 '근접감지 모드' 출력값으로 조향모드 주행 블록의 조향각을 제어합니다.

특별히, 목표 거리 R과 센서로 측정된 실제 거리 Y와의 차이인 E에 비례하여(상수 이득 K만큼) 조향각 제어 U를 계산합니다. (이득이 무엇이고 왜 중요한지 짧게 설명할 예정입니다.) 이 공식은 상당히 효과적입니다.

$$U = -K * E = -K * (R - Y) = - 이득 * (목표\ 거리 - 측정\ 거리)$$

거리값의 차이가 커지면 커질수록 조향각도 같이 커집니다. 예를 들어, 로봇이 벽으로부터 목표 거리 근처만큼 떨어져 있을 때는 거리 차이 E가 작아서 조향각 제어 값 U도 작아지게 됩니다. 로봇은 거의 직선으로 나아가며 주행 경로를 조금씩만 조정합니다.

그러나 로봇이 벽 근처에 매우 가까워지면서 차이 E가 점점 커질수록 조향 제어값은 더욱 큰 효력을 발생하여 로봇이 제자리에서 방향을 바꾸면서 벽에서 멀어집니다.

그림 7-4의 프로그램에서 적외선 센서의 '근접감지 모드' 출력값이 고급 모드 수학 블록의 c 입력으로 들어가고 있는 것에 주목하세요. 벽에서 떨어진 목표 거리 R(50)과 이득 K(2)가 상수 블록 두 개에 각각 설정되어 있습니다.

이득은 로봇 반응의 세기를 제어합니다. 이득이 커질수록 로봇의 행동은 더욱 '신경질적'이 됩니다. 이득이 작아질수록 조향에 개입하는 정도가 줄어듭니다. 그러나 로봇이 모퉁이를 돌아가지 못할 수도 있습니다.

이득을 조정하려면 반드시 부드러운 동작과 반응 시간 사이에서 절충점을 찾아야 합니다. 이 프로그램에서 이득을 2로 설정하면 로봇이 잘 동작합니다.

이 벽 따라가기 방법은 몇 가지 제약사항을 가지고 있습니다. 예를 들어 로봇은 오른편에 있는 벽만 따라 갈수 있습니다. 하지만 센서 조립부와 프로그램을 변경해서 로봇이 왼쪽에 있는 벽을 따라가도록 만들 수도 있습니다.

또한 상대적으로 작고 간단한 이 프로그램은 로봇이 벽에서 너무 멀어지면 제대로 동작하지 않습니다. 이런 경우에 로봇은 벽을 찾지 못하고 제자리에서 맴돌게 됩니다.

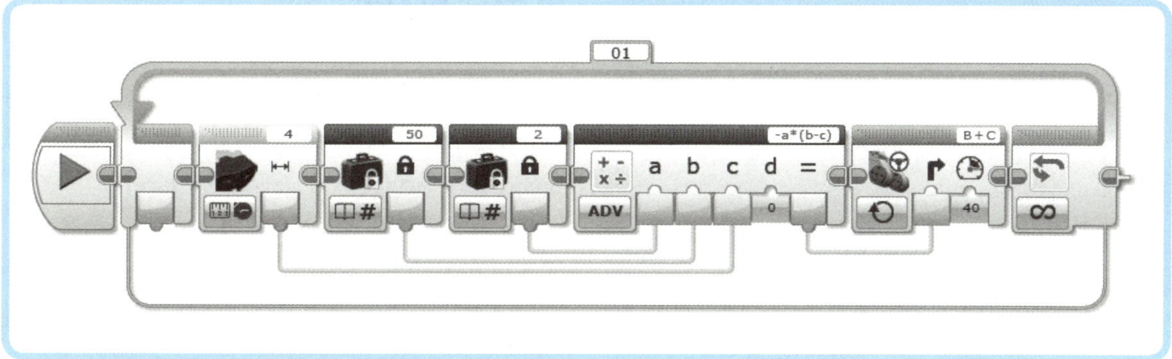

■ **그림 7-4** 벽에서 떨어진 거리에 비례하도록 방향을 전환하여 벽을 부드럽게 따라가게 하는 프로그램

더 깊게 파보기:
피드백 제어기

벽 따라가는 프로그램은 피드백 제어기의 한 예제입니다. 제어기란 상태를 모니터링하고 시스템(로봇)의 거동을 변화시키는 장치(프로그램)를 말합니다.

벽 따라가기의 경우, 로봇은 벽으로부터 일정한 거리를 유지해야 합니다. 따라서 피드백 제어기는 적외선 센서로부터 피드백 신호(벽과의 거리)를 입력받아 (벽과 일정한 거리를 유지할 수 있도록) 조향각을 계산하여 모터로 출력합니다.

4장에서는 처음으로 선과 벽을 따라가는 브릭 프로그램을 만들었고 5장에서는 이를 기반으로 EV3 프로그램을 구현하였습니다. 이런 프로그램을 소위 '뱅뱅' 제어기(온오프 제어기)라고 부르는데, 이는 두 가지 상태가 재빠르게 변환되도록 제어 명령을 내리기 때문입니다.

이 장에서 다룬 제어기는 '비례 피드백' 제어기라고 하는데 제어 명령 U는 목표 거리 R과 실제 거리 Y와의 차이 E에 비례(이득 K에 기초)합니다. 수식으로 표현하면 $U = -K * (R - Y)$와 같습니다.

도전과제 7-1

그림 7-4에 있는 프로그램에서 이득과 목표 거리값을 변경하면서 로봇의 거동이 어떻게 변하는지 관찰해 보세요.

도전과제 7-2

그림 7-4에 있는 벽 따라가기 프로그램을 수정해서 목표 로봇 제어 프로그램이 시작하기 전에 벽으로부터 유지해야 하는 목표 거리값을 설정할 수 있도록 만들어 보세요.

EV3 브릭의 입력 버튼을 눌렀을 때 거리를 설정하고 로봇 동작을 시작시킬 수 있어야 합니다.

그리고 다시 입력 버튼을 누르면 로봇은 동작을 멈추고 설정 모드로 돌아와야 합니다. (힌트: 루프 하나를 더 만들어 이 루프 내부에 벽 따라가는 루프를 집어넣으세요.)

이 장을 마치며

이 장에서는 고급 모드로 설정된 수학 블록에 공식을 입력하는 방법을 배웠습니다. 특히 단 하나의 블록만을 사용하여 산술 평균을 구하는 방법도 배웠습니다.

비교 블록에 대해 접해보았으며 이미 이 기능을 사용해본 적이 있었다는 것을 알게 되었습니다. 스위치 블록과 대기 블록에 이미 비교 기능이 내장되어 있기 때문입니다.

끝으로 부드럽고 민감하게 벽을 따라가는 프로그램을 만들기 위해 비례 제어기 제작 방법 또한 배웠습니다.

0x0000DEAD

깜깜해 아무것도 안 보이잖아!

박사님이
일부러 말하지 않았군!
손전등을 가져올 걸 그랬어.

쿵
아야!

메인 프레임에 가려면 바닥의 검은 선을 따라가시오.
EMP 시스템을 기동하려면 제어기에 'EMP 기동'이라고 입력하시오. 전등과 문은 적외선 센서를 이용하여 자동으로 동작합니다.
문에 달린 센서가 고장 난 거 같은데. 이거 어디 부딪혀 머리가 깨지게 생겼네.

잠깐!
EV3 브릭에서 빛을 낼 수 있고 로버는 바닥에 그려진 검은 선을 따라 갈 수 있잖아!
휘리리리리

이거 잘 먹히는데!

됐다!
EMP 시스템 기동됨!

레고 레시피

LEGO recipes

이 장에서는 레고 기하학의 기초를 배울 예정입니다. 예를 들어 견고한 구조물 만드는 법, 기어열 장치 제작 그리고 움직임을 전달하고 변환하는 방법 등이 있습니다. 또한 EV3 모터를 활용한 모델 제작 아이디어도 배우게 됩니다.

각도 빔의 숨은 비밀

여러분들도 알다시피, 레고 테크닉 체계의 기본 단위는 기본 레고 단위와 같아서 모든 부품은 이 기본 단위를 기준으로 설계되었습니다.

각도 빔도 예외는 아닙니다. 2×4와 3×5 각도 빔, T 빔, 이중 각도 빔은 직각(90°)과 반직각(45°)이기 때문에 그나마 이해하기 쉽지만 각도 빔의 기하학적 구조가 이렇게 항상 쉽게 이해되는 것은 아닙니다.

다른 각도 빔들은 왜 이상한 각도로 구부러져 있을까요? 그림 8-1에 있는 3×7 각도 빔을 예로 들어 보겠습니다. 직각 삼각형을 빔에 겹쳐 놓으면 각 면의 길이는 레고 단위로 3M, 4M, 5M이 됩니다. (하나의 핀 구멍 중심부터 다른 핀 구멍 중심까지의 거리를 잽니다. 구멍이 여섯 개라면 양 끝단에서 0.5M씩 제외해야 하므로 5M이 됩니다.)

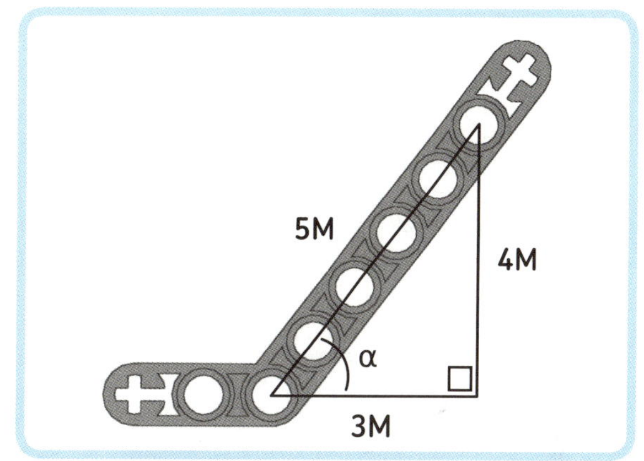

■ **그림 8-1 각도 빔의 기하학**

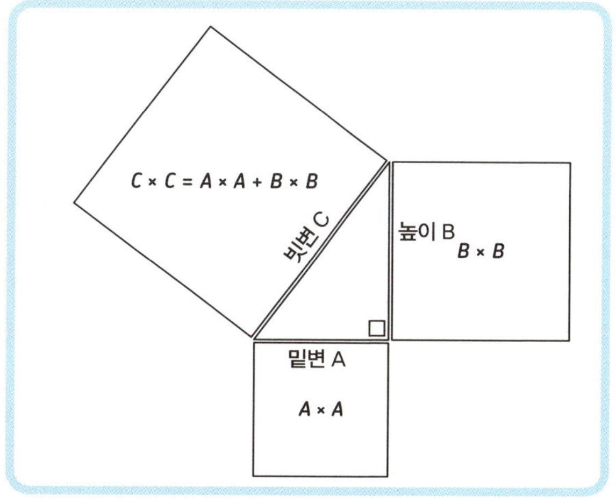

■ **그림 8-2 그림으로 표현한 피타고라스 정리**

레고 그룹에서는 이 빔을 이용하여 직각 삼각형으로 만들 수 있도록 밑면의 각도 a(알파)를 설계하였습니다. 4×6과 4×4 각도 빔에서도 이와 유사한 직각 삼각형 구조를 발견할 수 있습니다.

대부분의 레고 테크닉 빔은 정수 개의 핀 구멍을 가지고 있어서 이 테크닉 빔으로 직각을 만들면 삼각형의 세 변이 정수인(이 경우 3, 4, 5)인 것만을 만들 수 있습니다. 이런 이유로 3×7 각도 빔의 각 a는 약 53°로 설계 되었습니다. 또 테크닉 빔으로 직각삼각형을 만들 수 있는 다른 정수 조합으로는 5, 12, 13(a는 약 67°)이 있습니다.

피타고라스의 정리(그림 8-2 참조)에 따라 직각삼각형에서 빗변을 한 변으로 삼는 정사각형의 넓이는 남은 두 변을 각각 제 변으로 삼는 직사각형 두 개의 넓이를 더한 합과 같습니다. 그림 8-1을 예로 들면, 삼각형의 직각을 이루는 두 변은 각각 3과 4입니다. 두 변의 제곱은 $3 \times 3 = 9$와 $4 \times 4 = 16$이 됩니다. 이 두 값을 더하면 $9 + 16 = 25$가 됩니다. 따라서 빗변의 길이는 25의 제곱근인 5가 됩니다. (고대 이집트인들은 피타고라스보다 훨씬 전에 이 사실을 알고 있었고 동일한 간격으로 반복해서 매듭이 묶인 밧줄로 직각을 측량하여 땅의 경계를 구분하는 데 이 방법을 사용하였습니다.)

밧줄에 12개의 매듭을 묶고 첫 번째, 네 번째, 여덟 번째 매듭을 각 한사람씩 잡고 밧줄을 팽팽하도록 잡아당기면 네 번째 매듭이 직각을 이루는 삼각형이 됩니다.

삼각형 대 사각형

사각형 구조를 만드는 것과 삼각형 구조를 만드는 것은 차이가 있습니다. 그림 8-3에서 볼 수 있듯이, 평행사변형에 힘을 가하면 쉽게 찌그러트릴 수 있습니다. 반면에, 그림 8-4와 같은 삼각형 구조는 힘이 가해지더라도 찌그러지지 않고 견뎌냅니다.

이것은 교량과 여러 지지 구조물들이 삼각형 격자로 만들어지는 이유입니다. 그리고 외력을 견뎌야 하는 레고 모델을 만들 때 되도록 삼각형 구조를 사용해야 하는 이유이기도 합니다.

사각형 구조물을 튼튼하게 만들 수 있을까요? 삼각형만큼 외부 압력에 강한 사각형 프레임을 만들어야 한다면 그림 8-5와 같이 대각선으로 빔을 하나 추가해 보세요. 이렇게 하면 효율적으로 삼각형 두 개가 만들어집니다. (대각선 빔은 그림 8-1의 삼각형의 빗변과 같다는데 주목하세요.)

이제 몇 가지 조립 예제를 통해 각도 빔과 삼각형 구조물을 사용하여 조립부를 견고하게 만드는 방법을 살펴보겠습니다.

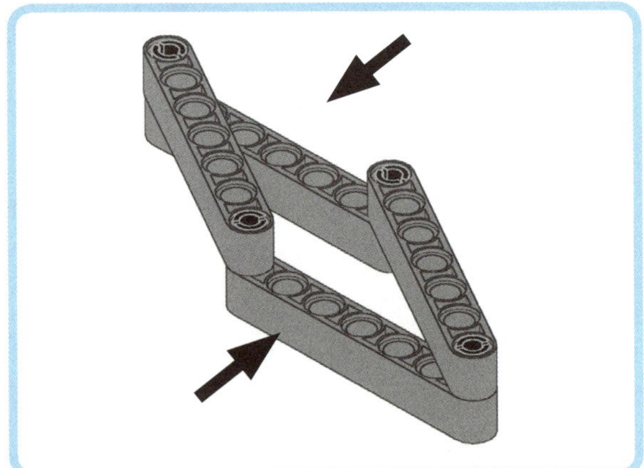

■ 그림 8-3 평행사변형은 힘을 주면 쉽게 찌그러집니다.

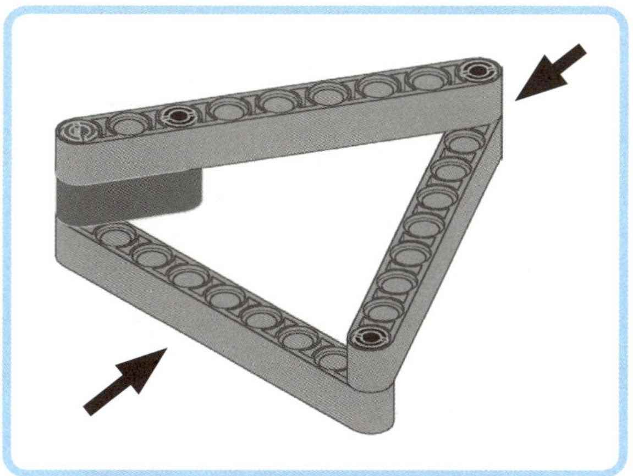

■ **그림 8-4** 삼각형 구조는 힘을 주더라도 변형되지 않고 버텨냅니다.

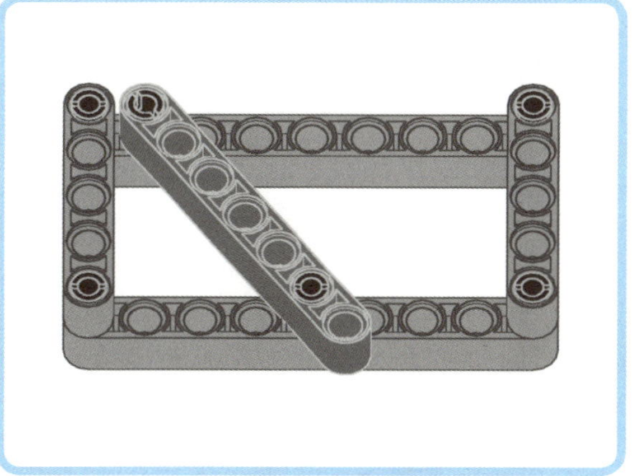

■ **그림 8-5** 사각형 구조에 대각선 빔을 하나 추가하여 힘을 주어도 견딜 수 있게 만듭니다. 이 구조는 본질적으로 삼각형 두 개로 이루어져 있습니다.

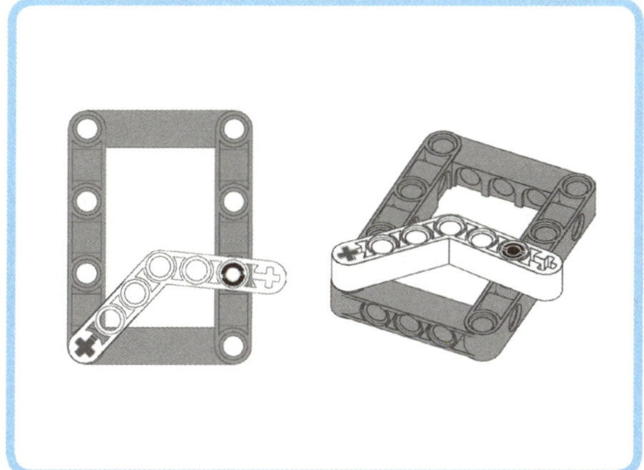

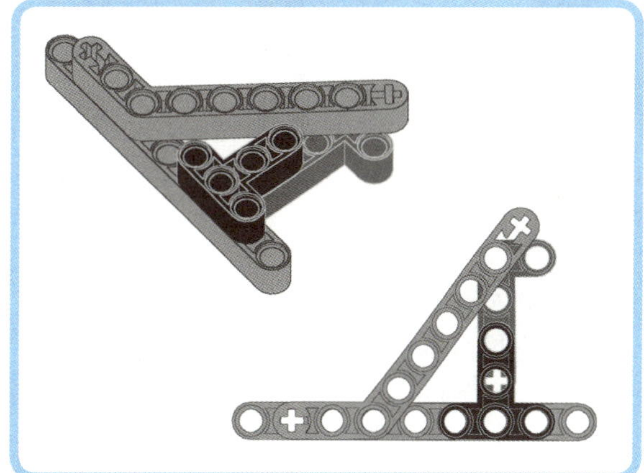

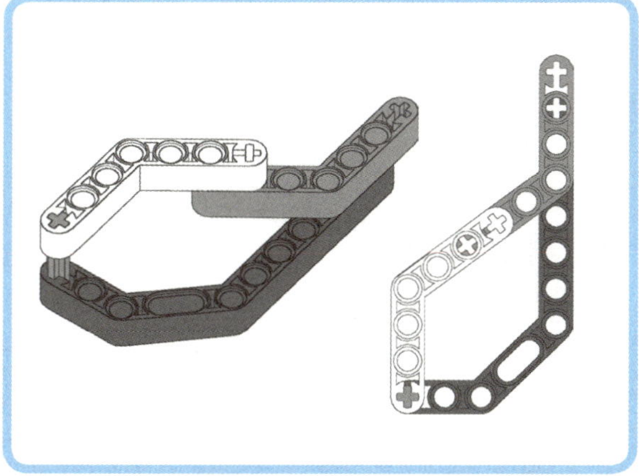

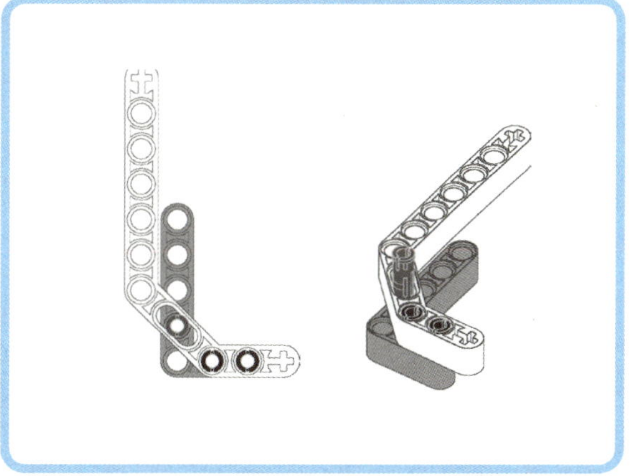

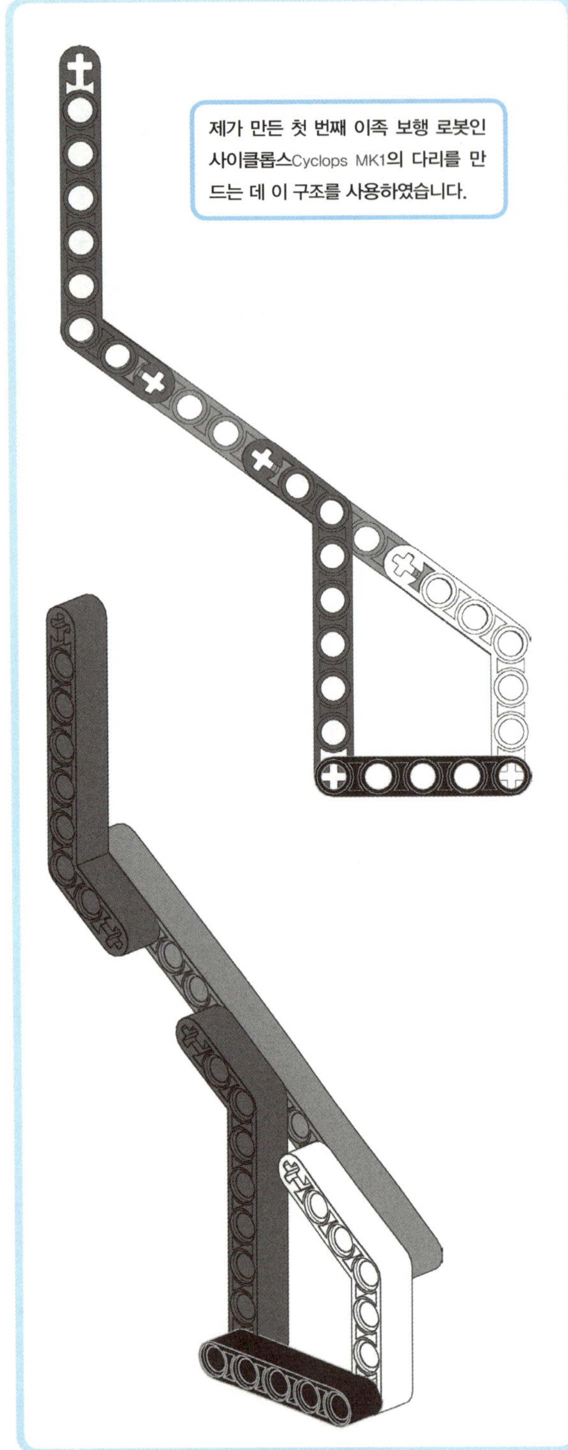

제가 만든 첫 번째 이족 보행 로봇인
사이클롭스Cyclops MK1의 다리를 만
드는 데 이 구조를 사용하였습니다.

이 구조는 2012년 발매된 제
품번호 9398 레고 테크닉 4륜
구동 크롤러의 차대 구조와 같
습니다.

8M
6M
10M

빔 연장하기

빔의 길이를 늘려야 할 때는 검은색 마찰 핀이나 파란색
긴 마찰 핀을 사용하여 두 개 이상의 빔을 연결합니다.

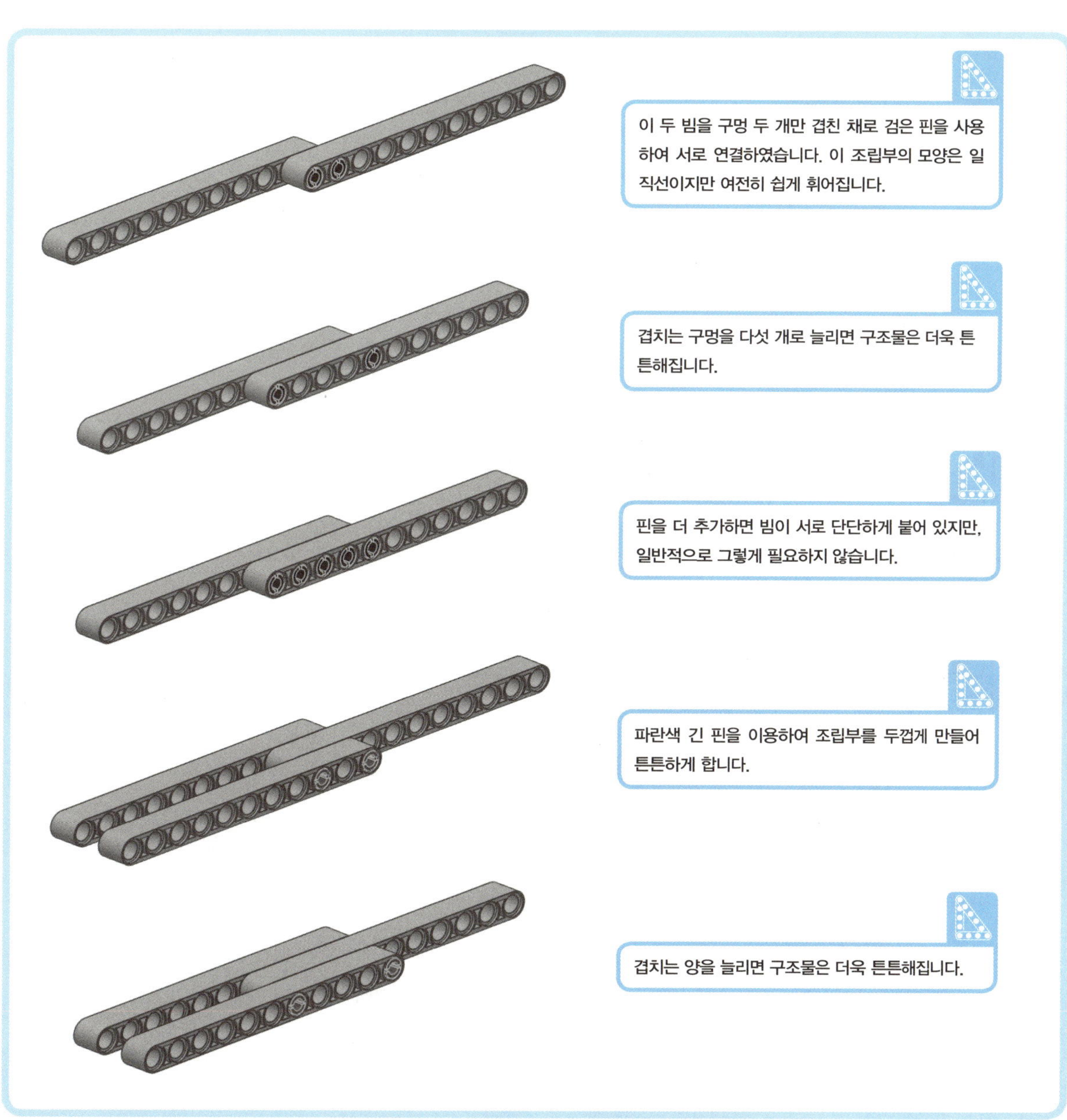

브레이싱

레고 조립부는 압축력과 전단력에 견디는 데 우수합니다. 그러나 인장력이 가해지면 쉽게 분해되도록 설계되었습니다. (그렇지 않으면 조립부를 분해할 수 없습니다.) 그래서 스트레스와 압력을 가하면 빔이 제거되기 때문에 조립부는 쉽게 분해될 수 있습니다.

다음에 나올 조립부 두 개를 만들어 보면 이 개념을 좀 더 잘 이해할 수 있습니다. 이 책 전반에 걸쳐 다양한 로봇을 만들면서 브레이싱 기법이 사용될 때마다 이에 대하여 언급하도록 하겠습니다.

압축력은 누르는 힘, 전단력은 자르는 힘, 인장력은 당기는 힘을 말합니다. 예를 들어 기본적인 2×4 레고 블록 세 개를 아래서 위로 조립해 놓은 구조를 상상해 봅시다. 압축력은 이 블록을 위에서 아래로 누르는 힘입니다. 레고 블록은 성인이 올라서더라도 견딜 정도로 튼튼하여 레고 블록으로 수백 미터 탑을 쌓을 수도 있습니다.

전단력은 삼층 블록의 가운데 있는 블록을 옆으로 잡아당길 때 블록에 가해지는 힘입니다. 블록이 위로 빠지지 않도록 위아래서 충분한 힘으로 누르고 있다면 사람의 힘으로는 가운데 블록을 옆으로 잡아 당겨 빼낼 수 없습니다. 그리고 마지막으로 인장력은 조립된 브릭을 위로 잡아당기는 힘입니다. 이 방향으로는 세 살짜리 아이라도 쉽게 빼낼 수 있습니다.

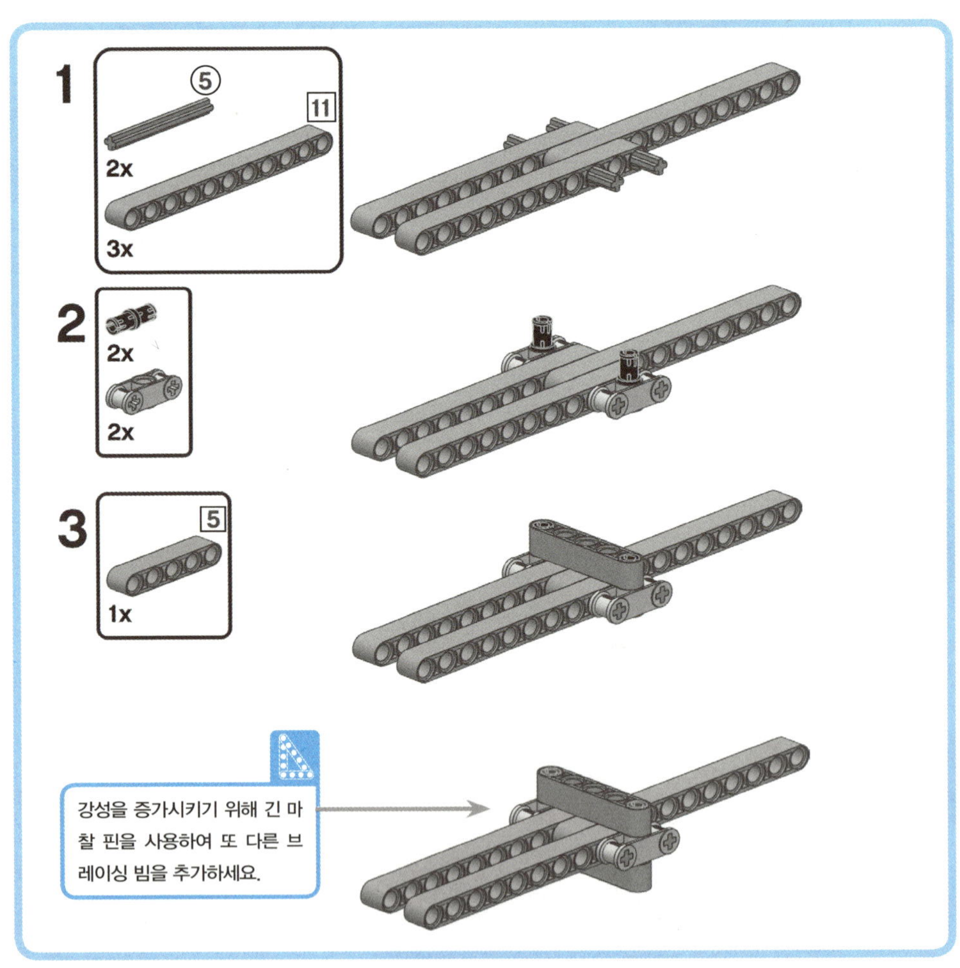

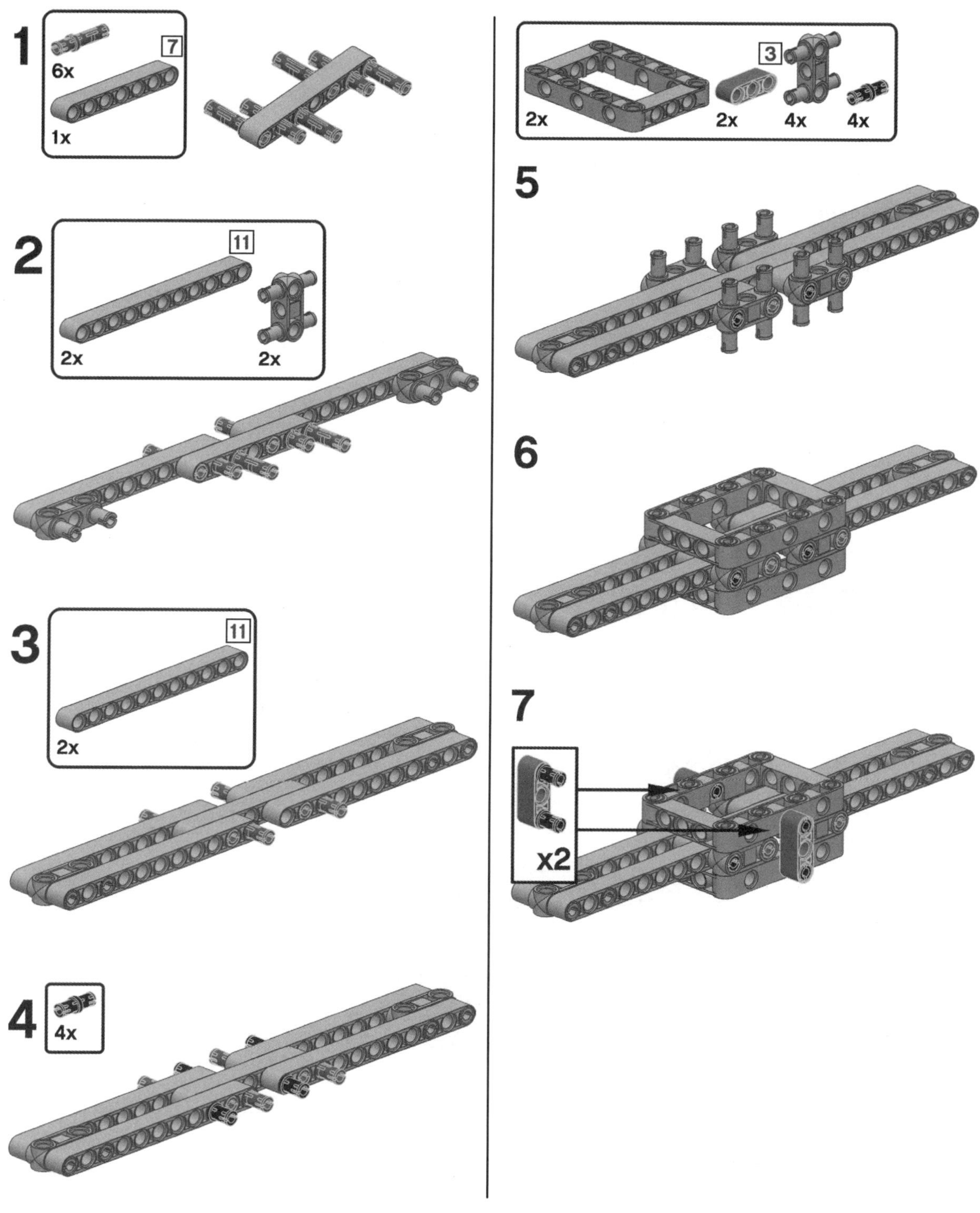

크로스 블록

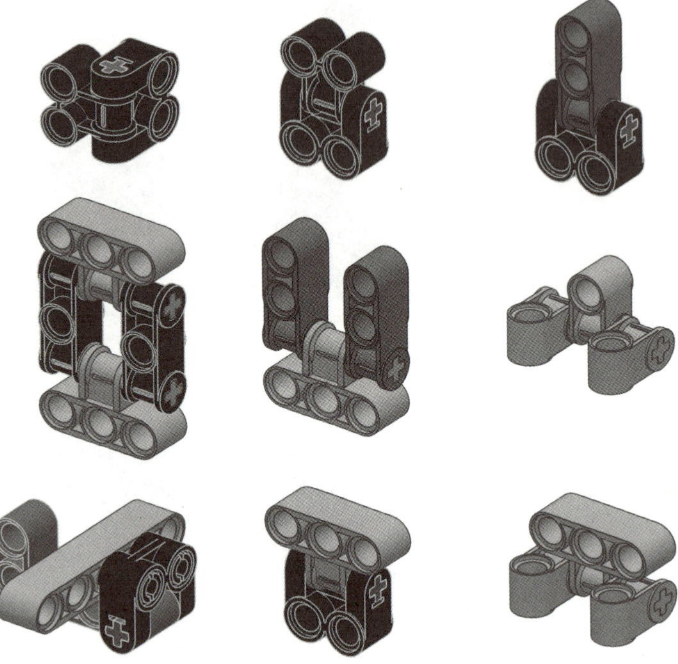

크로스 블록을 사용하여 레고 구조물을 세 가지 방향으로 확장시킬 수 있습니다. 레고 테크닉 부품으로 스터드 없이 조립하기 위해서는 삼차원으로 생각하는 능력이 필요합니다. 블록을 쌓는 것이 아니라 안쪽에서 바깥쪽으로 붙여나가야 합니다.

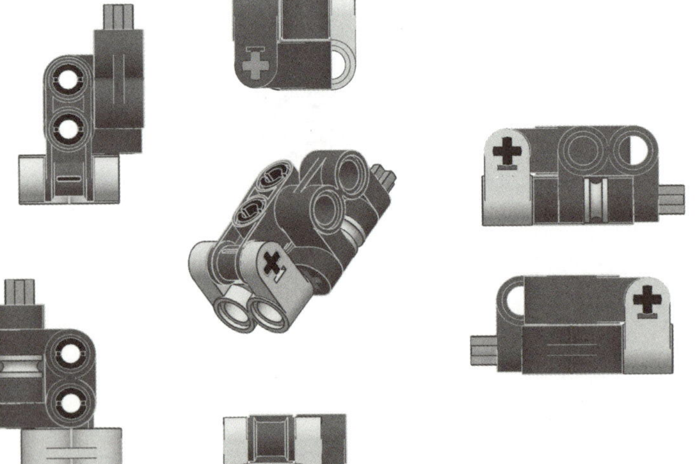

크로스 블록을 사용하여 반 모듈만큼 길이를 보정할 수 있습니다. 기본적으로 테크닉 빔은 핀 구멍의 개수가 정수 개이고 이에 비례하는 길이를 갖게 되는데, 이 빔과 크로스 블록을 적절히 조합하면 핀 구멍 반 개의 길이만큼 짧거나 더 긴 조립부를 만들어 낼 수 있습니다.

기어 복습

우리는 1장(그림 1-13)에서 기어를 처음 접했습니다. 이제는 기어의 비밀을 밝히도록 하겠습니다. 기어에 대해 반드시 기억해야 할 사항들을 아래 적어 두었습니다.

- 톱니의 개수를 세어 기어를 측정합니다.
- 기어를 조합할 때는 지름과 두께를 고려합니다.
- 기어 중앙에는 십자 구멍이 있어서 축에 딱 맞게 결합할 수 있고 한축에서 다른 축으로 회전운동을 전달할 수 있습니다.

그림 8-7의 상단과 같이 12z 양면 베벨 기어에 36z 양면 베벨 기어가 맞물리는 조립부를 만들어 보세요. 12z 기어를 세 번 돌리면 36z 기어는 몇 번 돌아갈까요? '딱 한 번'이라고 생각했다면 정답입니다.

■ **그림 8-7** 기어는 회전축의 속도와 **토크**를 **변환**시킵니다.

더 작은 기어가 입력 기어(구동기어)일 때, 더 큰 기어(피동기어)의 회전수와 속도 모두 입력 기어보다 작아집니다. 이것은 톱니 개수와 어떤 관계가 있을까요? 기어의 톱니 개수의 비율로 기어의 관계를 표현할 수 있습니다. 앞서 든 예제에서, 비율은 12:36＝1:3이 됩니다. 따라서 36z 기어는 12z보다 세 배 느린 속도로 회전하게 됩니다.

이런 기어 조합은 12z 입력 기어를 돌리면 36z 출력 기어는 입력 기어의 세 배에 달하는 토크를 낼 수 있다는 장점을 가지고 있습니다. 토크란, 비트는 힘으로 어떤 물체에 작용하여 회전시키려 하는 성질을 갖고 있습니다. 바꿔 말해 힘은 직선운동하는 물체와 관계가 있듯이 토크는 회전운동하는 물체와 관계가 있습니다.

기어는 피동축의 회전속도를 변환시키는 것은 말할 것도 없고 피동축에 전달되는 토크량도 변환시킵니다. 이제 36z 기어에 달린 크랭크를 돌려 완벽하게 한 바퀴 회전시켜 보세요. 작은 기어는 세 번 회전하고 큰 기어의 1/3만큼의 토크를 냅니다.

요약하자면 입력 기어가 출력 기어보다 작은 경우, 출력 기어의 속도는 감소하고 토크는 증가합니다. 반면 입력 기어가 출력 기어보다 큰 경우, 출력 기어의 속도는 증가하고 토크는 감소합니다. 그림 8-7에 있는 기어 아래 그림을 통해 기어가 축의 속도와 토크를 어떻게 변환시켜 주는지 알 수 있습니다.

기어가 잘 맞물리게 하기

어떻게 하면 기어가 서로 잘 맞물리게 만들어서 기어가 풀리거나 톱니가 미끄러질 때 끔직한 소리가 나지 않도록 할 수 있을까요? 레고 초보 창작가에게는 잔소리 같은 질문이지만 이에 대한 해답을 이 절에서 찾을 수 있습니다. 표 8-1에 레고 단위로 표현된 기어의 반지름이 나열되어 있습니다.

이 값들을 증명하려면, 빔을 참고로 사용하여 기어 휠의 반지름을 잴 수 있습니다. 이 값들을 기억할 필요는 없지만, 기어를 정확하게 결합하는 방법을 이해하는 데는 많은 도움이 됩니다.

이름	반지름(레고 단위)
8z 기어	0.5
12z 양면 베벨 기어	0.75
16z 기어	1
4z 노브 휠	1
20z 양면 베벨 기어	1.25
24z 기어	1.5
소형 턴 테이블(28z)	1.75
36z 양면 베벨 기어	2.25
40z 기어	2.5
대형 턴 테이블(56z)	3.5

■ **표 8–1** 각 기어의 반지름

> **NOTE** 표 8-1에 제품번호 31313 세트에 들어 있지 않은 기어와 턴 테이블이 나열되어 있습니다.

완전과 불완전, 두 가지 종류의 기어 조합이 있습니다.

- 두 기어 반지름의 합이 레고 단위 정수 배일 때 완전 기어 조합이라고 합니다. 완전 기어 조합은 8z와 24z(0.5 + 1.5 = 3M)의 조합 그리고 12z와 20z(0.75 + 1.25 = 3M)의 조합을 그 예로 들 수 있습니다.
- 두 기어의 반지름의 합이 레고 단위의 정수 배가 아닐 때 불완전 기어 조합이라고 합니다.

불완전 조합이 필요 없다고 생각해서는 안 됩니다. 오히려 그 반대로 이 조합이 유용할 수 있습니다. 하지만 레고 그룹은 사용자들이 불완전 기어 조합을 사용하도록 설계하지는 않았기 때문에, 기어가 조금 느슨하게 물리거나 기어를 올바르게 고정시키기 어려울 수도 있습니다.

(레고 디자인 규칙을 바꾸고 깨는 것이 필자가 가진 열정이기 때문에 불완전 기어 조합에도 눈길을 보내주기 바랍니다. 물론 규칙을 바꾸기 전에 그 규칙이 무엇인지 알 필요가 있습니다.)

EV3 세트에 들어 있는 모든 기어뿐 아니라 세트에 들어 있지 않은 추가적인 기어 부품들(8z, 16z, 40z 기어)을 고려해 봅시다. 웜 기어와 노브 휠 기어는 현재 제외하였습니다. 표 8-2에 볼 수 있듯이, 28가지의 기어 조합이 가능합니다. (테이블 하단의 절반은 대칭이기 때문에 음영 처리되어 있습니다. 반지름의 관점에서 보자면 12와 20을 조합하는 것은 20과 12를 조합하는 것과 같습니다.)

이 표를 읽는 방법은 다음과 같습니다.

- ✓ 표시는 완전하게 조합되고 기어 지지 프레임 조립이 쉽다는 것을 의미합니다.
- ✗ 표시는 불완전하게 조합되며 기어 지지 프레임 조립이 까다롭거나, 조합을 사용하기에 튼튼하지 못하다는 것을 의미합니다.
- ? 표시는 쓸 만하거나 믿을 만한 기어 조합 방법을 아직 찾지 못했다는 것을 의미합니다. 혹시 필자가 놓친 것이 있는지 여러분들이 찾아보기 바랍니다.

	8	12	16	20	24	36	40
8	✓	?	✗	✗	✓	✗	✓
12		✗	✗	✓	✗	✓	✗
16			✓	✗	✗	✗	✗
20				✗	✗	✗	?
24					✓	?	✓
36						✗	?
40							✓

■ **표 8–2** 연결 가능한 레고 기어의 조합

기어 조립

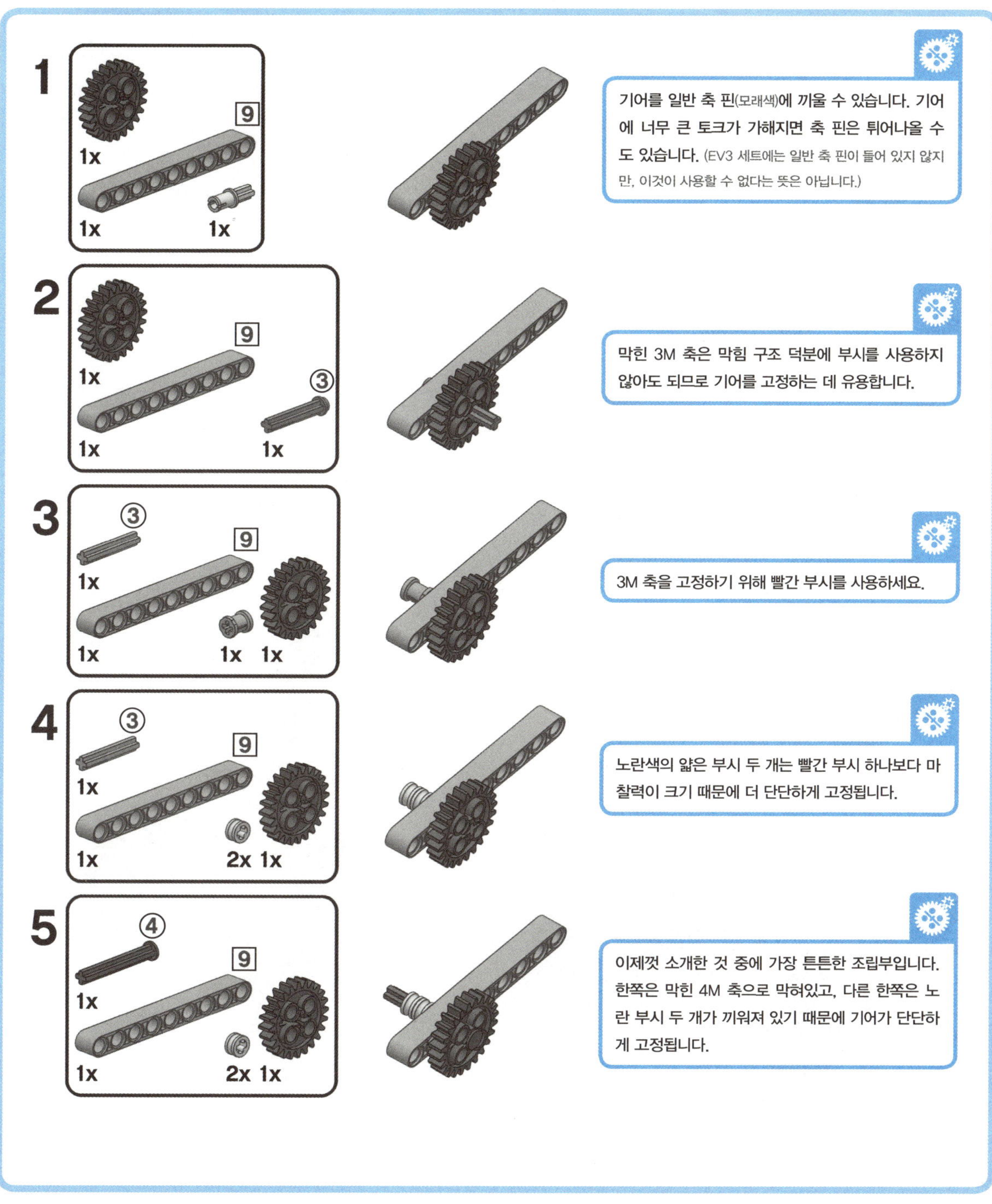

1
9
1x
1x 1x
기어를 일반 축 핀(모래색)에 끼울 수 있습니다. 기어에 너무 큰 토크가 가해지면 축 핀은 튀어나올 수도 있습니다. (EV3 세트에는 일반 축 핀이 들어 있지 않지만, 이것이 사용할 수 없다는 뜻은 아닙니다.)

2
9
1x
③
1x 1x
막힌 3M 축은 막힘 구조 덕분에 부시를 사용하지 않아도 되므로 기어를 고정하는 데 유용합니다.

3
③
9
1x
1x 1x
3M 축을 고정하기 위해 빨간 부시를 사용하세요.

4
③
9
1x
2x 1x
노란색의 얇은 부시 두 개는 빨간 부시 하나보다 마찰력이 크기 때문에 더 단단하게 고정됩니다.

5
④
9
1x
2x 1x
이제껏 소개한 것 중에 가장 튼튼한 조립부입니다. 한쪽은 막힌 4M 축으로 막혀있고, 다른 한쪽은 노란 부시 두 개가 끼워져 있기 때문에 기어가 단단하게 고정됩니다.

기어 조합

12:24 = 1:2

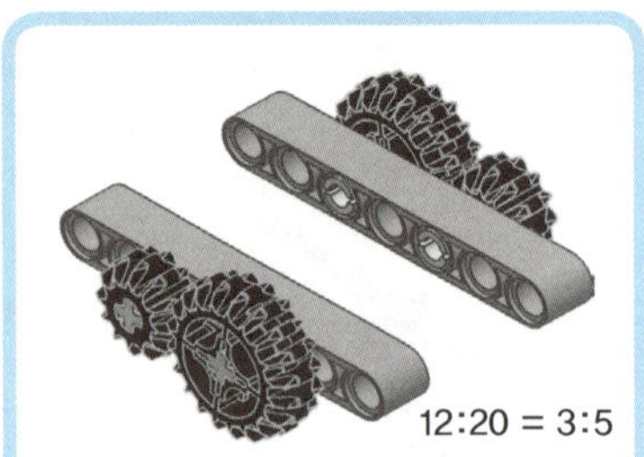

12:20 = 3:5

12:36 = 1:3

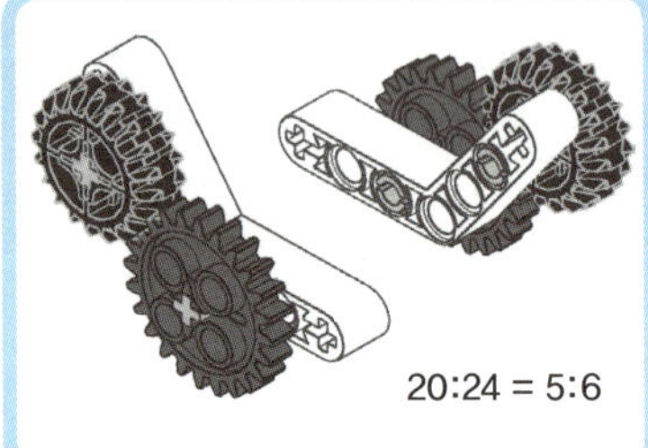

20:24 = 5:6

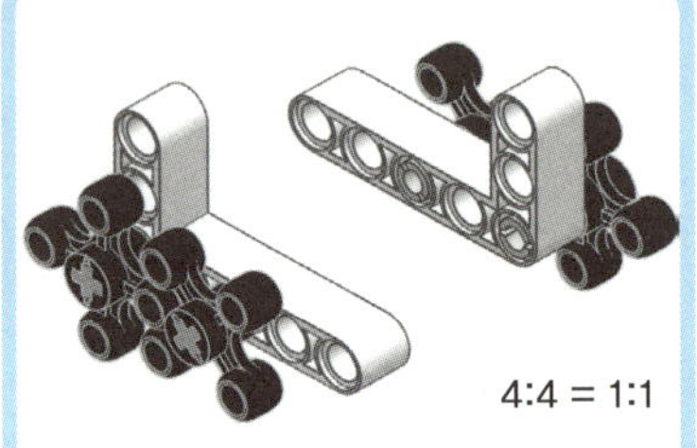

4:4 = 1:1

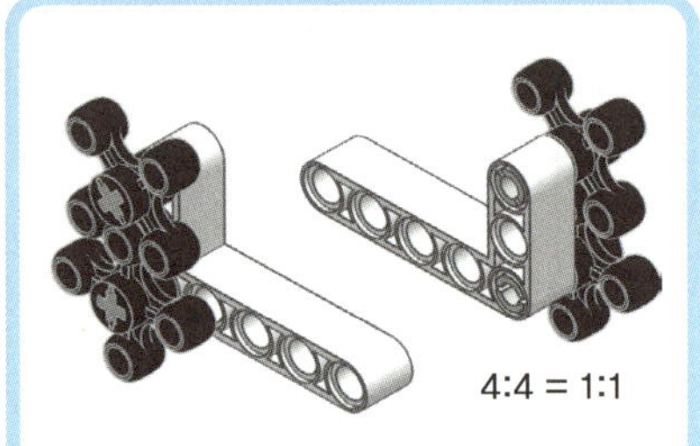

4:4 = 1:1

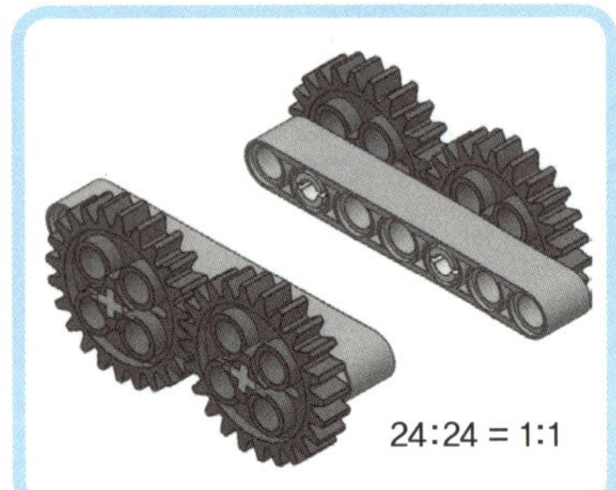

24:24 = 1:1

20:36 = 5:9

36:36 = 1:1

이 조합들은 꽤 약하기 때문에 큰 힘이 필요한 작업에는 사용하기 어렵습니다.

90도로 연결된 기어

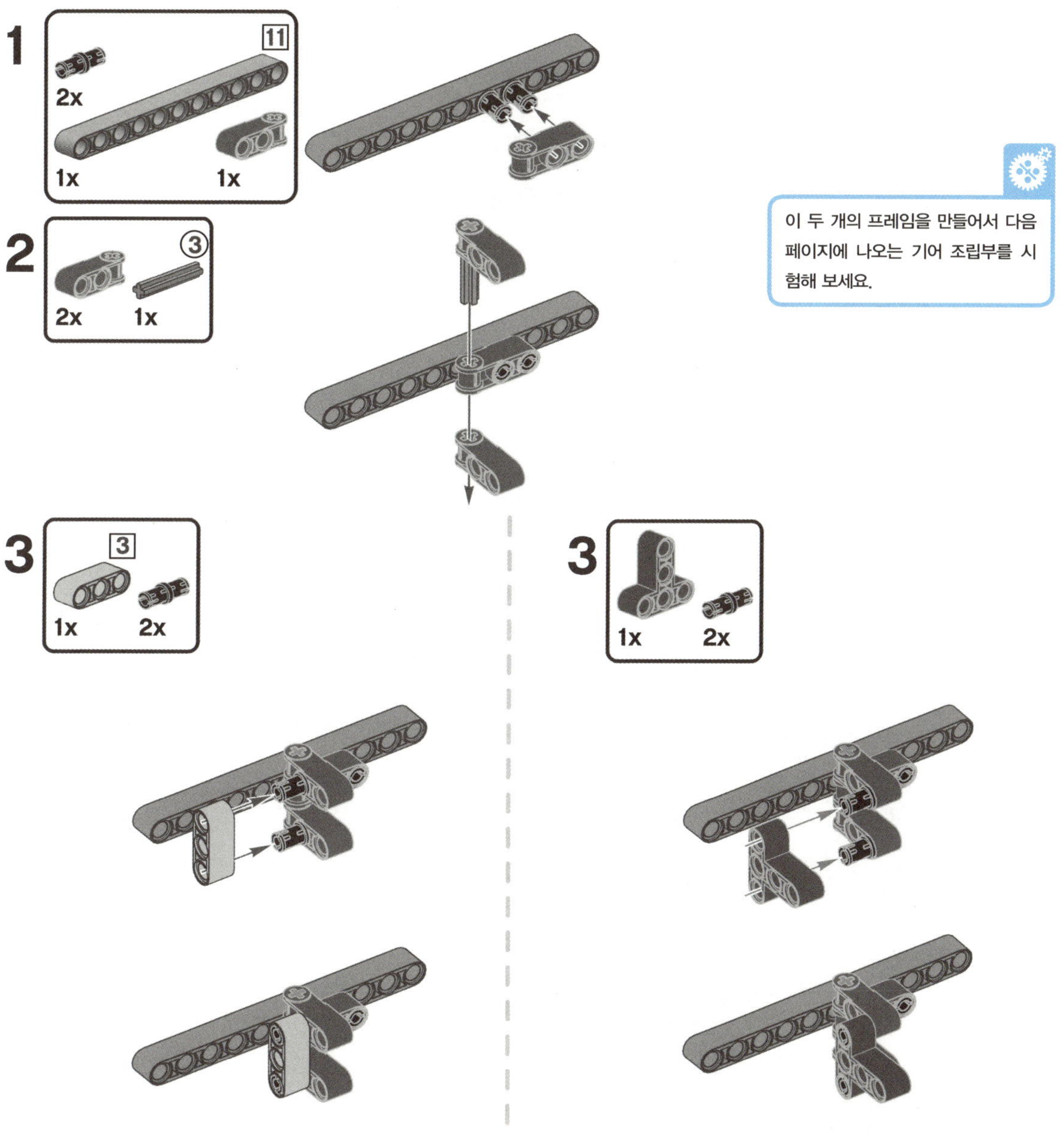

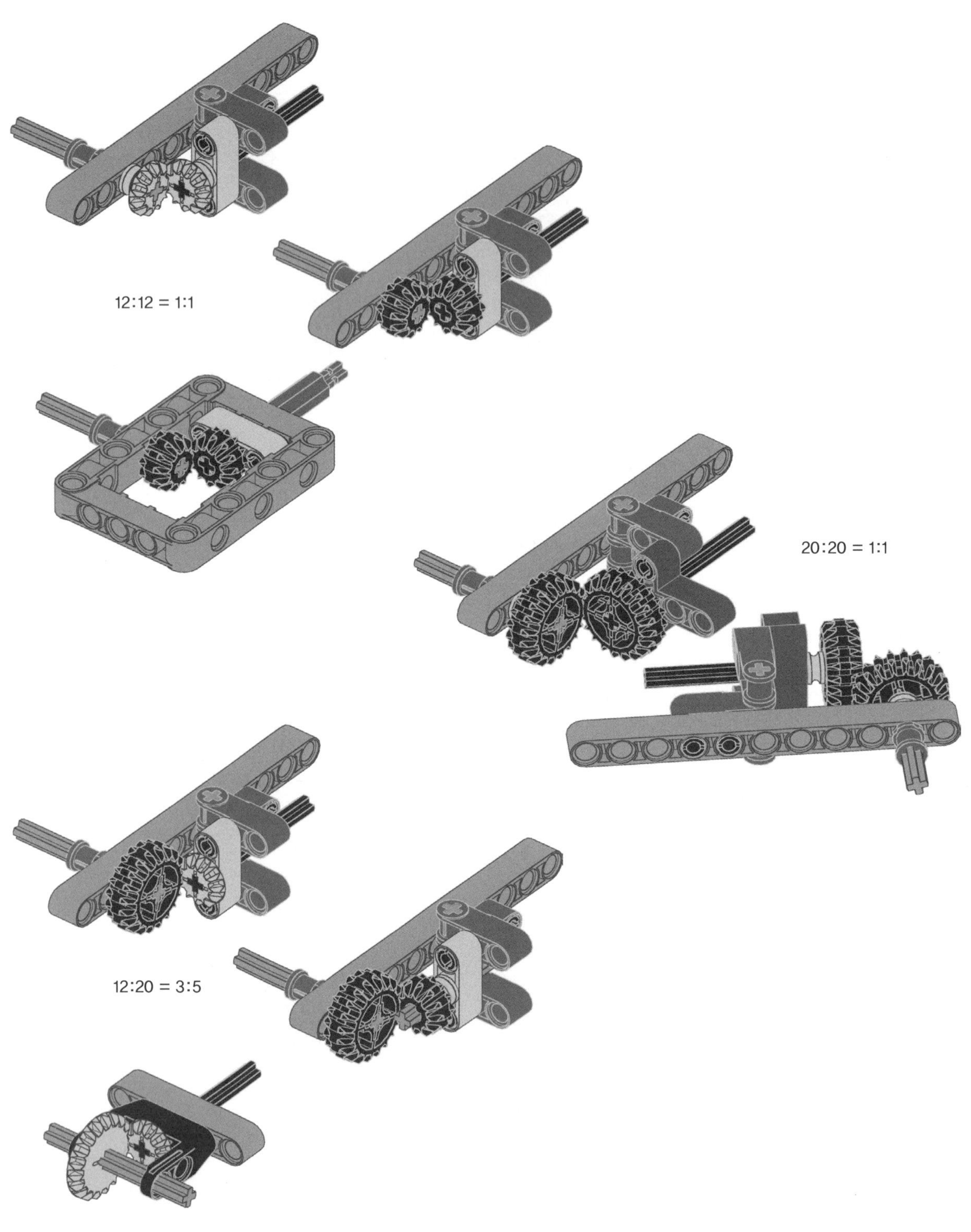

12:12 = 1:1
20:20 = 1:1
12:20 = 3:5

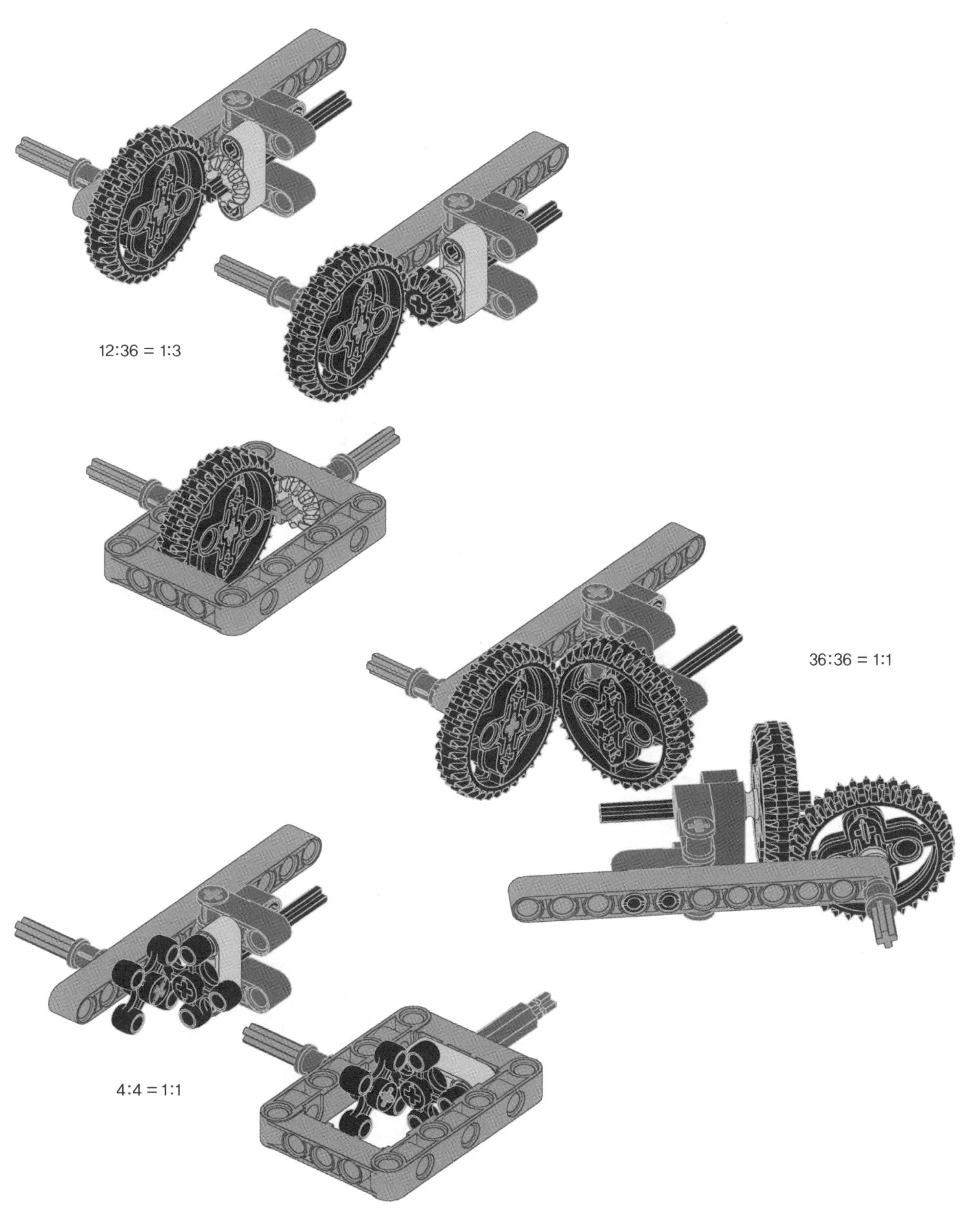
12:36 = 1:3
36:36 = 1:1
4:4 = 1:1

기어열

여러 개의 기어를 조합하여 만드는 기어열은 기본적으로 연속된 기어 짝의 조합입니다. 더 큰 기어비를 얻거나 더 멀리 떨어진 곳으로 회전운동을 전달하고자 할 때 기어열이 유용하다는 것을 알게 될 것입니다. 유동기어idler gear는 두 개 이상의 기어 사이에 들어가서 기어열의 변환비에는 영향을 주지 않으면서 출력축의 회전 방향을 바꾸어 줍니다. 그림 8-8과 8-9에서 볼 수 있듯, 입력기어와 출력기어의 톱니 숫자에 따라 기어비가 정해집니다. 그림 8-10에 1:5 기어비를 갖는 기어열이 있습니다.

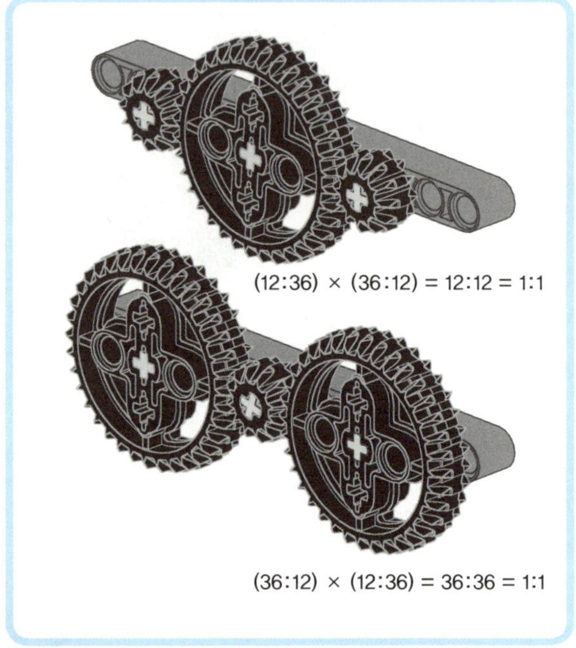

■ **그림 8–9** 1 : 1 기어비를 갖는 기어열

■ **그림 8–8** 1 : 1 기어비를 갖는 기어열 유동기어

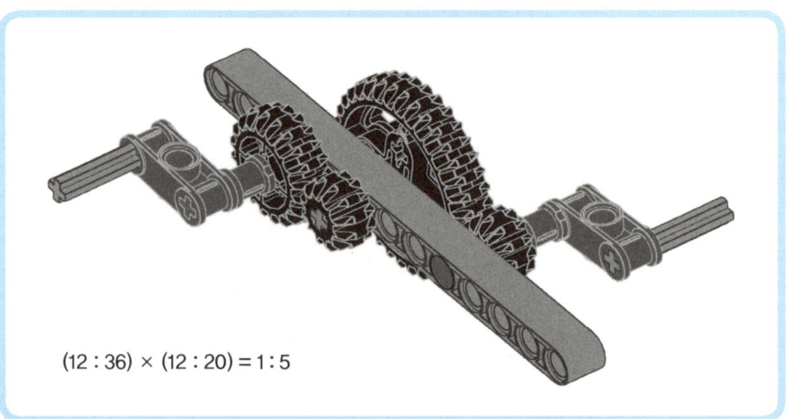

■ **그림 8–10** 1 : 5 기어비를 갖는 기어열

웜 기어

웜 기어는 마치 나사처럼 생겼습니다. 웜 기어를 사용한 기어열의 기어비를 계산할 때, 웜 기어는 톱니가 하나라고 생각해야 합니다. 웜 기어는 자기 잠금 기능이 있습니다. 즉, 웜 기어 다른 기어를 돌릴 수 있지만, 다른 기어를 회전시켜 웜 기어를 움직일 수는 없다는 뜻입니다(그림 8-11 참조).

다음 페이지에서 웜 기어를 기본으로 한 조립부를 지지할 수 있는 튼튼한 두 가지 프레임을 살펴보도록 하겠습니다. 저항 토크가 출력축에 인가되었을 때 웜 기어가 밀려 빠지는 것을 막기 위해 보강하는 방법에 주목하세요.

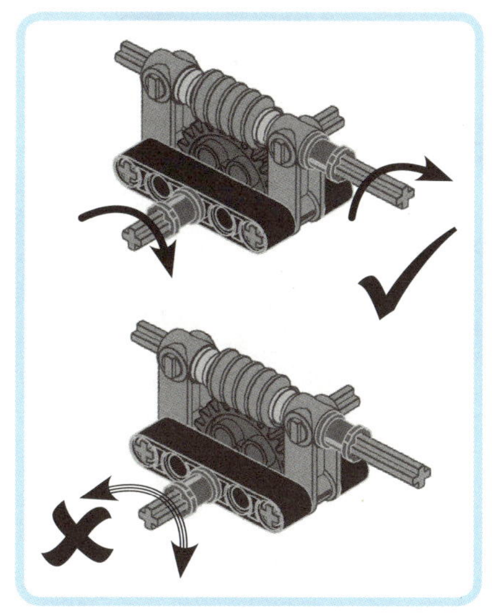

■ **그림 8-11** 웜 기어는 자기 잠금 기어입니다. 다른 기어를 이용하여 웜 기어를 회전시킬 수 없습니다.

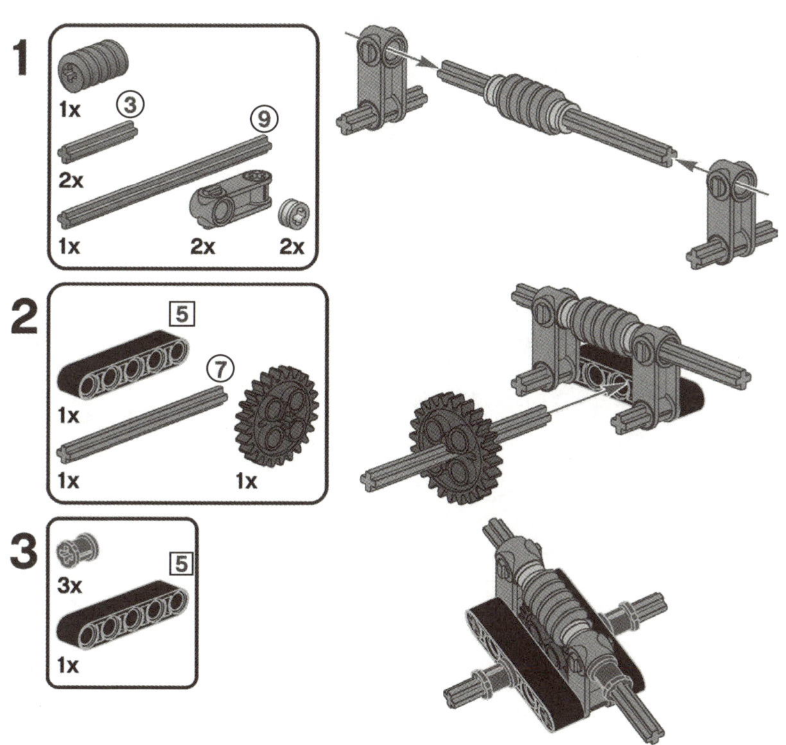

1 : 24

1

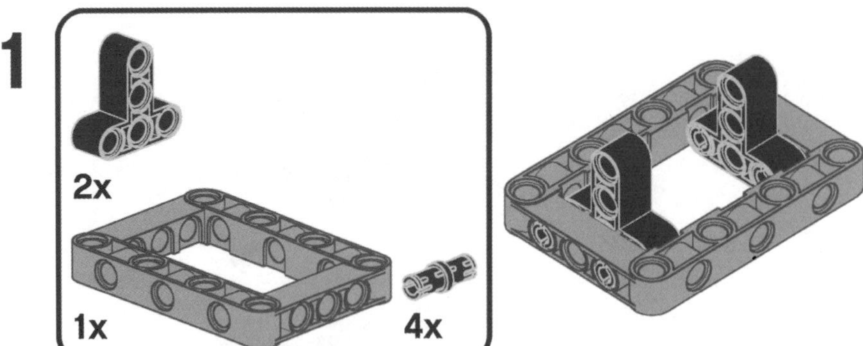

2x

1x 4x

2

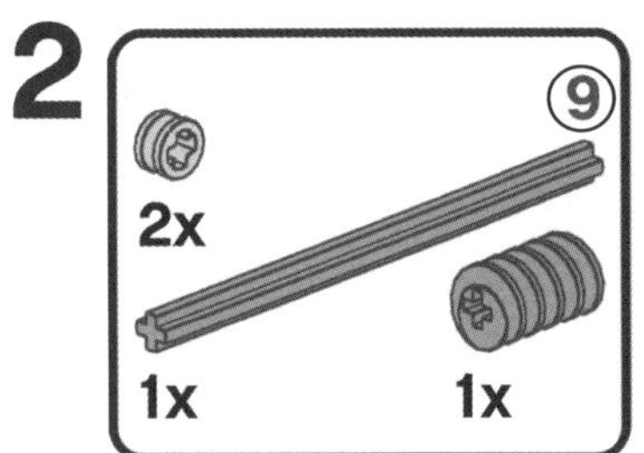

⑨

2x

1x 1x

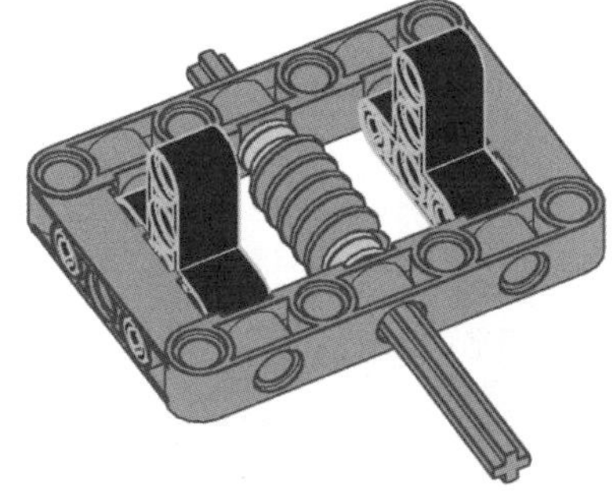

3

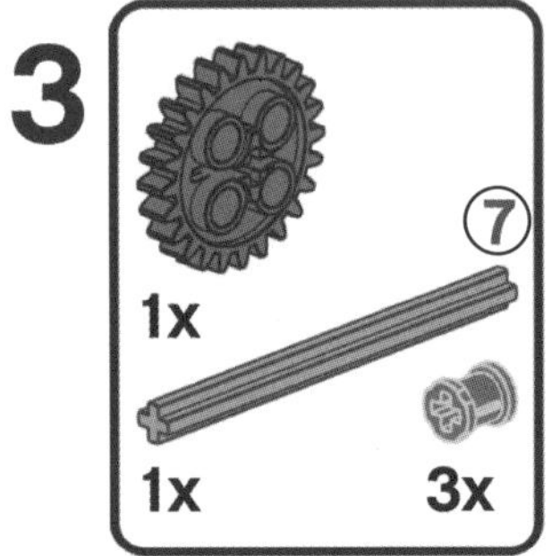

⑦

1x

1x 3x

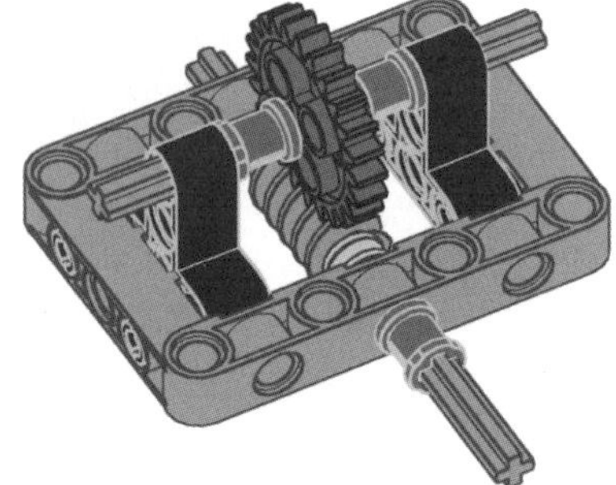

1 : 24

운동 변환

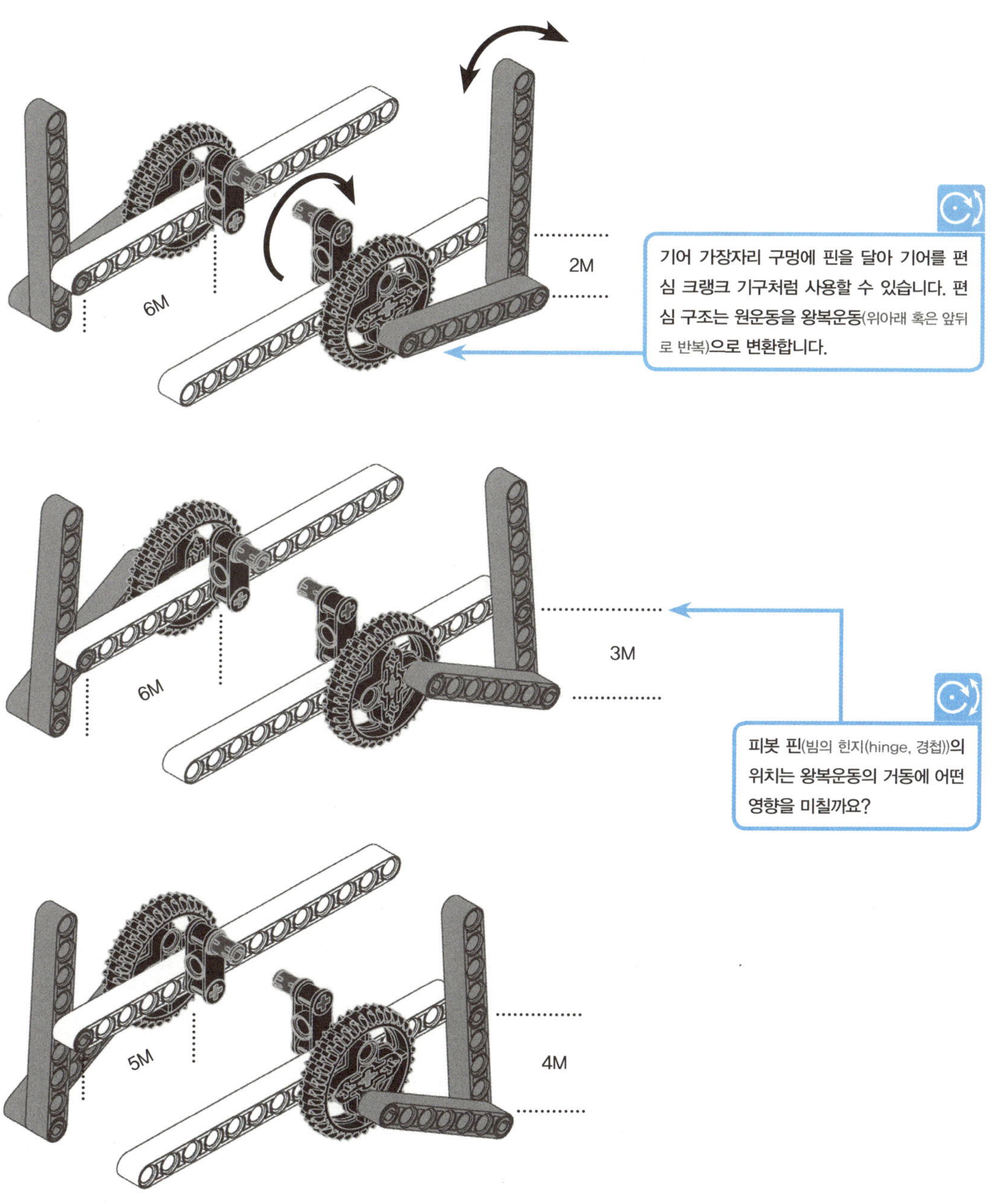

기어 가장자리 구멍에 핀을 달아 기어를 편심 크랭크 기구처럼 사용할 수 있습니다. 편심 구조는 원운동을 왕복운동(위아래 혹은 앞뒤로 반복)으로 변환합니다.

피봇 핀(빔의 힌지(hinge, 경첩))의 위치는 왕복운동의 거동에 어떤 영향을 미칠까요?

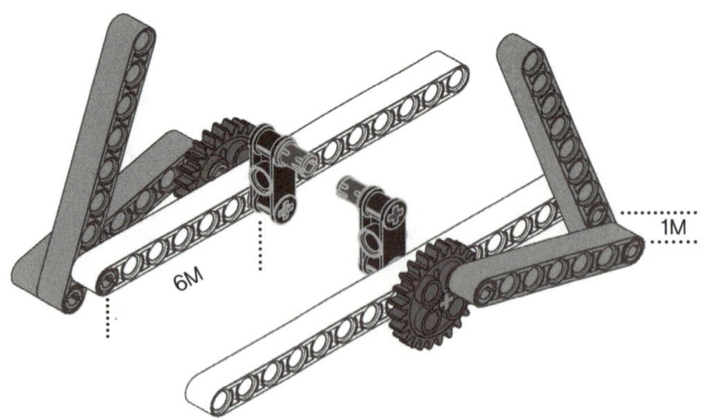

이 메커니즘은 축의 끝단에서 회전운동을 왕복운동으로 변환합니다. 이 조립품을 지면에 수직으로 세우면 일종의 다리처럼 보입니다.

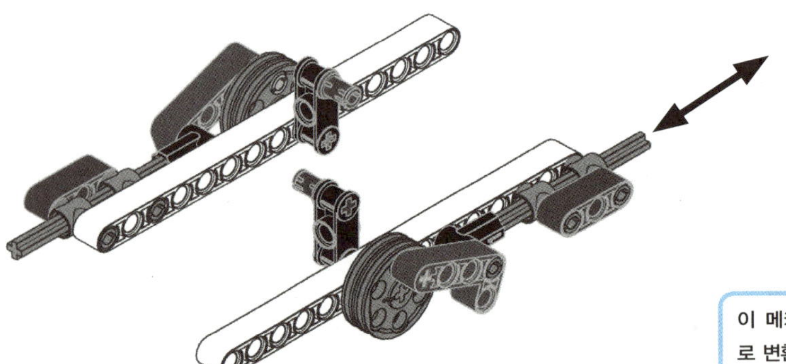

이 메커니즘은 회전운동을 완전한 직선운동으로 변환합니다. 옛날 기차를 움직였던 증기기관의 피스톤과 같은 방식입니다. 수직으로 세우면 재봉틀의 바늘을 연상시킵니다.

모터 조립 아이디어

EV3 세트에는 라지 모터 두 개와 미디엄 모터 하나가 들
어 있습니다. 모터는 로봇의 핵심 부품이기 때문에 이 장
에서는 로봇을 제작할 때 유용한 몇 가지 모듈과 조립부
를 소개하고자 합니다.

전방 출력 미디엄 모터 #1

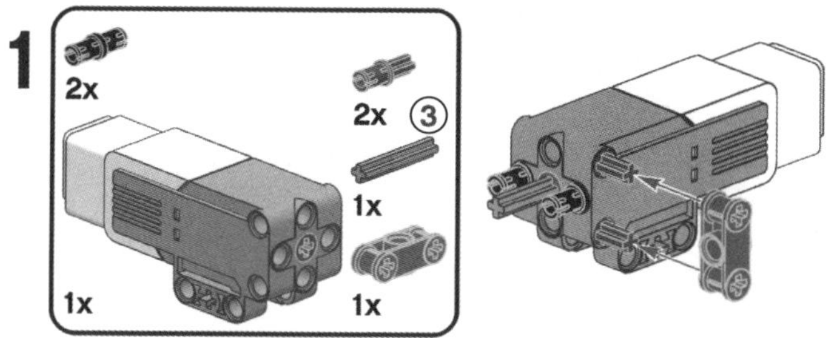

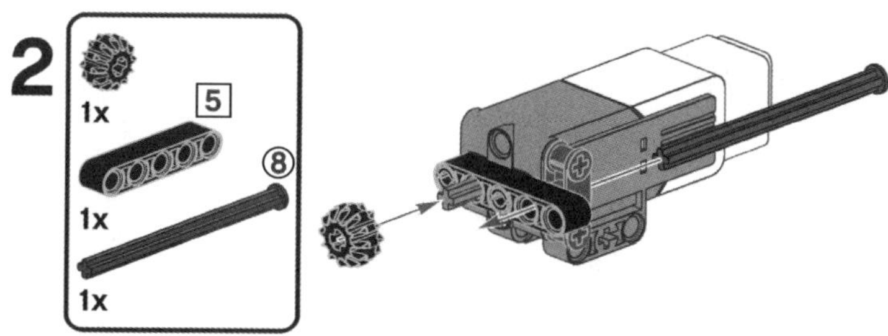

전방 출력 미디엄 모터 #2

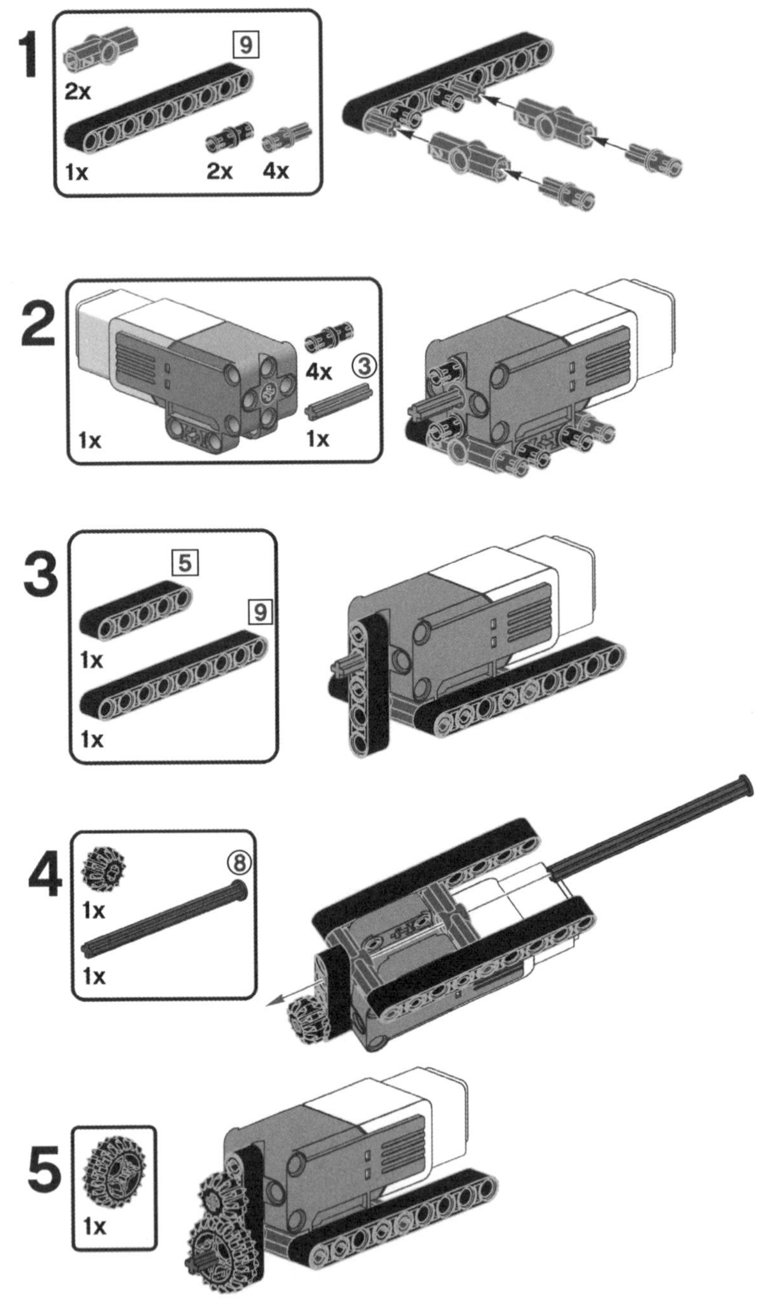

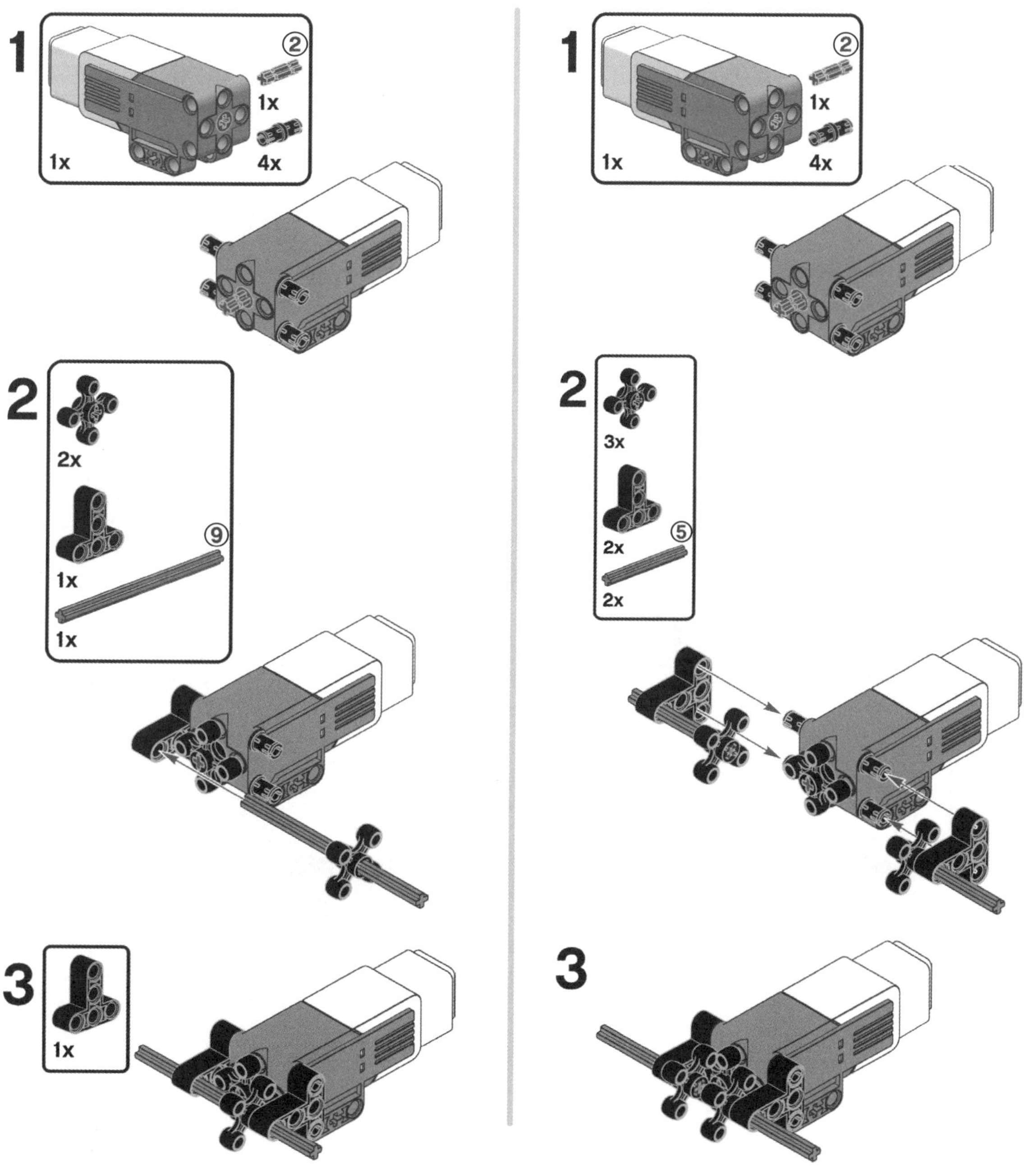

단측면 출력 미디엄 모터
양측면 출력 미디엄 모터

단측면 저속 미디엄 모터

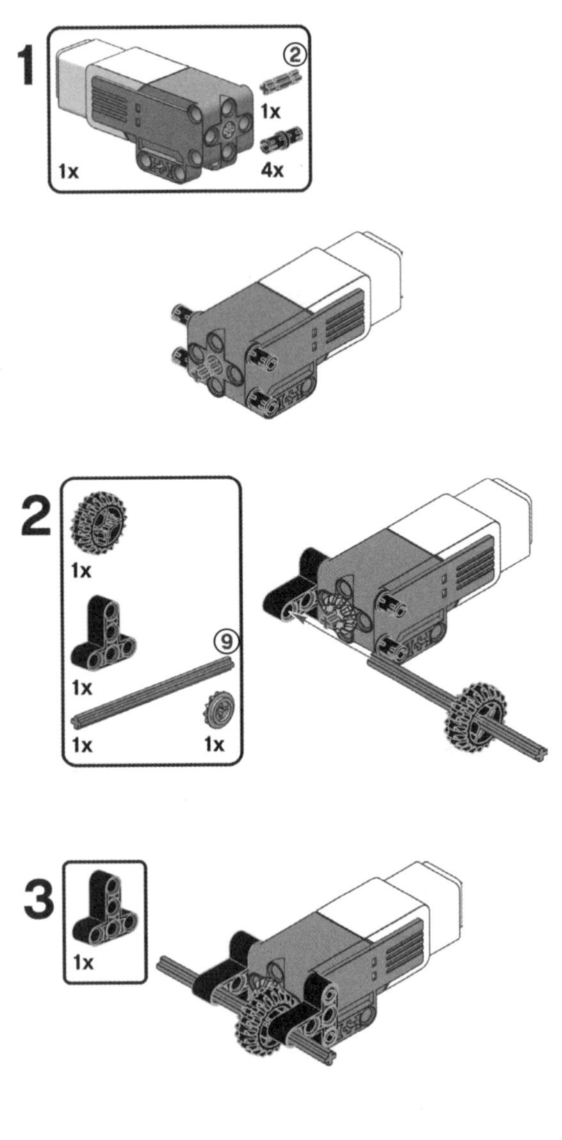

기어박스 미디엄 모터

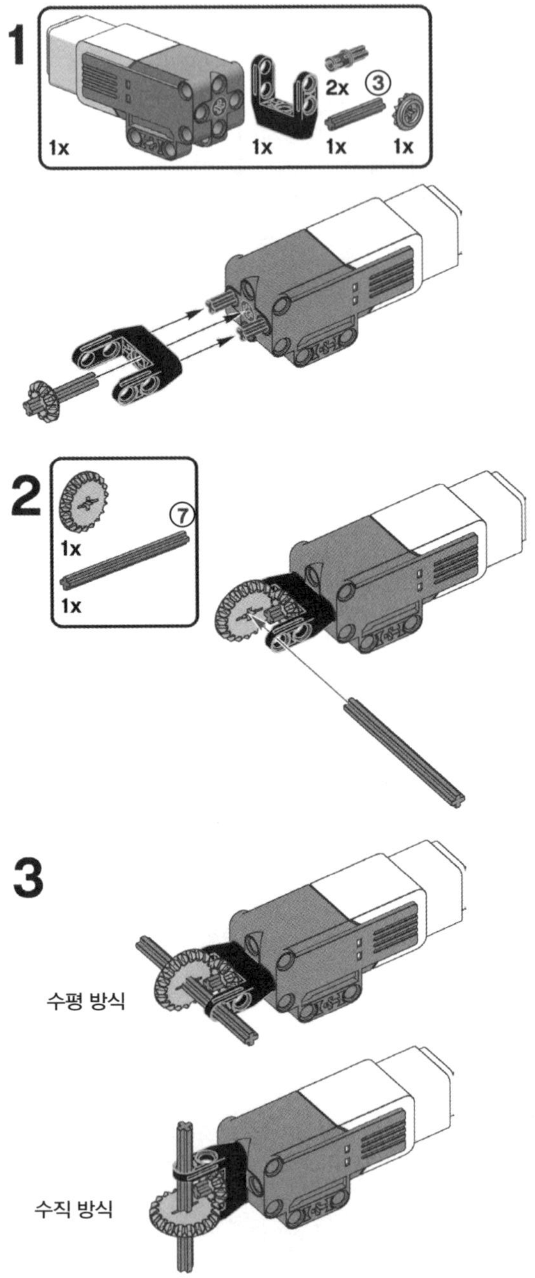

다출력 미디엄 모터

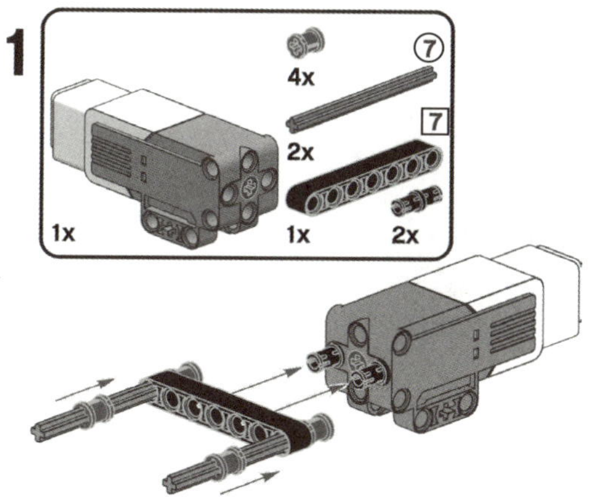

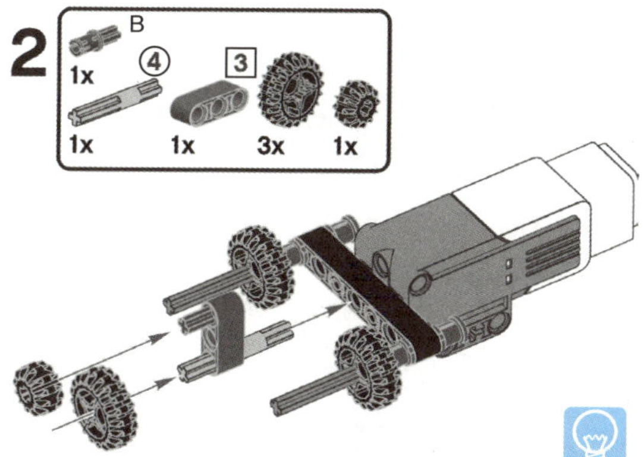

마찰 축 핀은 모터의 회전 방향이 바뀔 때 3M 빔의 기울어진 방향도 같이 바꾸어 주는 역할을 합니다.

마찰 축 핀은 모터의 회전 방향이 바뀌었을 때 가운데 위치한 유동기어를 돌리지 않고 3M 빔을 돌리도록 만들어 줍니다. 모터의 회전 방향이 바뀌면 유동기어의 마찰 축 핀의 마찰력으로 인해 짧은 시간 동안 3M 빔이 모터의 회전축에 고정되어 있는 것과 동일한 상태가 되어, 3M 빔이 회전하게 되는 것입니다. 만약 마찰 없는 일반 축 핀을 사용하였다면 3M 빔의 방향이 바뀌지 않고 유동기어만 헛돌게 됩니다.

모터의 회전 방향을 바꾸어 서로 다른 두 개의 축을 번갈아 가며 동작시킬 수 있습니다.

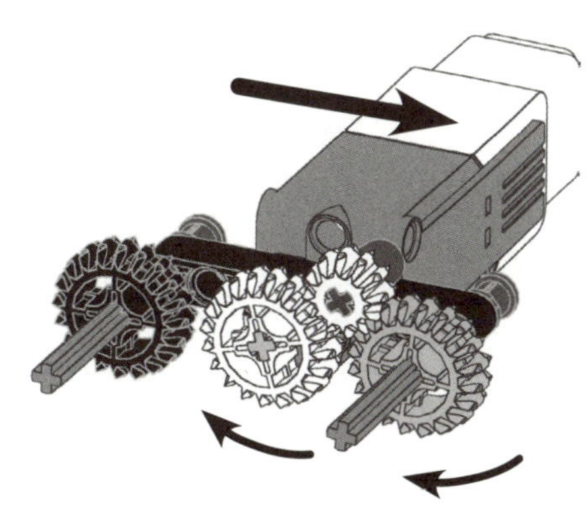

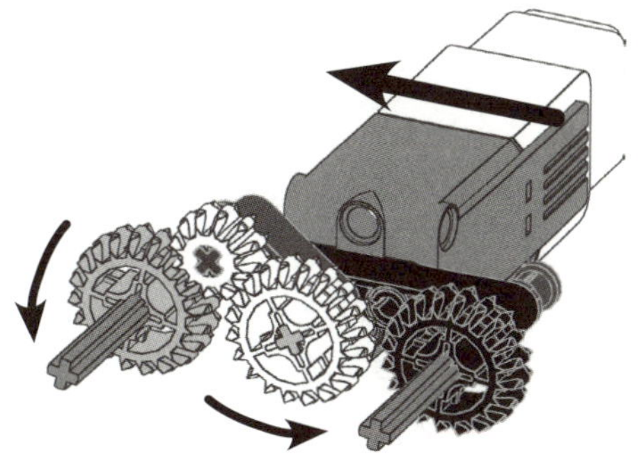

수평 출력 라지 모터

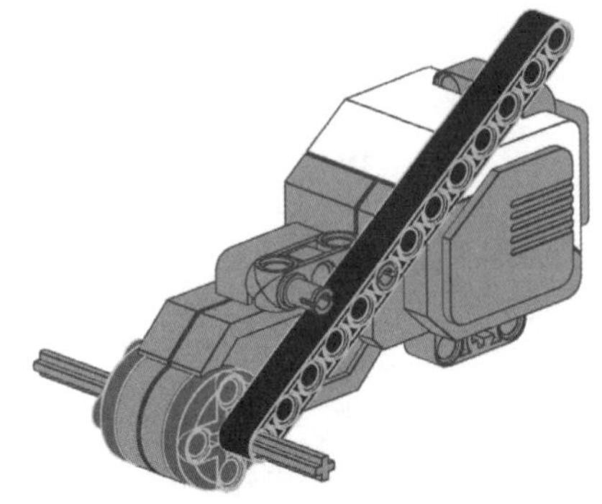

라지 모터 기어 배치 선택

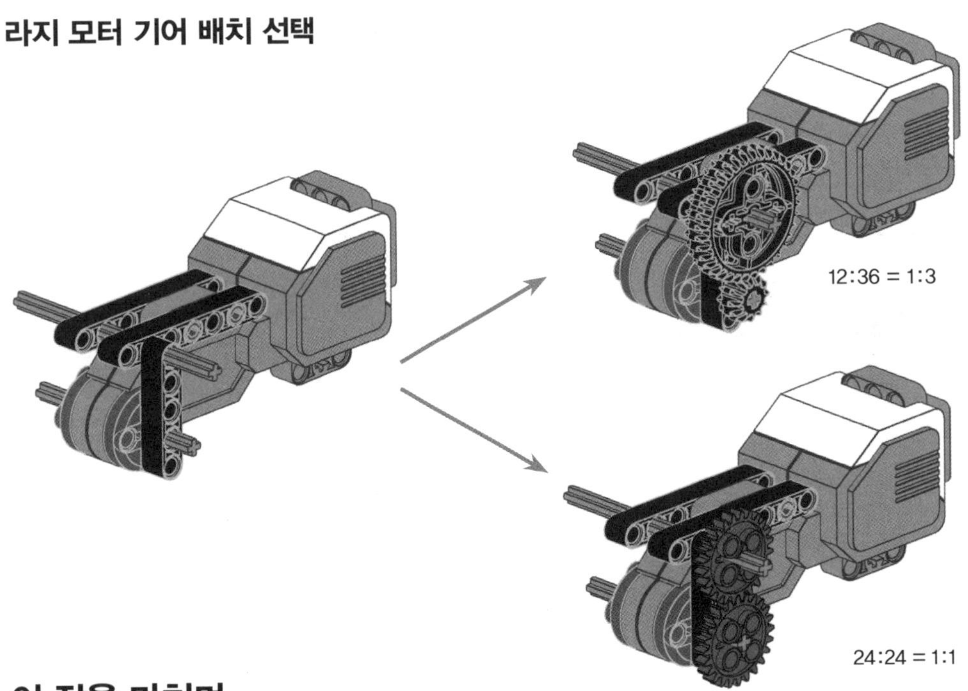

이 장을 마치며

이 장이 여러분들에게 유용한 '요리책'이 되었기를 바랍
니다. 이 장에서는 레고 기하학에 대한 기본 지식을 학습
하였고 튼튼한 구조물과 동작하는 기어열을 만드는 법도
배웠습니다. 운동을 전달하고 변환하는 모듈에 대한 아
이디어뿐만 아니라 여러분의 멋진 창작품에 들어가게 될
서보 모터 조립부 예제도 살펴보았습니다.

그래, 데드 섹터는 어땠니? EMP 시스템은 기동되었어?
그럼요 박사님! 하지만 거기가 칠흑 같이 어둡다고 미리 말씀해 주실 수 있었잖아요.
그렇긴 하다만, 그럼 재미가 반감되잖아. 로버ROV3R는 쓸 만 했어?
네. 그 녀석 도움 없이는 해내지 못했을 거에요.
너에게 줄 새로운 미션이 하나 더 있구나. 가서 거위 로봇 좀 잡아 올래?
불길하게 들리는데요 …
해치지 않으니 걱정 마. 그 로봇을 조금 조정하기만 하면 돼. 전원을 끄고 이리 데리고 오렴…
배짱이 좀 필요할 거야.

거위 로봇 와치구스 조립

building WATCHGOOZ3

거위 로봇이 현재 도주 중입니다! 이 장에서는 와치구스 WATCHGOOZ3(그림 9-1)를 만들 예정입니다. 이 거위 로봇은 두 다리로 걸어다니며 방안을 순찰하고 경비 활동을 합니다.

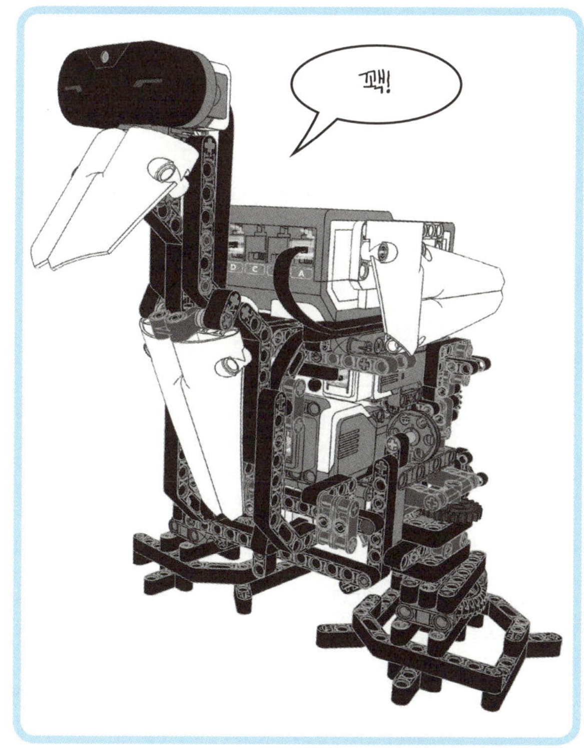

■ **그림 9-1 거위 로봇 와치구스**WATCHGOOZ3

이 로봇은 브루노 자로키안Bruno Zarokian의 창작품에서 영감을 얻어 만들었습니다. 브릭 프로그램 앱(10장 참고)만을 사용해도 로봇이 걸어가고 방향을 전환하며 장애물을 피하는 동작을 프로그래밍할 수 있도록 기계적 구조를 설계할 수 있습니다.

컴퓨터가 필요 없다는 말입니다! 이 장에서는 프로그램을 간단하게 만들어 주는 핵심적인 설계 아이디어를 설명할 예정입니다. 이것을 이용하면 제한적인 브릭 프로그램 앱만으로도 로봇을 충분히 프로그래밍할 수 있습니다.

조립설명서에는 구조, 기어, 모터 조립부를 사용하여 보행 동작을 구현하는 제작 기법도 함께 수록되어 있습니다. 기어 지지 보강 구조를 더욱 튼튼하게 만드는 법과 모터 토크를 증가시키기 위해 저속 기어를 사용하는 방법, 그리고 평행사변형 링크 구조도 배우게 됩니다.

와치구스의 보행 원리

두 다리로 걷는 생명체를 이족 보행 동물이라고 부릅니다. 인간이 바로 이족 보행 동물이고 캥거루, 영장류 몇 종, 티라노사우르스 렉스와 벨로시랩터와 같은 공룡들, 그리고 (항상 서 있는)타조와 (날지 않을 때 서 있는)거위도 이족 보행 동물에 해당됩니다.

이족 보행 동물이 두 다리로 걷는 동안 정적 평형을 유지하기 위해서는(즉 넘어지지 않으려면) 무게중심에서 지면으로 투사한 점이 항상 지지하고 있는 영역(양 발) 안에 있어야 합니다. 무게중심을 물체의 무게가 집중되어 있는 하나의 점이라고 상상해 보세요.

보행 면과 항상 직각을 이루도록 무게중심에서 무게중심의 지면 투사점으로 가상의 수직선(마치 무게중심점에 추가 달린 선이 걸려 있는 것처럼)을 연결합니다. 이족 보행 동물이 한 발을 들어 올리면 지지 영역은 줄어들게 됩니다(그림 9-2의 (c)).

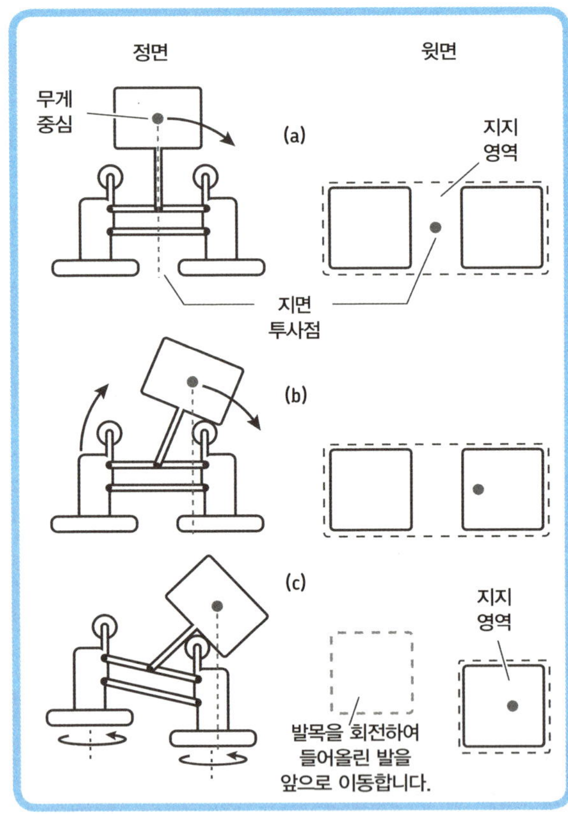

■ **그림 9-2** 무게중심 이동, 이족 보행 로봇의 원리

무게중심의 투사점이 (땅을 딛고 서 있는) 발을 지지하고 있는 영역의 안쪽에 있지 않으면 이족 보행 동물은 넘어지게 됩니다. 지지하는 발 영역 안으로 무게중심을 이동하

기 위해 이족 보행 동물은 자연스럽게 한쪽 방향으로 몸을 기울입니다.

그림 9-2는 와치구스가 걷는 동안 정적 평형 상태를 어떻게 유지하는지 보여줍니다. 보다시피 이 로봇은 EV3 브릭의 무게중심을 지면을 딛고 서 있게 될 발로 이동시킵니다(a). 그런 다음 좌우로 움직일 수 있게 설계된 프레임이 한쪽으로 기울어져 구름 바퀴를 건드리면(b), 다른 한쪽 발에는 무게가 실리지 않게 되고 병렬 링크 구조를 이용하여 이 발을 들어 올리게 됩니다.

로봇은 지면을 딛고 있는 발을 중심으로 몸체를 회전시켜 한 걸음 앞으로 나아갑니다(c). 그래서 와치구스가 무게중심-이동 이족 보행 로봇인 것입니다. 와치구스가 무게중심 이동과 발을 내딛는 동작을 번갈아가며 걷기 때문입니다. 이것은 목발을 이용하여 걷는 것과 비슷한 걸음걸이입니다.

이 와치구스는 상체의 무게를 이동하는 동작과 한쪽 다리를 들어 올리는 동작을 하나의 모터만을 이용하여 구현하였습니다. 상체의 프레임이 기울어져서 구름 바퀴와 닿기 전까지는 두 다리가 모드 지면에 닿은 채 무게중심만 한쪽 다리로 이동합니다.

이후 상체가 더욱 기울어져 프레임이 구름 바퀴와 닿았을 때(그림 9-2의 (b) 참고) 로봇이 무게중심은 이미 한쪽 다리의 지지 영역 안으로 이동을 완료하여 반대쪽 다리를 들어 올리더라도 로봇이 쓰러지지 않는 상태가 되어 있습니다.

이제 **구름 바퀴**와 다리의 **평행사변형 링크**가 일종의 시소 역할을 하여 로봇의 상체가 더 기울어지는 만큼 링크(반대쪽 다리)를 들어 올리는 동작을 수행하면서 무게중심도 보다 안정적인 영역으로 이동합니다(그림 9-2의 (c) 참조).

로봇이 장애물을 발견하면 디딘 발을 평소보다 많이 회전시켜 장애물을 회피합니다. 사실상 로봇은 시야에 장애물이 더 이상 보이지 않을 때까지 디딘 발을 회전시키고 그 다음 다른 쪽으로 무게중심을 이동시키면서 계속해서 앞으로 걸어 나갑니다.

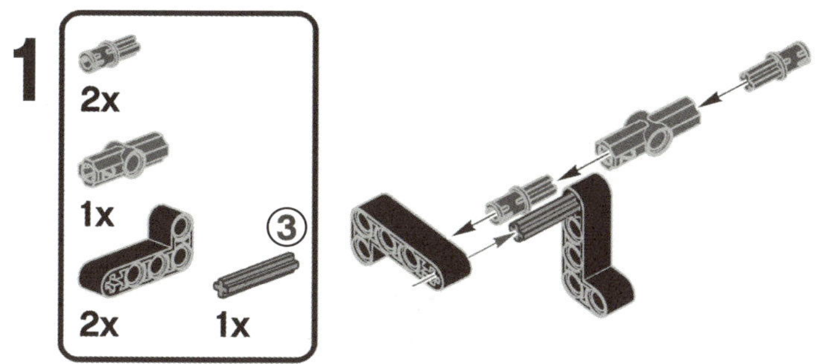

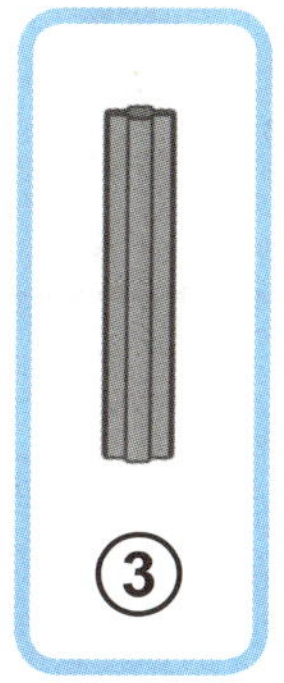

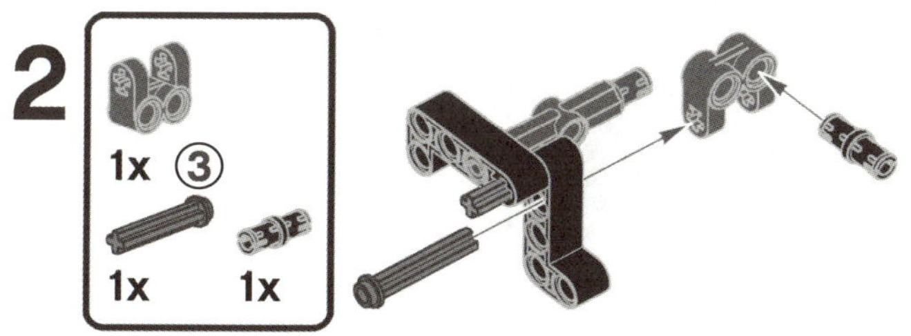

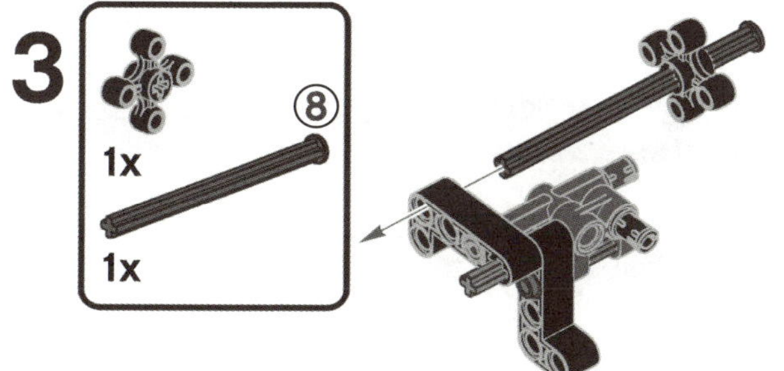

이 축은 로봇의 발목을 회전하는 데 사용하는 동력을 전달하는 축으로서, 다리와 몸체를 서로 연결시켜 주며 다리를 들어 올릴 때 움직일 수 있도록 힌지 역할도 합니다. 이 축 하나가 발목 회전 동력 전달, 다리와 몸체의 연결, 다리부 평행 사변형 링크의 힌지 이렇게 세 가지 역할을 동시에 수행하고 있습니다.

4

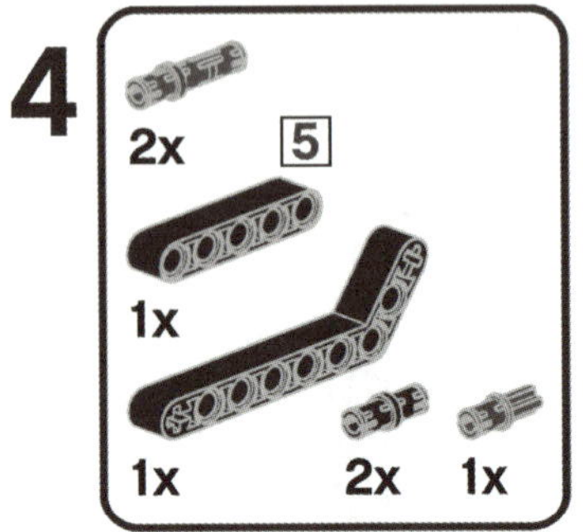

2x
5
1x
1x
2x
1x

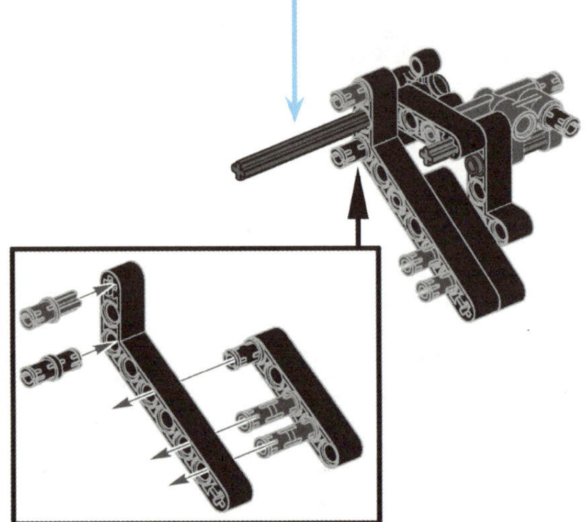

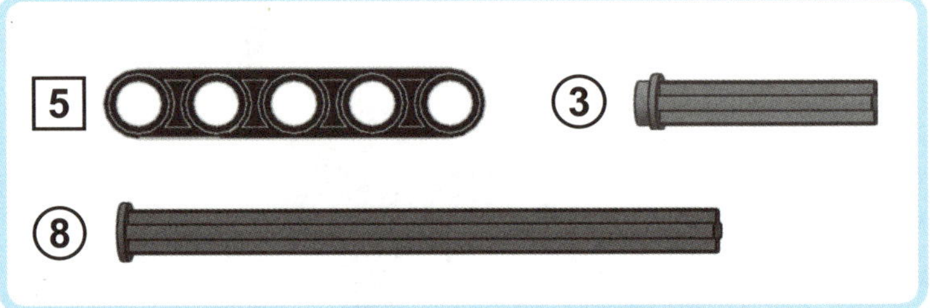

5
3
8

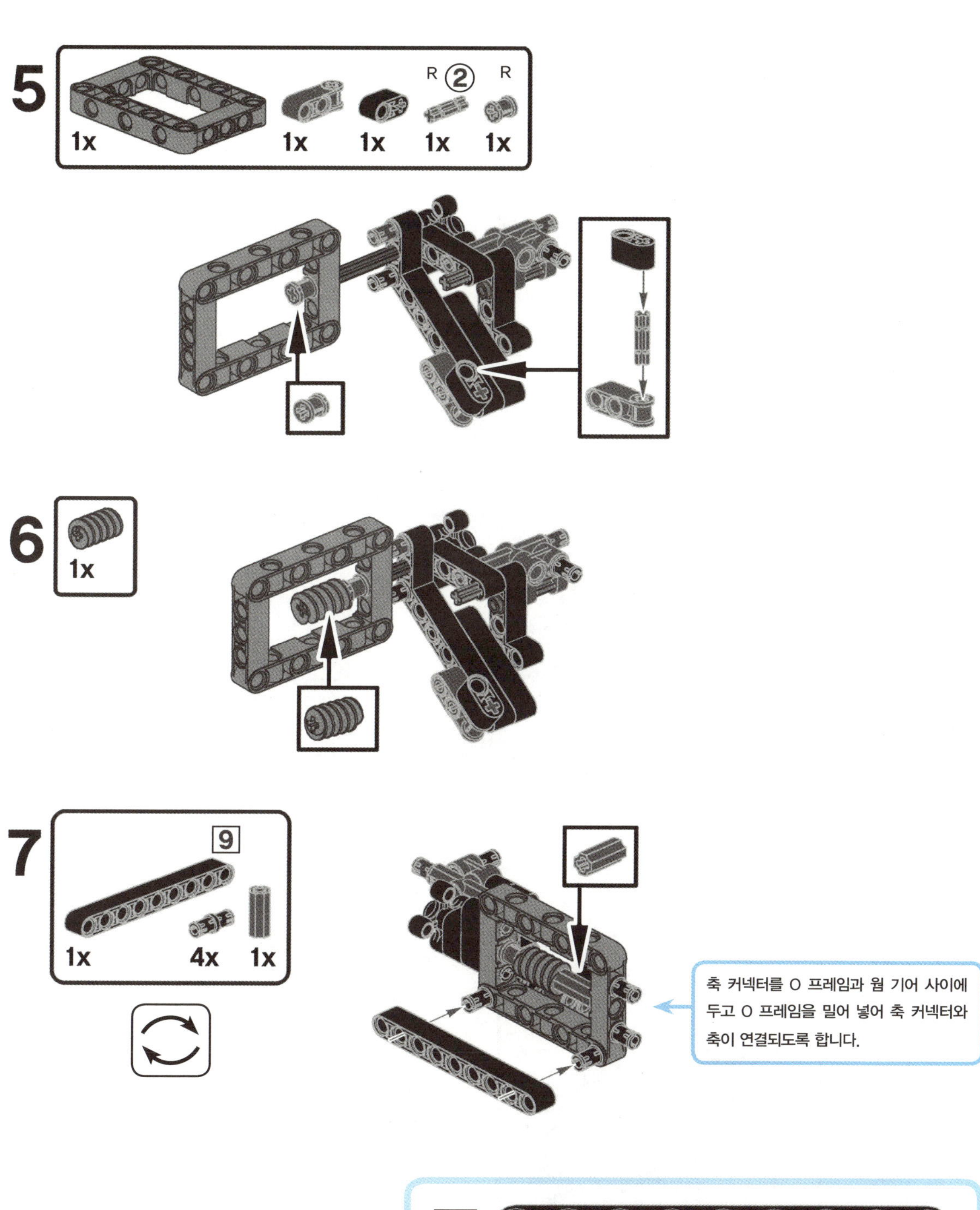

축 커넥터를 O 프레임과 웜 기어 사이에 두고 O 프레임을 밀어 넣어 축 커넥터와 축이 연결되도록 합니다.

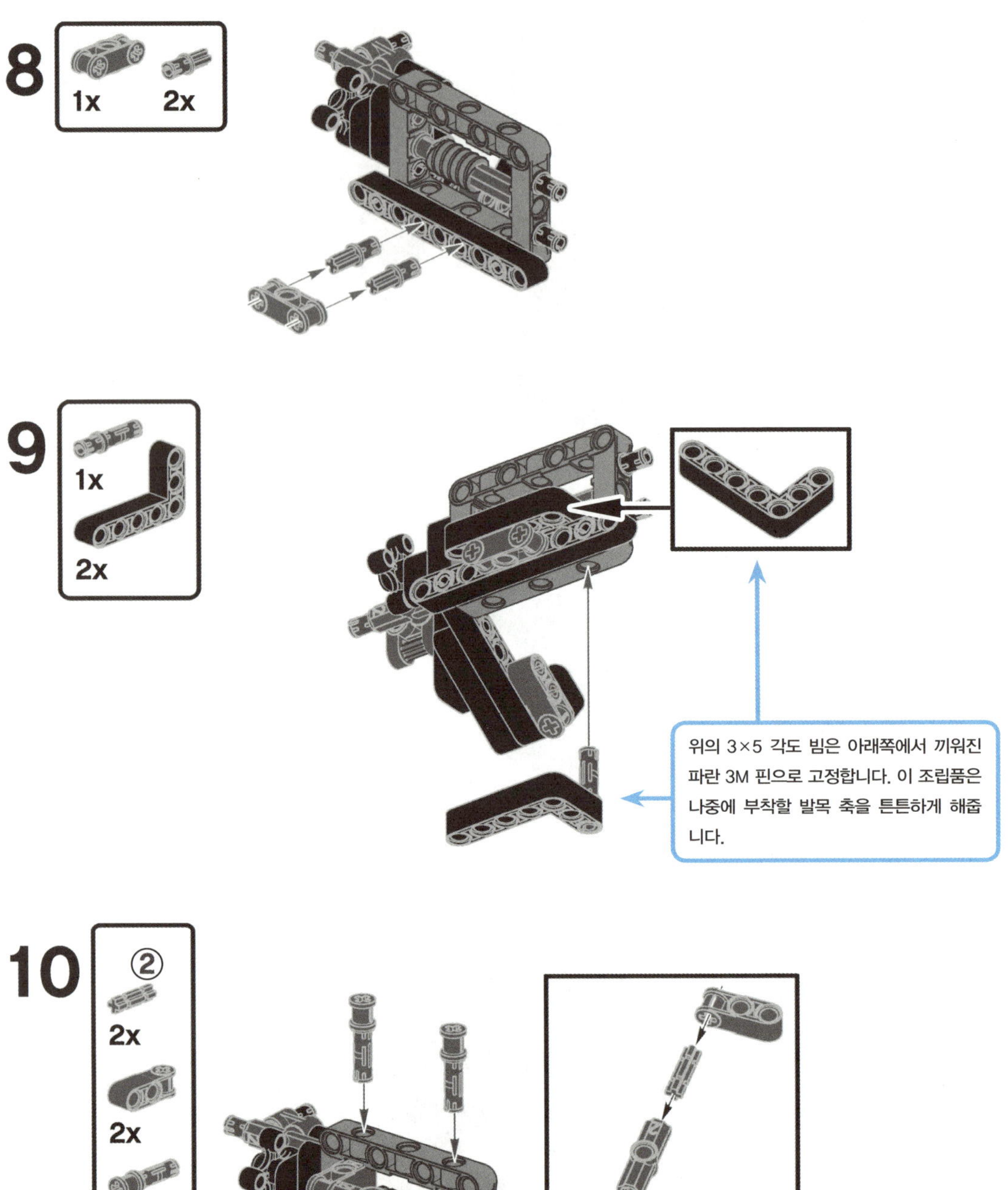

8
1x   2x

9
1x
2x

위의 3×5 각도 빔은 아래쪽에서 끼워진
파란 3M 핀으로 고정합니다. 이 조립품은
나중에 부착할 발목 축을 튼튼하게 해줍
니다.

10
②
2x
2x
2x
1x

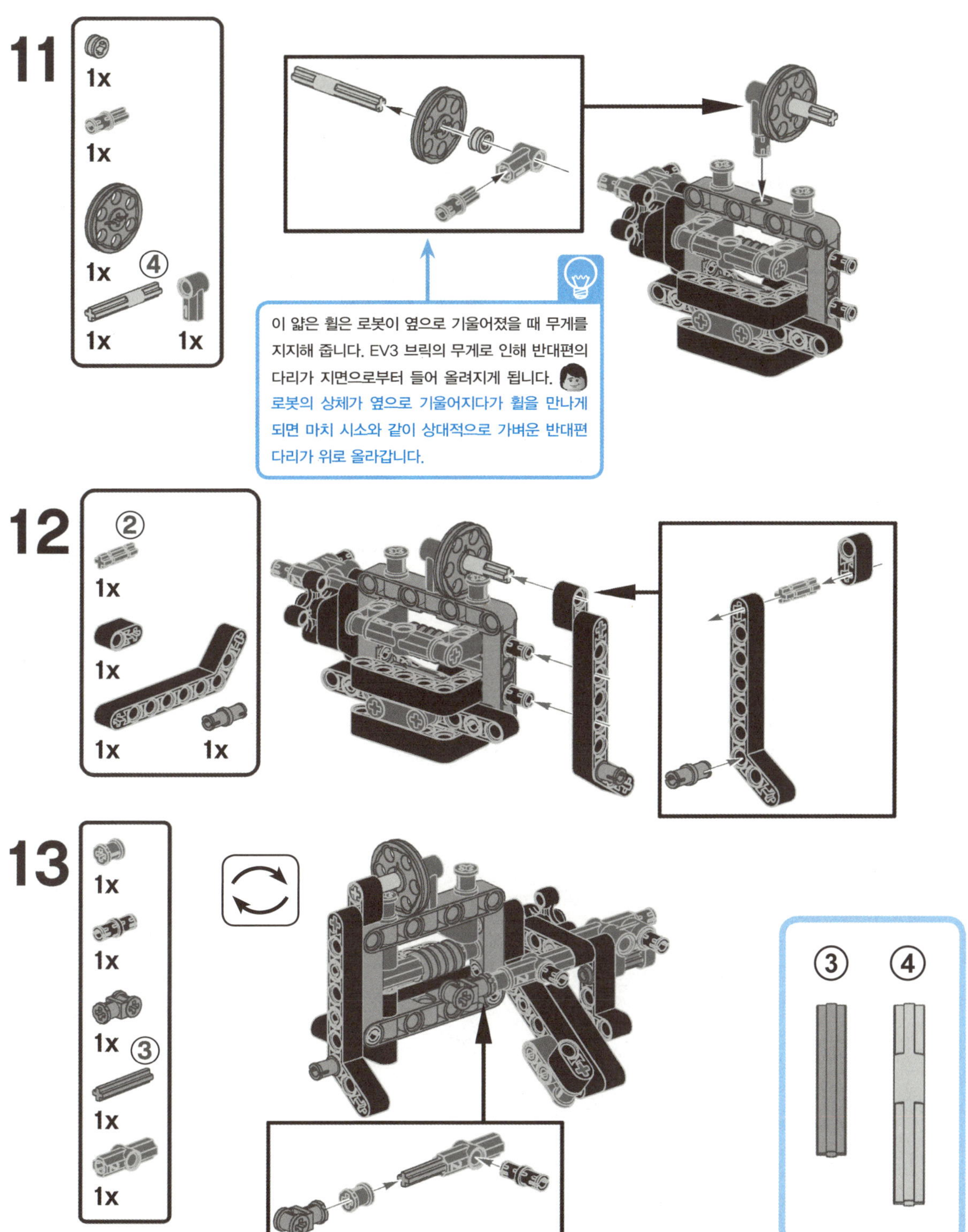

이 얇은 휠은 로봇이 옆으로 기울어졌을 때 무게를
지지해 줍니다. EV3 브릭의 무게로 인해 반대편의
다리가 지면으로부터 들어 올려지게 됩니다.
로봇의 상체가 옆으로 기울어지다가 휠을 만나게
되면 마치 시소와 같이 상대적으로 가벼운 반대편
다리가 위로 올라갑니다.

14

2x

13

1x

1x

1x

15

1x

1x

(5.5)

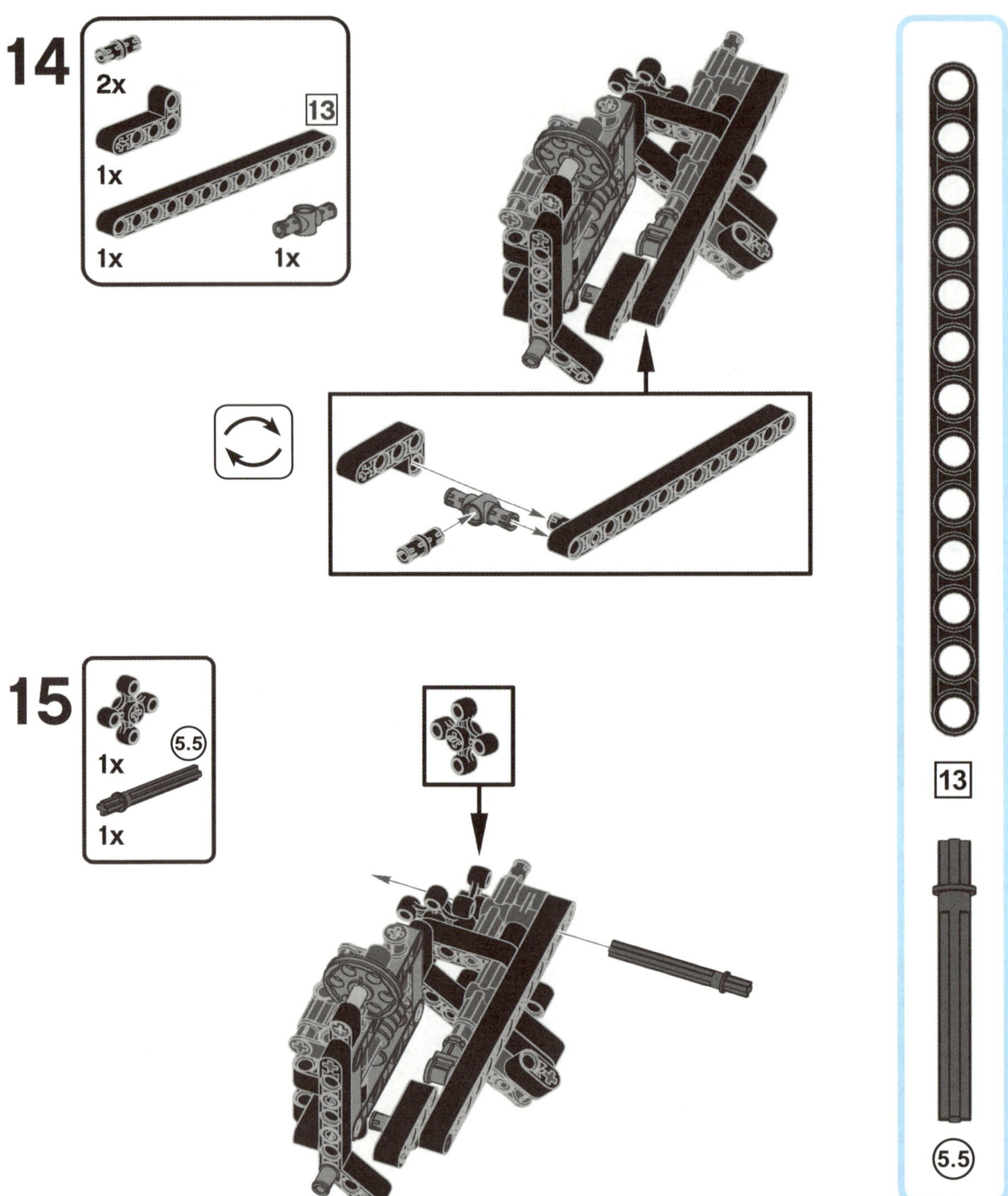

13

(5.5)

16

왼쪽 다리 조립

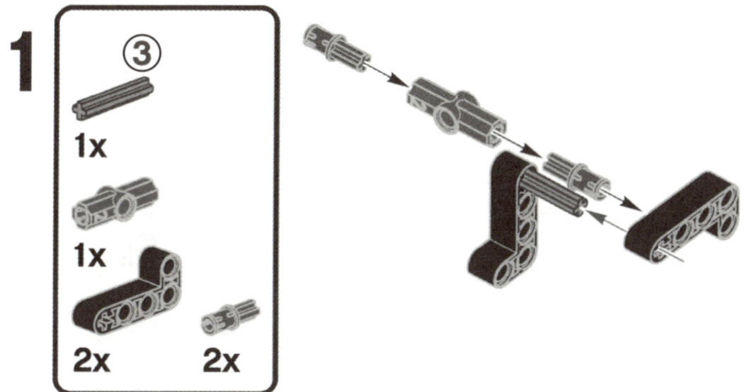

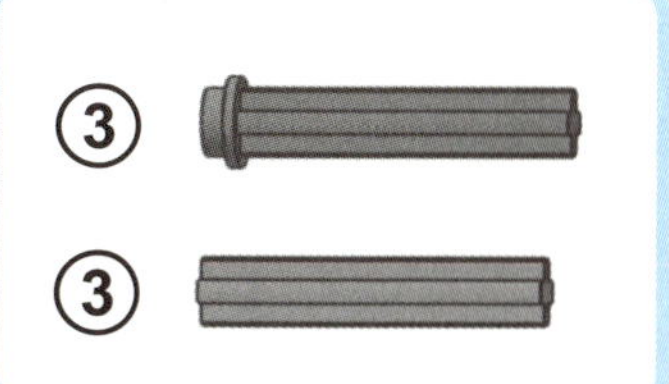

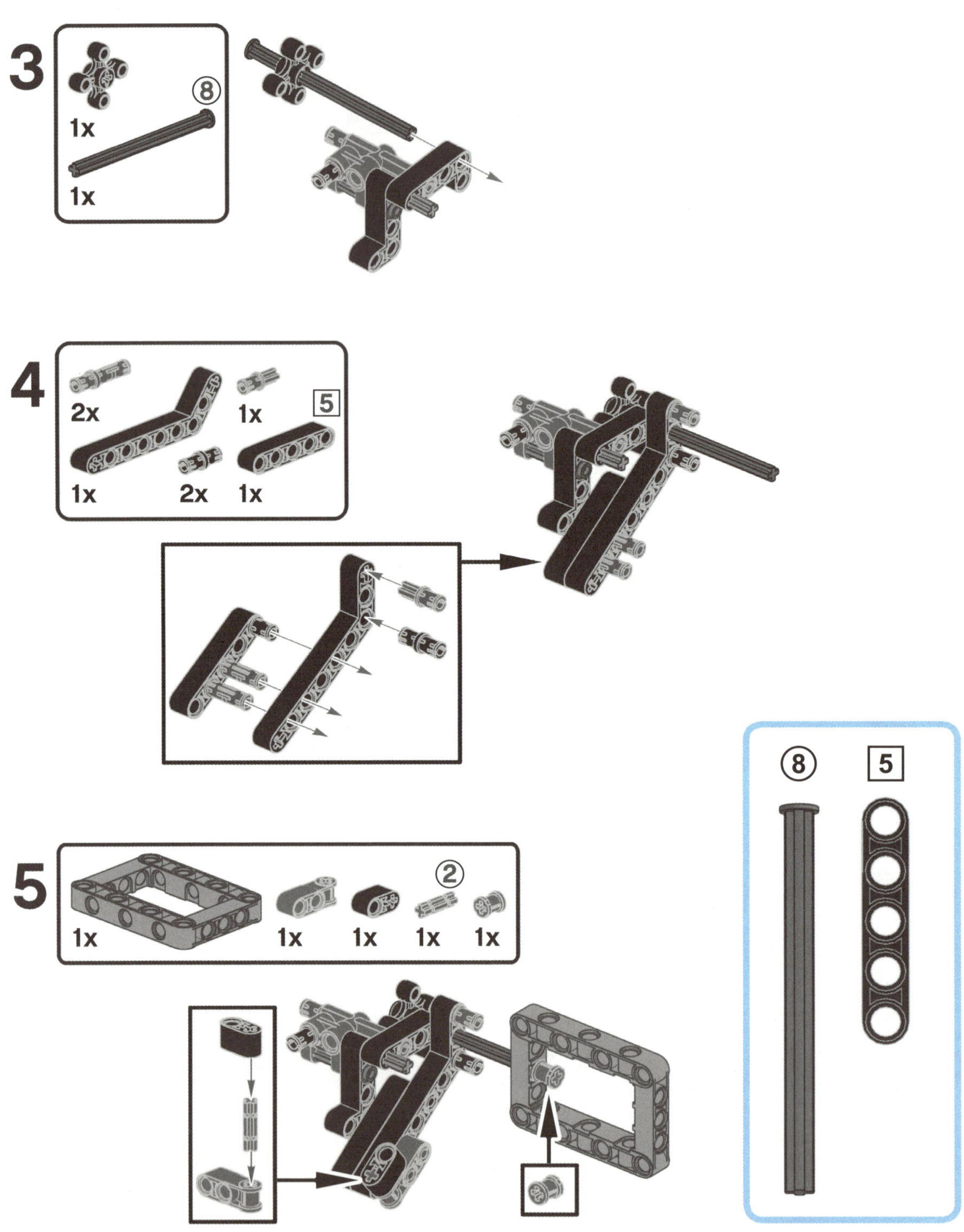

3

1x

1x

⑧

4

2x 1x ⑤

1x 2x 1x

5

1x 1x 1x 1x 1x ②

⑧ 5

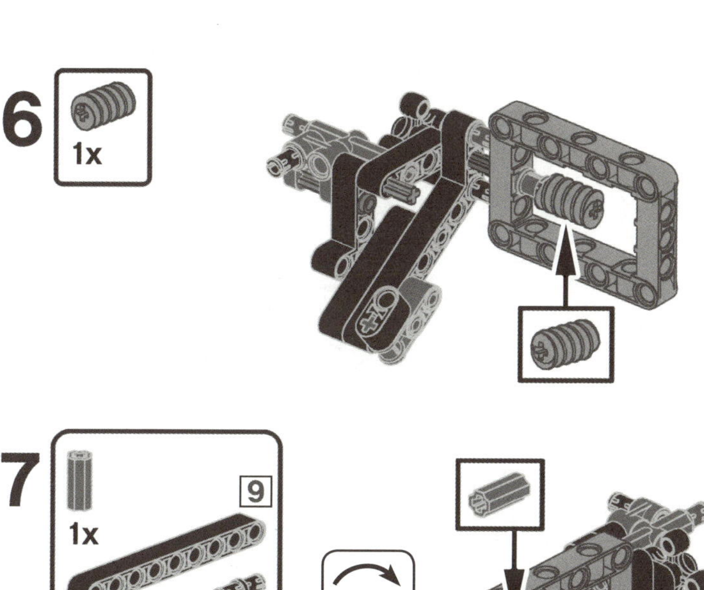

6 1x

7 9 1x 1x 4x

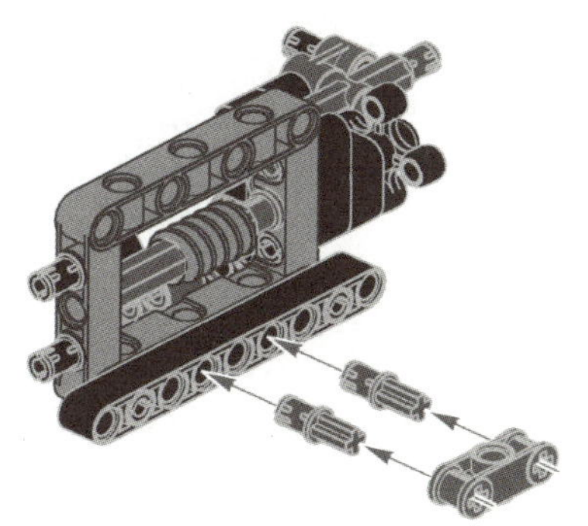

8 2x 1x

9

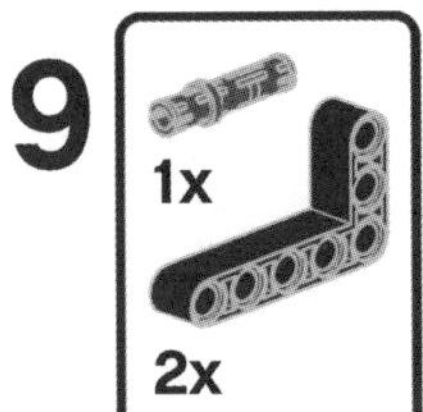

1x

2x

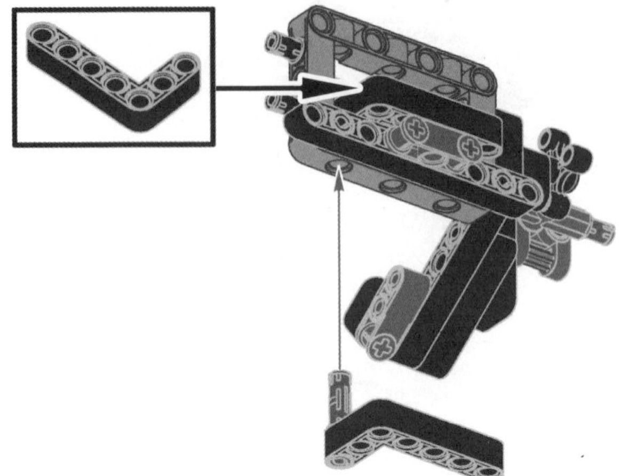

10

②

2x

2x

2x

1x

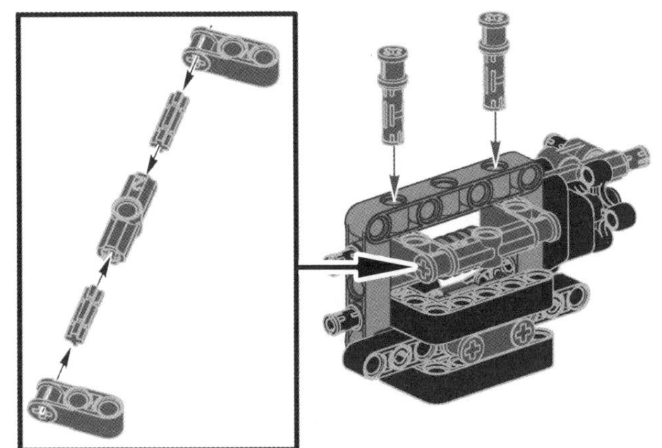

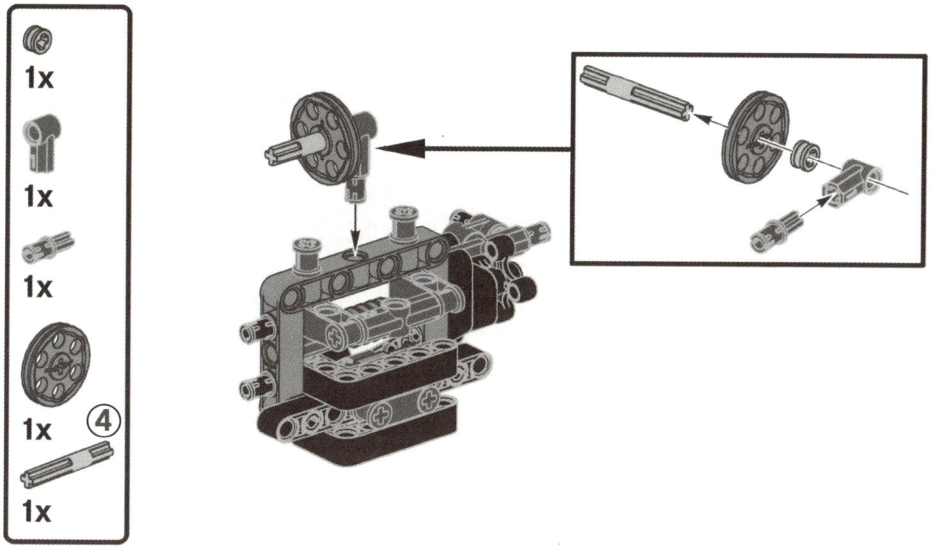

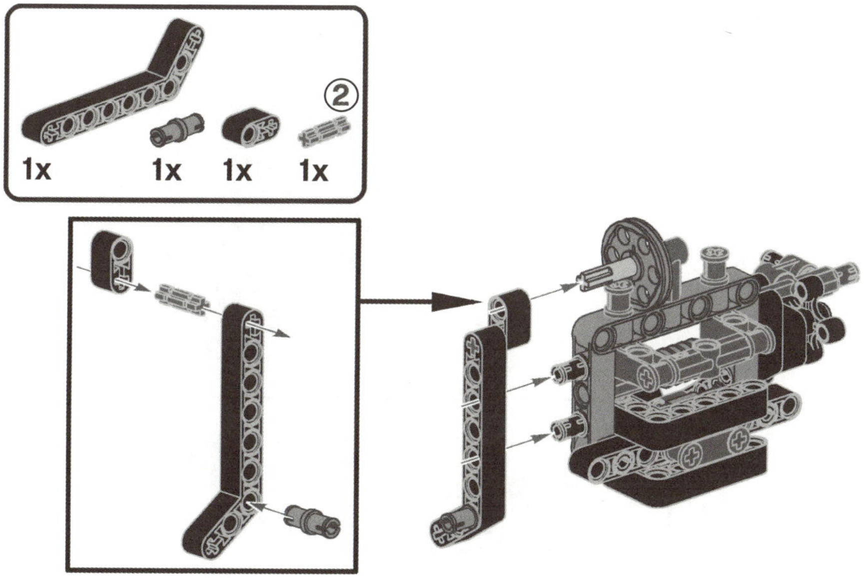

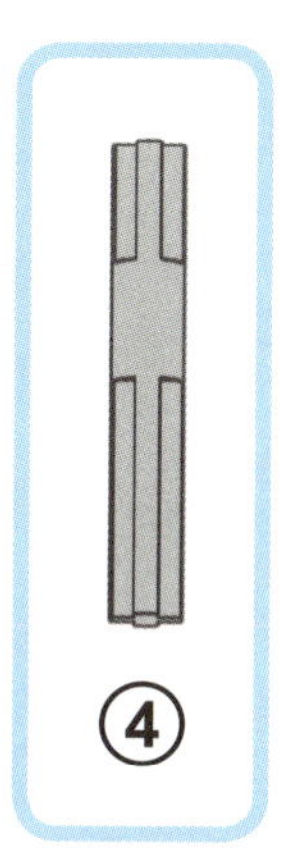

13

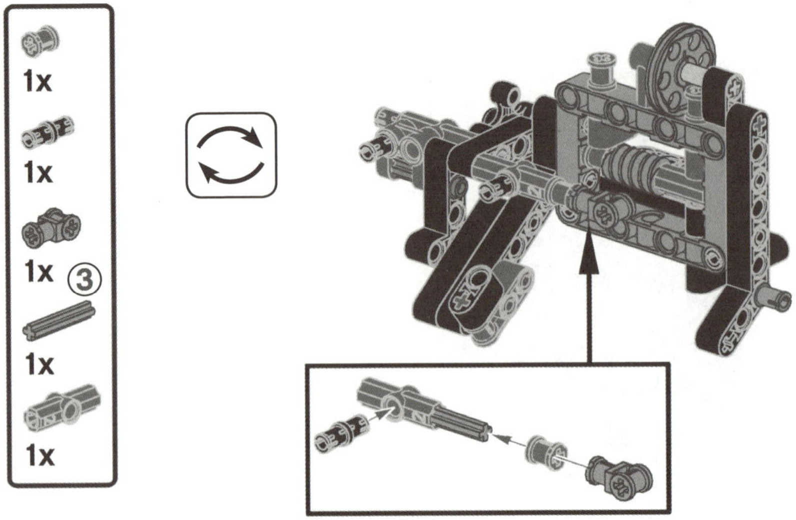
1x
1x
1x
3
1x
1x

14

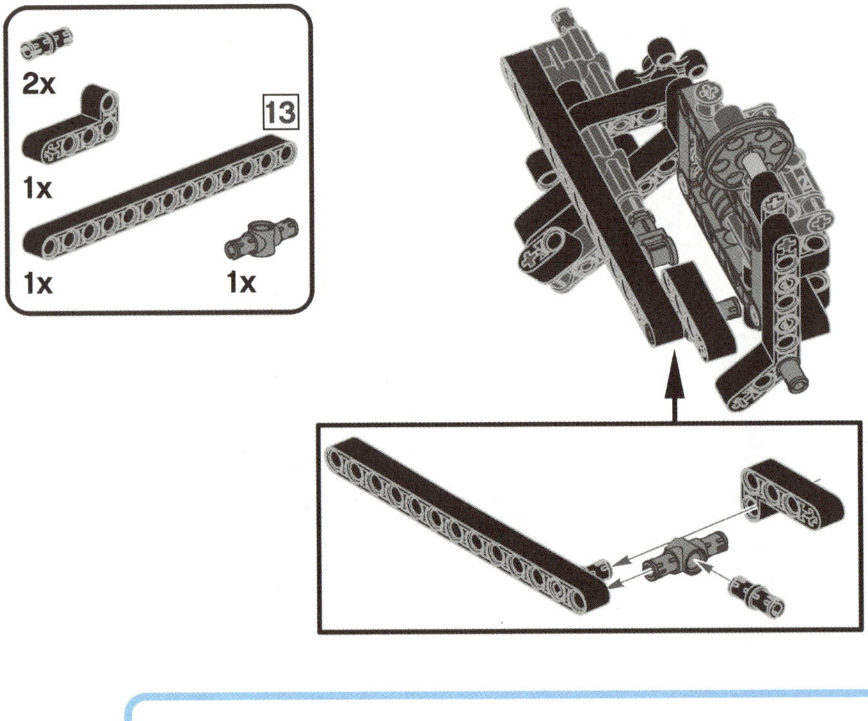
2x
13
1x
1x
1x

13
3

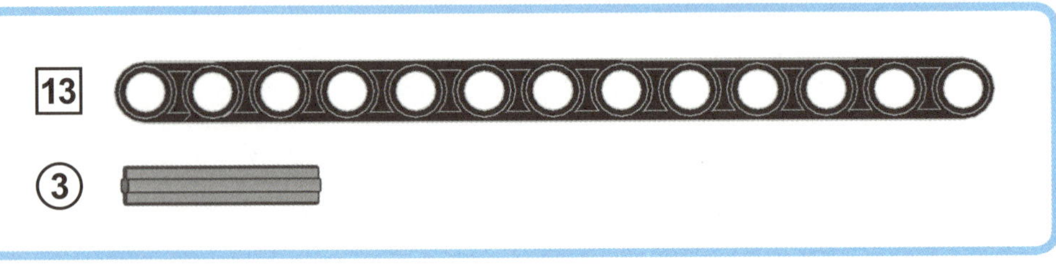

15

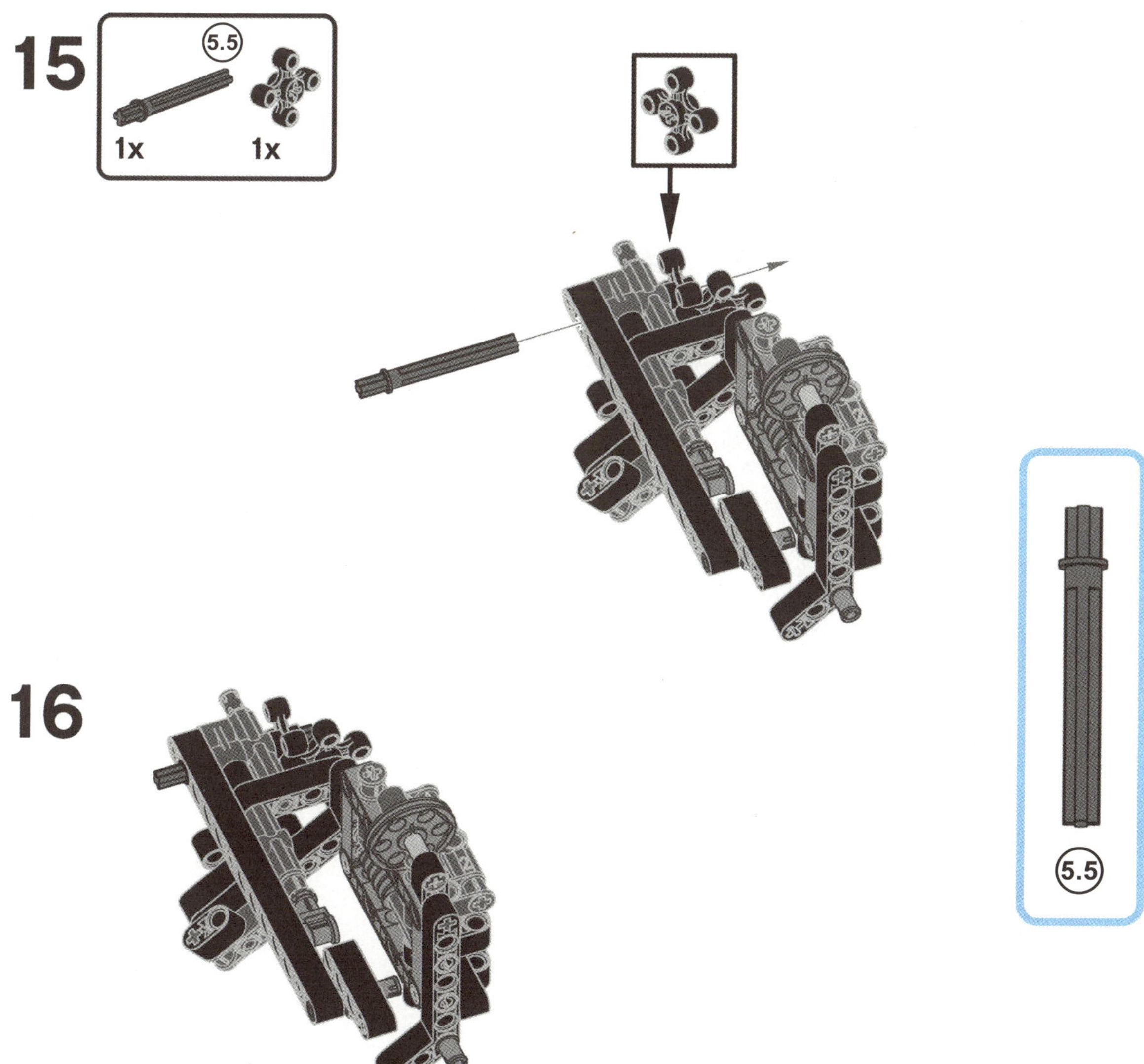

16

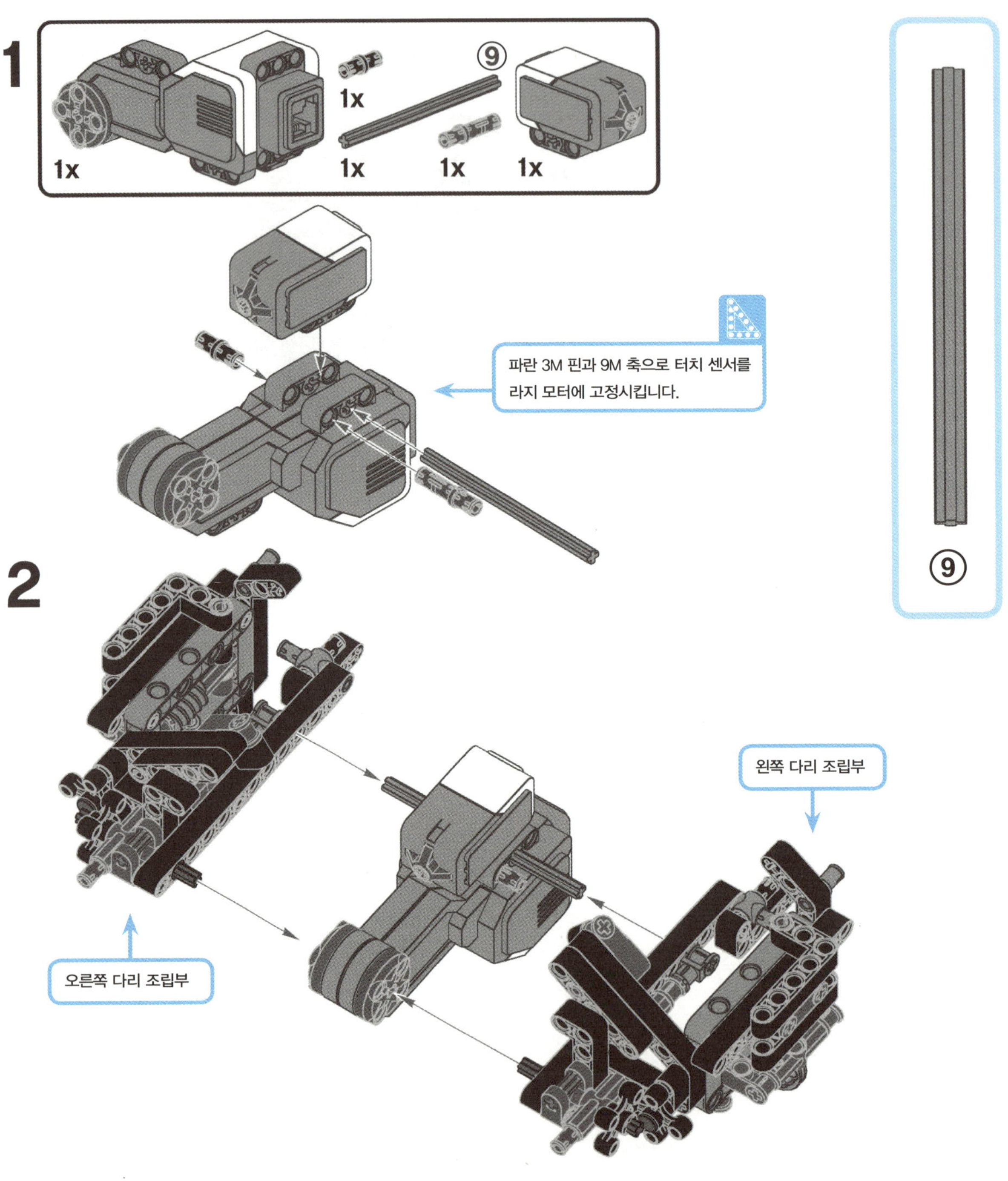
1
1x
1x
1x
1x
9
2
파란 3M 핀과 9M 축으로 터치 센서를
라지 모터에 고정시킵니다.
9
왼쪽 다리 조립부
오른쪽 다리 조립부

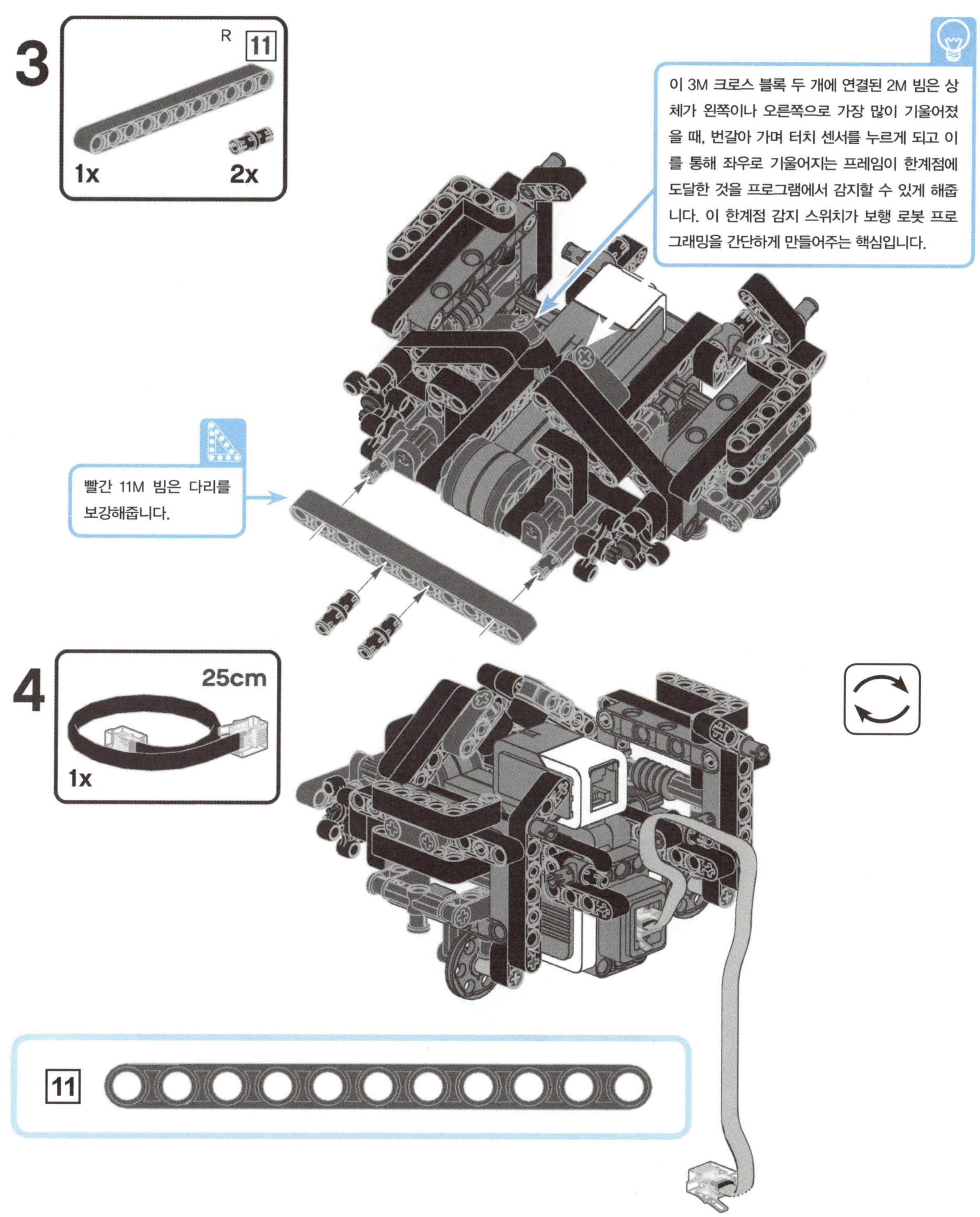

3

R 11

1x   2x

이 3M 크로스 블록 두 개에 연결된 2M 빔은 상
체가 왼쪽이나 오른쪽으로 가장 많이 기울어졌
을 때, 번갈아 가며 터치 센서를 누르게 되고 이
를 통해 좌우로 기울어지는 프레임이 한계점에
도달한 것을 프로그램에서 감지할 수 있게 해줍
니다. 이 한계점 감지 스위치가 보행 로봇 프로
그래밍을 간단하게 만들어주는 핵심입니다.

빨간 11M 빔은 다리를
보강해줍니다.

4

25cm

1x

11

5

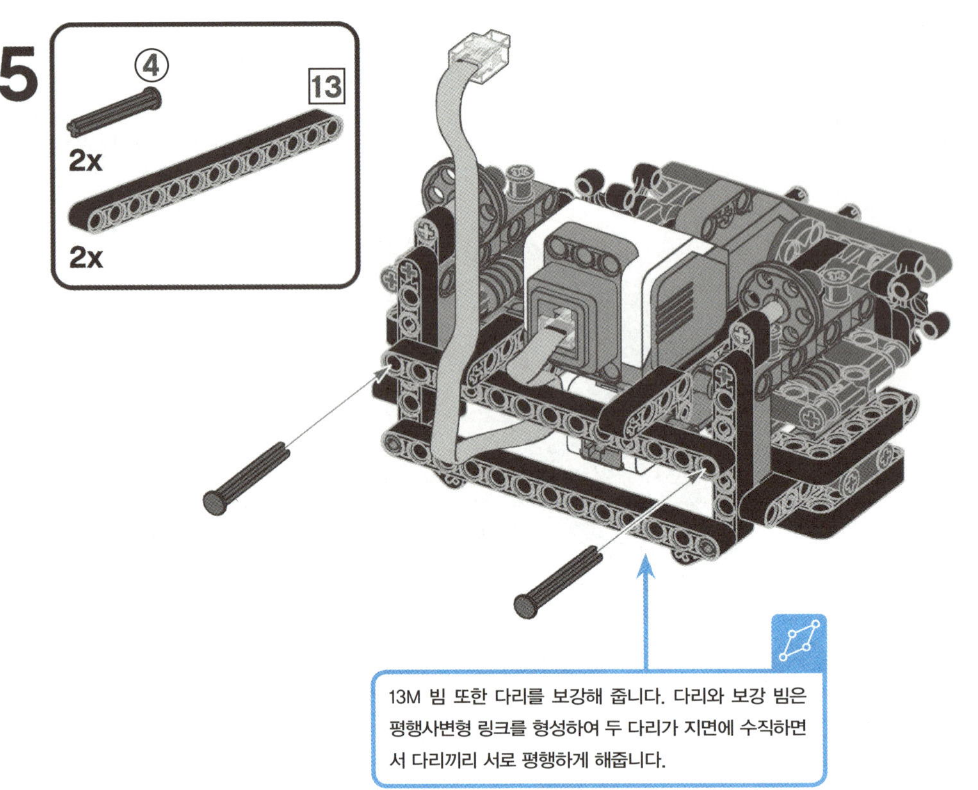

13M 빔 또한 다리를 보강해 줍니다. 다리와 보강 빔은
평행사변형 링크를 형성하여 두 다리가 지면에 수직하면
서 다리끼리 서로 평행하게 해줍니다.

왼발 조립

1

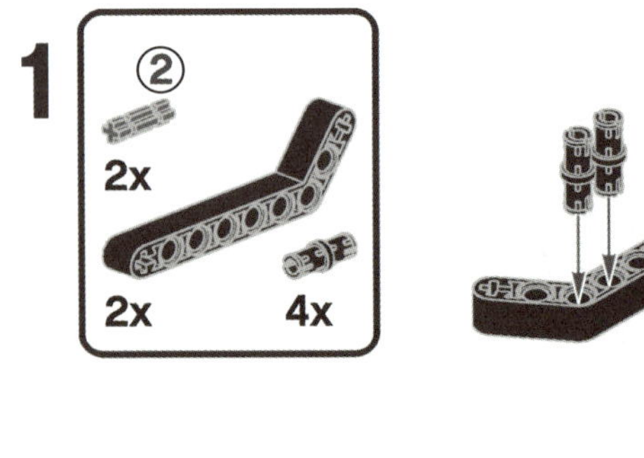

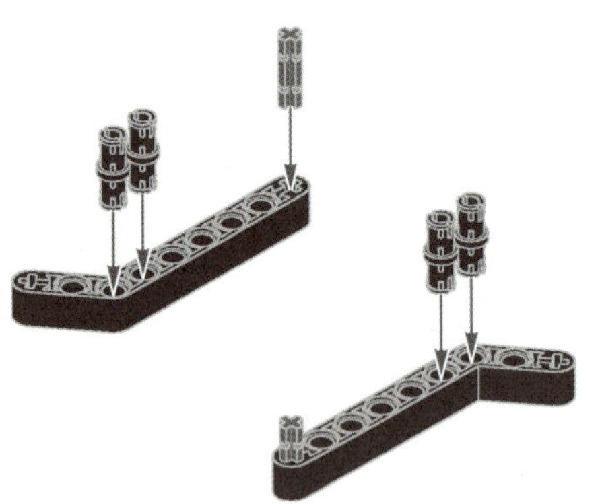

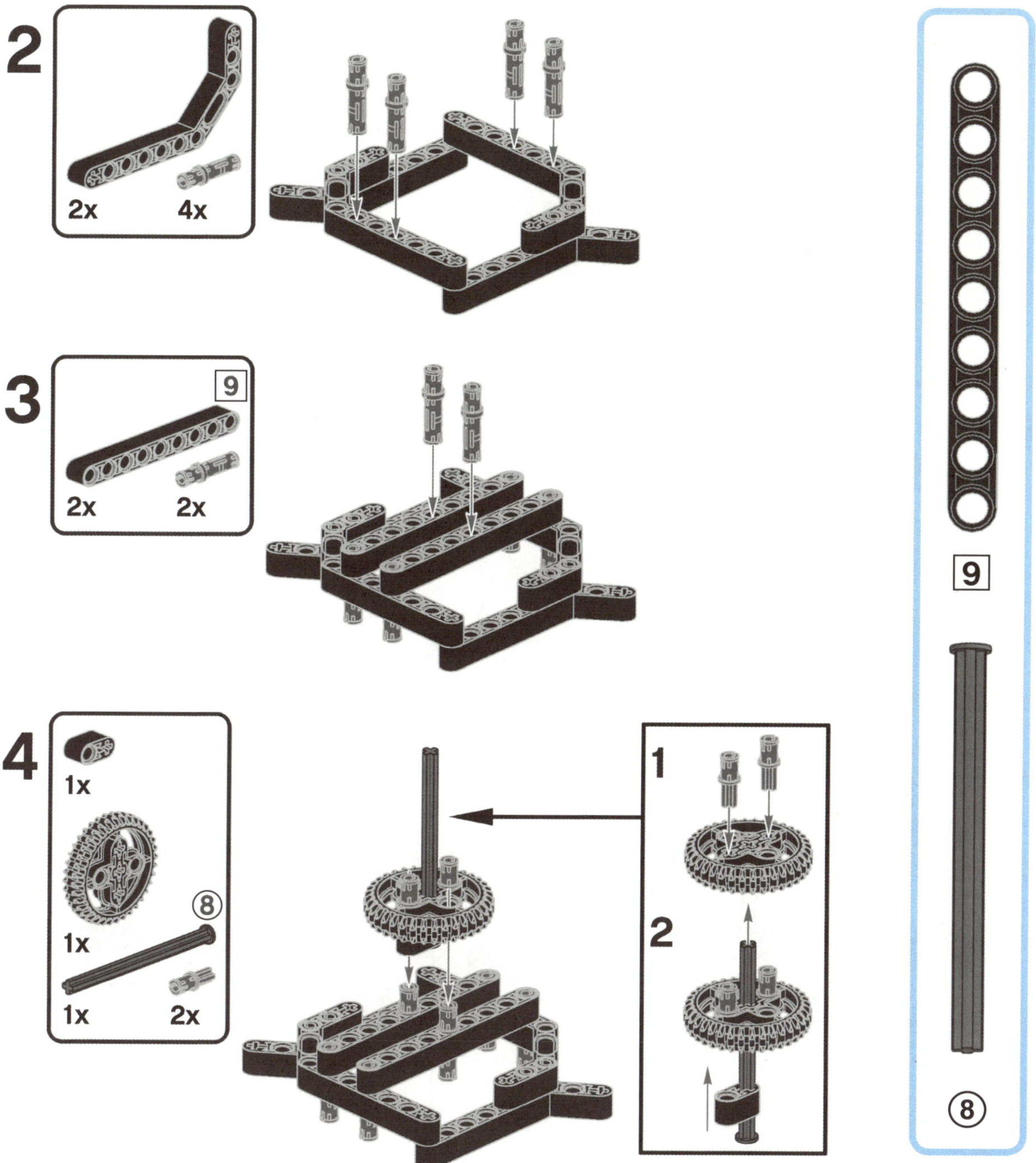

2
2x
4x
3
9
2x
2x
4
1x
1x
8
1x
2x
9
8
1
2

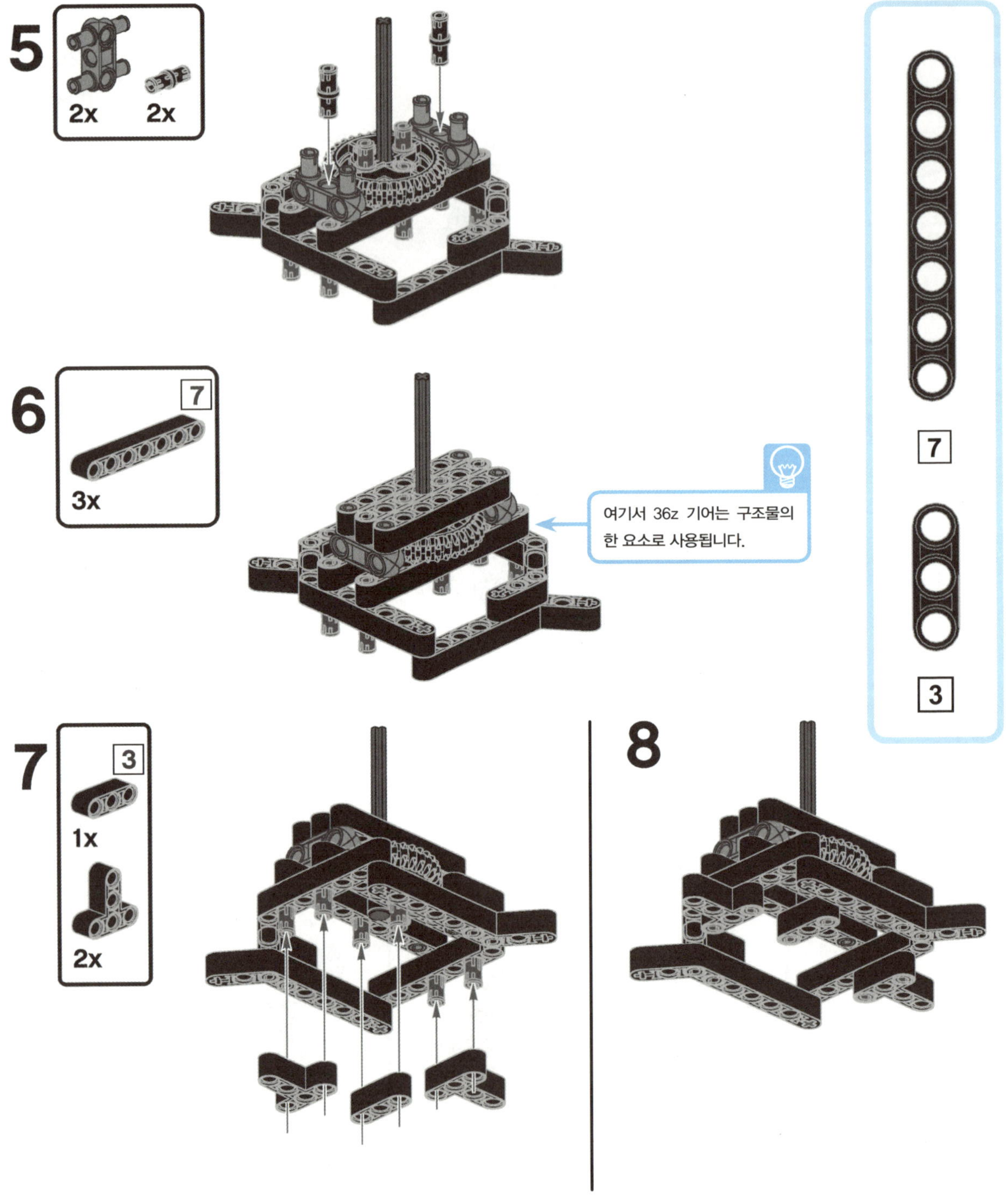
5
2x   2x
6
3x
7
여기서 36z 기어는 구조물의
한 요소로 사용됩니다.
7
3
7
3
1x
2x
8

오른발 조립

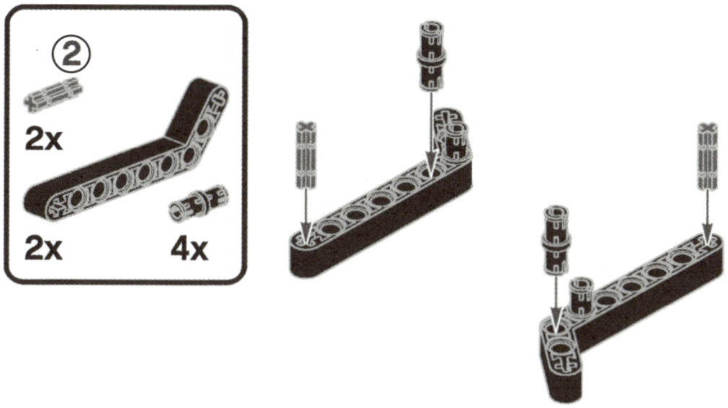

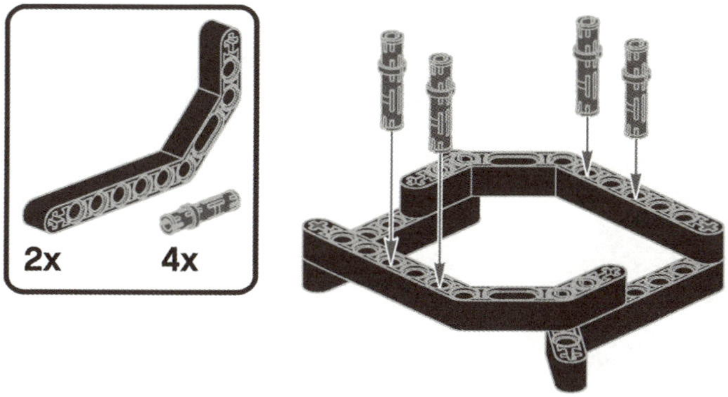

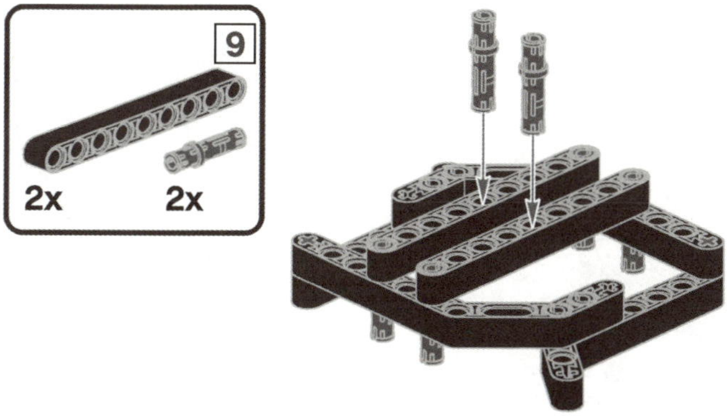

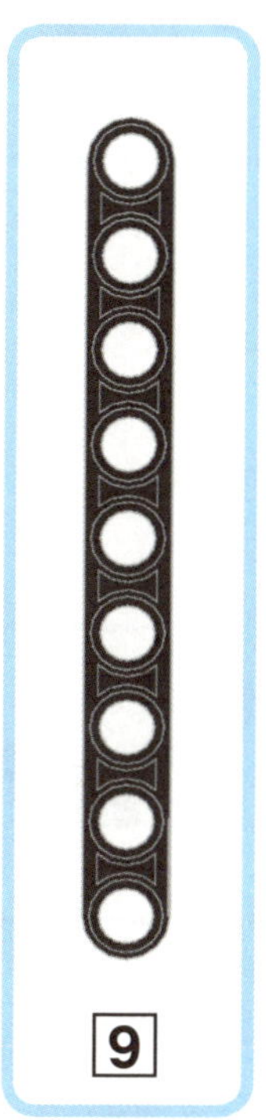

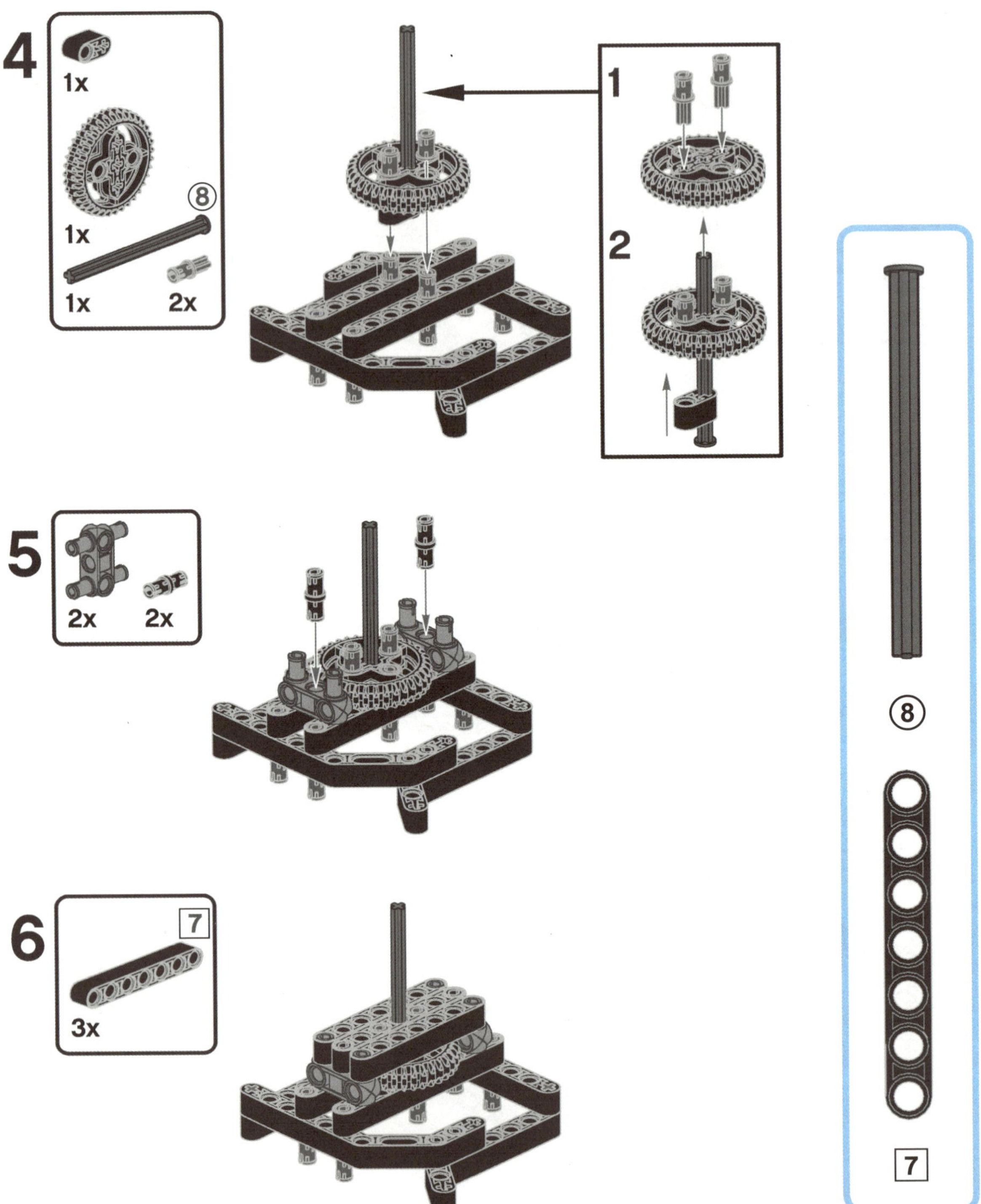

4
1x
1x
1x
2x
8
1
2
5
2x
2x
6
3x
7
8
7

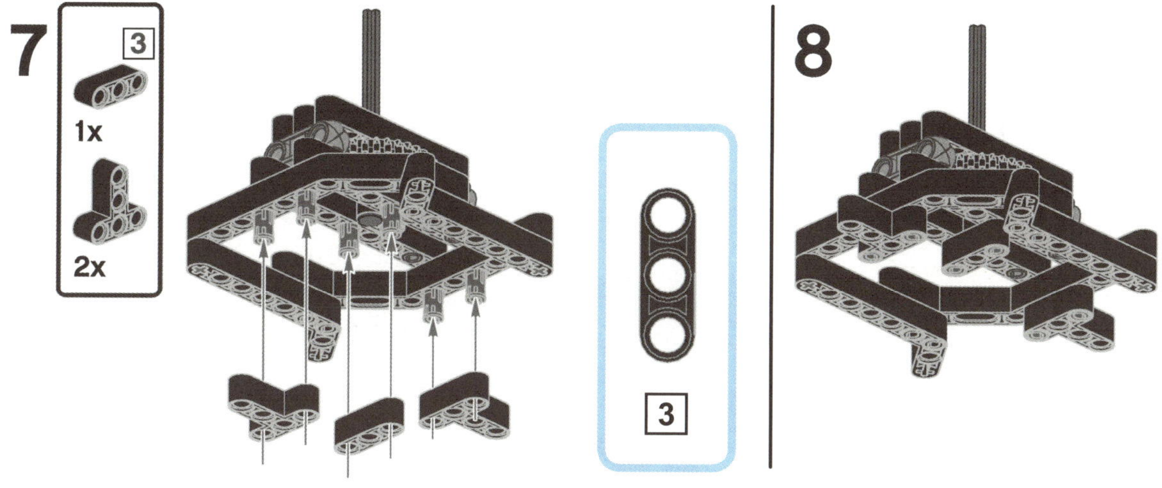

몸체 조립

6 1x

웜 기어는 나사못과 비슷한 역할을 하는데
고관절 역할을 하는 축에 집어넣습니다.
웜 기어는 24z 기어를 구동시켜 로봇 발이
회전하도록 합니다.
왼발 조립부

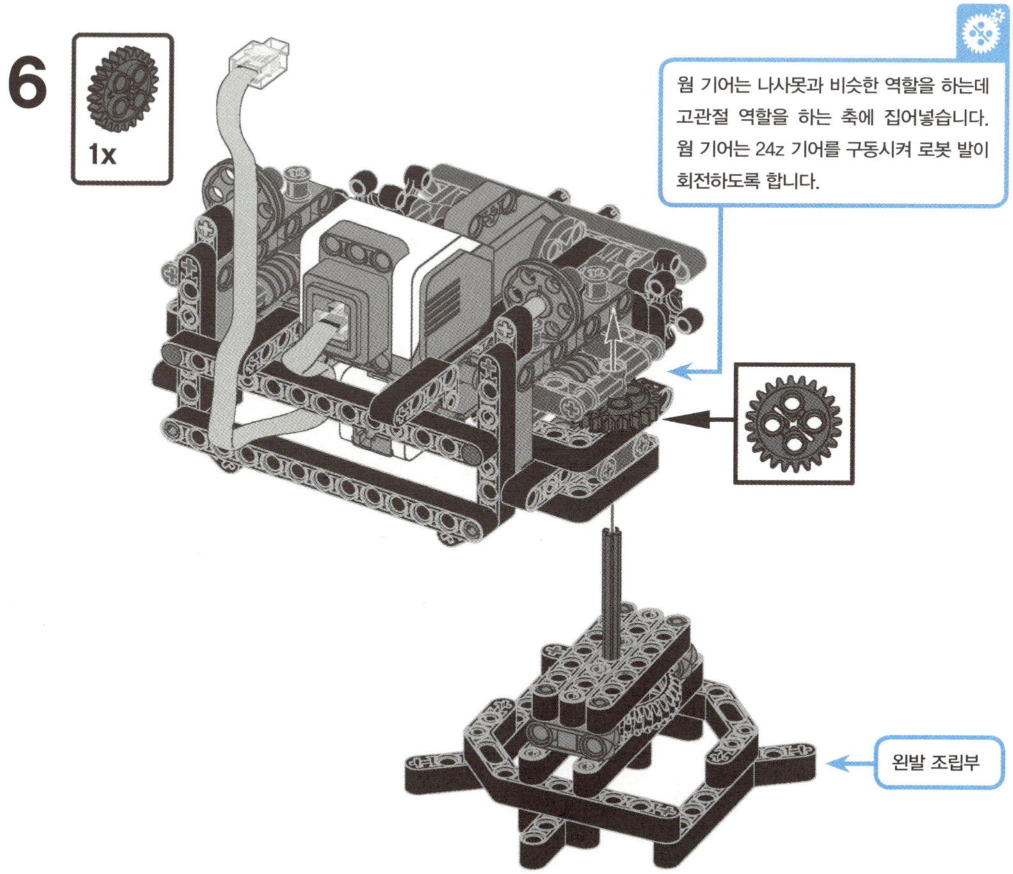

1x

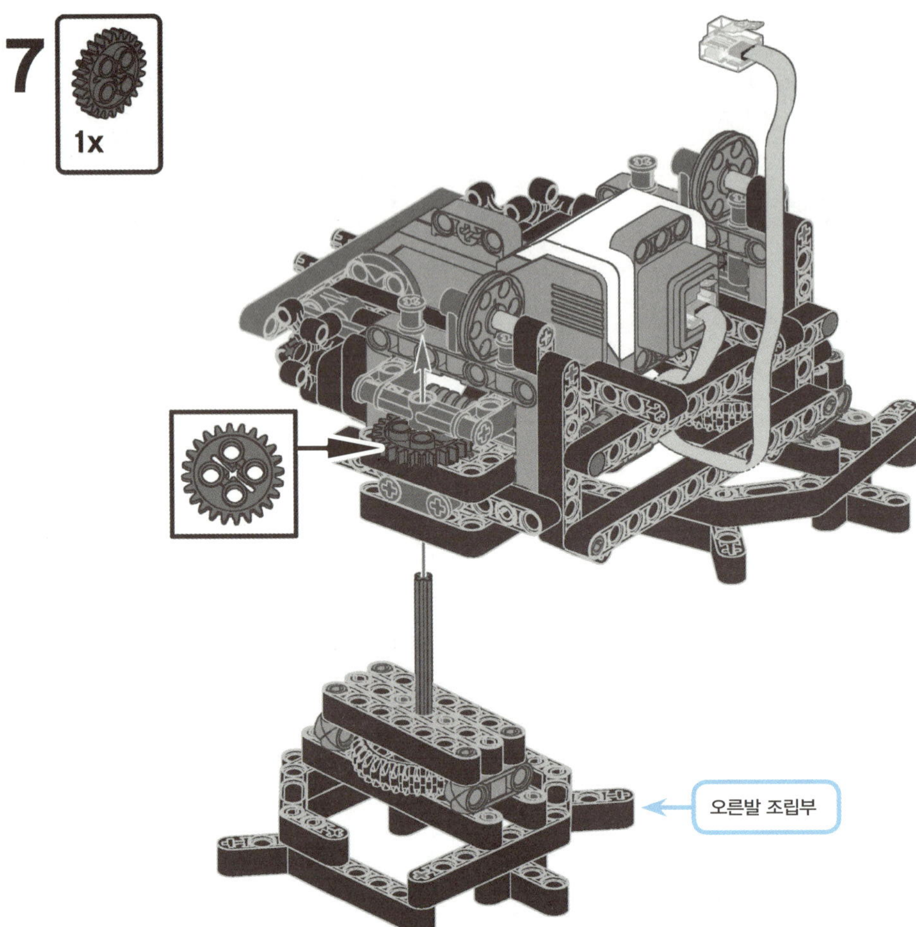

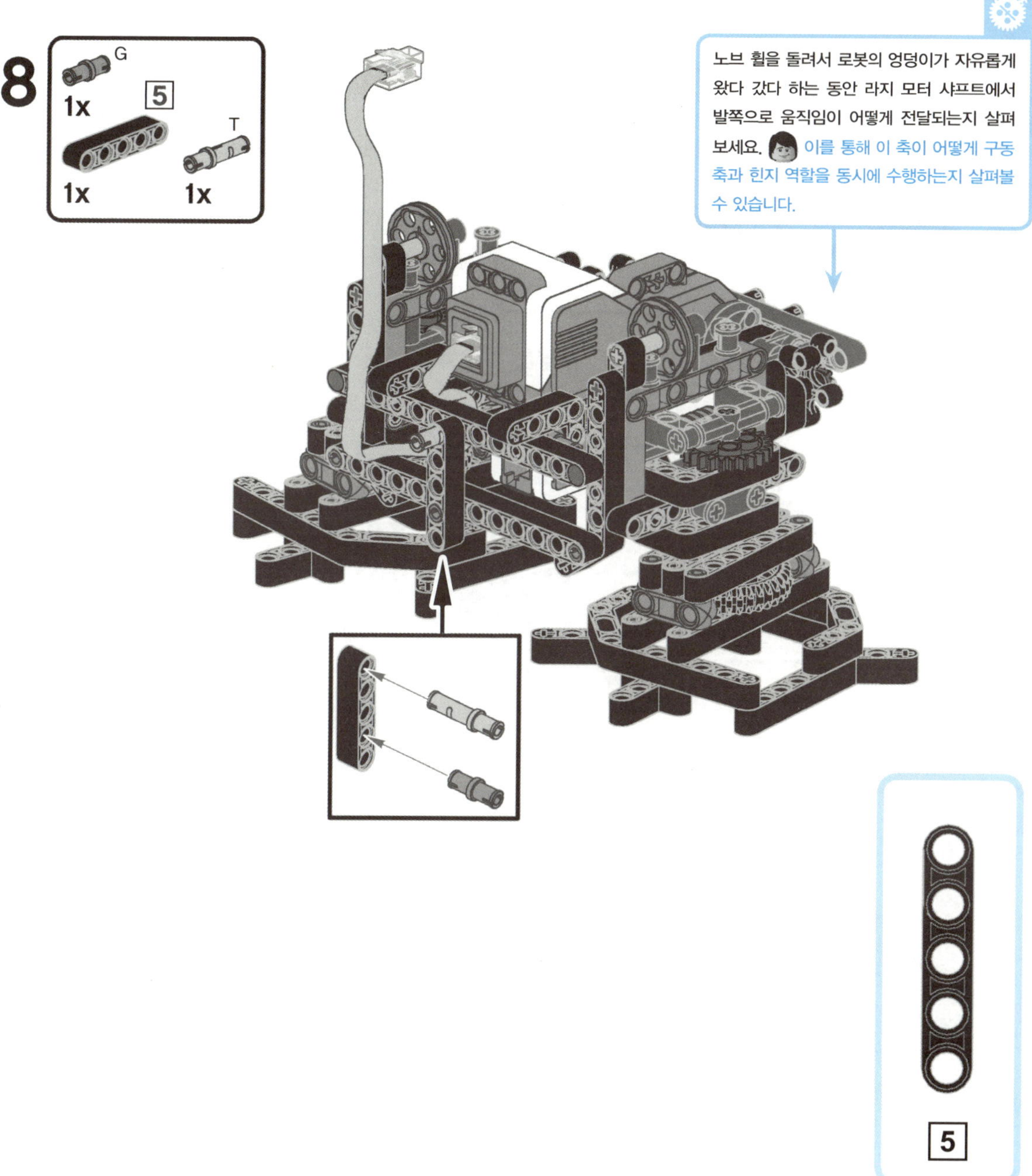

8
G
1x
5
1x
T
1x
5

노브 휠을 돌려서 로봇의 엉덩이가 자유롭게
왔다 갔다 하는 동안 라지 모터 샤프트에서
발쪽으로 움직임이 어떻게 전달되는지 살펴
보세요. 이를 통해 이 축이 어떻게 구동
축과 힌지 역할을 동시에 수행하는지 살펴볼
수 있습니다.

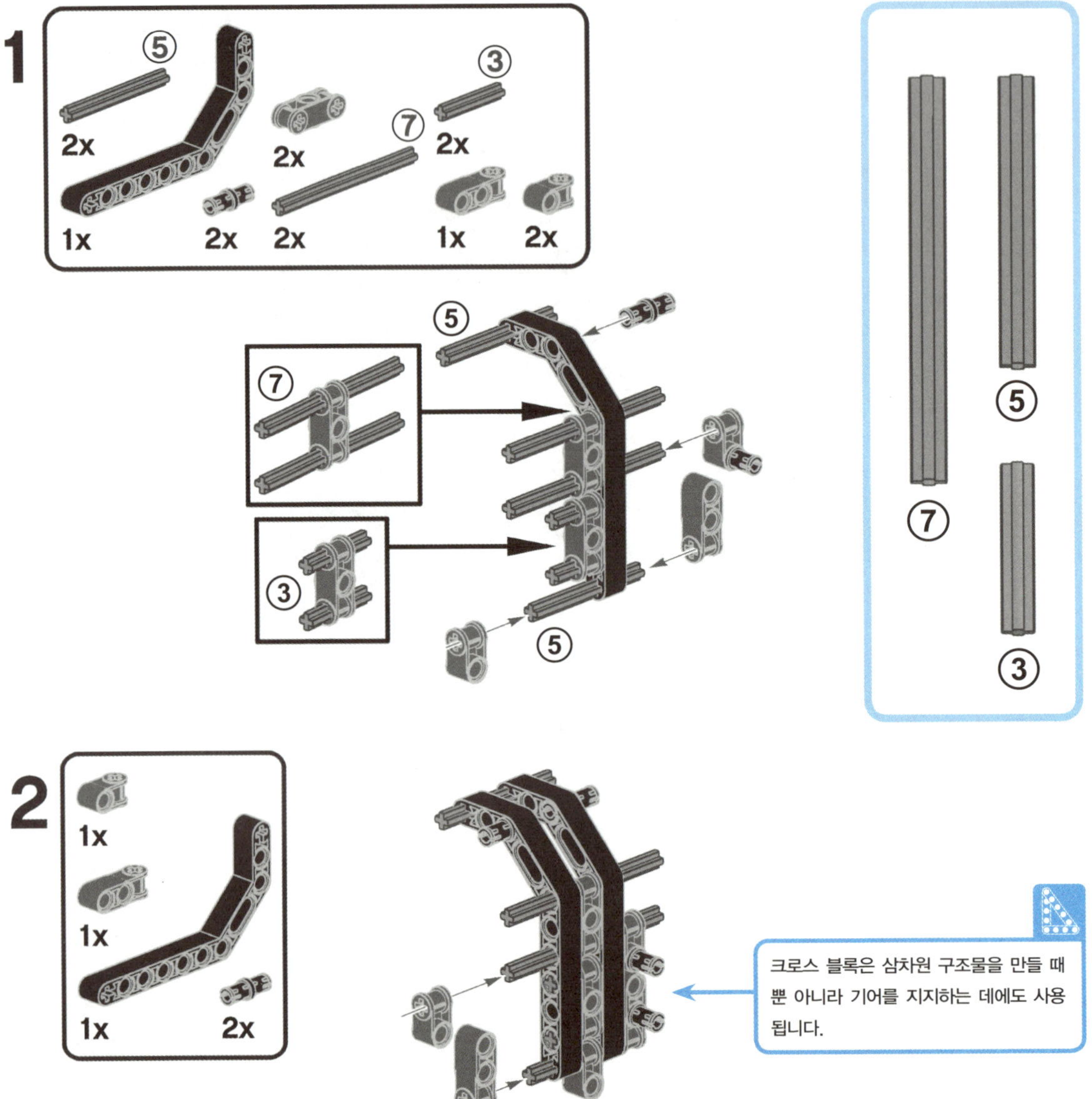

크로스 블록은 삼차원 구조물을 만들 때
뿐 아니라 기어를 지지하는 데에도 사용
됩니다.

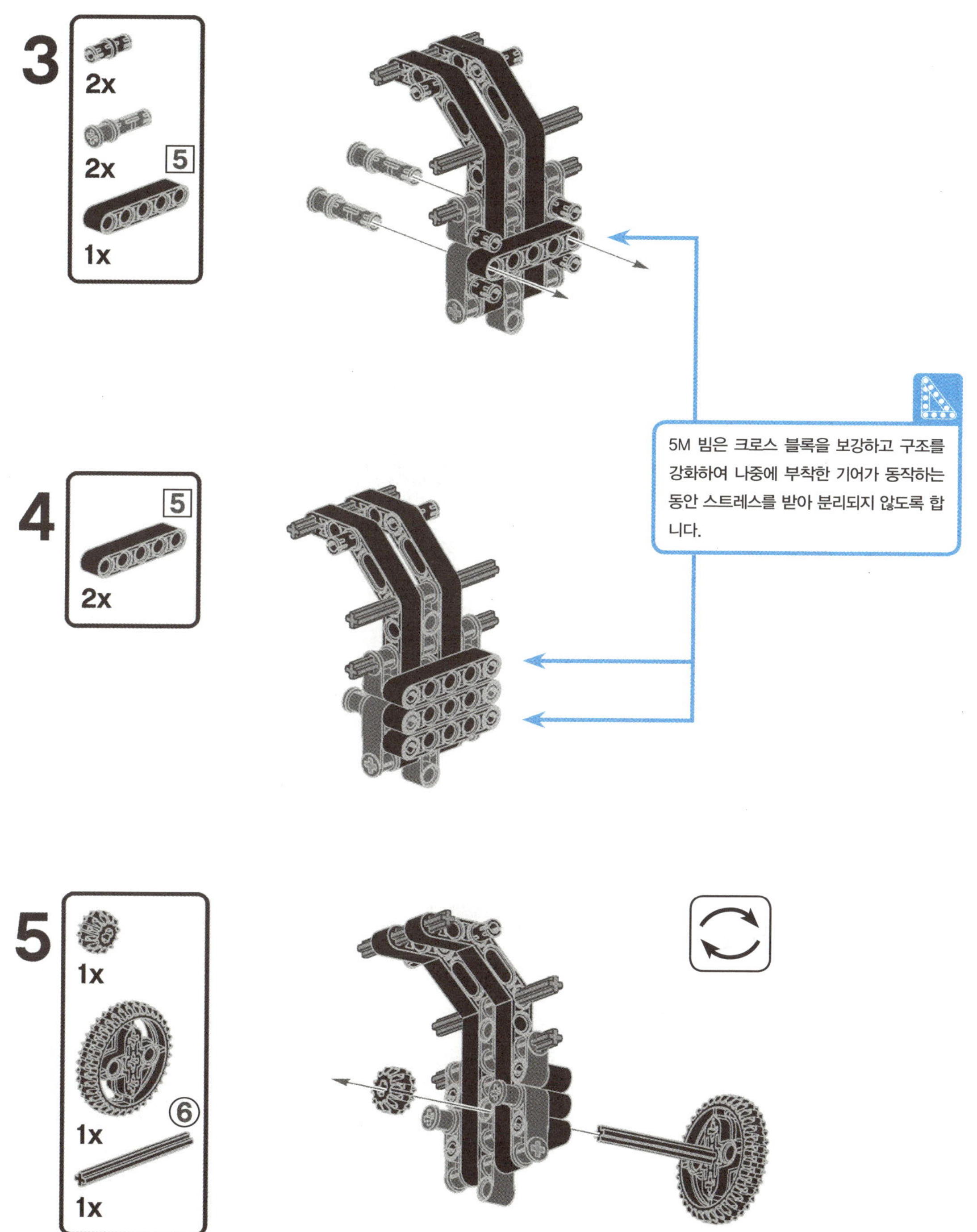

3
2x
2x
5
1x
5M 빔은 크로스 블록을 보강하고 구조를 강화하여 나중에 부착한 기어가 동작하는 동안 스트레스를 받아 분리되지 않도록 합니다.
4
5
2x
5
1x
6
1x
1x

6

2x
5
1x

7

3x
4
1x
1x
x3

노란 얇은 부시 세 개의 마찰력이 빨간 부시 하나보다 크기 때문에 더욱 단단하게 축을 고정합니다.

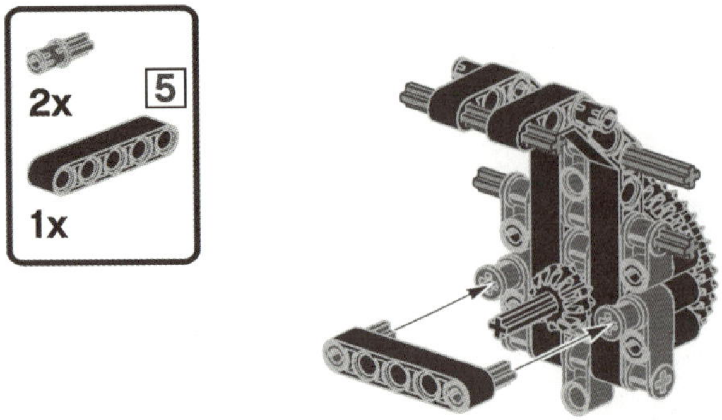

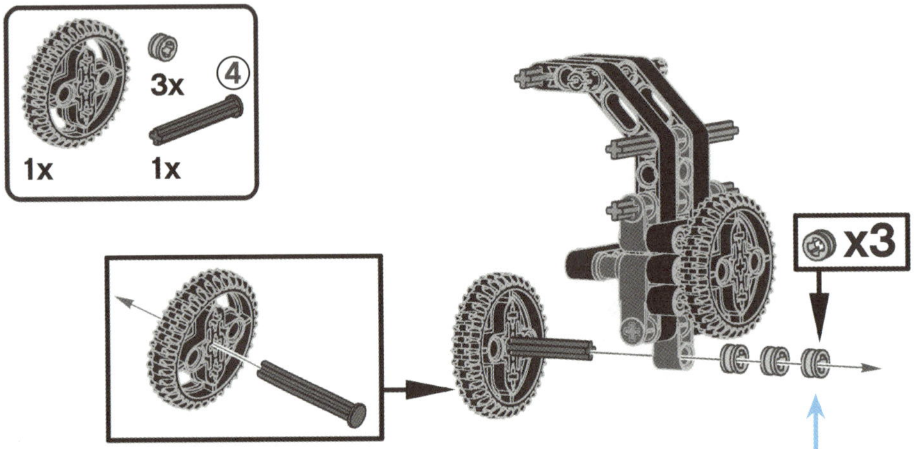

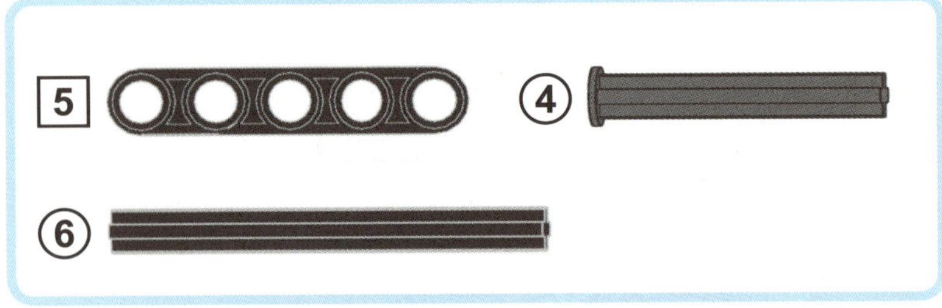

5
4
6

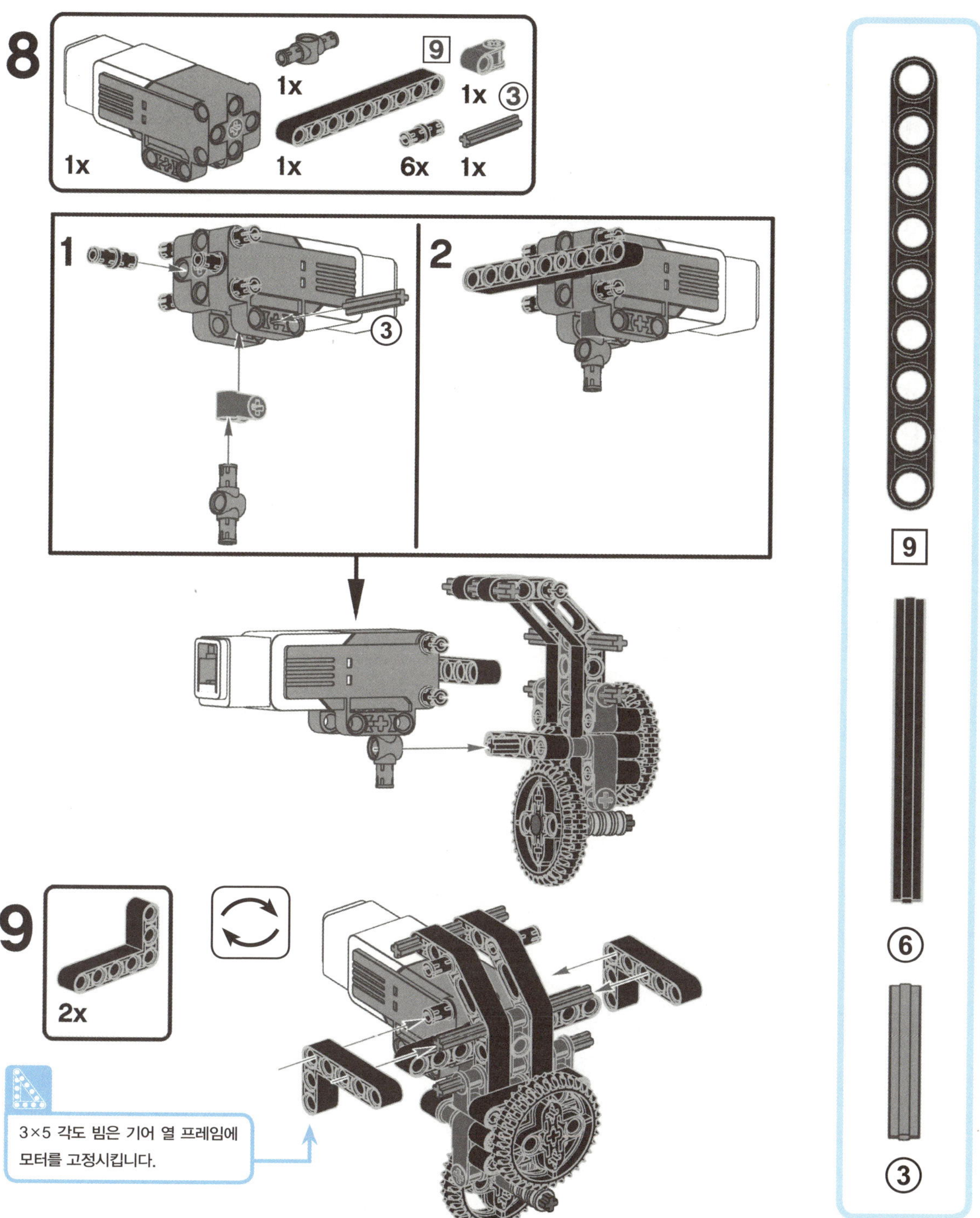

8
9
1x
1x
1x ③
1x
6x
1x
1
③
2
9
2x
3×5 각도 빔은 기어 열 프레임에
모터를 고정시킵니다.
9
6
③

10

2x

2x

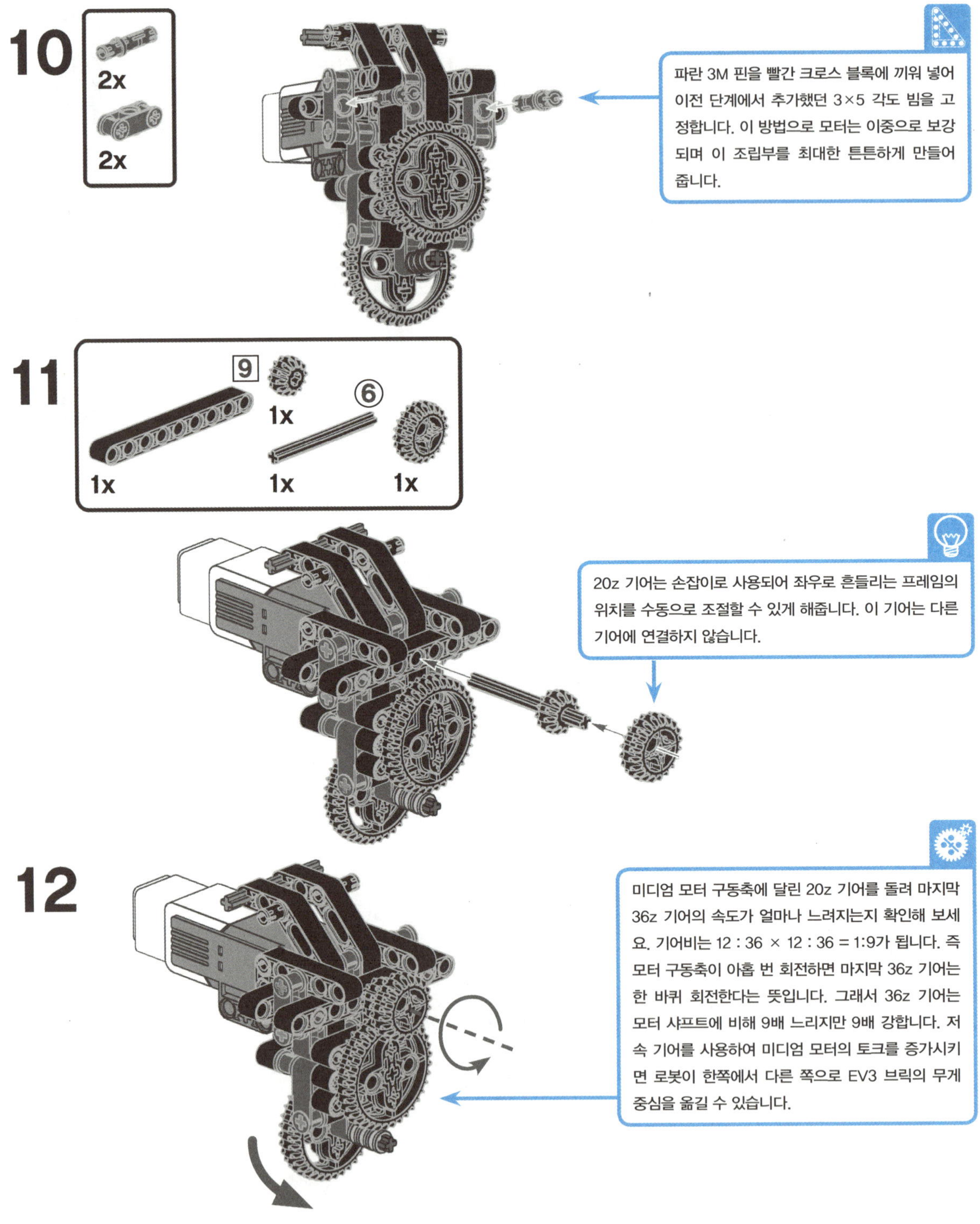

11

9

1x

⑥

1x   **1x**   **1x**

12

앞 받침 조립

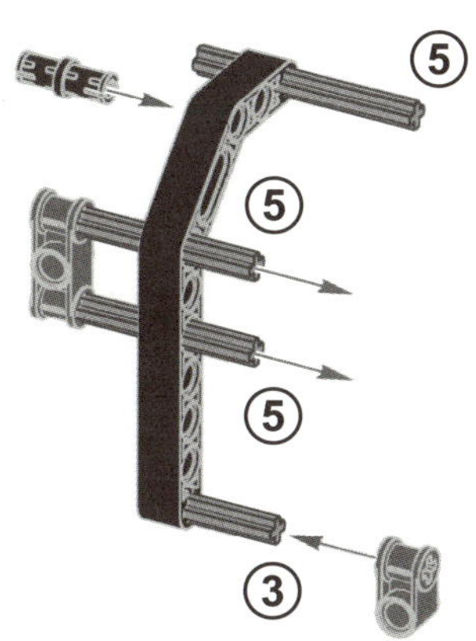

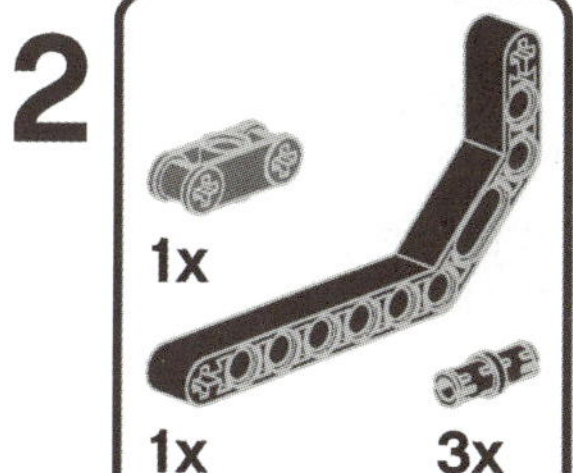

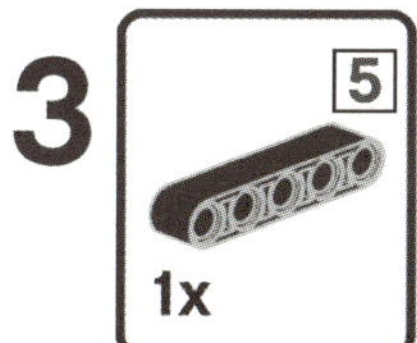

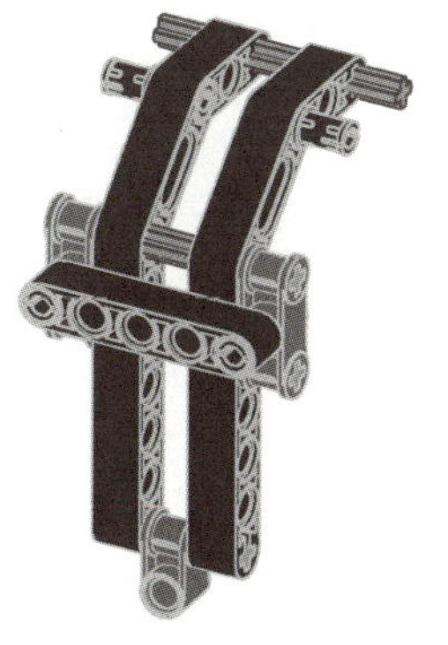

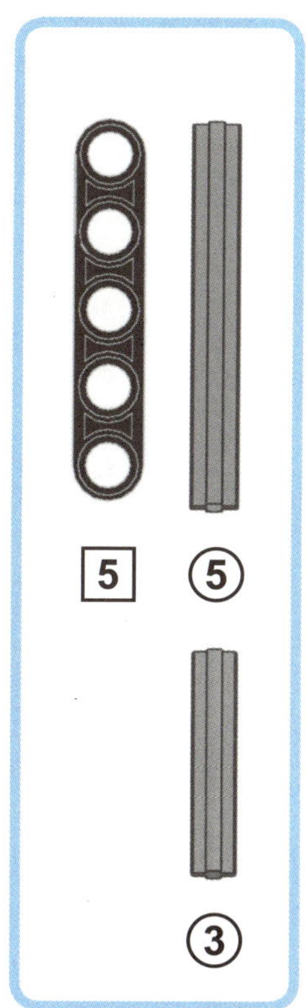

9

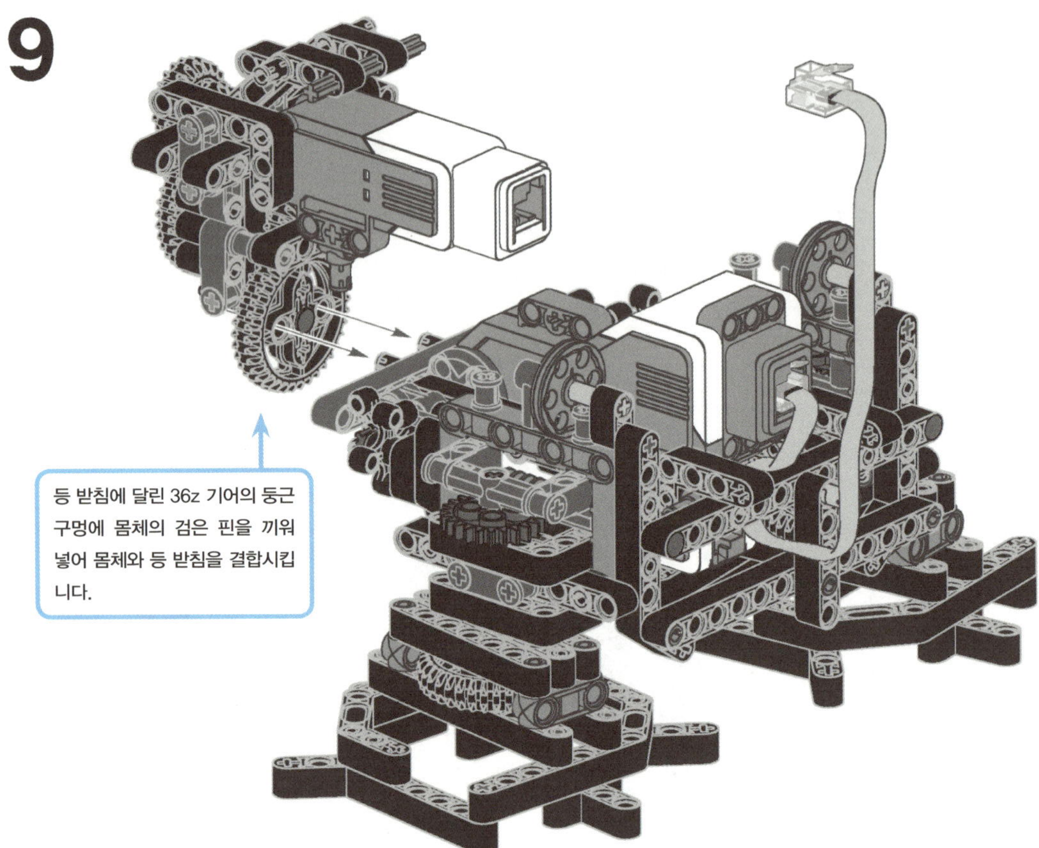

10
35cm
2x

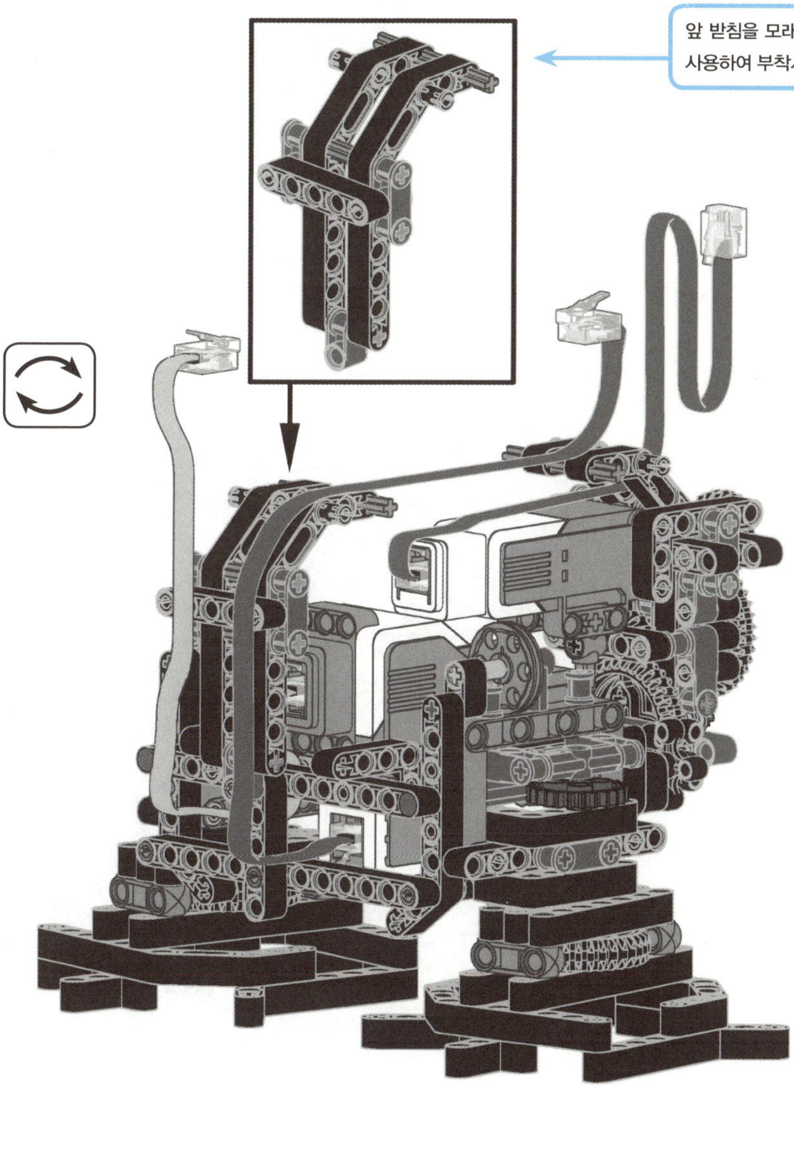

앞 받침을 모래색 3M 일반 핀을
사용하여 부착시킵니다.

11

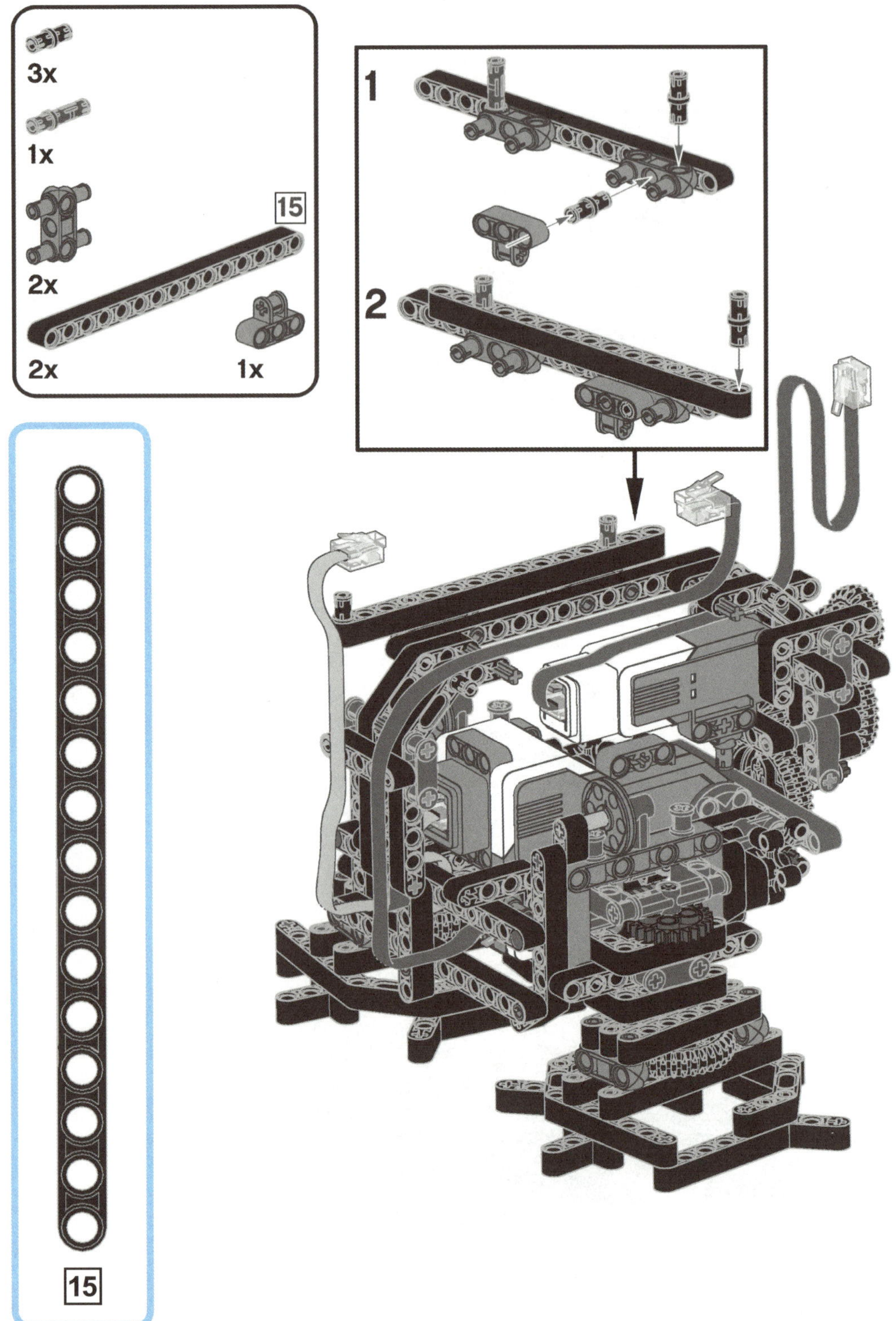

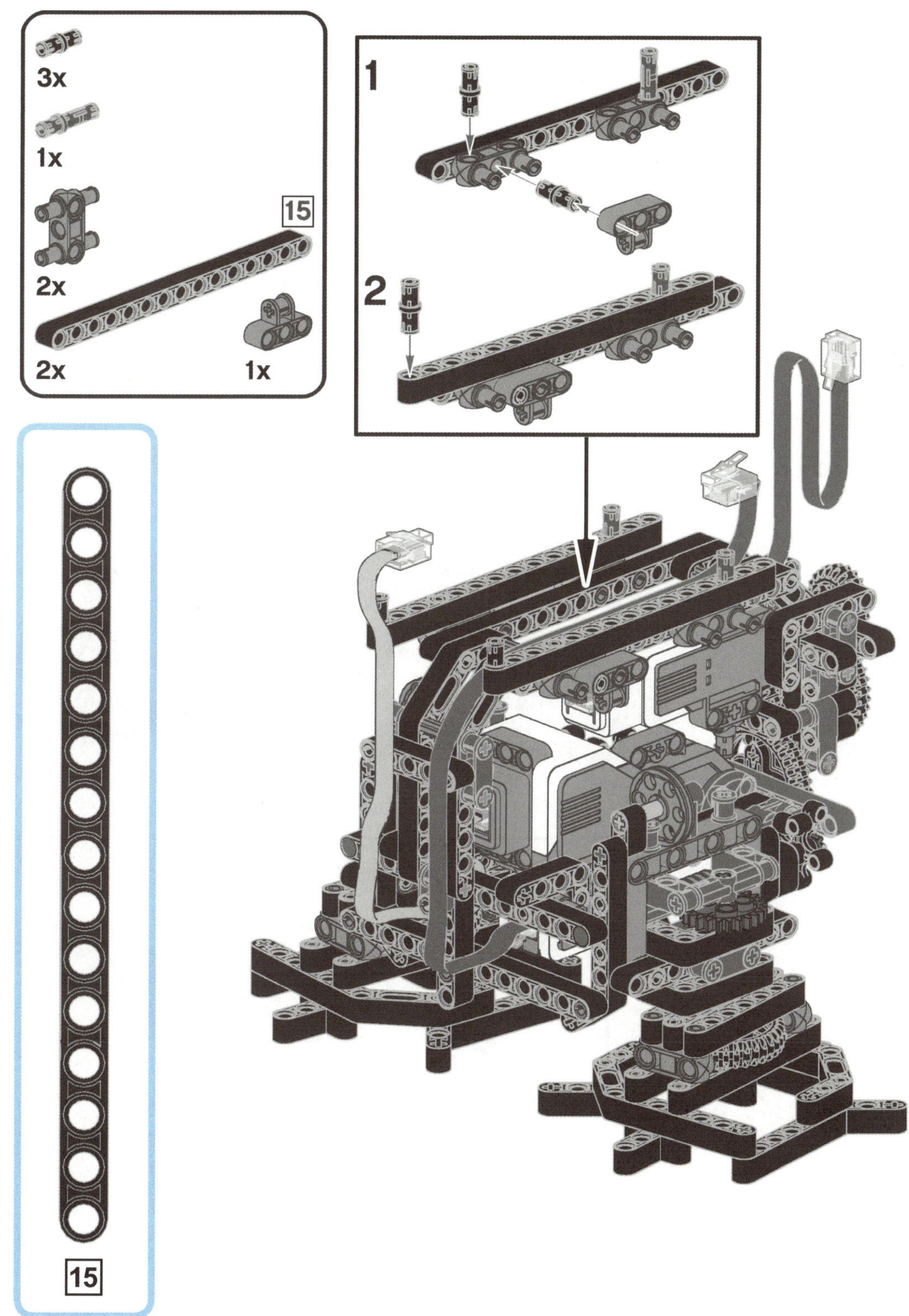

12
3x
1x
2x
2x
1x
15
1
2
15

13

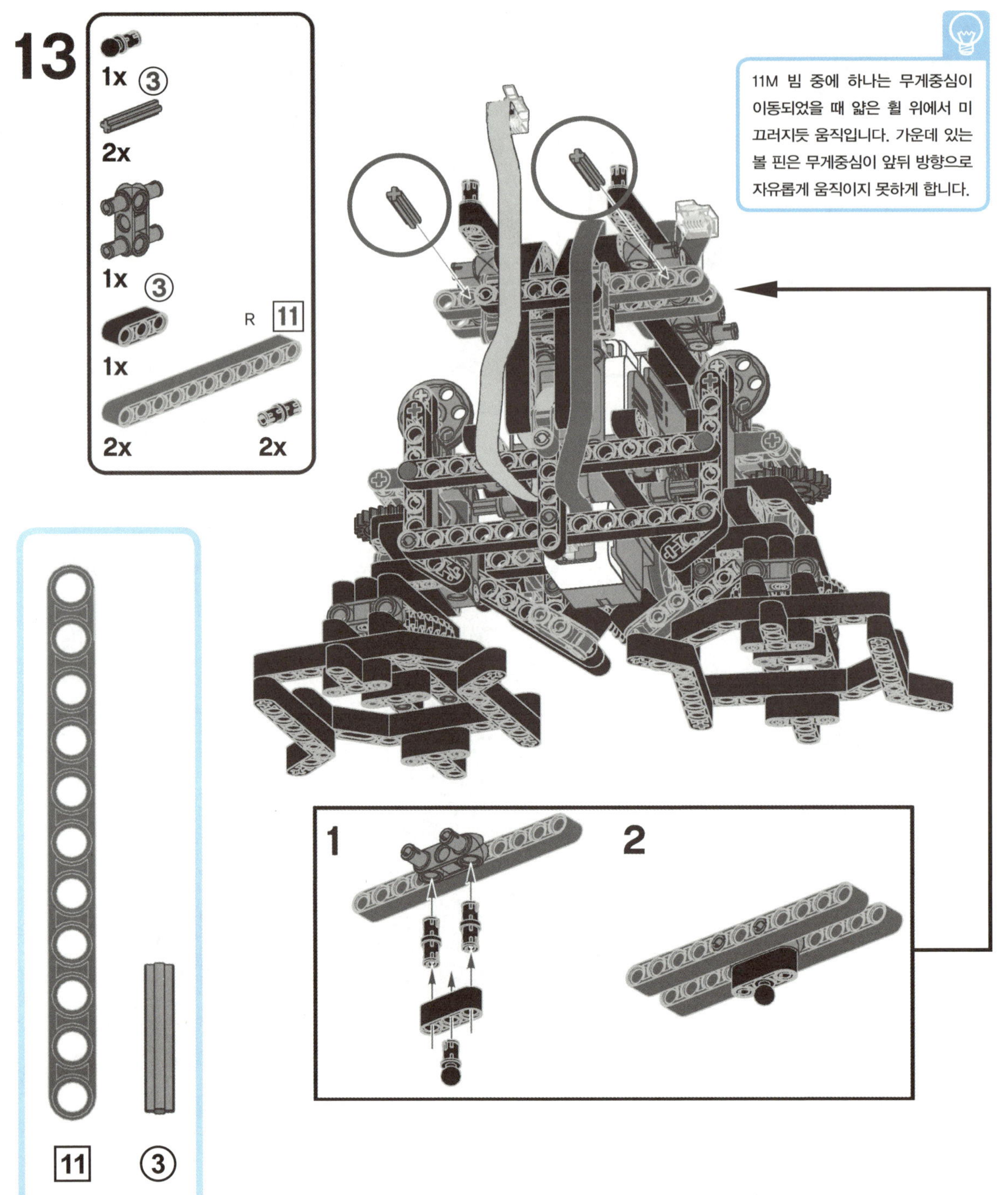

1x ③
2x
1x ③
R 11
1x
2x   2x
11   ③
1
2
11M 빔 중에 하나는 무게중심이 이동되었을 때 얇은 휠 위에서 미끄러지듯 움직입니다. 가운데 있는 볼 핀은 무게중심이 앞뒤 방향으로 자유롭게 움직이지 못하게 합니다.

14

1x

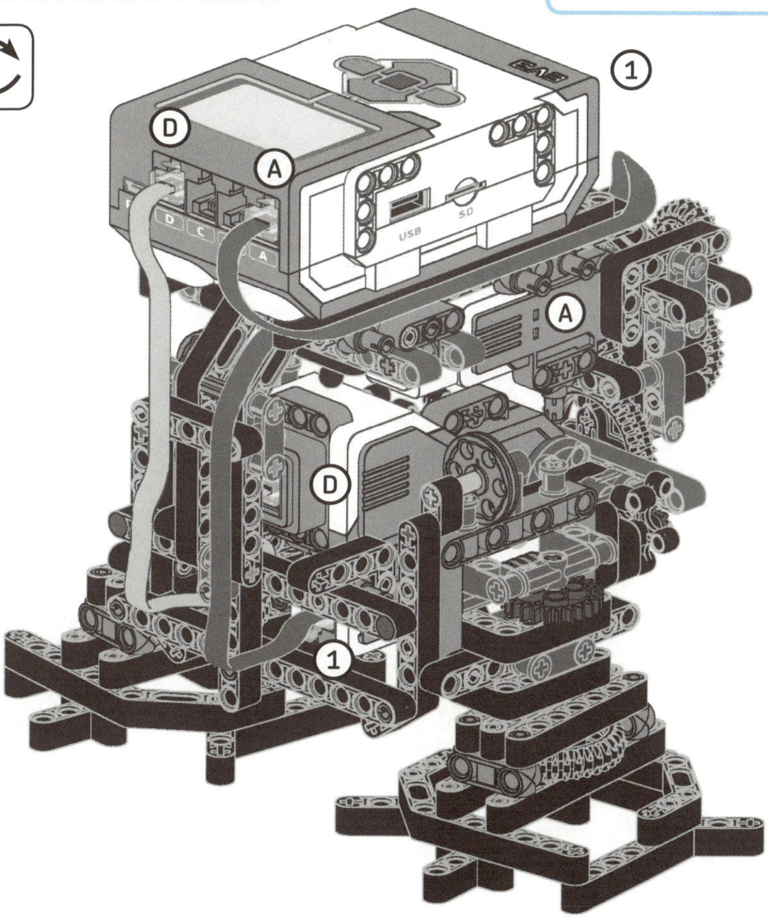

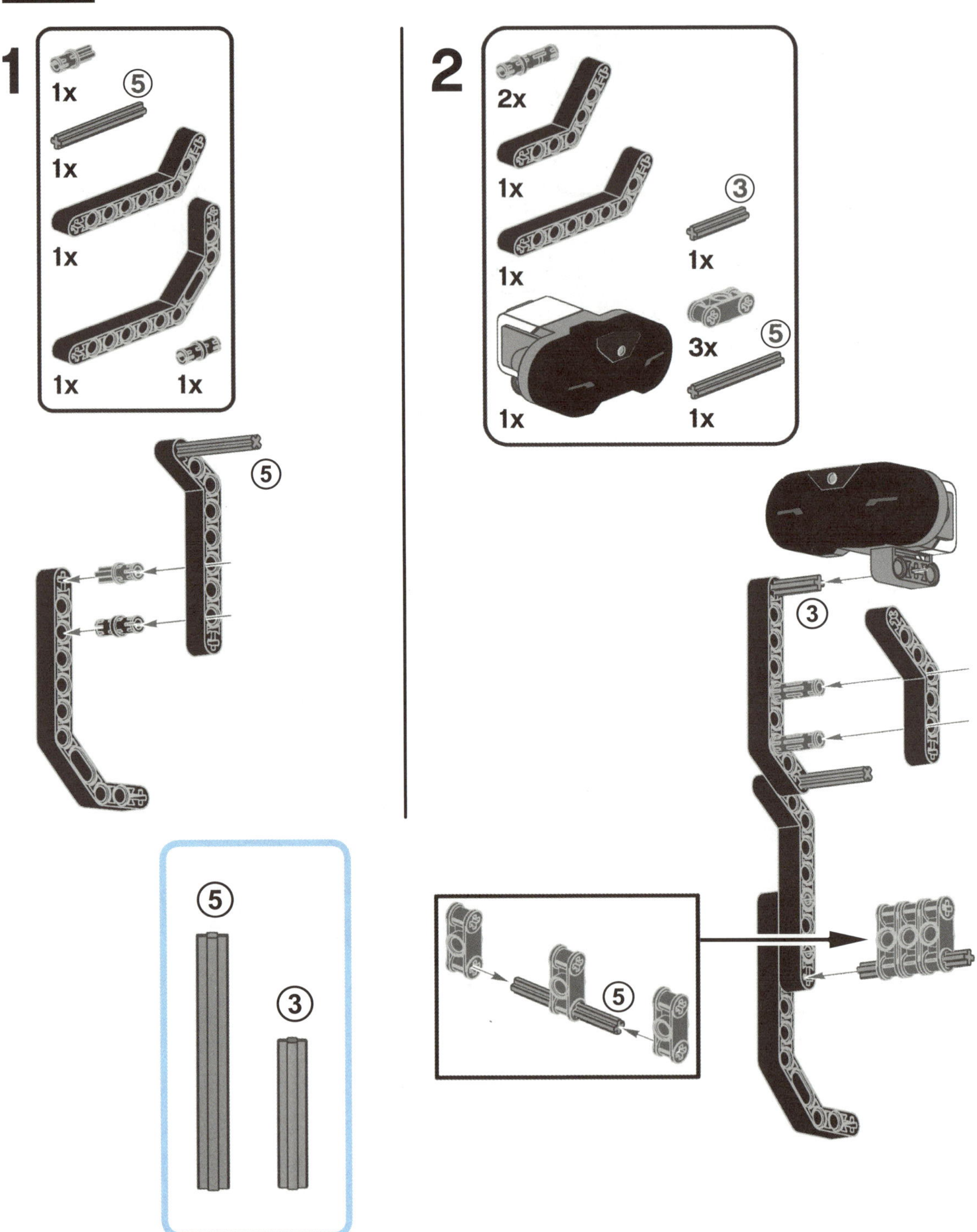

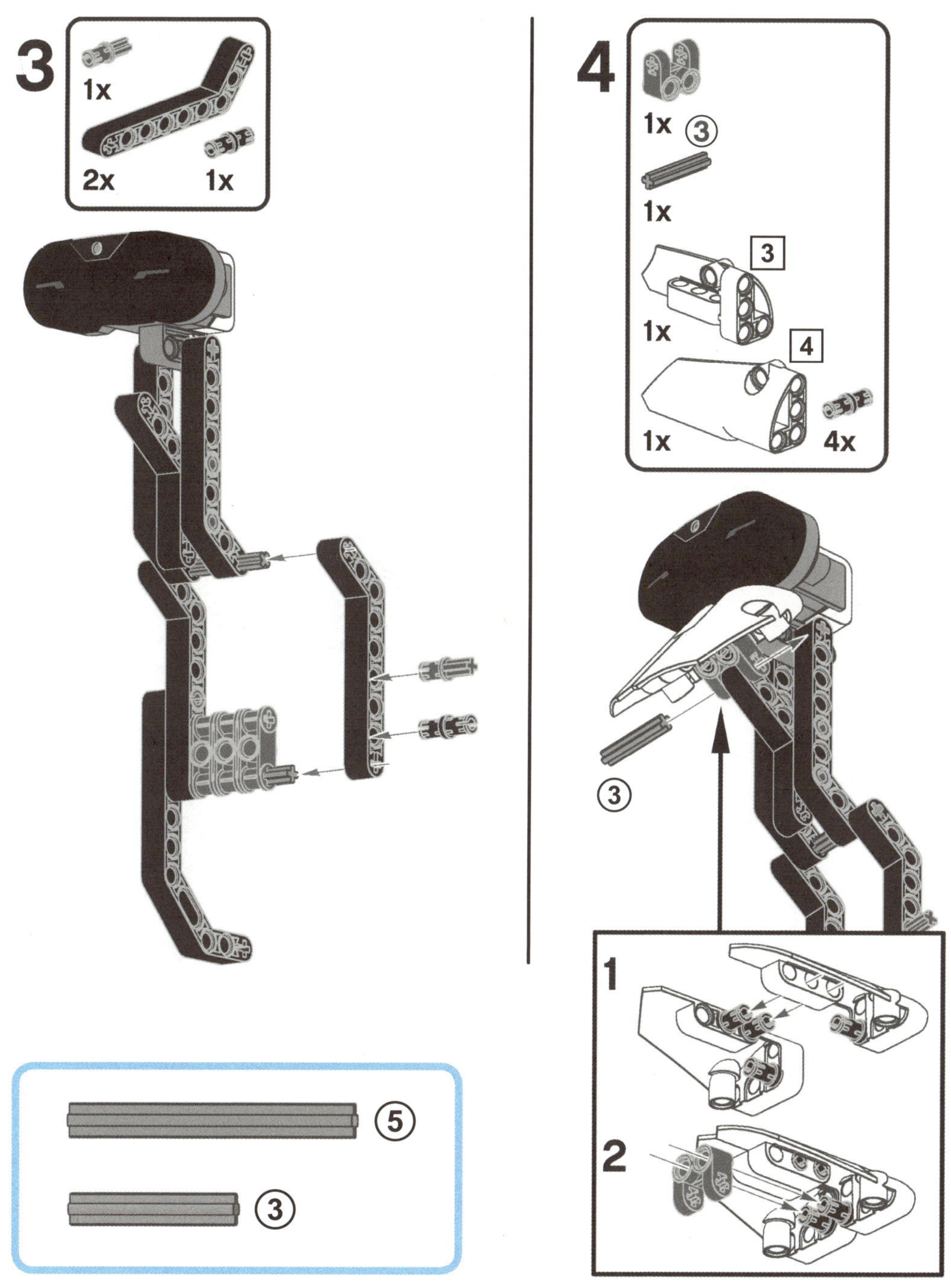

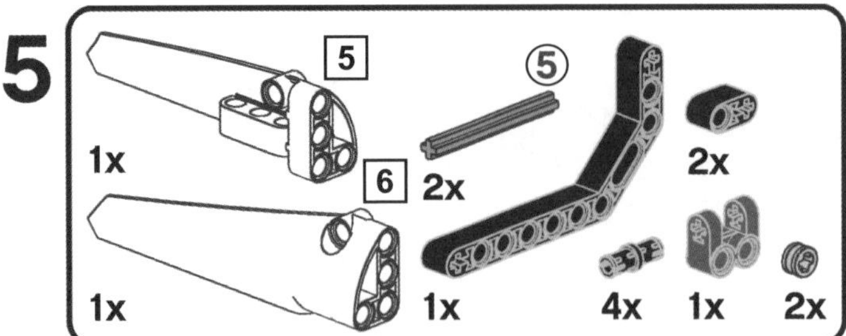

5
5
5
6
1x
1x
2x
1x
2x
4x
1x
2x

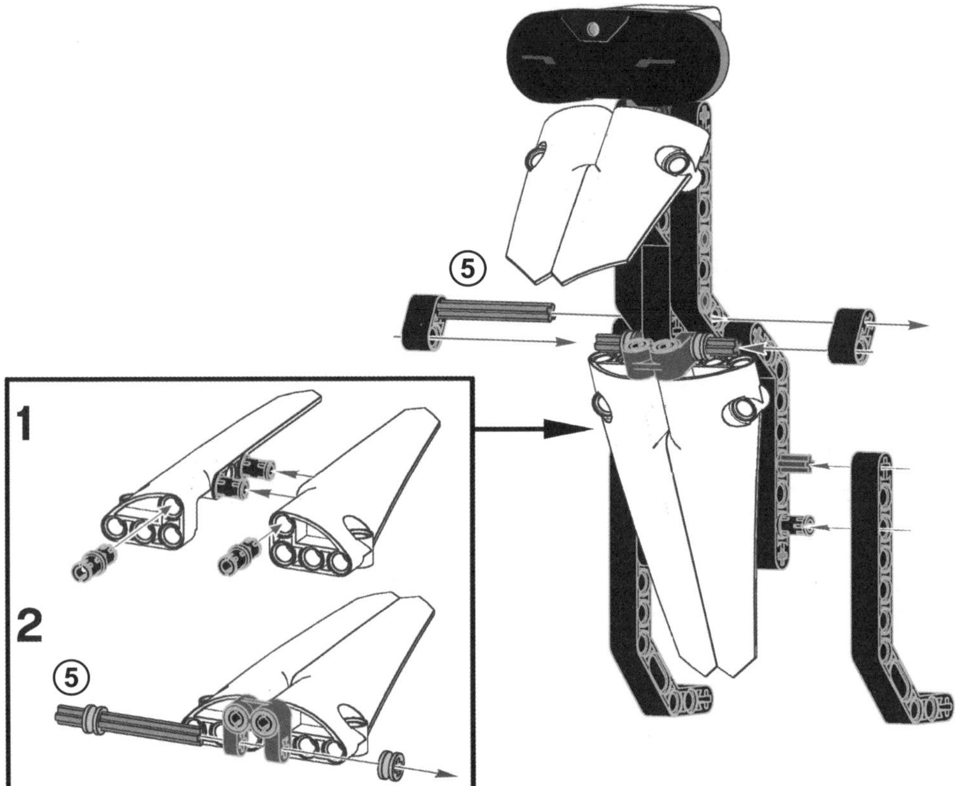

1
2
5
5

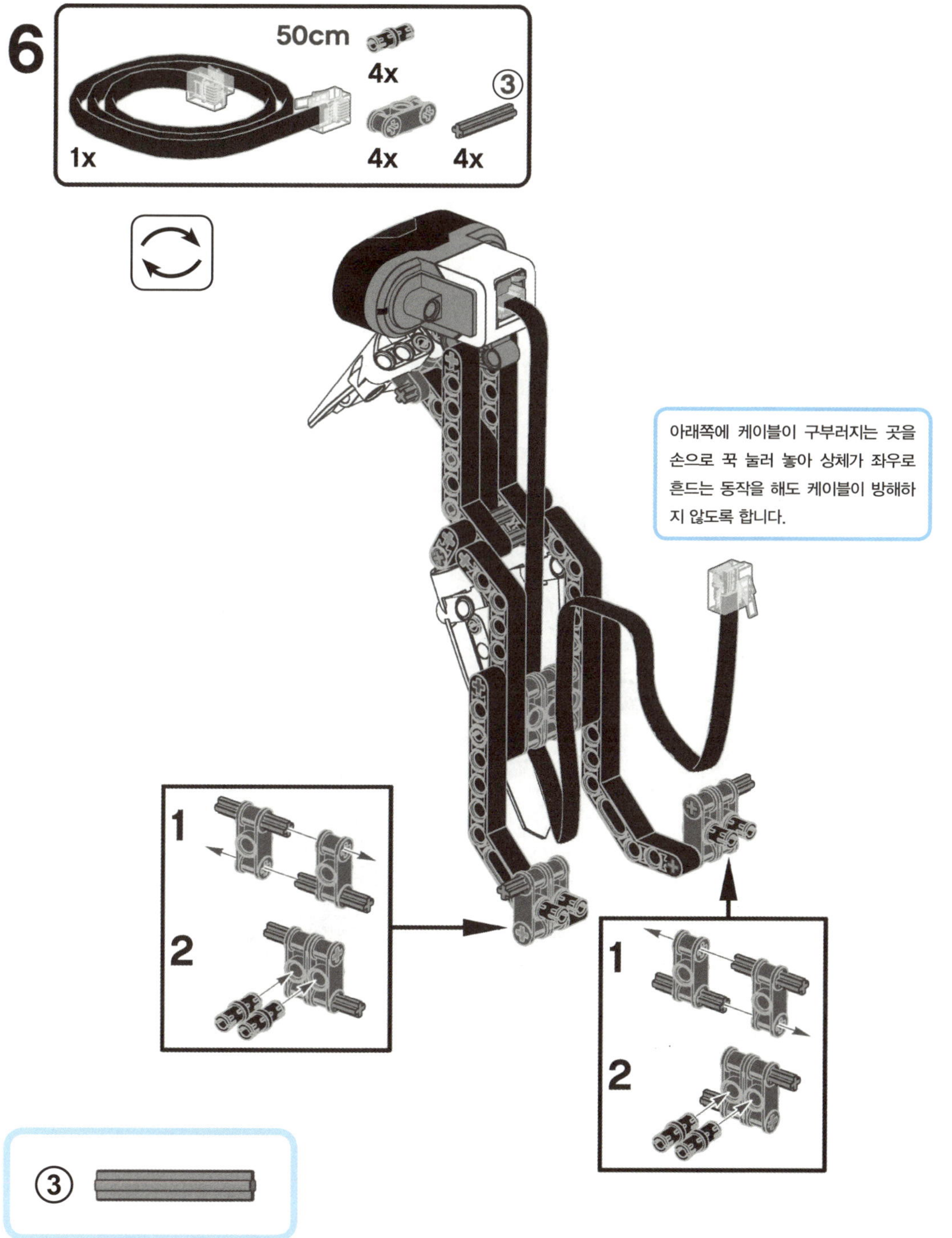

50cm
4x
1x
4x
4x
③
1
2
1
2
③
아래쪽에 케이블이 구부러지는 곳을
손으로 꾹 눌러 놓아 상체가 좌우로
흔드는 동작을 해도 케이블이 방해하
지 않도록 합니다.

15

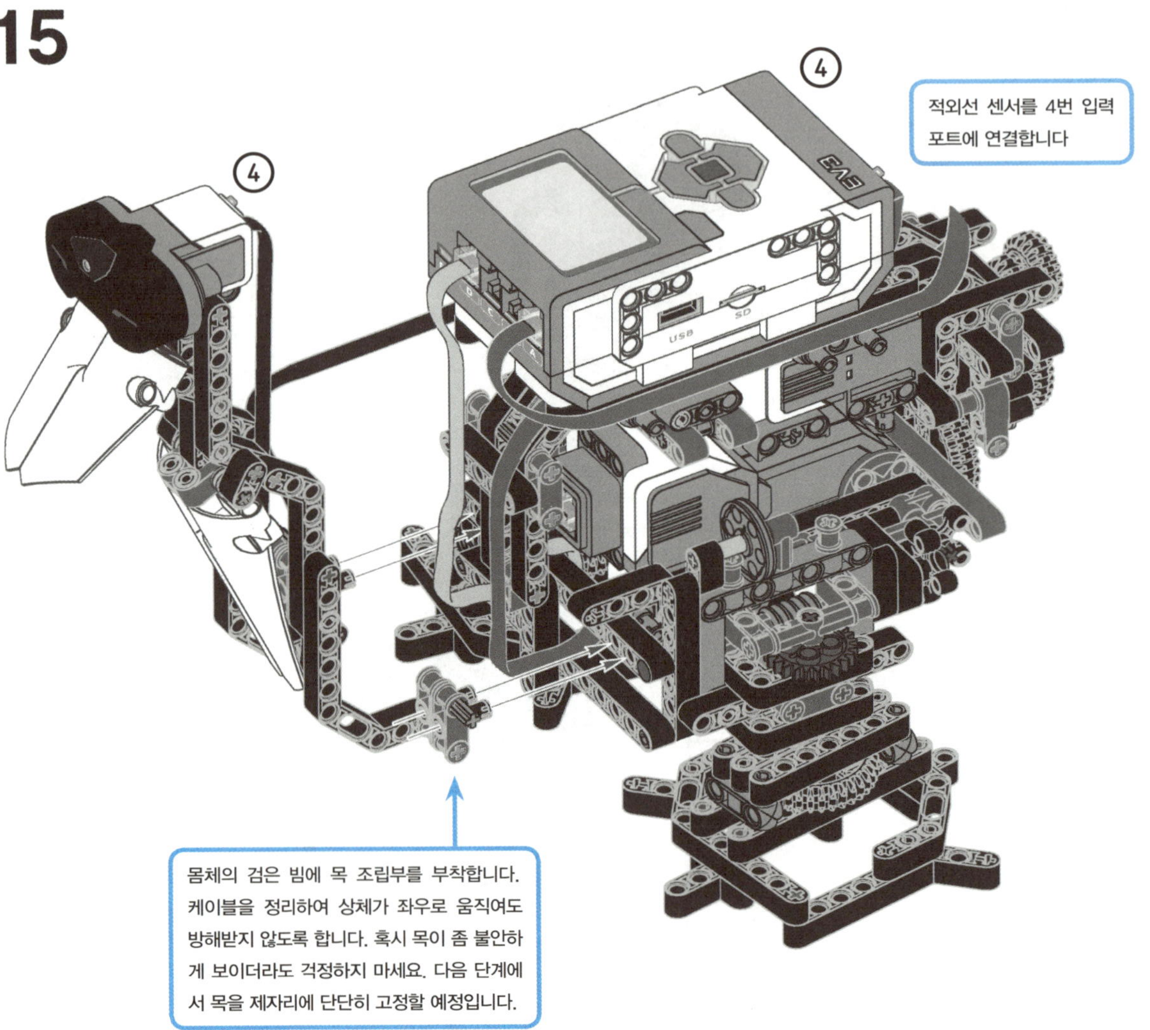

몸체의 검은 빔에 목 조립부를 부착합니다.
케이블을 정리하여 상체가 좌우로 움직여도
방해받지 않도록 합니다. 혹시 목이 좀 불안하
게 보이더라도 걱정하지 마세요. 다음 단계에
서 목을 제자리에 단단히 고정할 예정입니다.

16

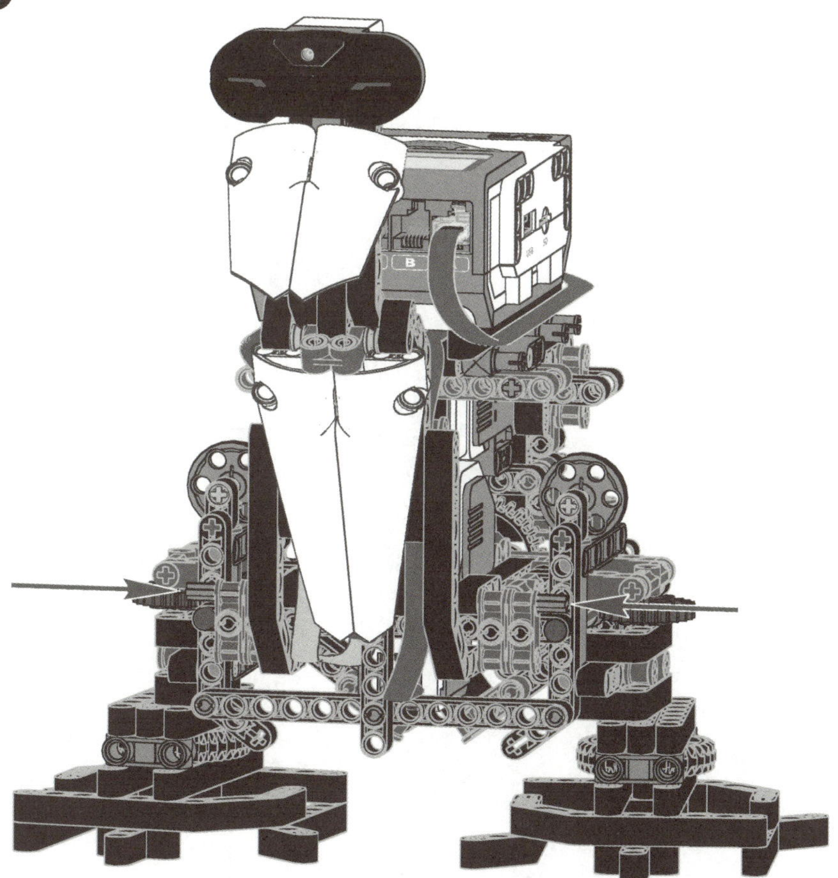

3M 축을 2×4 검은색 각도 빔의 십자 구멍으로
밀어 넣어 목을 몸체에 고정시킵니다.

17

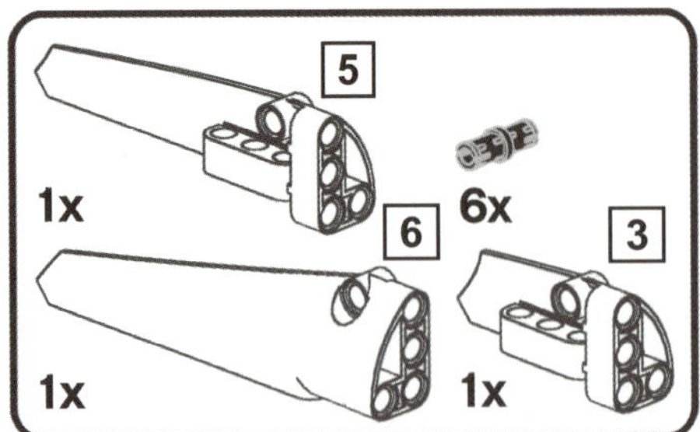

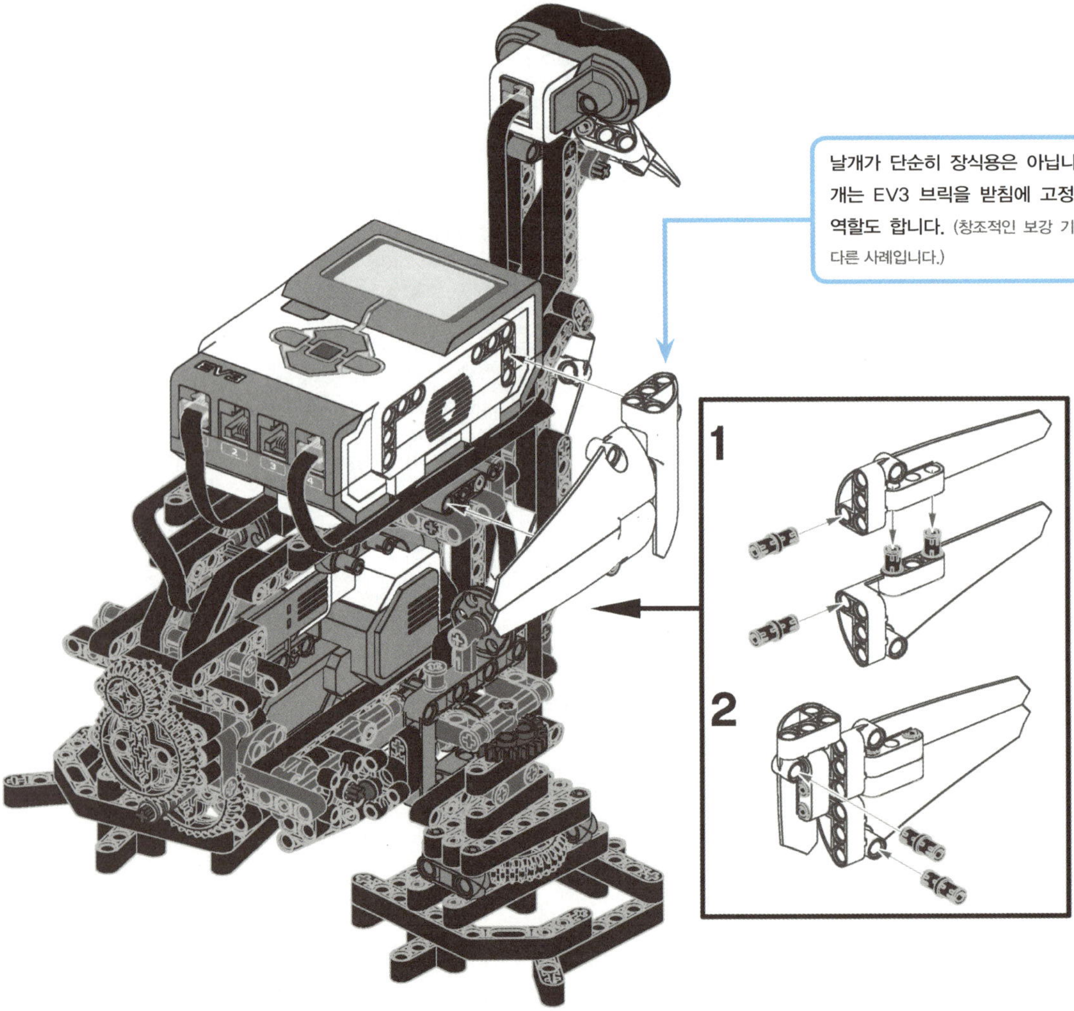

날개가 단순히 장식용은 아닙니다. 날개는 EV3 브릭을 받침에 고정시키는 역할도 합니다. (창조적인 보강 기법의 또 다른 사례입니다.)

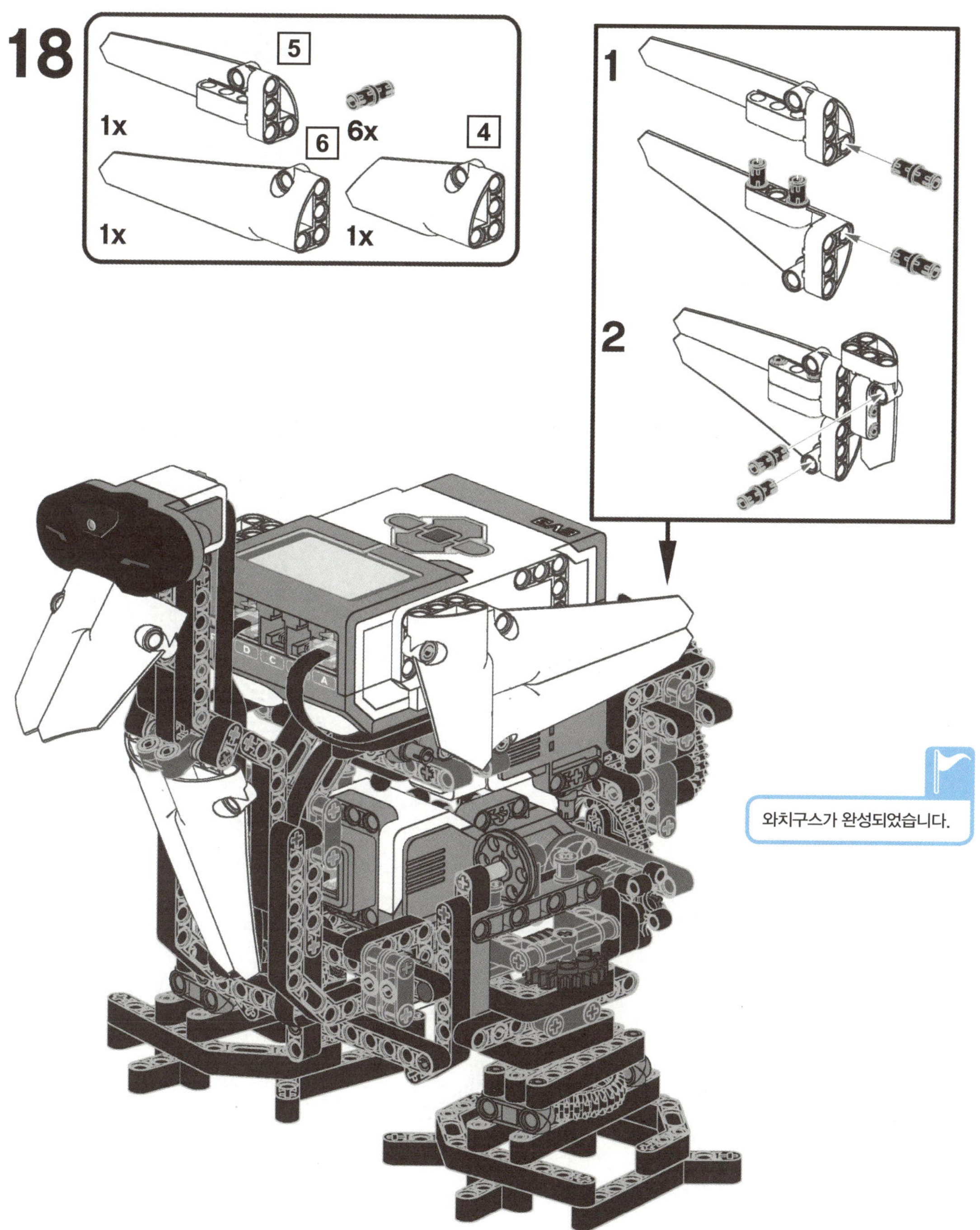

와치구스가 완성되었습니다.

으스스스
끄뱌애애액
잡았다!
뺴애애액!
딸깍
OFF
우웨에엑!

10
와치구스 프로그래밍

programming WATCHGOOZ3

이 장에서는 9장에서 만들었던 거위 로봇 와치구스의 프로그래밍을 배울 예정입니다. 하지만 EV3 소프트웨어를 사용하기 전에, 오직 브릭 프로그램 앱만을 사용해서 어떻게 프로그램을 짜는지 먼저 살펴보도록 하겠습니다.

맞습니다! 이 이족 보행 로봇은 단지 16개의 프로그래밍 블록만으로 걷고 장애물을 피하는 동작을 프로그래밍할 수 있도록 설계되었습니다. 브릭 프로그램 앱을 사용하여 프로그램을 완성하고 나면, 이 프로그램을 PC용 EV3 소프트웨어로 옮겨 보세요.

논리 연산 블록과 타이머 블록, 그리고 비조정 모터 블록과 같은 새로운 블록의 사용법을 배우게 됩니다.

거위 로봇 브릭 프로그램

거위 로봇은 A와 D 포트에 연결된 모터 두 개를 사용하여 한쪽에서 다른 한쪽으로 무게중심을 이동하고 발목을 회전시켜 걸음을 내딛습니다. 이 로봇에는 터치 센서와 적외선 센서가 장착되어 있습니다.

터치 센서가 눌리면 EV3 브릭은 로봇의 무게중심이 한쪽으로 완전히 이동되었다고 인식합니다. 터치 센서가 해제되면 무게중심이 거의 수직으로 위치하며 양 발이 지면에 닿아 있다고 인식합니다.

거위의 머리 모양을 만드는 데 사용된 적외선 센서는 지나가는 길목에 놓인 장애물을 감지합니다. 로봇이 한 발로 중심을 잡고 기울이고 있을 때, 무게를 지탱하고 있는 발목을 간단히 회전시켜 한 걸음 앞으로 나갑니다 (https://goo.gl/8r8HXY 참조).

로봇이 장애물을 피하도록 만들어 주는 핵심 기능은 적외선 대기 블록에 있습니다. 이 블록은 장애물이 시야에서 사라질 때까지 발목을 회전시키는 동안 프로그램의 흐름을 잠시 정지시킵니다.

보행 경로 앞에 아무것도 없게 될 지점에서 거위 로봇은 앞으로 계속 나아갑니다. 이러한 소프트웨어적인 방법은 잘 동작합니다. 왜냐하면 브릭 프로그램의 제약 사항을 고려하여 로봇 하드웨어를 설계하였기 때문입니다.

원칙적으로 제아무리 최고의 소프트웨어가 동작한다 할지라도 하드웨어가 잘못 설계된 로봇을 잘 동작하게 만들기는 (불가능하지는 않지만) 어렵습니다.

하드웨어가 잘 설계되어 있으면 제어 프로그램을 간단하게 만들 수 있고, 로봇이 더욱 신뢰성 있는 동작을 할 수 있으며 시간도 절약됩니다.

프로그램

이 장에 들어서면서 언급했듯이, 단지 브릭 프로그램 앱만으로 이 로봇을 프로그래밍할 수 있습니다. 그럼 시작해 볼까요? EV3 브릭을 켜고 브릭 프로그램 앱을 열어 봅시다. (그림 3-6에 있는 것처럼 메뉴의 세 번째 탭과 네 번째 앱에 있습니다.) 그런 다음 그림 10-1에 있는 프로그램을 만들어 보세요.

동작 원리

이 브릭 프로그램에서는 블록 16개를 사용합니다. 이는 브릭 프로그램 앱이 허용하는 블록의 최대 개수입니다. 계속 반복하도록 설정된 시퀀스가 두 개의 대칭되는 부분(그림 10-1의 두 코드 행)으로 나누어져 있습니다. 그럼 이제 프로그램 블록을 하나씩 분석해 보도록 합시다.

첫 번째 미디엄 모터 블록은 A 모터를 −50% 파워(음의 기호는 역회전을 의미)로 돌려서 EV3 브릭의 무게를 오른쪽으로 이동시킵니다. A 모터는 터치 센서(첫 번째 터치 센서 대기 블록)가 해제된 다음 다시 버튼(두 번째 터치 센서 대기 블록)을 누를 때까지 계속 회전합니다.

먼저, 센서가 해제될 때까지 기다려야 합니다. 왜냐하면 무게중심이 완전히 왼쪽으로 이동되었을 때 센서가 눌리기 때문입니다. 만약 눌림 상태를 기다리는 터치 센서 대기 블록을 하나만 사용한다면 모터는 즉시 무게 이동을 멈출 것입니다. 그 이유는 터치 센서가 처음부터 이미 눌린 채로 있기 때문입니다. 프로그램은 계속 진행되고 무게가 여전히 같은 쪽에 있을 때 발목이 회전하여 이로 인해 로봇은 후진하게 되는데 이것은 우리가 원하던 것이 아닙니다.

터치 센서가 해제되었다 다시 누르면 A 모터는 (파워를 0%로 설정하여) 정지하고, D 모터는 라지 모터 블록에 의해 +100% 파워(정방향)로 동작합니다. 이 라지 모터는 로봇 발목을 회전시켜 로봇이 앞으로 걸음을 내딛도록 만들어 줍니다.

이제 시간 대기 블록이 1초 동안 시퀀스를 일시 정지시켜 이 시간 동안 D 모터가 발목을 회전시키도록 합니다. 만약 로봇이 장애물을 발견했다면 적외선 센서 대기 블록은 근접감지 모드 값이 25%보다 커질 때까지 프로그램을 일시 정지시킵니다.

만약 장애물이 없다면 적외선 센서 대기 블록은 프로그램을 계속 진행시켜 발목이 단지 1초 동안만 회전하게 만듭니다. 적외선 센서 대기 블록 바로 뒤에 배치되어 있는 또 다른 라지 모터 블록이 파워를 0%로 설정하여 D 모터를 정지시키는 것입니다.

그림 10-1의 두 번째 행에서 보이는 것처럼 이 시퀀스는 거울 대칭 형태로 다시 반복됩니다. 미디엄 모터 블록은 +50% 파워(이번에는 정회전)로 A 모터를 구동합니다. 그 후 두 개의 터치 센서 대기 블록은 로봇의 다리 기계부에 의해 터치 센서가 해제되었다가 다시 눌리기를 기다립니다.

이제 무게 이동을 담당하는 A 모터가 정지하고 걸음을 담당하는 D 모터가 −100%의 힘으로 움직이기 시작합니다. 시간 대기 블록과 적외선 센서 블록은 이전처럼 로봇이 걸음을 내딛으면서 회전하도록 만듭니다.

마지막 라지 모터 블록은 걸음을 담당하는 D 모터를 정지시키고 시퀀스는 다시 반복됩니다. 루프 블록이 무한대(∞)로 설정되어 있기 때문입니다. 브릭 프로그램 작성을 마치면 'GOOSE'라는 이름으로 저장합니다. (방법이 잘 기억나지 않으면 3장을 참조하세요.)

로봇 구동과 문제 해결

프로그램을 동작시키기 전에, 미디엄 모터 구동축에 달린 검은 20z 기어를 돌려 상체를 지면과 수직하도록 조

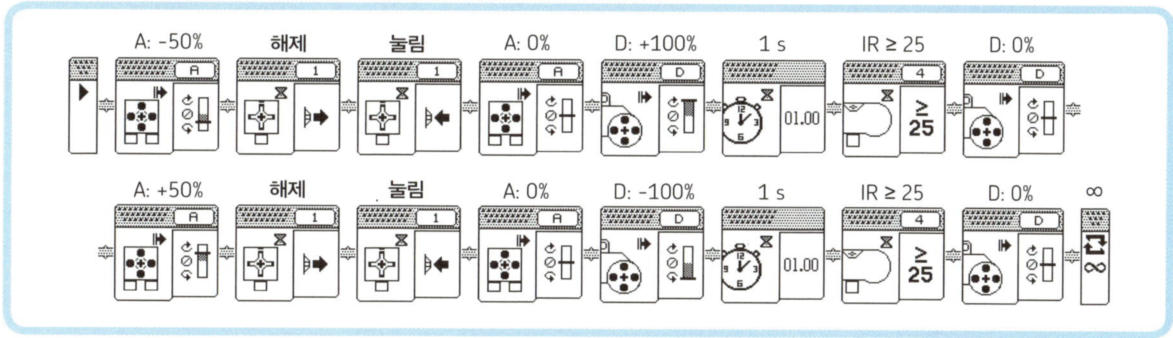

■ 그림 10-1 와치구스 브릭 프로그램

정합니다. 그리고 다리의 레버가 터치 센서를 누르지 않게 하고 로봇의 양 발이 지면에 닿게 합니다.

이제 프로그램을 동작시켜 보세요. 로봇은 거위처럼 우스꽝스럽게 뒤뚱거리며 걸어가기 시작할 것입니다. 무게 이동 동작이 매끄럽지 않거나 혹은 움직이지 못하면서 뒤쪽의 기어열에서 (기어가 제대로 맞물리지 않는) '따닥' 거리는 소리가 들린다면 프로그램을 중지시킵니다.

무게 이동 프레임과 목 사이를 지나는 케이블, 그리고 로봇 바닥에 있는 터치 센서를 점검해 보세요.

로봇 앞쪽의 케이블이 뻑뻑하여 무게 이동을 방해하지 않아야 합니다(186쪽의 15단계 참고). 만약 무게 이동 중에 케이블이 간섭을 일으킨다면 케이블을 다른 방향으로 구부립니다. (모양을 유지하도록 케이블을 손가락으로 집어 꾹 눌러 놓습니다).

무게중심이 한쪽으로 완전히 이동하더라도 미디엄 모터가 정지하지 않는다면 아래에 있는 레버가 터치 센서를 정확하게 누르는지 확인해 보세요.

EV3 소프트웨어로 프로그램을 가져와서 편집하기

이제 앞서 만든 프로그램을 EV3 소프트웨어로 가져옵니다. 먼저 새 프로젝트를 생성합니다. 그다음, 'GOOSE' 브릭 프로그램을 EV3 소프트웨어로 가져옵니다(81쪽 '브릭 프로그램 가져오기' 참고).

가져오기한 EV3 프로그램은 그림 10-2처럼 보입니다. 프로그램 이름 탭을 더블 클릭하여 이름을 BP_GOOSE로 변경하고 프로젝트를 myWATCHGOOZ3로 저장합니다.

> **NOTE** 이 책에 있는 EV3 프로그램 스크린 캡쳐 화면은 가독성을 위해 편집되었습니다. 예를 들어, 그림 10-2에 있는 프로그램처럼 가끔 프로그램을 여러 줄로 나누기도 합니다.

백업 만들기

그림 10-2의 프로그램을 수정하기 전에 백업 복사본을 만들어 두세요. 백업을 하려면 **프로젝트 속성**으로 가서(좌측 상단의 스패너 아이콘 클릭) **프로그램** 탭을 선택한 후 **복사** 버튼을 클릭한 다음 **붙여넣기** 버튼을 클릭합니다(버튼은 리스트의 아래쪽에 있습니다).

복사한 프로그램 이름은 BP_GOOSE2라고 변경합니다. 프로그램 영역에서 더블클릭을 하여 파일을 연 다음, 프로그램 이름 탭을 더블클릭하여 BP_EDIT로 이름을 변경합니다. 그럼 이제 프로그램 수정을 계속하겠습니다.

프로그램 수정

브릭 프로그램 앱에서 미디엄 모터 블록 파라미터를 0%

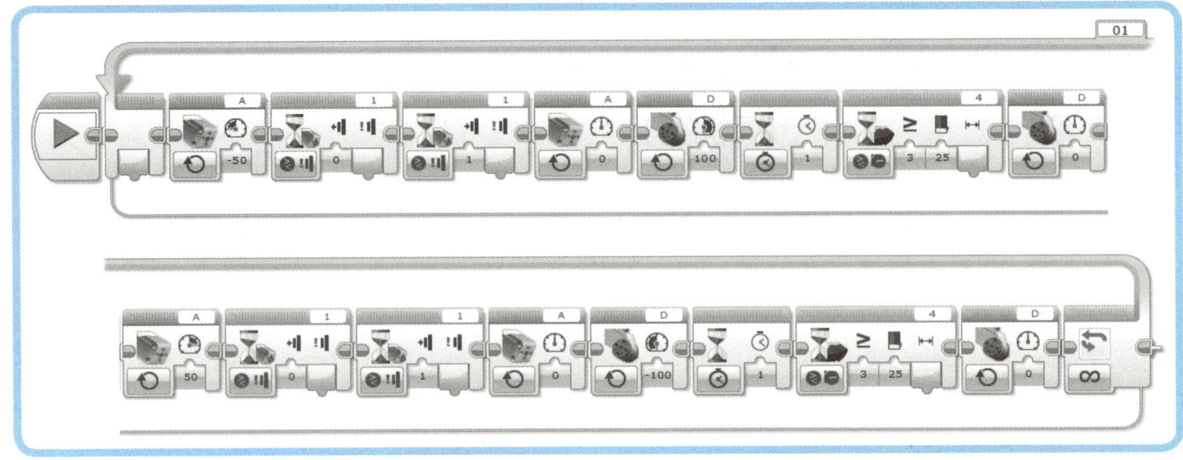

■ **그림 10-2** 와치구스 브릭 프로그램과 동일한 EV3 소프트웨어

로 설정해서 미디엄 모터를 정지하도록 만들었습니다. EV3 언어에서는 미디엄 모터 블록을 **꺼짐** 모드로 두고 정지 방식을 **참**으로 설정합니다.

　로봇의 움직임을 좀 더 부드럽게 만들기 위해서는 현재 켜짐 모드에서 0% 파워로 설정된 모든 모터 블록을 **꺼짐** 모드로 두고 정지 방식을 **거짓**으로 설정합니다. (강조 표시된 미디엄 모터 블록과 라지 모터 블록을 수정합니다.)

　수정한 프로그램은 이제 그림 10-3과 같이 보입니다. **다운로드 및 실행** 버튼을 눌러 로봇의 움직임이 어떻게 다른지 확인해 보세요.

마이 블록 빌더를 사용하여 마이 블록 만들기

방금 작성한 EV3 프로그램은 간단하지만 크기가 다소 큽니다. 또한 거의 동일한 두 개의 부분으로 이루어져 있습니다. 이 프로그램을 더욱 작고 읽기 좋게 만들기 위해, 마이 블록 빌더 도구를 사용하여 여러 개의 블록을 묶어 하나의 블록으로 만들 예정입니다.

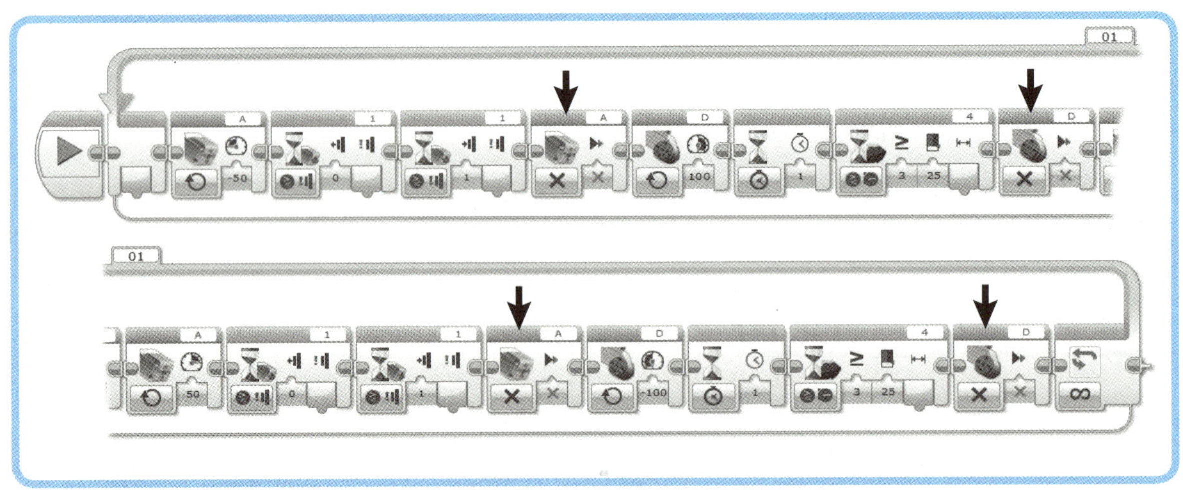

■ **그림 10-3** 약간 수정한 거위 로봇 프로그램. 강조된 블록들을 '꺼짐' 모드로 두고 꺼짐 방식은 '거짓'으로 설정합니다.

하지만 먼저 앞서 이야기한 것처럼 BP_EDIT 프로그램을 백업하고 이름을 BP_EDIT_MB로 변경합니다. 이 새로운 프로그램은 여전히 그림 10-3과 같이 보일 것입니다.

1. 선택 창을 드래그하여 그림 10-4(a)에 보이는 것과 같이 루프 내부의 첫 번째 여덟 개 블록을 선택합니다. 선택된 블록들은 청록색 테두리로 강조됩니다.
2. 블록이 선택된 상태에서 **도구▶마이 블록 빌더**를 클릭합니다. 그림 10-4(b)에 보이는 것처럼 마이 블록 빌더 다이얼로그 화면이 나타납니다.
3. 마이 블록 빌더 다이얼로그에 새로 만든 블록 이름을 입력합니다(필요하면 설명도 같이). 또한 블록의 기능을 연상시키는 아이콘을 골라 봅니다.

라지 모터 두 개가 그려져 있는 아이콘(윗줄 왼쪽에서 다섯 번째)을 추천합니다. 미디엄 모터와 라지 모터가 함께 그려 있는 아이콘은 없으며 아이콘 그림을 사용자가 마음대로 추가할 수 없기 때문입니다.

다이얼로그 상단에서 블록 미리보기 기능을 확인할 수 있습니다. 블록의 이름을 'Right Step'이라고 입력하고 설명에는 '무게중심을 오른쪽으로 이동하고 한 걸음 내딛음'이라고 입력합니다.

4. **종료** 버튼을 클릭하여 마이 블록을 생성합니다.
5. 이전에 선택된 블록들은 RightStep이라는 청록색 상단의 마이 블록으로 자동 교체됩니다. 한 번 생성되면 가장 오른쪽 팔레트에 이 마이 블록이 추가되며 프로젝트 속성에 있는 프로젝트 내용(마이 블록 탭)에 마이 블록이 나열됩니다(5장의 프로젝트 속성 참고).

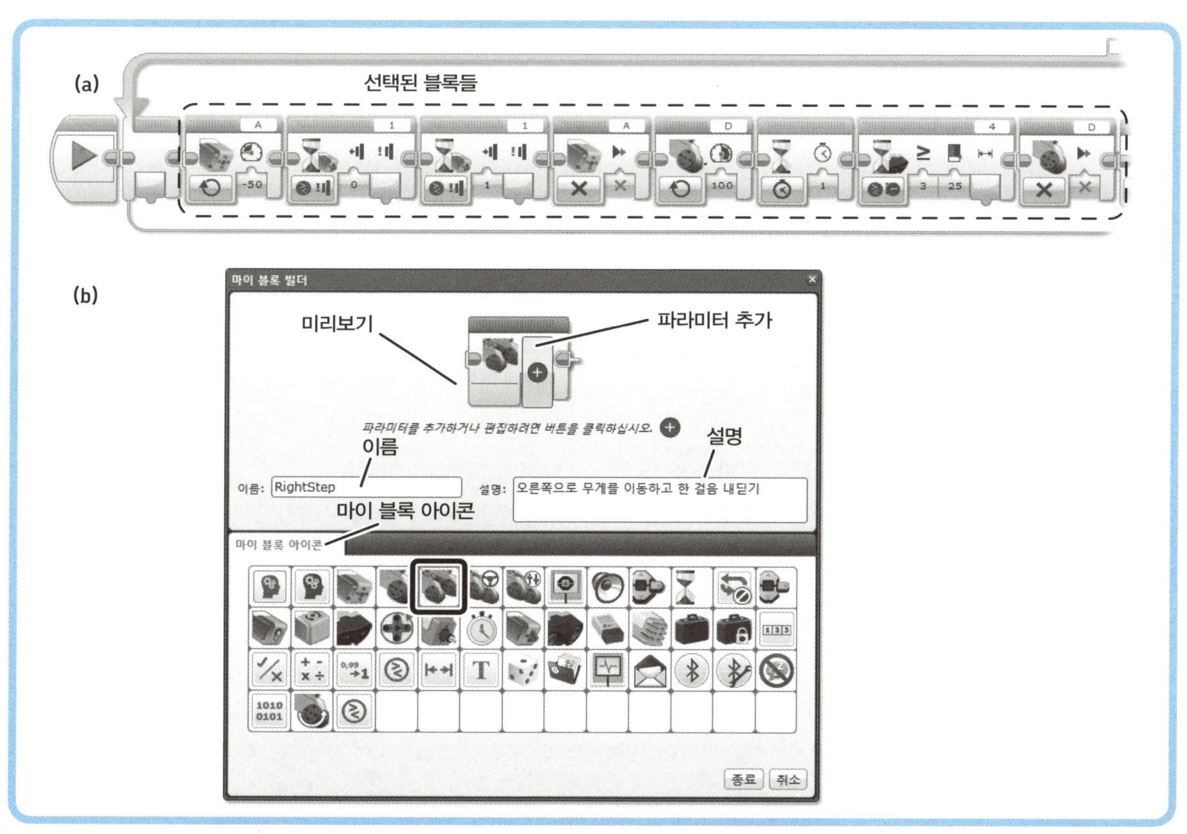

■ **그림 10-4** 포함하고 싶은 블록을 선택(a)하고 마이 블록 빌더 다이얼로그(b)를 열어 마이 블록을 생성합니다.

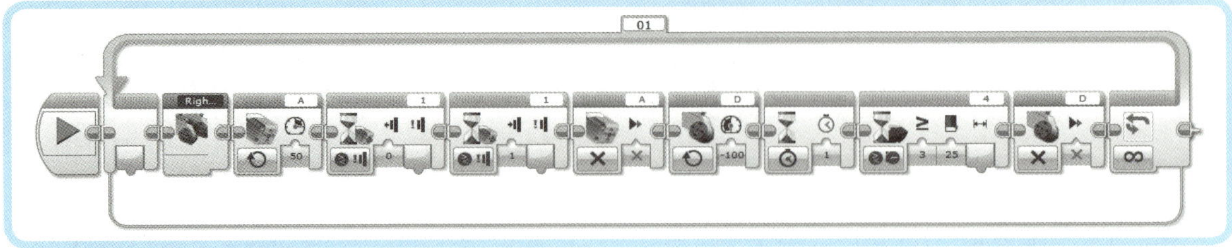

■ **그림 10-5** 첫 번째 마이 블록을 만든 후의 프로그램

마이 블록을 생성한 후의 프로그램은 그림 10-5
와 같습니다.

6. 남은 블록(새로 생성한 마이 블록은 제외) 여덟 개를 선택
하고 **도구▶마이 블록 빌더**를 클릭합니다. 새 마이 블
록을 'LeftStep'으로 이름 붙이고 'RightStep' 마이
블록에 사용했던 아이콘과 같은 것을 할당합니다.

7. **종료** 버튼을 클릭하여 블록을 생성합니다. 프로그램
은 그림 10-6과 같습니다. 훨씬 깔끔하지 않나요?

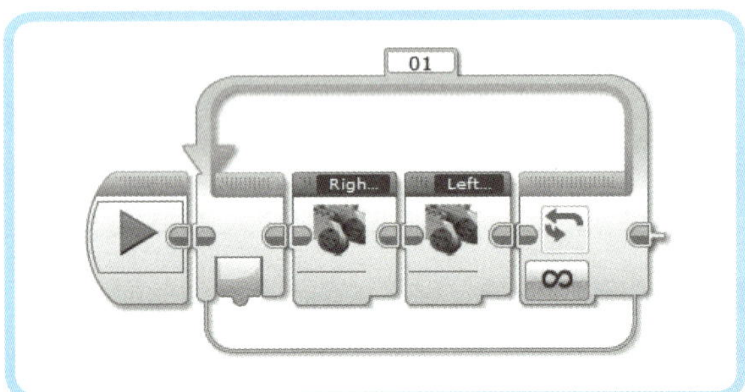

■ **그림 10-6** 마이 블록 두 개를 만든 후의 프로그램

8. 프로그램을 실행시켜 로봇이 이전과 동일하게 움직
이는지 확인해 보세요. 마이 블록 내부를 확인하려
면 마이 블록을 더블 클릭하세요. 'RightStep' 마이
블록은 그림 10-7과 같습니다.

마이 블록에 입출력 만들기

마이 블록은 프로그램을 깔끔하게 정리하는 데 도움을
줄 뿐 아니라 읽기 쉽게 만들어 주기 때문에, 마이 블록은
(같거나 혹은 다른) 프로젝트의 여러 부분에서 프로그램의
일부를 그룹으로 만들고 재사용하는 데 필수적입니다.
(프로젝트 속성에서 마이 블록을 내보내거나 가져올 수 있습니다.)

예를 들어, 그림 10-3에 있는 프로그램은 거의 유사
한 두 개의 그룹으로 이루어져 있으며, 각 그룹은 여덟
개의 블록을 포함하고 있습니다. 두 그룹의 유일한 차이
점은 블록의 입력 파라미터가 다르게 설정되어 있다는
것입니다.

앞 절에서 만들었던 서로 다른 마이 블록 두 개를 대신
해서 단 하나의 마이 블록으로 만들 수 있습니다. 이 마이
블록은 입력 파라미터를 이용하여 로봇이 오른발과 왼발
중 어떤 발을 내딛을지 선택할 수 있습니다.

이 두 개의 동일한 마이 블록을 메인 프로그램에 넣어
두고 각 마이 블록에 다른 입력을 설정합니다. 한번 시도
해 봅시다.

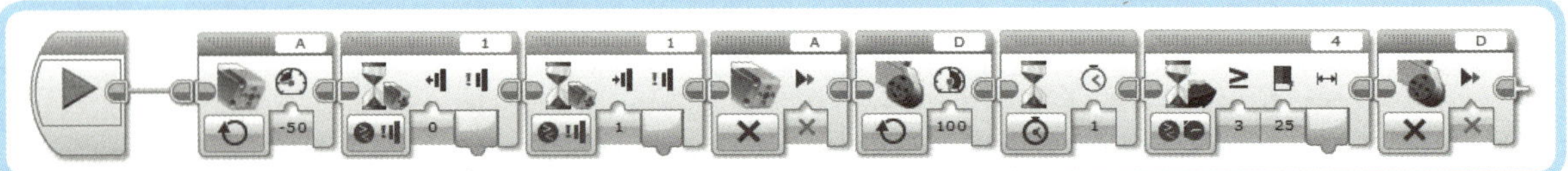

■ **그림 10-7** RightStep 마이 블록의 내용

1. **프로젝트 속성**으로 가서 **프로그램** 탭을 선택하고 앞서 만든 BP_EDIT 프로그램을 복사하여 붙여넣기 한 다음, 복사본의 이름을 BP_EDIT_MB2라고 이름 붙입니다.

2. 그림 10-4(a)를 참고하여 루프 블록 안에 있는 첫 줄의 블록 여덟 개를 선택하고 **도구▶마이 블록 빌더**를 시작합니다. 그림 10-4(b)와 같은 다이얼로그가 나타납니다. 블록 이름 영역에 'Step'을 입력하고 두 개의 라지 모터 그림이 있는 아이콘을 선택합니다.

   이제 **파라미터 추가** 버튼을 클릭합니다. 이 버튼은 둥근 원 안에 덧셈 기호가 있는 것처럼 생겼습니다. 블록 미리보기는 그림 10-8처럼 같이 보여야합니다.

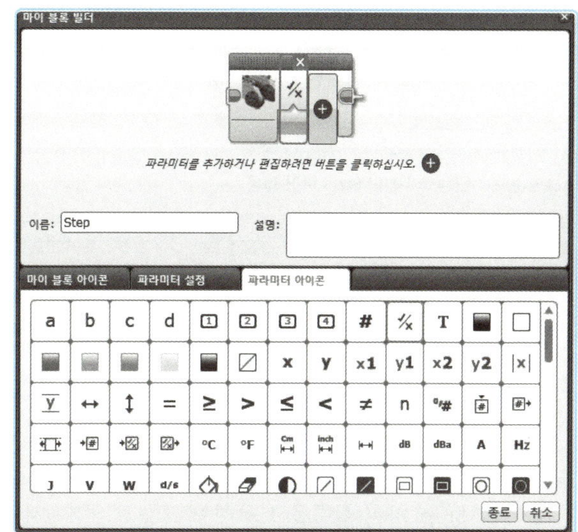

■ **그림 10-9** 마이 블록 빌더 도구 파라미터 아이콘 변경 방법

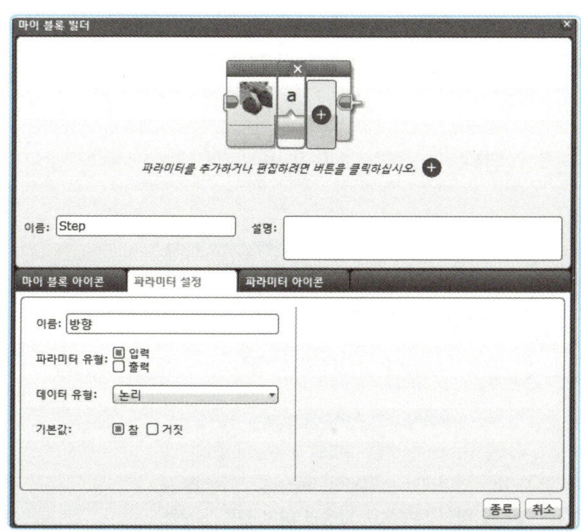

■ **그림 10-8** 마이 블록 빌더 도구로 '입력' 설정하는 법

3. **파라미터 설정** 탭으로 가서 파라미터 이름에 '방향'이라고 적어 놓습니다. 파라미터 유형은 **입력**으로, 데이터 유형은 **논리**로 설정합니다. 기본값은 **참**으로 둡니다.

4. **파라미터 아이콘** 탭으로 가서, 그림 10-9와 같이 맨 윗줄 오른쪽에서 네 번째 아이콘(참/거짓 기호 아이콘)을 선택합니다.

5. **종료** 버튼을 눌러 'Step' 마이 블록을 프로그램에 추가합니다.

6. 루프 블록 안에 남아 있는 블록 여덟 개를 삭제하고, 루프 블록 안에 'Step' 마이 블록 하나만 남겨 놓습니다.

7. 'Step' 마이 블록을 복사하려면 컨트롤(Ctrl) 키를 누른 채로 'Step' 마이 블록을 선택하고 드래그합니다. 그 다음 다른 블록 옆에 떨어트립니다. 이제 첫 번째 블록의 입력을 **참**으로, 두 번째 블록의 입력을 **거짓**으로 설정해서 하나의 동일한 마이 블록을 이용하여 한 쪽에서 다른 한쪽으로 무게 이동하는 데 사용합니다. 작성한 프로그램은 그림 10-10과 같습니다.

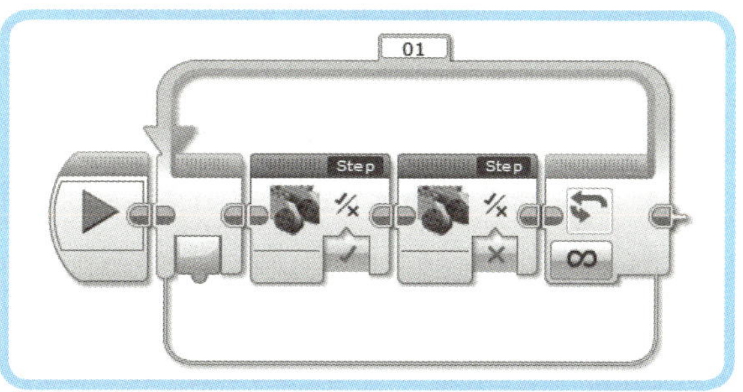

■ **그림 10-10** 두 개의 마이 블록을 각기 다른 파라미터로 설정하여 완성한 BP_EDIT_MB2 프로그램

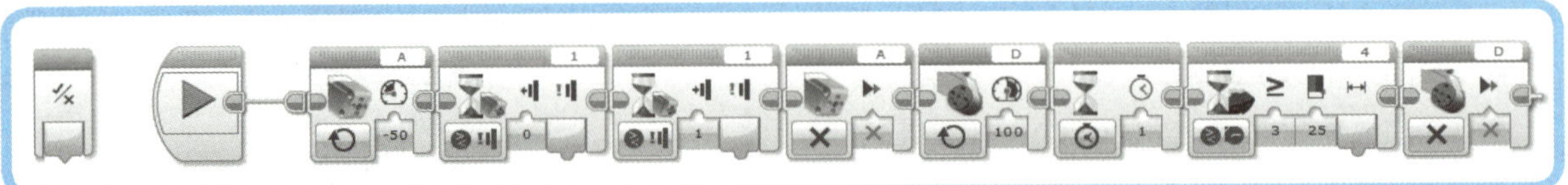

■ **그림 10-11** 완성되기 전의 Step 마이 블록

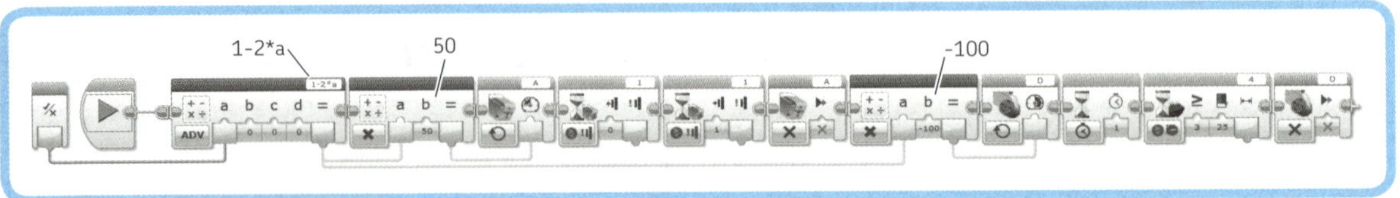

■ **그림 10-12** 완성된 Step 마이 블록

8. 아직 'Step' 마이 블록을 사용하여 프로그래밍을 완료하지 못했습니다. 마이 블록의 입력이 마이 블록 내부 시퀀스에 있는 블록에 연결되지 않았기 때문입니다. 마이 블록을 편집하려면 두 마이 블록 중 하나를 더블 클릭합니다. 마이 블록이 열리면 그림 10-11과 같이 보입니다. 보다시피, 방향 입력단에 데이터 와이어가 아직 연결되어 있지 않습니다.

9. 그림 10-12와 같이 수학 블록 세 개를 추가합니다. 첫 번째 블록을 고급 모드로 두고 방정식 입력창에 1-2*a라고 입력합니다. 이 블록은 논리값 참을 -1(1 - 2 × 1 = -1)로 변환하고 거짓은 1(1 - 2 × 0 = 1)로 변환합니다. 이 기능은 '방향' 입력 파라미터에 따라 모터의 회전 방향을 변경하는 데 필요합니다.

10. 두 번째와 세 번째 수학 블록을 곱하기 모드로 두고 입력 b를 각각 50과 **-100**으로 설정합니다.

11. 마이 블록의 방향 입력단을 첫 번째 수학 블록의 입력 a로 연결합니다.

12. 그림 10-12에 보이는 것처럼 첫 번째 수학 블록의 출력으로부터 다른 수학 블록의 입력 a로 데이터 와이어를 연결하고 이 수학 블록들의 출력을 미디엄 모터 블록과 라지 모터 블록에 연결합니다.

13. 이제 메인 BP_EDIT_MB2 프로그램으로 가서 프로그램을 실행하고 로봇 동작을 확인해봅니다.

마이 블록 입출력 자동 추가하기

이제 마이 블록 도구를 사용하여 마이 블록을 새로 만들 때 입력과 출력을 자동으로 추가하는 방법을 배워보겠습니다.

1. 'Step' 마이 블록을 열고 고급 모드로 설정되어 있는 첫 번째 수학 블록을 선택합니다.

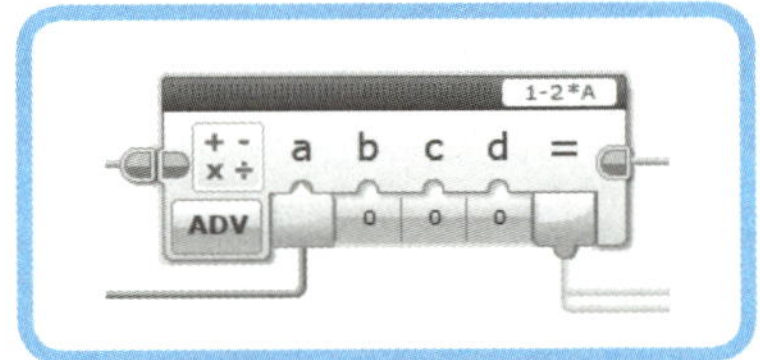

■ **그림 10-13** 선택된 블록의 입력단과 출력단에 데이터 와이어가 연결되어 있습니다. 이 선택된 블록을 마이 블록으로 만들면 마이 블록 도구는 입력단과 출력단을 자동으로 추가합니다.

2. 이제 마이 블록을 생성하기 위해 마이 블록 빌더 도구를 열어 봅니다. 입력이나 출력에 데이터 와이어가 연결되어 있는 블록을 선택하면, 마이 블록 빌더 다이얼로그는 데이터 유형에 맞는 입력단과 출력단을 자동으로 생성합니다.

3. 그림 10-14에 보이는 것과 같이 마이 블록 아이콘을 변경하고 마이 블록 이름을 'LogicToSign'이라고 입

력합니다. 마이 블록 빌더 도구가 마이 블록에 논리
형 입력과 숫자형 출력을 이미 설정하였습니다.

입력 이름을 '입력'으로 출력 이름을 '결과'로 변
경합니다. 기본값은 **참**으로 두고 파라미터 아이콘은
그림 10-14에 있는 마이 블록 미리보기에 보이는
것처럼 변경합니다.

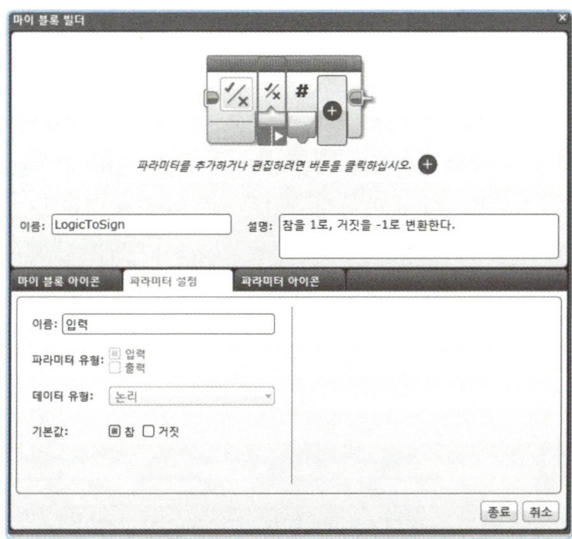

■ **그림 10-14** 마이 블록에서 자동 할당된 입력과 출력 설정하기

4. **종료** 버튼을 눌러 마이 블록을 생성합니다. 완성된
   마이 블록은 그림 10-15와 같습니다.

■ **그림 10-15** Step 마이 블록
의 일부인 LogicToSign 마이
블록

5. 이제 BP_EDIT_MB2 프로그램을 다시 한번 실행시
   켜서 이전처럼 모든 것이 잘 동작하는지 확인해 보
   세요.

마이 블록 부가 설정

마이 블록 빌더 도구는 파라미터를 추가하고 제거하는
기능 외에도 파라미터의 순서를 바꾸는 기능을 제공합니
다(그림 10-16(a)). 또한 그림 10-16(b)에 보이는 것처럼
숫자 입력을 세 가지 스타일(텍스트 입력, 수평 슬라이더, 수직
슬라이더) 중에 하나로 선택할 수 있습니다.

슬라이더 스타일 입력에 최댓값과 최솟값을 설정할
수 있습니다. 그림 10-16은 사용가능한 모든 데이터 유
형의 입력과 출력이 포함된 가상의 마이 블록을 보여줍
니다.

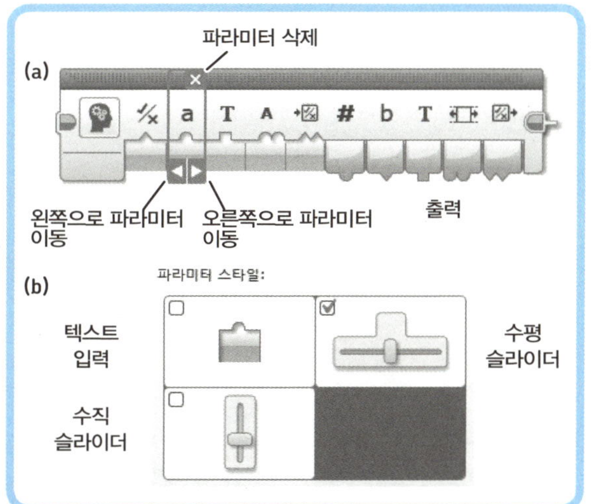

■ **그림 10-16** 마이 블록 빌더 도구 파라미터 삭제 및 순서 변경 기능(a)과
숫자 입력 스타일 변경 기능(b)

> **NOTE** 마이 블록이 생성될 때 사용한 일반 블록들은 마이 블록으
> 로 대체됩니다. 프로그램의 상태를 보존하려면 이전 블록을 대체
> 하지 않고 작업해야 합니다. 이를 위해 마이 블록을 생성하는 데
> 임시 프로그램을 이용할 수 있습니다. 대안은 마이 블록을 생성한
> 뒤 '실행 취소' 기능을 사용하여 마이 블록으로 대체 했던 이전 블
> 록들을 다시 프로그램으로 가져다 놓는 것입니다. 실행 취소를 하
> 더라도 마이 블록은 프로젝트에 계속 남아 있습니다.

고급 프로그램 작성

'로봇 구동과 문제 해결'에서 설명했던 것과 같이 로봇을 정확하게 동작시키기 위해서는 상체가 지면과 수직하게 위치하였는지, 터치 센서는 모두 해제된 상태인지, 양 발이 모두 땅을 딛고 있는지 확인해야만 합니다.

이번 절에서는 프로그램이 처음 동작할 때 무게중심이 정확한 곳에 자동으로 위치하도록 만드는 초기화 루틴 작성법을 소개할 예정입니다.

이 프로그램을 작성하려면 ResetBody 마이 블록을 만들어 루프 블록 이전에 메인 프로그램이 시작하는 곳에 추가해야 합니다. 그다음 Step 마이 블록을 수정하여 막다른 길에서 로봇이 항상 같은 방향으로 회전하게 만들어 빠져나갈 수 있도록 하겠습니다.

ResetBody 마이 블록

ResetBody 마이 블록은 프로그램 맨 앞에 위치하게 됩니다(그림 10-17). 이 마이 블록이 동작하는 원리는 다음과 같습니다.

- 터치 센서-비교-상태 모드로 설정된 스위치 블록① 은 터치 센서 눌림 여부를 체크합니다.
- 터치 센서가 눌리지 않았다면 프로그램은 메인 루프 블록에서 계속 반복 수행됩니다. 터치 센서가 눌렸다면 무게중심이 한쪽으로 완전히 이동되어 있다는 것은 알 수 있지만 어느 쪽으로 무게중심이 이동되었는지 알 수 없기 때문에 보행 시퀀스를 바로 시작할 수는 없습니다.

만약 메인 루프가 시작되기 전에 터치 센서를 해제하지 않으면, Step 마이 블록(그림 10-12)은 A 모

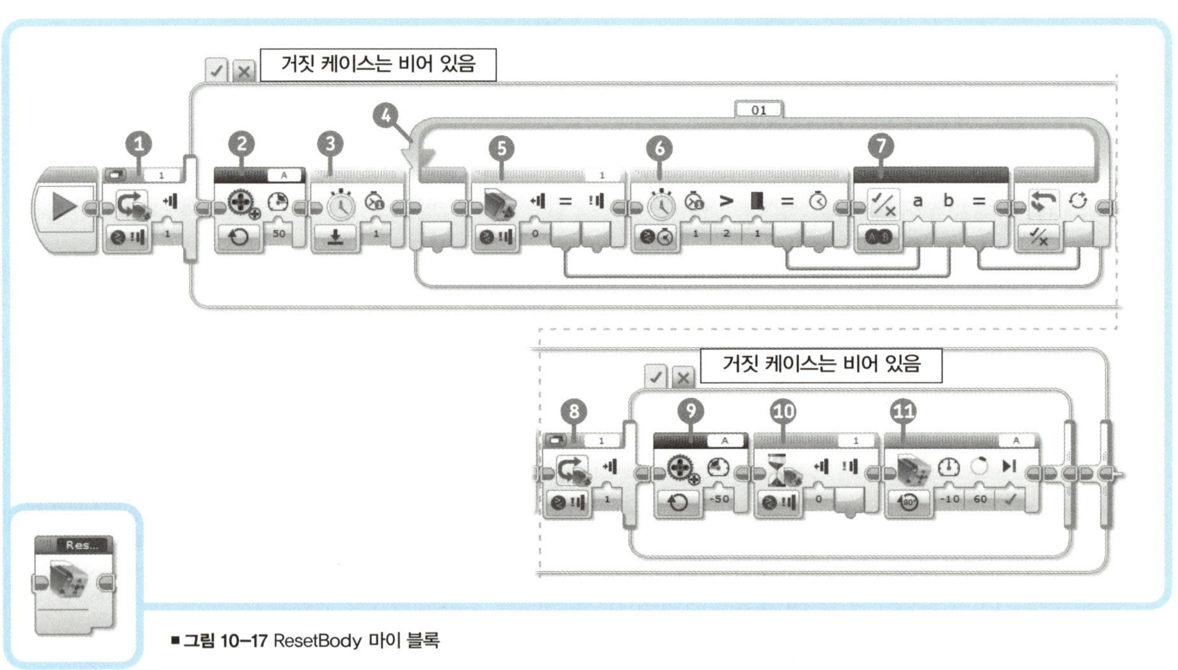

■ **그림 10-17** ResetBody 마이 블록

터를 동작시키고, 프로그램은 첫 번째 대기 블록에 걸려서 터치 센서가 해제되기를 기다립니다.

이 경우에 모터는 무게 이동을 시도하지만 이미 한계에 도달해 있기 때문에 기계 구조가 스트레스를 받아 기어가 풀리거나 심지어 분해되기도 합니다. 이런 잠재적인 문제를 피하려면 터치 센서를 해제하는 방향으로 무게중심을 이동시킬 필요가 있습니다.

- 스위치 블록 안에는 비조정 모터 블록②이라는 새로운 고급 블록이 들어 있습니다. 이 블록은 모터의 속도를 조정하지 않고 모터를 특정 파워로 동작시킵니다. 미디엄 모터 블록 대신 이 블록을 사용하여, 만약 모터가 고착되더라도 내부 제어기는 모터에 공급하는 파워를 헛되이 증가시키지 않습니다. (모터에 전원이 공급되지만 고착되어 움직이지 않는다면 모터는 과온 상태가 되며 배터리를 매우 빨리 소모시킵니다.)

- 비조정 모터 블록 뒤에 초기화 모드로 설정된 타이머 블록③이 놓여 있습니다. 이 블록은 타이머를 초기화하고 그 이후로 흘러간 시간을 측정할 수 있습니다.

- 타이머 블록 뒤에 있는 루프 블록④은 터치 센서가 해제되거나 특정 시간이 지날 때까지 대기합니다. 두 가지 조건 중 하나만 만족하더라도 다음 블록으로 시퀀스가 진행됩니다.

- 루프 블록은 터치 센서 블록의 출력⑤(비교 모드)과 타이머 블록의 출력⑥(비교 모드)을 지속적으로 체크합니다. 터치 센서 블록의 출력이 '참'이 되거나 타이머 블록의 출력이 '참'(1초가 지났다는 뜻)이 되면 루프 블록이 종료됩니다.

- 모터가 로봇 무게중심을 중앙으로 이동시키지 않고 어느 한쪽으로 이동시키려고 한다면 센서는 계속 눌린 채로 있게 되므로 모터는 이내 동작을 멈추게 되며 이로 인한 심각한 기계적 스트레스를 피할 수 있습니다.

- 이 두 개의 논리 조건이 Or(논리 합) 모드로 설정된 논리 연산 블록⑦으로 결합됩니다.

- 프로그램의 이 지점에서, 만약 모터가 터치 센서가 해제되는 방향으로 회전한다면 무게는 거의 수직으로 위치하게 되고 터치 센서는 해제됩니다.

그러나 모터가 반대로 회전하여 한계를 넘는 방향으로 무게중심을 이동시키려 한다면 터치 센서는 여전히 눌린 채로 있게 됩니다. (터치 센서가 눌렸다는 사실은 무게중심이 완전히 이동했는지를 알려줄 뿐 어느 방향인지는 알 수 없습니다.)

스위치 블록⑧은 오직 참 케이스에만 블록을 담고 있습니다. 만약 터치 센서가 해제된다면 더 할 일은 없습니다.

- 만약 터치 센서가 눌리면 비조정 모터 블록⑨은 다른 블록②이 미디엄 모터 A를 돌리던 것과 반대 방향으로 모터를 돌리게 됩니다.

- 터치 센서-비교 모드로 설정된 대기 블록⑩이 터치 센서가 해제될 때까지 기다립니다. 앞에서 모터를 50으로 정회전시켰을 때 터치 센서가 해제되지 않았기 때문에 이 지점에서 모터를 -50으로 역회전시키면 무게는 확실하게 터치 센서를 해제하는 방향으로 이동합니다.

- 터치 센서가 해제되면 미디엄 모터 블록⑪이 모터를 정확한 각도로 회전시켜 상체를 지면과 수직한 중앙 위치로 옮겨 놓습니다.

이제 ResetBody 마이 블록을 만들어 봅시다. 새로운 임시 프로그램을 프로젝트에 추가하고 그림 10-17에 있는 시퀀스를 작성합니다. 숫자가 적혀 있는 순서대로 블록을 추가합니다. (센서 팔레트에 타이머 블록이 있고 데이터 연산 팔레트에 논리 연산 블록이 있습니다.)

추가가 완료되면 (모든 다른 블록을 포함하고 있는) 가장 외곽의 스위치 블록을 선택하고 마이 블록 빌더 도구를 사용하여 ResetBody라고 부르는 마이 블록을 생성합니다.

그림 10-17에 보이는 것과 같이 이 마이 블록에는 미디엄 모터 블록 아이콘이 표시됩니다. ResetBody 마이 블록을 생성하는 즉시 현재 프로그램에서 삭제하고 빈 프로그래밍 캔버스를 사용하여 Step 마이 블록의 수정 버전인 다음 마이 블록을 생성합니다.

보행을 위한 고급 마이 블록 생성

이제 수정된 버전의 Step 마이 블록을 생성하여 로봇이 항상 같은 방향으로 회전하도록 만들 예정입니다. 이 변경을 통해 로봇은 막다른 곳에서 빠져나오는 길을 찾을 수 있습니다.

BP_EDIT_MB2 프로그램으로 가서 Step 마이 블록을 더블 클릭하여 열어 봅니다. 시작 블록을 제외한 모든 블록을 선택하고 Ctrl+C(맥OS는 ⌘+C)를 눌러 선택한 블록들을 복사합니다.

그다음, 이전에 ResetBody 마이 블록을 만들 때 사용했던 빈 프로그램으로 돌아가서(아니면 새로 임시 프로그램을 생성하여) Ctrl+V(⌘+V)를 누르고 모든 블록을 '붙여넣기' 합니다.

모든 블록을 선택한 상태로 마이 블록 빌더 도구를 열고 다음과 같이 마이 블록을 설정합니다.

- 이름 란에 StepAdv라고 입력합니다.
- 라지 모터 두 개가 있는 그림을 아이콘으로 설정합니다.
- **파라미터 추가**를 클릭하고 **파라미터 설정** 탭으로 이동합니다.
- 파라미터 이름을 '방향'으로 입력하고 파라미터 유형은 **입력**으로, 데이터 유형은 **논리**로 설정하고 기본값은 **참**으로 설정합니다.
- **파라미터 아이콘** 탭으로 가서 화살표 두 개가 양 옆으로 나와 있는 아이콘(세 번째 줄, 왼쪽에서 두 번째 아이콘)을 선택합니다.
- **종료** 버튼을 클릭하여 마이 블록을 생성합니다.

이제 새로운 StepAdv 마이 블록을 더블 클릭하고 그림 10-18에서 보이는 것처럼 편집합니다.

1. '방향' 입력 블록에서 데이터 와이어를 드래그하여 LogicToSign 마이 블록 입력으로 연결합니다.
2. 시간 모드 대기 블록을 추가하고 '초' 입력을 0.2로 설정합니다.
3. 시간 모드 대기 블록과 적외선 센서 모드 대기 블록을 삭제하고 적외선 센서 – 비교– 근접감지 모드 스위치 블록을 추가합니다.
4. 스위치 블록의 거짓 케이스 안에 시간 모드 대기 블록을 추가하고 '초' 입력을 1로 설정합니다.
5. 초기화 모드로 설정한 타이머 블록을 추가하고 타이머 ID를 1로 설정합니다.
6. 사운드파일 재생 모드로 설정한 사운드 블록을 추가하고 기본 사운드를 선택하거나 사운드 편집기를 사용하여 새로운 사운드('꽥' 같은 거위의)를 생성합니다.
7. 켜짐 모드의 라지 모터 블록을 추가하고 파워를 −100으로 설정합니다.
8. 루프 블록을 추가하고 논리 모드로 설정하여 **논리형** 입력값을 받을 수 있도록 합니다.
9. 비교-근접감지 모드의 적외선 센서 블록을 추가하고 비교 유형을 **2보다 큼**으로, 경계값을 **30**으로 설정합니다.
10. 비교-시간 모드의 타이머 블록을 추가하고 타이머 ID를 1, 비교 유형을 **2보다 큼**, 경계값을 2(초)로 설정합니다.
11. And(조건) 모드의 논리 연산 블록을 추가합니다.
12. 9번과 10번 센서 블록에서 11번 논리 연산 블록으로 데이터 와이어를 연결합니다. 그 다음 논리 연산 블록의 출력에서 루프 제어 입력으로 데이터 와이어를 끌어다 연결합니다.

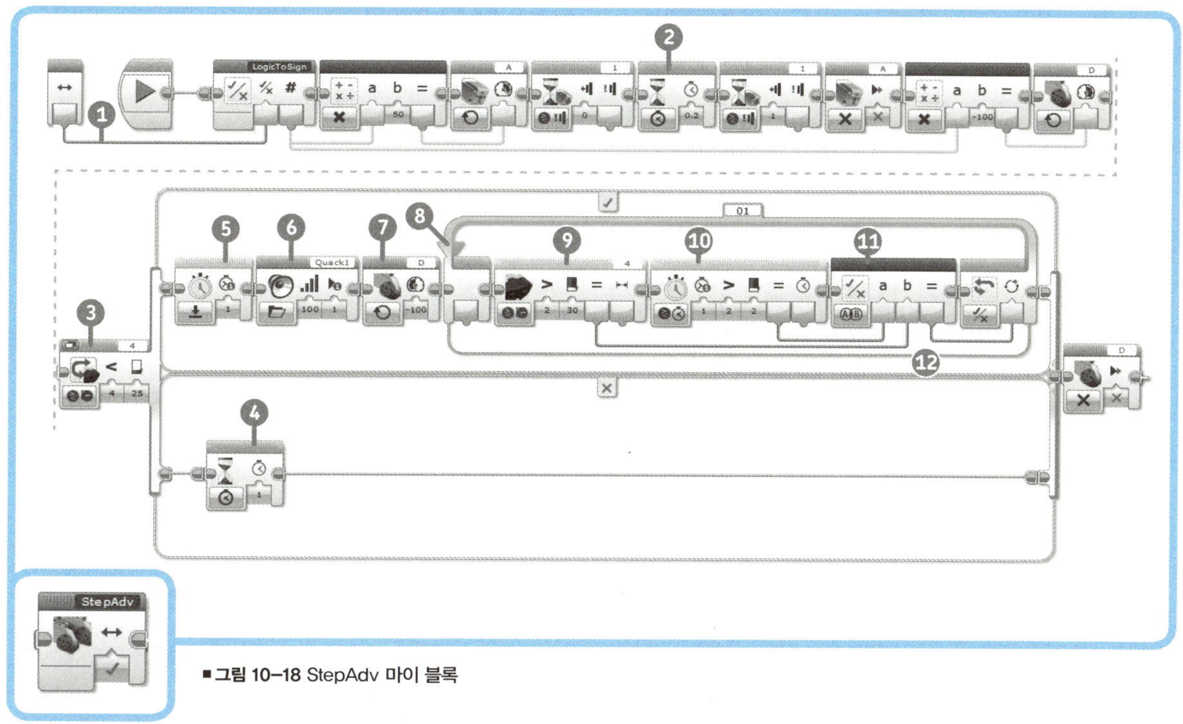

■ **그림 10-18** StepAdv 마이 블록

StepAdv 마이 블록과 Step 마이 블록의 차이점은 무엇일까요? 그림 10-18을 기준으로 이 둘을 분석해보겠습니다.

터치 센서 모드의 대기 블록들 사이에 시간 모드 대기 블록②을 집어넣었습니다. 또한 장애물을 감지하기 위해 적외선 센서 모드 대기 블록을 스위치 블록③으로 대체하였습니다.

만약 장애물이 없다면 프로그램은 1초(거짓 케이스의 대기 블록④)를 대기하고 라지 모터를 정지시킵니다(스위치 블록 다음의 마지막 블록).

만약 적외선 센서가 장애물을 감지하면, '참' 케이스에 들어 있던 블록들이 실행됩니다. 참 케이스에서 첫 번째 타이머 블록은 1번 타이머⑤를 초기화시키고, 사운드를 재생합니다⑥. 그다음 라지 모터가 최대 파워로 동작하여 ('방향' 입력값에 대한 고려 없이) 항상 같은 방향으로 로봇 발목을 회전⑦시킵니다.

이제 장애물을 만나면 로봇은 항상 왼쪽 방향으로 전환하기 때문에 로봇은 막다른 길에서 빠져 나오거나 코너를 돌아갈 수 있습니다.

발목을 회전시키는 라지 모터를 정지시키기에 앞서서, 적외선 센서 블록⑤의 근접감지 모드 값이 30% 이상이고, 타이머 블록⑩이 측정한 시간이 2초(타이머 블록⑤이 초기화시킨 1번 타이머가 잰 시간) 이상이 될 때까지 루프 블록⑧이 시퀀스를 반복 수행하며 대기하고 있습니다.

루프 블록 내부에 있는 적외선 센서 블록과 타이머 블록이 각각의 조건을 만족할 때까지 루프 블록이 반복 수행되어 프로그램은 다음 시퀀스(발목을 회전시키고 있는 라지 모터를 정지시키는 라지 모터 제어 블록)로 진행되지 않고 대기합니다.

센서 블록 두 개의 논리 출력값이 And(조건) 모드의 논리 연산 블록⑪에서 결합됩니다. 적외선 센서 블록의 근접감지 모드 출력값이 설정한 경계값보다 커지고 2초의 시간이 지나면 루프 블록은 반복을 중단합니다.

원래의 Step 마이 블록에서는 적외선 센서가 인접한 장애물을 발견하지 못하면 발목을 회전한 시간이 매우 짧더라도 바로 회전을 중단했습니다. 하지만 여기서는 타이머 블록을 추가하여 로봇이 최소 2초 동안 회전하도록 만들어 줍니다.

이로 인해 정해진 시간이 다 지나기 전에 이미 장애물에서 충분히 멀어졌다고 할지라도 발목은 회전을 계속합니다.

최종 거위 로봇 프로그램

ResetBody 마이 블록과 StepAdv 마이 블록을 다 만들었으면 임시 프로그램에 있는(그림 10-19의 마이 블록을 생성하고 프로그램을 작성했던) 모든 블록을 삭제합니다. 프로그래밍 팔레트 제일 오른쪽에 있는 청록색 탭에 마이 블록이 들어 있습니다.

첫 번째 StepAdv 마이 블록의 입력은 **참**으로, 두 번째 StepAdv 마이 블록의 입력은 **거짓**으로 설정해야 하는 것에 주의하세요. 프로그램 이름 탭을 더블 클릭하여 프로그램 이름을 'Wander'(순찰)라고 입력합니다.

그다음 프로그램을 실행시켜 테스트해 보세요. 거위 로봇은 나가서 임무를 수행할 준비가 되었습니다.

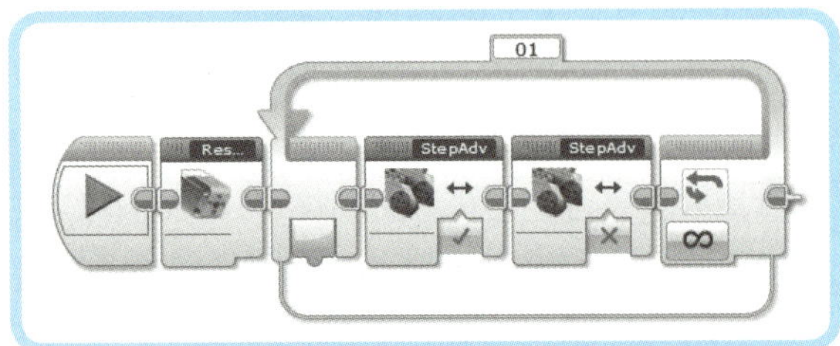

■ **그림 10-19**

논리 연산 블록

이 장에서 만든 프로그램은 (빨간색 상단의 데이터 연산 팔레트에 있는) 논리 연산 블록을 사용합니다. 이 블록의 입력값으로 논리 연산(표 10-1 참고)을 수행하고 그 결과를 출력값으로 내보냅니다. 입력과 출력은 오직 참과 거짓 값만을 사용합니다.

모드	입력	결과
And (조건)	A, B	A와 B 모두 참일 때만 참, 그 외는 거짓
Or (논리합)	A, B	A 혹은 B가 참이거나, 아니면 둘 다 참일 때 참, 그 외 둘 다 거짓일 때는 거짓
Xor (배타적 논리합)	A, B	A, B 둘 중 하나만 1일 때 참, 둘 다 1이거나 0일 때는 거짓
Not (논리 부정)	A	A가 참이면 거짓, A가 거짓이면 참

■ **표 10-1** 논리 연산

타이머 블록

센서 팔레트에 있는 타이머 블록을 이용하여 EV3 브릭 내부 시계에 접근할 수 있습니다. EV3 브릭은 밀리초 단위로 시간을 세며, 32비트 무부호 정수unsigned integer로 표현합니다.

EV3 브릭은 최대 $2^{32}-1$ 밀리초까지 셀 수 있으며 시간으로 표현하면 49일 17시간 2분 47.295초에 해당합니다. 타이머 블록은 이 내부 시계를 이용하여 독립적인 타이머를 여덟 개까지 제공합니다.

이 타이머를 사용하여 프로그램이 시작하거나 혹은 마지막으로 초기화된 이후로 지나간 시간을 초 단위로 확인할 수 있습니다. (StepAdv 마이 블록에서 했던 것처럼 초기화 모드 타이머 블록을 사용하여 특정 타이머의 시간을 초기화할 수 있습니다.) 비교 시간 모드에서는 경계값과 현재 타이머의 시간을 비교할 수 있습니다.

도전과제 10-1

두 번째 라지 모터를 장착하여 로봇 머리를 움직여 보세요. 무게가 늘어나 로봇의 무게중심이 틀어질 수 있으니 조심해야 합니다. 어떤 물체가 감지되면 머리를 움직이도록 프로그래밍해 보세요.

도전과제 10-2

로봇 거위가 선을 따라가도록 만들어 보세요!

155쪽의 8단계에서 조립했던 5M 빔에 컬러 센서를 부착합니다. 5M 빔이 항상 수직하게 유지되어 EV3 브릭이 어떤 방향으로 기울어지더라도 컬러 센서는 항상 아래쪽을 향합니다.

컬러 센서를 지면에서 1cm 정도 위에 띄워서 부착합니다. 브릭 프로그램 앱으로 프로그램을 작성하는 것이 쉽습니다.

우선 그림 10-1에 있는 프로그램에서부터 시작해 보세요. 시간 대기 블록을 삭제하고 적외선 센서를 이용한 대기 블록을 광센서의 반사광 강도를 이용하는 대기 블록 두 개로 대체하세요.

거위 로봇이 검은 선의 가장자리를 따라가게 만들려면 파라미터에 어떤 값을 넣어야 하는지 알려드리겠습니다.

더 깊게 파보기: 모터 속도 조정

비조정 모터 블록은 모터에 공급하는 파워를 조정하지 않고 그저 단순한 방법으로 모터를 동작시킵니다. 그래서 비조정 모터 블록으로 모터를 제어하면 마찰이 발생하거나 무거운 것을 들어올리는 경우처럼 모터축에 큰 저항이 걸리게 되어 모터가 이것을 감당하지 못하는 문제가 발생합니다.

비조정 모터 블록은 모터 축에 걸리는 저항에 따라 모터에 공급하는 파워를 자동으로 증가시키지 않고 일정하게 유지하기 때문입니다. 반면 다른 모터 블록은 모터에 공급하는 파워량을 가변하여 회전축에 저항이 작용하더라도 모터의 속도를 일정하게 유지합니다.

비례 적분 미분 제어기(PID: Proportional-Integrative-Derivative controller)가 이런 파워 조정 기능을 수행합니다. 이 제어기는 실제 모터 속도와 목표 속도의 차이가 거의 0에 가까워지도록 모터의 파워를 지속적으로 보정합니다. 현재 모터의 회전 속도는 모터에 내장된 회전 센서를 이용하여 측정합니다.

PID 제어기의 출력은 다음의 세 가지를 더한 값입니다. 현재 속도와 목표 속도와의 오차값에 비례하는 항목, 이 오차값을 미분한 것에 비례하는 항목(오차값이 얼마나 빨리 변하는지 측정하여 앞으로의 거동을 예측), 그리고 이 오차값을 적분한 것에 비례하는 항목(오차값을 누적하여 과거 거동을 관찰)입니다.

외부에서 저항이 가해져 모터의 축 속도가 느려지면, 실제 속도와 목표 속도의 오차는 증가합니다. 그러면 제어기의 출력도 같이 증가하여 모터는 충분한 파워를 공급받아 저항을 극복하고 모터의 속도가 다시 증가하여 목표 속도와의 오차가 줄어들게 됩니다.

이 장을 마치며

이 장에서는 좋은 하드웨어와 좋은 소프트웨어 설계를 결합하는 방법을 살펴보았고, 그 결과 오직 브릭 프로그램 앱만을 사용해서 거위 로봇을 프로그래밍할 수 있었습니다.

EV3 소프트웨어로 보다 고급의 프로그램을 작성하는 과정을 통해 마이 블록을 생성하고 설정하는 방법을 배웠고, 비조정 모터 블록의 목적과 논리 연산 그리고 타이머 블록의 사용법도 배웠습니다.

빨리
돌아 왔구나!
브라보!

이런 건 말씀하지
않으셨잖아요!

하하하!
자 EV3 과학자
공식 스웨터야!
그거 좀
별로던데요.
그거 계속
입고 있을 건 아니지?

아직 다친 데는
없잖아?
포기할거니?
그럴 리가요.

새 옷이 딱 맞는구나!

제자가 되어서 한 일이라고는 마루 청소, 깜깜한 데서 수수께끼 풀기, 깡통 로봇 뒤치다꺼리뿐이잖아요.
이런 것들을 네가 받아들일 수 있는지 확인해 본 것뿐이야.
그리고 내 옷에 뭐가 묻었지?
꼬마 도련님! 내 이마에 흉터는 어쩌다 생겼을 것 같니?
삐익!

그러니 이제 우는 소리는 그만 하자!

가운 내, 이제 뭔가 새로운 걸 만들 때가 됐어! 네가 원격 조종을 좋아하니 원격 조종되는 슈퍼카를 만들게 될 거야. 그건 정말 특별한 자동차야, 너도 알다시피...
SUPER가 아니라 SUP3R에요, 맞죠?
제법이구나, 어휘가 갈수록 좋아지고 있는데!

슈퍼카 조립

building the SUP3R CAR

이 장에서는 험악한 모습을 한 장갑차인 슈퍼카SUP3R CAR를 만들 예정입니다. 또한 편리하게 두 개의 조종간이 달려 있는 원격 조종기도 만들게 됩니다. 이 두 개의 모델이 그림 11-1에 나와 있습니다. 실제 뒷바퀴 굴림 방식 자동차처럼 슈퍼카의 앞바퀴는 조향을 맡고 뒷바퀴는 구동을 담당합니다. 이런 면에서 모터 두 개를 각각 다른 속도로 동작시켜 방향을 전환하거나 제자리에서 회전했던

로버ROV3R와는 다릅니다.

로버의 회전 반경은 0이 될 수도 있는 반면 슈퍼카는 더 큰 회전 반경이 필요합니다. 슈퍼카를 조향하는 데는 미디엄 모터 하나를 사용하고, 구동하는 데는 라지 모터 두 개를 사용합니다. 12장에서는 슈퍼카 프로그래밍에 대한 모든 것을 배울 예정입니다. 하지만 지금은 먼저 만드는 것부터 시작해 봅시다.

■ 그림 11-1 슈퍼카와 무선 조종기

본체 조립

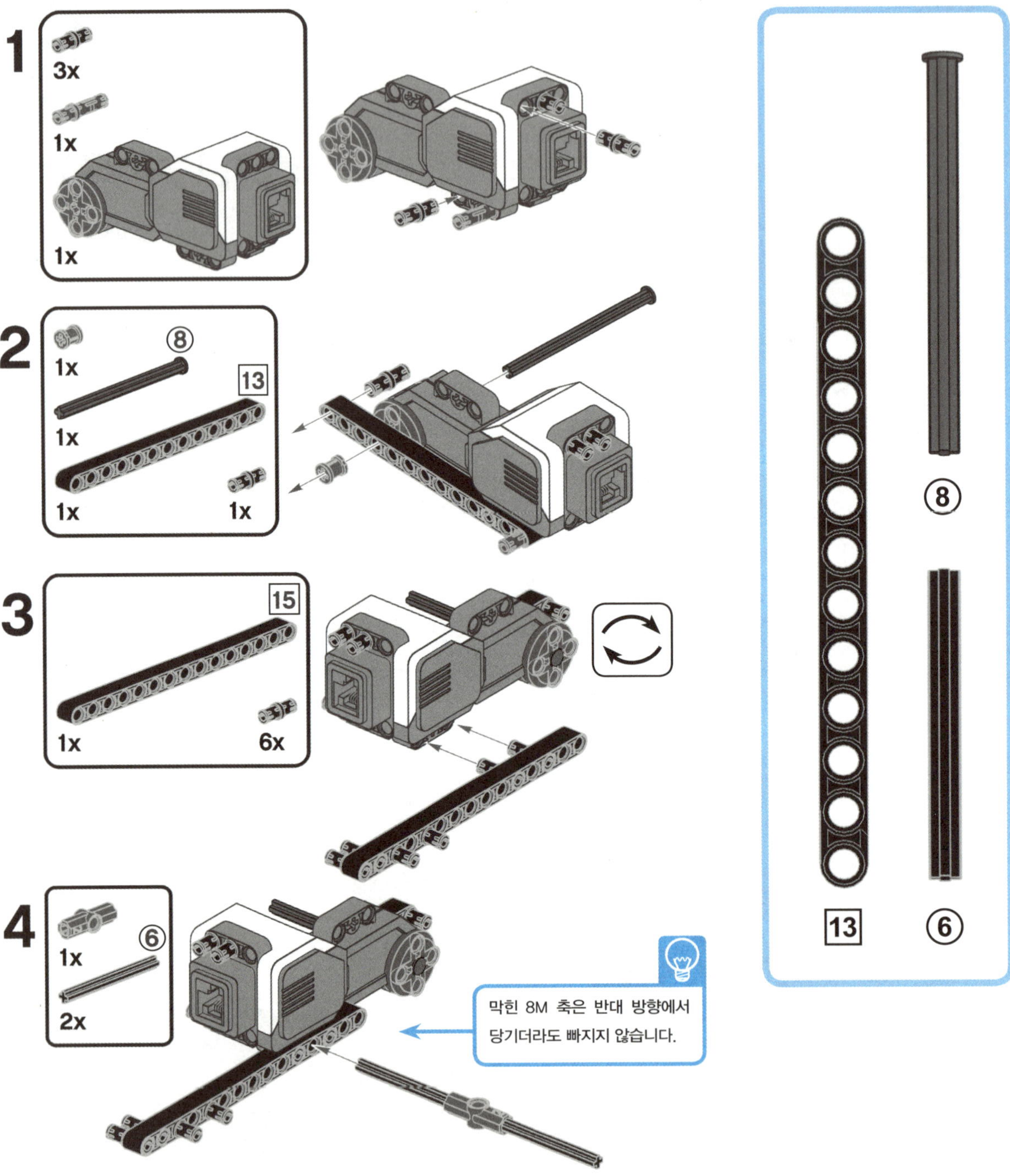

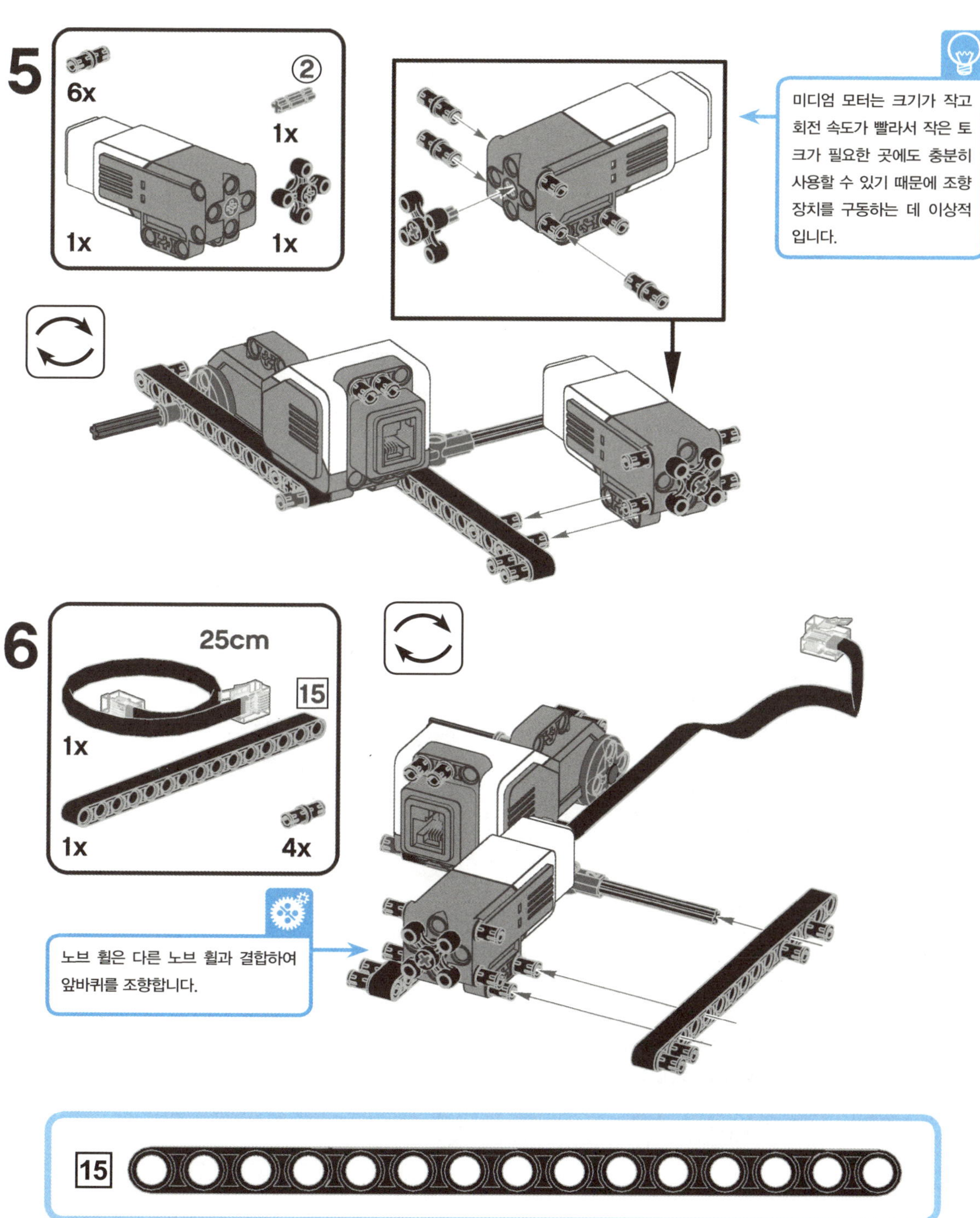

5
6x
1x
1x
1x
②
미디엄 모터는 크기가 작고 회전 속도가 빨라서 작은 토크가 필요한 곳에도 충분히 사용할 수 있기 때문에 조향 장치를 구동하는 데 이상적입니다.
6
25cm
15
1x
1x
4x
노브 휠은 다른 노브 휠과 결합하여 앞바퀴를 조향합니다.
15

7

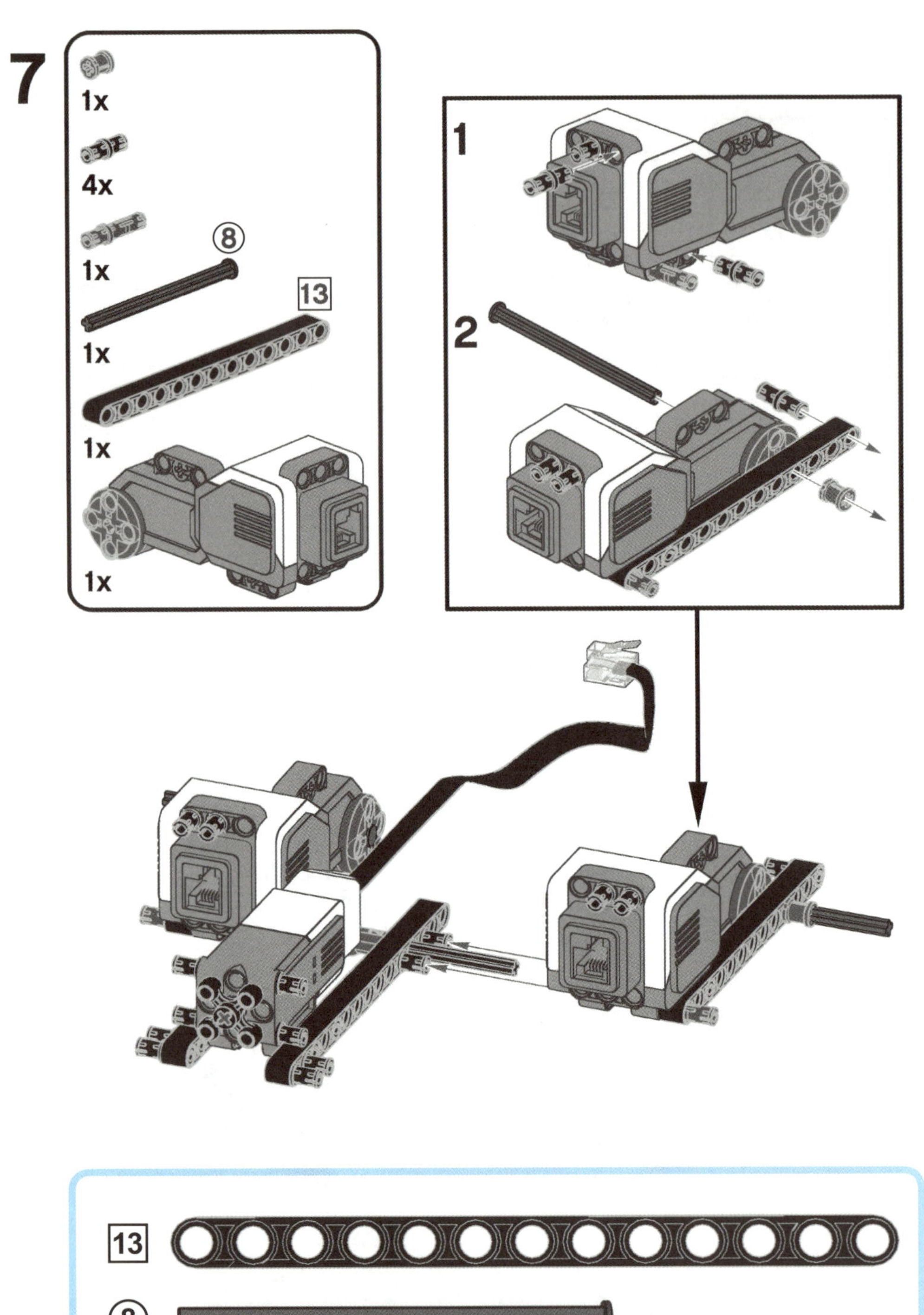

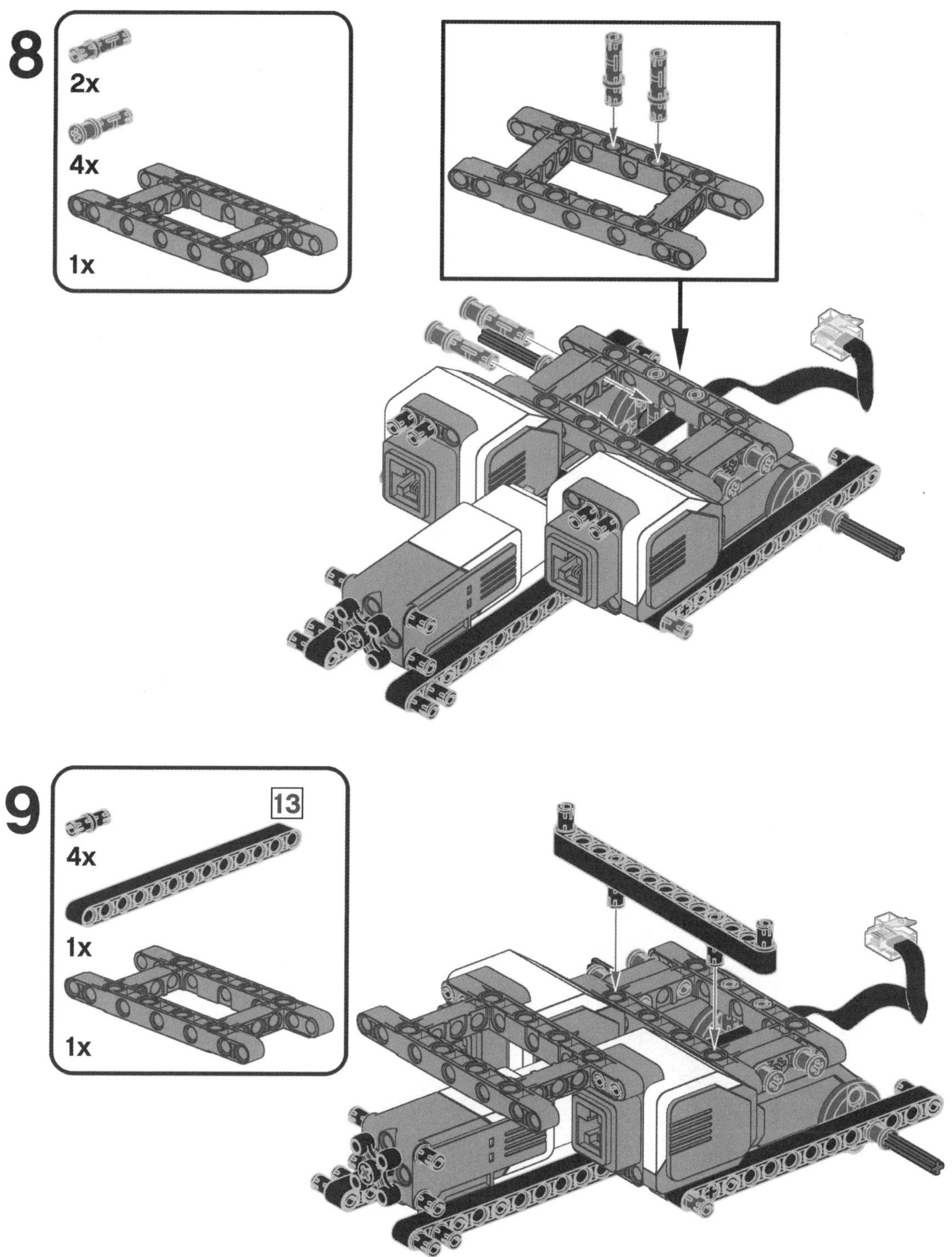

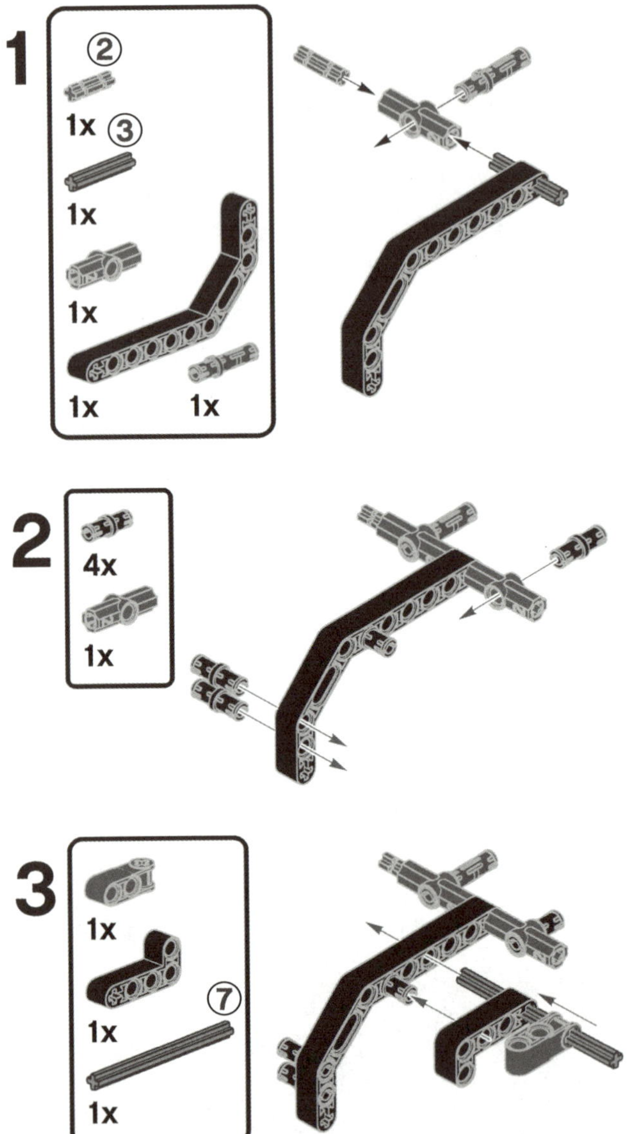

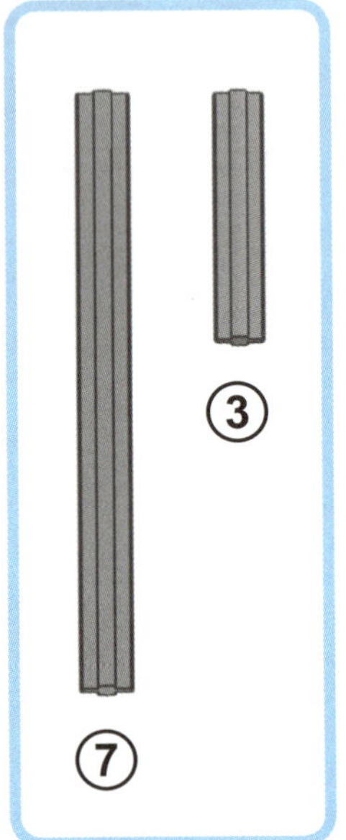

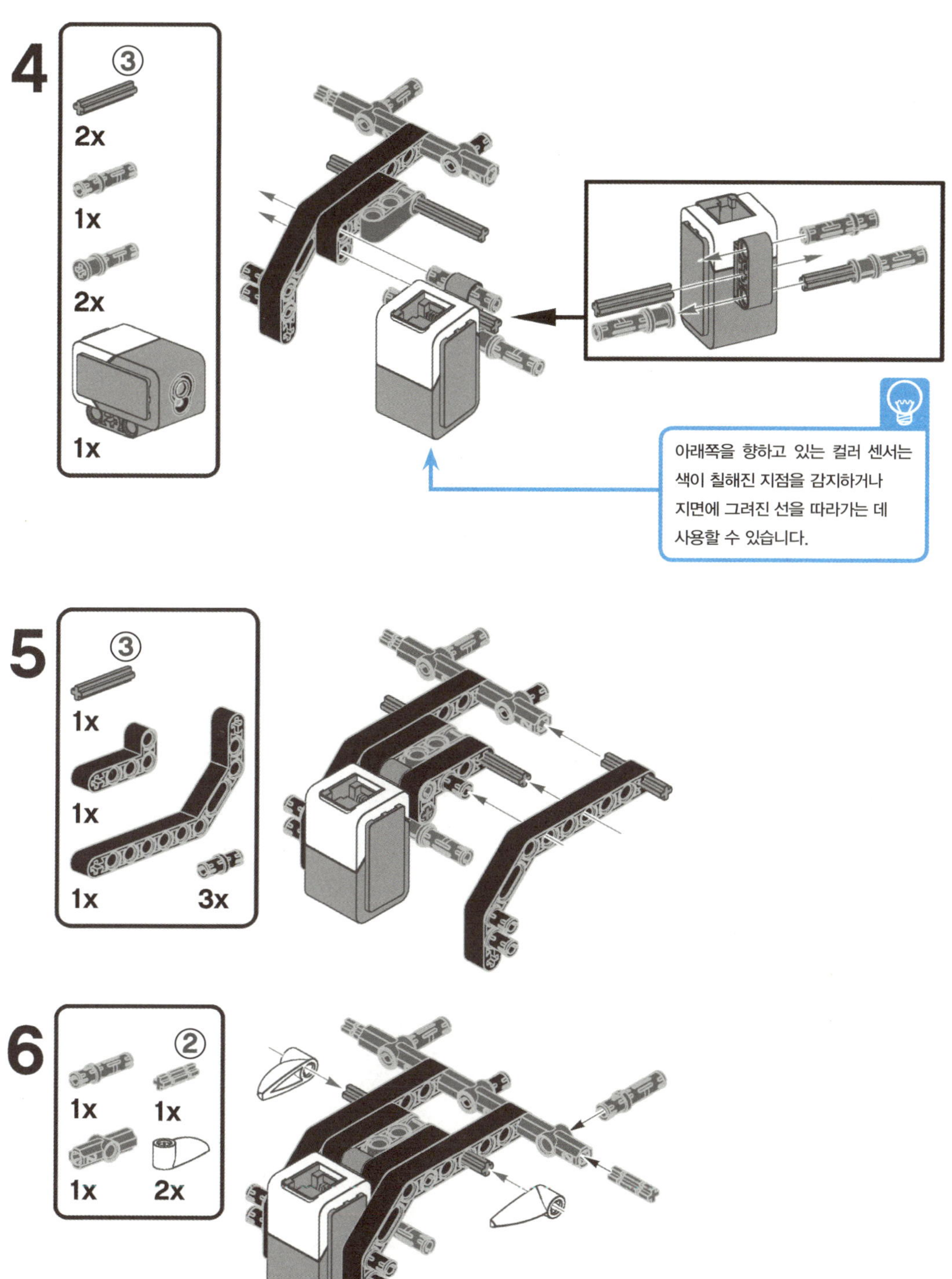

아래쪽을 향하고 있는 컬러 센서는
색이 칠해진 지점을 감지하거나
지면에 그려진 선을 따라가는 데
사용할 수 있습니다.

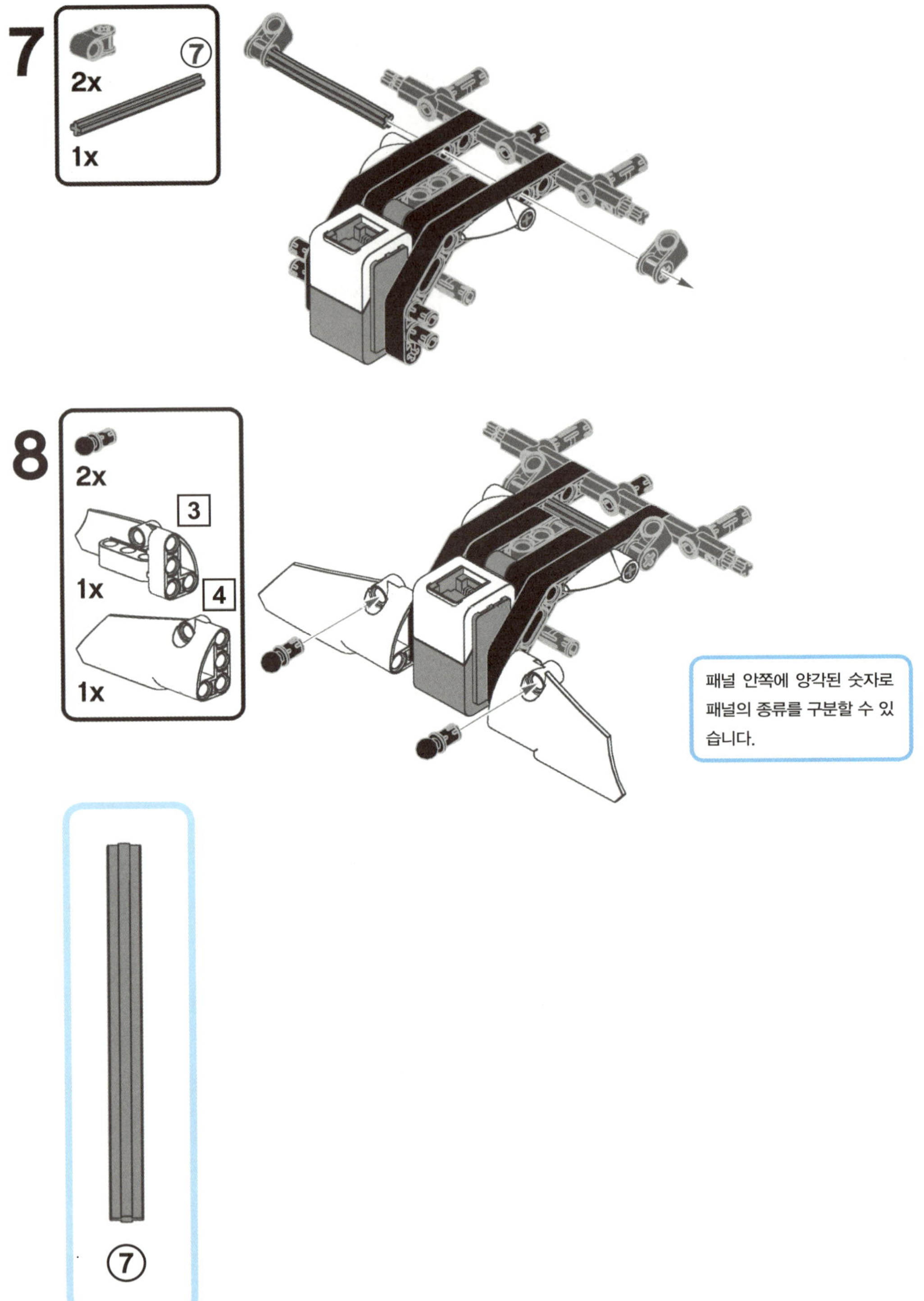

7
2x
1x
8
2x
3
1x
4
1x
패널 안쪽에 양각된 숫자로
패널의 종류를 구분할 수 있
습니다.
7

10

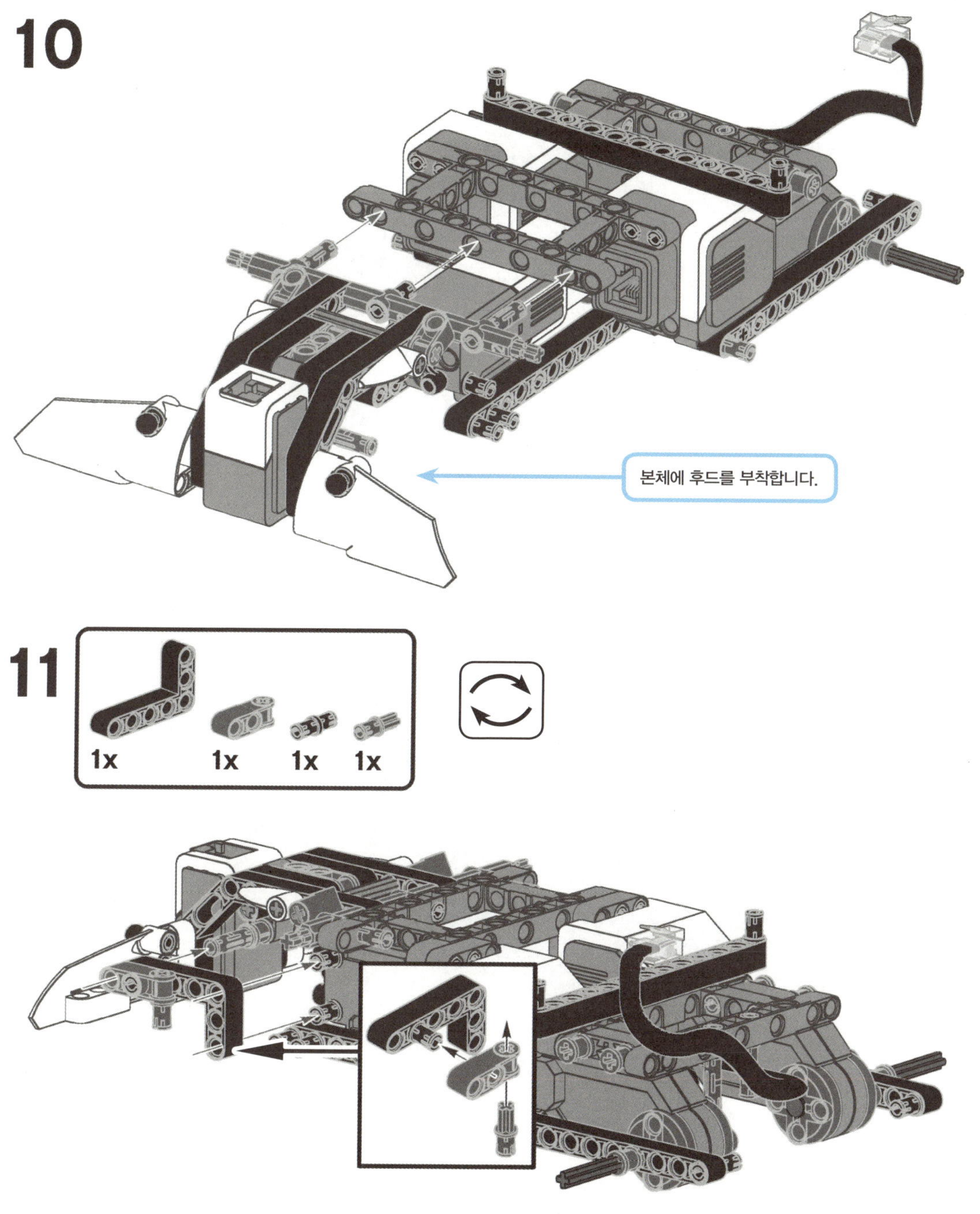

11

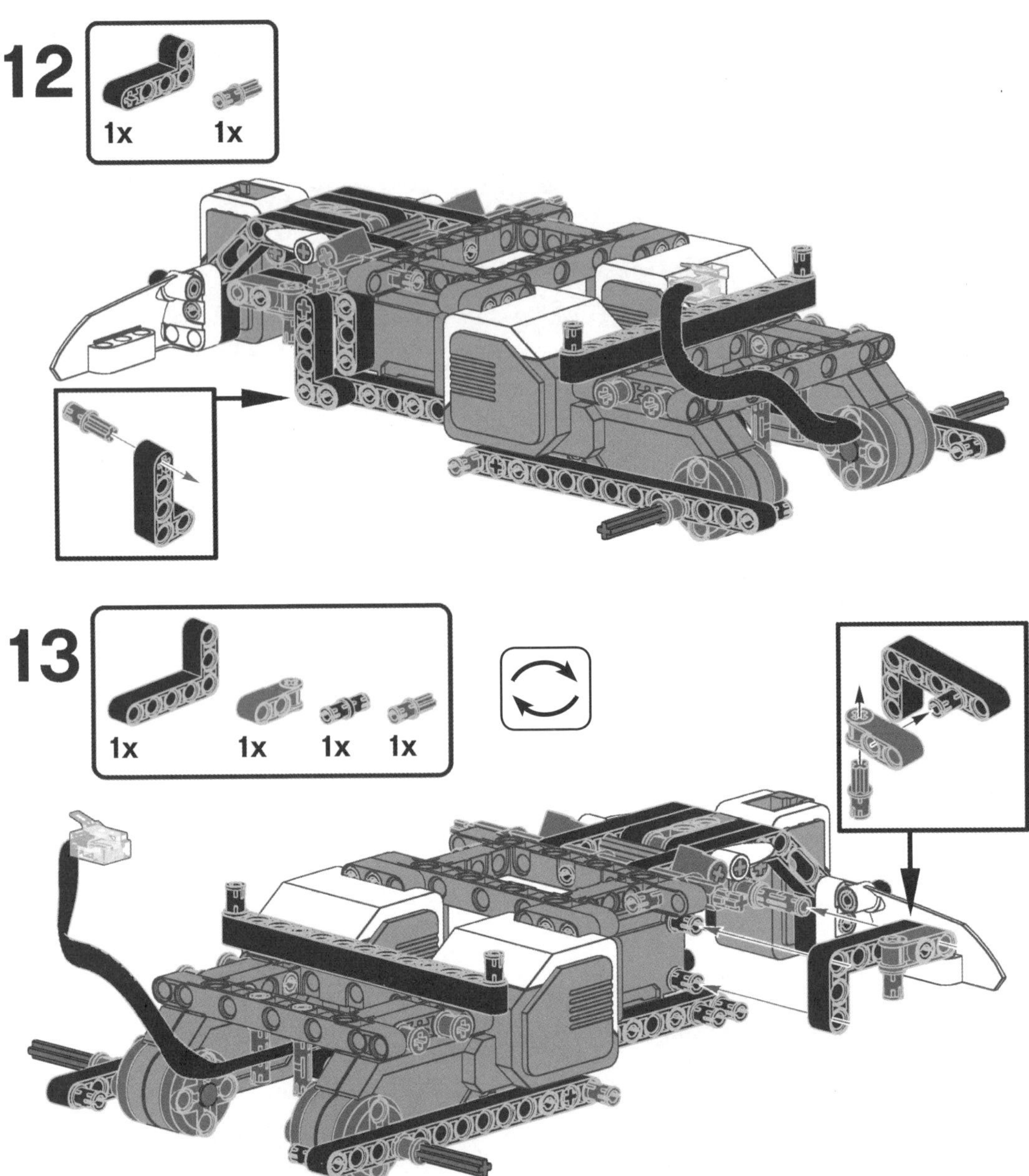

12
1x 1x
13
1x 1x 1x 1x

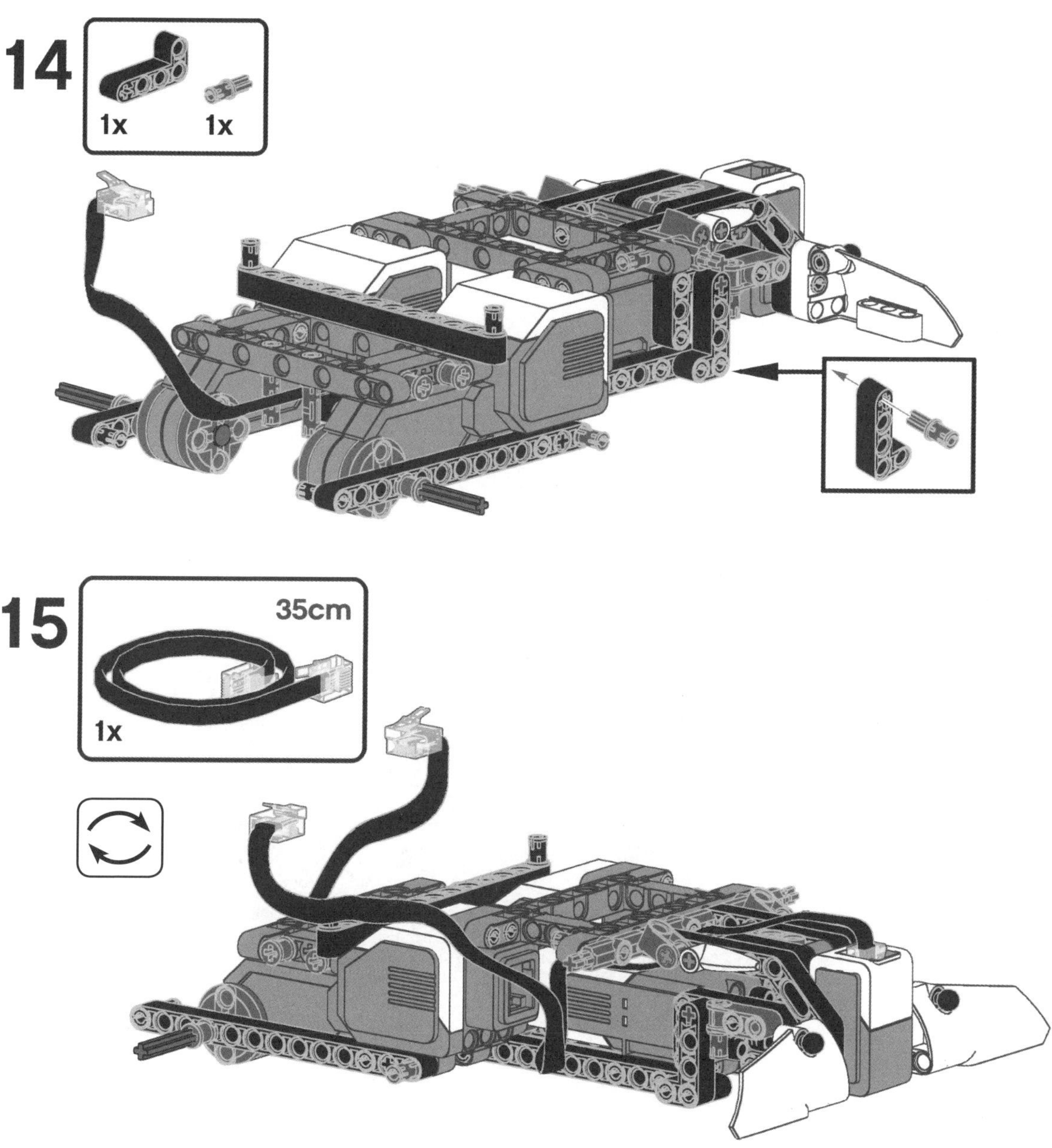

14
1x
1x
15
35cm
1x

16

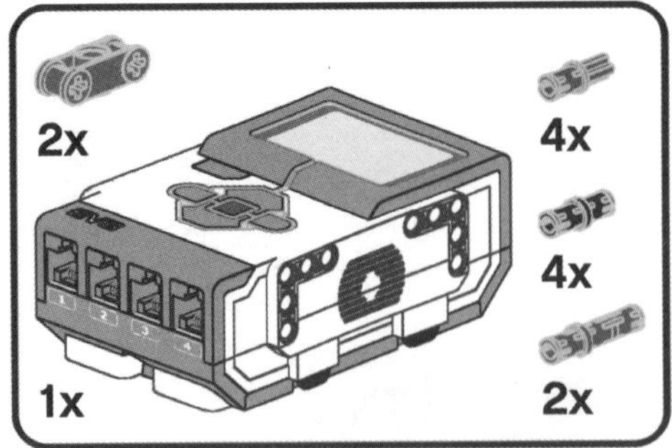

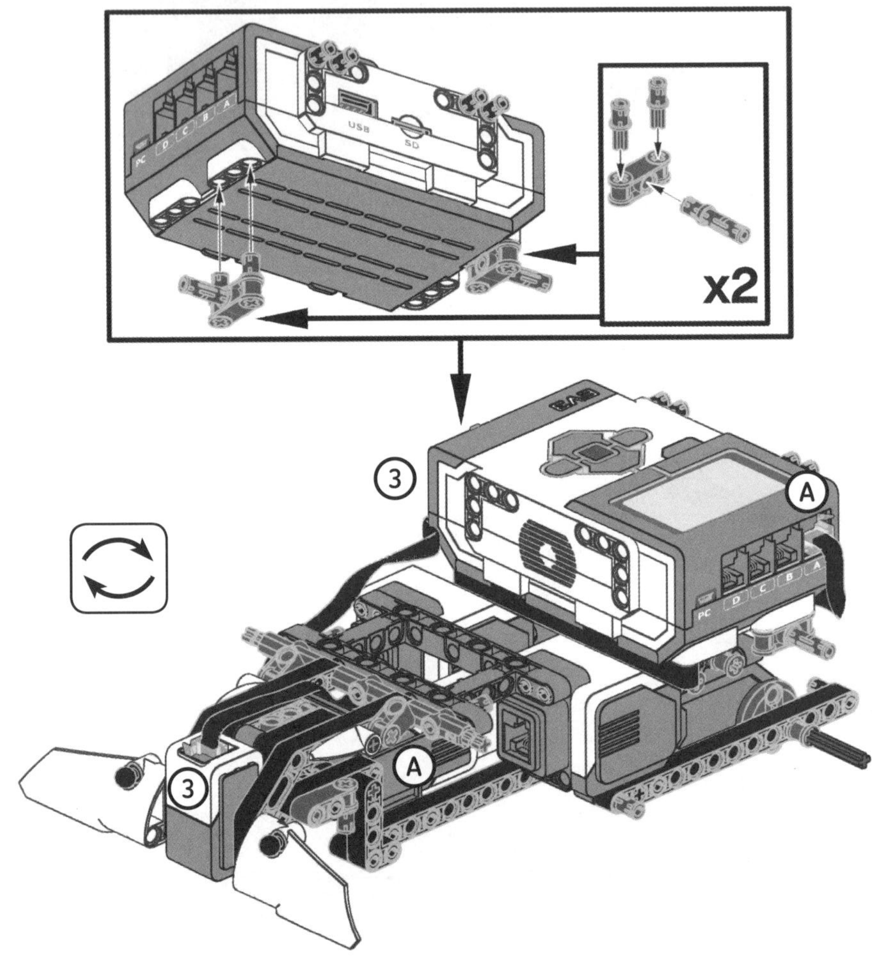

17

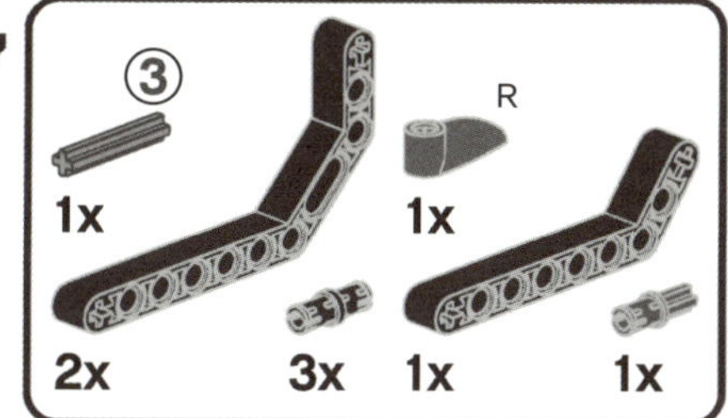

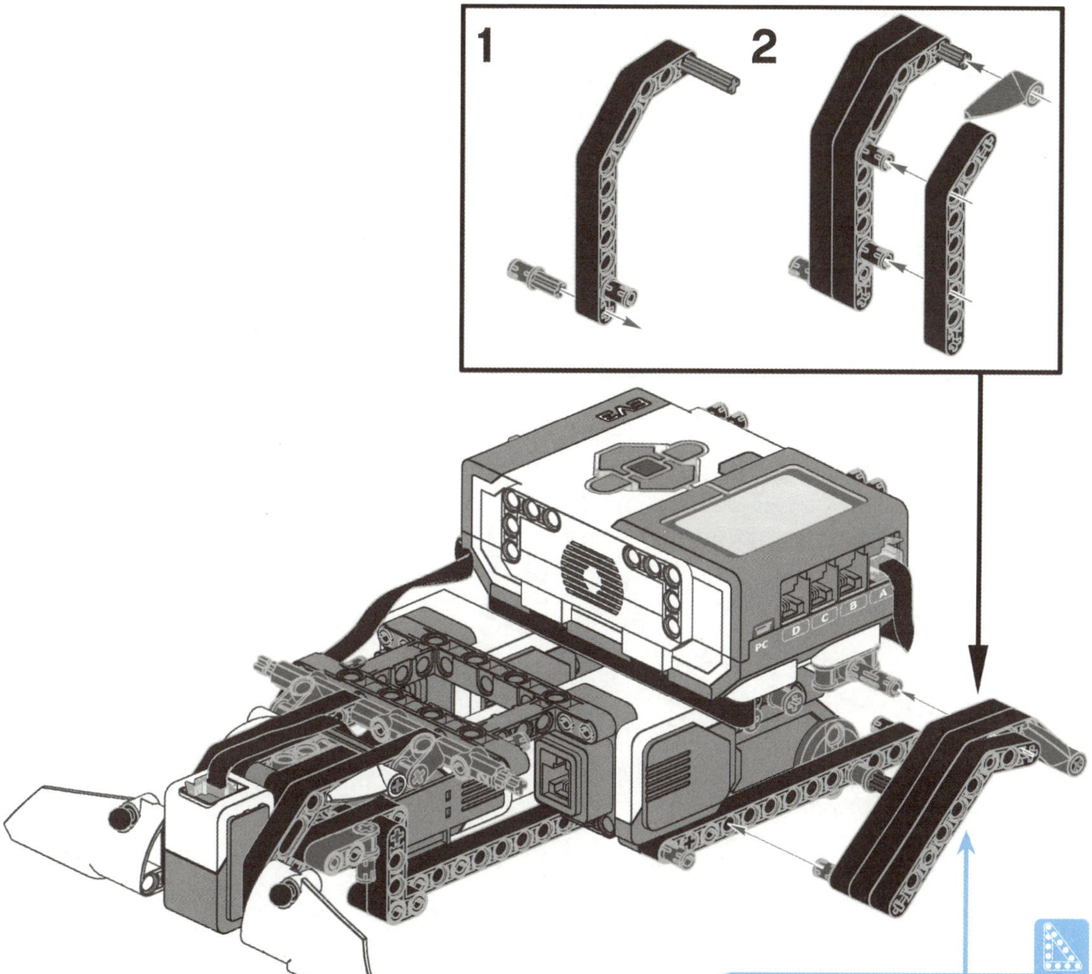

③ 1x
2x 3x 1x 1x
R

파란 3M 핀을 이중 각도 빔의 큰 슬롯(빔 중간
의 좌우로 입구가 넓은 구멍)에 끼웁니다.

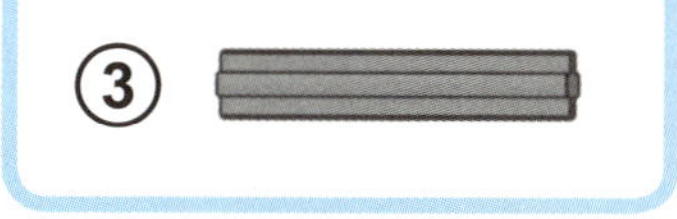

③

18

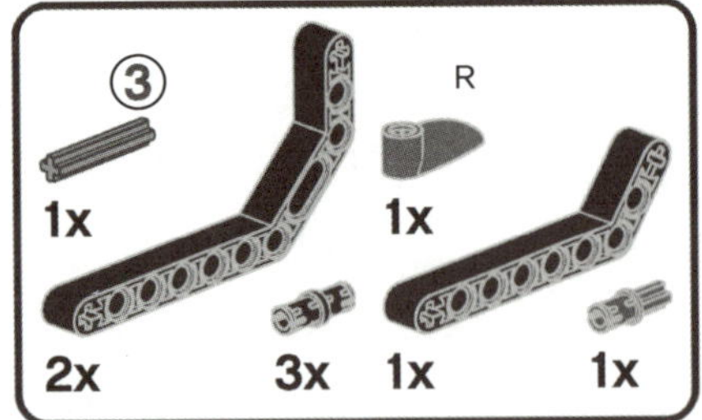

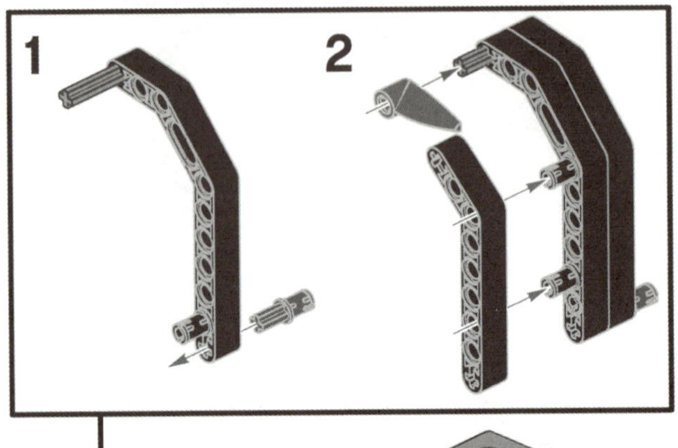

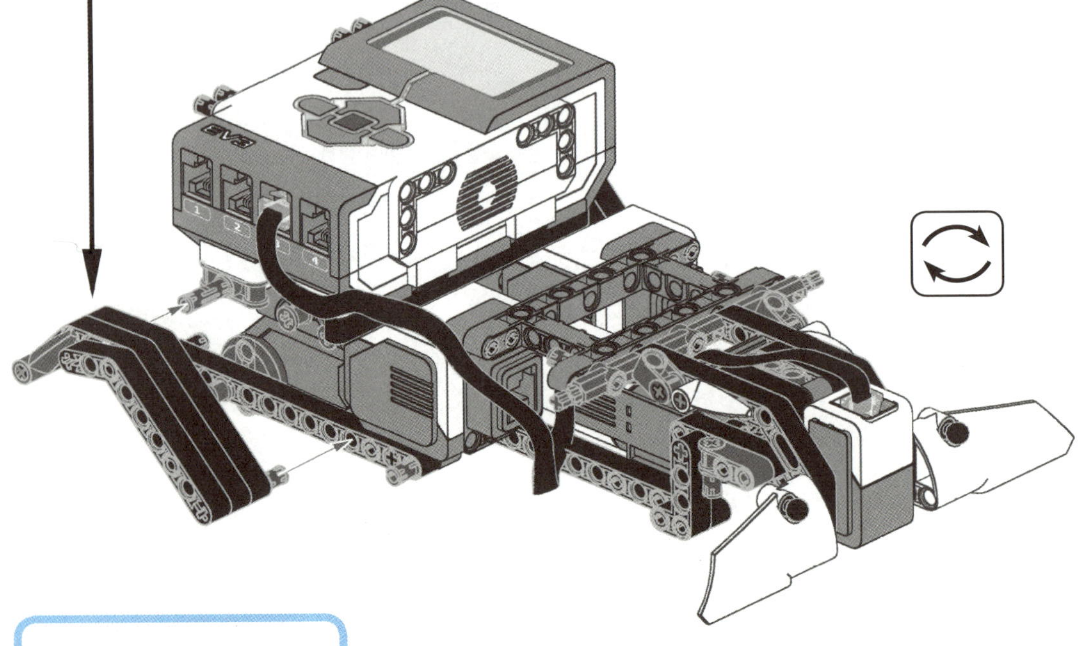

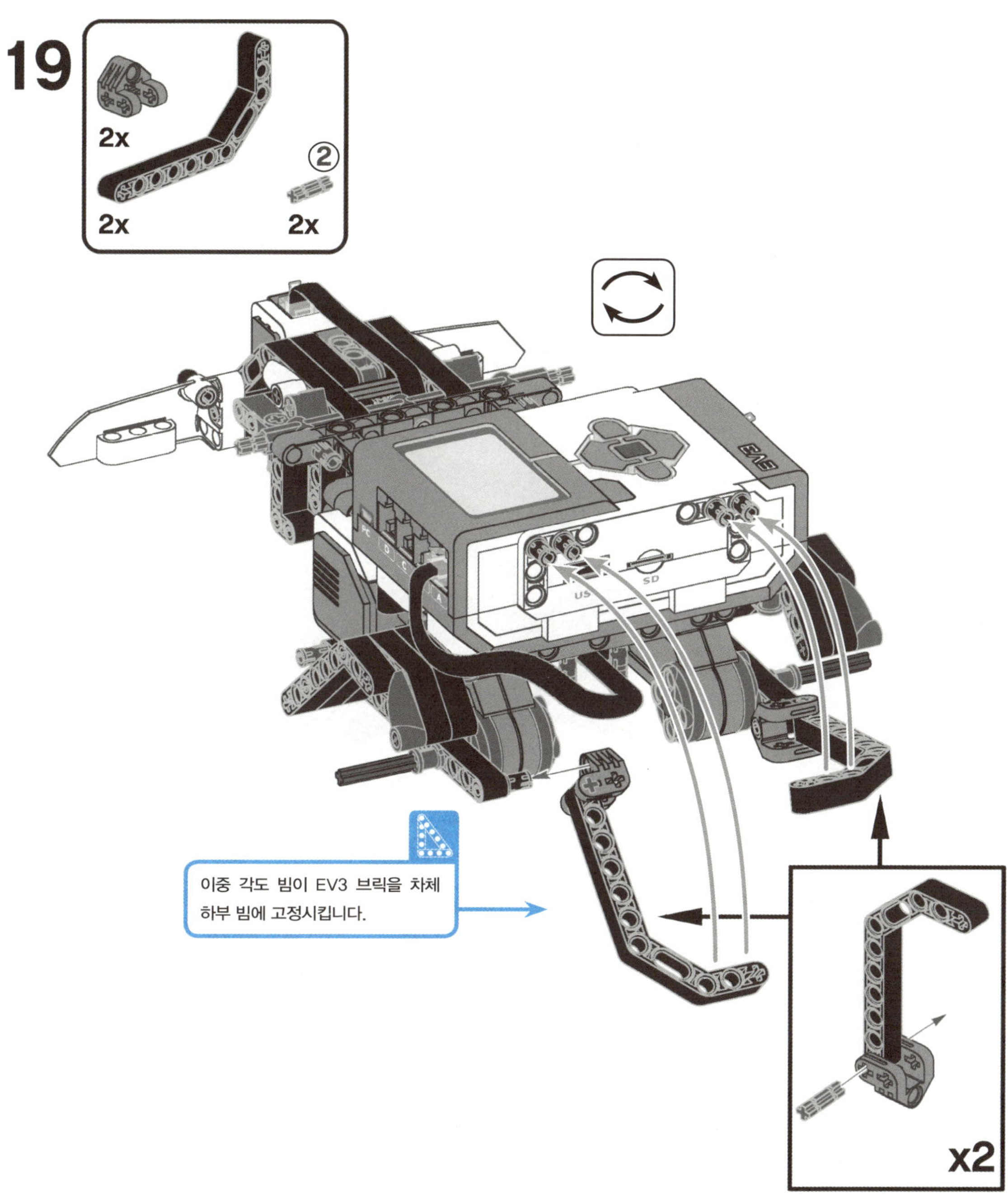
19
2x
2x
2x
이중 각도 빔이 EV3 브릭을 차체
하부 빔에 고정시킵니다.
x2

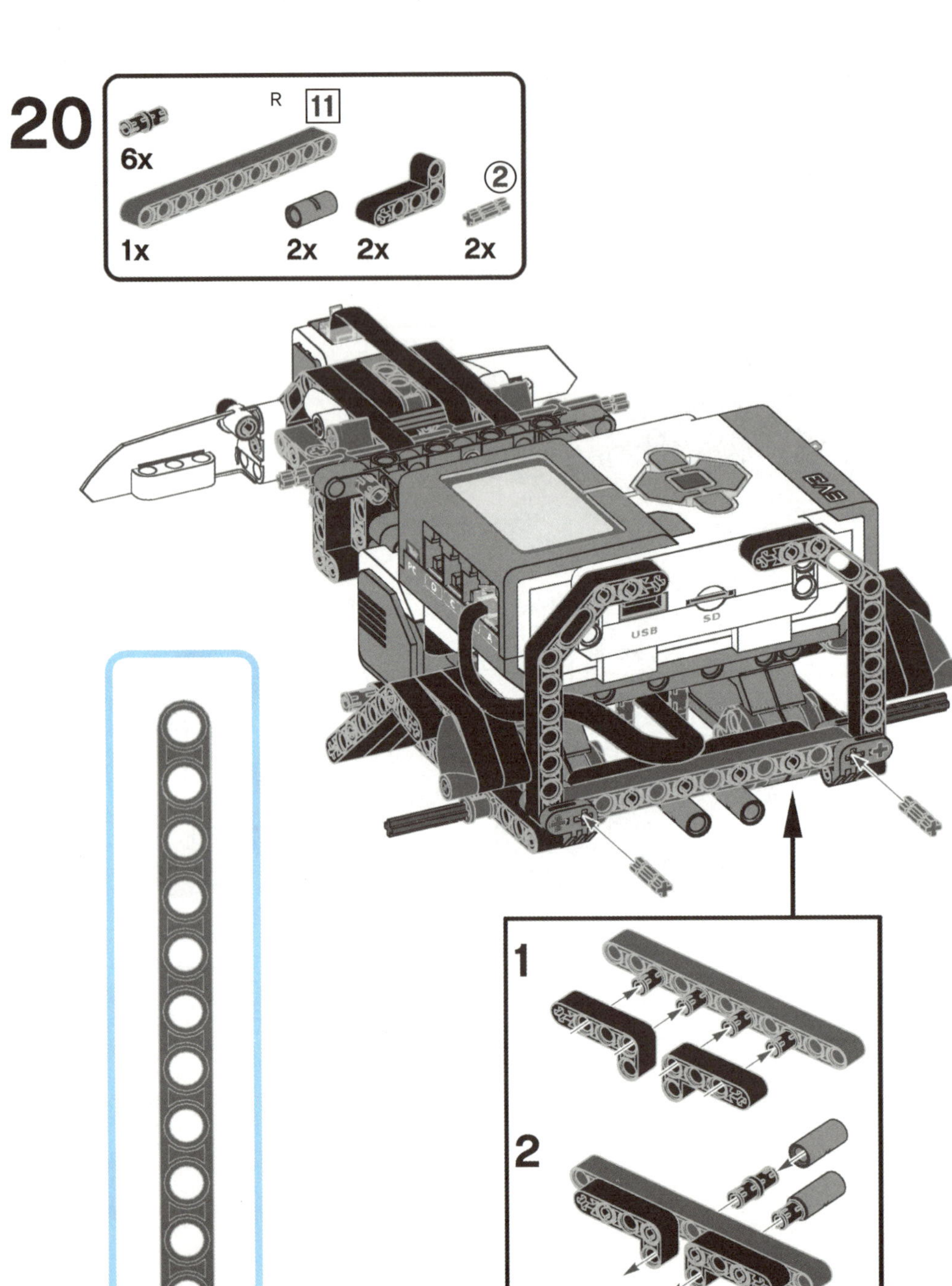

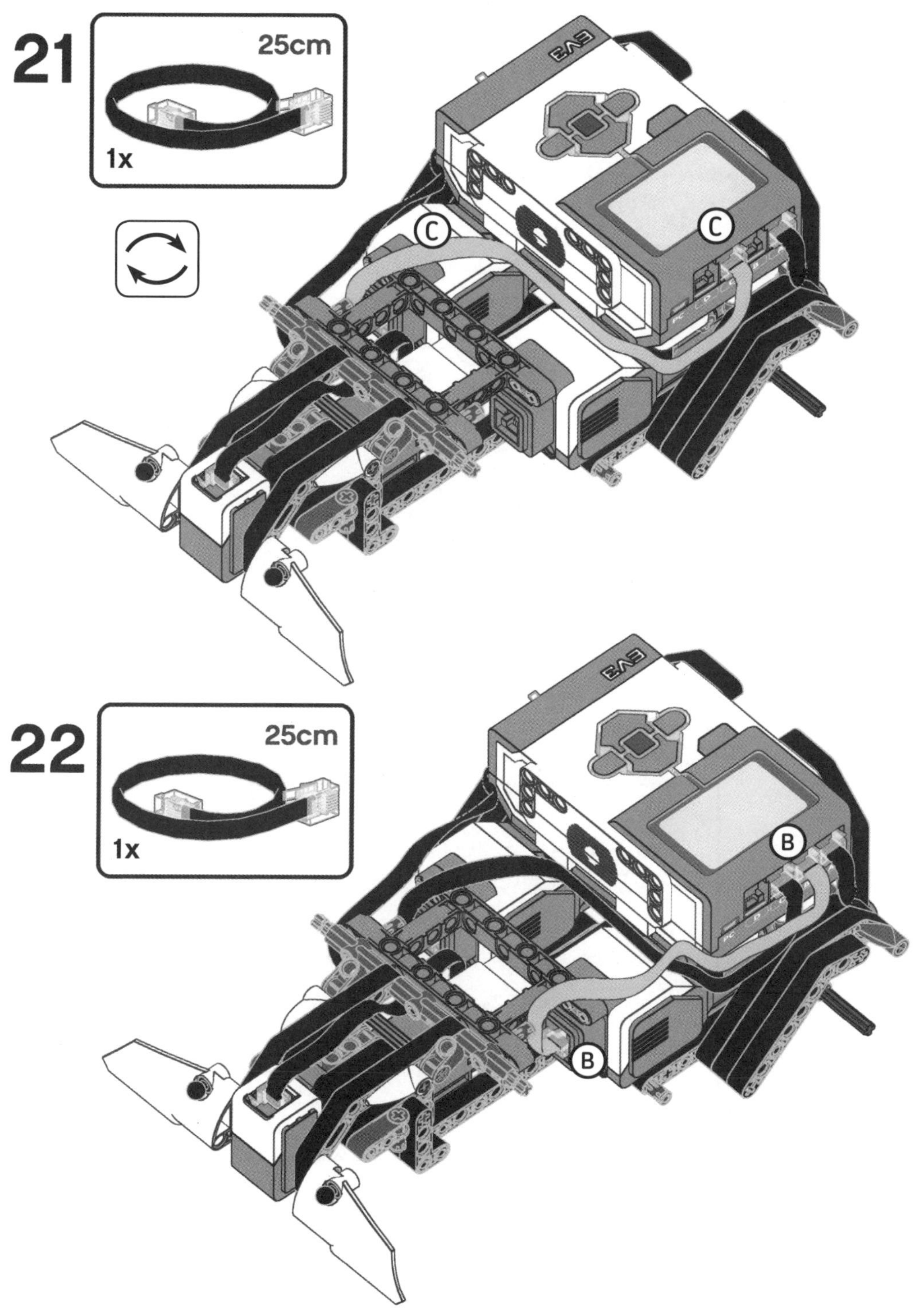

21
25cm
1x
C
C
22
25cm
1x
B
B

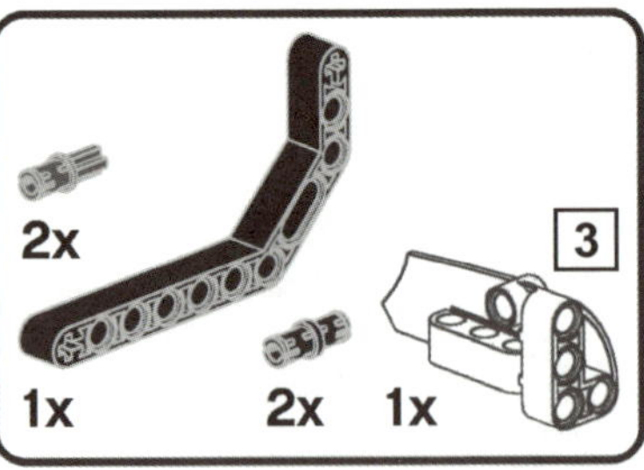

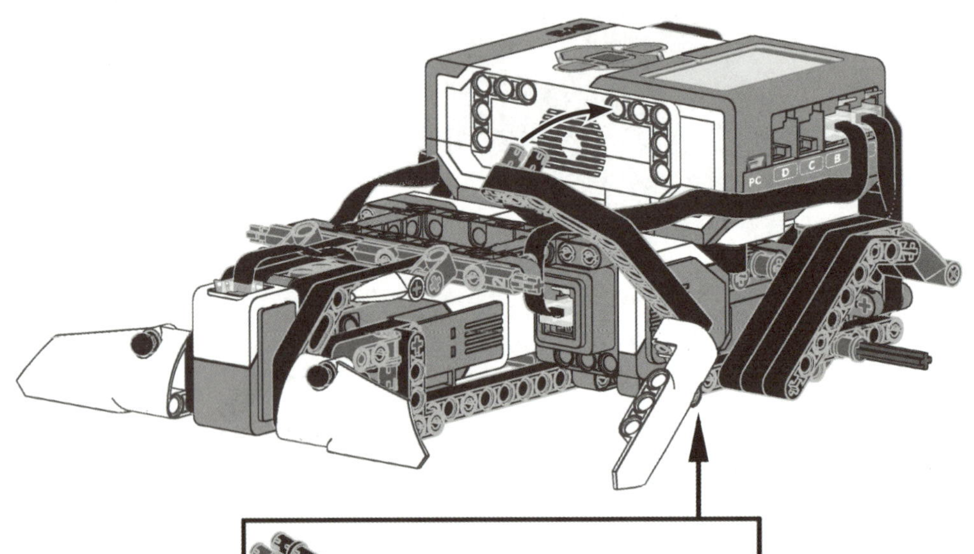

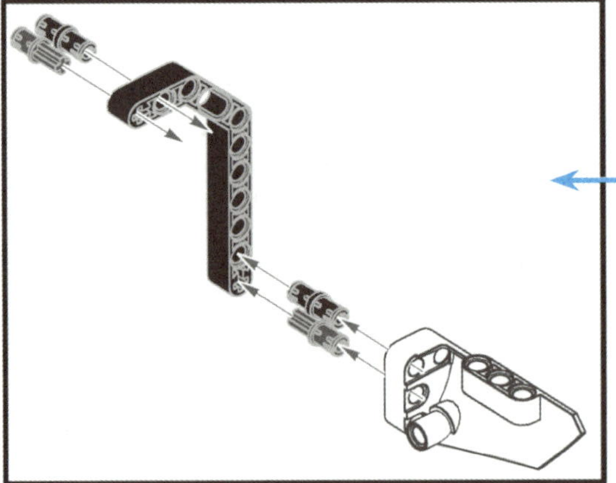

이 이중 각도 빔은 EV3 브릭을 나머지 차대에 고정시킵니다. 하얀 패널은 크로스 블록처럼 사용됩니다. 단지 장식만은 아닙니다.

24

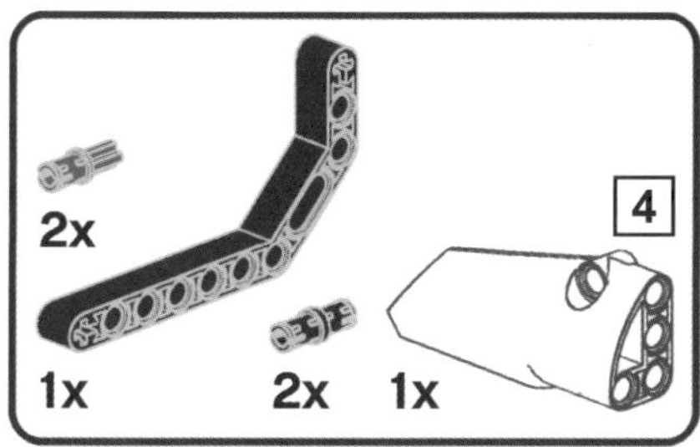

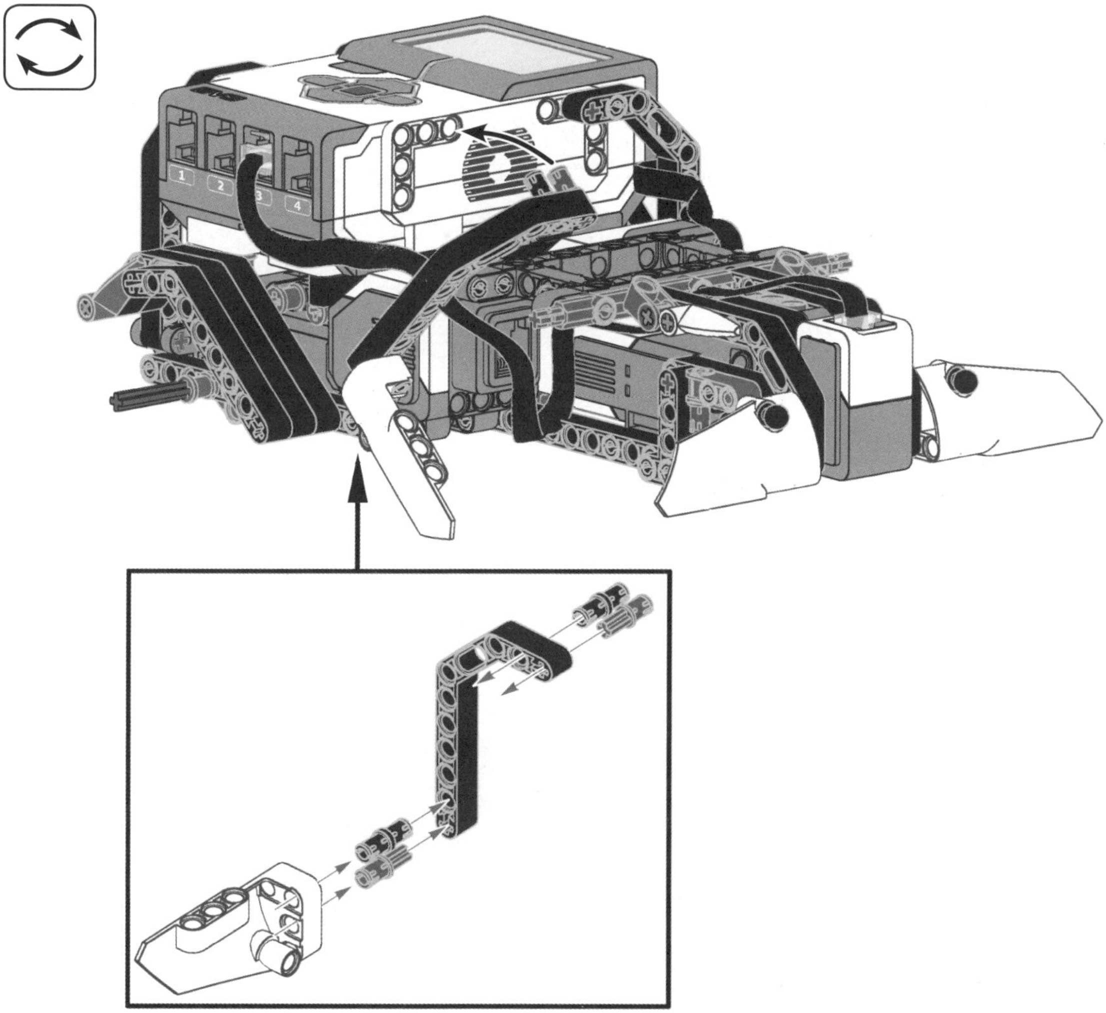

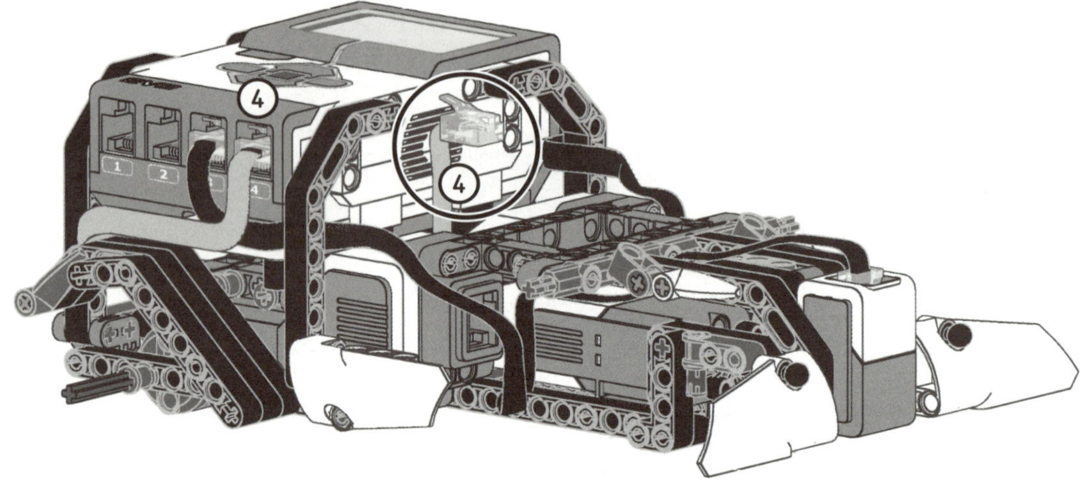

25cm 케이블을 4번 입력단에
연결하고 그림처럼 배치합니다.

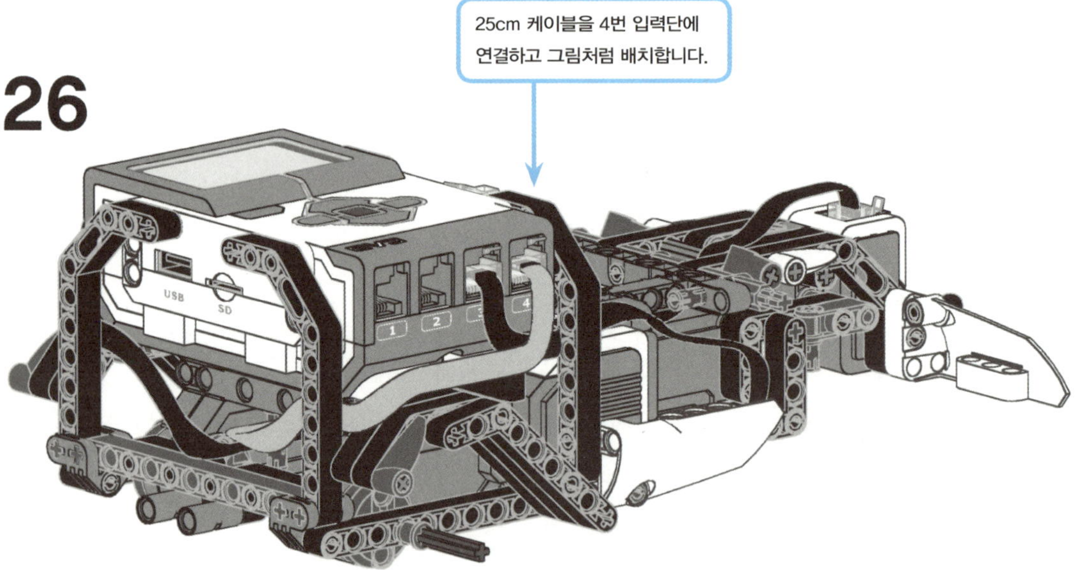

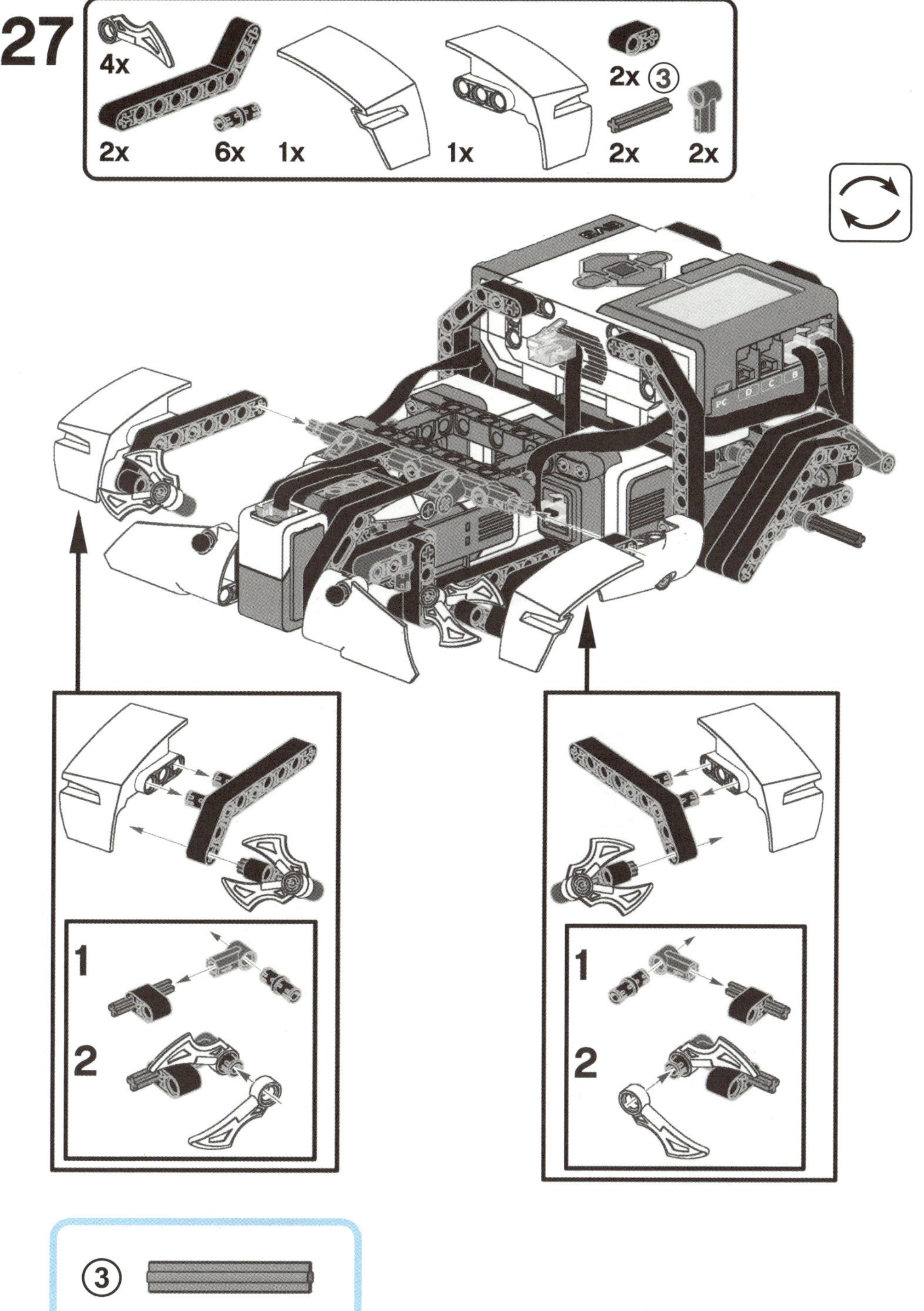

27
4x
2x
6x
1x
1x
2x ③
2x
2x
1
2
1
2
③

28

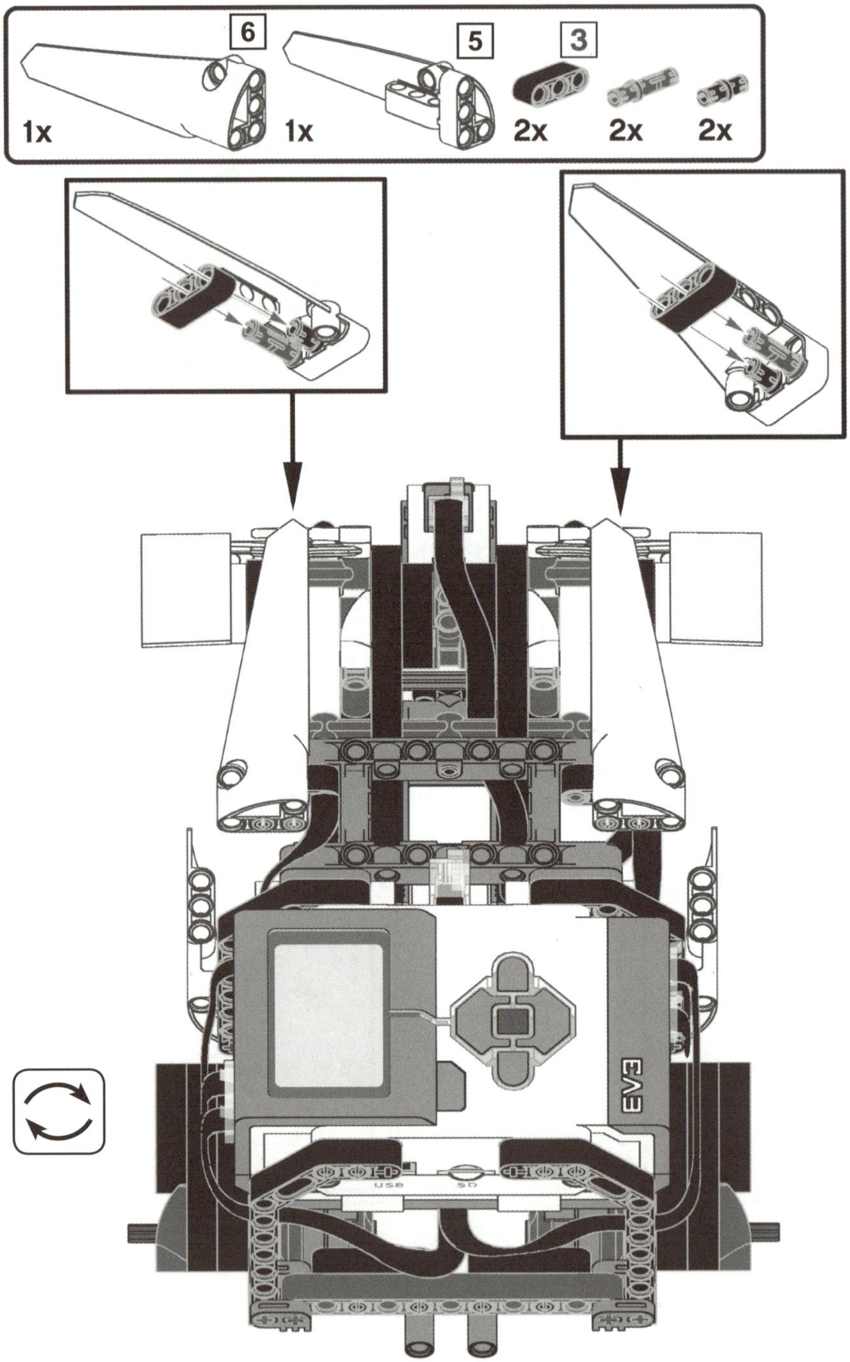

1x 1x 2x 2x 2x

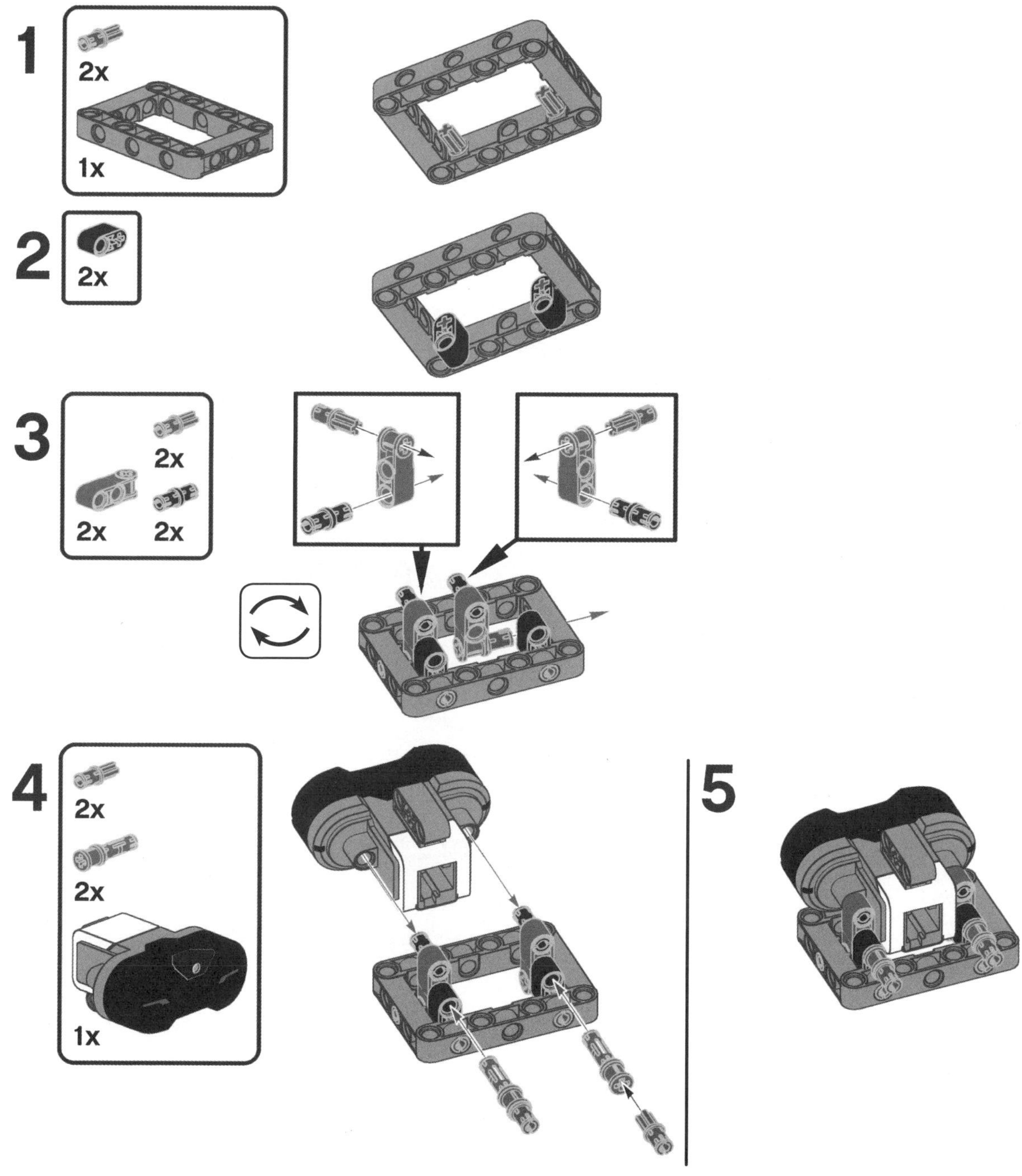

29

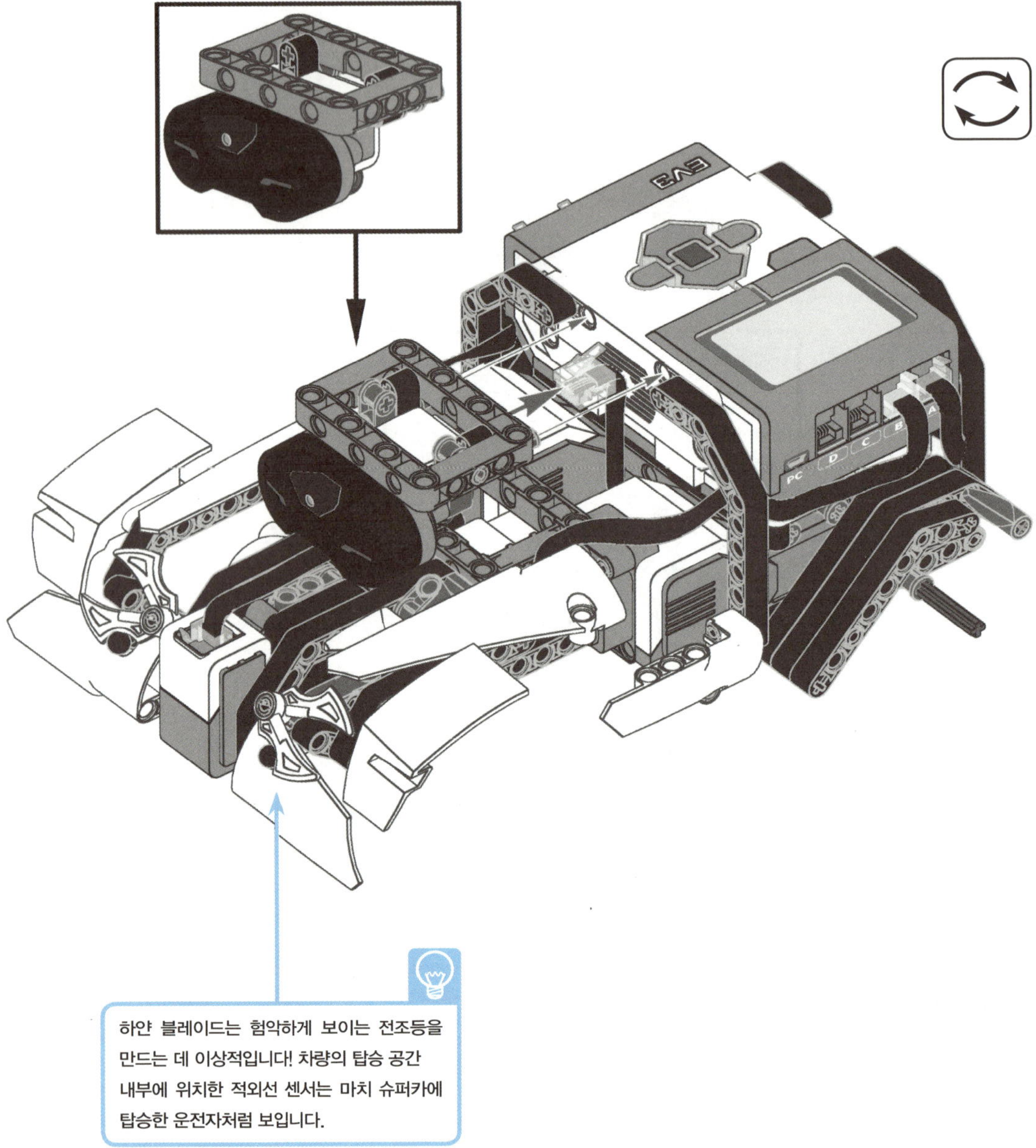

하얀 블레이드는 험악하게 보이는 전조등을 만드는 데 이상적입니다! 차량의 탑승 공간 내부에 위치한 적외선 센서는 마치 슈퍼카에 탑승한 운전자처럼 보입니다.

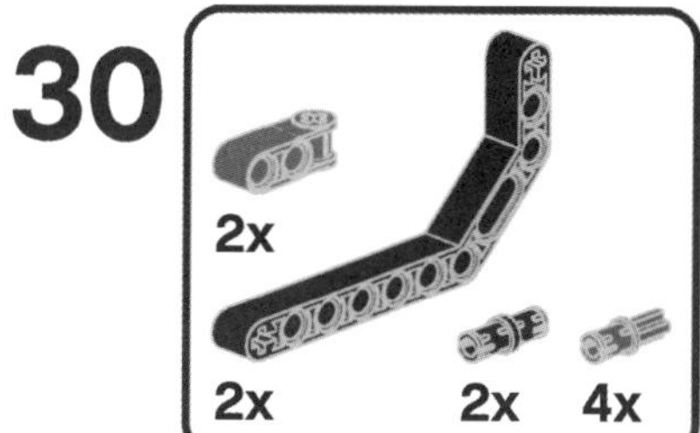

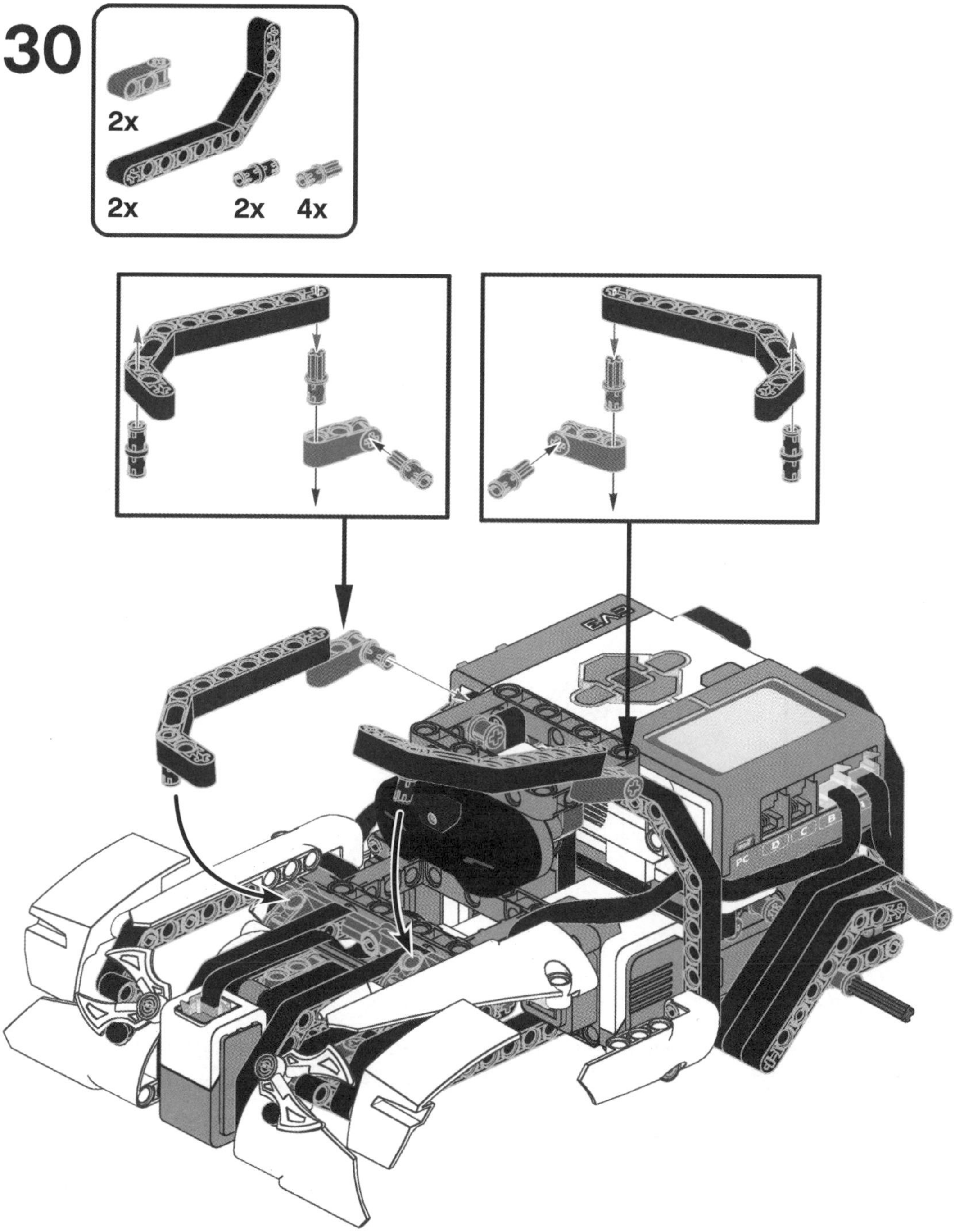

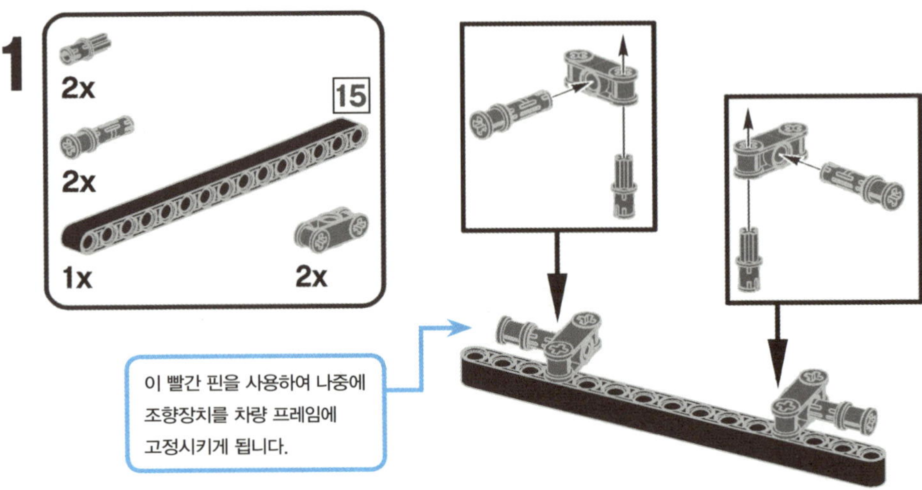

이 빨간 핀을 사용하여 나중에
조향장치를 차량 프레임에
고정시키게 됩니다.

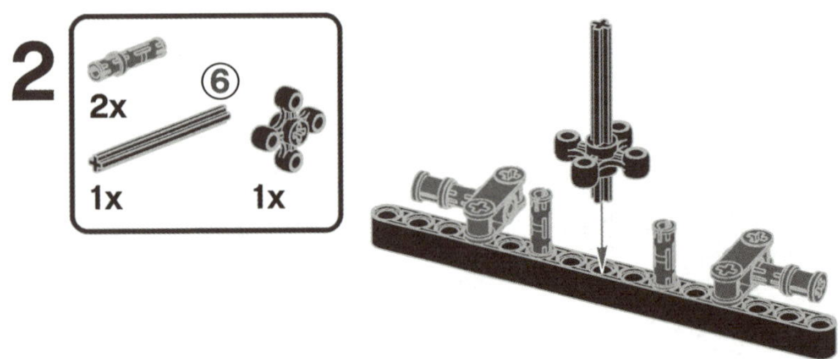

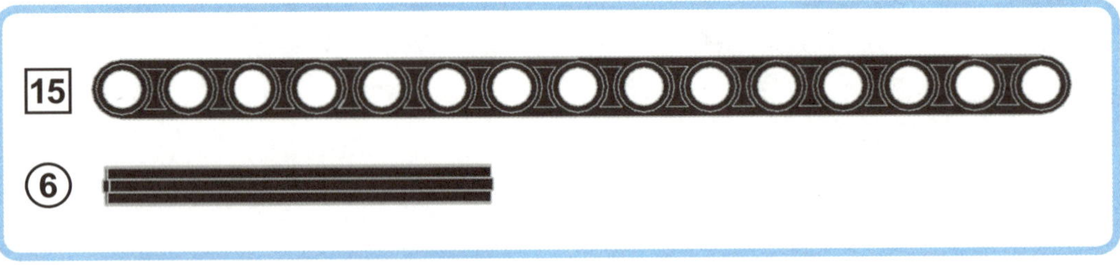

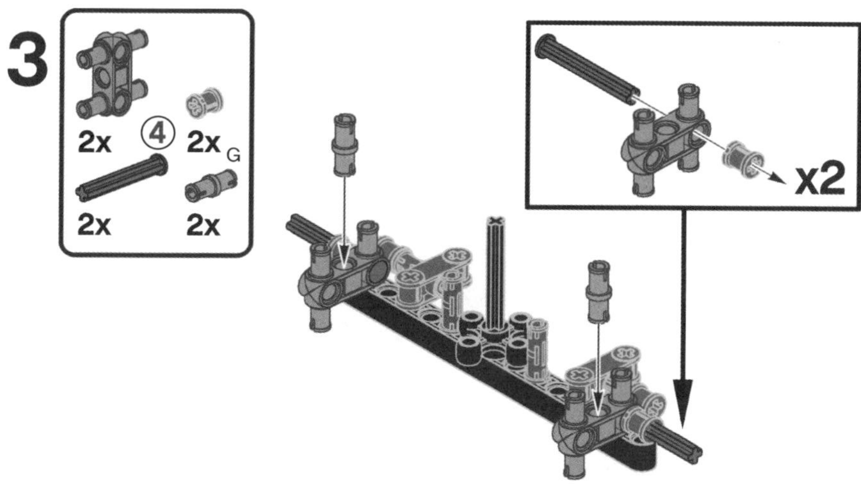

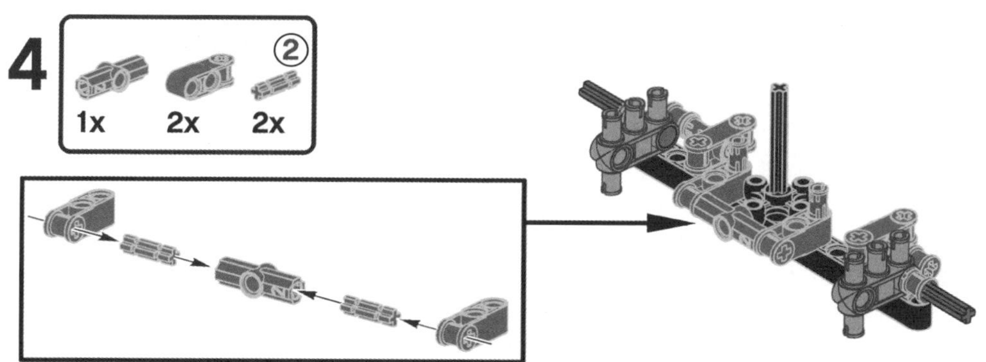

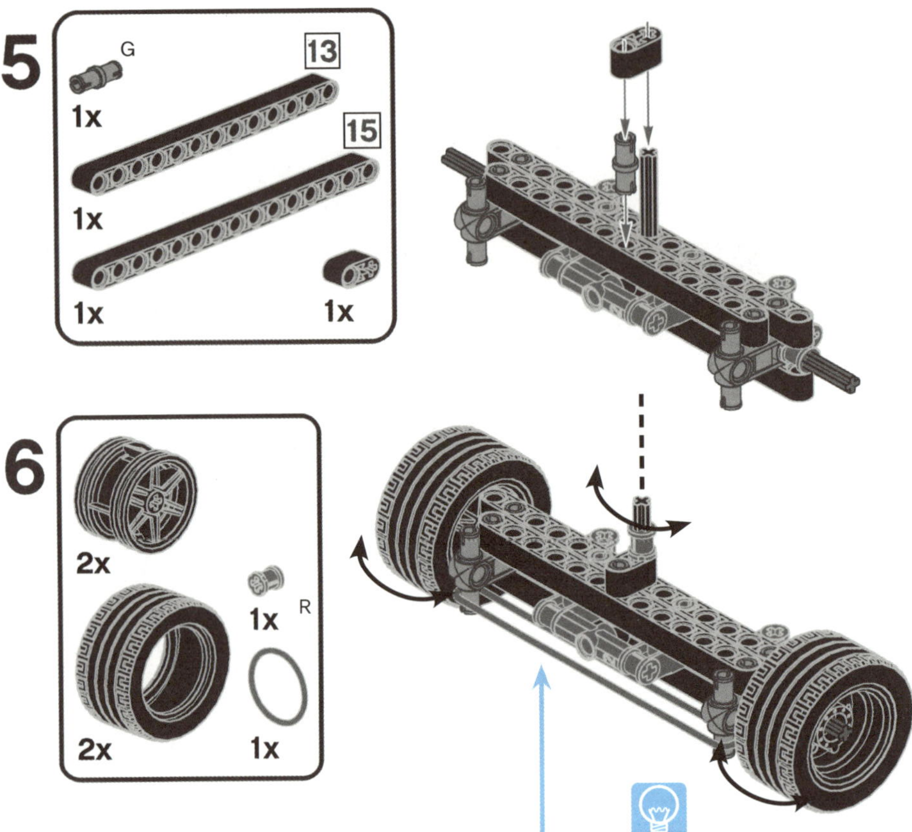

이 빨간 고무줄은 앞바퀴가 살짝 안쪽(양의 토toe 혹은 양의 트래킹tracking이라 부르는)으로 모여 있도록 만듭니다. 이 방법은 차량이 직진 주행을 하는 데 도움을 줍니다. 실제 후륜구동 차량은 양의 토를 증가시켜 선회 응답성을 조금 손해 보더라도 직진 주행안정성을 향상시킵니다. 레고 브릭으로 된 슈퍼카는 조향장치의 기어와 링크가 다소 헐렁거려 직진 주행하기 어렵기 때문에 '양의 토Positive toe'가 더욱 필요합니다.

원래 발가락이라는 뜻인 '토toe'는 사람이 서 있을 때 양쪽 발의 발가락과 뒤꿈치가 만드는 각도와 유사한 개념입니다. 양 발가락이 안으로 모인 모양처럼 두 바퀴의 앞쪽 끝단이 안쪽으로 모인 것을 '토-인toe-in' 혹은 '양의 토positive toe'라고 하고, 그 반대의 경우를 '토-아웃toe-out'이라고 합니다. 일반적으로 슈퍼카와 같은 후륜구동 차량은 바퀴는 바깥쪽 벌어지려는 성질이 있기 때문에 핸들을 조금만 돌려도 차량은 그 방향으로 회전하려는 힘이 생겨나 직진 주행 안정성이 떨어집니다. 그래서 바퀴를 미리 안쪽으로 모아 두어 주행 중에 바깥쪽으로 벌어지려는 힘이 작용하더라도 토-아웃 상태가 되지 않도록 합니다.

31

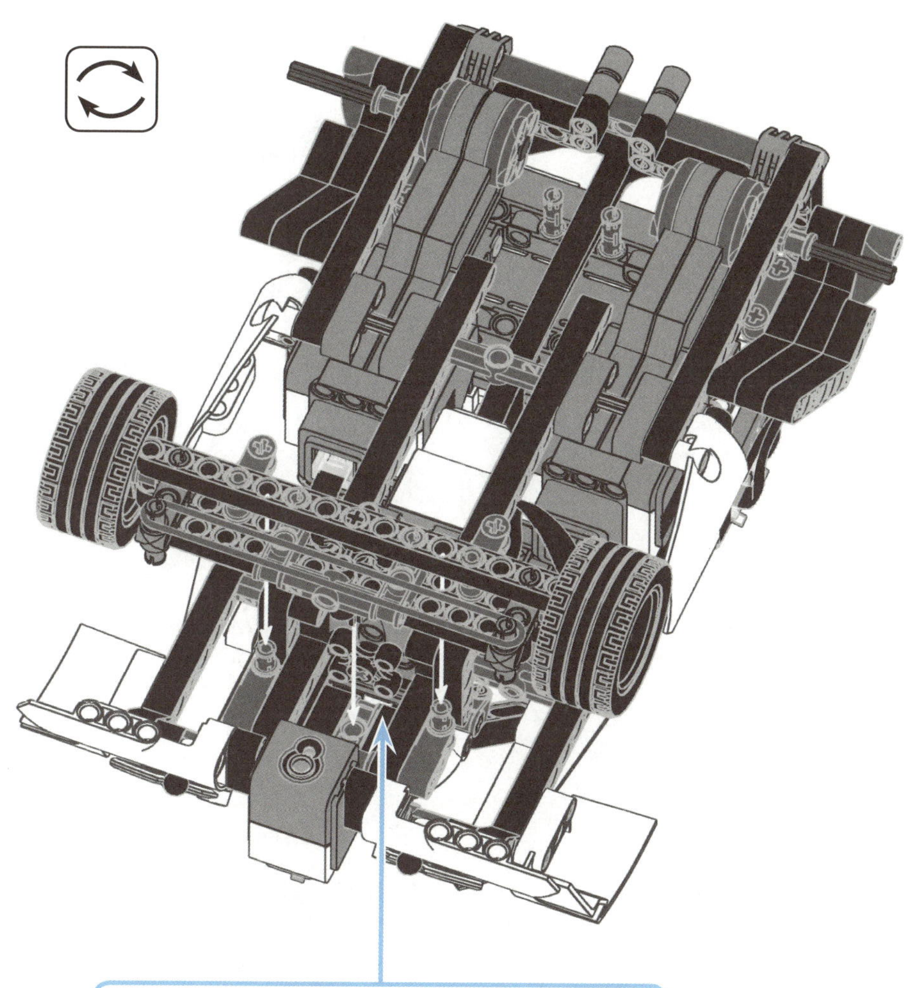

조향장치를 본체에 조립합니다. 미디엄 모터에 부착된 노브 휠을 45도 만큼 회전시켜 조향장치에 달린 다른 노브 휠에 정확히 연결해야 하는 것을 명심하세요. 조향장치를 끼워 넣은 다음, 빨간 3M 스톱 핀 두 개를 자동차 프레임에 밀어 넣어 조향장치와 프레임을 서로 고정시킵니다.

32
2x
2x

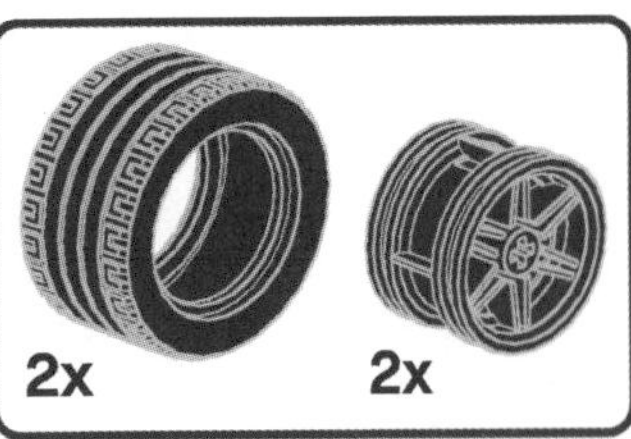

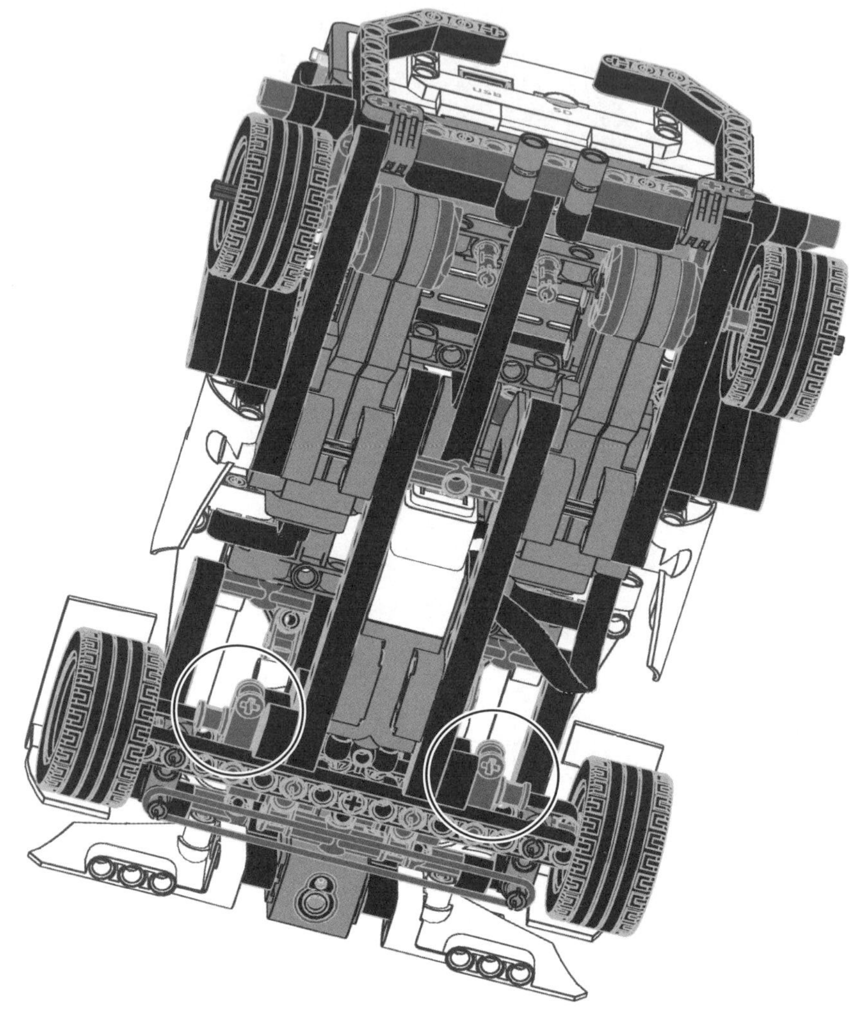

33

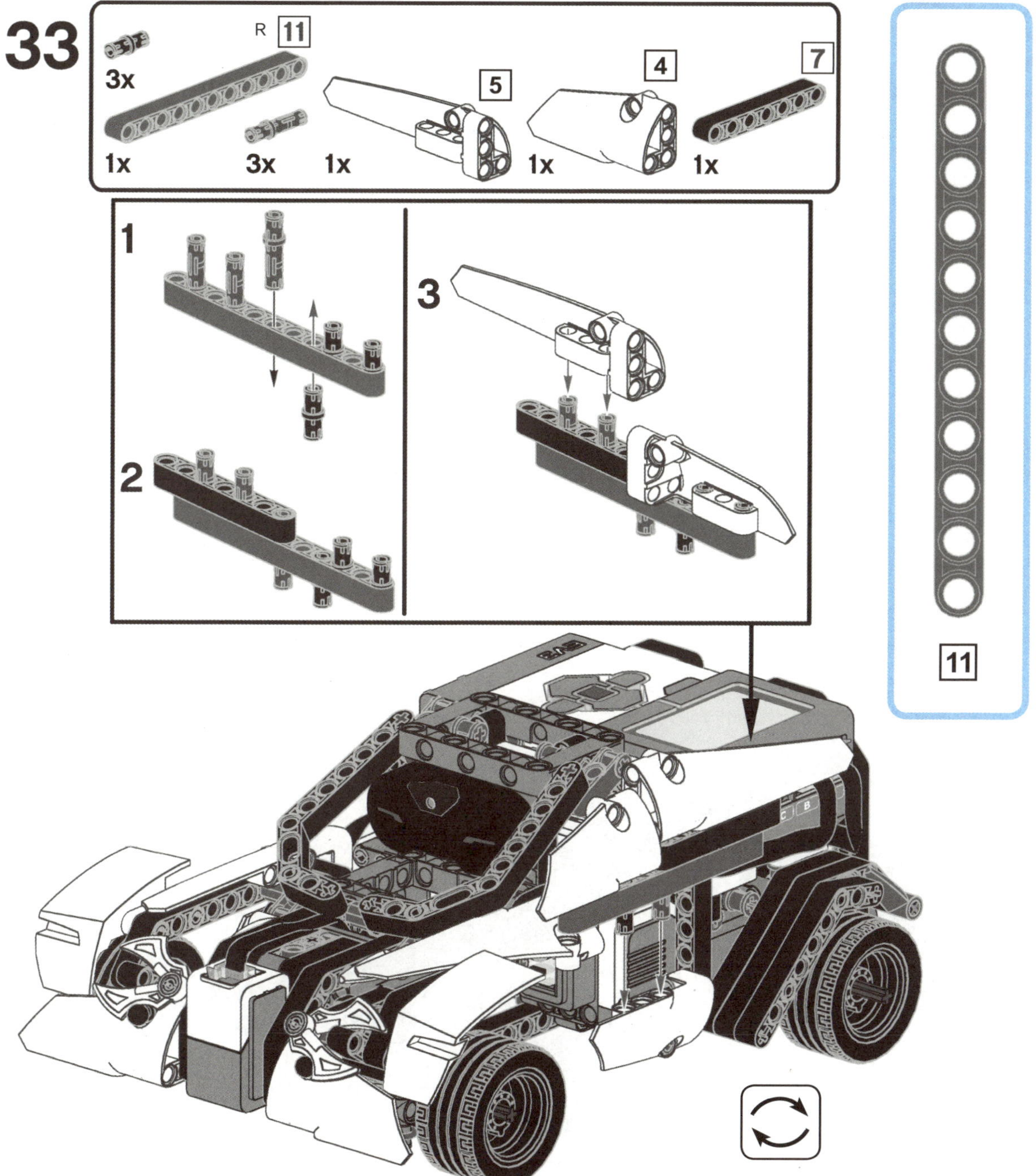

34

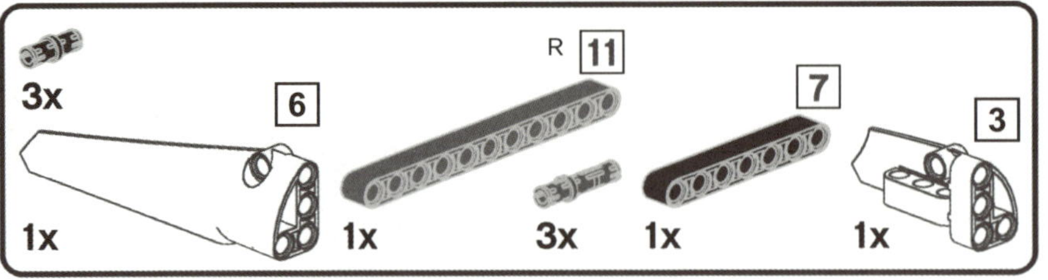

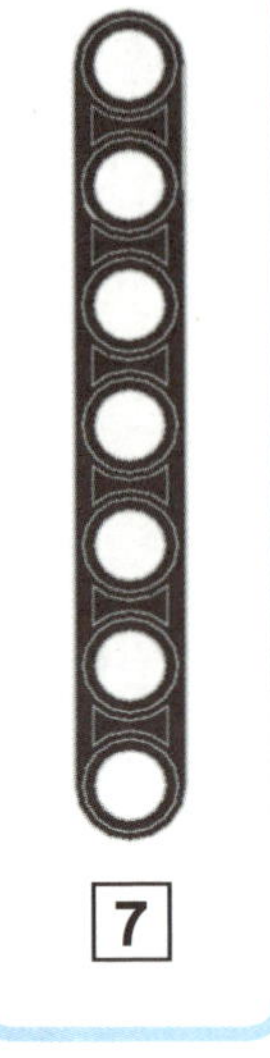

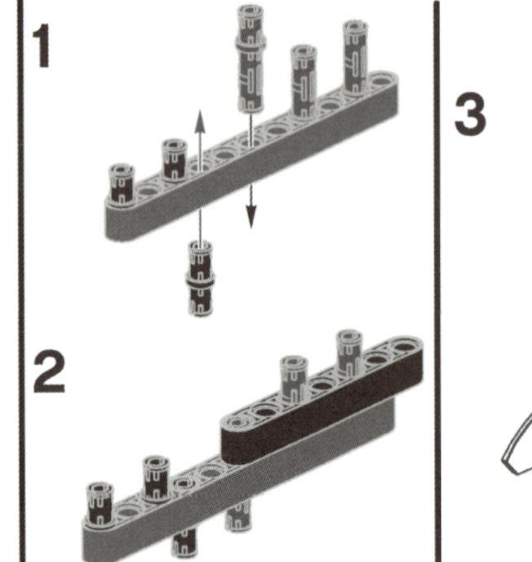

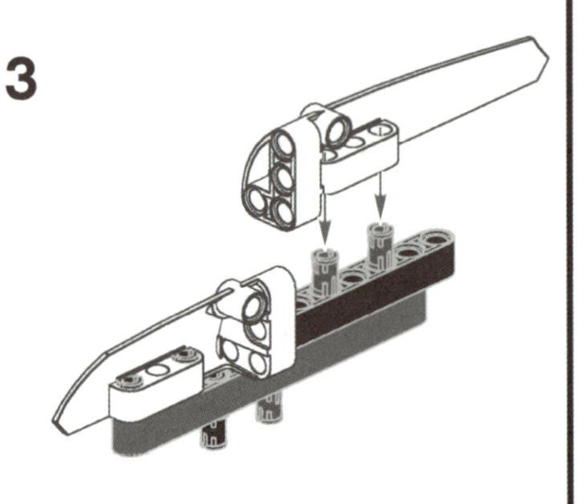

원격 조종기 조립

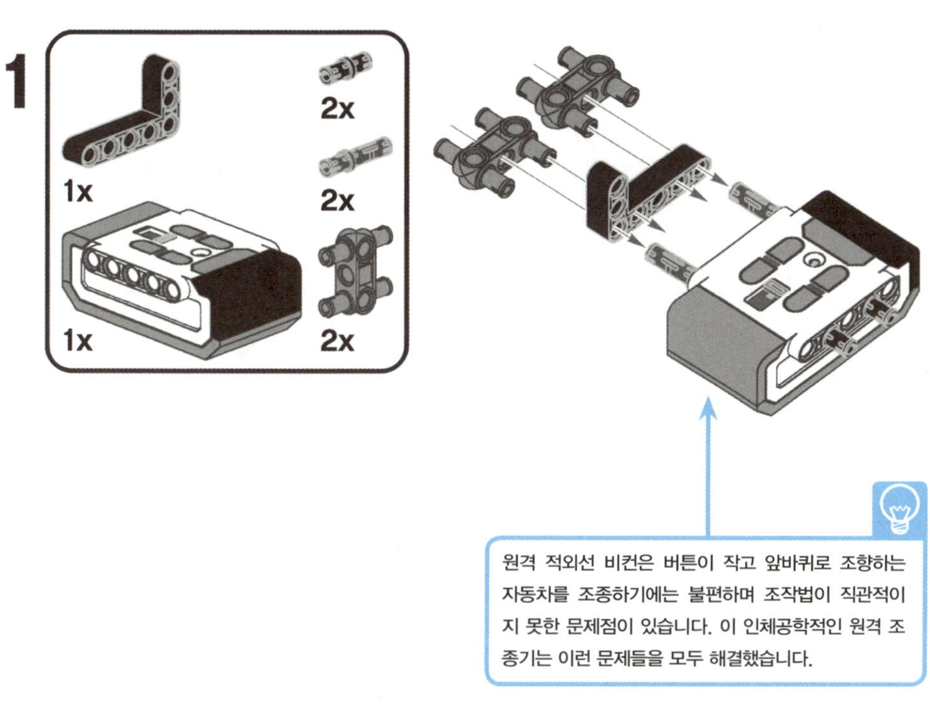

원격 적외선 비컨은 버튼이 작고 앞바퀴로 조향하는 자동차를 조종하기에는 불편하며 조작법이 직관적이지 못한 문제점이 있습니다. 이 인체공학적인 원격 조종기는 이런 문제들을 모두 해결했습니다.

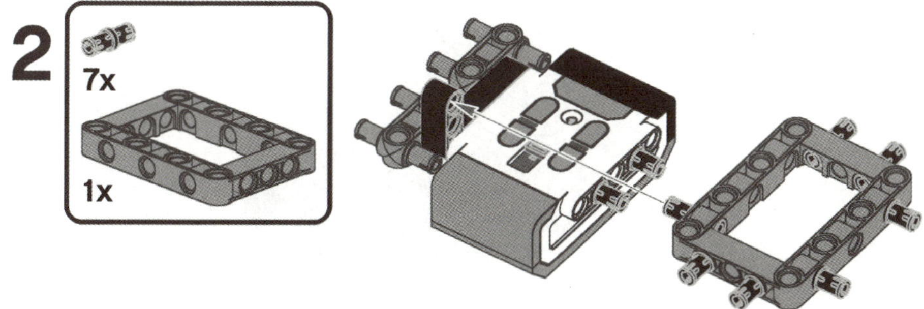

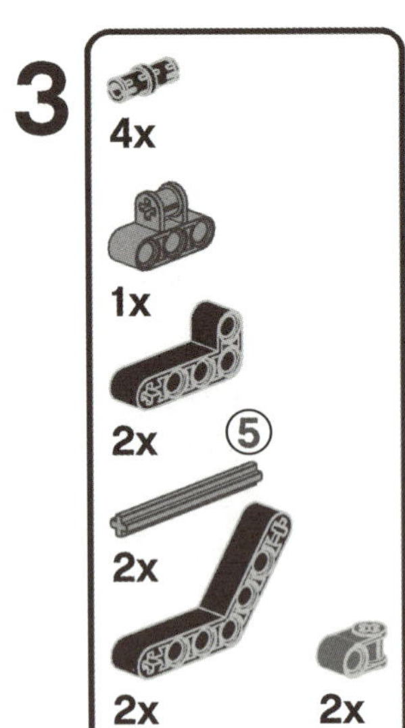

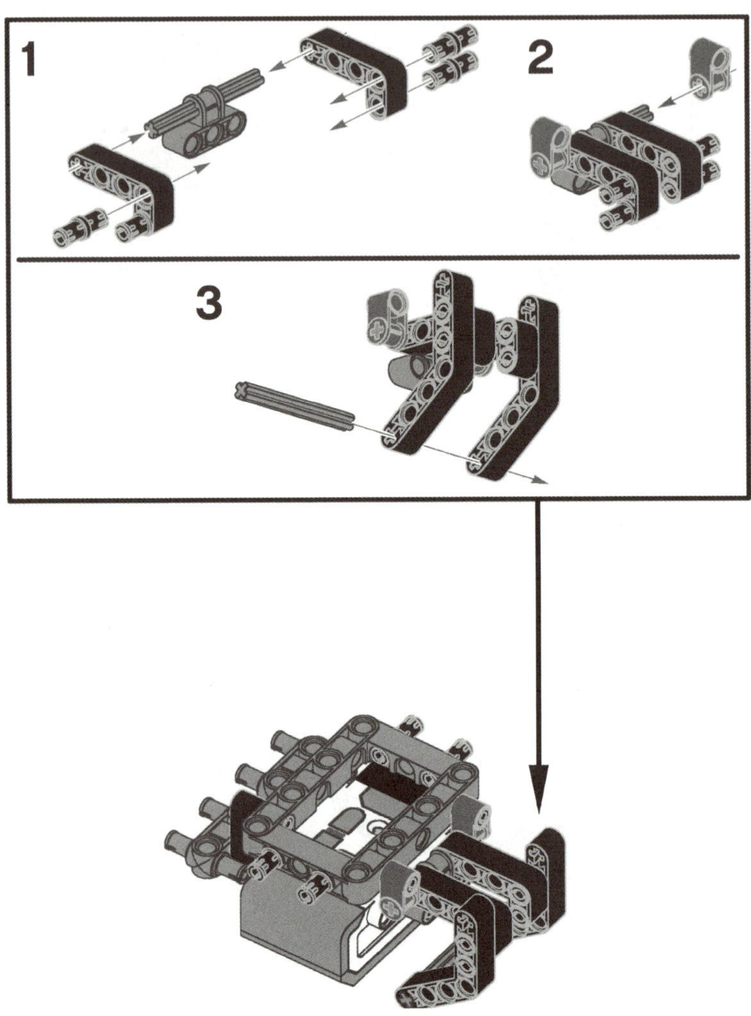

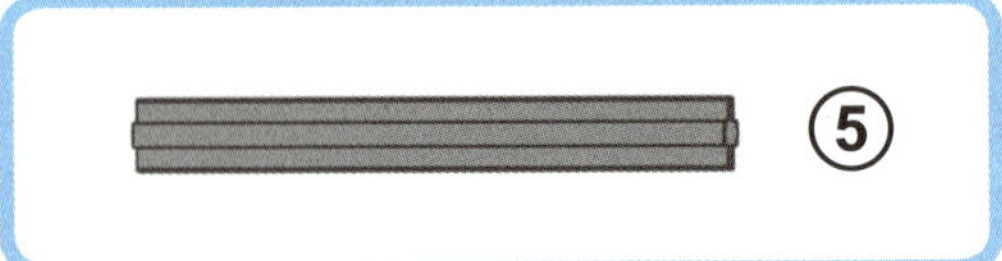

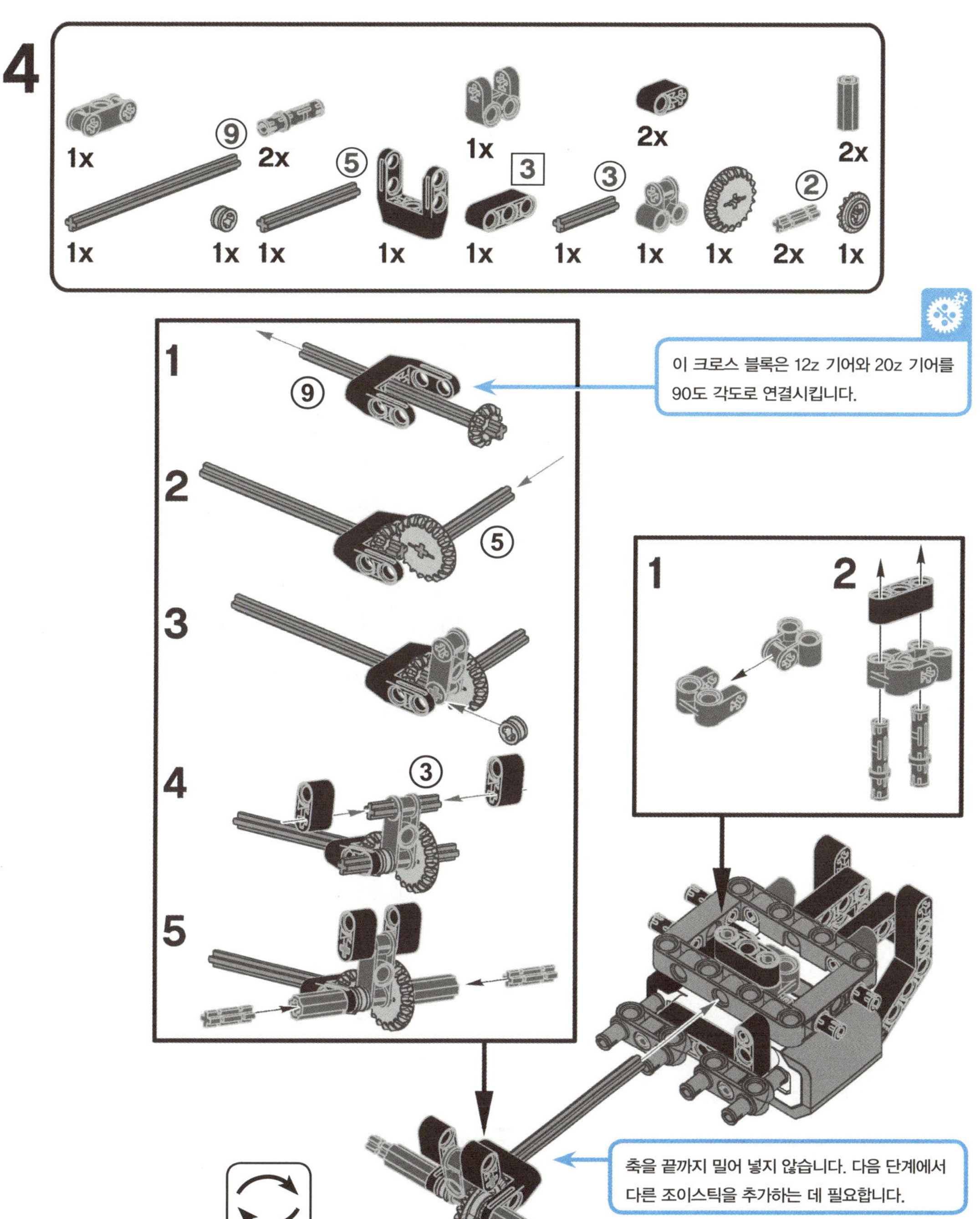

이 크로스 블록은 12z 기어와 20z 기어를 90도 각도로 연결시킵니다.
축을 끝까지 밀어 넣지 않습니다. 다음 단계에서 다른 조이스틱을 추가하는 데 필요합니다.

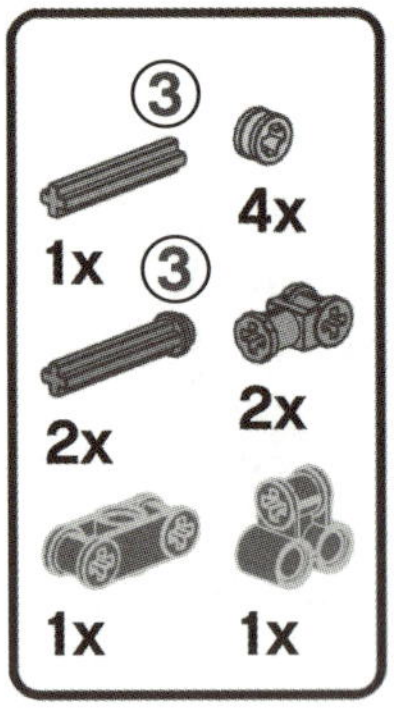

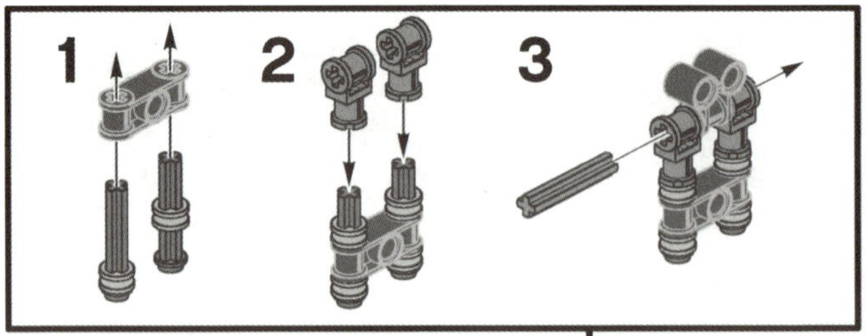

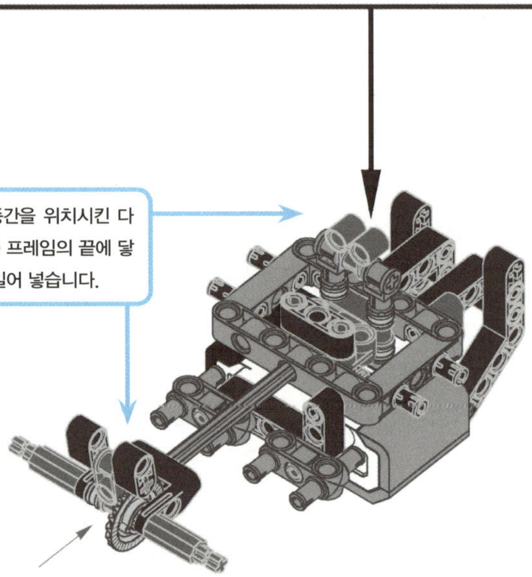

O 프레임 안에 조종간을 위치시킨 다음, 9M 축이 다른 O 프레임의 끝에 닿을 때까지 이 축을 밀어 넣습니다.

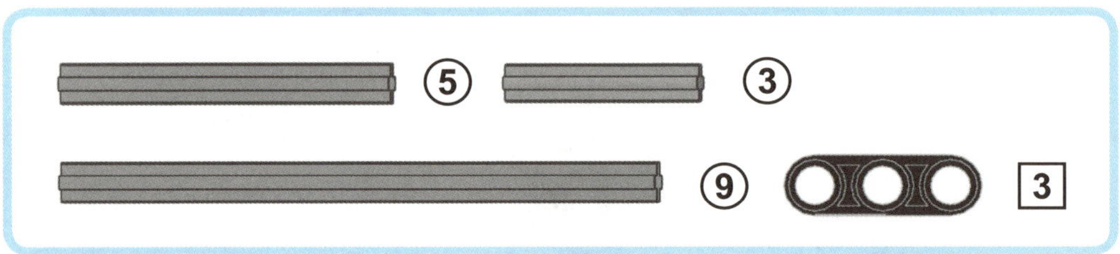

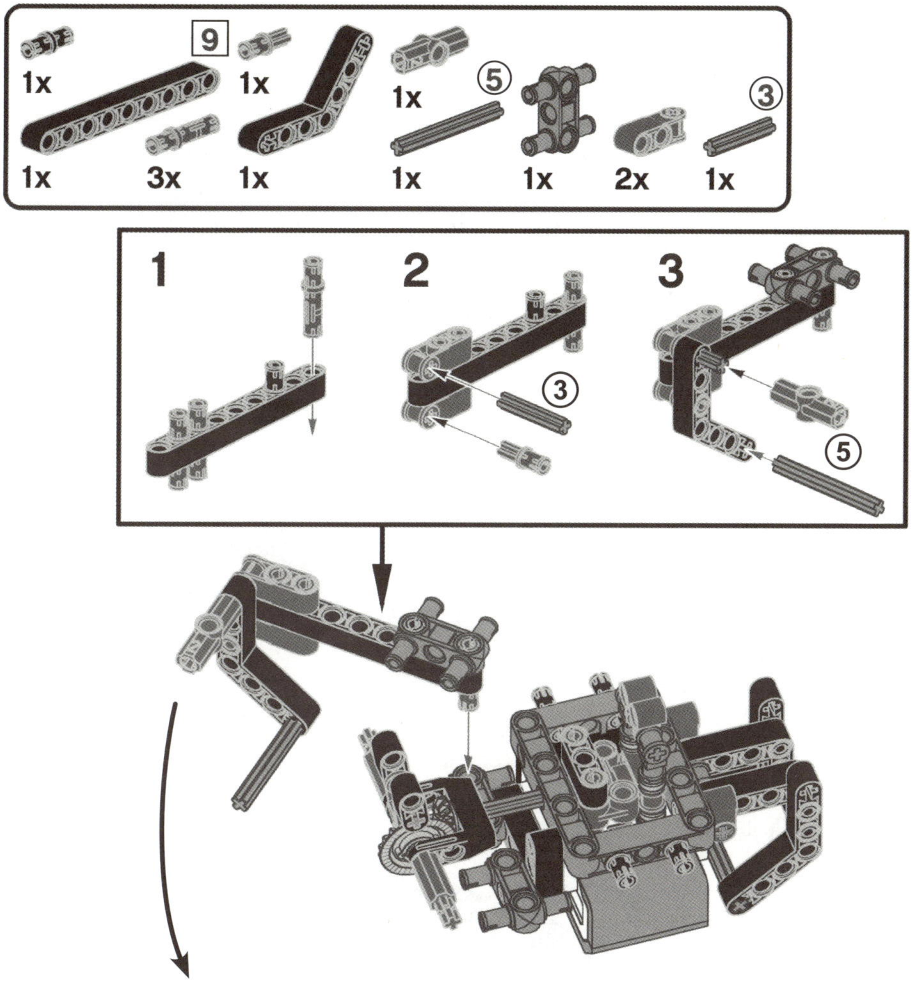

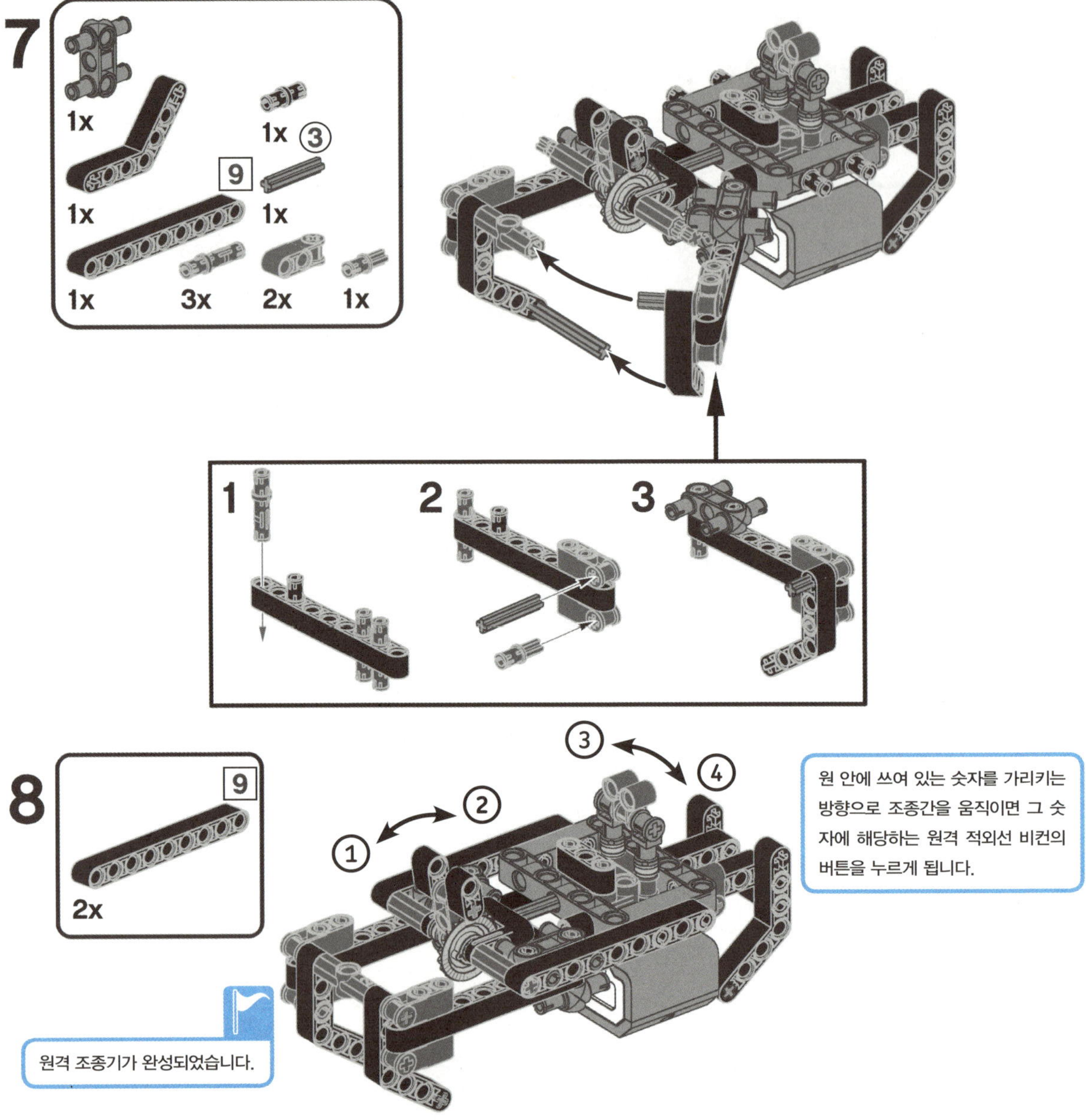

이 장을 마치며

이 장에서 슈퍼카와 전용 원격 조종기 만드는 법을 배워 보았습니다. 슈퍼카가 단지 무선 조종 자동차만은 아닙니다. 지면에 그려진 선을 따라 스스로 주행할 수 있는 자율 주행 자동차이기도 합니다.

또한 여러분이 원격 적외선 비컨을 지니고 걸어다니면 여러분을 따라갈 수도 있습니다! 다음 장에서 이 기능을 어떻게 프로그래밍하는지 배울 예정입니다.

아이쿠!
실례합니다!
꼬르륵

네 배꼽시계가
정확하구나. 점심시간이네!
우리에게는 두 가지 옵션이 있어.
일단 저기 아래 블록에 있는 카페에서
파는 그다지 유명하지 않은
샌드위치를 먹든가 아니면…
아니면요
?

아냐, 됐다!
두 번째는 너무 궂은일이라서
네가 좋아하지 않을 거야. 게다가 네가
그 일을 해낼 준비가 되어 있는지도
모르겠고.

당연하죠,
할 수 있어요!
착한 녀석…
이곳에서
어떤 일이 있었냐면
말이다…

한때 이 건물 식당의
인도 요리사 솜씨가
정말 대단했었지. 그런데…
그 연구실에서는 식물형 로봇을 창조해냈지.
그 로봇들은 광합성을 할 수 있었고 무선 통신
기능도 가지고 있었어. 그로 인해 복잡한 통신
네트워크를 이루어 살아가는 생물의 형태가
되었단다.

그것들은 식충 식물의 모양과
흡사하게 만들어졌어.

오드리
시제품

그러던 어느날 공학자 중의 한 명이었던 테런스 플루팝은
우연히 이 생명체 중의 한 녀석의 이빨에 손을 물리고 말았어.
그 때 이 생명체는 피 맛을 보았고
마음에 들었던 거야.

으아아악!

결국 이 괴물들은 구내식당을 공격하고
점거할 계획을 세웠지만 다행히 그 요리사는
아슬아슬하게 녀석들의 공격으로부터 도망쳐 나왔지.

그런데 구내식당은 빛과 음식, 그리고
물이 풍부했어.
그래서 녀석들은 거기서 자리를 잡고
그 후로 계속 증식해오고 있단다.

잠깐만요 박사님!
지금 거기
가고 싶지 않은 거죠?

그렇지! 네가 환풍구로
몰래 숨어들어 가야해. 그 안에 딱 맞게 들어 갈
수 있는 사람은 너밖에 없거든. 이 Wi-fi
교란장치를 가져가서 동작시키도록 해.

녀석들의 네트워크가
마비되면 그 다음은
내가 처리하마.

슈퍼카 프로그래밍

이 장에서는 11장에서 만든 슈퍼카SUP3R CAR를 프로그래밍하려고 합니다. 먼저 장애물을 피해 자동차 스스로 돌아다니는 프로그램을 작성해 보겠습니다.

그다음, 11장에서 만들었던 원격 조종기R3MOTE로 슈퍼카를 원격 조종하는 프로그램을 작성하겠습니다. 같은 조종기를 사용해서 자동차가 비컨을 따라 가게 만들 수 있습니다. 이 기능을 수행하는 프로그램도 만들 예정입니다. 프로그램을 작성하면서 스위치 블록으로 다중 케이스를 다루는 법과 변수와 배열을 다루는 법과 같은 프로그래밍 개념들을 함께 배우게 됩니다. 또한 다중 시퀀스를 동시에 실행시키는 방법과 루프를 중단시키는 방법, 그리고 프로그램 전체를 멈추는 방법도 배울 예정입니다.

하지만 프로그래밍 측면에서 논하기 전에, 앞바퀴로 조향되는 자동차의 기계적 원리에 대해 간단하게 소개하고자 합니다.

전자식 차동기어 대 기계식 차동기어

양 바퀴에 달린 모터의 상대적인 속도 차이를 이용하여 회전 방향을 바꾸었던 로버와는 달리 슈퍼카는 실제 차량과 같이 앞바퀴를 움직여 선회할 수 있습니다. 그림 12-1에 보이는 것처럼 자동차가 선회할 때 양단의 바퀴는 각기 다른 속도로 회전합니다.

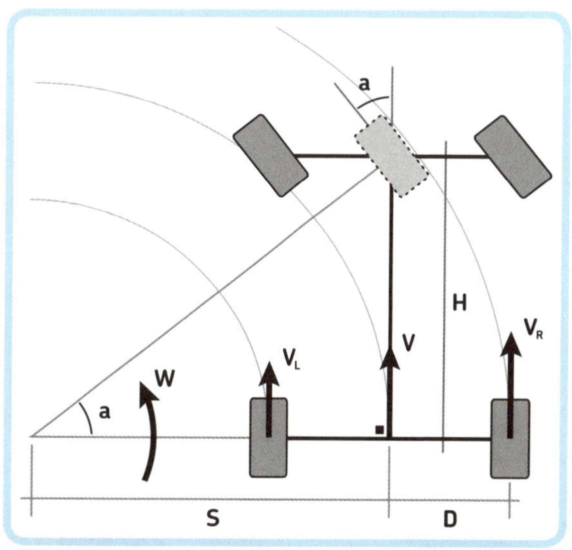

■ **그림 12-1** 앞바퀴로 조향하는 자동차의 운동학 모델. a는 조향각, S는 회전 반경, D는 차량 중심과 구동 바퀴 사이의 거리, H는 앞바퀴와 뒷바퀴 사이의 거리, W는 차량의 각속도, V는 차량 속도, V_L과 V_R은 각각 왼쪽과 오른쪽 바퀴의 속도입니다. (중앙의 점선으로 된 바퀴는 세발 오토바이 모델과 같이 혼자 회전하는 바퀴입니다.)

예를 들어 자동차가 곡선 경로를 따라 주행하는 동안 바깥쪽 바퀴는 안쪽 바퀴보다 더 긴 거리를 이동해야 합니다. 이 두 바퀴는 V의 속도로 움직이는 자동차에 붙어 있지만, 한 바퀴는 다른 바퀴보다 회전 반경의 중심에서 더 멀리 떨어져 있기 때문에 이 두 바퀴는 같은 시간 동안 서로 다른 거리를 이동합니다. 결과적으로 바깥쪽 바퀴의 속도 V_R은 안쪽 바퀴의 속도 V_L보다 큰 상태로 이동을 끝마칩니다.

차동기어는 기어가 들어 있는 기계장치로서 한쪽 바퀴가 다른 바퀴보다 더 천천히 회전하는 상황에서 엔진 속도를 양 바퀴에 독립적으로 분배해줍니다. 차동기어가 없다면 차가 선회하는 동안 한쪽 바퀴는 지면과 접지력을 잃고 미끄러지게 됩니다.

그림 12-2는 자동차 모델에서 가져온 레고 차동기어 단품(부품 ID: 4525184, 디자인 ID: 62821, 파트 명: Differential 3M z28)을 보여주고 있습니다.

하지만 제품번호 31313 세트는 레고 차동기어가 없이 출시되었기 때문에 독립적인 모터가 각 바퀴를 구동하도록 슈퍼카를 설계하였습니다. 슈퍼카가 진행 방향을 바꿀 때, 마치 기계식 차동기어가 있는 것처럼 구동 바퀴의 속도를 정확하게 제어합니다.

사실 이것은 소프트웨어(Drive 마이 블록)로 구현한 전자식 차동기어라고 볼 수 있습니다.

■ **그림 12-2** 레고 테크닉 차동기어. EV3 세트에는 이 차동기어가 포함되어 있지 않습니다.

변수 활용하기

지금까지는 데이터 와이어를 사용해서 프로그램 여러 부분에서 데이터를 전달하였습니다. 하지만 데이터를 전달할 수 있는 또 다른 방법이 있습니다. 바로 변수입니다. 변수는 컴퓨터 메모리에 위치하며 특정 데이터 형을 갖고 있습니다.

6장에서 설명한 것과 같이 EV3 시스템에서는 숫자, 논리, 텍스트, 숫자형 배열, 논리 배열 이렇게 다섯 가지 데이터 유형을 변수에 저장할 수 있습니다. 변수 블록을 사용하여 변수를 관리합니다. (탭이 빨간색인 데이터 연산 팔레트에 위치합니다.)

변수 블록에서 사용할 수 있는 다양한 설정 내용을 그림 12-3에서 확인할 수 있습니다. 모드 선택 버튼을 사용하여 쓰기(a)나 읽기(b) 모드에서 다섯 가지 유형의 변수를 선택할 수 있습니다.

변수를 추가하려면, 먼저 모드 선택 버튼을 사용하여 변수 유형을 선택합니다. 그 다음 그림 12-3(c)에 보이는 것과 같이 **변수 이름** 영역을 클릭하고 **변수 추가**를 선택합니다. 이제 새 변수 다이얼로그에 변수 이름을 입력하고 **확인** 버튼을 클릭합니다.

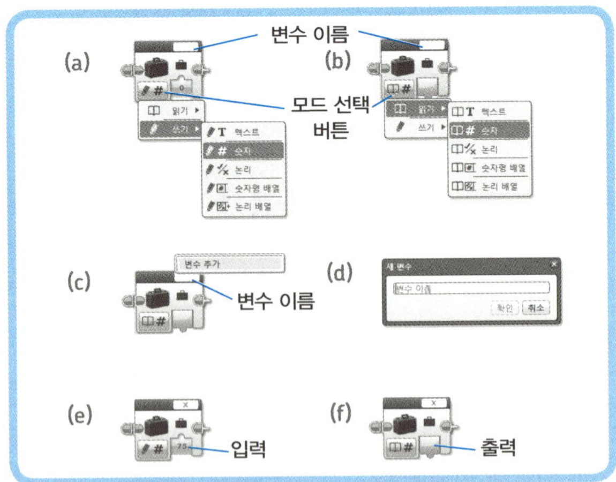

■ **그림 12-3** 변수 블록. 쓰기(a)와 읽기(b) 모드에서 다른 데이터 유형 선택하기, 변수 추가하기(c), 새 변수 다이얼로그에서 새 변수 명 입력하기(d), 쓰기-숫자 모드 선택하고 숫자형 변수 쓰기(e), 읽기-숫자 모드 선택하고 숫자형 변수 읽기(f).

변수 이름에는 하나의 글자, 한 단어 혹은 연속된 글자나 숫자(그리고 공백)를 사용할 수 있습니다. 👤 변수 이름에는 한글 사용이 지원되지 않습니다.

특정 변수의 의미를 기억하기 쉽도록 변수 명을 짧게 만들어 사용하기를 권장합니다. 왜냐하면 변수 블록 상단에 있는 변수 이름 영역이 작아 긴 변수 명을 다 보여줄 수 없기 때문입니다.

예를 들어 숫자 변수를 생성하기 위해, 먼저 변수 블록을 '읽기(혹은 쓰기)-숫자' 모드로 설정하고 변수 이름 영역을 클릭하고 변수를 추가합니다. 변수 명 spd는 자동차의 속도 변수로 사용하기 좋은 이름입니다.

변수 블록은 해당 모드에 따라 보이는 모습이 달라집니다. 예를 들어 '쓰기-숫자' 모드로 설정하면 블록에 숫자형 입력단이 생겨나서 데이터 와이어를 통해 값을 입력하거나 전달할 수 있습니다(e). '읽기-숫자' 모드(f)에서는 출력단이 생겨나서 이로부터 저장된 값을 읽을 수 있습니다.

언제든 변수에 쓰기만 하면 이미 쓰여 있는 값을 덮어쓰게 된다는 것을 명심하세요. 예를 들어 변수 블록 세 개를 '쓰기-숫자' 모드로 두고 같은 변수에 차례대로 값 1, 2, 3을 써 넣으면 변수에 들어 있는 값은 3이 됩니다.

> **NOTE** 프로젝트의 모든 변수는 프로젝트에 포함된 각 프로그램에서 접근 가능합니다. 이를 전역 변수라고 부르며, 프로젝트 속성 안에 있는 프로젝트 내용의 변수 탭에서 변수들을 관리(복사, 붙여넣기, 삭제, 추가)할 수 있습니다. 이 장과 다음 장에서 변수 사용법의 다양한 예제를 만나 볼 수 있습니다.

배열 사용하기

앞 장에서 숫자, 논리, 텍스트 이렇게 세 종류의 데이터 유형을 사용하였습니다. 6장에서는 배열이라는 또 다른 데이터 유형에 대해 간단히 언급하였습니다. 이번 장에서는 이 데이터 유형들을 자세하게 설명하고 어떻게 사용하는지 알아보겠습니다.

컴퓨터공학에서 배열은 데이터 유형의 일종으로 인덱스(index, 배열의 특정 요소를 선택하는 숫자)로 선택할 수 있는 요소element들의 집합입니다. 빈 배열에는 요소가 들어 있지 않습니다. 이 배열은 존재하지만 메모리 공간을 점유하지는 않습니다.

모든 배열에서 첫 번째 요소의 인덱스는 0번입니다. 길이가 N인 배열에서 마지막 요소의 인덱스는 N-1번입니다. (배열에서 일곱 번째 요소의 인덱스는 6번입니다.)

배열이 엘리베이터의 한 종류라고 생각할 수도 있습니다. 층수(인덱스)를 선택해서 층(요소)으로 이동할 수 있는 것처럼 말입니다. 데이터를 쓴다는 것은 각 층에 어떤 물건을 내려놓는 것과 비슷하고, 데이터를 읽는다는 것은 그 물건을 집어 오는 것과 유사합니다.

변수 블록을 배열 연산 블록과 조합하여 배열 안에 데이터를 써 넣거나 읽어 올 수 있습니다.

숫자형 및 논리 배열 변수 블록 사용법

숫자형 배열을 사용할 수 있는 연산의 종류는 그림 12-4와 같습니다. (이것은 논리 배열에도 비슷하게 적용됩니다.) 쓰기-숫자형 배열 모드 변수 블록은 드롭다운 메뉴를 사용하여 배열의 모든 요소를 지우거나(a), 추가하고 삭제할 수 있습니다(b). (배열 명 입력하는 것을 기억하세요.)

배열 연산 블록 사용법

그림 12-4에서 볼 수 있듯이 배열 연산 블록은 특정 인덱스에 있는 배열 요소를 쓰고(c), 읽고(d), 배열 마지막에 요소를 추가하고(e), 배열 길이를 확인(f)할 수 있습니다.

각각의 모드에서 배열 연산 블록은 배열 변수를 가지고 연산을 수행합니다. 배열 연산 블록은 '인덱스에 쓰기' 모드 와 '추가' 모드에서 배열 변수를 출력합니다. 일반적으로 어떤 배열 변수를 입력 받아 연산을 수행하고 나면 그 결과를 (입력 변수로 사용했던) 배열 변수에 다시 덮어 씁니다. 그리고 그 연산 결과를 또 다른 배열 변수에 써넣을 수도 있습니다.

예를 들어, 그림 12-4의 (c)에서 '인덱스에 쓰기' 모드의 배열 연산 블록은 숫자형 배열 변수 A를 입력 받은 다음, 배열 연산을 수행하고 나온 출력값을 배열 변수 A에 다시 써넣습니다.

A = A + 1과 같이 연산 결과를 다시 A에 써넣을 수도 있고, B = A + 1과 같이 다른 변수 B에 연산 결과를 저장할 수도 있습니다.

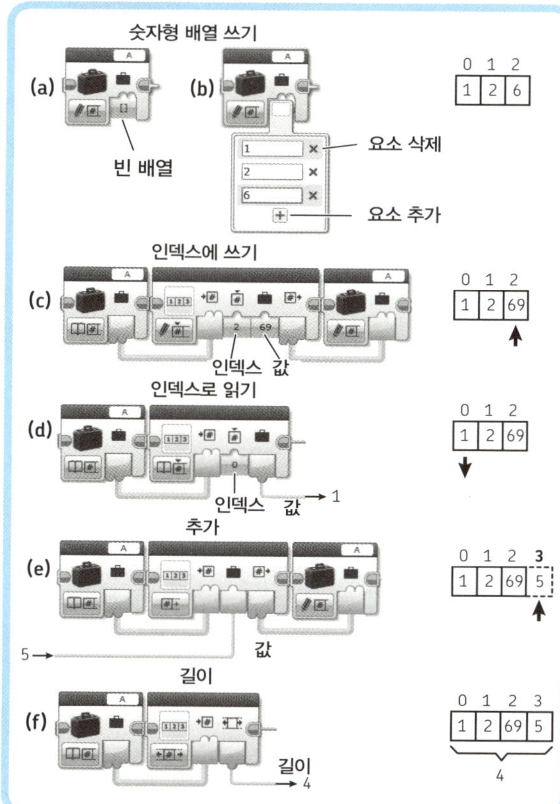

■ 그림 12-4 변수 블록과 배열 연산 블록을 사용하여 배열 관리하기

숫자 69는 2번 인덱스에 들어 있습니다. (첫 번째 요소의 인덱스가 0번이므로 69는 세 번째 요소입니다.) 이 배열은 최소한 세 개의 요소를 갖고 있어야 합니다. 그렇지 않다면 프로그램은 곧 중단됩니다.

다른 블록과 함께 사용하여 배열 연산 블록의 '인덱스'와 '값' 입력단에 고정된 값을 입력하거나 데이터 와이어를 이용하여 프로그램이 동작하는 동안 값이 변하는 동적

값을 입력할 수 있습니다.

다중 케이스를 갖는 스위치 블록 사용법

앞 장에서, 논리 판정 결과가 참이냐 거짓이냐에 따라 비교 모드 스위치 블록을 사용하여 두 가지 논리 케이스 중에 하나를 수행시키는 방법을 살펴보았습니다. 스위치 블록을 숫자 모드, 텍스트 모드, 그리고 다양한 측정 모드에서 사용하여 판정 결과에 따라 여러 가지 케이스 중에 하나를 골라 수행시킬 수도 있습니다.

예를 들어, 슈퍼카를 원격으로 제어하는 프로그램을 만들 때 보았던 것처럼 컬러 센서(측정-색상 모드)로 측정한 색상에 근거하여 선택을 하거나 적외선 센서(측정-원격 모드)로부터 명령을 받을 수 있습니다.

숫자 모드에서는 입력 받은 숫자값에 따라 숫자로 구분된 케이스를 수행할 수 있습니다.

텍스트 모드에서는 입력 받은 텍스트에 따라 라벨로 구분된 케이스를 수행할 수 있습니다.

숫자 모드, 텍스트 모드 그리고 측정 모드일 때 스위치 블록에 다중 케이스와 추가적인 제어상자가 표시됩니다. 이 제어상자(그림 12-5)는 케이스를 추가하고 삭제하거나 케이스를 구분하기 위한 값을 입력할 수 있습니다.

동그란 라디오 버튼 모양의 기본 설정default 버튼은 센서가 판정한 값에 해당되는 케이스가 존재하지 않아 실행할 케이스가 없을 때 어떤 케이스를 대신 실행할지 설정합니다.

크기 조절 손잡이를 사용하여 각 케이스의 크기를 독립적으로 바꿀 수 있습니다. 그리고 플랫/탭 뷰 전환 버튼을 사용하여 스위치 블록이 보이는 방식을 변경할 수 있습니다.

병렬 시퀀스 수행(다중 작업 처리)

지금껏 만들어왔던 프로그램에서는 한 번에 하나의 시퀀스만 동작할 수 있었습니다. 그런데 로봇이 서로 다른 동작을 동시에 수행해야 한다면 어떨까요?

예를 들어, 로봇이 소리를 재생하고 EV3 브릭 화면에 표시되는 텍스트를 바꾸면서 동시에 이곳저곳을 돌아다니는 로봇을 만들고 싶을 수 있습니다.

이 경우 프로그램은 다중 작업을 처리하는 멀티태스킹 multi-tasking 기능을 사용하여 동시에 여러 개의 작업(시퀀스)을 수행할 수 있어야 합니다.

EV3 프로그래밍 언어는 하나의 프로그램 안에 시작 블록을 여러 개 배치하거나 혹은 하나의 시퀀스 와이어로 병렬 시퀀스 블록을 연결하여, 병렬로 동작하는 다중 시퀀스 블록을 생성할 수 있게 지원합니다. Drive 마이 블록과 비컨 사이렌 프로그램을 만들 때 이 기능을 확인할 예정입니다.

멀티태스킹 프로그램에서는 각기 다른 태스크에서 공유하는 자원을 사용할 때, 여러 태스크가 동시에 자원을 사용하지 않도록 주의해야 합니다. 예를 들어, 모터 블록 두 개를 사용하여 서로 다른 두 개의 병렬 시퀀스에서 같은 모터를 구동하게 되면 예상치 못한 현상을 일으킵니다.

또한 여러 개의 병렬 시퀀스에서 동일한 변수에 데이터를 쓰게 되면 변수에 어떤 값이 들어 있을지 예측할 수 없고 어떤 시퀀스가 마지막으로 값을 써넣었는지 알 수 없게 됩니다.

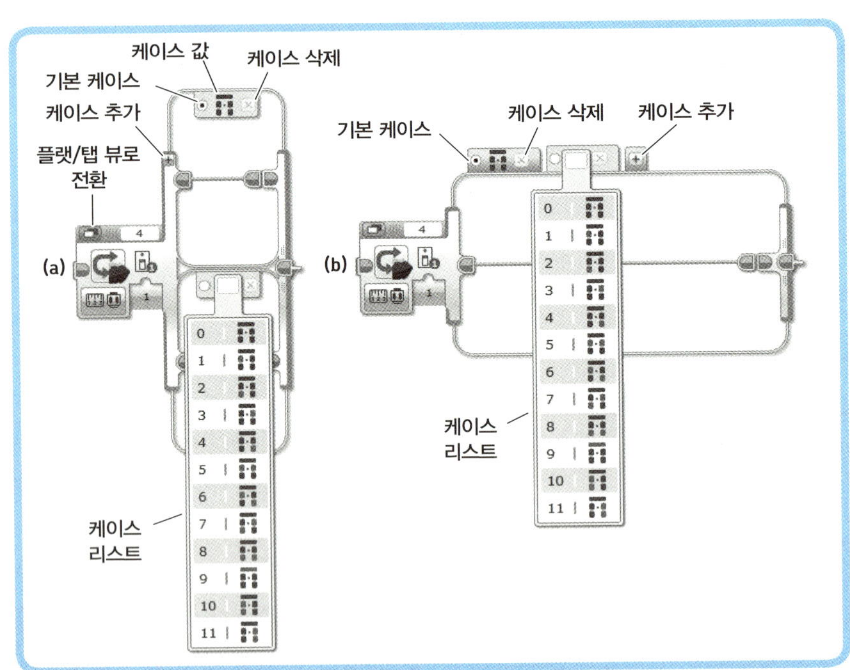

■ 그림 12-5 플랫 뷰(a)와 탭 뷰(b) 상태의 측정 모드 스위치 블록이 숫자로 구분된 여러 개의 케이스를 갖고 있습니다. 여기서 스위치 블록은 적외선 센서-측정-원격 모드로 설정되어 있습니다.

마이 블록 만들기

이제 슈퍼카 프로그램을 만들어 봅시다. 최종 프로그램을 만들기 전에 먼저 마이 블록을 몇 개 만들어야 합니다. 각 마이 블록에 대해, 내부에 들어가야 하는 시퀀스 블록들과 기본 입력값 및 아이콘을 사용하는 최종 마이 블록에 대해 나열할 예정입니다.

프로그래밍을 시작하기 위해 새 프로젝트를 생성하고 mySUP3RCAR라고 저장합니다. 다음에 나오는 그림을 참고하여 각 마이 블록을 작성합니다.

ResetSteer 마이 블록

ResetSteer 마이 블록은 각 프로그램의 시작부에서 사용되어 조향 바퀴를 중앙으로 정렬시키는 역할을 합니다. 그림 12-6에 보이는 시퀀스를 작성하고 오른쪽 하단 그림처럼 마이 블록을 생성합니다.

사운드 블록이 엔진 시동 소리Motor start 파일을 재생하면서 미디엄 모터가 작은 힘으로 짧은 시간 동안 회전하여 앞바퀴를 최대한의 각도로 조향합니다.

엔진 시동 소리Motor start 파일은 사운드 블록의 입력창을 클릭한 다음 '레고 사운드 파일▶기계' 폴더에서 찾을 수 있습니다. 미디엄 모터를 작은 힘으로 빨리 동작시키는 이유는 앞바퀴가 최대 각으로 돌아갔을 때 조향 구조에 기계적인 스트레스를 주지 않기 위해서입니다.

앞바퀴가 더 이상 조향되지 못하는 조향 한계에 한번 도달하고 나면, 마이 블록은 조향 바퀴를 (정확한 각도로) 중앙으로 복귀시킵니다. 이 중심점은 성공적인 모터 동작을 위한 기준점으로 사용됩니다.

초기화 모드의 모터 회전 블록은 미디엄 모터 A의 회전수를 0으로 초기화합니다. 곧이어 만들게 될 Steer 마이 블록은 이렇게 모터를 절대적인 각도로 사전에 초기화시키는 작업이 필요합니다(초기화된 회전수를 중심점으로 기준을 잡음).

Steer 마이 블록

모터 블록을 감싸고 있는 Steer 마이 블록은 미디엄 모터를 절대 각도absolute angle로 회전시킵니다. 일반적으로 모터 블록을 '각도로 동작' 모드로 설정하면, '도' 파라미터에 입력된 값은 보통 현재 모터 축 위치를 기준으로 모터가 상대적으로 회전해야 하는 각도를 의미합니다.

하지만 이 마이 블록에서 '도' 입력의 경우에는 회전수가 가장 최근에 초기화되었던 절대 위치(실제 위치는 고려하지 않고)로 모터 축을 이동시키게 합니다.

예를 들어, 입력값 0은 모터 축을 이전에 초기화되었던 위치로 이동시킵니다. 그리고 입력값 30은 위치 0을 기준으로 모터 축을 30도만큼 정방향으로 회전시킵니다. 만약 현재 회전수가 30이라면 -30 입력값은 모터 축을 -30도로 위치시킵니다. 모터 블록이 하는 것처럼 모터 축을 간단히 30도 역방향으로 회전시키는 것이 아닙니다.

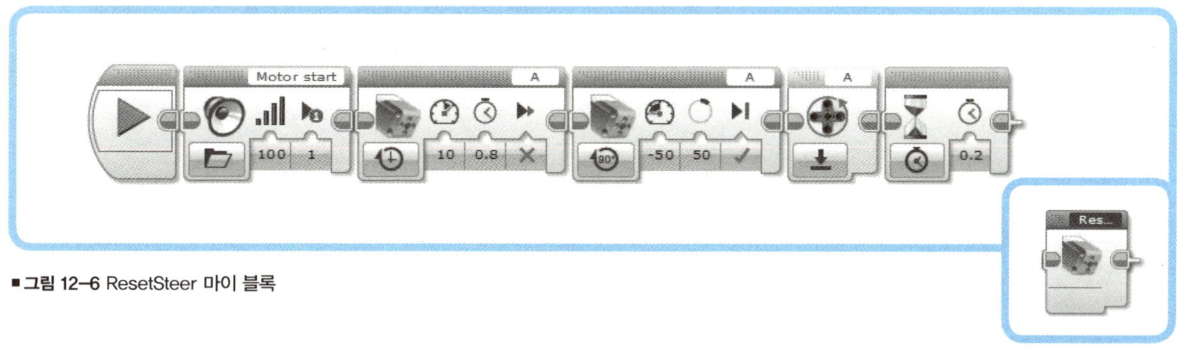

■ 그림 12-6 ResetSteer 마이 블록

필자는 **측정-도** 모드로 설정한 모터 회전 블록을 사용하여 현재 모터의 회전수를 구한 다음 목표 각도에서 이 값을 뺀 결과값을 가지고 모터 블록의 각도 입력에 사용합니다. 미디엄 모터 블록은 현재 각도와 목표 각도의 차이가 1도 이상 날 때만 동작합니다. 그리고 양의 방향 혹은 음의 방향의 차이 값을 모두 고려하기 위해 절댓값 모드 수학 블록을 비교 블록과 함께 사용하기도 합니다.

그림 12-7을 참고하여 이 마이 블록을 만들어 보세요. 이 블록은 '포트' '파워' '각' '정지방식' 이렇게 네 가지 입력이 존재합니다. (데이터 와이어를 스위치 블록 내부로 연결할 수 있다는 것을 명심하세요.)

> **NOTE** 6장에서 설명했던 것처럼, 데이터 와이어는 스위치 블록이 탭 뷰 모드일 때만 블록 내부로 연결할 수 있습니다. 플랫 뷰 상태의 스위치 블록에는 데이터 와이어를 연결할 수 없습니다.

Drive 마이 블록

Drive 마이 블록은 앞바퀴를 조향하는 동시에 구동 모터를 동작시킵니다. 그림 12-8에 나와 있듯이, 이 블록은 '파워'와 '조향'이라는 입력 파라미터 두 개를 가지고 있습니다.

이 마이 블록을 생성할 때, **파워** 입력의 기본값은 50으로, 파라미터 스타일은 **수직 슬라이더**로 설정하고 파워 입력 범위는 −75에서 75로 제한합니다.

조향 입력의 기본값은 0으로, 파라미터 스타일은 **수평 슬라이더**로 설정하고 조향 입력의 범위는 −30에서 30으로 제한합니다.

고급 모드 수학 블록 두 개가 구동 모터로 공급해야 하는 파워를 계산합니다. 이 수학 블록은 251쪽에 있는 '더 깊게 파보기: 전자식 차동기어 바퀴 속도 계산하기'에서 설명했던 전자식 차동기어 공식을 사용합니다.

구동 모터가 뒤쪽을 향하고 있기 때문에 수학 블록의 공식에 음의 부호(−)를 붙여야만 합니다. 데이터 와이어가 꼬이지 않도록 탱크모드 주행 블록의 모터 포트는 'B+C'가 아닌 'C+B'로 설정해야 합니다.

> **NOTE** 모터 반전 블록(파란색 상단의 고급 블록에 있음)을 사용하여 모터의 회전 방향을 반대로 바꿀 수 있습니다. 어떤 프로그래밍 블록 뒤에 붙는 모터 반전 블록은 일반적으로 시계 방향으로 회전하는 모터가 반시계 방향으로 회전하도록 바꾸어 줍니다. 그 반대로 바꾸어 줄 수도 있습니다.
> 이 블록은 로봇의 구동 모터가 (슈퍼카처럼) 뒤쪽으로 장착되어 있을 때나 바퀴 회전 방향이 (8장에서 논의한 것처럼) 기어 조합에 의해 반전되어 있을 때 유용합니다. 이 경우, 이미 수학 블록을 사용하였기 때문에 모터 회전 방향을 반대로 바꾸어 주는 데 이 수학 블록에서 음의 부호(−)를 사용하는 것이 더 효과적입니다.

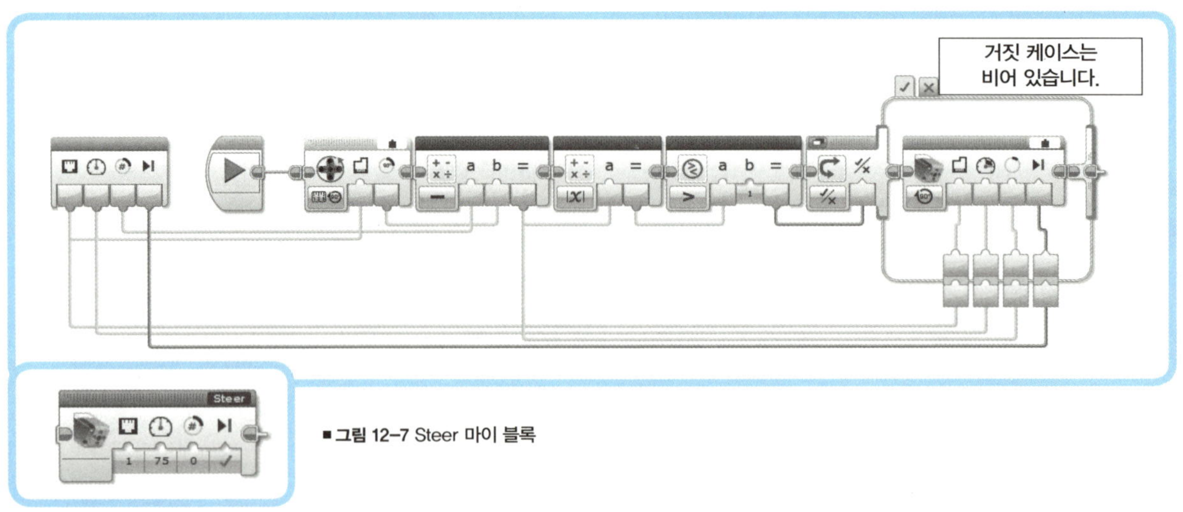

■ 그림 12-7 Steer 마이 블록

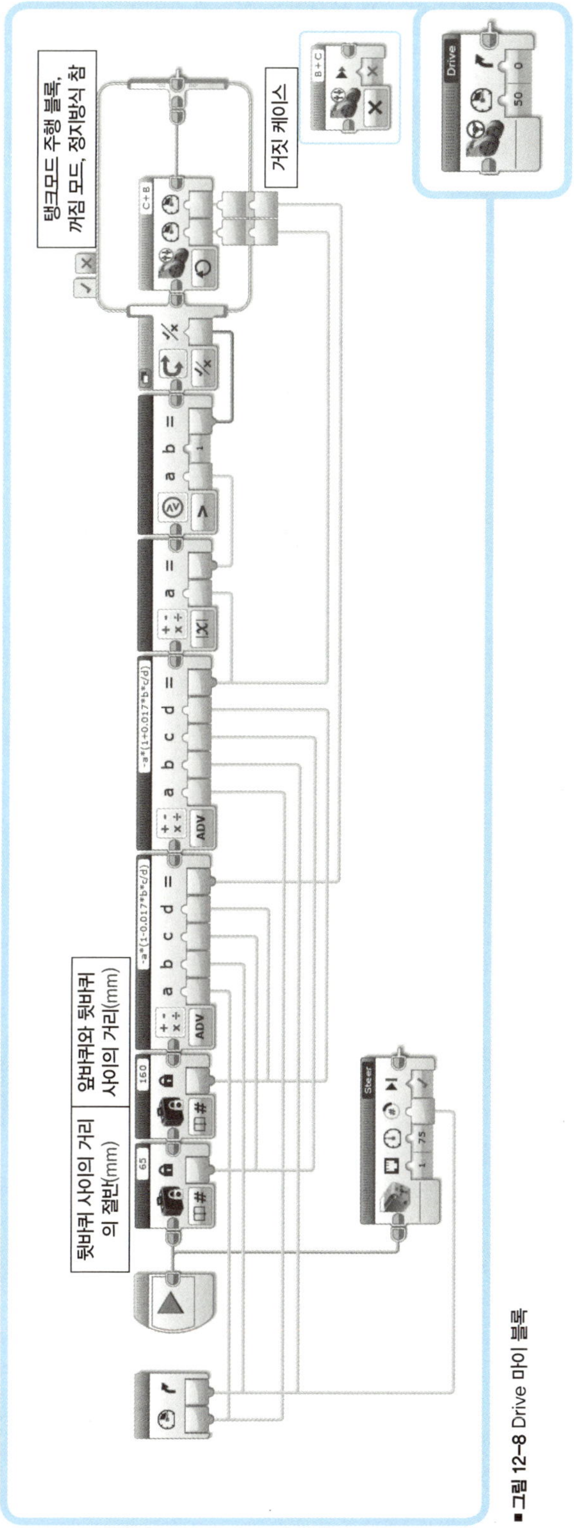

자동차의 치수(뒷바퀴와 앞바퀴 간 거리 H와 뒷바퀴 사이의 거리의 절반 D)는 상수 블록 두 개에 설정되어 있습니다. 왼쪽 모터에서 계산된 파워의 절댓값이 1보다 크면 스위치 블록의 참 케이스 안에 있는 탱크모드 주행 블록이 수행됩니다.

스위치 블록의 거짓 케이스에는 꺼짐 모드의 탱크모드 주행 블록이 들어 있고 이 블록의 정지방식은 거짓으로 설정되어 있습니다. 이 스위치 블록은 탭 뷰로 설정되어 데이터 와이어가 연결되어 있으며 이 데이터 와이어는 왼쪽 모터와 오른쪽 모터의 파워값을 스위치 블록 내부로 전달합니다.

이 마이 블록은 메인 시퀀스에 있는 Steer 마이 블록과 병렬로 실행됩니다. 이 마이 블록이 메인 시퀀스에 위치하고 있었다면, 구동 모터가 차량을 출발시키거나 속도를 변경하기 전에 조향 모터의 동작이 먼저 종료되기를 기다려야 합니다.

그림 12-9를 참고하여 다른 시퀀스와 병렬이 되도록 Steer 마이 블록에 시퀀스 와이어를 연결합니다.

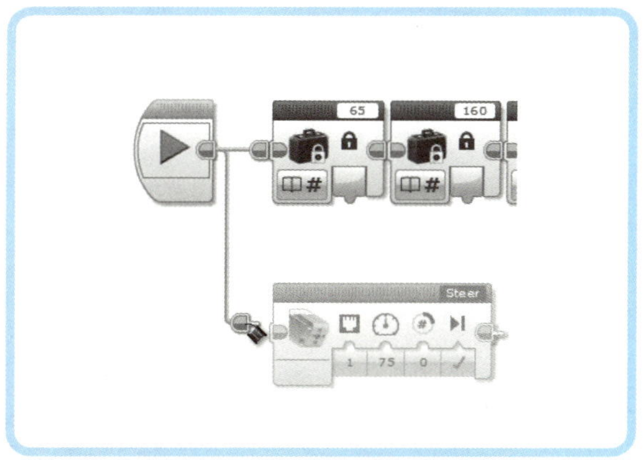

■그림 12-9 원하는 블록을 병렬로 동작시키기 전에 시퀀스 플러그 출력단에서 시퀀스 와이어를 클릭하고 드래그합니다.

■그림 12-8 Drive 마이 블록

ReadRemote2 마이 블록

그림 12-10에서 볼 수 있는 ReadRemote 마이 블록은 '적외선 센서-측정-원격' 모드로 설정한 스위치 블록을 이용해서 원격 조종 리모컨에서 눌러진 버튼에 따라 spd 와 str 변수를 다르게 설정하는 역할을 합니다.

spd 변수에 저장하는 값으로는 0(모터 정지) 그리고, 1과 −1(전진 및 후진)을 사용합니다. str 변수에 저장하는 값으로는 0(조향 바퀴 중앙), 1과 −1(좌회전 및 우회전)을 사용합니

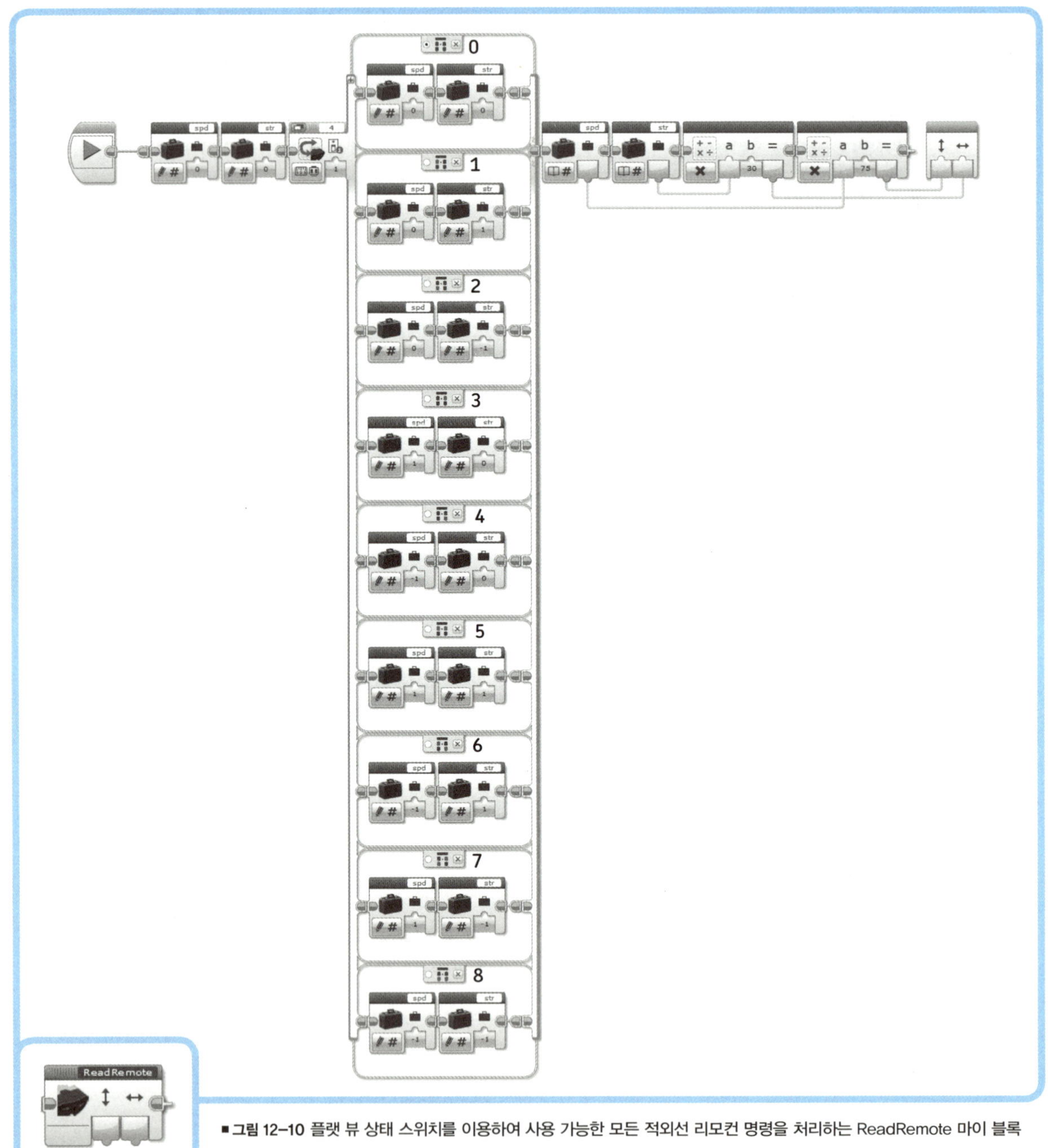

■ 그림 12-10 플랫 뷰 상태 스위치를 이용하여 사용 가능한 모든 적외선 리모컨 명령을 처리하는 ReadRemote 마이 블록

다. 이 변수 두 개 모두 0으로 초기화합니다.

원격 조종기 버튼의 다양한 조합에 따라 스위치 블록의 케이스 내부에 있는 변수에 저장되는 값이 갱신됩니다. 1번과 2번 버튼은 회전 방향을 제어하고, 3번과 4번 버튼은 전진/후진 방향을 제어합니다.

예를 들어, 앞바퀴를 왼쪽으로 돌리고 있는 동안 직진하도록 조종간을 움직이면 원격 적외선 비컨을 통해 5번 조합이 전송됩니다(그림 6-1처럼 1번과 3번 버튼을 동시에 누른 경우). 5번 조합에 해당되는 케이스 안에 있는 spd 변수에는 1(전진)이 설정되고 str 변수에는 1(왼쪽)이 설정됩니다.

스위치 블록 다음에서 spd와 str 값에 75(구동 모터를 최대 75% 파워로 동작시킴)와 30(조향 모터를 정방향 혹은 역방향으로 30도 만큼 이동시킴)을 각각 곱합니다. 이 결과는 마이 블록 출력단인 '속도'와 '조향'으로 전달됩니다.

그림 12-10과 같이 ReadRemote 마이 블록의 시퀀스

구조는 단순하지만 크기가 다소 큽니다. 변수를 사용하지 않고 탭 뷰 상태의 스위치 블록(그림 12-11) 안에 상수 블록을 사용하여 동일한 기능을 구현할 수 있습니다.

스위치 블록은 적외선 센서-측정-원격 모드로 설정합니다. 각 케이스 내부에서 속도와 조향에 관련된 변수를 설정하는 대신, 이 값들은 첫 번째 케이스에 보이는 것과 같은 상수 블록이 데이터 와이어를 통해 스위치 블록 바깥쪽에 있는 수학 블록으로 공급합니다. 숨어 있는 상수 블록에 어떤 값을 설정해야 하는지 각 케이스 탭의 상단에 표시해 두었습니다.

탭 뷰 상태의 스위치 블록에서는 각 케이스에 대한 데이터 와이어 터널이 생겨납니다. 다른 케이스에 있는 각 상수 블록의 출력을 이 터널에 연결하세요.

ReadRemote2 마이 블록은 RC_switch 프로그램에서 사용하게 될 예정이기 때문에 일단 이 마이 블록을 생성해 두기 바랍니다.

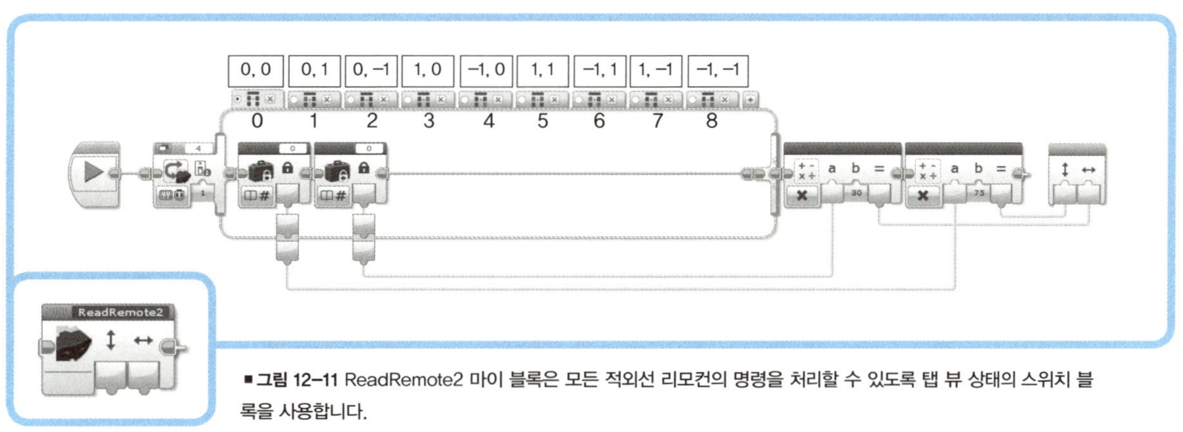

■그림 12-11 ReadRemote2 마이 블록은 모든 적외선 리모컨의 명령을 처리할 수 있도록 탭 뷰 상태의 스위치 블록을 사용합니다.

자동차 주행 기능 프로그래밍

필요한 마이 블록을 추가로 작성하여, 슈퍼카가 장애물에 부딪히지 않고 주변을 돌아다니는 프로그래밍을 만들어 봅시다. 그림 12-12에서 보이는 것처럼 Drive Around 프로그램을 작성해 보세요.

이 프로그램은 꽤 간단합니다. 먼저 ResetSteer 마이 블록이 조향 바퀴를 가운데로 이동시킵니다. 그런 다음, 루프(켜짐 모드) 내에서의 Drive 마이 블록은 적외선 센서의 '근접감지 모드' 값이 35%보다 작을 때(첫 번째 대기 블록)까지 자동차가 약 50% 파워를 이용하여 앞으로 직진('조향' 입력은 0으로 설정)하도록 명령합니다.

그런 다음 또 다른 Drive 마이 블록은 '근접감지 모드' 측정값이 45%를 넘을 때까지 자동차가 조향하는 동안(파워 -50, 조향 -30) 뒤로 움직이도록 명령합니다. 마지막 대기 블록은 주행 방향이 후진에서 전진으로 바뀌기 전에 프로그램이 잠시 기다리도록 만듭니다.

자동차 원격 제어 프로그래밍

이제 그림 12-13을 참고하여 원격 조종기에서 명령을 받는 RC_switch 프로그램을 만들 예정입니다. ResetSteer 마이 블록은 조향 바퀴를 중앙으로 복귀시키고, 이미지 모드 디스플레이 블록은 EV3 브릭 화면에 원격 적외선 비컨 이미지를 표시합니다.

루프(꺼짐 모드)에서 ResetRemote2 마이 블록은 '조향'과 '파워' 값을 데이터 와이어를 통해 Drive 마이 블록에 전달합니다.

숫자 모드 스위치 블록은 ReadRemote2 마이 블록의 파워 출력을 입력값으로 받아서 브릭 상태 표시등의 색상을 바꾸어 줍니다. 숫자 1로 설정된 케이스(표시등을 빨간색으로 변경시킴)가 기본값으로 설정되었기 때문에 입력값이 1과 같거나 0이 아닐 때 케이스가 수행됩니다.

우리가 히고지 히는 것은 0과 0이 아닌 값을 구분하는 것이므로 기본 케이스는 어떤 값이라도 설정할 수 있습니다.

대기 블록을 **0.05초**로 설정하여 조향 모터가 흔들리는 것을 막아줍니다. Drive 마이 블록 내부에서 Steer 마이 블록이 너무 자주 호출되면 흔들림이 발생합니다. Steer 마이 블록은 모터가 목표 각도에 다다르기 전에 모터 위치를 새로 변경하려고 합니다.

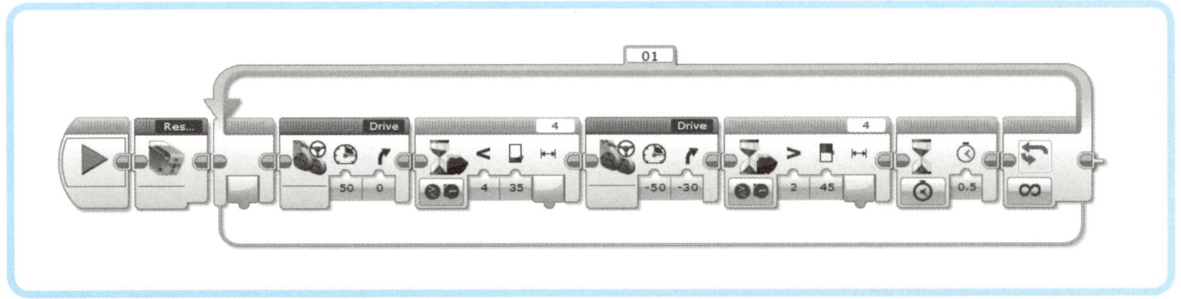

■ **그림 12-12** DriveAround 프로그램

배열을 사용하여 ReadRemote 마이 블록 간단하게 만들기

앞서 설명했던 ReadRemote와 ReadRemote2 마이 블록을 이용해서 작업(원격 명령 처리)을 수행했지만, 배열을 이용해서 더 우아한 방법으로 같은 일을 할 수 있습니다. 특히, 원격 적외선 비컨이 보내는 명령(누른 버튼에 따라)을 인덱스로 사용하여 두 개의 배열에서 값을 읽어 올 수 있습니다.

이 배열에서는 속도와 조향값(이전 마이 블록에서 사용한 -1, 0, 1처럼)을 담고 있습니다. 그림 12-14에 RC_arrays 프로그램이 나와 있습니다. 프로그램이 시작하면 숫자형 배열 모드로 설정된 변수 블록 두 개가 'str_array'와 'spd_array' 배열 변수를 생성하고 값을 채웁니다.

그림 12-4(b)에 보이는 드롭다운 메뉴를 사용하여 표 12-1에 표시된 값을 이 배열에 채워 보세요.

'ReadRemoteA' 마이 블록은 그림 12-15와 같습니다. 보다시피, 측정-원격 모드의 적외선 센서 블록은 데이터 와이어를 통해 적외선 센서 블록의 '버튼 ID' 출력값을 두 개의 배열 연산 블록의 '인덱스' 입력으로 전달하여 spd_array와 str_array 배열에서 값을 읽어 오도록 합니다.

6장에서 원격(1번에서 11번까지의 숫자)으로 보낼 수 있는 명령에 대해 나열하였습니다. 원격 명령값을 배열의 인덱스로 사용하기 때문에 이 배열 안에 모든 인덱스(원격 명령)에 대응할 수 있을 만큼 요소의 개수가 존재하는지 확인해야 합니다.

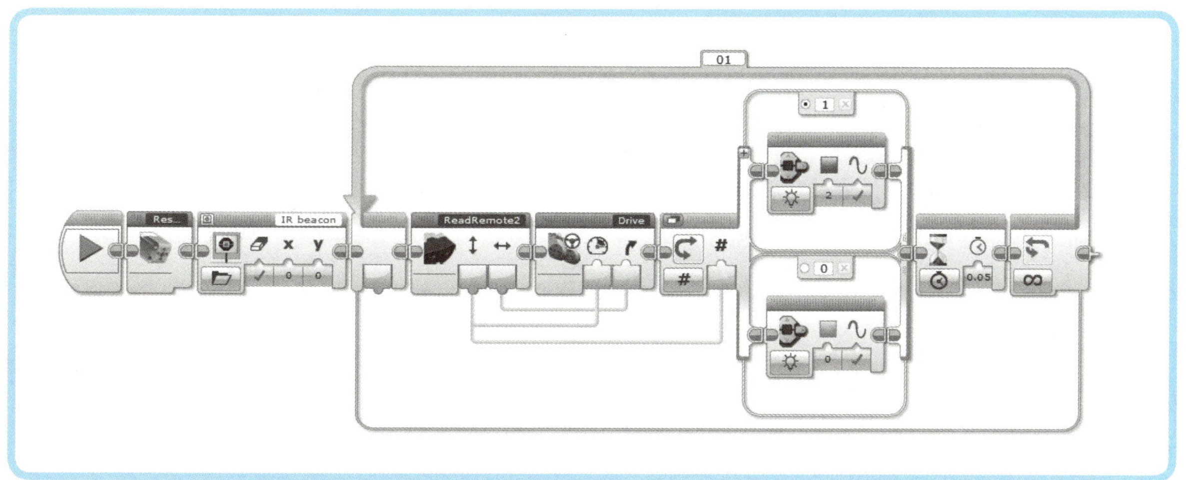

■ 그림 12-13 차동차를 원격으로 제어하는 RC_switch 프로그램

원격 조종기의 조종간을 움직여서도 비록 원격 버튼 9번(비컨 모드 켜기), 10번(1번과 2번 버튼을 누를 때), 11번(3번과 4번 버튼을 동시에 누를 때) 조합이 발생되지는 않더라도 이 번호의 인덱스에 해당하는 배열 요소에도 값을 채워야만 합니다.

만약 어떤 배열이 아홉 개의 요소를 가지고 있고 적외선 센서가 9, 10, 11의 명령을 받는다면 배열 연산 블록은 배열 경계 바깥쪽 요소에 접근을 시도하게 되고, 프로그램은 중지합니다. 이런 상황을 피하기 위해서는 9, 10, 11번 인덱스를 갖는 배열 요소에 0을 채워야 합니다.

표 12-1를 참고하여 배열에 값을 채우고 RC_arrays 프로그램(그림 12-14)과 ReadRemoteA 마이 블록(그림 12-15)을 작성합니다.

인덱스 (원격 조종기 버튼 ID)	str_array	spd_array
0	0	0
1	1	0
2	−1	0
3	0	1
4	0	−1
5	1	1
6	1	−1
7	−1	1
8	−1	−1
9	0	0
10	0	0
11	0	0

■ **표 12-1** 'str_array'와 'spd_array' 배열의 내용

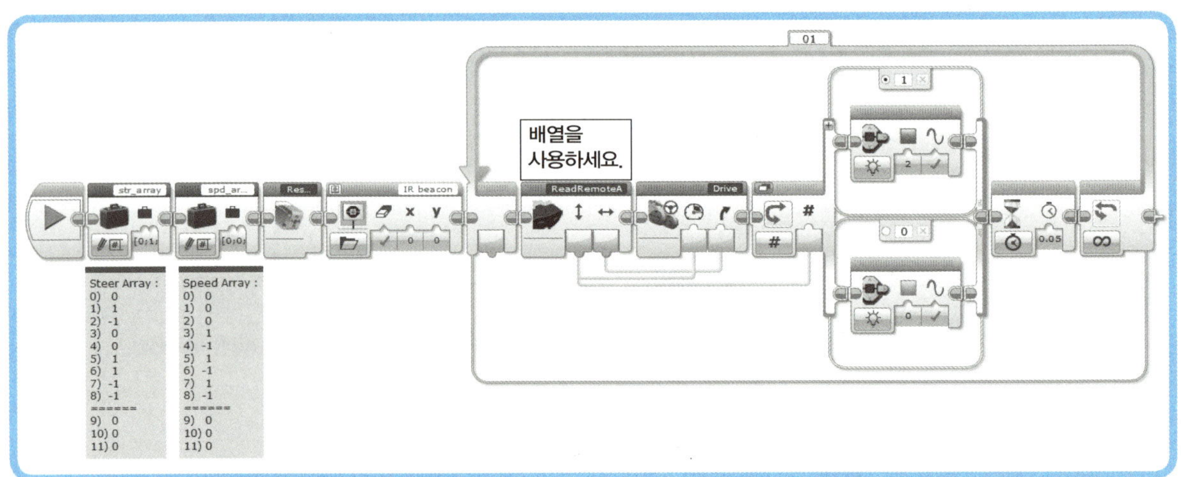

■ **그림 12-14** RC_arrays 프로그램은 RC_switch 프로그램과는 다른 방식으로 자동차 원격 조종 기능을 구현합니다.

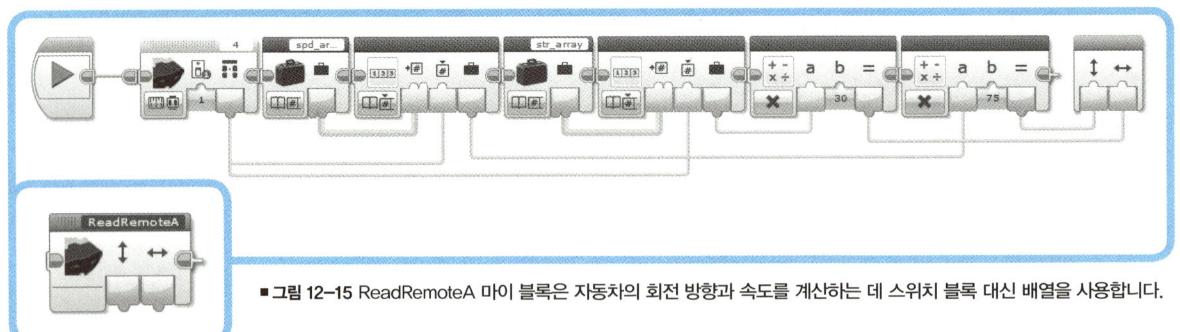

■ **그림 12-15** ReadRemoteA 마이 블록은 자동차의 회전 방향과 속도를 계산하는 데 스위치 블록 대신 배열을 사용합니다.

비컨을 따라가는 자동차 프로그래밍

슈퍼카가 (비컨 모드로 설정한) 원격 적외선 비컨을 따라가도록 프로그래밍할 수 있습니다. 이 프로그램은 6장에서 로버로 만든 비컨 따라가기 프로그램(그림 6-9)과 비슷하지만 어쩔 수 없이 더욱 복잡합니다.

왜냐하면 더욱 까다로운 슈퍼카의 조향방식을 처리해야 하기 때문입니다. 비컨 따라가기 프로그램의 주요 부분을 만들기 전에, 다음 절에서 소개하는 마이 블록을 먼저 만들어야 합니다.

Sign 마이 블록

Sign 마이 블록(그림 12-16)은 sign 수학 함수처럼 동작합니다. 이 블록은 숫자를 입력 받고 이 숫자가 양수(0보다 큼)이면 1을, 0과 같으면 0을, 음수(0보다 작음)이면 -1을 반환합니다. 입력단과 출력단에는 선호하는 이름(예를 들어 '입력'과 '결과')을 부여합니다.

보다시피, Sign 블록은 스위치 블록 두 개를 사용하는데, 한 스위치 블록이 다른 스위치 블록 안에 들어가도록 배치합니다. 바깥쪽에 있는 스위치 블록은 비교 블록과 함께 입력한 숫자가 0보다 크거나 같은지 확인합니다. 값이 거짓이면 상수 블록은 데이터 와이어 터널을 통해 -1을 출력합니다.

값이 참이면 앞선 점검은 종료되고 참 케이스 내부의 시퀀스가 수행됩니다. 숫자가 정확히 0과 같으면 상수 블록은 0을 출력합니다. 그렇지 않으면 (안쪽 스위치 블록의 거짓 케이스에 있는) 다른 상수 블록이 1을 출력합니다.

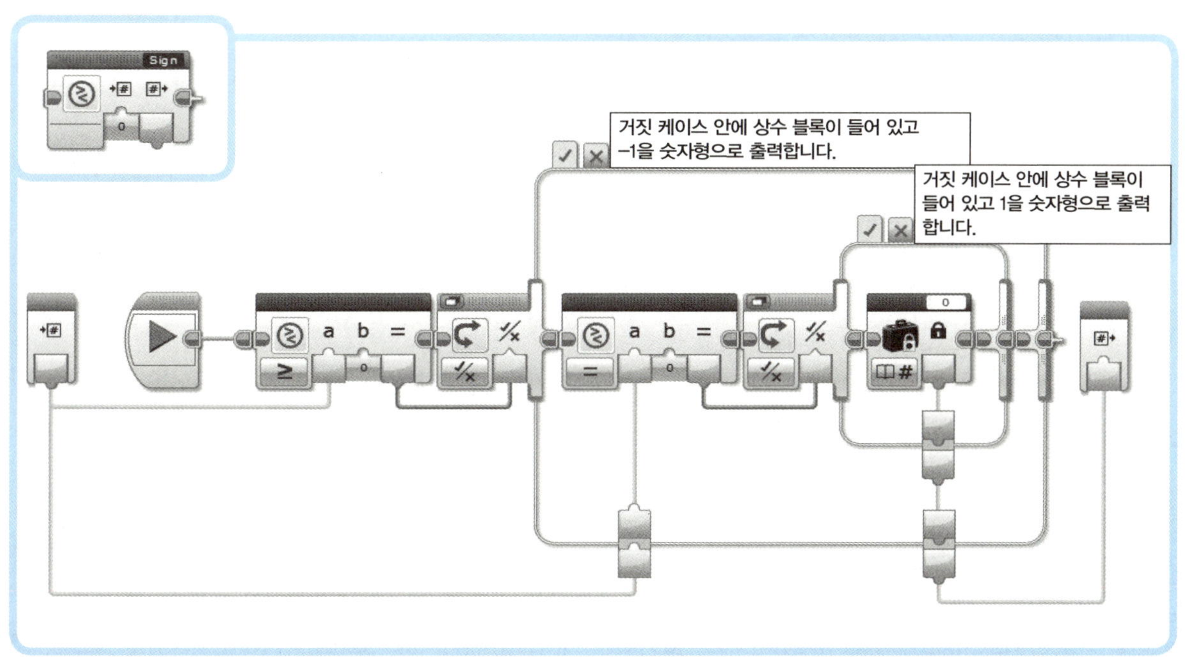

■ 그림 12-16 Sign 수학 함수의 기능을 구현한 Sign 마이 블록

Saturation 마이 블록

Saturation 마이 블록은 입력 받은 값의 범위를 제한하여 이 값이 최댓값(Max)과 최솟값(Min) 사이에 있도록 합니다. 그림 12-17을 참고하여 이 마이 블록을 작성합니다. 원래 입력값은 _v라고 부르는 임시 변수에 저장됩니다.

만약 _v에 저장된 값이 최댓값보다 크면 이 값은 최댓값으로 덮어 써지게 되고 최솟값보다 작으면 최솟값으로 덮어 써지게 됩니다.

ReadBeacon 마이 블록

이제 그림 12-18에 있는 ReadBeacon 마이 블록을 만들어 보도록 하겠습니다. 이 마이 블록은 '주행'과 '속도' 명령(일반적으로 -1, 0, 1)을 출력하여 슈퍼카가 비컨을 쫓아가도록 만듭니다.

적외선 센서(측정-비컨 모드) 블록의 '범위'와 '근접감지 모드' 출력값은 heading과 prox라는 숫자형 변수에 각각 저장됩니다. 비컨이 감지되면 적외선 센서 블록의 '감지'는 참을 출력하고 감지되지 않으면 거짓을 출력합니다.

하지만 가끔 비컨이 적외선 센서 범위에서 사라질 때도 '감지'는 참을 출력하지만 '근접감지 모드'는 100을 출력할 때가 있습니다.

이런 이유로 '감지'가 참이고 '근접감지 모드'가 100이하일 때만 자동차가 비컨을 향해 움직이게 해야 합니다. 비교 블록과 논리 연산 블록을 이용하여 이러한 동작을 프로그래밍할 수 있습니다.

논리 연산 블록의 결과가 스위치 블록의 출력으로 전달됩니다. 비컨이 인식 범위 안에 있지 않을 때(스위치 블록의 거짓 케이스), spd와 str 변수는 둘 다 0으로 설정됩니다. 범위 안에 있다면, heading 변수는 조향값을 계산하는 데 사용하고 이 값은 str 변수에 저장합니다.

범위 블록이 Heading 변수에 저장되어 있는 비컨의 '범위' 값이 -5와 5 사이에 있는지 확인합니다. 그렇다면 이 값은 0으로 처리됩니다.

이 블록의 목적은 0 근처에서 '데드존dead zone'을 만들어 비컨의 범위값이 작아졌을 때 로봇이 지그재그로 움직이지 않고 직선으로 나아갈 수 있게 해주는 것입니다.

비컨이 오른쪽에 있는지 왼쪽에 있는지 알아야 할 필요가 있습니다. 그래서 Sign 마이 블록을 사용하여 범위값의 부호를 계산합니다.

이렇게 얻어진 값으로 heading 변수를 덮어 쓰고 -30을 곱하여 최종 str의 값을 계산합니다. (반드시 음수를 곱해서 자동차가 비컨이 있는 쪽으로 진행 방향을 바꾸도록 만들어야 합니다.)

prox 변수에 저장되어 있는 '근접감지 모드'의 값은 1.5를 곱한 후 0에서 75 사이로 범위를 제한하고 spd 변수에 저장합니다.

속도가 75로 제한되므로 전자식 차동기어식 $V \times (1 + D \times 0.017 \times a / H)$(251쪽의 '더 깊게 파보기: 전자식 차동기어의 바퀴 속도 계산' 참고)에 따라 바퀴의 속도가 모터의 최고 속도를 넘어서지 못합니다. 설사 자동차가 최대 조향각으로 회전하고 있다고 해도 마찬가지입니다.

만약 조향각이 35이면, 빨리 회전하는 바퀴의 속도는 $75 \times (1 + 65 \times 0.017 \times 35 / 160) \approx 93$이 되며 이 값은 100 즉, 모터의 최대 회전 속도보다 작아 슈퍼카는 미끄러짐 없이 안전하게 선회할 수 있습니다.

범위 블록

범위 블록(그림 12-19)은 입력 숫자값이 '범위 최솟값'과 '범위 최댓값'으로 설정한 영역 안에 있는지 확인합니다. 범위 블록을 '내부' 모드로 설정하는지 '외부' 모드로 설정하는지에 따라 숫자가 범위 안에 있는 것을 체크할지 외부에 있는 것을 체크할지 선택할 수 있습니다.

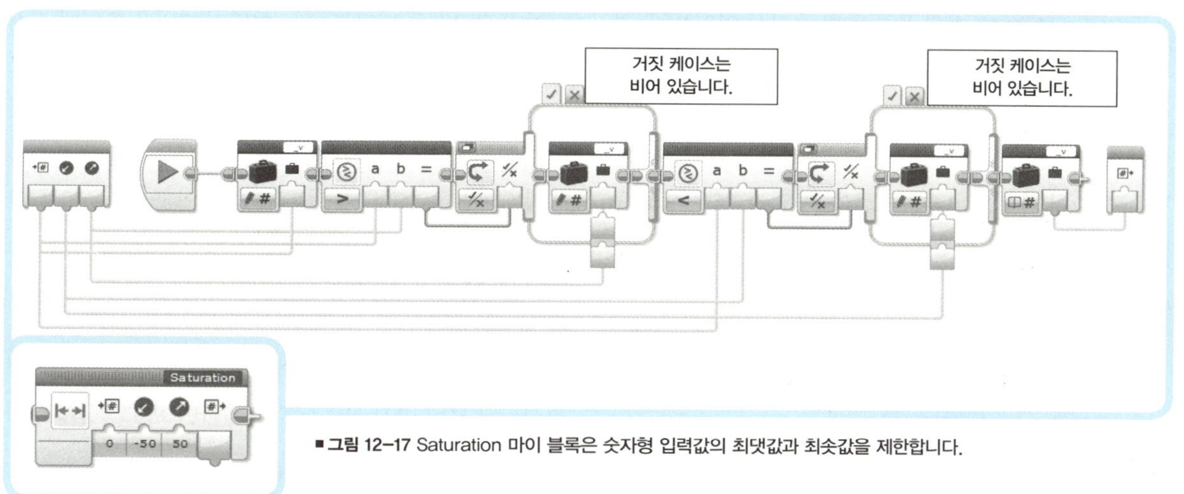

■ 그림 12-17 Saturation 마이 블록은 숫자형 입력값의 최댓값과 최솟값을 제한합니다.

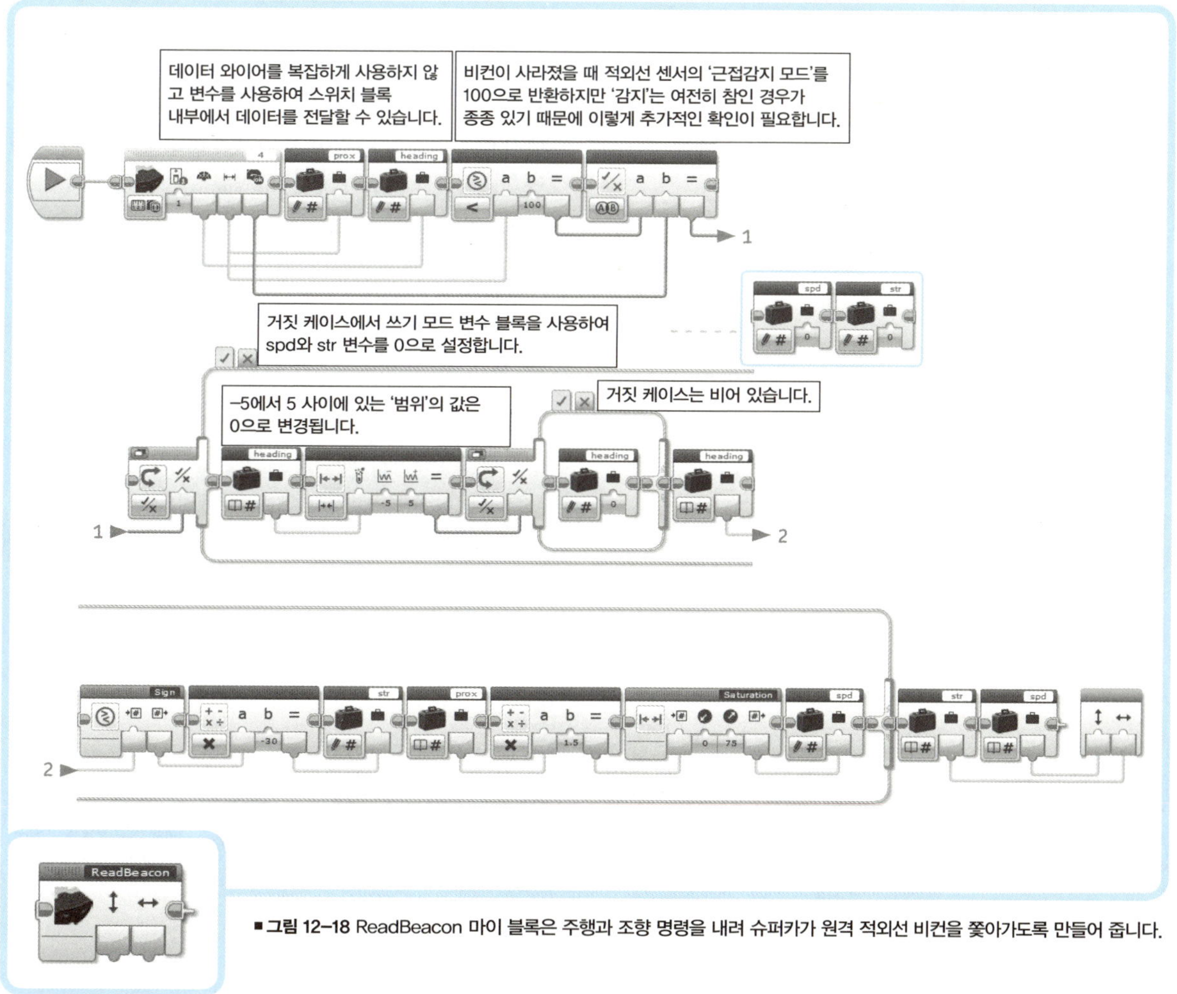

■ 그림 12-18 ReadBeacon 마이 블록은 주행과 조향 명령을 내려 슈퍼카가 원격 적외선 비컨을 쫓아가도록 만들어 줍니다.

두 가지 모드에서, 범위 블록은 범위 검사 영역 안에 경계값을 포함시킵니다. 예를 들어, 25가 범위 값 25와 50 사이의 영역에 있는지 검사하면 범위 블록은 '참'을 반환하고 50이 같은 영역 내부에 있는지 검사하면 '참'을 반환하며 50이 이 영역의 외부에 있는지 검사하면 '거짓'을 반환합니다.

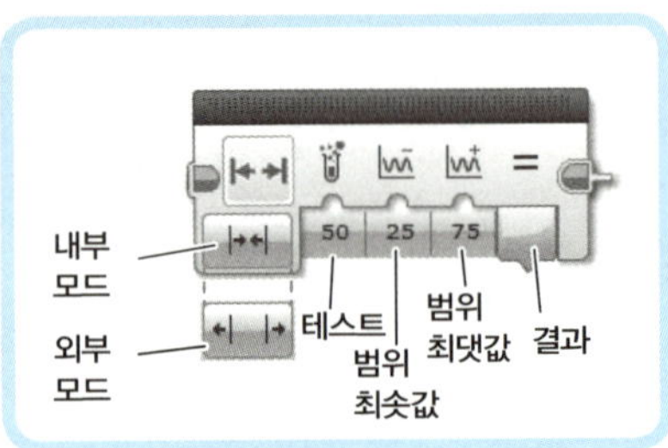

■ 그림 12-19 범위 블록

이 범위 블록은 비교 블록 두 개와 논리 연산 블록 하나를 조합해서 사용하는 것과 같은 기능을 수행합니다. 예를 들어, '내부' 모드에서는 입력값이 '범위 최솟값'보다 크거나 같은지 그리고 '범위 최댓값'보다 작거나 같은지 검사합니다.

FollowBeacon 프로그램

그림 12-20을 참고하여 마침내 FollowBeacon 프로그램을 완성하였습니다. Target 이미지 파일은 디스플레이 블록의 입력란을 클릭하여 탐색창을 연 다음 '레고 이미지 파일 ▶ 개체' 폴더 안에서 찾을 수 있습니다.

이 프로그램은 먼저 Target 이미지 파일을 화면에 표시하고 조향 바퀴를 가운데로 위치시킵니다. 다음으로 ReadBeacon 마이 블록은 '파워'와 '조향' 값을 Drive 마이 블록의 입력으로 제공합니다.

이 두 가지 마이 블록과 대기 블록이 Follow 루프 블록 안에 위치합니다. 이 루프 블록의 모드는 '컬러 센서-비교-색상'으로 설정하고 '색상 모음' 입력에는 빨강(5)을 설정합니다.

컬러 센서가 빨간색을 감지하면 프로그램은 모터를 정지시키고 모터 정지 사운드를 재생하며 프로그램이 정지합니다.

이 프로그램을 이용해서 게임을 해보면 어떨까요? 비컨을 이리저리 움직여 슈퍼카가 빨간 선을 밟지 않고 EV3 테스트 패드를 지나가도록 시도해 보세요. EV3 제품 박스를 감싸고 있는 겉면을 펼치면 테스트 패드가 됩니다.

만약 빨간 선을 넘어가면 자동차는 정지하고 게임에 지게 됩니다. (자동차가 피해야 하는 선 색을 바꾸려면 루프의 종료 조건을 바꾸어 보세요.)

큰 종이 위에 복잡하게 꼬여 있는 선 모양을 그려 넣어 게임을 확장시키고 새로운 지형을 운전해서 지나가 보세요.

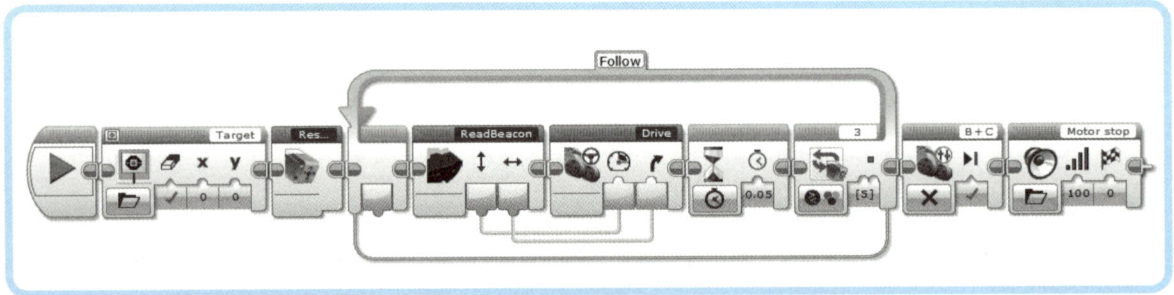

■ 그림 12-20 슈퍼카가 원격 적외선 비컨을 따라가도록 만드는 FollowBeacon 프로그램

슈퍼카에 사이렌 효과 추가하기

254쪽에 있는 '병렬 시퀀스 수행(다중 작업 처리) 작동' 절에서 같은 프로그램 안에서 여러 개의 시작 블록을 사용하여 병렬로 수행되는 다중 시퀀스 블록을 만들 수 있다고 설명하였습니다. 이 절에서는 병렬 시퀀스를 사용하여 빛과 소리가 나는 사이렌 효과를 FollowBeacon 프로그램에 추가하려고 합니다.

1. 프로젝트 속성으로 가서 FollowBeacon 프로그램을 복사하고 붙여넣으면, Follow-Beacon2라고 하는 프로그램을 생성합니다. 이 이름을 BeaconSiren이라고 변경합니다. (더블 클릭하여 연 다음 프로그램 탭을 더블 클릭하고 새 이름을 입력합니다.)

2. 그림 12-21에 보이는 것처럼 새로운 시작 블록 두 개와 함께 병렬 시퀀스 두 개를 추가합니다.

3. 사이렌 기능을 담당하는 두 번째 시퀀스의 루프 블록과 램프 기능을 담당하는 세 번째 시퀀스의 루프 블록 이름을 변경합니다.

4. 그림 12-21을 참고하여 메인 시퀀스에 루프 인터럽트 블록과 프로그램 중지 블록을 추가합니다.

5. 루프 인터럽트 블록의 이름 영역에서 사이렌siren이라는 이름을 선택합니다. 맨 윗줄의 Follow 루프가 종료되면 루프 인터럽트 블록은 사이렌 루프를 종료시키고 모터 정지 사운드 파일을 실행시켜 자원 충돌이 발생하지 않습니다. (사이렌 루프와 메인 루프가 EV3 loudspeaker 자원에 동시에 접근하면 충돌이 발생하게 됩니다.)

첫 번째 시퀀스의 마지막에 프로그램 정지 블록을 넣어두지 않는다면 램프 루프는 영원히 실행될 것이고 프로

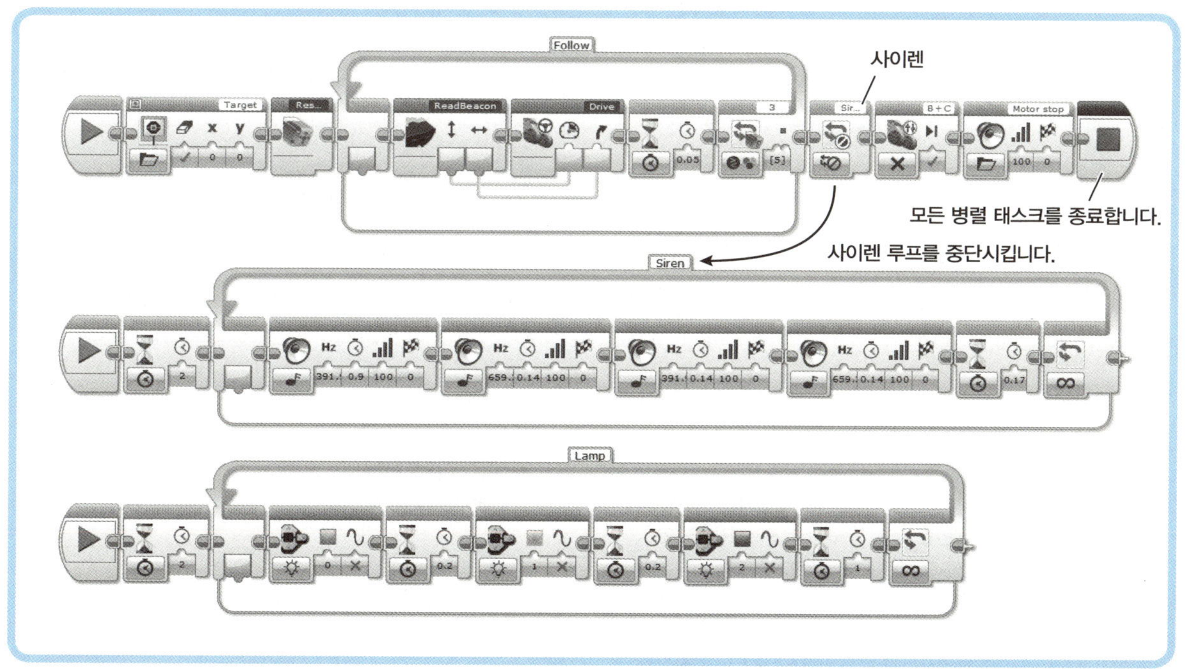

■그림 12-21 태스크를 병렬로 수행시키는 여러 개의 시작 블록을 사용하여 비컨을 따라가는 프로그램에 램프와 사이렌 효과를 추가한 BeaconSiren 프로그램.

그램은 예상한 대로 종료하지 않게 됩니다.

루프 인터럽트 블록

루프 인터럽트 블록(그림 12-22)은 루프 블록의 실행 여부와 상관없이 언제든지(루프 블록의 종료 조건을 무시하고) 해당 루프를 종료시킬 수 있습니다. 모든 루프에는 이름이 붙어 있습니다.

어떤 루프를 중지시키려면 루프 인터럽트 블록 상단의 이름 영역에서 중지시키고자 하는 루프 이름을 선택합니다. 이 이름 영역에는 프로젝트에 있는 모든 루프 블록의 이름이 나열되어 있습니다.

■ 그림 12-22 루프 인터럽트 블록은 특정 루프 블록을 즉시 중지시킵니다.

루프 인터럽트 블록의 상단에 있는 입력 창에 마우스를 올려두면 '중단할 루프 이름'이라는 설명이 나타나고 이 창을 클릭하면 프로젝트에 있는 모든 루프 블록의 이름이 나열됩니다.

만약 두 개 이상의 루프 블록이 같은 이름을 공유하고 있다면, 루프 인터럽트 블록은 이 루프 블록 모두를 중지시킵니다. (종료시키고자 하는 루프 블록 내부나 혹은 병렬로 동작하는 다른 시퀀스에서 루프 인터럽트 블록을 사용할 수 있습니다.)

프로그램 중지 블록

프로그램 중지 블록(그림 12-23)은 프로그래밍 시퀀스 마지막에만 위치할 수 있는 (출력 시퀀스 플러그가 없는) 선택적인 블록입니다. 이 블록은 모든 시퀀스를 즉시 중단시키고 프로그램을 종료시킵니다.

■ 그림 12-23 프로그램 중지 블록은 프로그램을 즉시 중지시킵니다.

이 블록은 고급 팔레트(파란색 단)에 들어 있습니다. 하나의 시퀀스만 동작하는 프로그램은 이 시퀀스가 종료되자마자 프로그램이 종료되기 때문에 프로그램 중지 블록이 필요하지 않습니다.

하지만 병렬로 수행하는 다중 시퀀스가 있다면 프로그램이 어느 시퀀스에서 수행 중이더라도 이 블록을 사용하여 프로그램을 편리하게 중지시킬 수 있습니다.

이 장을 마치며

와, 이 장에서 새로운 프로그래밍 개념들을 많이 소개하였습니다. 자동차에서 차동기어를 구현하는 방법, 변수와 배열을 가지고 작업하는 방법, 다중 케이스에서 스위치 블록을 사용하는 방법, 루프를 중지시키는 방법, 전체 프로그램을 정지시키는 방법을 배웠습니다.

딸깍!
이 이 이 이 이 이 이 이 이 이 이 이 이 이 이 이 이 이 잉!

이제 정원 손질할 시간이로구만!
더러운 괴물들아 죽어라!!
콰지직!
푸—푸—! 푸!
냠냠냠!
냠냠냠!
쩝쩝 쩝쩝
우웩!
어!
대단해요! 애들에게 뭘 먹이신 거예요?
응, 고약한 카페에서 파는 샌드위치를 먹였지. 정말 삼키기 힘든 샌드위치라는 데 신께 감사하고 있어.
0x400DF000

센티넬 조립

building the SENTIN3L

이 장에서는 공격적인 경비 로봇인 센티넬 SENTIN3L을 조립할 예정입니다. 세 발로 걸어 다니며 자체 무장으로 무시무시한 블래스터 캐논 두 문을 장착하고 있습니다.

조립하는 동안 회전운동을 왕복운동으로 변환하는 기계 구조 제작 방법을 배울 예정입니다. 이 기계 구조는 특히 보행 로봇을 설계할 때 유용합니다.

또한 레고의 기하학적 한계를 극복하고 대각선으로 구조물을 조립하는 방법과 센티넬의 등 보호 장갑과 같은 우아한 곡선 구조를 조립하는 방법도 배우게 됩니다.

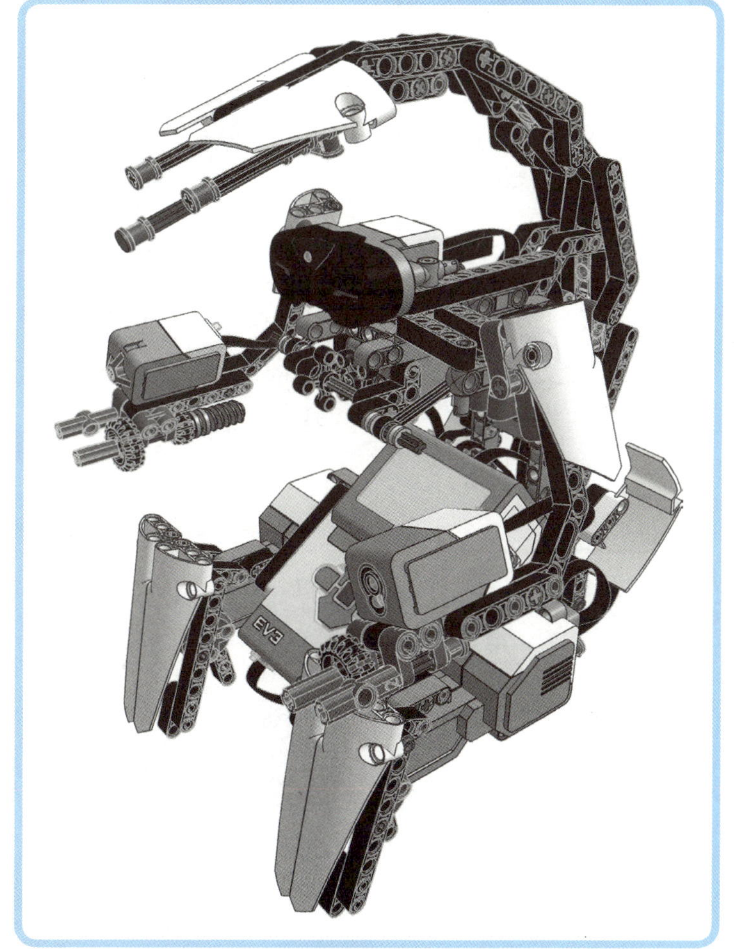

■ 그림 13-1 센티넬SENTIN3L

몸체 조립

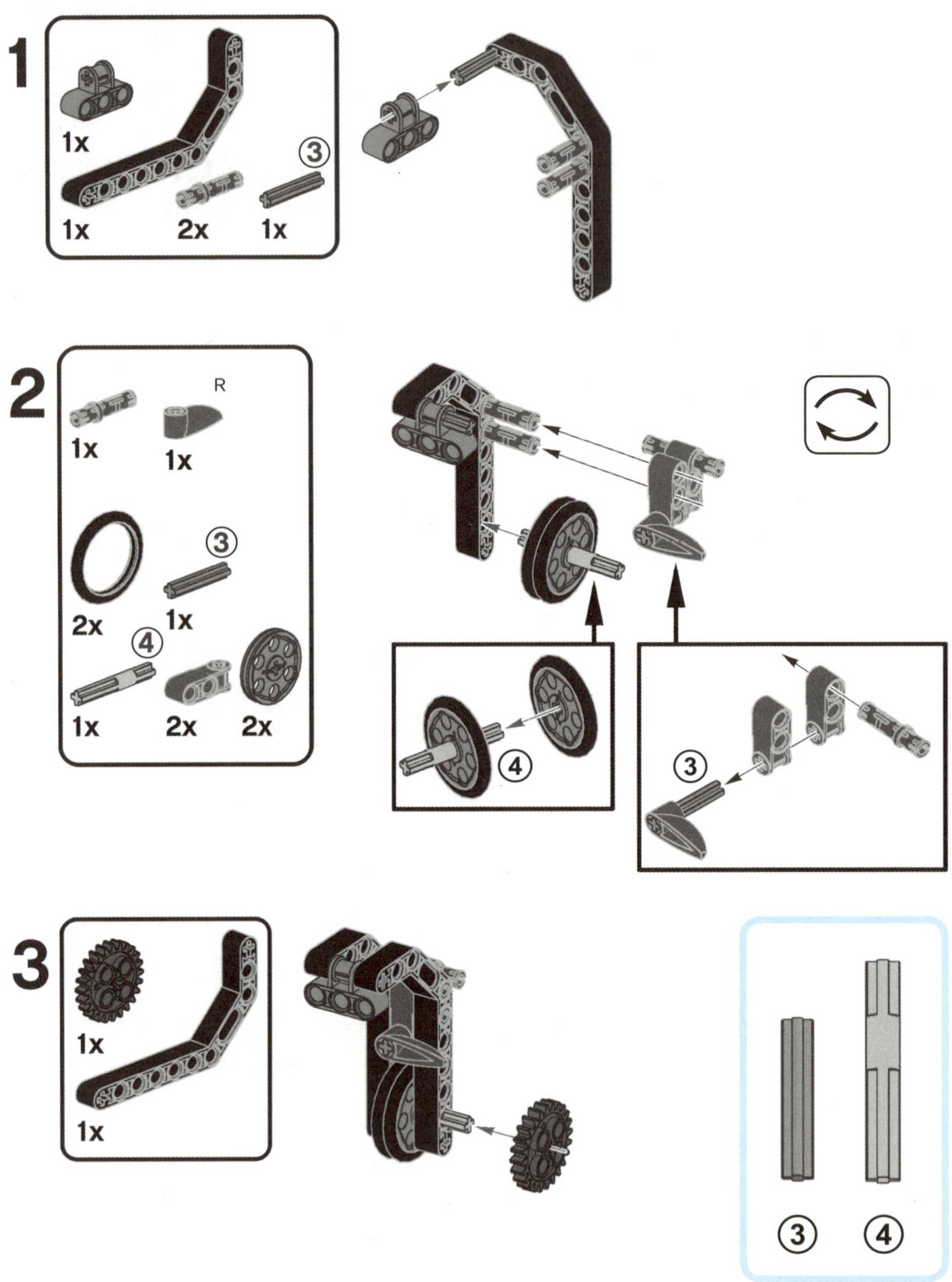

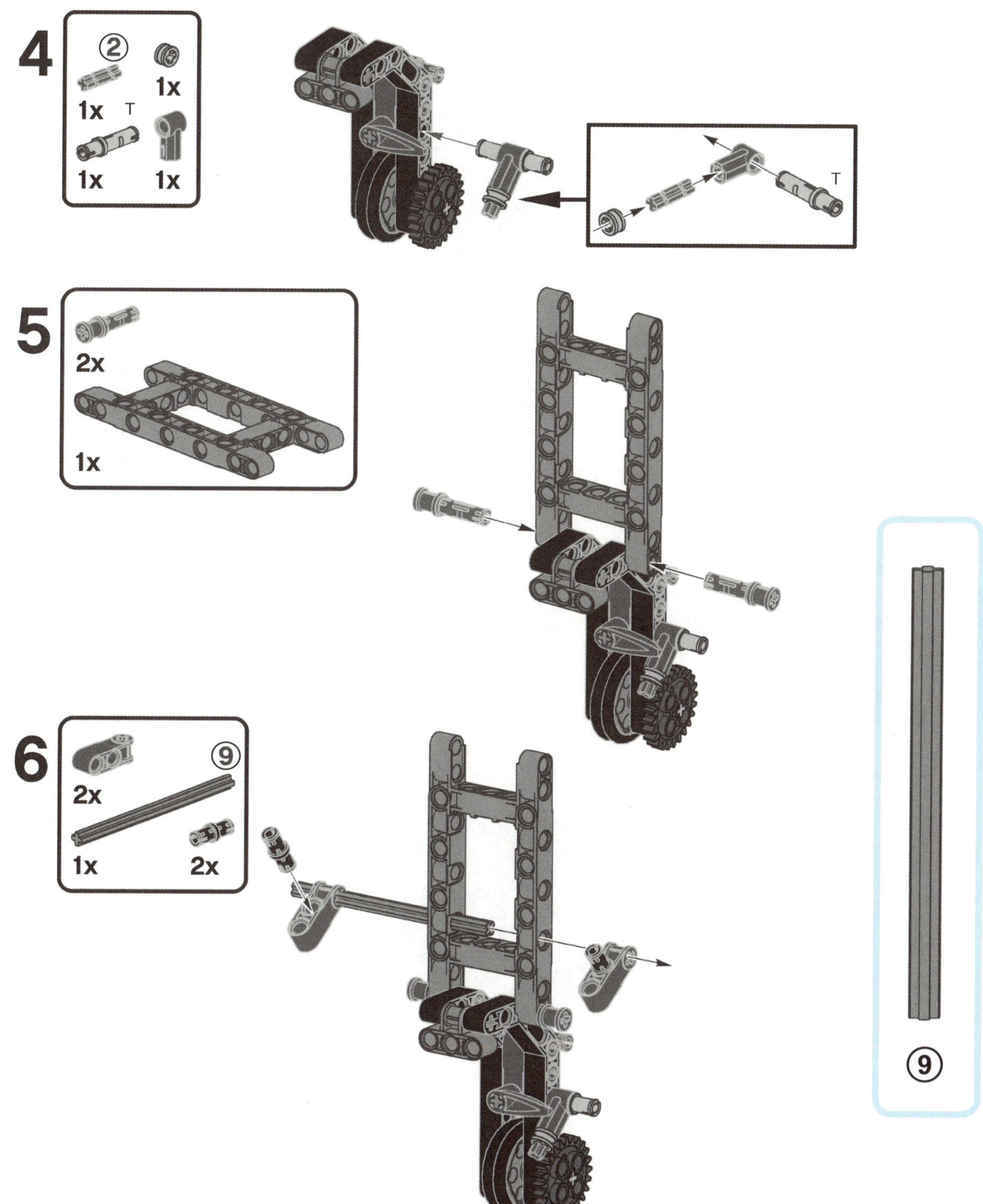

7

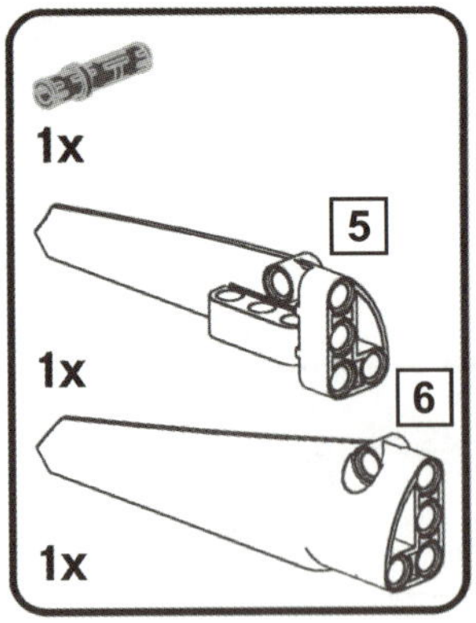

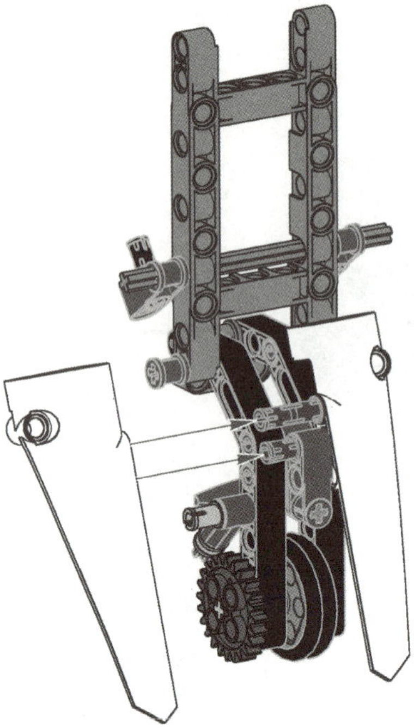

1x

1x

1x

5

6

8

15

1x

2x

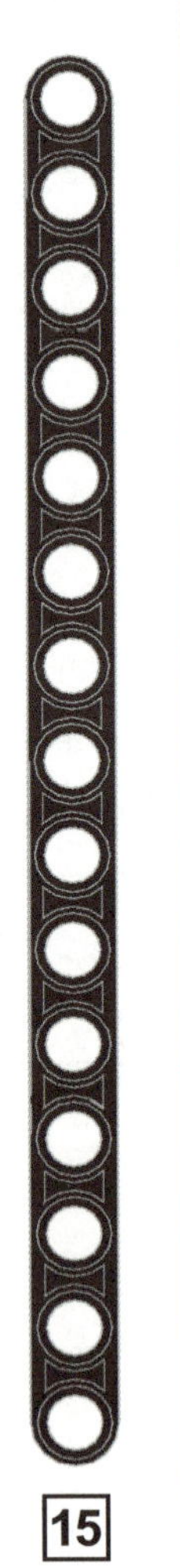

15

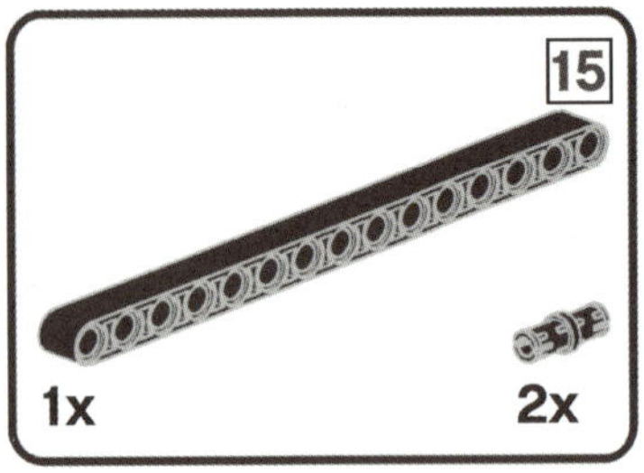

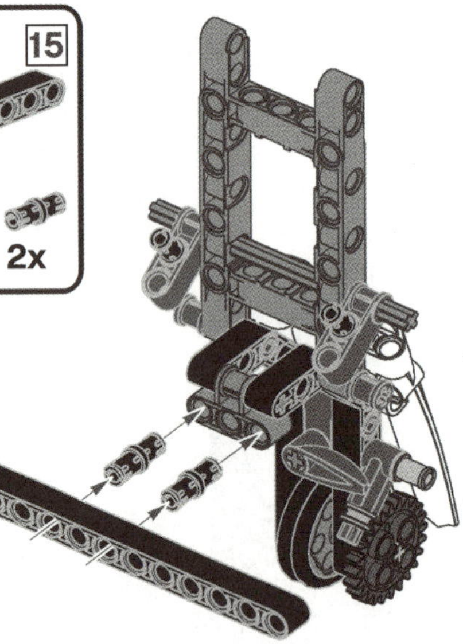

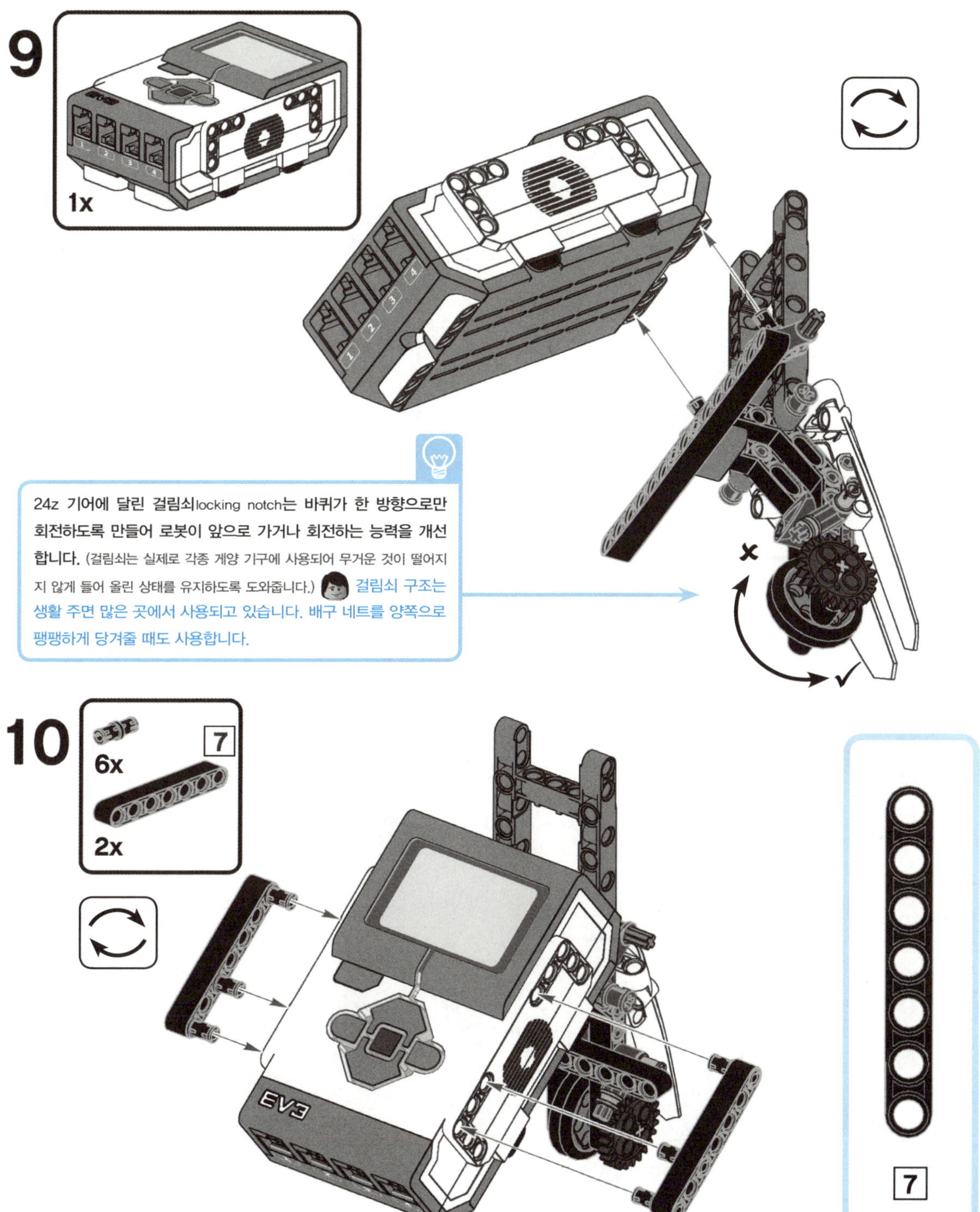
9
1x
24z 기어에 달린 걸림쇠locking notch는 바퀴가 한 방향으로만
회전하도록 만들어 로봇이 앞으로 가거나 회전하는 능력을 개선
합니다. (걸림쇠는 실제로 각종 계양 기구에 사용되어 무거운 것이 떨어지
지 않게 들어 올린 상태를 유지하도록 도와줍니다.) 걸림쇠 구조는
생활 주면 많은 곳에서 사용되고 있습니다. 배구 네트를 양쪽으로
팽팽하게 당겨줄 때도 사용합니다.
X
10
6x
7
2x
7
EV3

오른쪽 다리 조립

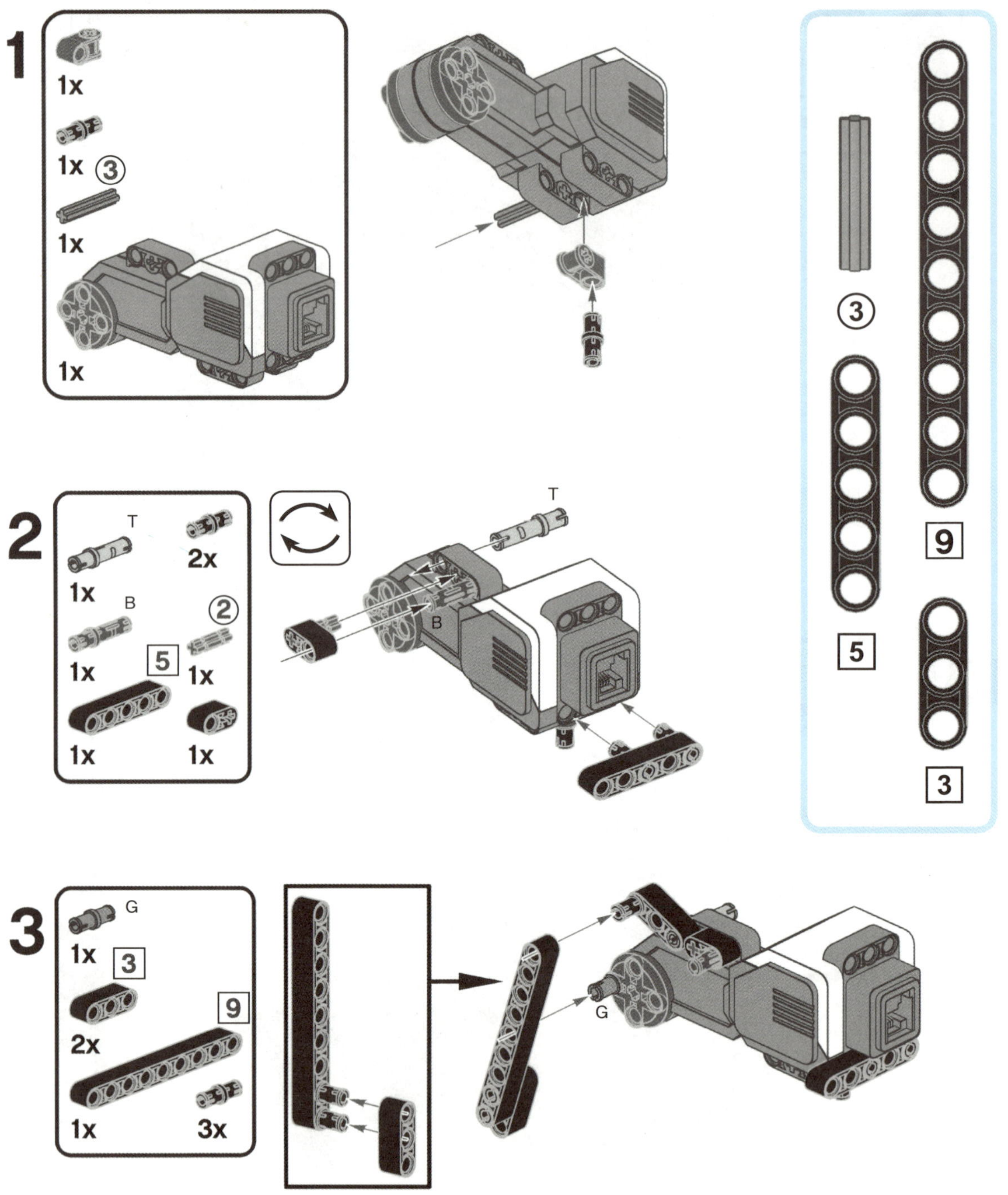

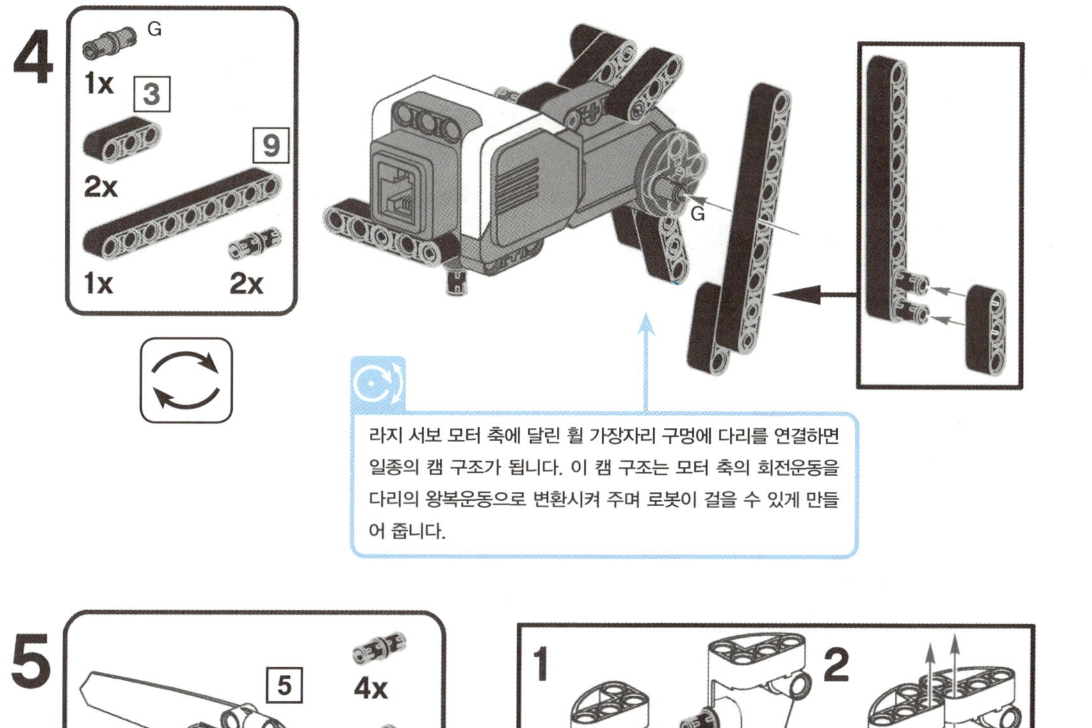

라지 서보 모터 축에 달린 휠 가장자리 구멍에 다리를 연결하면
일종의 캠 구조가 됩니다. 이 캠 구조는 모터 축의 회전운동을
다리의 왕복운동으로 변환시켜 주며 로봇이 걸을 수 있게 만들
어 줍니다.

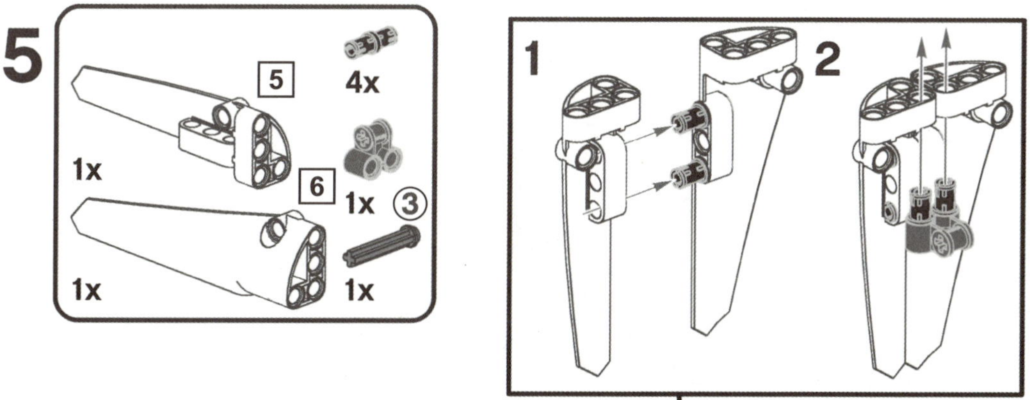

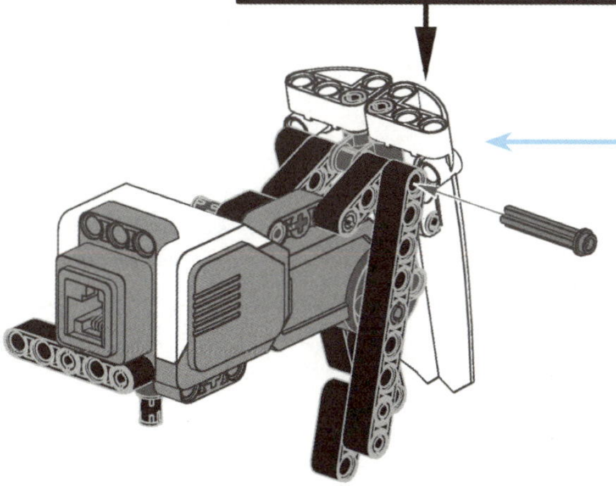

이 하얀 패널을 이용하여 실제
움직이는 다리를 위장하는 가짜
모형 다리를 붙여 줍니다.

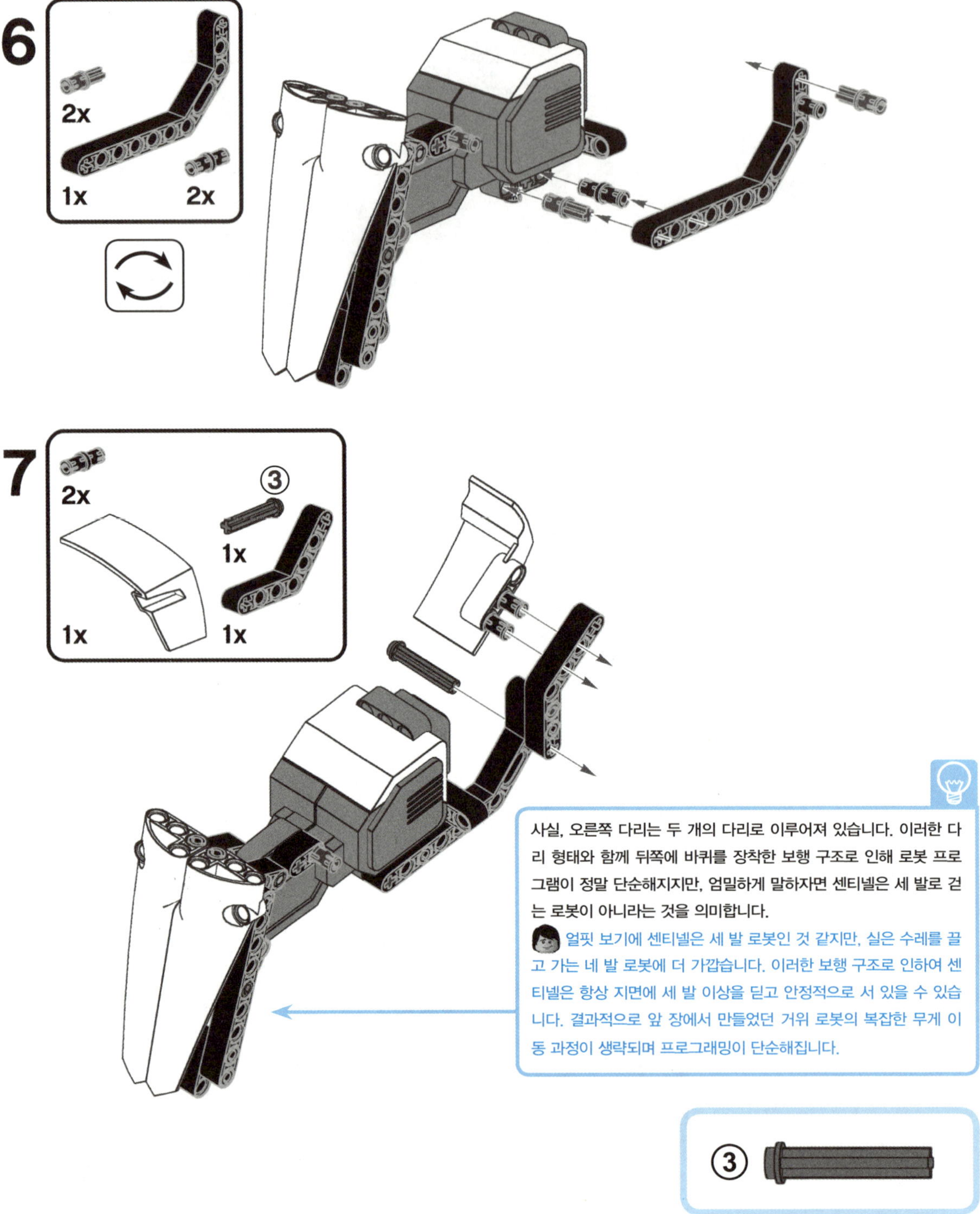

사실, 오른쪽 다리는 두 개의 다리로 이루어져 있습니다. 이러한 다리 형태와 함께 뒤쪽에 바퀴를 장착한 보행 구조로 인해 로봇 프로그램이 정말 단순해지지만, 엄밀하게 말하자면 센티넬은 세 발로 걷는 로봇이 아니라는 것을 의미합니다.

얼핏 보기에 센티넬은 세 발 로봇인 것 같지만, 실은 수레를 끌고 가는 네 발 로봇에 더 가깝습니다. 이러한 보행 구조로 인하여 센티넬은 항상 지면에 세 발 이상을 딛고 안정적으로 서 있을 수 있습니다. 결과적으로 앞 장에서 만들었던 거위 로봇의 복잡한 무게 이동 과정이 생략되며 프로그래밍이 단순해집니다.

몸체 조립

11

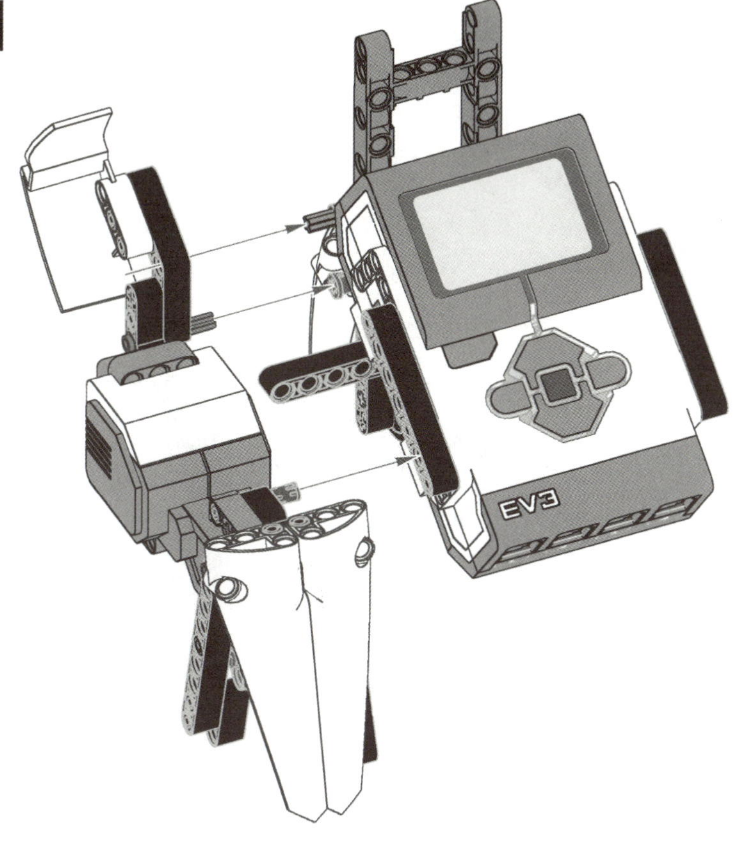

왼쪽 다리 조립

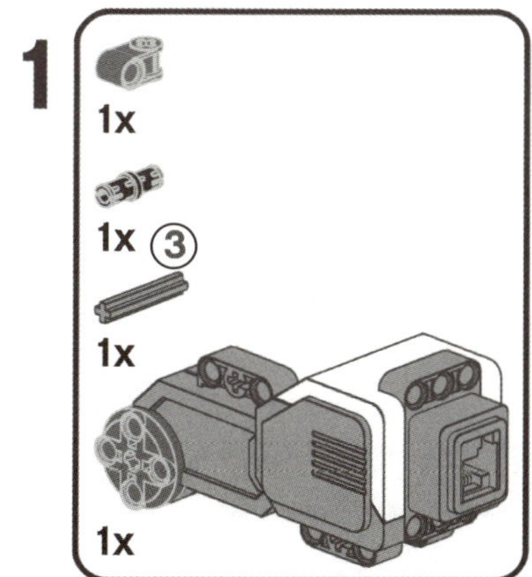

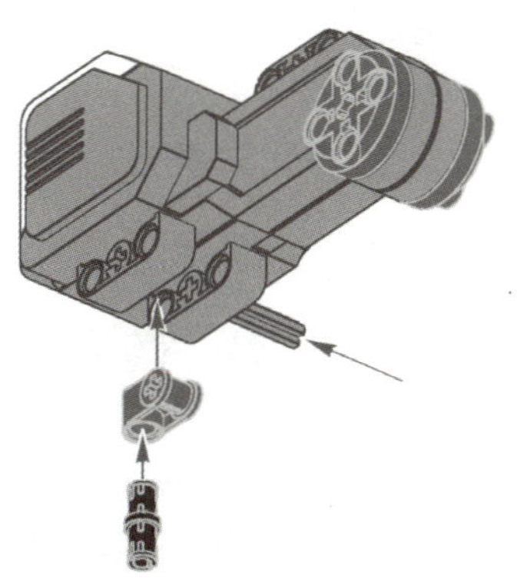

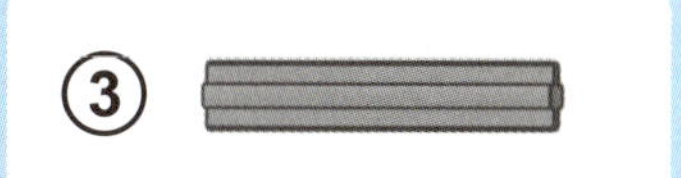

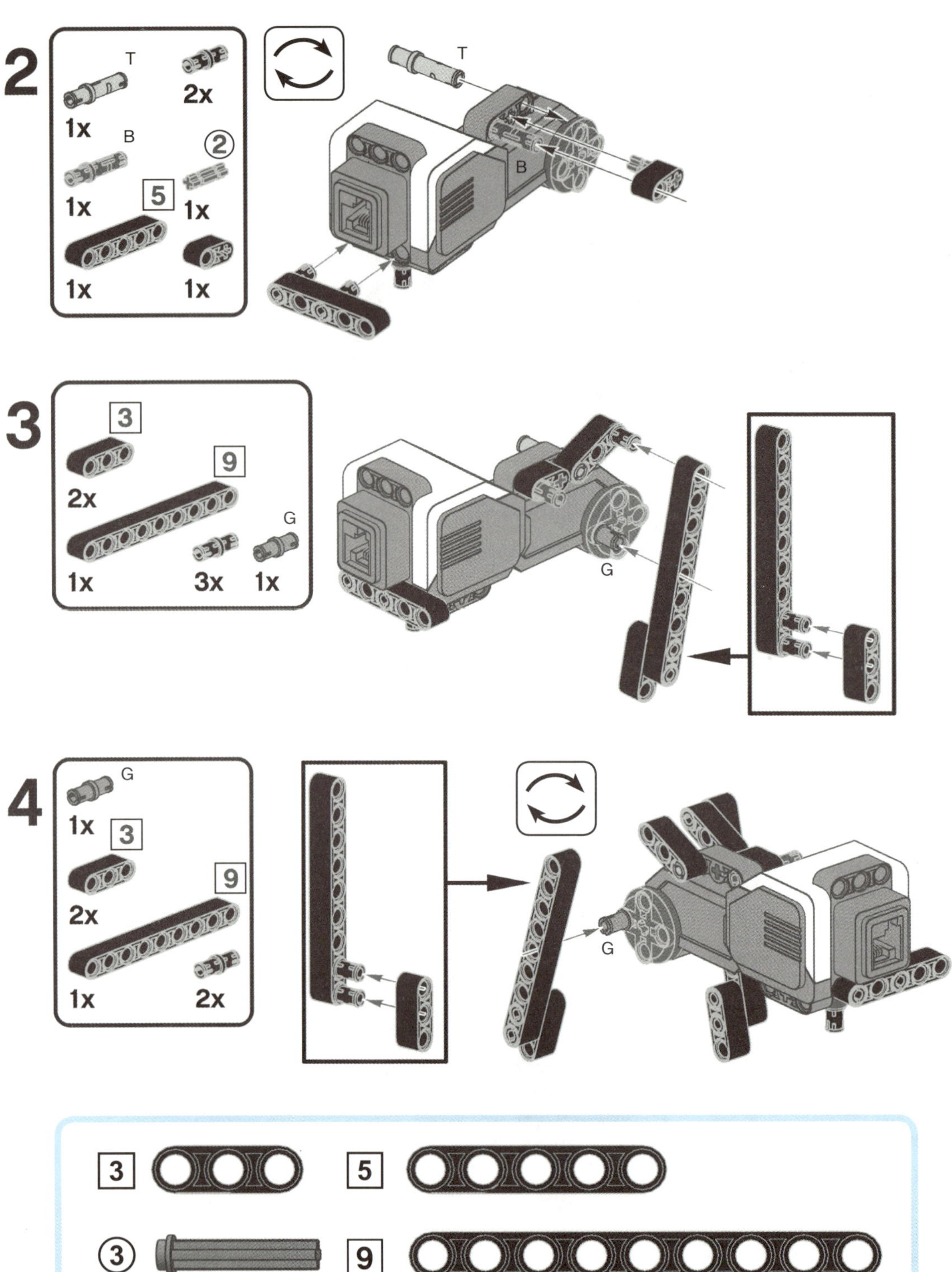

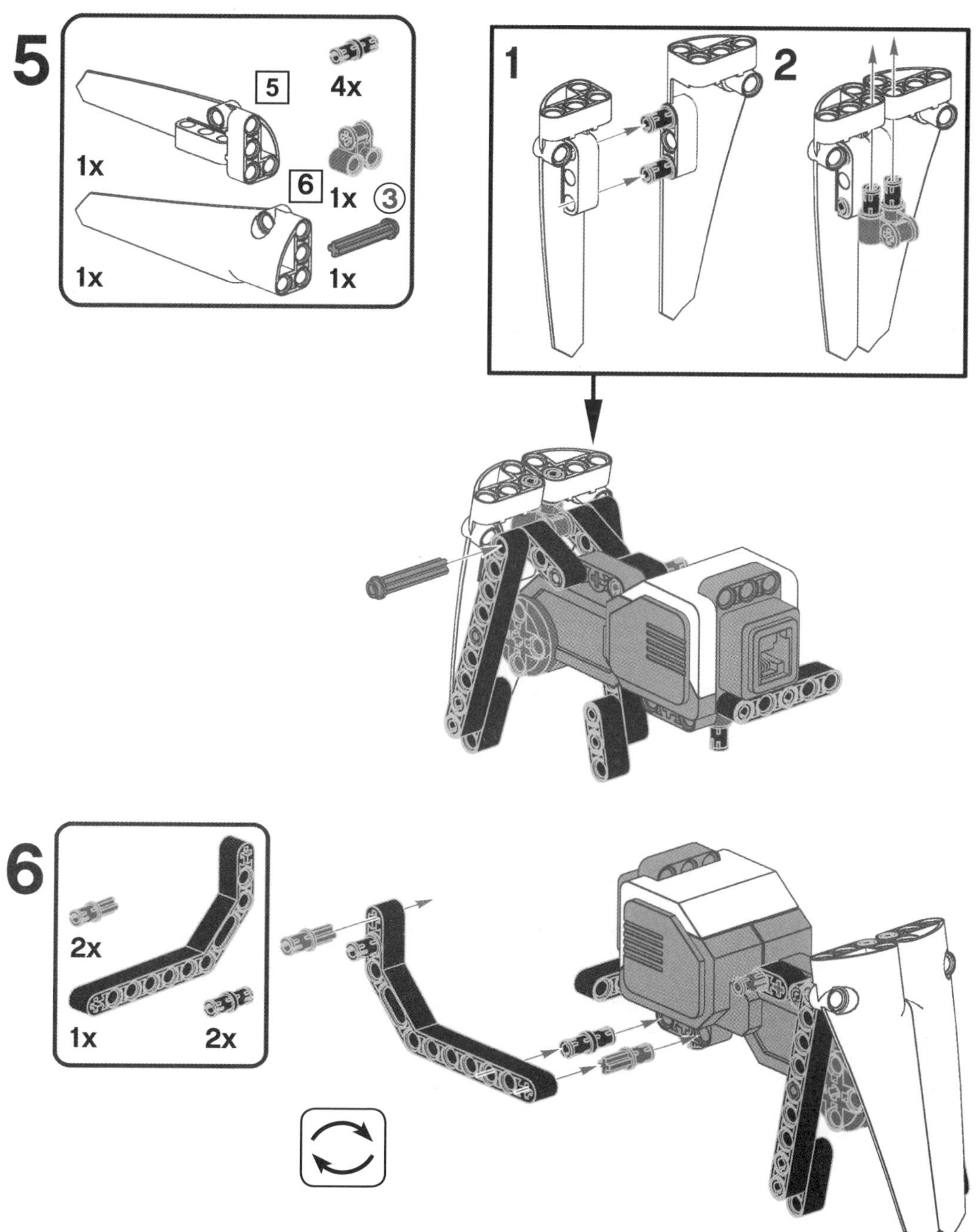

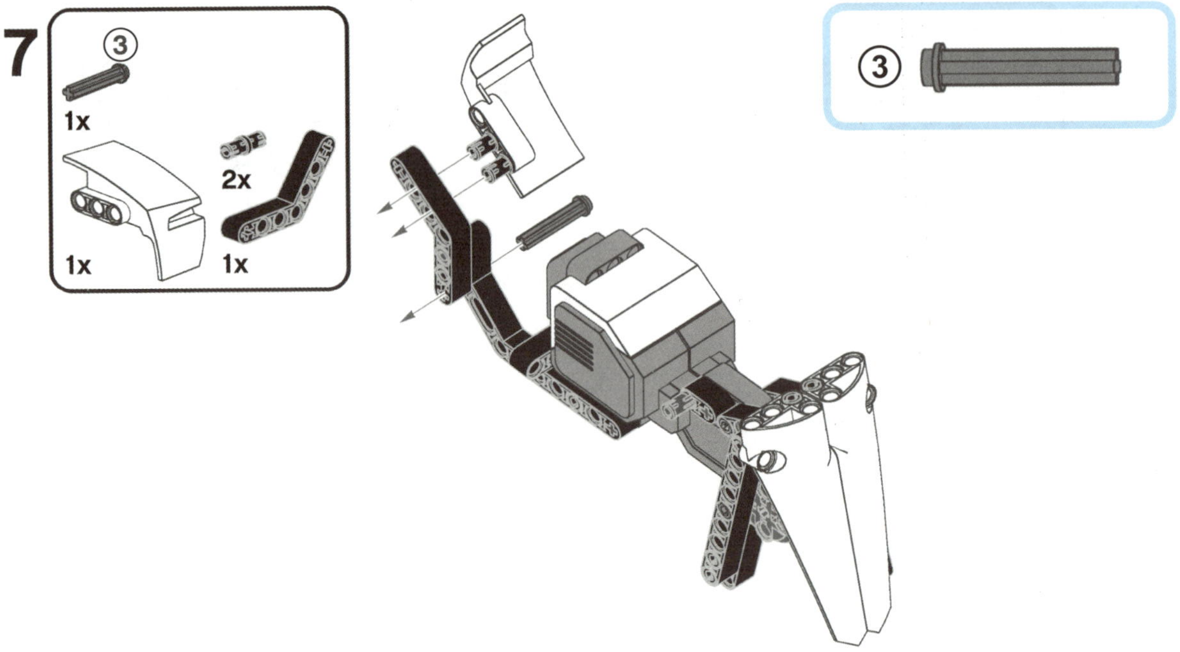

몸체 조립

12

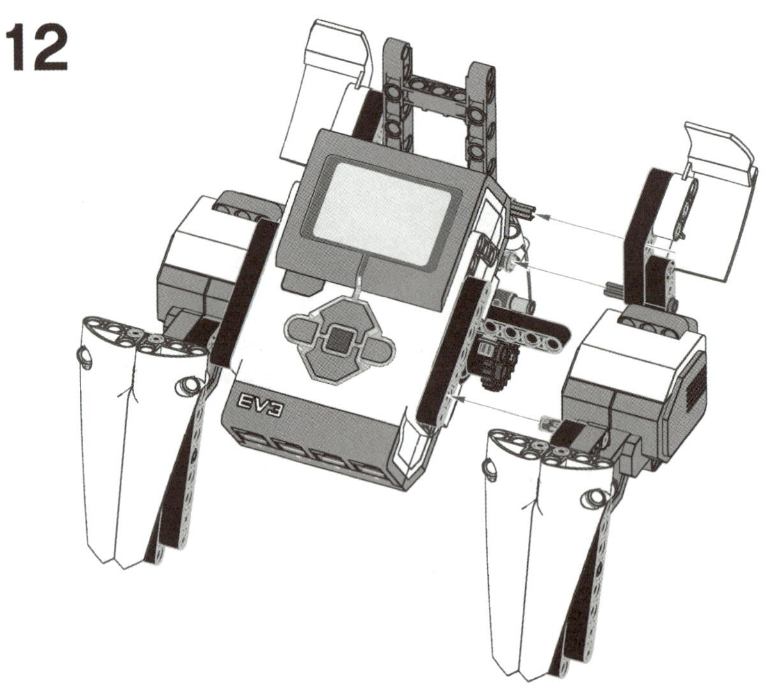

피타고라스 정리는 '대변(작은 검은색 사각형으로 표시된 직각과 마주보는 변) 길이의 제곱이 양 변 각각의 제곱의 합과 같다'라는 수학적 원리입니다. 더 큰 삼각형(그림에서 보이듯 6M, 8M,10M 변으로 이루어진)은 이 관계를 만족합니다.

비록 더 작은 삼각형의 대변 길이가 정수(8M보다 조금 짧습니다)가 아니라고 하더라도 이 조립부는 여전히 잘 동작합니다. 이 부위는 너무 큰 힘을 주어 맞추려고 들지 않아도 될 만큼 충분히 유연합니다.

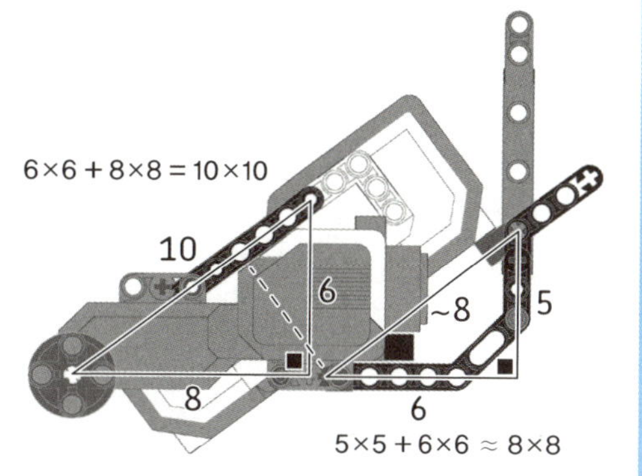

13

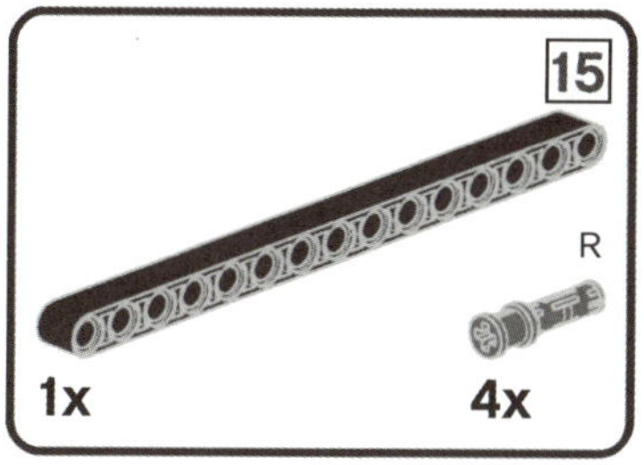

15M 빔을 추가하여 다리 조립부를 보강합니다. 그다음, 스톱 부시가 달린 빨간 3M 핀 네 개를 끼워 넣어 뒷다리 조립부를 고정시킵니다.

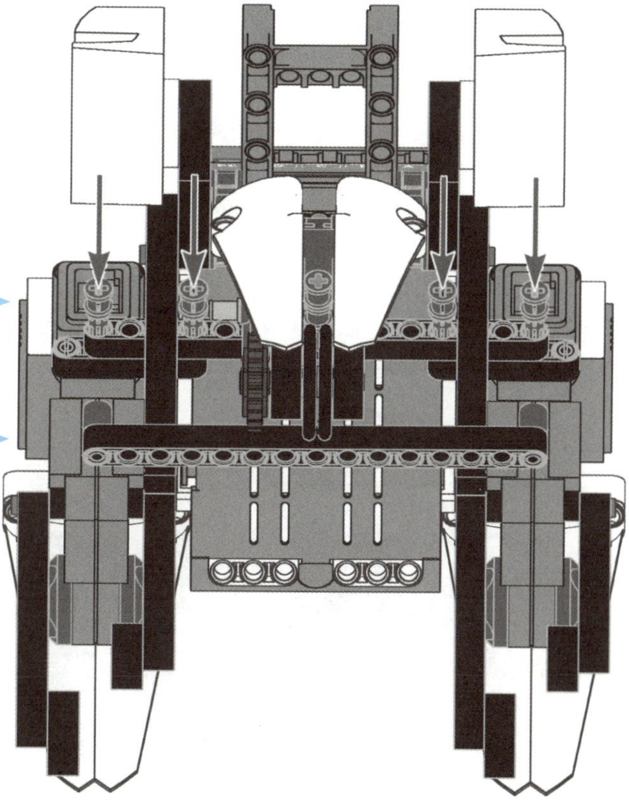

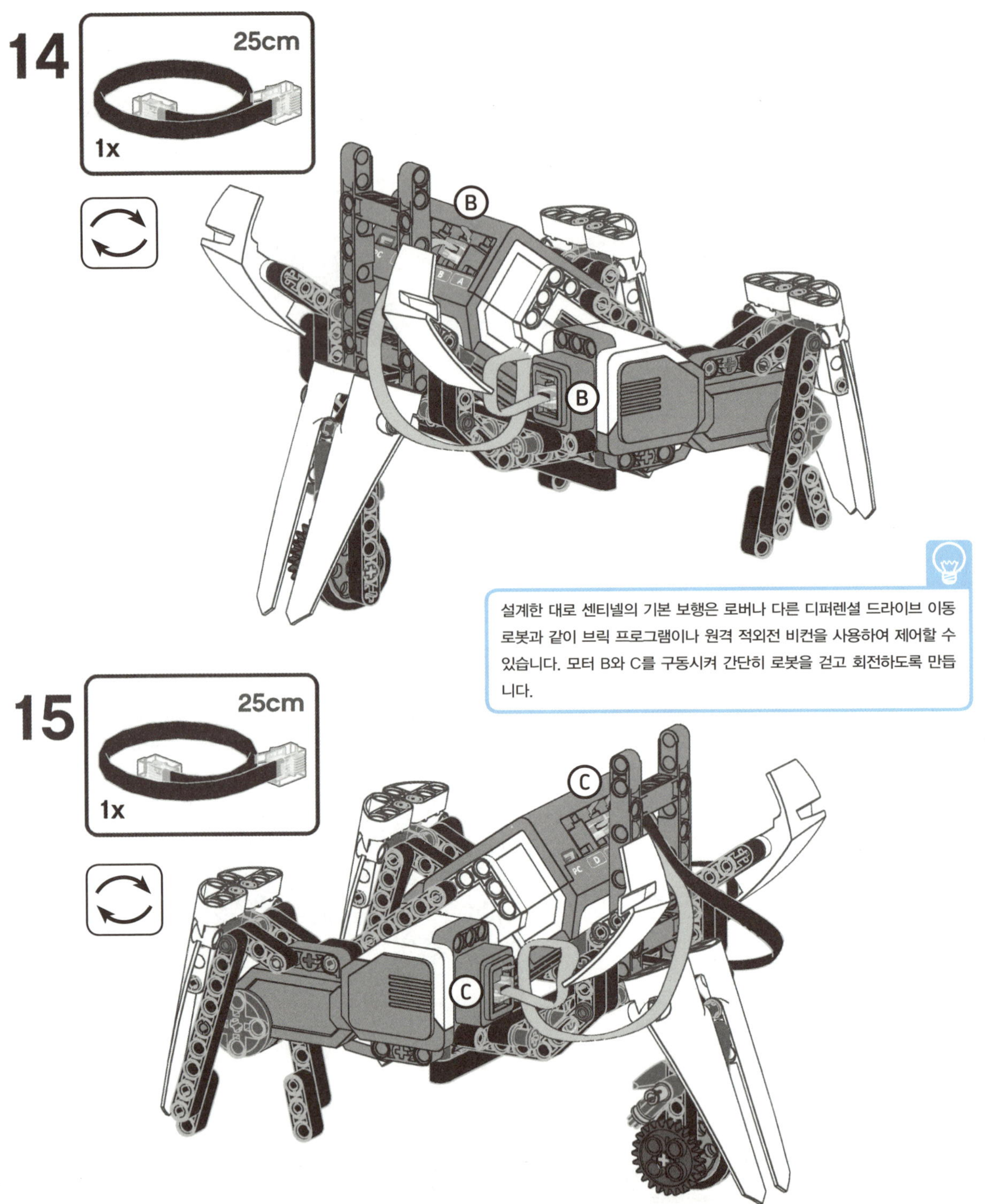

설계한 대로 센티넬의 기본 보행은 로버나 다른 디퍼렌셜 드라이브 이동 로봇과 같이 브릭 프로그램이나 원격 적외전 비컨을 사용하여 제어할 수 있습니다. 모터 B와 C를 구동시켜 간단히 로봇을 걷고 회전하도록 만듭니다.

16

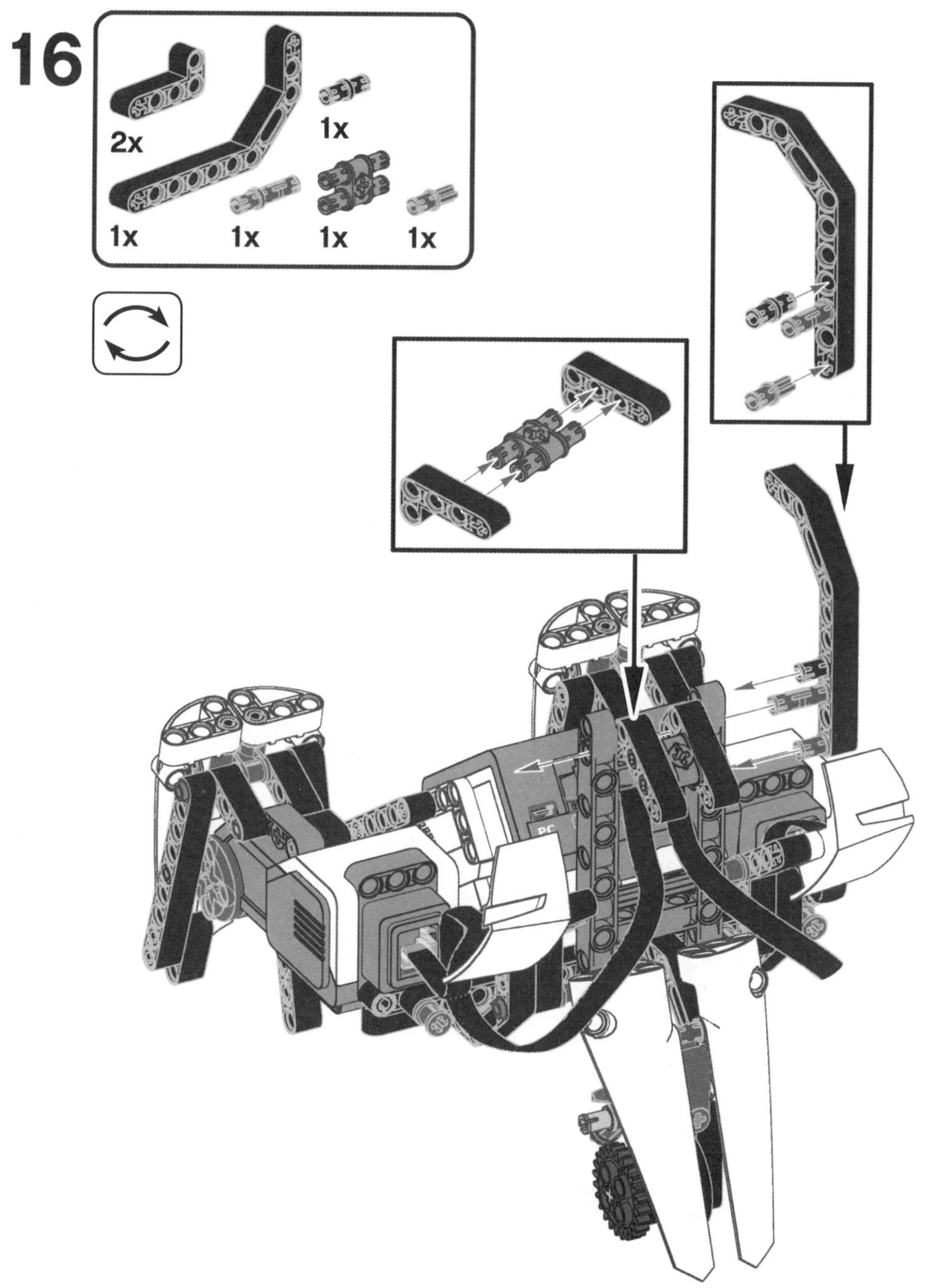

흉부 조립

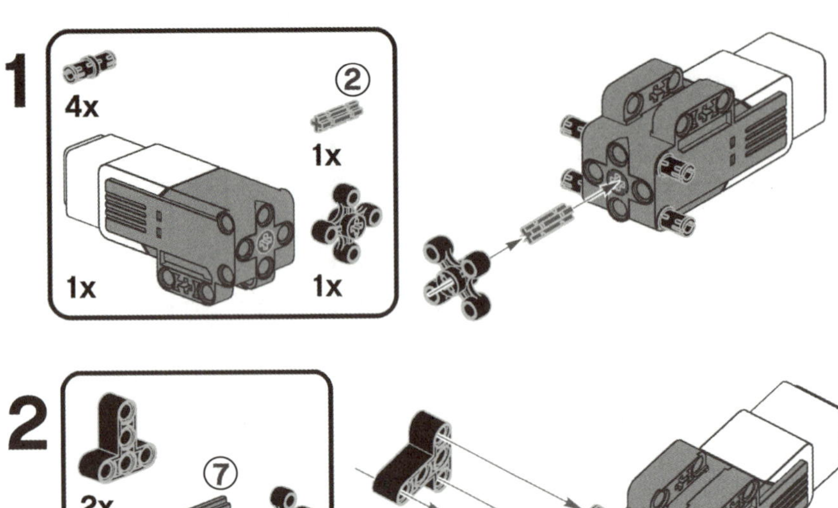

이 조립부를 다른 창작을 할 때도 쉽게 써먹을 수 있습니다. 노브 휠을 사용하기로 선택했다면 구동 축이 모터 앞쪽보다는 옆쪽에서 나오도록 만들어야 합니다.

2M 빔을 7M 축에 끝까지 밀어 넣으면 안 됩니다. 2M 빔과 T 빔 사이에 약간 공간을 두어야 합니다. 그렇지 않으면 2M 빔이 회전할 때 막힌 4M 축의 평평한 머리가 T 빔의 구멍에 걸리게 됩니다.

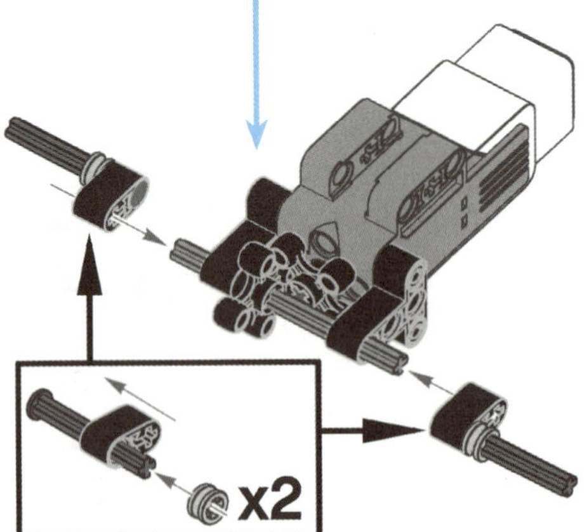

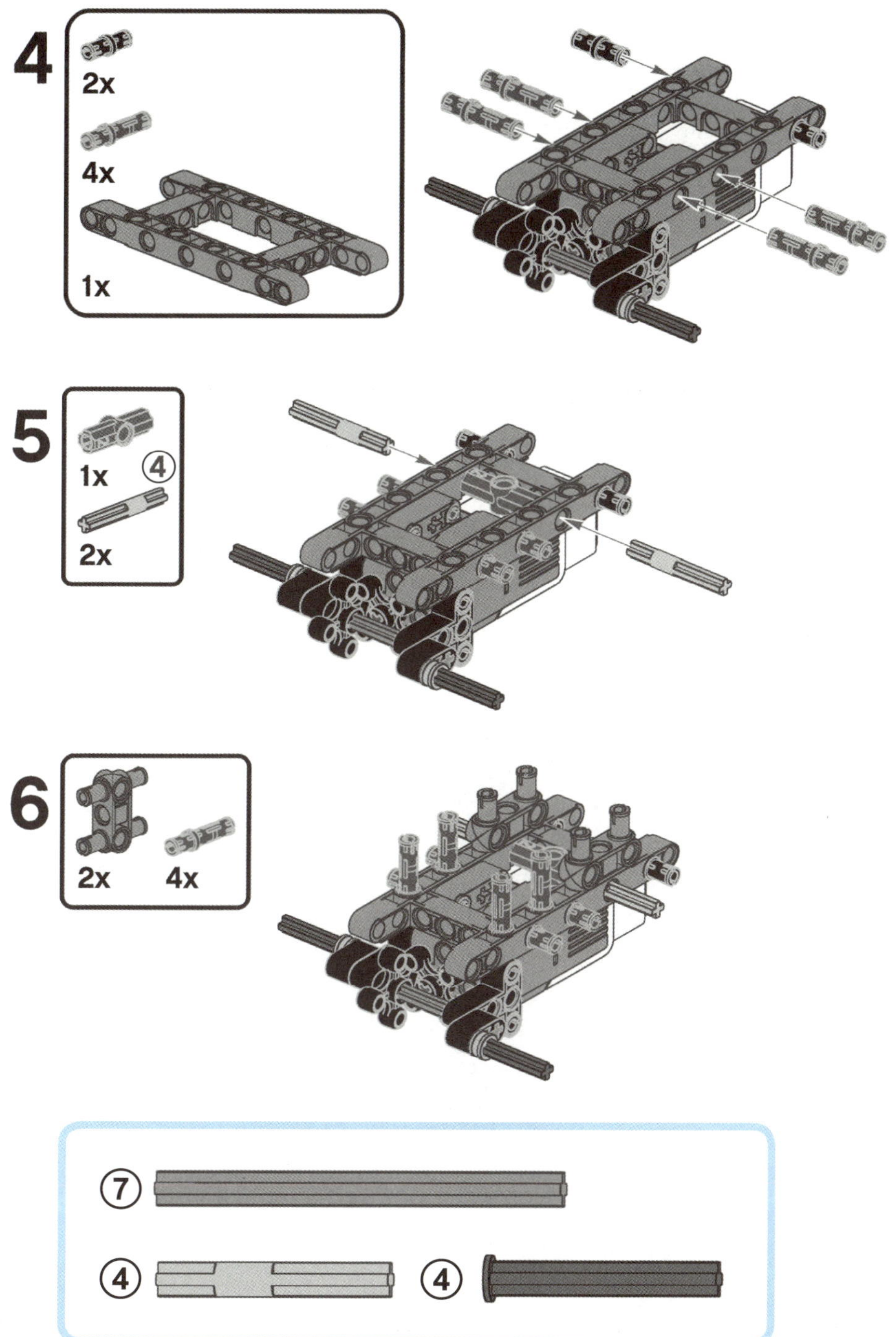

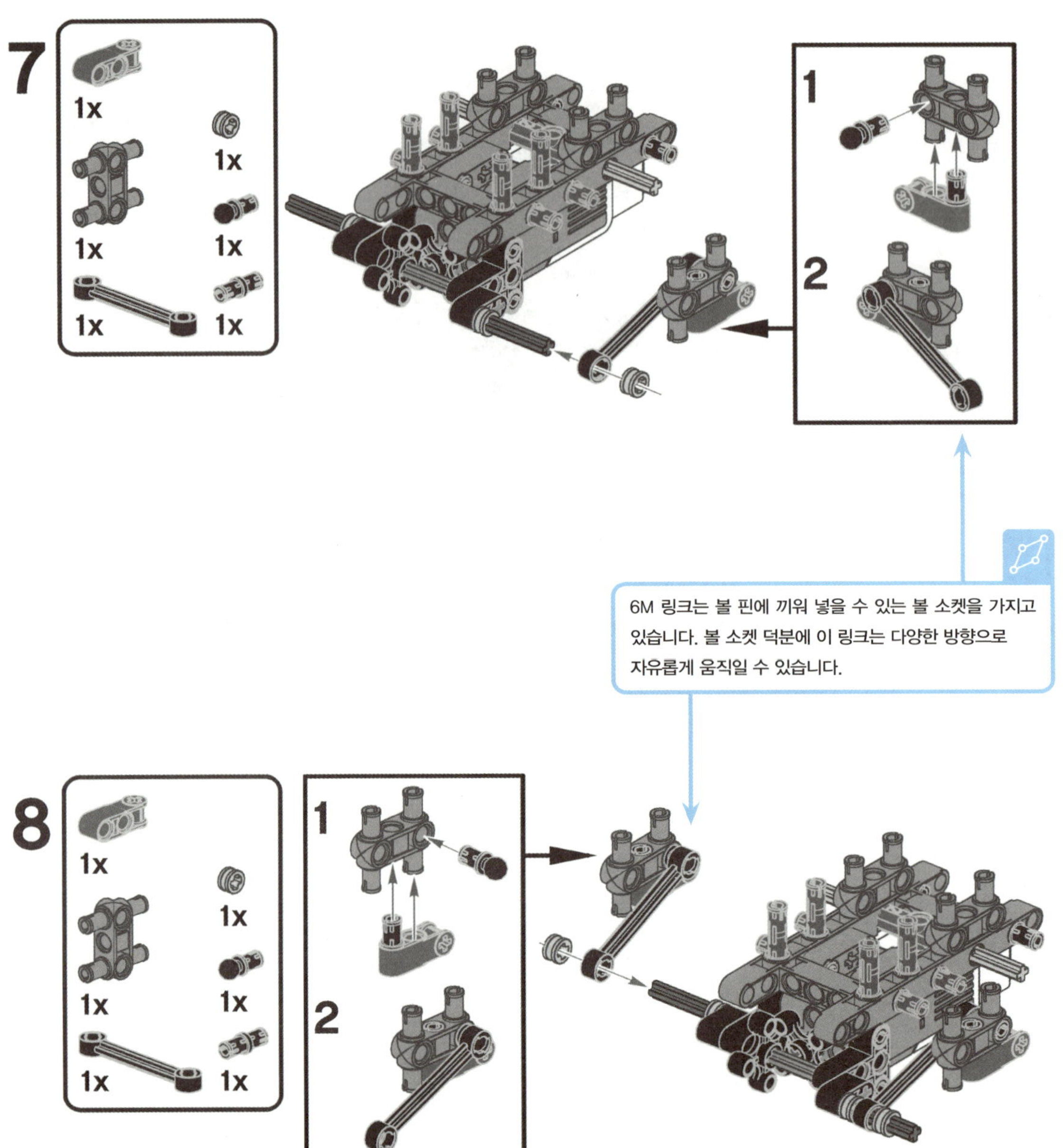

6M 링크는 볼 핀에 끼워 넣을 수 있는 볼 소켓을 가지고 있습니다. 볼 소켓 덕분에 이 링크는 다양한 방향으로 자유롭게 움직일 수 있습니다.

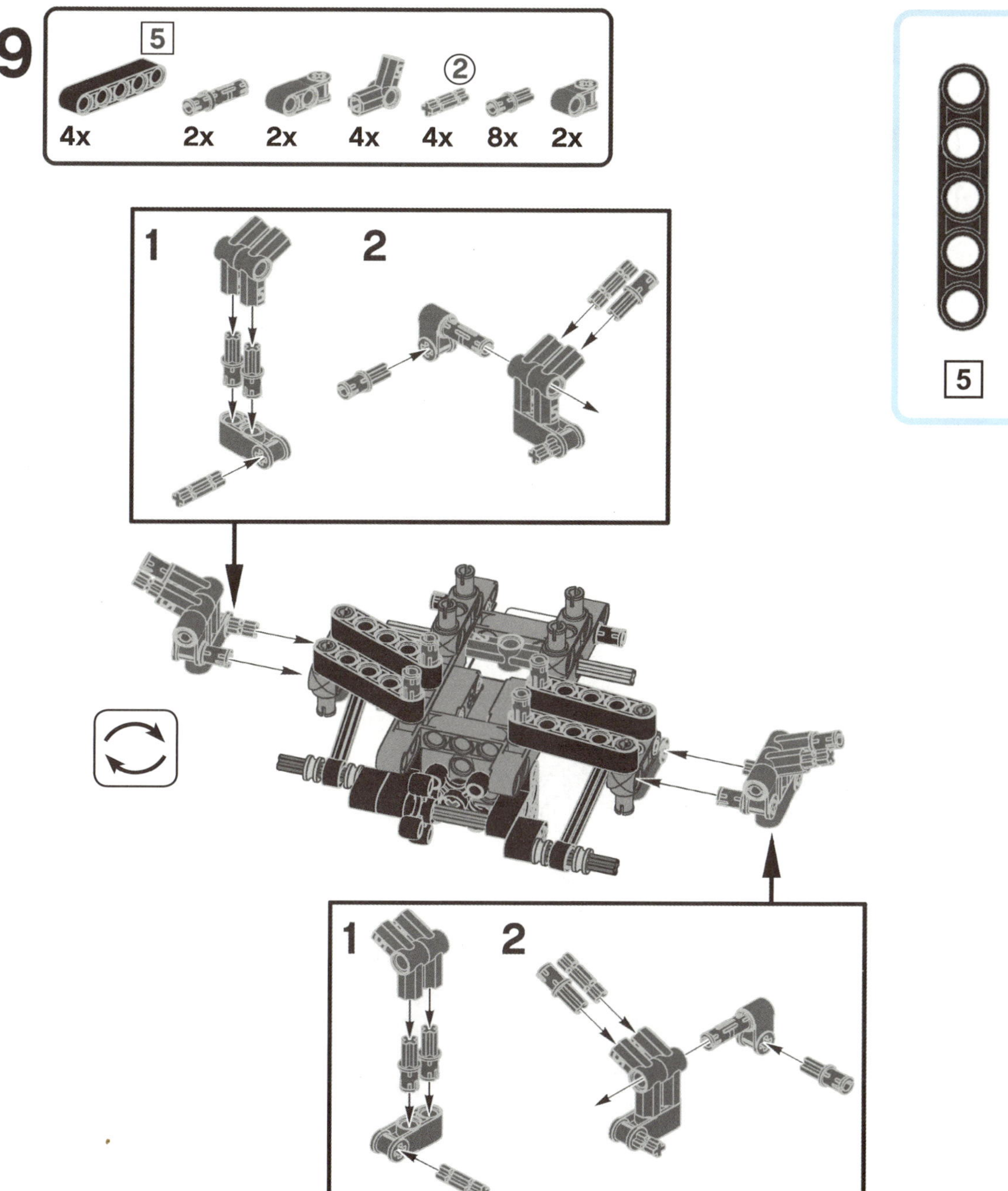

10

2x
2x
2x

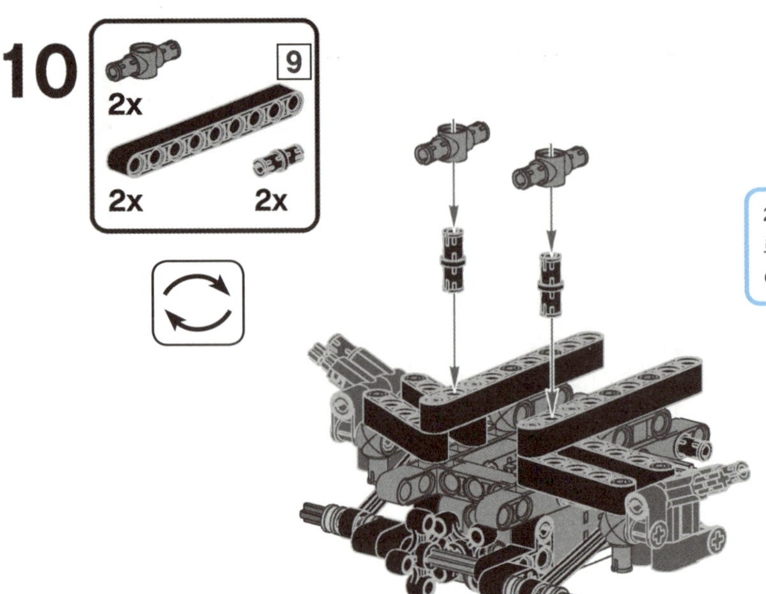

11

1x

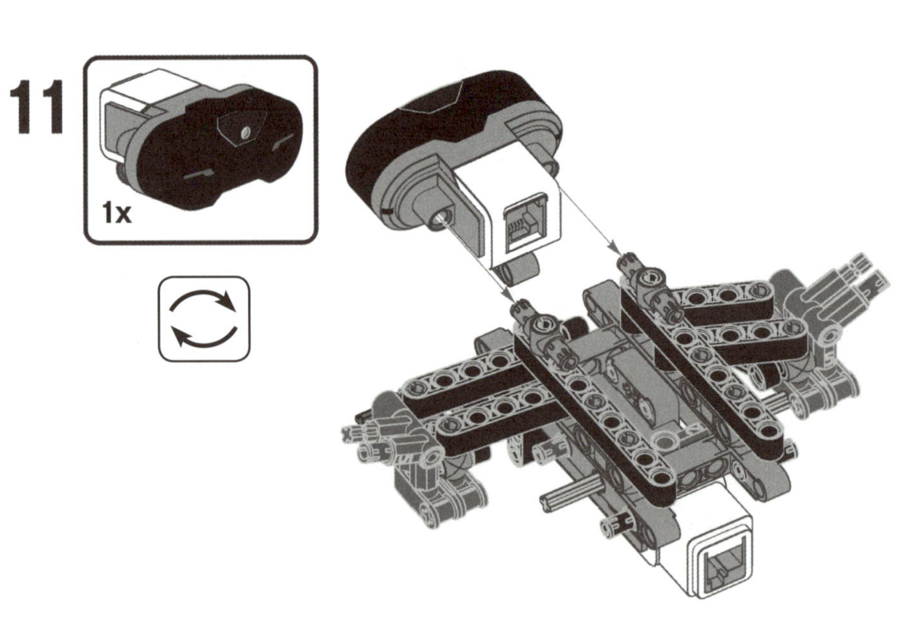

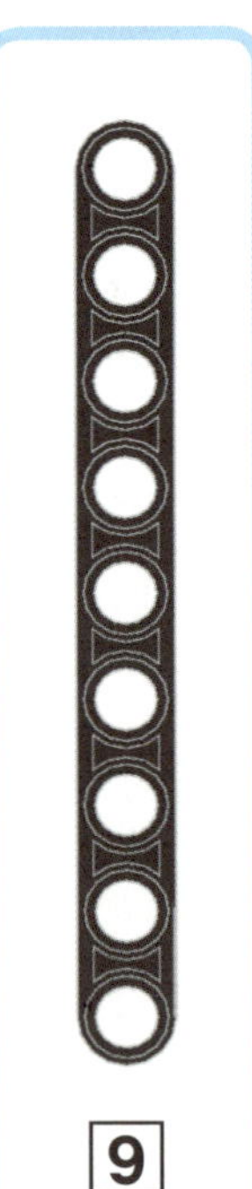

17

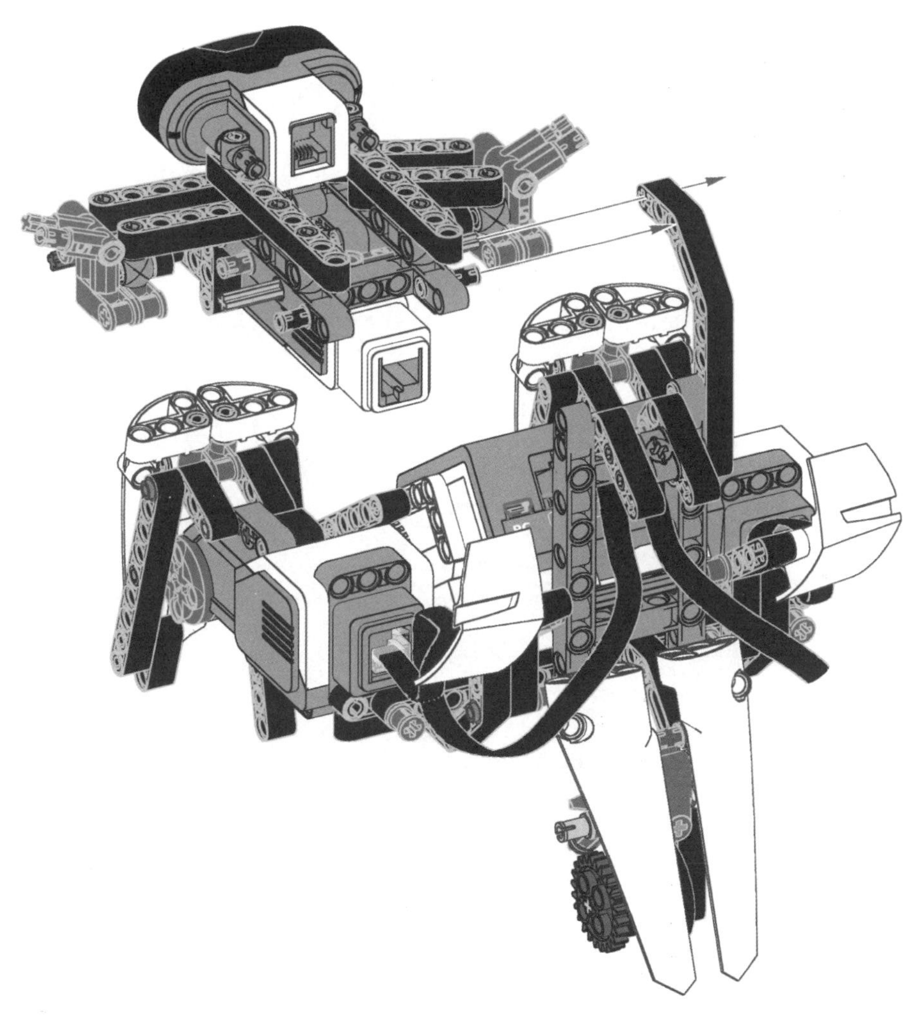

18

1x
1x
1x 1x

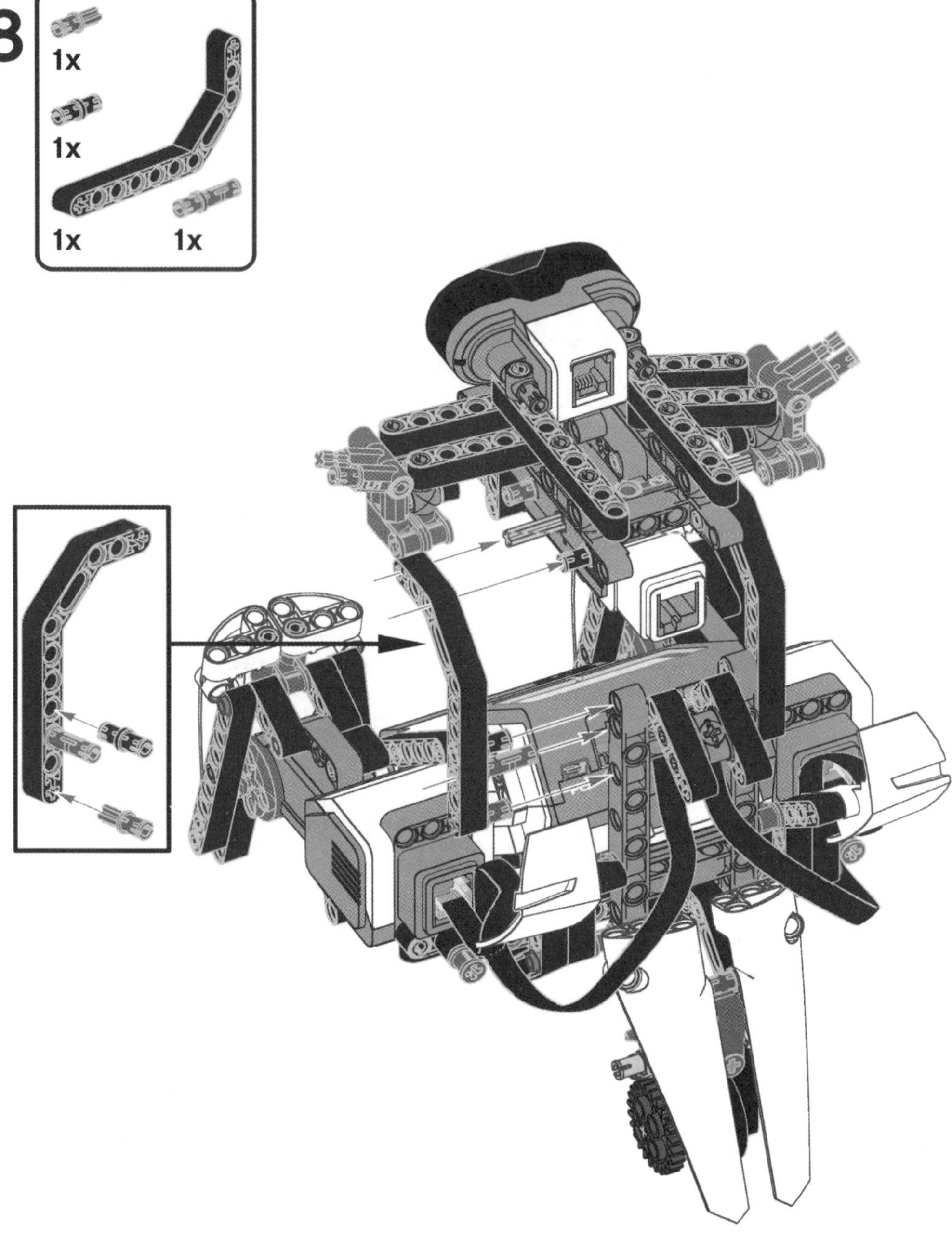

19
25cm
1x

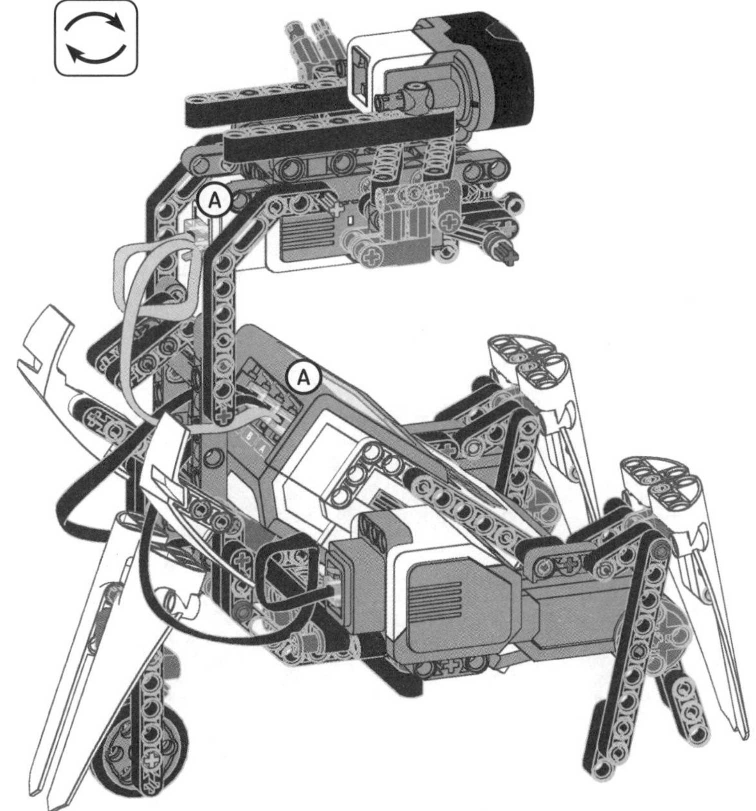

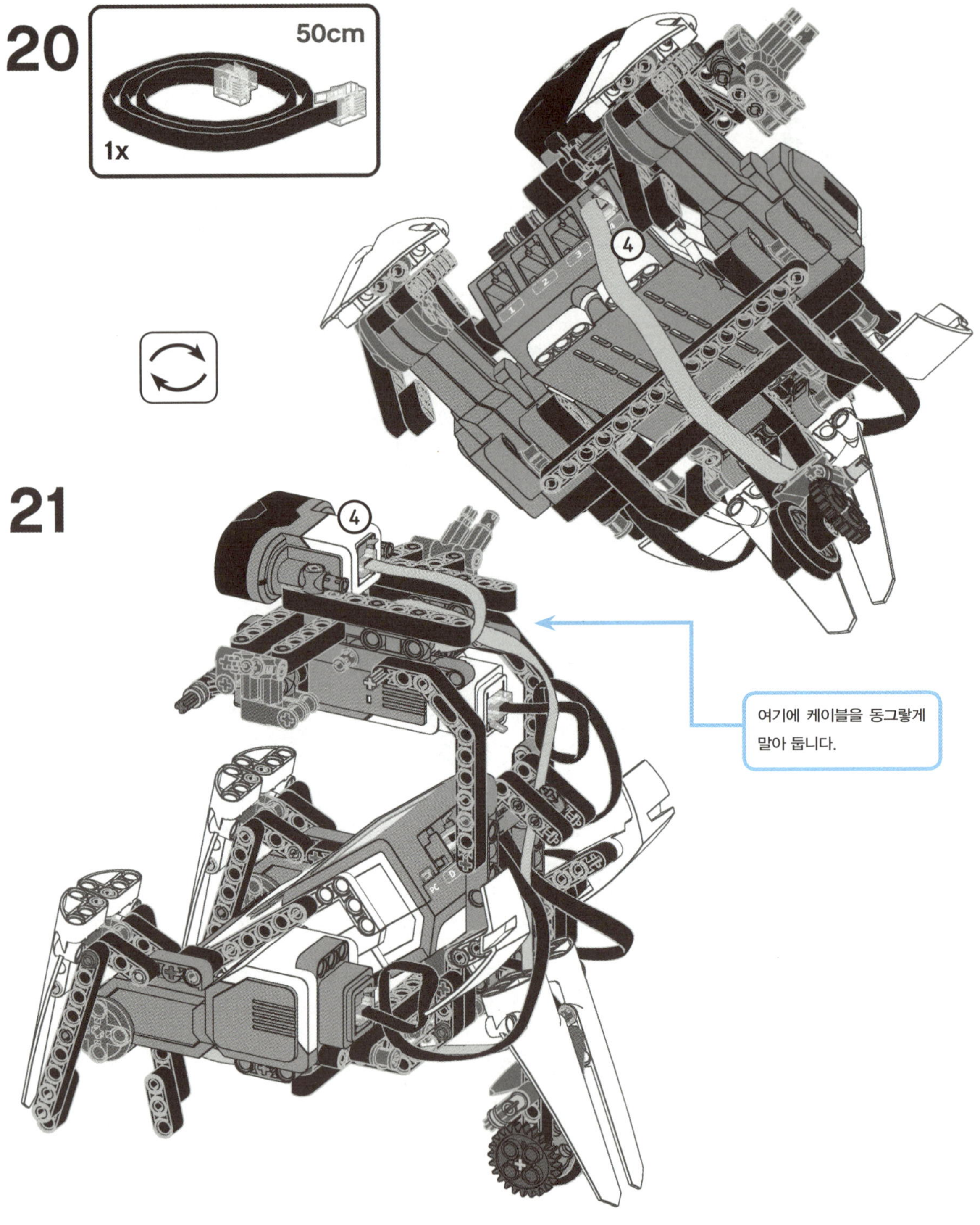

50cm
1x
4
4
여기에 케이블을 동그랗게
말아 둡니다.
21

왼팔 조립

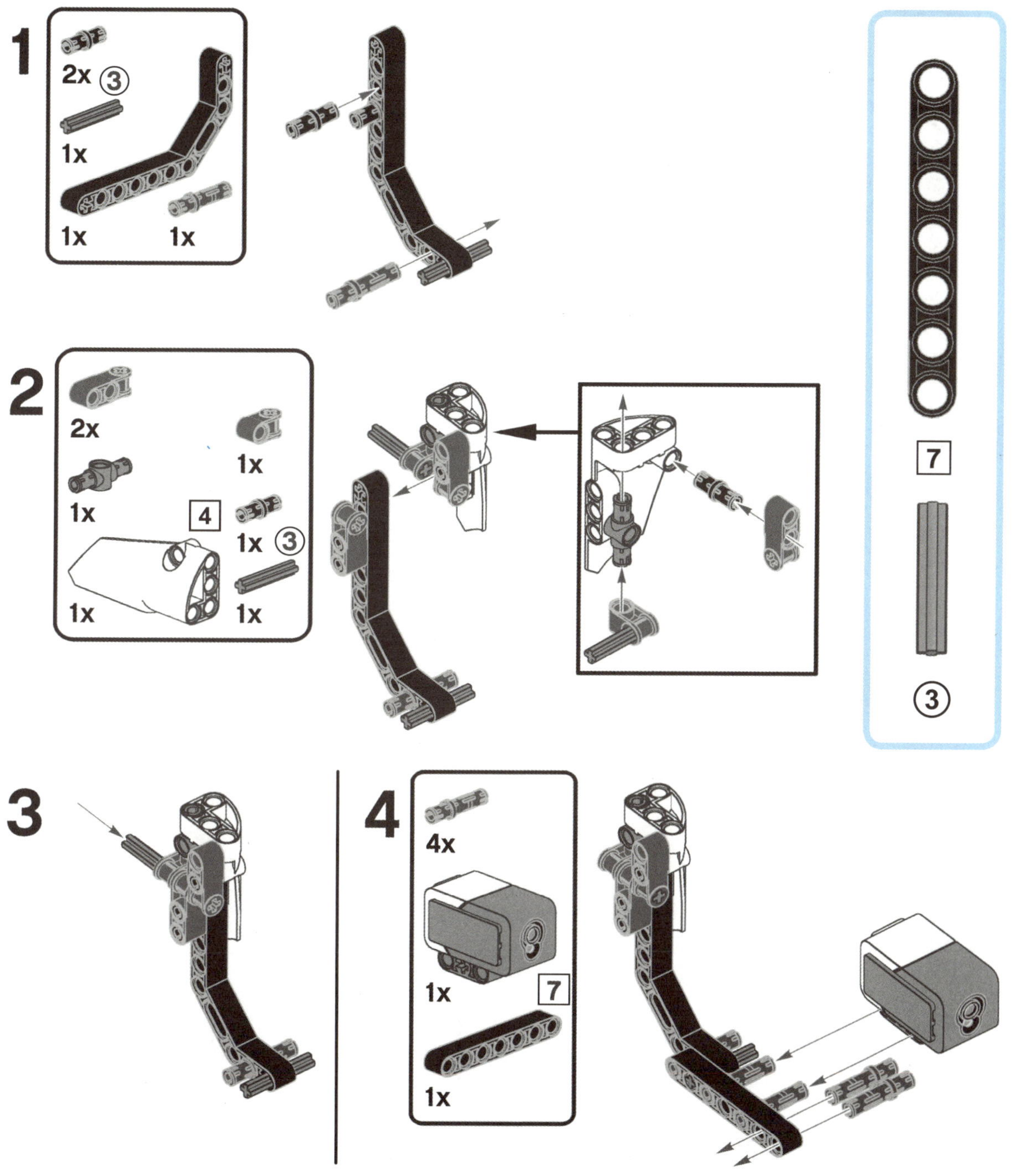

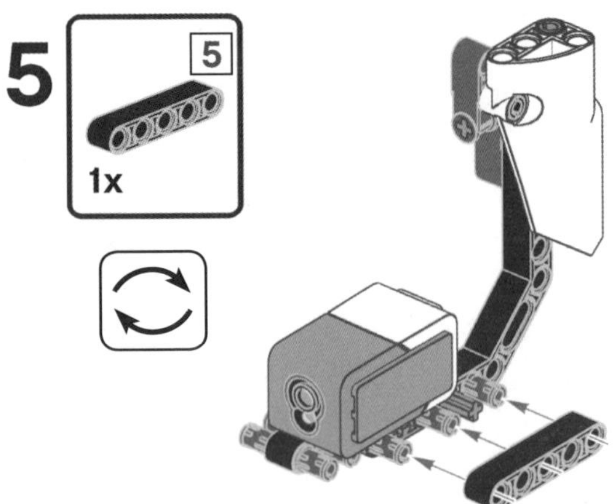

오른팔 조립

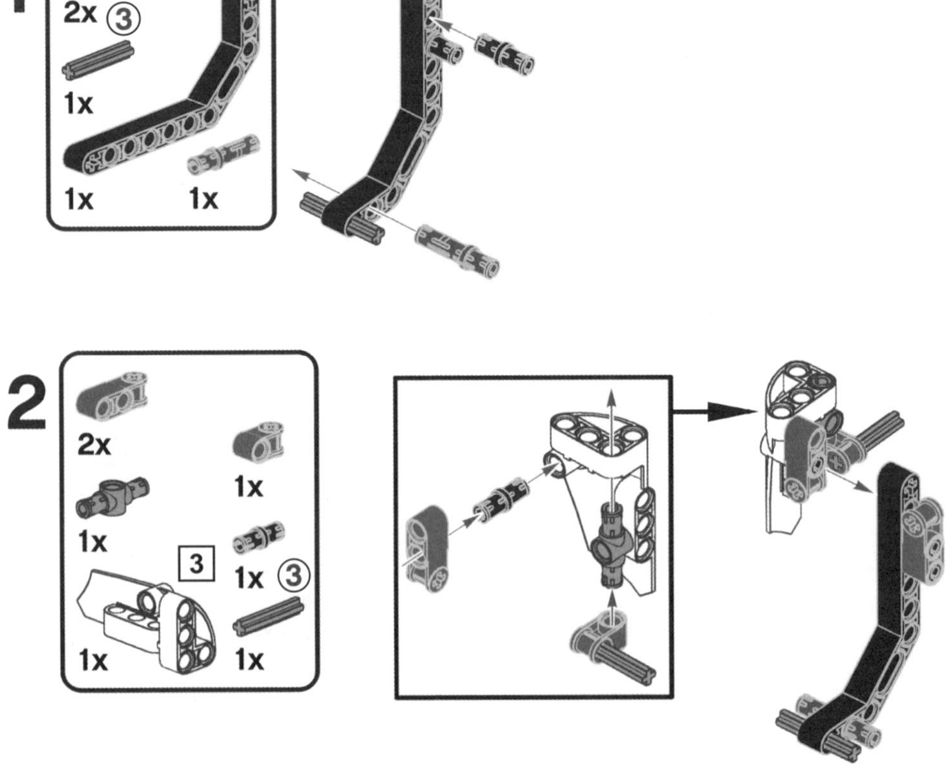

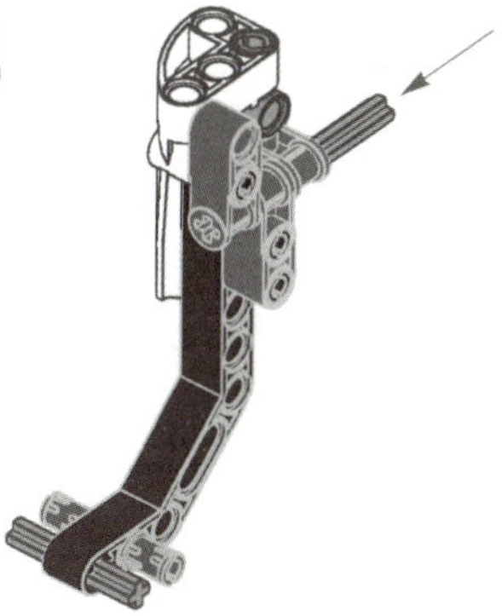

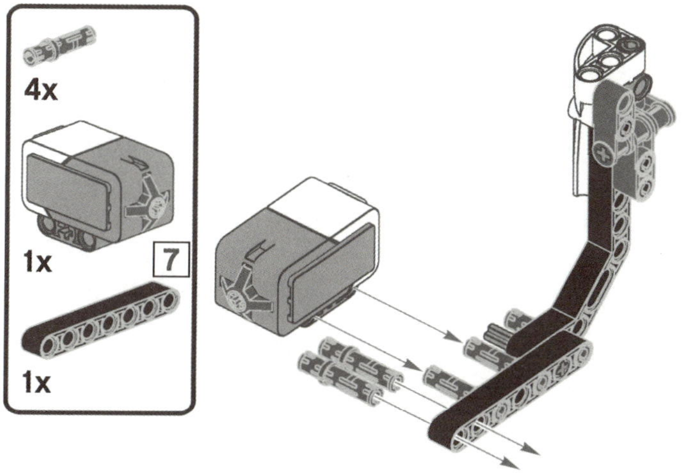

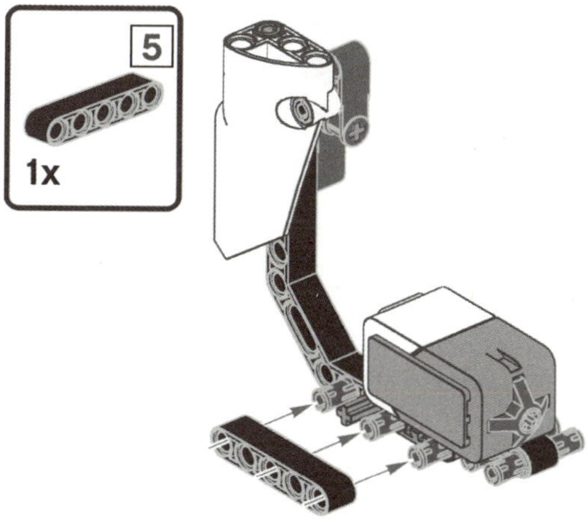

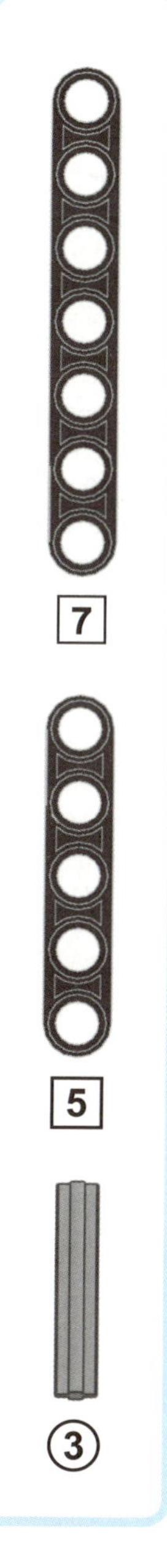

22

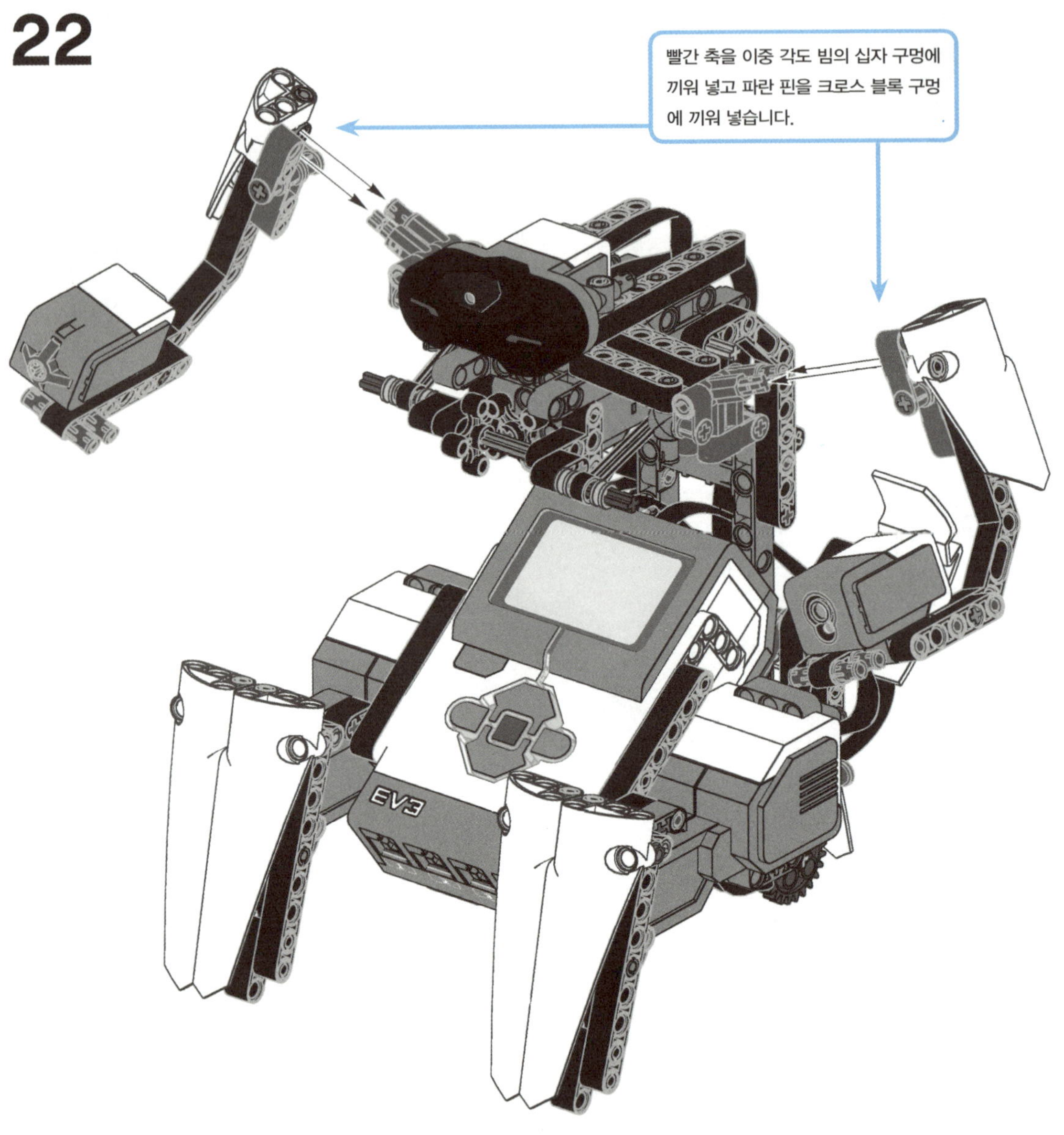

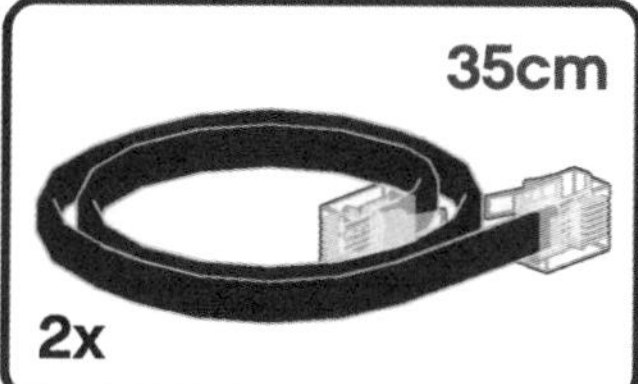

23
35cm
2x

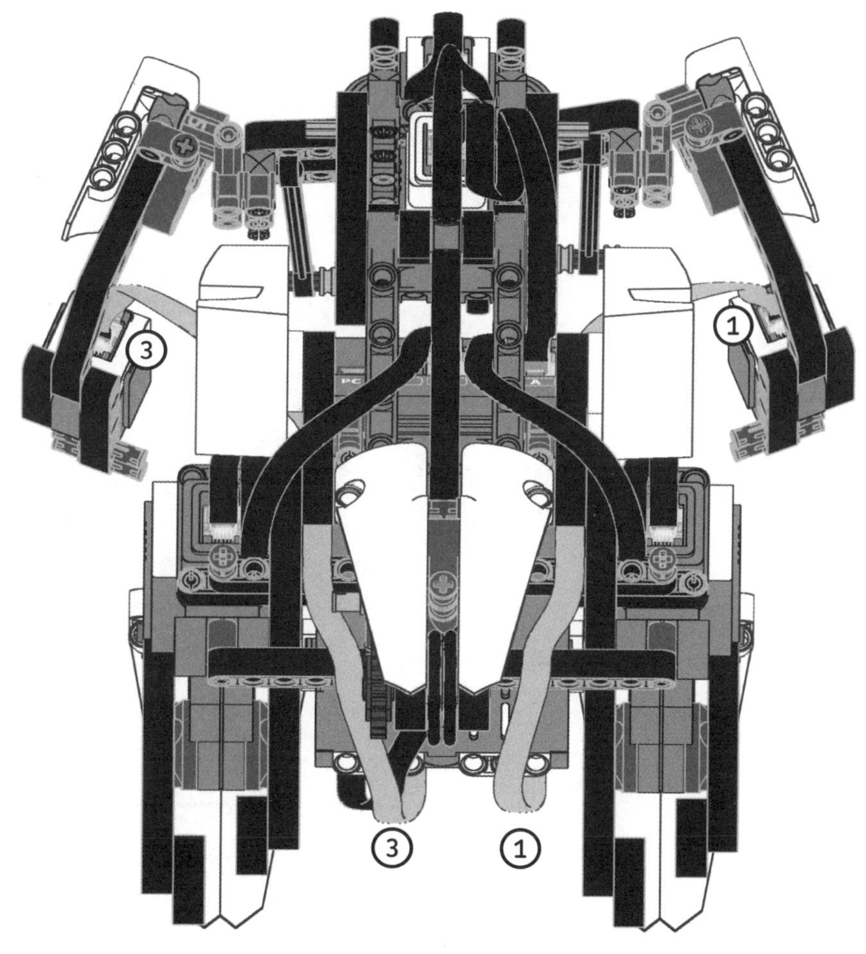

3
1
3
1

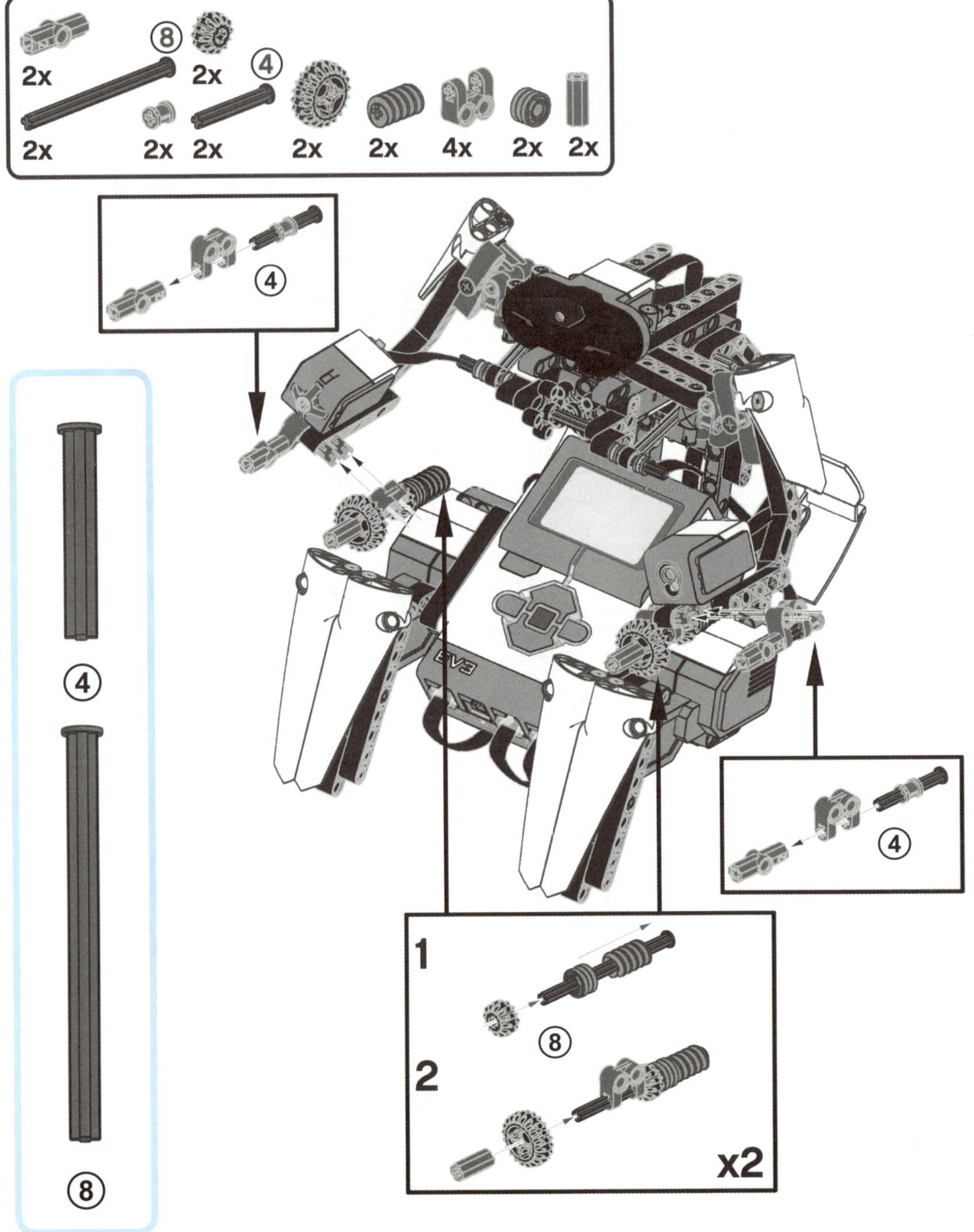

등 보호 장갑 하단부 조립

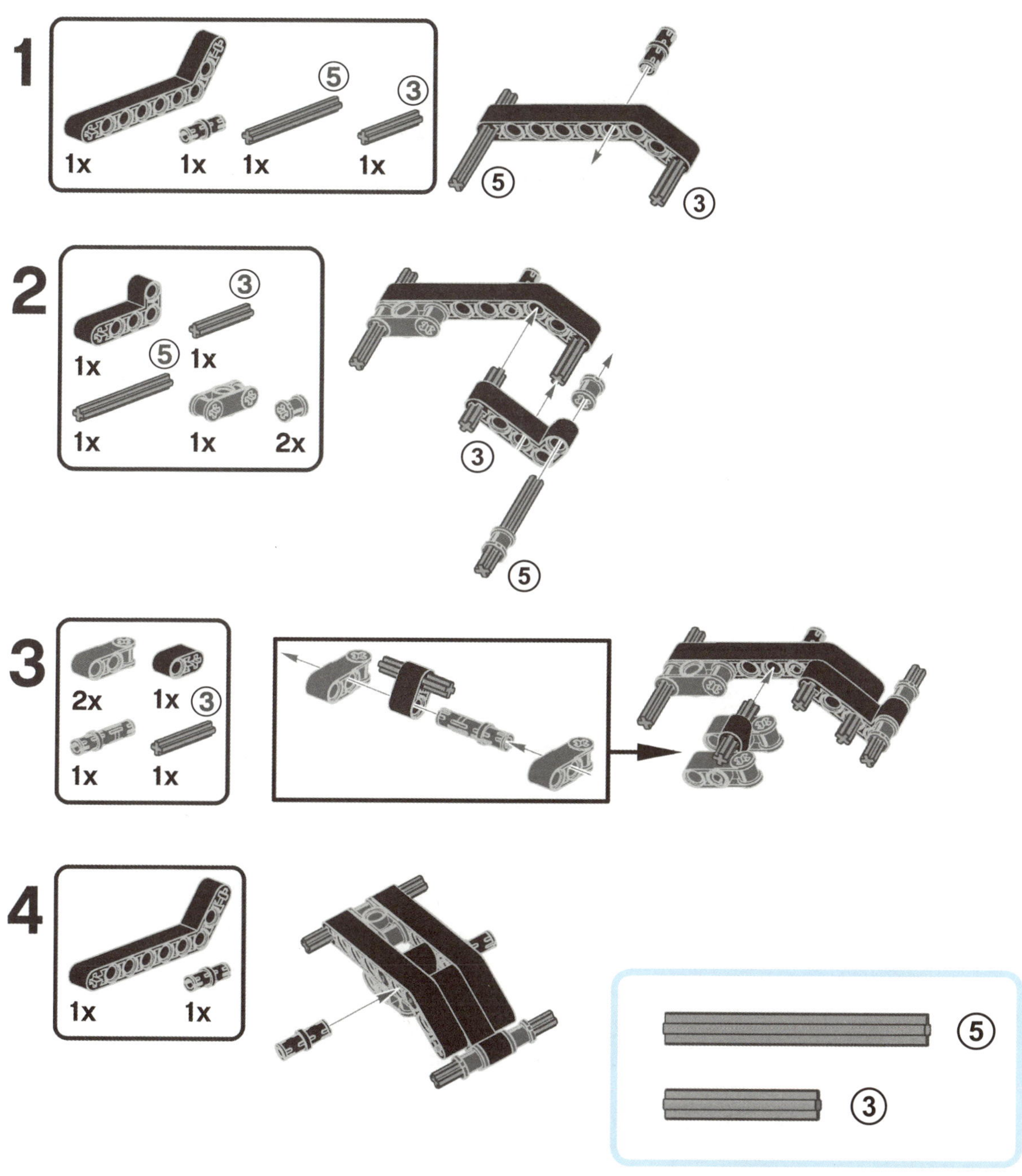

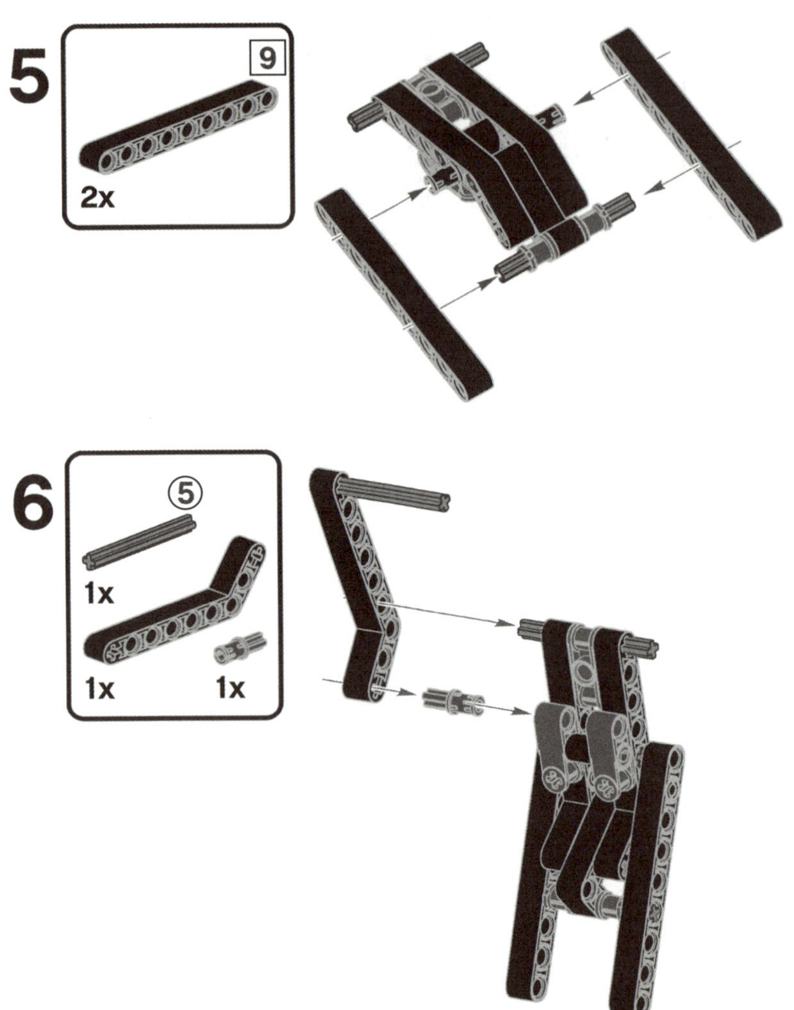

5

9
2x

6

5
1x
1x   1x

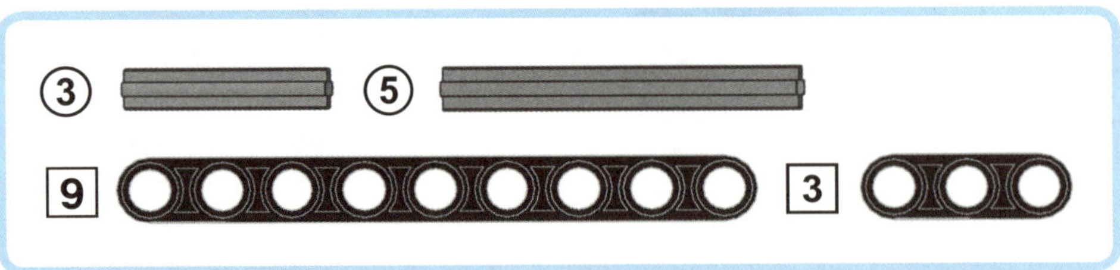

3   5

9   3

등 보호 장갑 중단부 조립

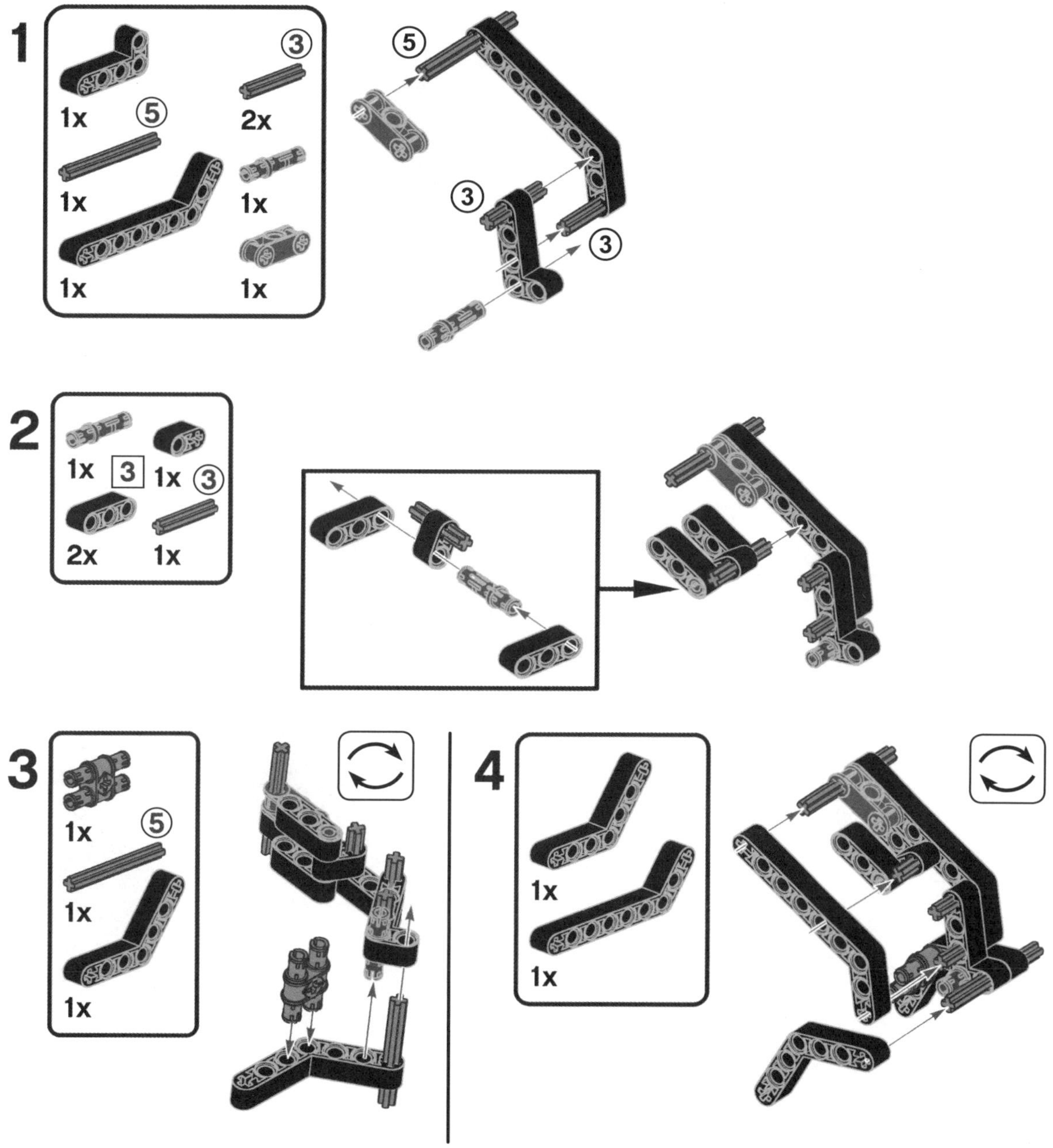

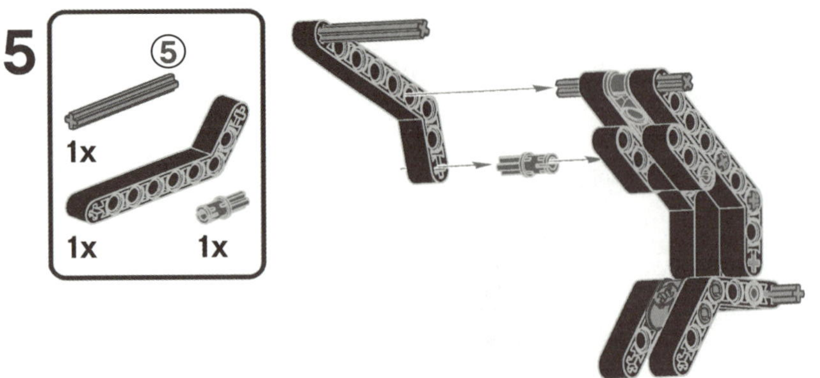

등 보호 장갑 중단부 하단부 연결

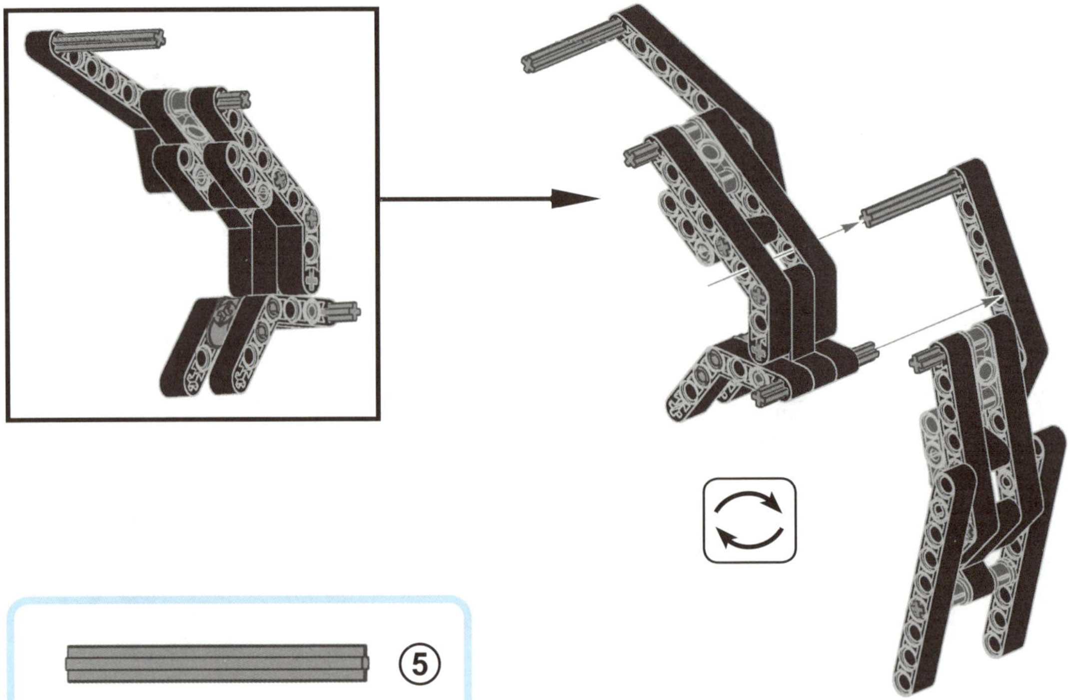

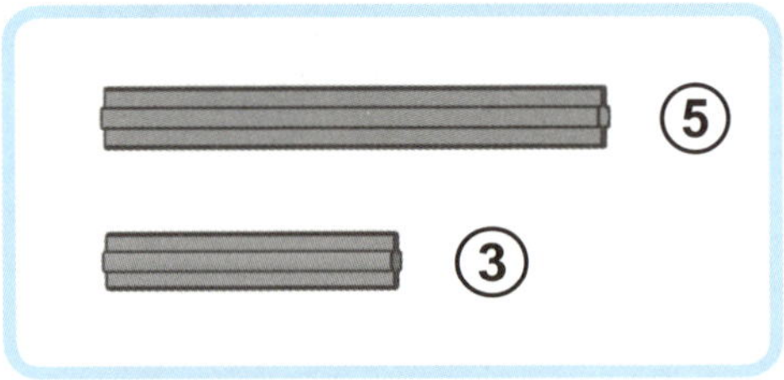

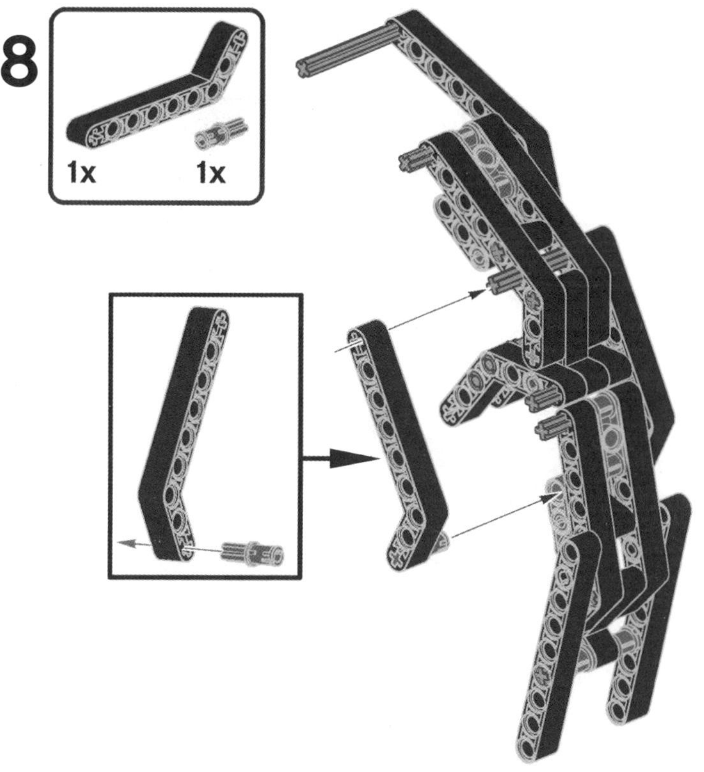

등 보호 장갑 상단부 조립

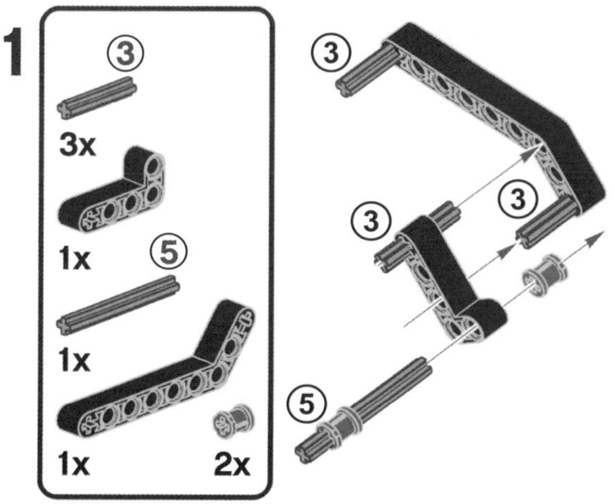

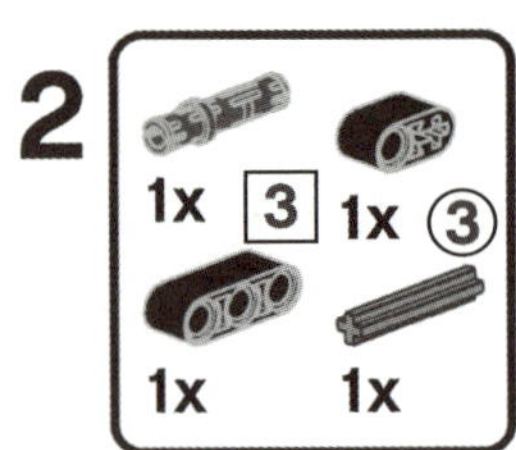
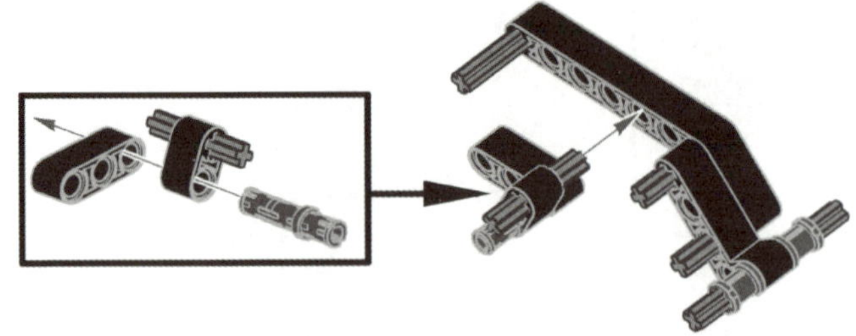

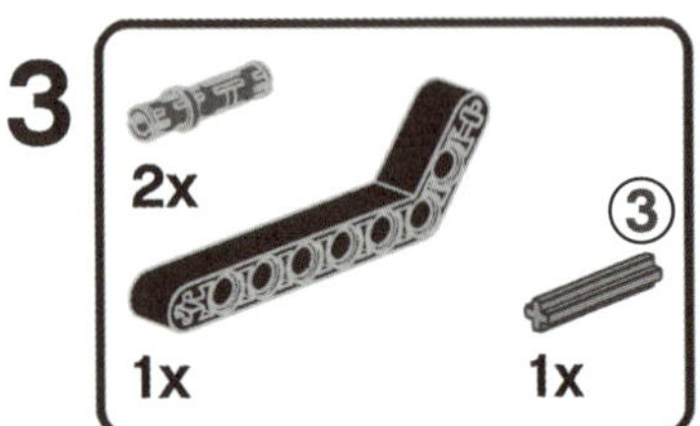
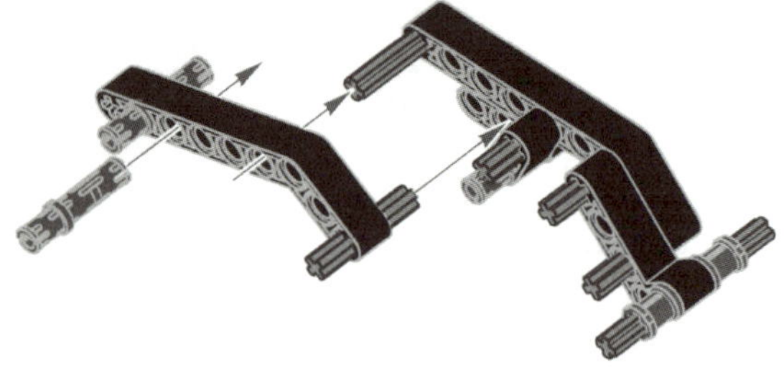

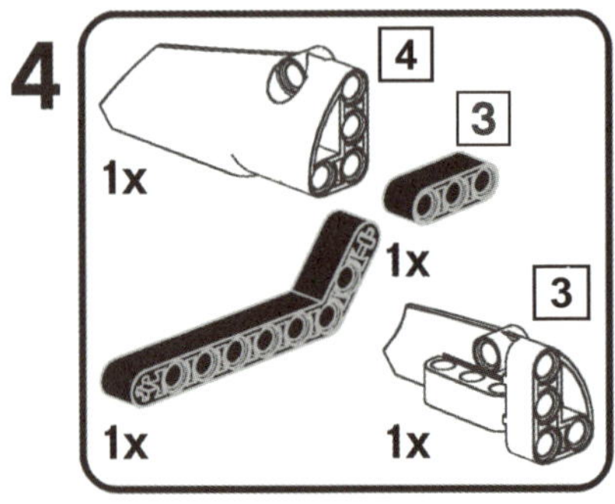
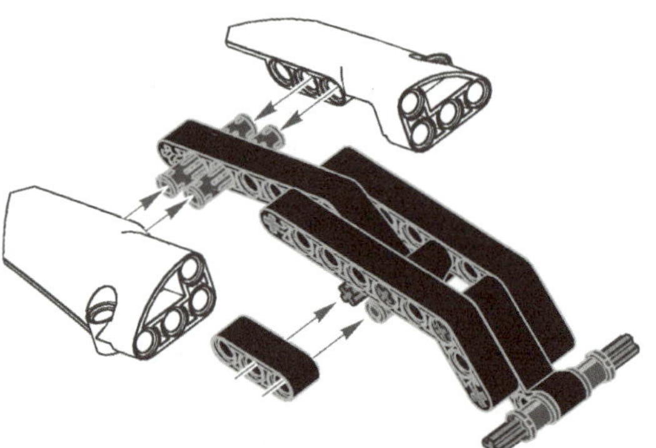

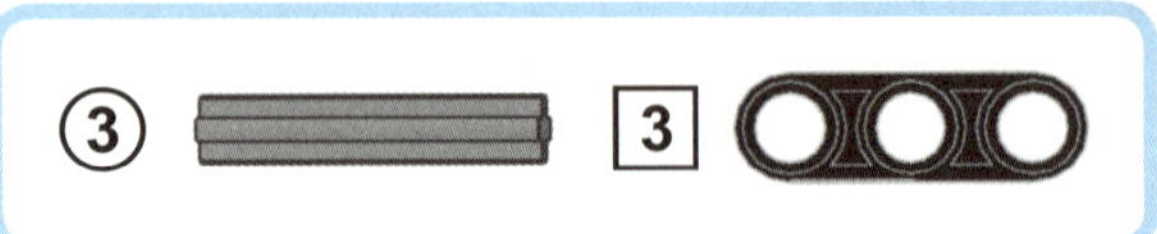

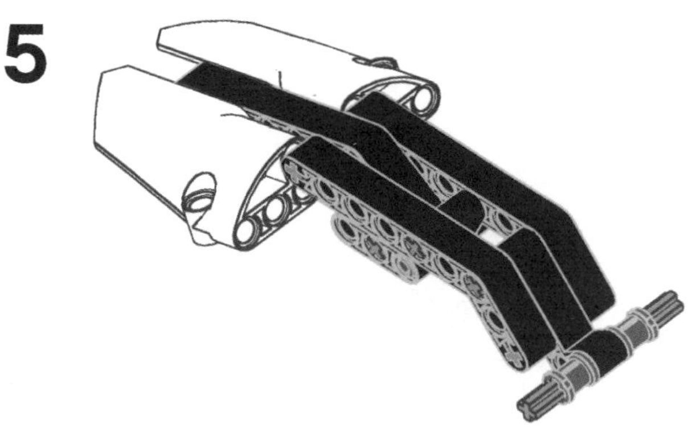

5

등 보호 장갑 조립 마무리

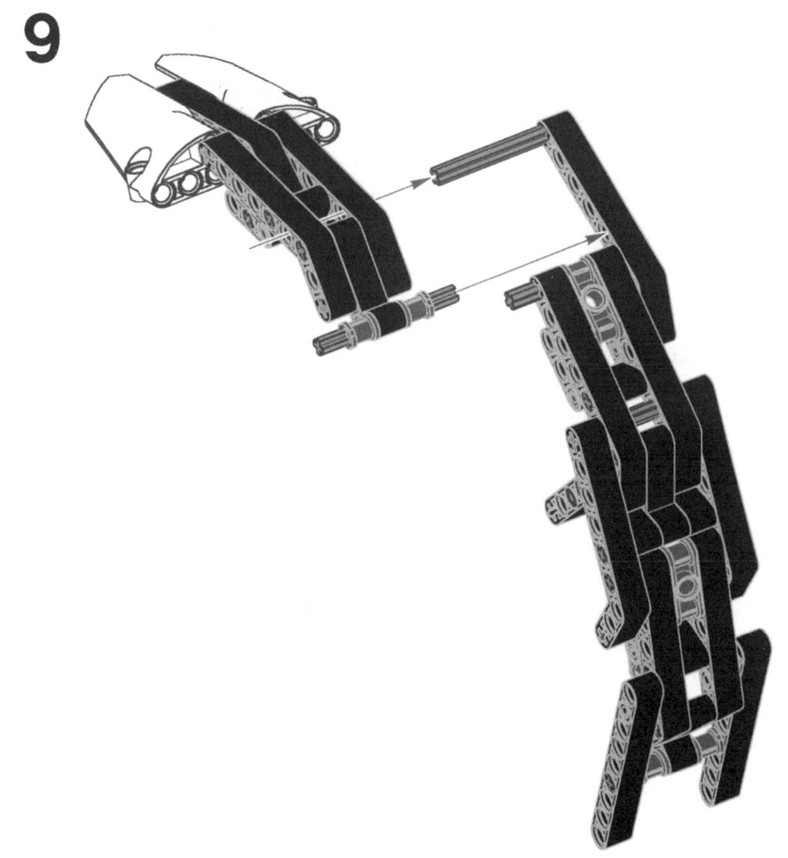

9

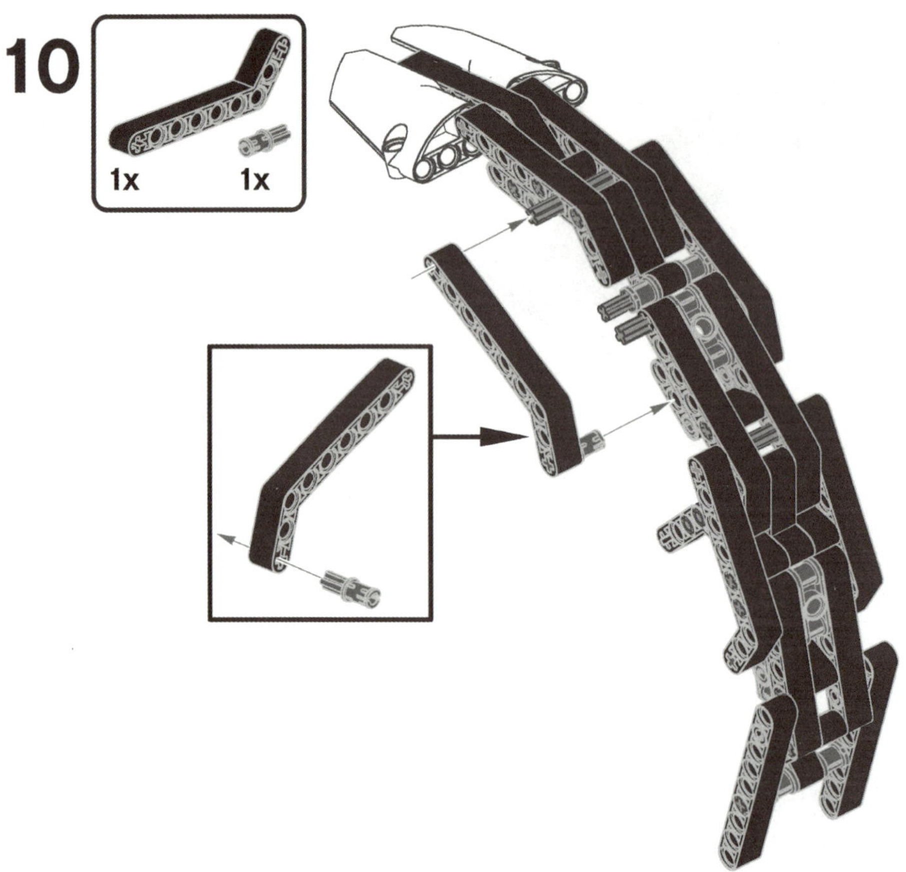

이 모듈들을 연속으로 결합하여 보호 장갑의 곡면을 만듭니다. 다양한 각도 빔을 결합하여 곡면의 각을 더욱 작게 만드는 방법도 있다는 것을 알아 두세요.

11

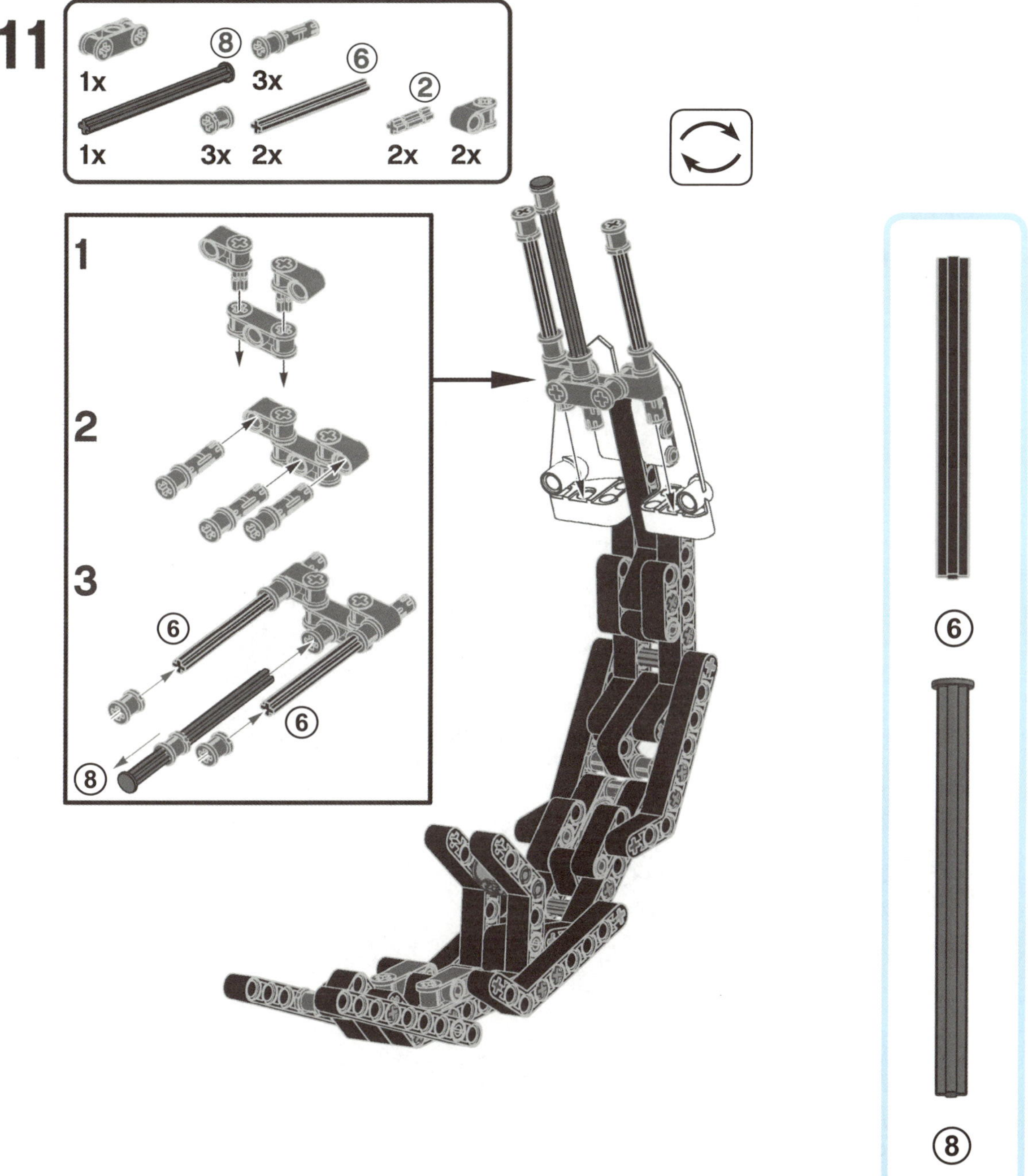

25

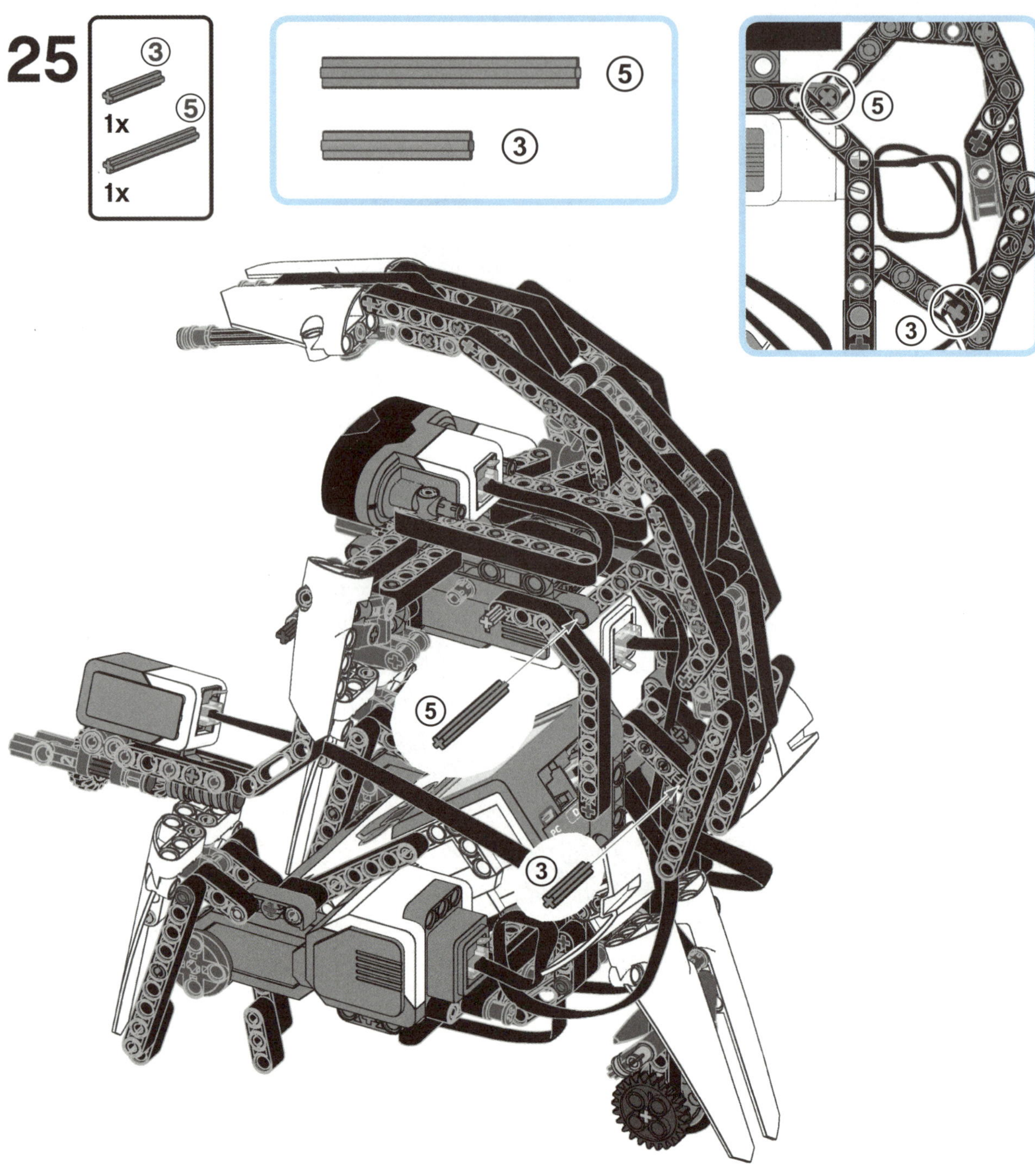

26

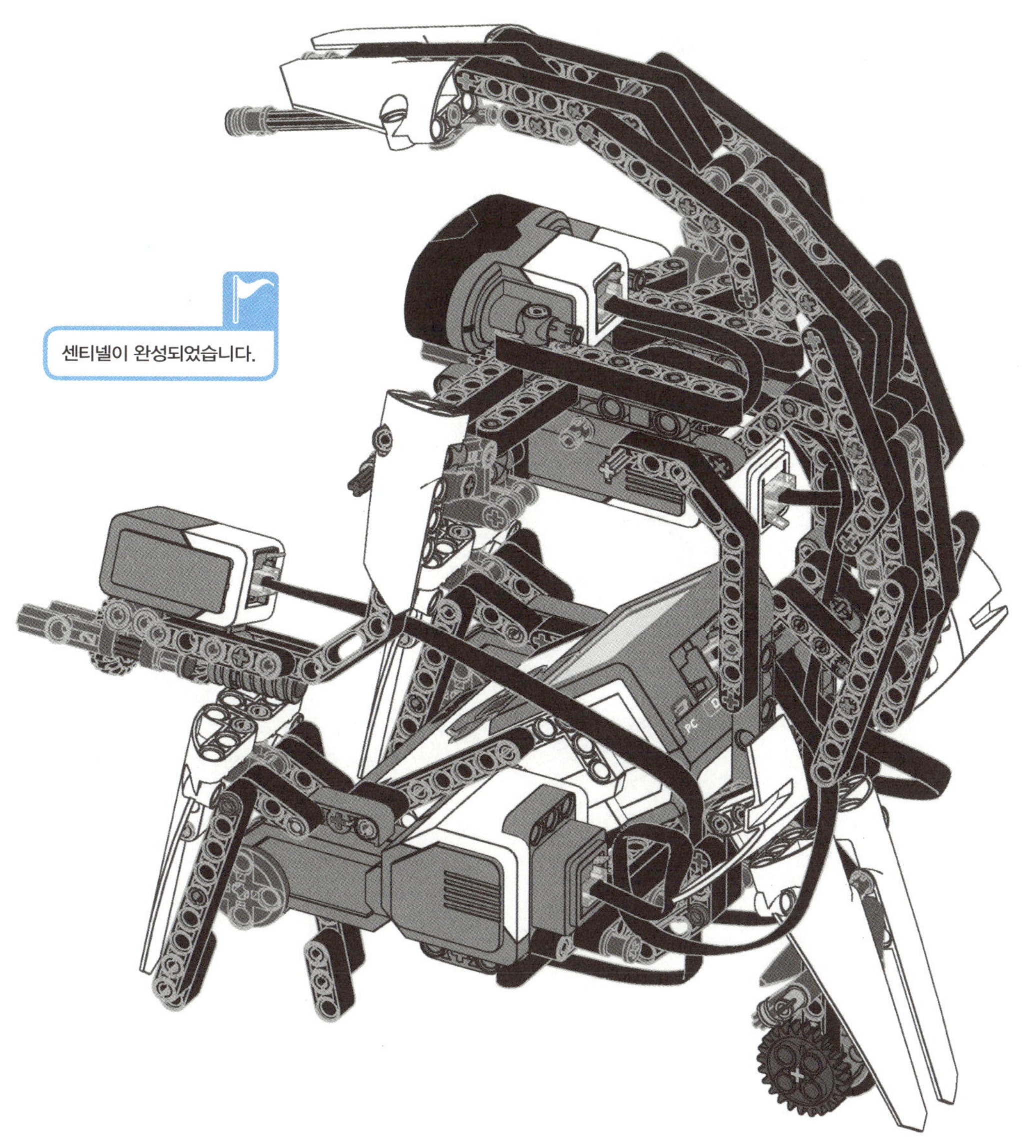

컬러 큐브 조립

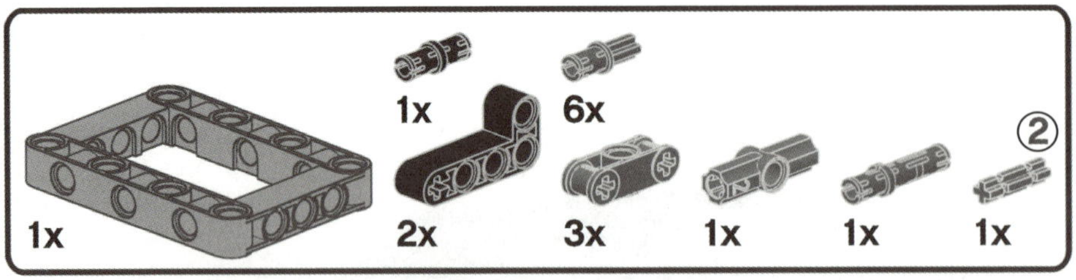

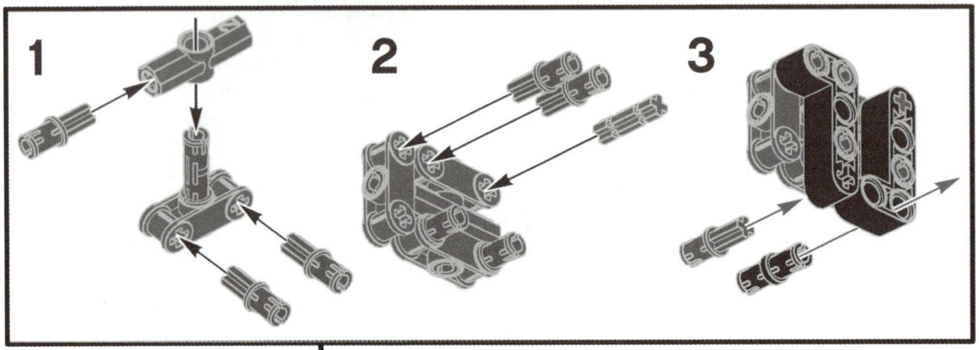

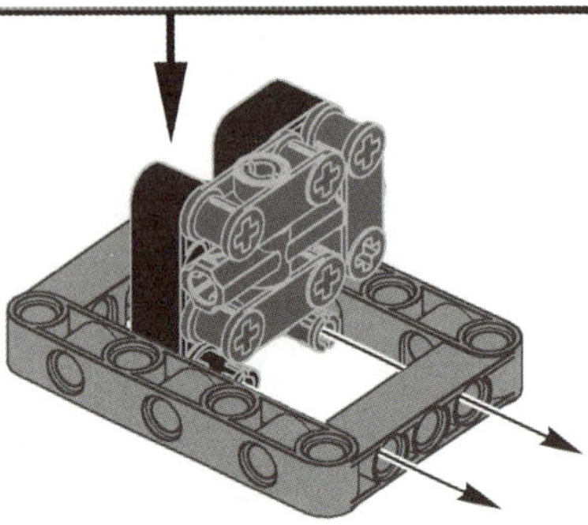

센티넬에게 컬러 큐브의 색이 칠해진 면을 보여 주어 동작 시퀀스를 프로그래밍할 수 있습니다. 이것은 큐브의 빨간색 면입니다.

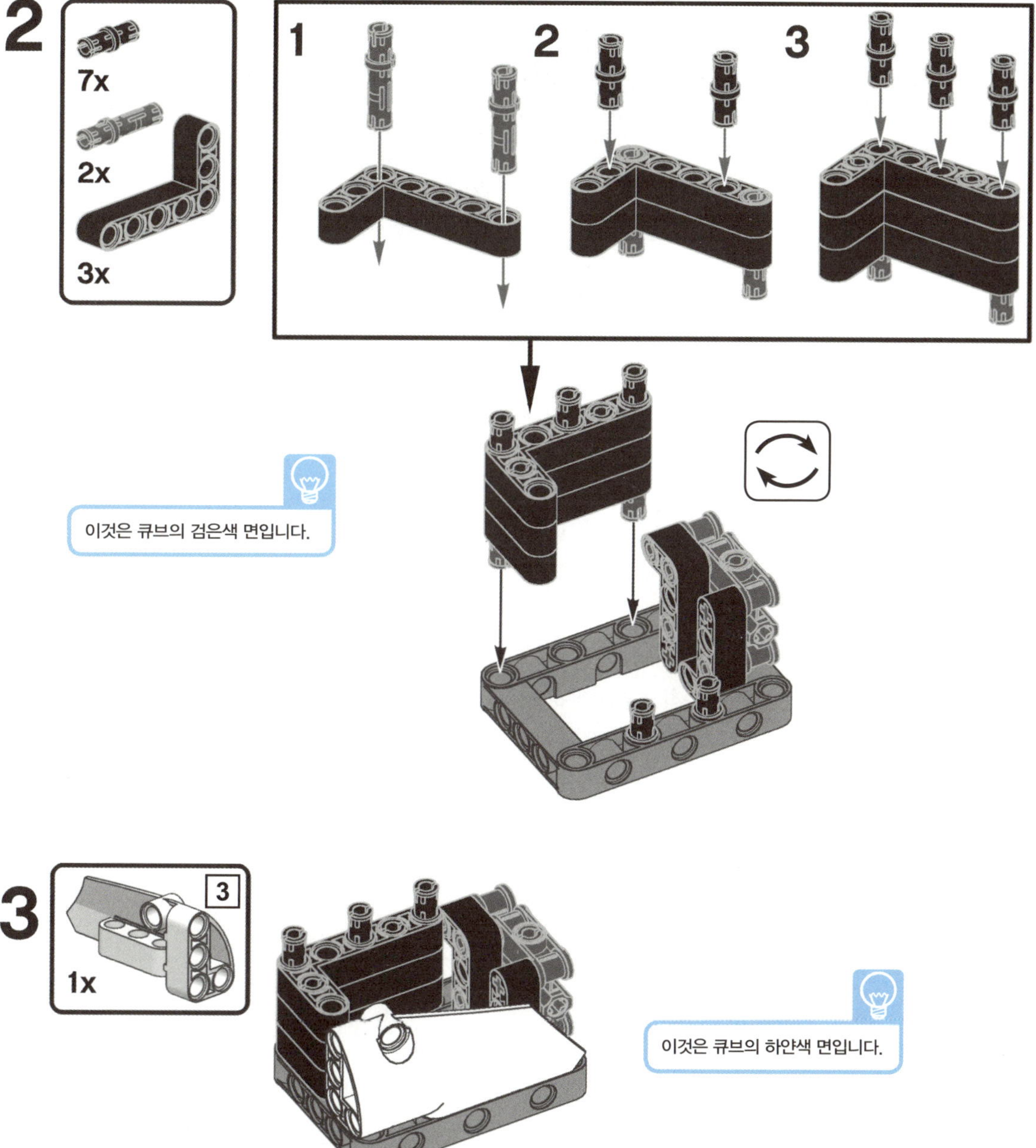
이것은 큐브의 검은색 면입니다.
이것은 큐브의 하얀색 면입니다.

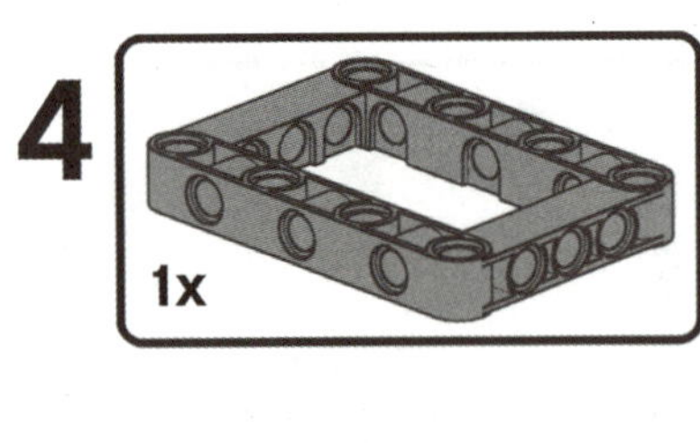

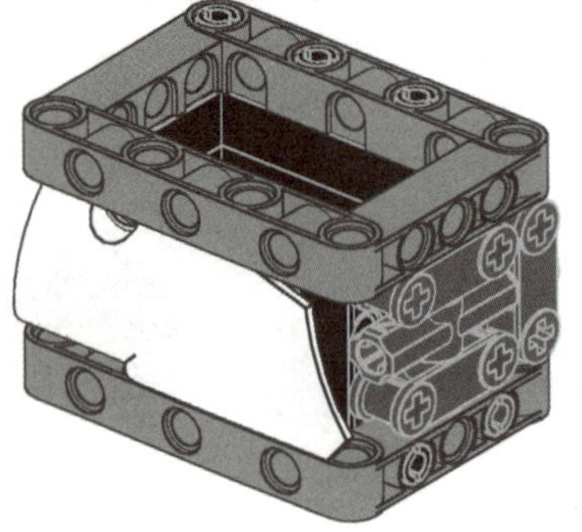

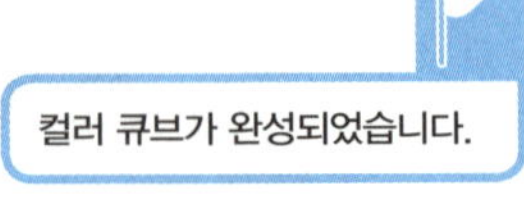

이 장을 마치며

이 장에서 세 다리로 보행하며 블래스터 캐넌 두 문을
장착한 경비 로봇인 센티넬을 만들어 보았습니다. (사실
다리 네 개와 뒷바퀴 하나를 가지고 있지만 세 다리로 걷는 것처럼
보입니다.)

모터의 지속적인 회전운동을 보행 동작으로 변환하였
기에 거위 로봇 와치구스WATCHGOOZ3처럼 프로그램에
특별한 시퀀스가 필요하지 않았습니다. 그래서 바퀴로
굴러다니는 로봇을 제어하듯 센티넬을 쉽게 프로그래밍
하고 원격으로 조정할 수 있습니다.

다음 장에서는 간단한 동작 시퀀스를 기록하고, 저장하
고, 재생하는 프로그래밍 방법을 배우도록 하겠습니다.

아~ 좋다!
마음에 든다고 하니 다행이구나!
이제 점심도 같이 먹었겠다, 이제 날 대니라고 불러도 좋아. 선생님이나 박사님은 이제 그만~.
고마워요 박사님... 어... 대니!
그럼 전 간단하게 '가게 식물 식민지 파괴의 제왕'이라고 불러 주세요!
하!
하!
하!
덱스터가 해야 하는 건데!
과직!
이제까지 잡일만 시켜서 미안하다. 하지만 다음 임무를 수행하는 데 있어 네가 믿을 만한지 알아봐야만 했거든!
제가 뭘 만들어야 되나요?
오늘 제작은 이걸로 충분해! 지금은 파괴할 시간이지! 지금부터 너에게 들려주려는 이야기는 우리 둘만의 비밀로 남겨 놓아야 한다. 약속할 수 있겠니?
약속할게요! 어서 말해 주세요!

얼마 전에, 아직 프로토타입인 방어 로봇 몇 대가 가동되었어.
아직 침입자 식별 기능이 개발되지 않은 채로 말이지.
녀석들은 모두 사람을 침입자로 인식했어. 그래서 어쩔 수 없이 EV3 연구실 전체를 격리 구역으로 지정하여 그 로봇들을 가두어 놓게 되었지. 이제 그 로봇들을 정리해야만 해.
$> Downloading imprinting pattern...
ERROR
네 아버지는 그 사실을 모르시고 계셔. 그리고 앞으로도 그래야 하고.
박사님... 만약 우리가 성공하지 못하면요?
무조건 성공해야만 해. 우리 형 알렉스가 그 안에 갇혀 있거든!

센티넬 프로그래밍

이 장에서는, 13장에서 조립한 센티넬SENTIN3L을 프로그래밍하고자 합니다. 먼저, 로봇이 순찰 경로에서 물체를 만나면 사격 동작을 취하는 프로그램을 만들고자 합니다.

이 프로그램을 만들고 나면, 로봇이 기동하는 동안 동작 시퀀스를 기록하는 프로그램을 만들 예정인데, 로봇에게 13장에서 다룬 컬러 큐브의 채색면을 보여만 주어도 기록이 되는 프로그램입니다.

최종적으로 완성한 프로그램은 이 프로그램이 실행되는 동안 로봇의 동작 순서를 제어합니다.

그리고 프로그램이 종료되거나 EV3 브릭이 재부팅된다 하더라도 나중에 재실행할 수 있도록 기록한 시퀀스를 파일에 영구적으로 저장합니다.

파일 접속 블록

EV3 브릭 메모리 내부에서 파일을 생성하고, 쓰고, 읽고, 삭제하기 위해 고급 팔레트(파란색 상단)에 들어 있는 파일 접속 블록을 사용합니다. 그림 14-1에서 이 블록의 다양한 모드를 살펴볼 수 있습니다.

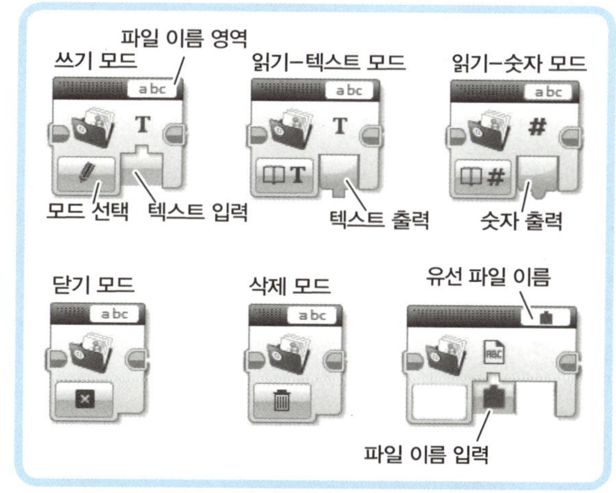

■ **그림 14-1** 파일 접근 블록을 이용하여 EV3 브릭 메모리에 파일을 생성하고, 삭제하고, 데이터를 써 넣을 수 있습니다.

파일 생성과 삭제 및 데이터 쓰기

특정 이름으로 파일을 생성하려면 **쓰기** 모드 파일 접근 블록을 사용하여 파일 이름 영역에 파일 이름을 입력합니다. (아니면 와이어 연결 옵션을 선택해서 데이터 와이어로 이름을 전달할 수도 있습니다.)

특정 이름을 갖는 파일이 아직 존재하지 않으면, 해당 이름으로 파일을 처음 열거나 파일에 데이터를 쓸 때 EV3 브릭 메모리에 해당 이름을 갖는 파일이 자동으로 생성됩니다. 만약 파일이 이미 존재한다면, 기존 데이터의 마지막에 새로운 데이터가 추가됩니다.

반드시 비어 있는 새 파일에 데이터를 쓰고자 한다면, 먼저 **삭제** 모드 파일 접근 블록을 사용하여 이 블록의 이름 영역 영역에 쓰고자 하는 파일 이름을 입력합니다.

예를 들어, log라는 이름의 파일에 데이터를 쓰려면 (데이터를 추가하는 것이 아니라 처음부터 데이터를 새로 쓰려면) **삭제** 모드 파일 섭근 블록을 이용하여 그 파일을 삭제하고 또 하나의 파일 접근 블록을 쓰기 모드로 설정하여 log 파일을 새롭게 생성하고 데이터를 써 넣습니다.

파일에 데이터를 쓰려면 텍스트 입력 블록에 텍스트를 직접 입력하거나 텍스트나 숫자 데이터 와이어를 텍스트 입력으로 연결합니다. 숫자를 전달하는 데이터 와이어를 연결하면 그 숫자는 텍스트 형태로 변경됩니다.

데이터를 파일에 쓸 때마다 새로운 줄에 텍스트 열이 추가됩니다. 이를 확인하려면 메모리 브라우저 도구를 사용해서 파일 접속 블록으로 생성한 파일을 EV3 브릭에서 컴퓨터로 업로드하고 평소 선호하는 텍스트 편집기로 해당 파일을 열어 봅니다.

파일에서 데이터 읽기

파일 접속 블록에서 **읽기-텍스트** 모드와 **읽기-숫자** 모드를 사용하여 파일로부터 데이터를 읽어 올 수 있습니다. **읽기-숫자** 모드에서, 파일 접속 블록은 텍스트 데이터를 숫자형으로 변환합니다. 만약 파일에 숫자로 표현된 텍스트 열이 포함되어 있지 않으면 블록은 0을 출력합니다.

이 블록은 시퀀스에 있는 파일로부터 한 번에 한 줄씩 데이터를 읽어 옵니다. 예를 들어, 만약 한 파일에 세 개의 값을 저장했다면 실제로는 **읽기** 모드 파일 접근 블록을 사용하여 값을 한 번에 하나씩 읽어 온다는 의미입니다.

파일의 처음부터 데이터를 읽어 오려면 **닫기** 모드 파일 접속 블록을 사용하여 파일을 닫은 다음 다시 열어서 읽습니다.

파일의 끝 찾기

파일 마지막에 이르렀을 때 파일에서 데이터를 읽게 되면 블록은 비어 있는 텍스트 열이나 숫자값 0을 반환합니다. 달리 말하자면, **읽기-텍스트** 모드 파일 접속 블록이 비어있는 텍스트 열을 읽었다면 파일의 끝(EOF)에 다다랐다는 것을 알 수 있다는 뜻입니다. EOF: End Of File의 약자로 텍스트 파일의 끝이라는 의미입니다.

다른 방법으로는 종료를 의미하는 숫자(예를 들어 양수 데이터만을 저장하고 있는 파일에는 -1을 사용합니다)를 하나 선정하고 이 숫자를 파일의 마지막에 써 넣어 EOF를 표시하는 방법이 있습니다.

파일에서 **읽기-숫자** 모드를 사용하여 숫자 데이터를 읽어 올 때 종료 숫자를 만나게 되면 EOF에 도달했다는 것을 알 수 있습니다.

랜덤 블록

이 장 다음에서 센티넬이 장애물을 발견했을 때 임의의 횟수로 대포를 발사한 다음 임의의 방향으로 회전하도록 프로그래밍하는 방법을 배울 예정입니다.

숫자와 논리값을 무작위로 생성하기 위해 데이터 연산 팔레트(빨간색 상단)에 들어 있는 랜덤 블록(그림 14-2)을 사용할 수 있습니다.

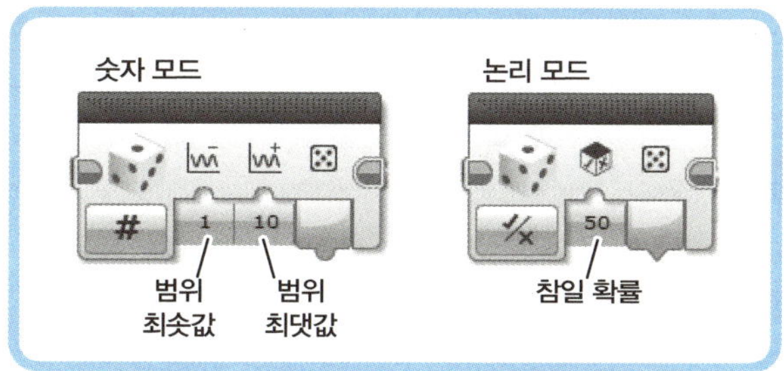

■ 그림 14-2 숫자와 논리값을 무작위로 생성하는 랜덤 블록

숫자 모드에서 무작위로 값을 생성할 때, 무작위 값은 '범위 최솟값'과 '범위 최댓값' 파라미터로 설정한 범위 사이에 있는 정수 중 하나로 정해집니다. EV3 한국어판 소프트웨어에는 **범위 최솟값**과 **범위 최댓값**으로 표기되어 있으나 **범위 최솟값**과 **범위 최댓값**이 맞춤법에 맞는 표현입니다.

'범위 최솟값'과 '범위 최댓값' 역시 정수여야 합니다. 만약 이 값들을 소수점이 있는 숫자로 설정하면 내부적으로 버림 처리가 되어 입력값에 가장 가까운 정수로 인식됩니다. 예를 들어, 범위를 1에서 3으로 설정하면 정수 1, 2, 3 중에서 임의의 값이 생성됩니다.

만약 범위를 1.4에서 4.4로 설정하면 정수 1, 2, 3, 4 중에서 임의의 값이 생성됩니다. 무작위 숫자들은 동일 확률에 따라 생성됩니다. 각 값은 다른 값들이 뽑히는 것과 거의 똑같은 확률로 뽑힙니다.

예를 들어, (주사위를 굴리는 것처럼) 1과 6 사이의 범위에서 6,000개의 무작위 숫자를 생성한다면 각 숫자당 약 1,000번씩 나오게 됩니다. 즉, 각 값이 나올 확률은 1/6 혹은 약 16%입니다.

논리 모드일 때, 무작위로 생성된 값은 **참**일 수도 **거짓**일 수도 있습니다. 입력 파라미터(0에서 100사이 범위에 속하는 %값)를 이용하여 **참**이 나올 확률을 설정할 수 있습니다.

예를 들어, '참일 확률' 파라미터를 50으로 설정했을 때 **참**이 나올 확률과 **거짓**이 나올 확률이 (동전을 던질 때 처럼) 각각 50%가 됩니다.

마이 블록 만들기

센티넬에게 생명을 불어넣어 줄 프로그램을 만들기 전에 먼저 마이 블록을 준비해야 합니다. 마이 블록을 만들면서 주목할 만한 시퀀스와 그 속에 들어 있는 아이디어 대해 강조 표시를 해두었습니다.

각 마이 블록에 대해, 프로그래밍 블록의 시퀀스와 완성된 모양을 그림으로 보여줍니다. 이를 통해 입력단의 기본값뿐 아니라 아이콘, 입력 그리고 출력을 확인할 수 있습니다.

ResetLegs 마이 블록

13장의 조립설명서에서 지면을 딛고 있는 로봇의 앞 다리에 대한 모든 것을 설명하였습니다. 흔들림 없이 효율적으로 보행하기 위해서는 프로그램이 시작할 때 앞다리 모두가 지면에 닿아 있어야만 하고, 로봇의 움직임과 조화를 이루어야만 합니다.

그림 14-3에 있는 ResetLegs 마이 블록은 다리 위치를 초기화하여 모든 다리가 지면에 닿아 있게 만듭니다. 센티넬은 세 발 보행 로봇처럼 보이지만 실제로는 네 발과 하나의 바퀴가 달려 있다는 것을 기억하세요.

실제적으로 한쪽 다리를 이루고 있는 두 개의 작은 다리 한 쌍이 모두 지면과 닿아 있는지를 판단하기 위해, 비조정 모터 블록으로 모터를 구동시켜 한쪽 다리 한 쌍을 느린 속도로 동작시킵니다.

모터가 가장 큰 저항을 받아 로봇을 들어 올리지 못하는 시점이 바로 작은 다리 한 쌍이 모두 지면에 닿아 있을 때입니다. 이 상황에서 모터는 거의 정지할 것입니다. **측정–현재 모터 파워** 모드로 설정한 모터 회전 블록으로 측정한 '현재 모터 파워'도 거의 0이 됩니다.

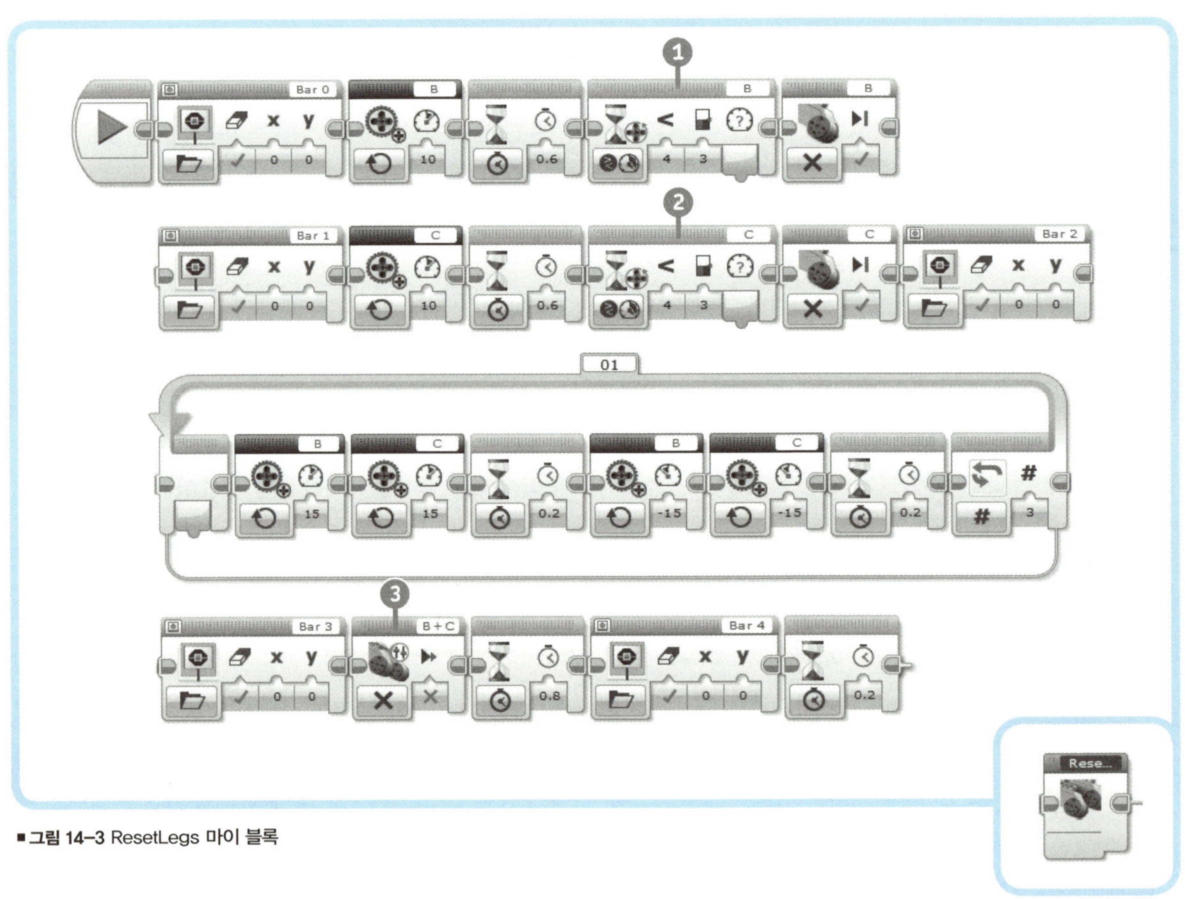

■ **그림 14-3** ResetLegs 마이 블록

ResetLegs 마이 블록(그림 14-3)에서 **모터 회전-비교-현재 모터 파워** 모드로 설정된 대기 블록 ①번과 ②번이 측정한 '현재 파워 모드' 값이 3보다 작을 때(모터가 거의 정지했다는 뜻)까지 각 라지 모터는 느린 속도로 동작합니다.

이 시점에서 모터가 정지합니다. 그다음 다리가 땅에 닿아 있는지 확인하기 위해 모터를 앞뒤로 몇 차례 움직인 후, **꺼짐** 모드로 설정하고 '정지 방식' 파라미터를 **거짓 ③**으로 입력한 **탱크모드 주행 블록**을 사용하여 한쪽 모터를 구동시킵니다. 이때 모터가 회전하며 한 쌍을 이루고 있는 다리 중 하나가 공중에 떠있는 상태가 되면 그대로 모터를 정지시킵니다.

이렇게 전기적 방법으로 모터를 고정시키지 않았을 때는 모터가 자유롭게 회전할 수 있기 때문에, 로봇의 무게로 인해 로봇을 들어올리느라 모여 있던 다리들이 지면에 쫙 펴지게 될 것입니다.

이 초기화 프로세스 전체가 진행되는 동안, 다섯 개의 디스플레이 블록을 이용하여 화면에 진행 막대를 표시합니다.

WalkFWD 마이 블록

이 마이 블록(그림 14-4)은 적외선 센서의 '근접감지 모드' 값을 이용하여 물체가 인식될 때까지 로봇을 전진시킵니다. 루프 안에 있는 (회전수로 동작 모드로 설정된) 탱크모드 주행 블록은 센티넬이 한 걸음 나갈 때마다 양쪽 모터를 모두 동일하게 반 바퀴씩 회전시킵니다. 이로 인해 두 다리는 항상 타이밍을 맞추어 같은 속도로 동작하게 되고, 한 걸음을 마칠 때마다 모든 다리가 지면에 확실히 닿아 있도록 만듭니다.

근접도라고 부르는 숫자형 입력 파라미터가 있는 마이 블록을 만들고, 이 파라미터의 스타일은 **수직 슬라이더**로 설정하고, 최솟값은 −10, 최댓값은 80, 그리고 기본값은 30으로 입력합니다.

Laser 마이 블록

Laser 마이 블록(그림 14-5)은 미디엄 모터를 동작시켜 레이저 음향 효과에 맞추어 로봇의 팔을 움직이게 만듭니다. 또한, 로봇팔의 움직임을 이용하여 대포가 발사될 때 반동이 발생하는 모양을 흉내 내는 동작도 있습니다. 랜덤 블록은 이 루프를 몇 번 수행할지 임의로 선택합니다.

컬러 센서 블록은 로봇이 대포를 발사하는 동안 파란색에서 빨간색까지 컬러 센서의 RGB LED 색을 바꾸어 줍니다. 다양한 측정 모드에서 RGB LED는 각기 다른 색을 냅니다. 반사광 모드에서 LED는 빨간색입니다. 주변광 강도 모드에서는 파란색을, 색상 모드에서는 빨강, 초록, 파랑의 세 가지 색을 사용하여 연보라색을 만들어 냅니다.

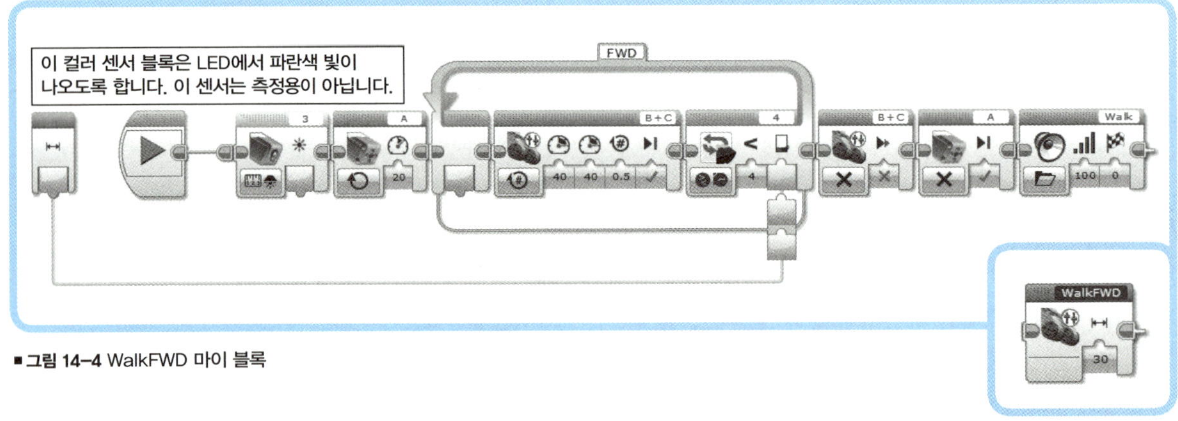

■ **그림 14-4** WalkFWD 마이 블록

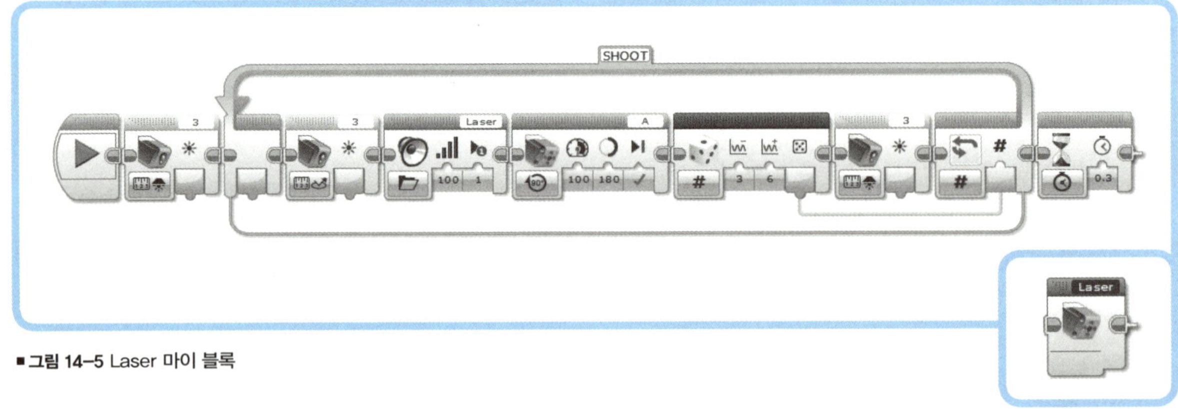

■ **그림 14-5** Laser 마이 블록

Turn 마이 블록

Turn 마이 블록(그림 14-6)은 로봇이 제자리에서 임의의 방향으로 회전하도록 만듭니다. 로봇은 '근접도' 파라미터에 설정한 값보다 가까운 곳에서 장애물이 발견되지 않을 때까지 혹은 '시간' 파라미터에 설정한 값만큼 시간이 흐를 때까지 회전합니다.

먼저, **논리** 모드 랜덤 블록에 '참일 확률' 파라미터를 **50%**로 설정하여 논리값을 생성합니다. **고급** 모드 수학 블록은 공식 a*(1−2*b)를 사용하여 논리값을 숫자값으로 변환하여 조향모드 주행 블록의 조향 파라미터에 입력합니다. a는 **100**으로 설정하여 상수 입력으로 만듭니다. b가 **참**이면 수학 블록의 결과는 −100이 되고 b가 **거짓**이면 결과는 100이 됩니다.

조향모드 주행 블록은 매번 루프가 수행될 때마다 모터가 서로 반대 방향으로 반 바퀴씩 회전하도록 만듭니다. 로봇은 제자리에서 회전하게 됩니다. (조향값은 100 혹은 −100입니다.)

적외선 센서에서 측정된 '근접감지 모드' 값이 마이 블록의 '근접도' 설정값보다 커지거나, 1번 타이머가 초기화된 다음 흐른 시간이 마이 블록의 '시간' 설정값보다 커지면 루프가 종료됩니다.

이 방법은 장애물이 즉시 사라진다 하더라도 최소 몇 초 동안 회전을 지속시킵니다. 경비 거위 로봇의 StepAdv 마이 블록에서 사용했던 것과 유사한 방법입니다(203쪽의 그림 10-18).

'근접도'(수직 슬라이더, 최소 20, 최대 80, 기본값 30)와 '시간'(숫자 입력, 기본값 2)을 숫자형 입력 파라미터로 갖는 마이 블록을 생성합니다.

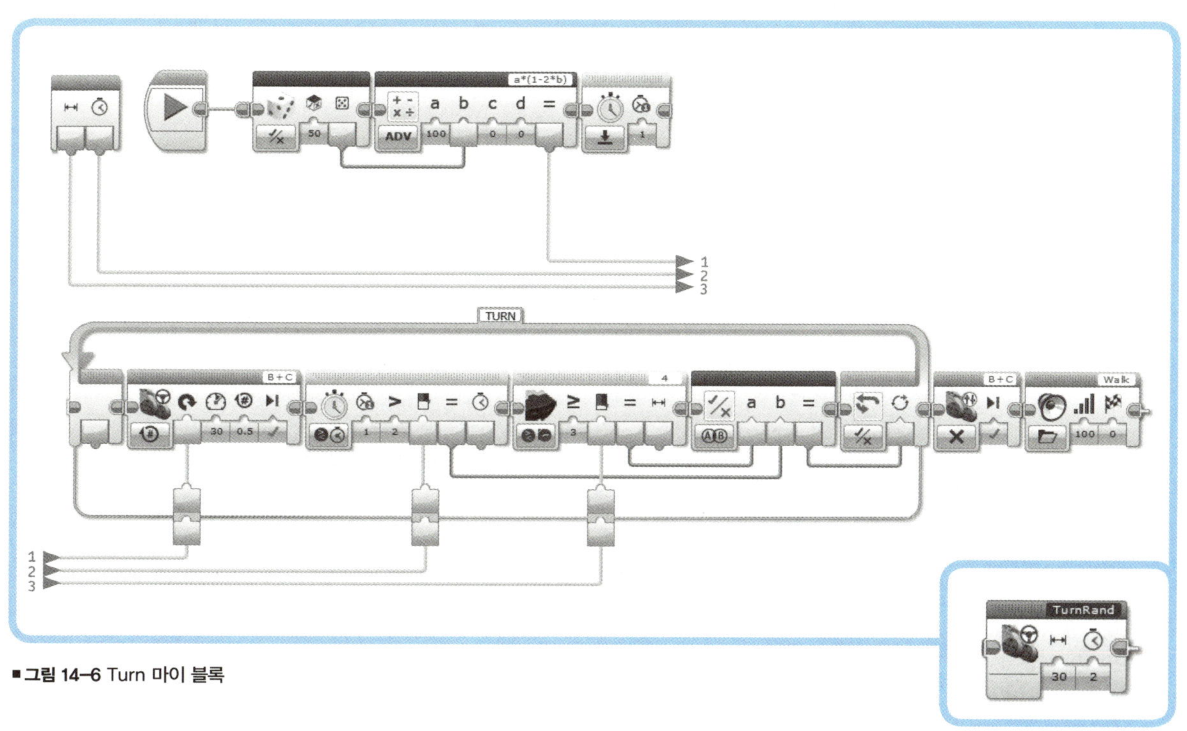

■ **그림 14-6** Turn 마이 블록

PowerDownFX 마이 블록

이 마이 블록은 EV3 브릭 화면에 진행 막대가 0으로 줄어드는 그림을 보여주면서 Speed Down 사운드 파일을 재생하여 로봇이 파워를 잃고 정지하는 모습을 흉내 내게 합니다(그림 14-7).

WaitButton 마이 블록

WaitButton 마이 블록은 그림 14-8과 같이 EV3 브릭의 입력 버튼이나 터치 센서가 눌릴 때까지 대기합니다.

SayColor 마이 블록

SayColor 마이 블록은 'Color'라고 부르는 숫자형 입력 파라미터를 갖고 있으며 이 파라미터로 입력 받은 값을 사용하여 (숫자 모드로 설정한) 스위치 블록에서 어떤 케이스를 실행할지 선택합니다.

이 케이스들은 컬러 센서 코드에 따라 숫자가 붙습니다. (아무것도 없을 때는 0, 검은색은 1, 빨간색은 5, 흰색은 6입니다.) 케이스에 정해진 색상과 컬러 큐브에 있는 색상이 일치되면 사운드 블록은 색깔에 해당되는 소리 파일(Error, Black, Red, White)을 재생합니다.

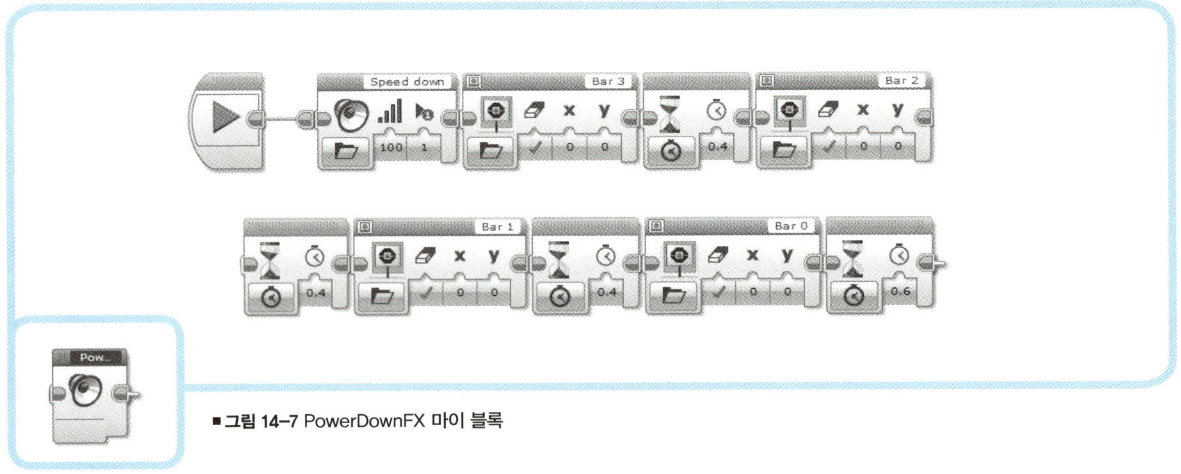

■ **그림 14-7** PowerDownFX 마이 블록

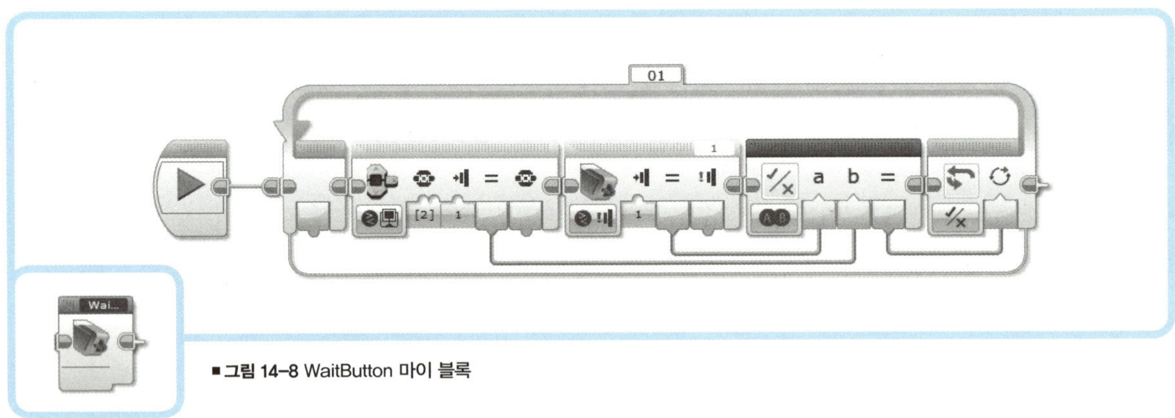

■ **그림 14-8** WaitButton 마이 블록

ExeCode 마이 블록

ExeCode 마이 블록(그림 14-10)은 'Code'라는 숫자형 입력값에 따라 동작을 수행합니다. 이 값을 사용하여 (숫자 모드) 스위치 블록의 어떤 케이스를 실행할지 선택합니다.

이 케이스들은 컬러 센서 코드에 따라 숫자가 붙습니다. 아무것도 없을 때는 0, 검은색은 1, 빨간색은 5, 흰색은 6입니다. 케이스에 정해진 색상과 컬러 큐브에 있는 색상이 일치하면 마이 블록은 로봇이 특정 동작을 수행하도록 합니다.

특히, 1번 케이스(검정색)는 '근접도'를 30으로 '시간'을 2로 설정한 Turn 마이 블록을 포함하고 있습니다. 5번 케이스(빨간색)는 Laser 마이 블록을, 6번 블록(흰색)은 '근접도'를 30으로 설정한 WalkFWD 마이 블록을 포함하고 있습니다. 다른 나머지 케이스들은 비어 있습니다.

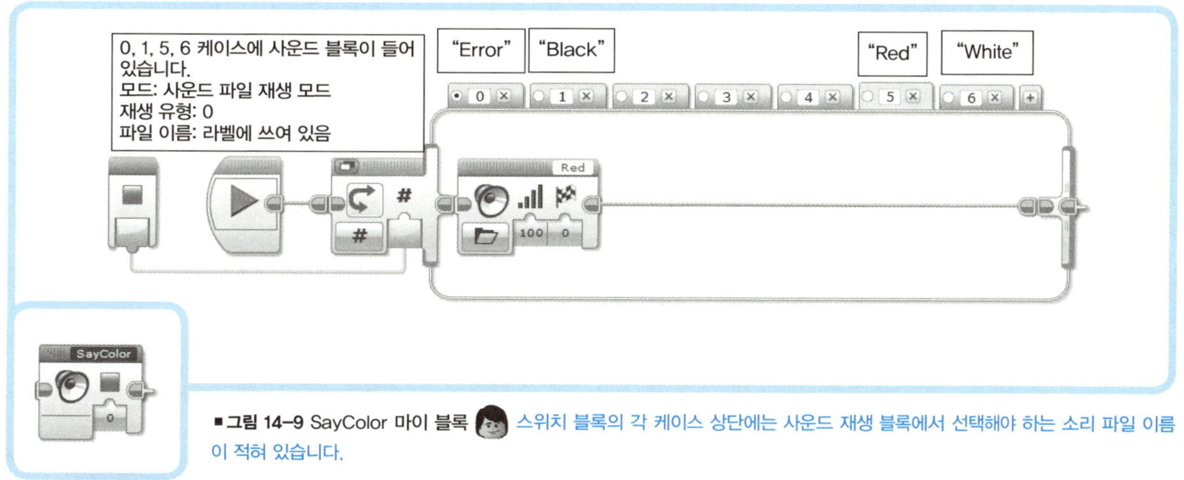

■ 그림 14-9 SayColor 마이 블록 스위치 블록의 각 케이스 상단에는 사운드 재생 블록에서 선택해야 하는 소리 파일 이름이 적혀 있습니다.

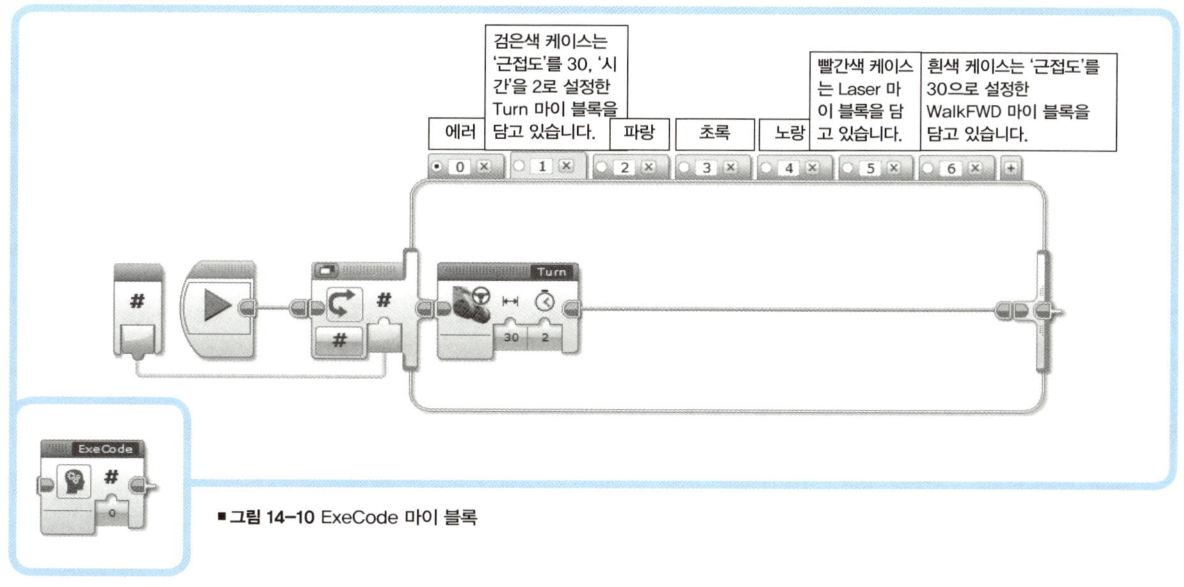

■ 그림 14-10 ExeCode 마이 블록

MakeProgram 마이 블록

MakeProgram 마이 블록(그림 14-11)을 통해 로봇이 동작하는 동안 세 개의 면에 각기 다른 색이 칠해져 있는 컬러 큐브를 컬러 센서에 보여주고 터치 센서를 눌러 컬러 코드를 입력하는 방식으로 프로그래밍할 수 있습니다.

흰색(6) 빨간색(5) 검은색(1)에 해당하는 동작을 프로그램에 추가할 수 있습니다. 프로그램은 숫자형 배열 A에 연속된 숫자 형태로 저장됩니다. **쓰기−숫자형 배열** 모드 변수 블록의 드롭다운 메뉴에 아무런 요소가 들어 있지 않도록([ ]) 만들어 이 배열의 내용을 삭제합니다.

EV3 브릭의 입력 버튼을 누르면 배열에 컬러 코드가 추가되고 루프는 종료됩니다. (배열 사용 방법을 복습하려면 12장을 확인하세요.) WaitButton 마이 블록은 터치 센서나 입력 버튼이 눌릴 때까지 대기합니다.

만약 터치 센서가 눌렸을 때 컬러 센서에 빨간색이 감지되면 SayColor 마이 블록이 Red 사운드 파일을 재생합니다. 만약 색을 숫자로 표현한 값이 0(아무 색 없음)이 아니면 **추가** 모드 배열 연산 블록을 사용하여 A 배열에 이 색의 값을 저장합니다.

기본적으로 EV3 소프트웨어에는 영어로 된 색 이름 사운드 파일이 들어 있습니다. 메뉴에서 **도구 ▶ 사운드 편집기**를 사용하여 본인의 음성을 녹음하여 만든 사운드 파일을 만들고 이 파일을 EV3 브릭에서 재생할 수도 있습니다.

터치 센서−비교−상태 모드의 대기 블록은 컬러 코드가 배열에 여러 번 추가(터치 센서를 계속 누르고 있으면 발생되는 것처럼)되지 않도록 터치 센서가 눌렸다 해제될 때까지 기다립니다.

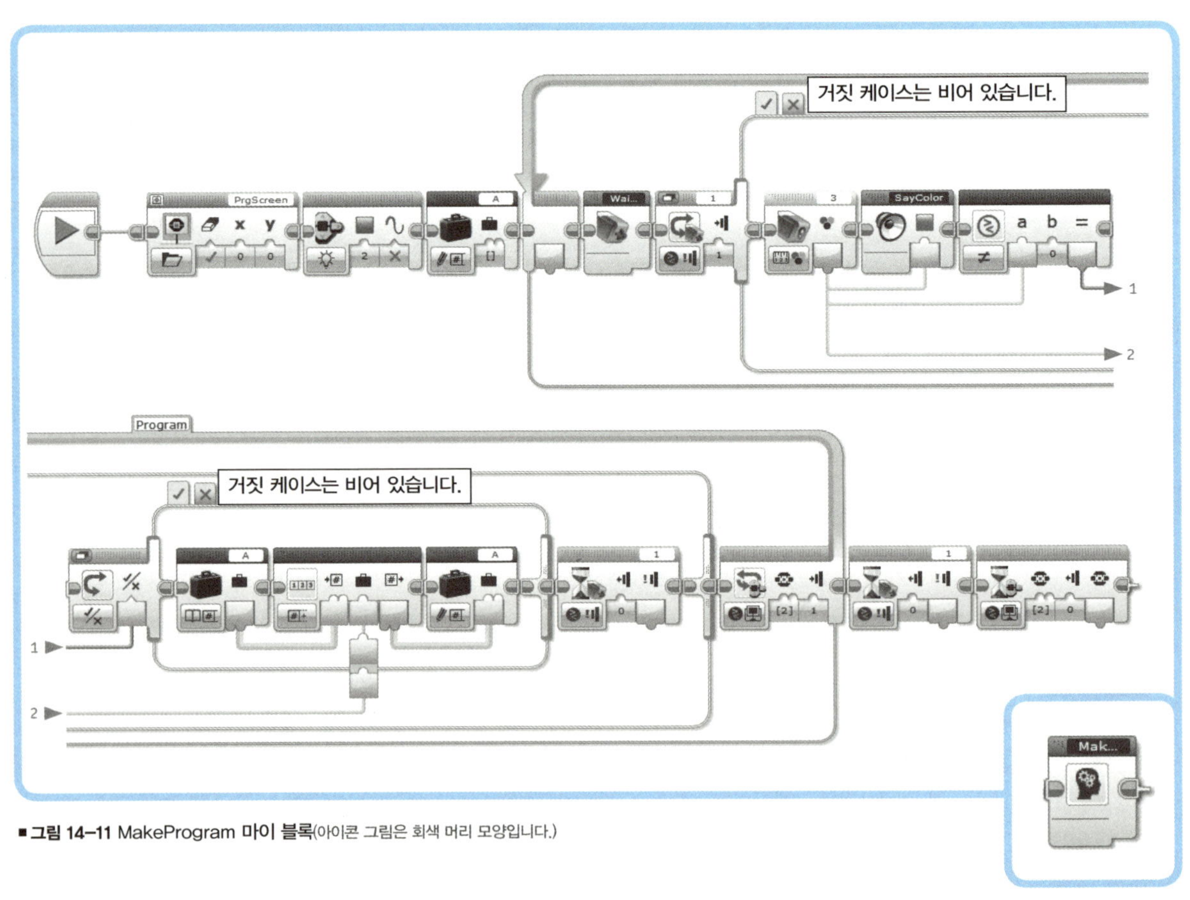

■ **그림 14−11** MakeProgram **마이 블록**(아이콘 그림은 회색 머리 모양입니다.)

RunProgram 마이 블록

RunProgram 마이 블록(그림 14-12)은 A 배열에 들어 있는 내용을 읽어 옵니다. 이 배열에는 컬러 큐브로 프로그래밍한 동작 시퀀스가 들어 있습니다.

루프 인덱스(현재 반복한 횟수)를 사용하여 배열에서 데이터를 읽어 옵니다. 그러나 배열을 읽어 오기 전에, 현재 인덱스 값이 배열 길이보다 작은지 확인해야 합니다. 배열의 범위를 벗어난 요소에 접근하면 프로그램이 중지되기 때문입니다.

이 블록은 인덱스 값이 배열의 길이와 같아지거나 EV3 브릭의 입력 버튼이 눌릴 때까지 RUN 루프 블록 안에 있는 배열의 내용을 읽어 옵니다. 길이가 N인 배열에서 인덱스가 0번인 요소부터 1번, 2번,…처럼 인덱스가 증가하는 순서대로 데이터를 읽어 오게 되면 N−1번 인덱스를 갖는 요소가 배열의 마지막이 되고 N번 인덱스를 갖는 요소는 존재하지 않습니다(인덱스와 배열의 길이가 같은 경우). 따라서 더 이상 배열에서 데이터를 읽어 오지 않도록 루프를 중지해야 합니다.

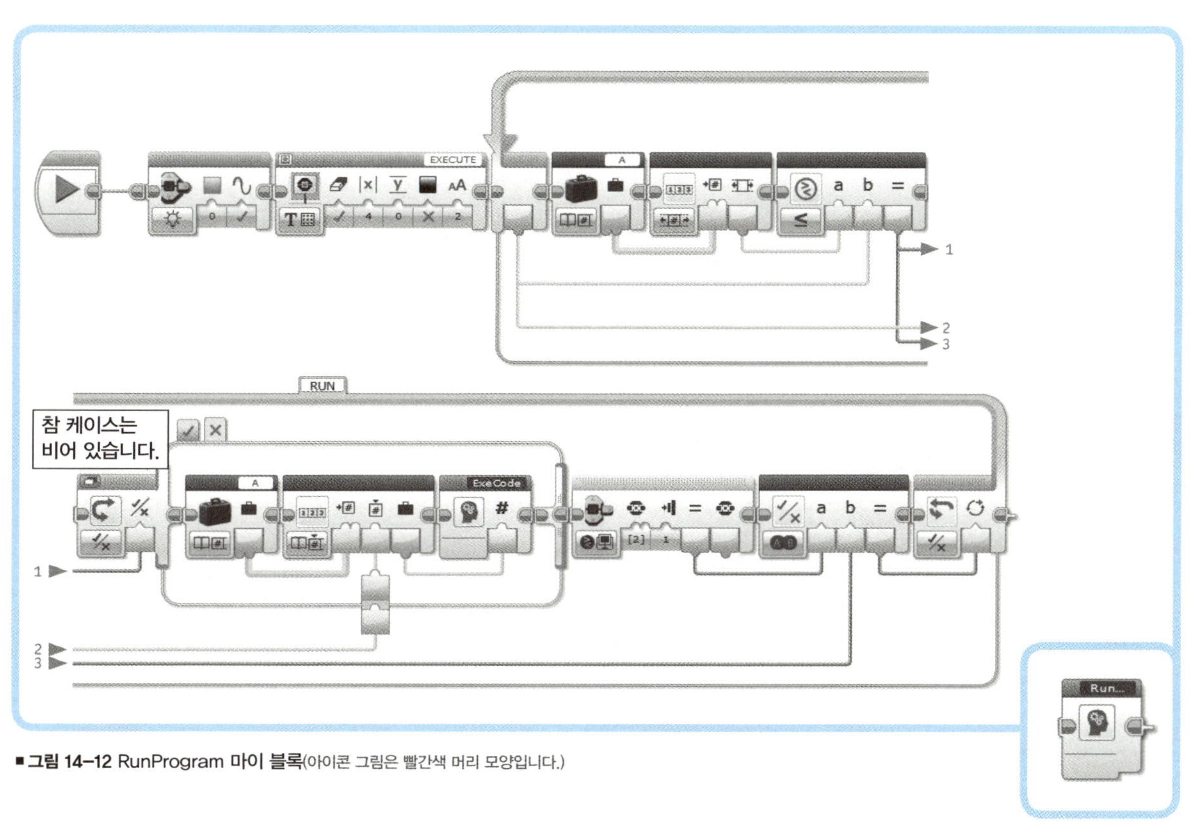

■ **그림 14-12** RunProgram 마이 블록(아이콘 그림은 빨간색 머리 모양입니다.)

MakePrgFile 마이 블록

MakePrgFile 마이 블록(그림 14-13)은 컬러 큐브를 이용해서 입력한 프로그램을 배열 대신 파일에 저장하는 것만 제외하면 MakeProgram 마이 블록과 비슷합니다.

프로그램을 파일에 저장하면 컬러 큐브로 프로그래밍한 시퀀스도 함께 EV3 브릭 메모리에 저장됩니다. 프로그램이 멈추거나 EV3 브릭이 재부팅된 후에도 파일로부터 그 시퀀스를 다시 읽어 올 수 있습니다.

PRG라는 이름의 새 파일에 데이터를 쓰기 시작하기 위해, 먼저 첫 번째 파일 접속 블록을 **삭제** 모드로 설정합니다. 그다음, **쓰기** 모드로 설정한 파일 접속 블록을 사용하여 루프 내부에 있는 파일에 컬러 코드를 추가합니다.

루프가 종료되면, **닫기** 모드의 파일 접속 블록으로 PRG 파일을 닫아 다음에 읽을 수 있도록 합니다.

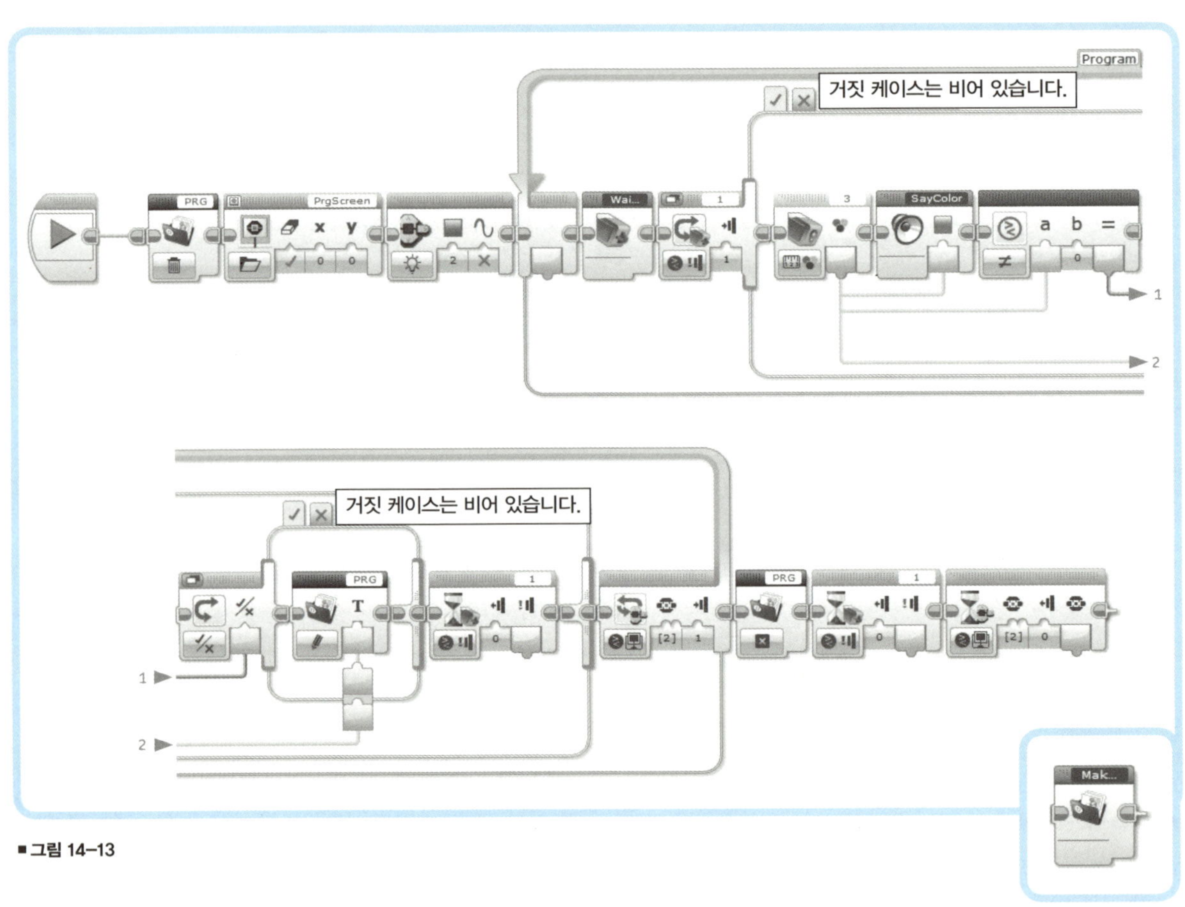

■ 그림 14-13

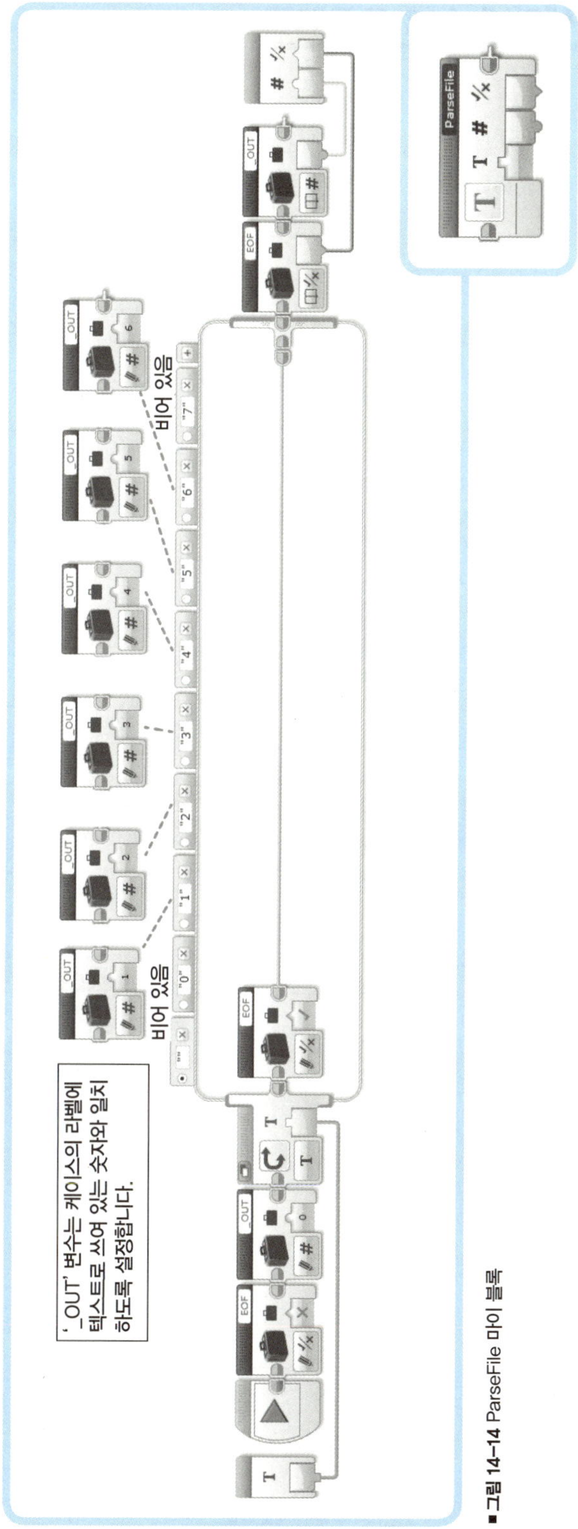

ParseFile 마이 블록

ParseFile 마이 블록(그림 14-14)은 파일에서 읽어 온 텍스트 열을 숫자값으로 변환합니다. 각 열은 숫자형 컬러 코드 값 중에 하나(0부터 7)를 표현합니다.

　일반적으로, **읽기－숫자** 모드의 파일 접속 블록을 사용하여 파일로부터 숫자를 읽어 오지만 이 경우에는 파일의 마지막을 확인하기 위해 텍스트 형태로 데이터를 읽어서 이 데이터가 비어 있는지 검사합니다. 파일에서 읽어 온 텍스트 열을 **텍스트** 모드로 설정된 스위치 블록의 입력으로 집어넣습니다.

　처음에 이 마이 블록의 **EOF** 논리 변수는 **거짓**으로 설정하고 _OUT 숫자 변수는 0으로 설정합니다. 각 스위치 블록의 라벨은 숫자를 문자형으로 표현한 것을 담고 있습니다. 그리고 각 케이스에서 '_OUT' 변수는 문자 라벨에 해당하는 숫자값으로 설정합니다.

　예를 들어, '2'라는 라벨이 붙은 케이스에서는 '_OUT' 변수에 값 2가 써집니다. 라벨이 비어 있는('') 기본 케이스에서는 EOF 변수가 참으로 설정됩니다.

　'Text'라고 이름 붙인 텍스트형 입력단, 'Value'라고 이름 붙인 숫자형 출력단, 'EOF'라고 이름 붙인 논리형 출력단을 추가하여 마이 블록을 생성합니다.

■ 그림 14-14 ParseFile 마이 블록

RunPrgFile 마이 블록

RunPrgFile 마이 블록은 배열이 아닌 PRG 파일로부터 컬러 큐브로 입력한 프로그램을 읽어 온다는 것만 제외하고는 RunProgram 마이 블록과 유사합니다.

논리 모드로 설정된 RUN 루프는 루프 내부에 있는 논리 연산 블록의 결과값이 참일 때 종료됩니다. ParseFile 마이 블록에서 오는 EOF 플래그가 참(파일의 마지막에 다다랐을 때)이거나 혹은 EV3 브릭의 입력 버튼을 눌렀을 때 논리 조건이 참이 됩니다. 루프가 종료되면, PRG 파일도 닫힙니다.

센티넬 순찰 프로그램

그림 14-16에서 센티넬이 순찰하도록 만드는 프로그램을 살펴 볼 수 있습니다. 먼저 모든 다리가 지면에 닿도록 초기화합니다(ResetLegs 마이 블록).

다음으로 MAIN이라고 부르는 무한 반복 루프 안에서 로봇은 장애물을 감지할 때까지 앞으로 걸어 나갑니다. 장애물을 감지하면 그 자리에서 물체를 향해 레이저 블래스터 캐넌포 두 문을 발사합니다.

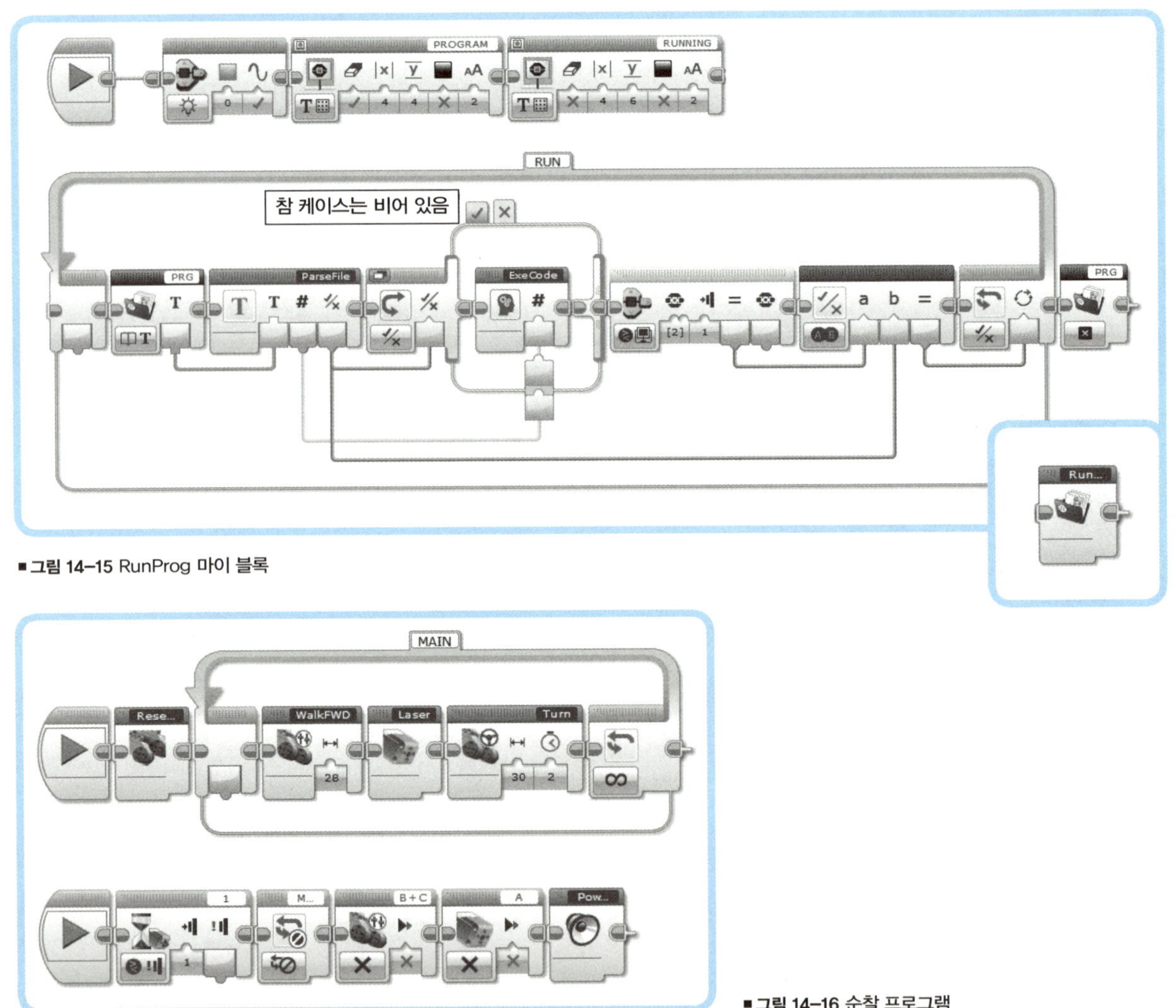

■ 그림 14-15 RunProg 마이 블록

■ 그림 14-16 순찰 프로그램

그리고 장애물이 설정한 경계값보다 멀어지거나 최소 2초 이상의 시간이 지나기 전까지 임의의 방향으로 회전합니다. 아무 때나 터치 센서를 눌러 프로그램을 종료할 수 있습니다.

병렬 시퀀스에서 대기 블록은 터치 센서가 눌리기를 기다리고 있습니다. 만약 터치 센서를 누르면 루프 인터럽트 블록이 MAIN 루프와 모든 모터를 정지시키고 PowerDownFX 마이 블록을 수행시킵니다.

마침내 프로그램은 종료됩니다.

센티넬 프로그램 실행 중 컬러 프로그래밍하기

그림 14-17의 프로그램은 프로그램이 실행되는 동안에 동작 시퀀스를 저장하고 재생할 수 있도록 만들어 줍니다.

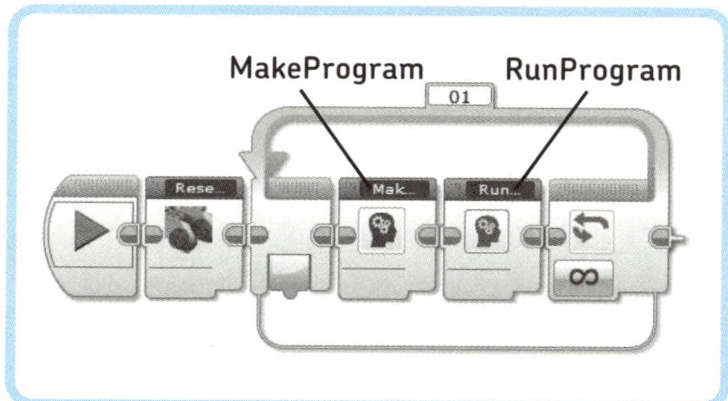

■ **그림 14-17** ColorProgram 프로그램

명령을 입력하려면 컬러 큐브에 색이 있는 면 중 하나를 컬러 센서에 보여주고 터치 센서를 눌러 해당 동작을 확정합니다.

- □ 흰색은 로봇이 장애물을 만날 때까지 전진하게 만듭니다.
- ■ 검은색은 장애물이 설정한 경계값보다 멀어질 때까지 임의의 방향으로 로봇을 회전시킵니다.
- ■ 빨간색은 로봇이 장착한 캐넌포를 발사하도록 만듭니다.

EV3 브릭의 입력 버튼을 눌러 시퀀스를 수행할 수 있습니다. 시퀀스가 다 수행되고 나면 새로운 시퀀스를 입력할 수 있습니다.

도전과제 14-1

컬러 큐브를 보여주는 즉시 로봇이 명령을 수행하는 프로그램을 만들어 보세요. 흰색은 앞으로 걷기, 검은색은 회전하기, 그리고 빨간색은 레이저를 발사하는 것처럼 컬러 프로그래밍으로 작성한 프로그램에 따라 로봇이 색상에 반응하도록 만들어 보세요.

도전과제 14-2

로봇이 기존의 프로그램을 수행하는 동안 더욱 많은 동작을 할 수 있도록 노란색, 파란색, 초록색 컬러 프로그램에 대한 케이스를 채워 넣어 ExeCode 마이 블록을 확장해 보세요.

다른 테크닉 부품을 사용하여 더 다양한 색상의 컬러 큐브를 만들거나 아니면 다른 색상의 카드를 사용해야 합니다.

상시 수행하는 컬러 프로그램 작성하기

그림 14-18에 있는 프로그램은 기록한 동작 시퀀스를
파일에 저장합니다. 이렇게 저장한 기록은 프로그램이
정지한 이후뿐 아니라 EV3 브릭이 재부팅된 이후에도
다시 읽어 올 수 있습니다.

 EV3 브릭 화면에 표시되는 메뉴에는 파일에 저장된
시퀀스 파일을 읽고 재생할지 아니면 새로운 파일에 기
록하고 저장할지 선택할 수 있는 기능이 있습니다.

> **WARNING** 기록을 완료하기 전에 시퀀스를 동작시키면, 프로그램
> 은 해당 파일을 찾을 수 없으며 EV3 브릭 화면에 에러 메시지를
> 표시하고 프로그램이 곧 중지 됩니다.

도전과제 14-3

원격 적외선 비컨으로 센티넬을 조정하는 프로그램
을 만들 수 있나요?

 슈퍼카 원격 조정 프로그램인 RC_switch에서 영
감을 떠올려 이 개념을 WalkFWD와 Turn 마이 블
록에 적용해보세요(그림 12-13 참고).

 순찰 프로그램에서 터치 센서를 누르면 센티넬의
동작이 종료되도록 프로그래밍해 보세요.

 동일한 다른 로봇이 블라스트 캐넌을 사용해서 한
로봇의 터치 센서를 누르면 그 로봇이 종료되도록
로봇을 변경해 보세요.

 그런 다음, 센티넬 두 대를 가지고 친구와 함께 겨
루어 보세요. 다른 로봇의 터치센서를 먼저 건드리
는 쪽이 이기는 게임입니다.

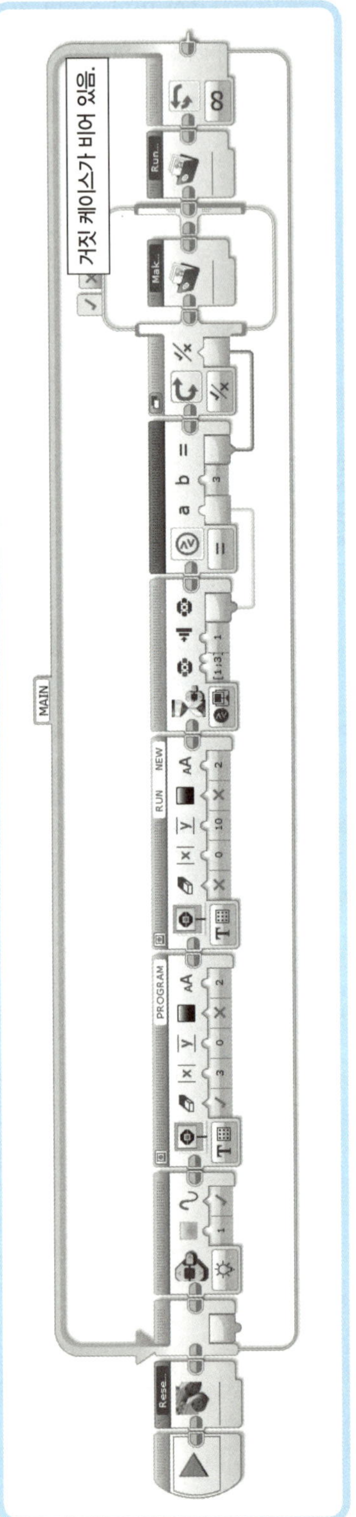

■ 그림 14-18 ColorProgramFile 프로그램

이 장을 마치며

이 장에서는 센티넬이 순찰 임무를 수행할 수 있도록 프
로그램을 만드는 방법과 센티넬의 프로그램이 동작하는
동안 컬러 큐브를 이용하여 새로운 동작 시퀀스를 입력
시키는 방법을 배워 보았습니다.

또한 임의의 숫자를 생성하는 방법, 그리고 텍스트값
을 숫자값으로 변환하는 방법뿐 아니라 파일 접속 블록
을 사용하여 데이터를 저장하고 다시 읽어 오는 방법도
알아보았습니다.

그런데, 형을 구출하기 전에 왜 저를 기다리신 건가요?
너 말고 이곳에 다른 사람이 없잖니. 너와 나 단 둘 뿐이야. 만약 이 사업이 종료되었다면, 연구실을 폐쇄해야만 했을 거야.
우리 형은 그곳에 2주일째 갇혀 있어. 형은 제한 구역을 해제하고 프로젝트를 되살릴 수 있는 유일한 사람이야.
하지만 우리 형 알렉스는 이런 상황을 미리 준비하고 있었어··· 형은 자기 연구실에 몸을 숨겼고, 그곳에는 한 달 동안 생존할 수 있는 충분한 음식이 있었지.
욱!
제한 구역이 막혀 있어서... 이게 바로 내부와 대화할 수 있는 유일한 수단이야.
Campbell's
CONDENSED
SOUP
여보세요? 형 거기 있어?
이봐! 내 말 들려?

형, 잘 있어?
예전만 못하지!
EMP 시스템 기억나? 오늘 그곳에서 형을 빼 낼 거야!
긴급 매뉴얼을 여러 번 읽어 보아서 외우고 있지. 그 EMP 시스템 작동 준비가 완료되었어??
그렇다면 내가 EMP 기능을 작동시킬 생각이야!
안 돼! 바보 같으니! 거기 영원히 갇혀 있고 싶은 거야? 먼저 바깥쪽에서 그 문을 열어야지!
우리가 형 코앞까지 가기 전까지는 EMP 기능을 작동시키면 안 돼!
알았어! 그럼 이따 강당에서 만나자!

15

티-렉스 조립

티-렉스T-R3X는 티라노사우루스 렉스의 모습을 하고 불길한 기운이 느껴지는 감시 로봇입니다. 날카로운 꼬리를 흔들고 튼튼한 두 다리로 걸어 다니면서 힘센 턱으로 먹이를 물어뜯습니다.

이 로봇을 조립해 보면서 무게 이동 방식의 이족 보행 로봇을 제작하는 또 다른 접근 방법을 배우게 될 것입니다. 하지만 이 녀석의 이빨에 손가락을 물리지 않도록 주의하세요!

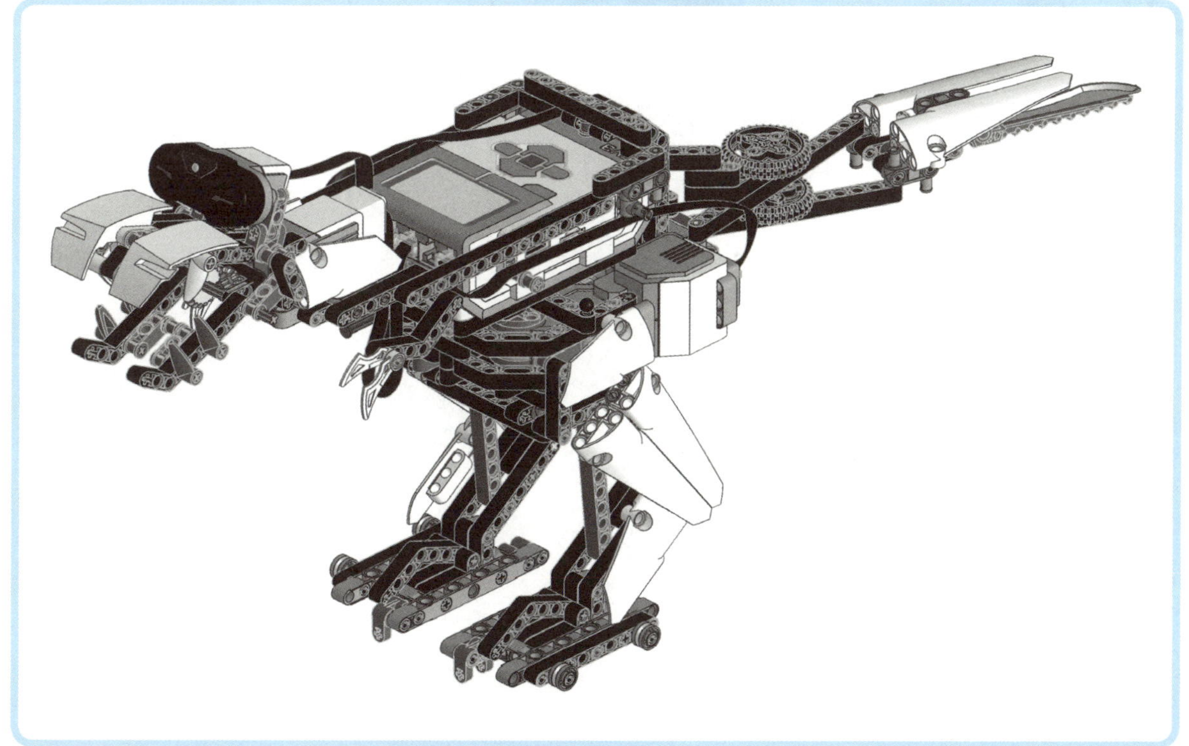

■ **그림 15-1** 티-렉스!

몸체 조립

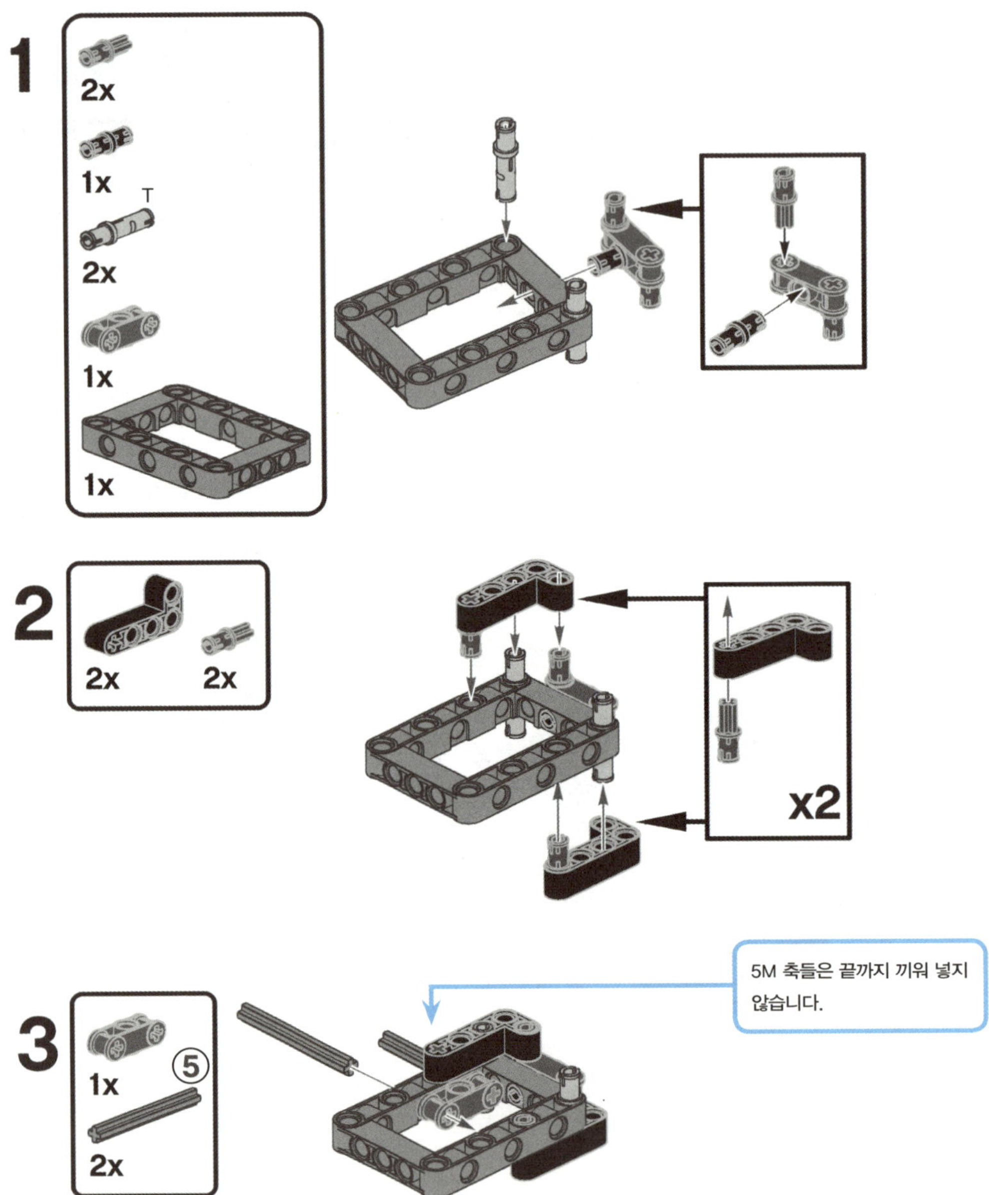

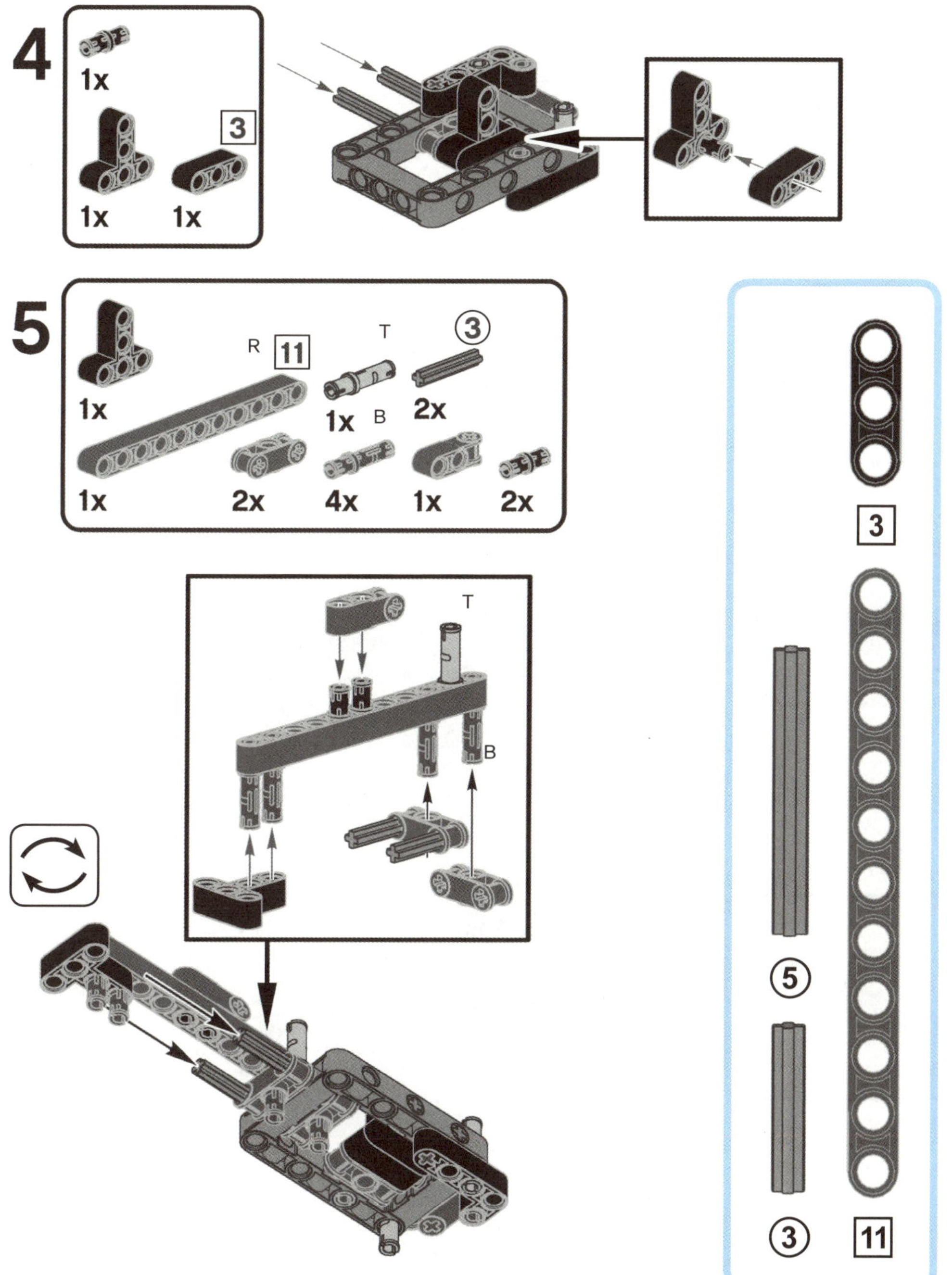

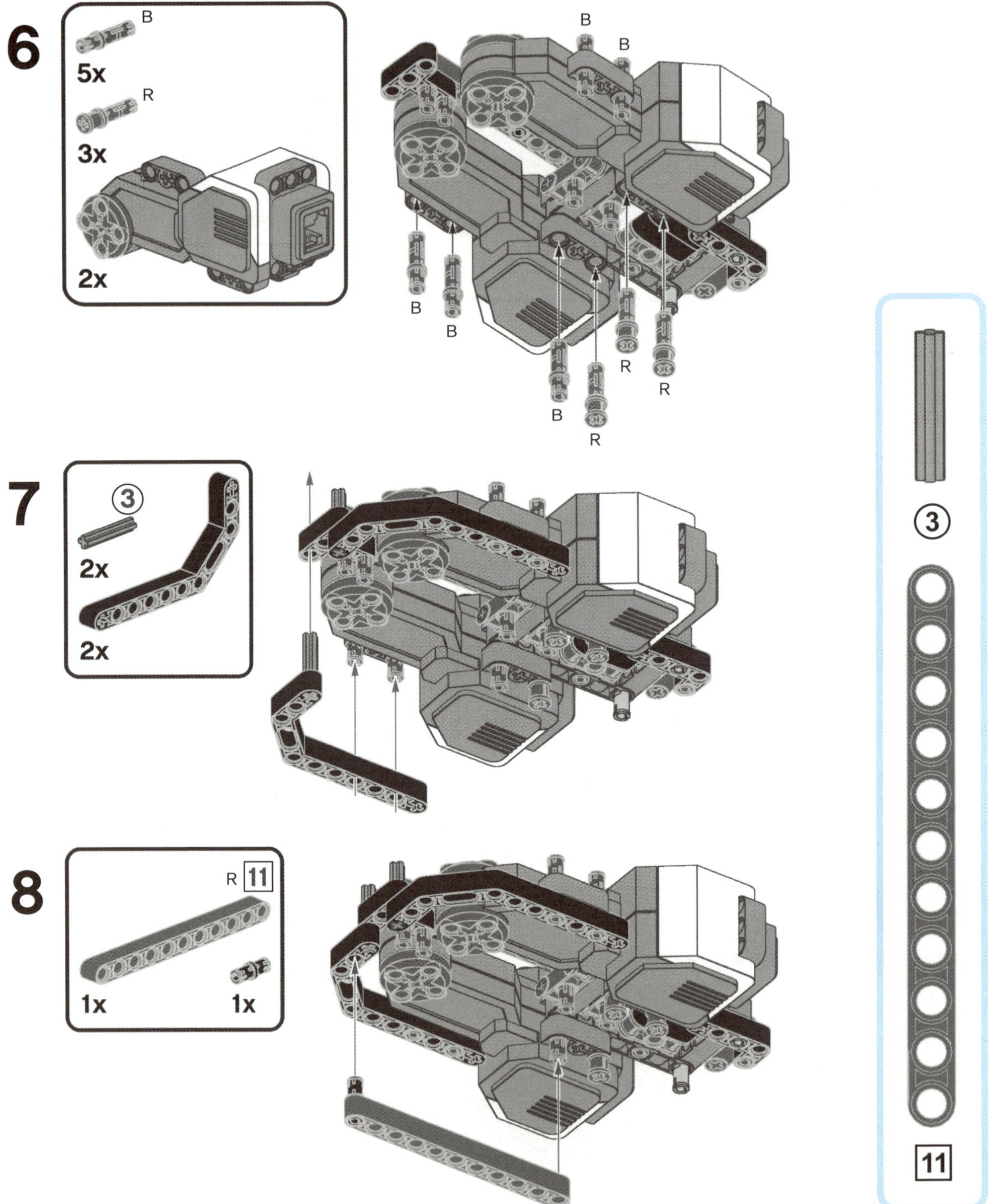

6
B
5x
R
3x
2x
B
B
B
B
B
R
R
R
R
7
3
2x
2x
8
R 11
1x
1x
3
11

다리 프레임 조립

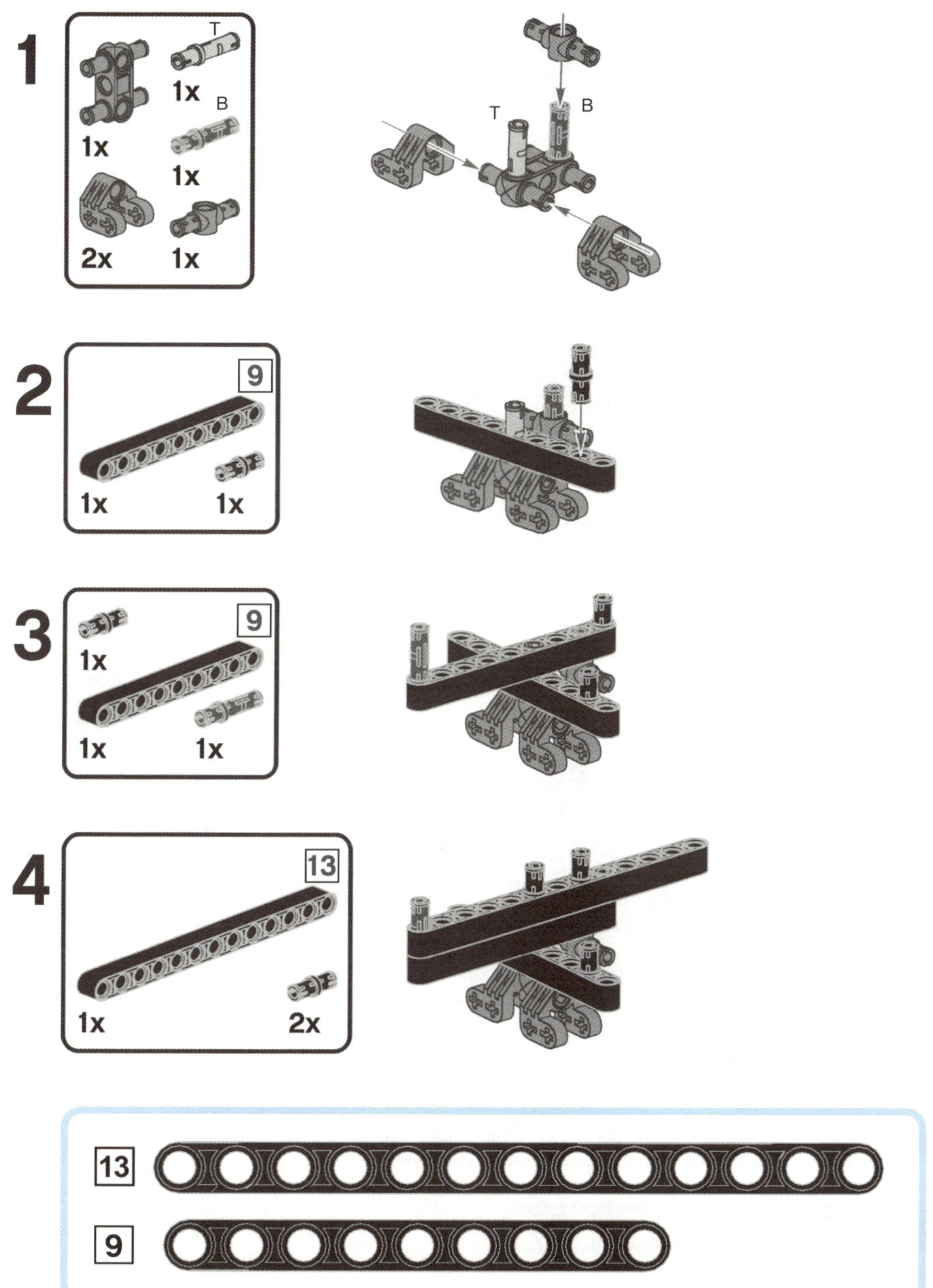

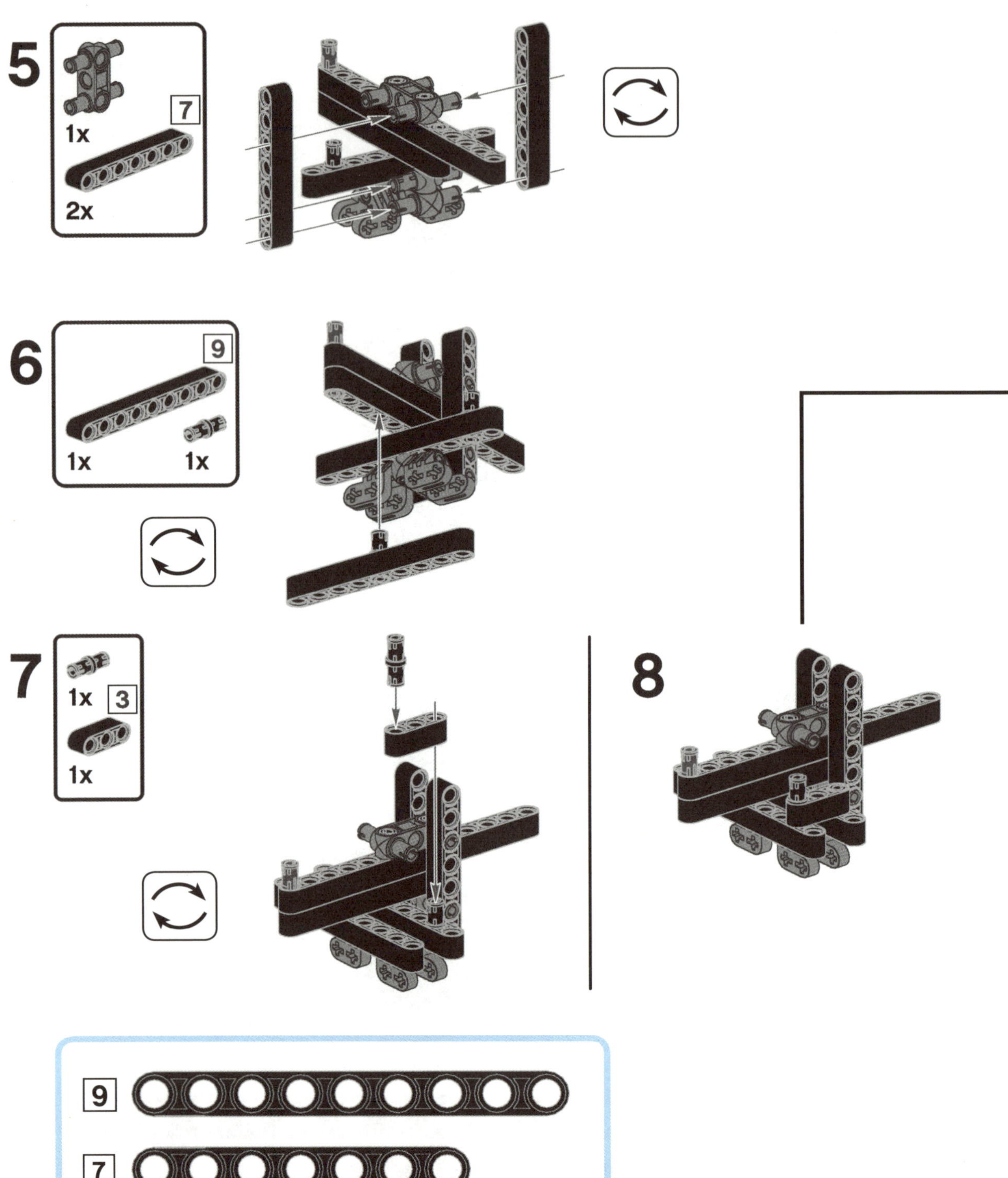

5
1x
2x
7
6
9
1x
1x
7
1x
3
1x
8
9
7

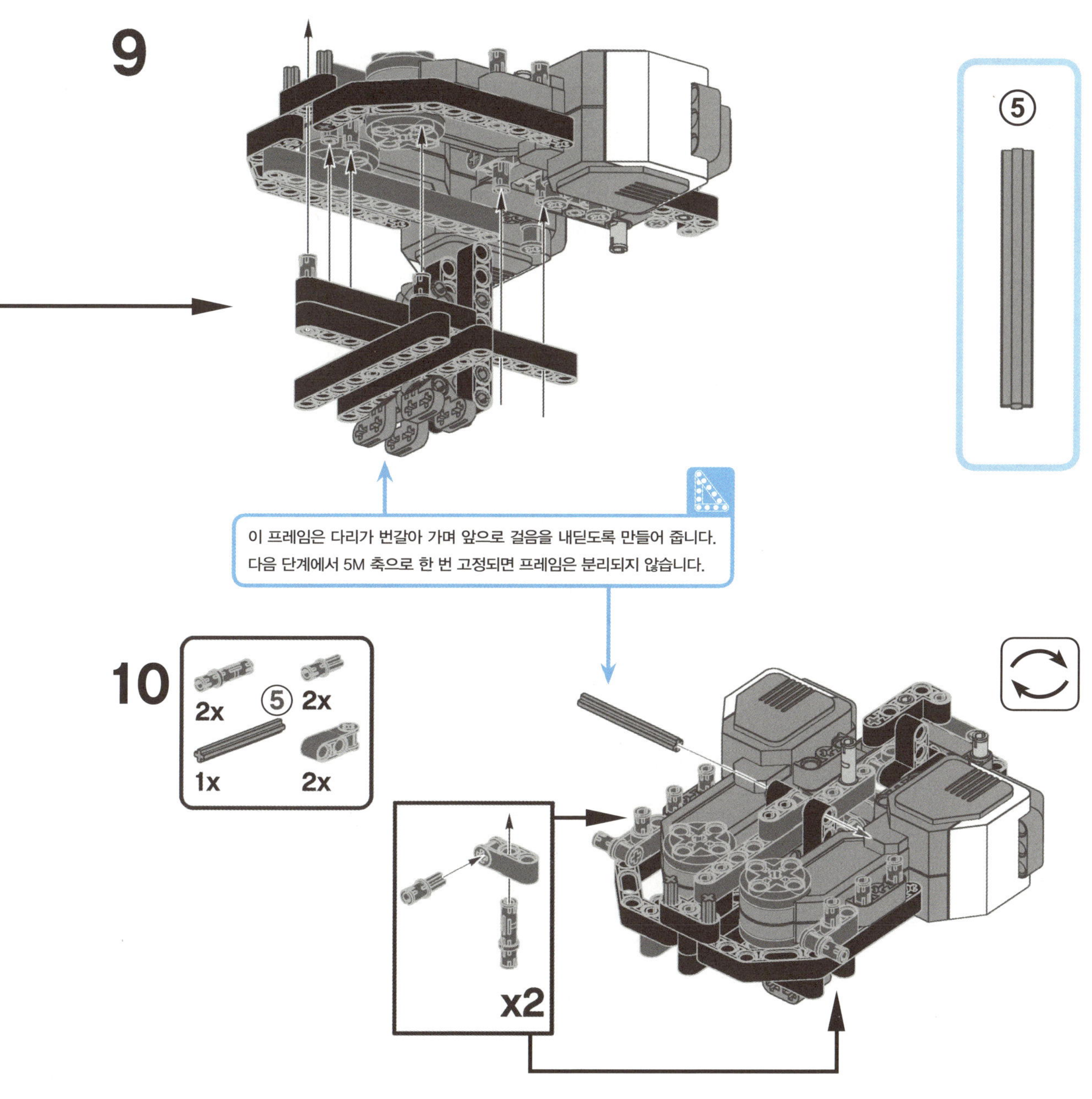

이 프레임은 다리가 번갈아 가며 앞으로 걸음을 내딛도록 만들어 줍니다.
다음 단계에서 5M 축으로 한 번 고정되면 프레임은 분리되지 않습니다.

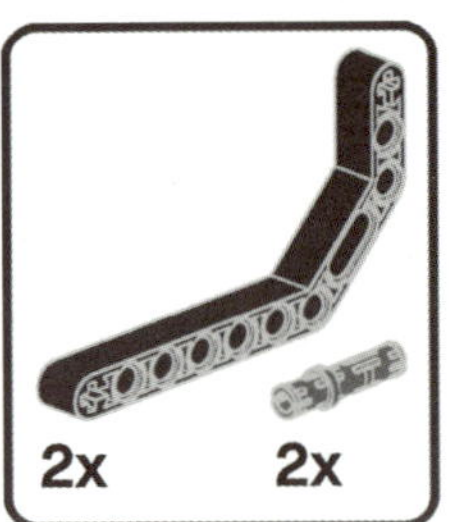

11

2x   2x

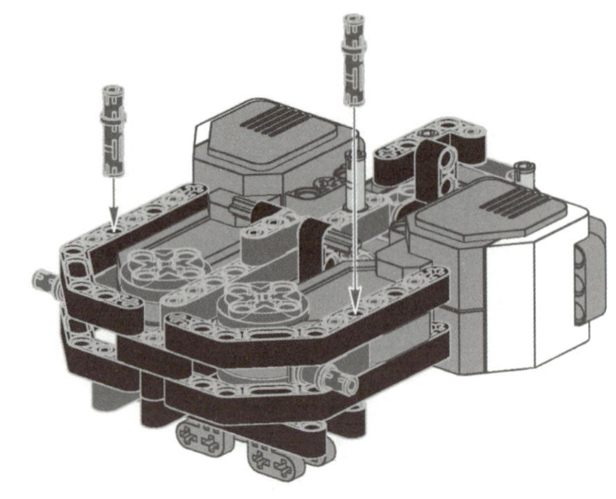

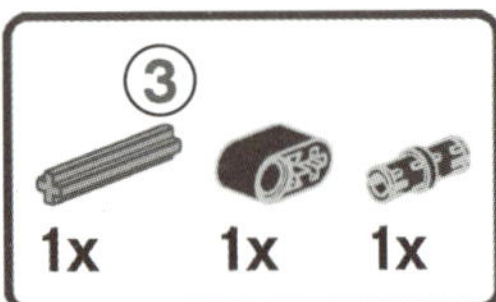

12

③

1x   1x   1x

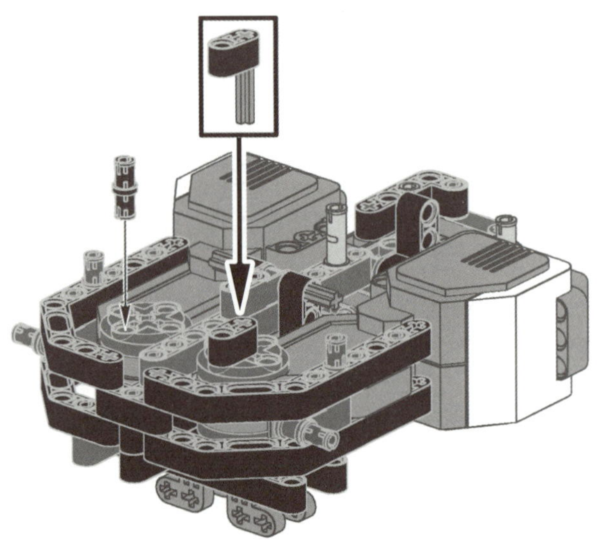

③

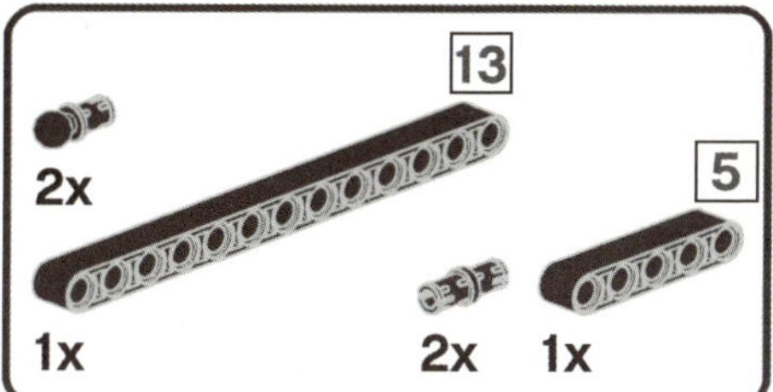

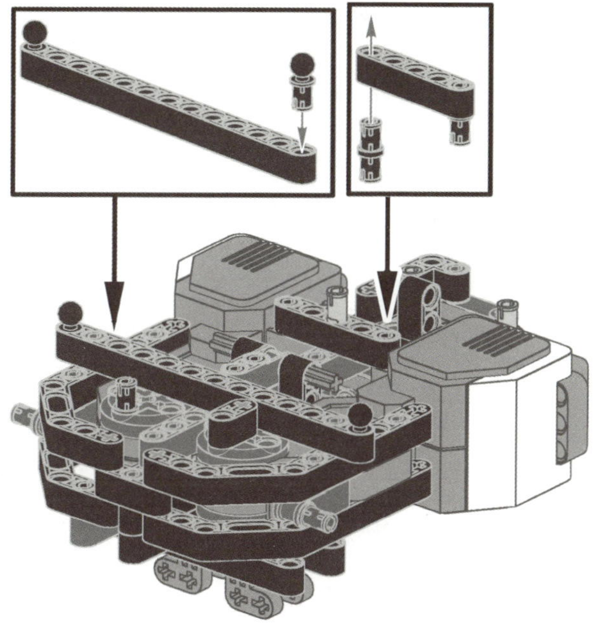

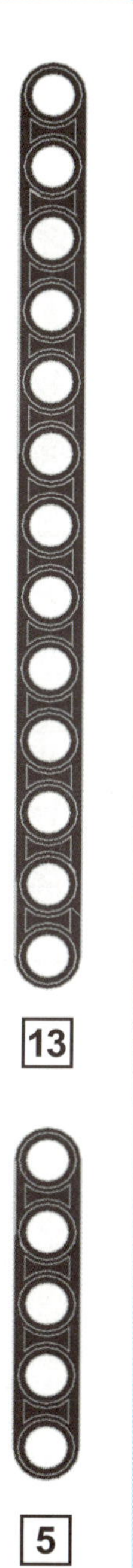

왼쪽 다리 조립

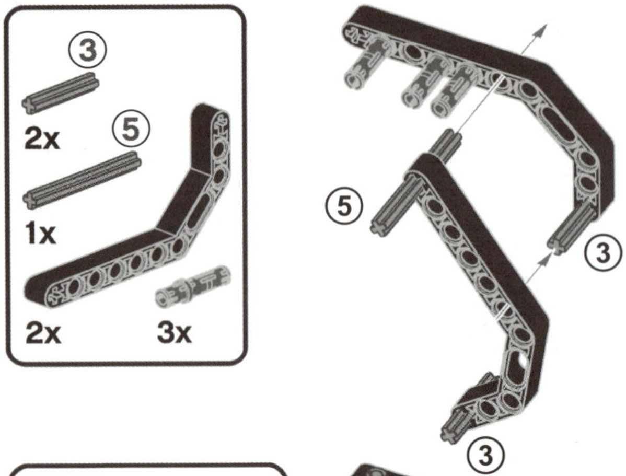

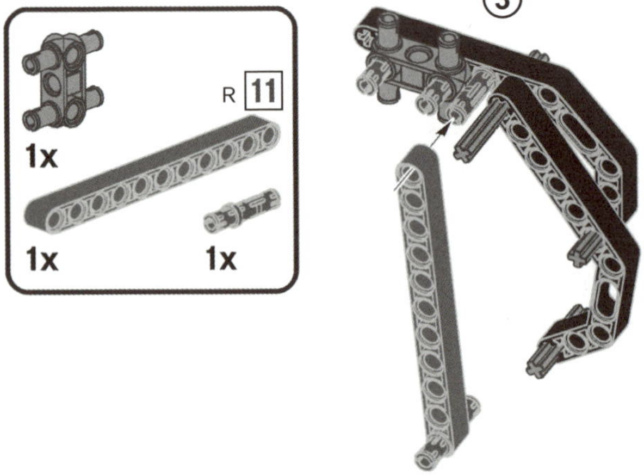

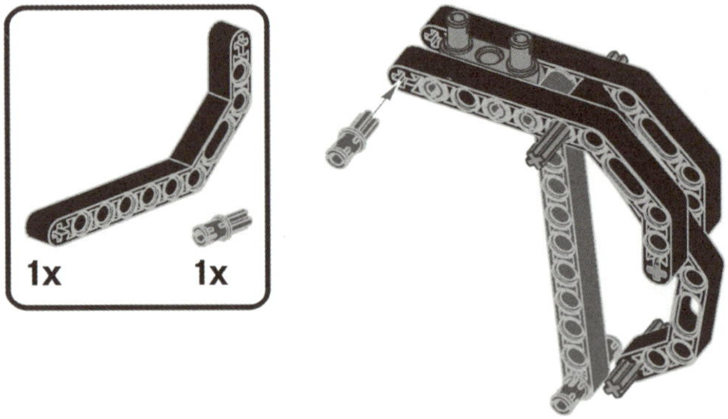

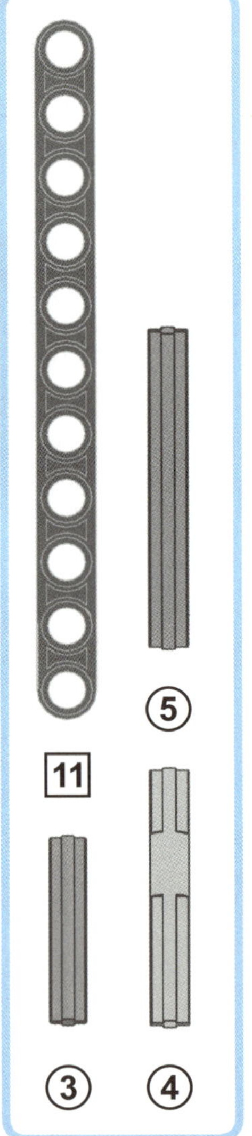

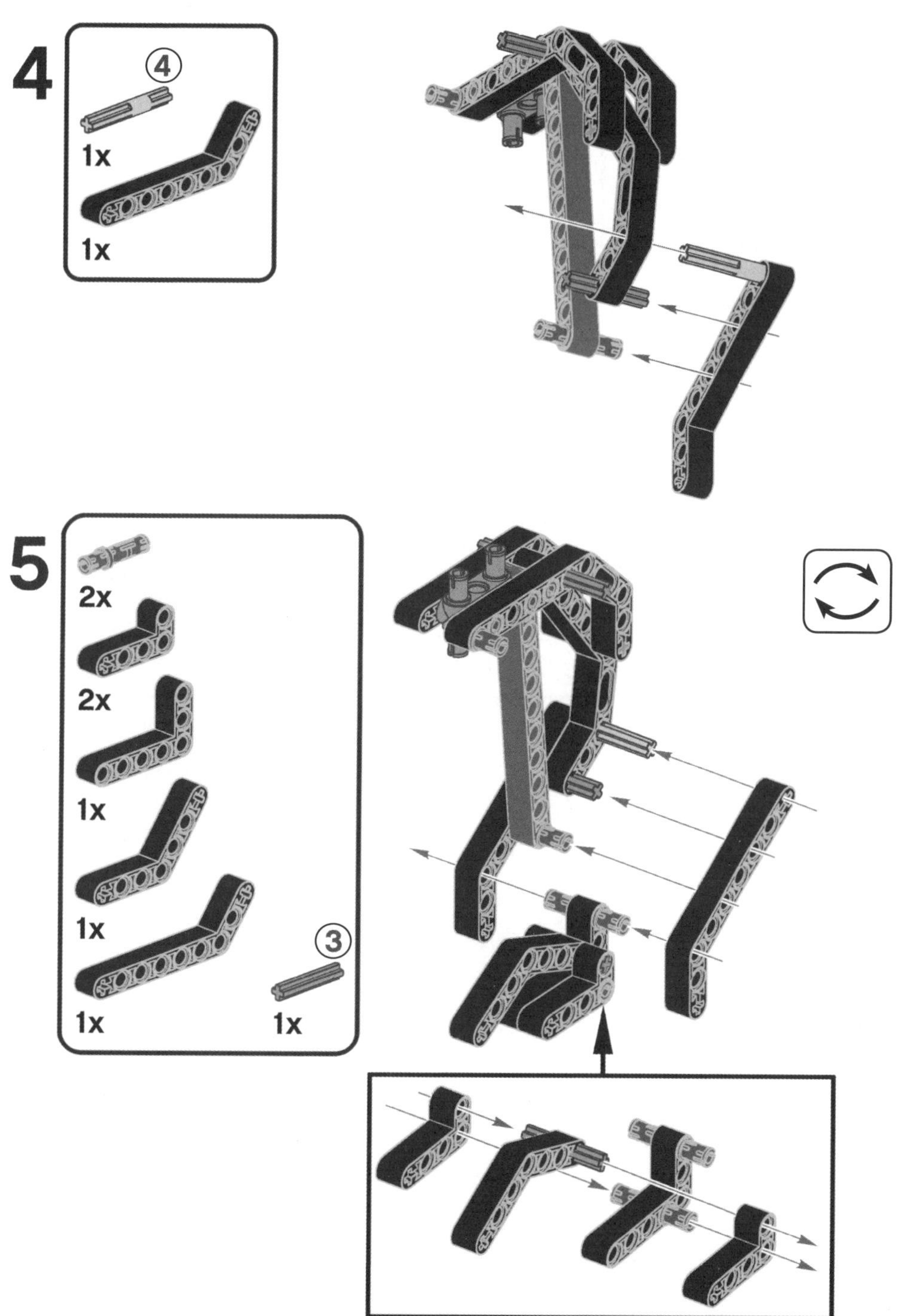
4
4
1x
1x
5
2x
2x
1x
1x
1x
3
1x

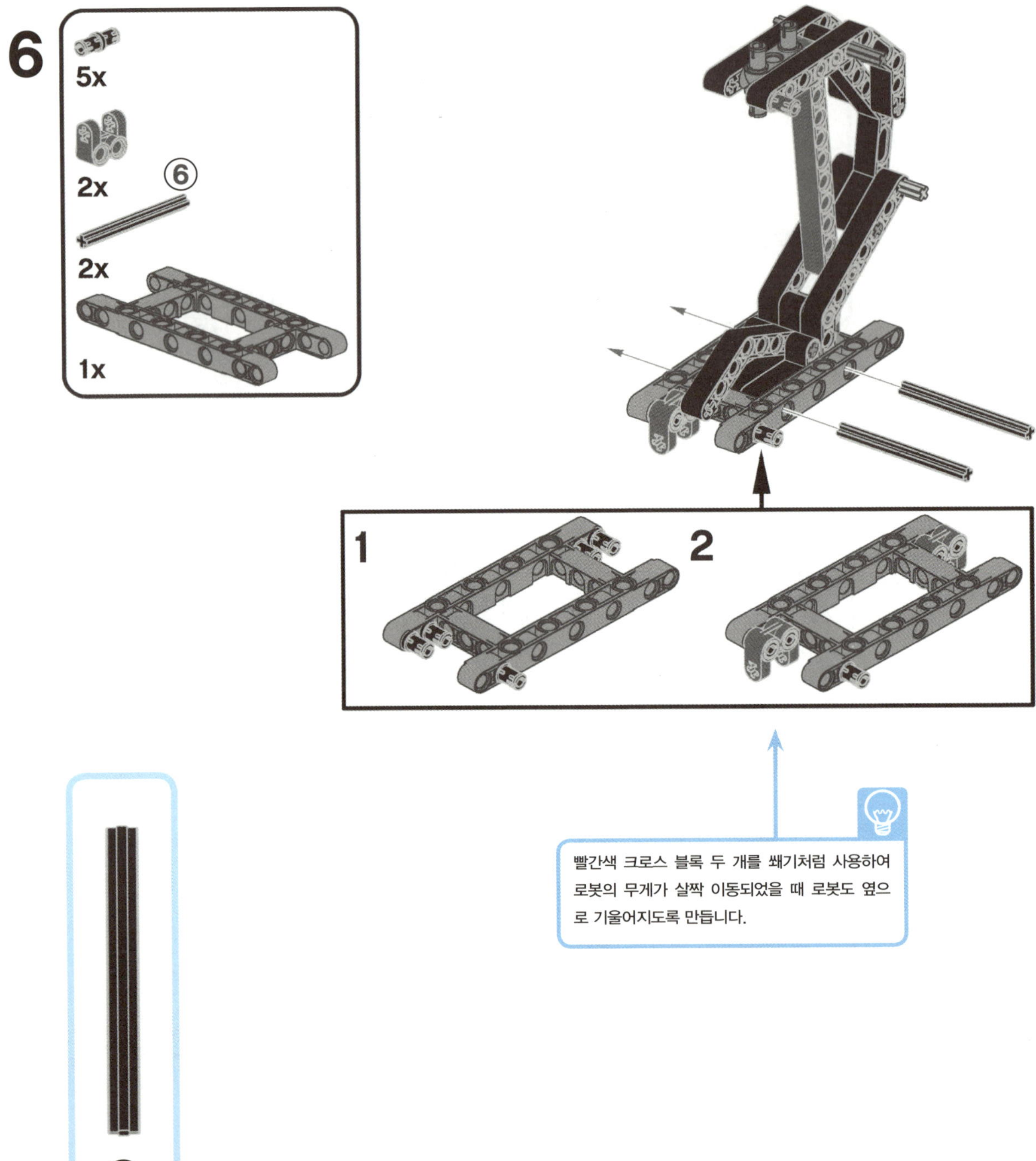

5x
2x
⑥
2x
1x
1
2
⑥
빨간색 크로스 블록 두 개를 쐐기처럼 사용하여
로봇의 무게가 살짝 이동되었을 때 로봇도 옆으
로 기울어지도록 만듭니다.

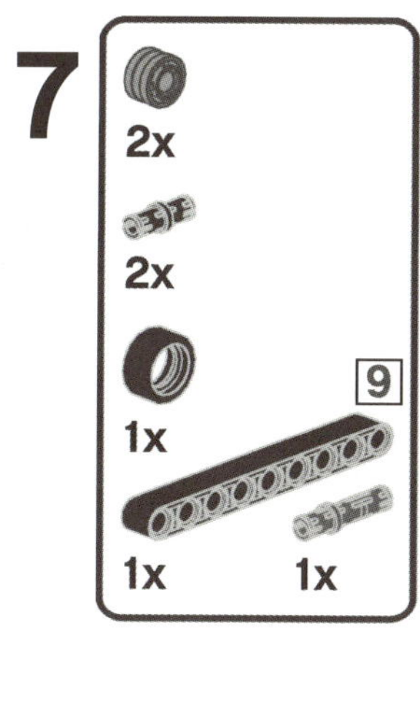

7

2x

2x

1x

1x 1x

9

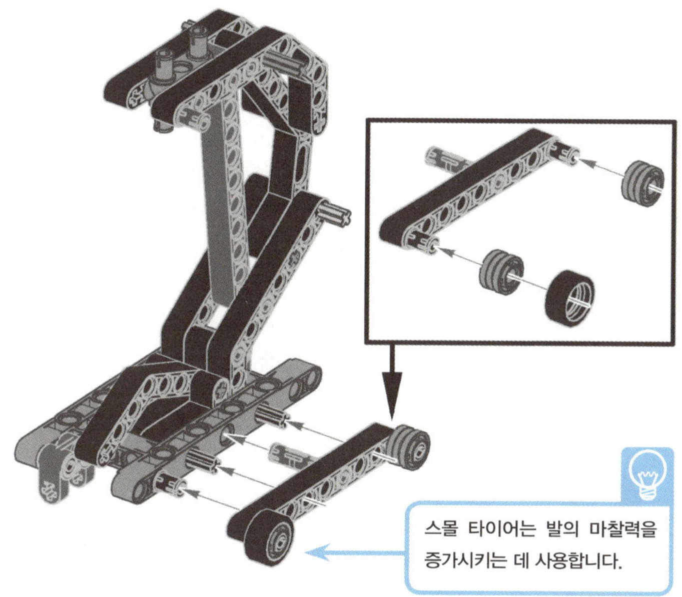

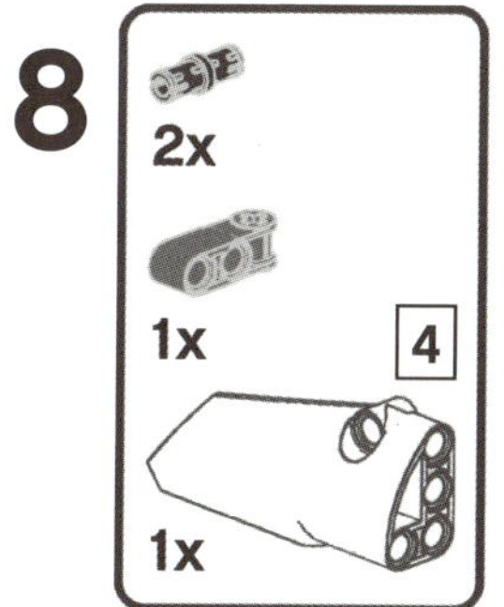

8

2x

1x

4

1x

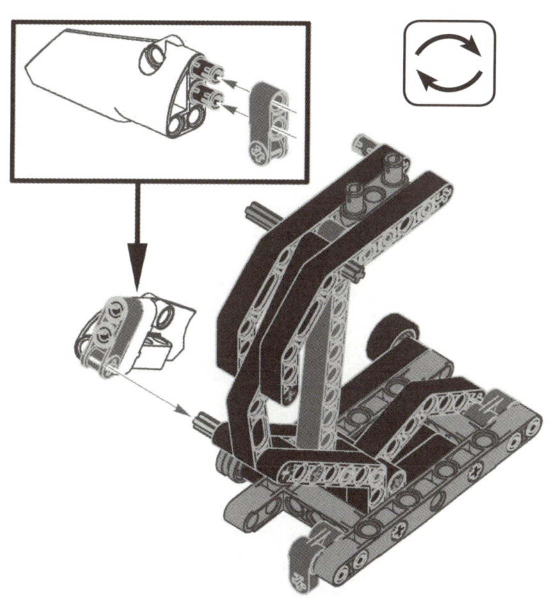

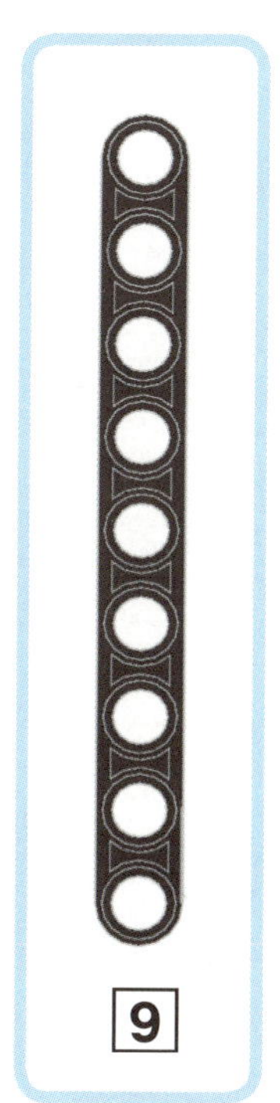

9

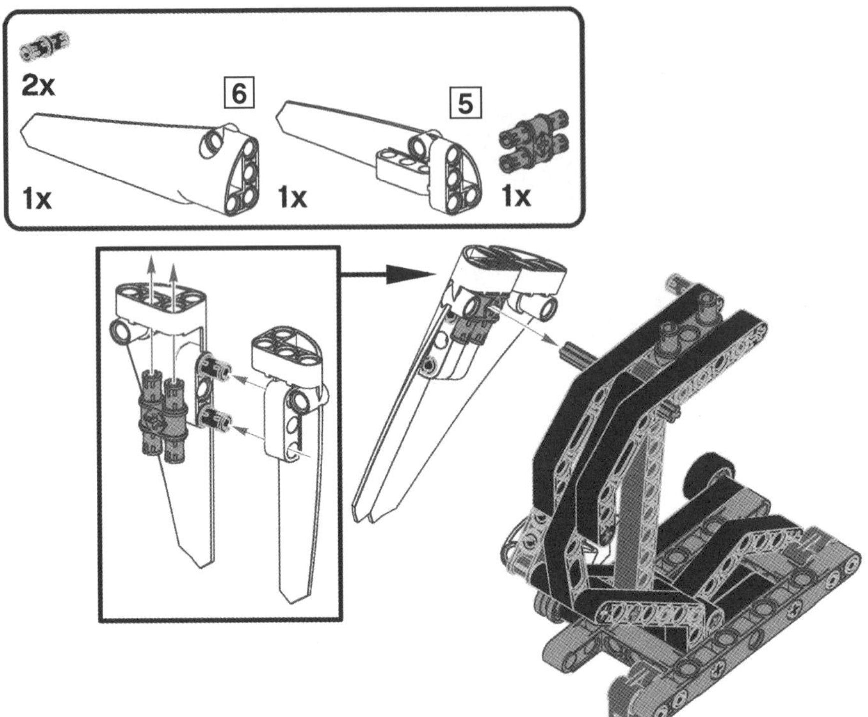

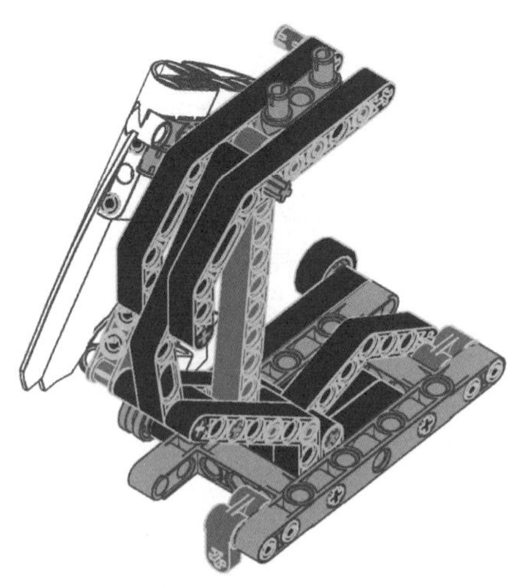

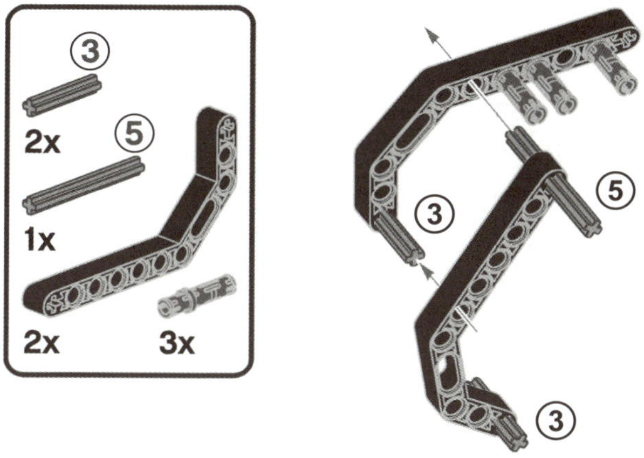

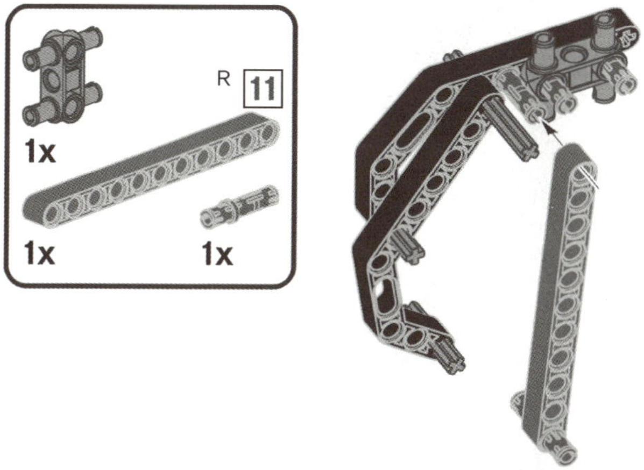

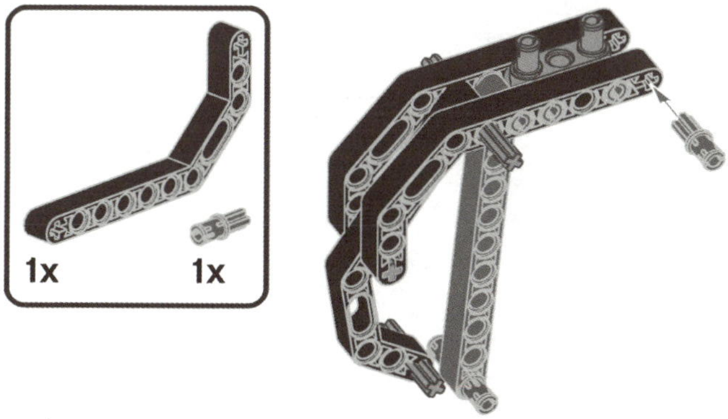

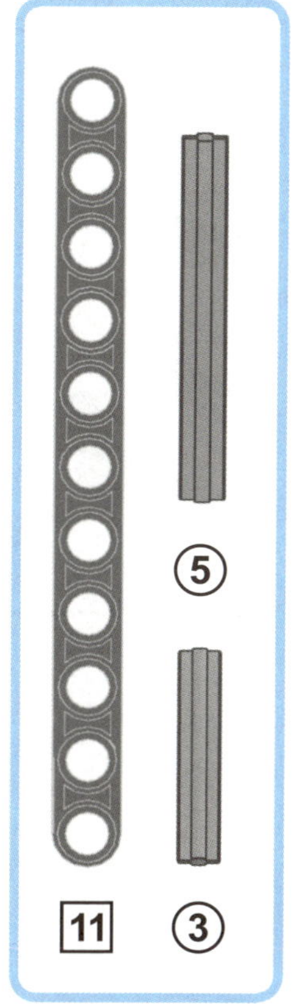

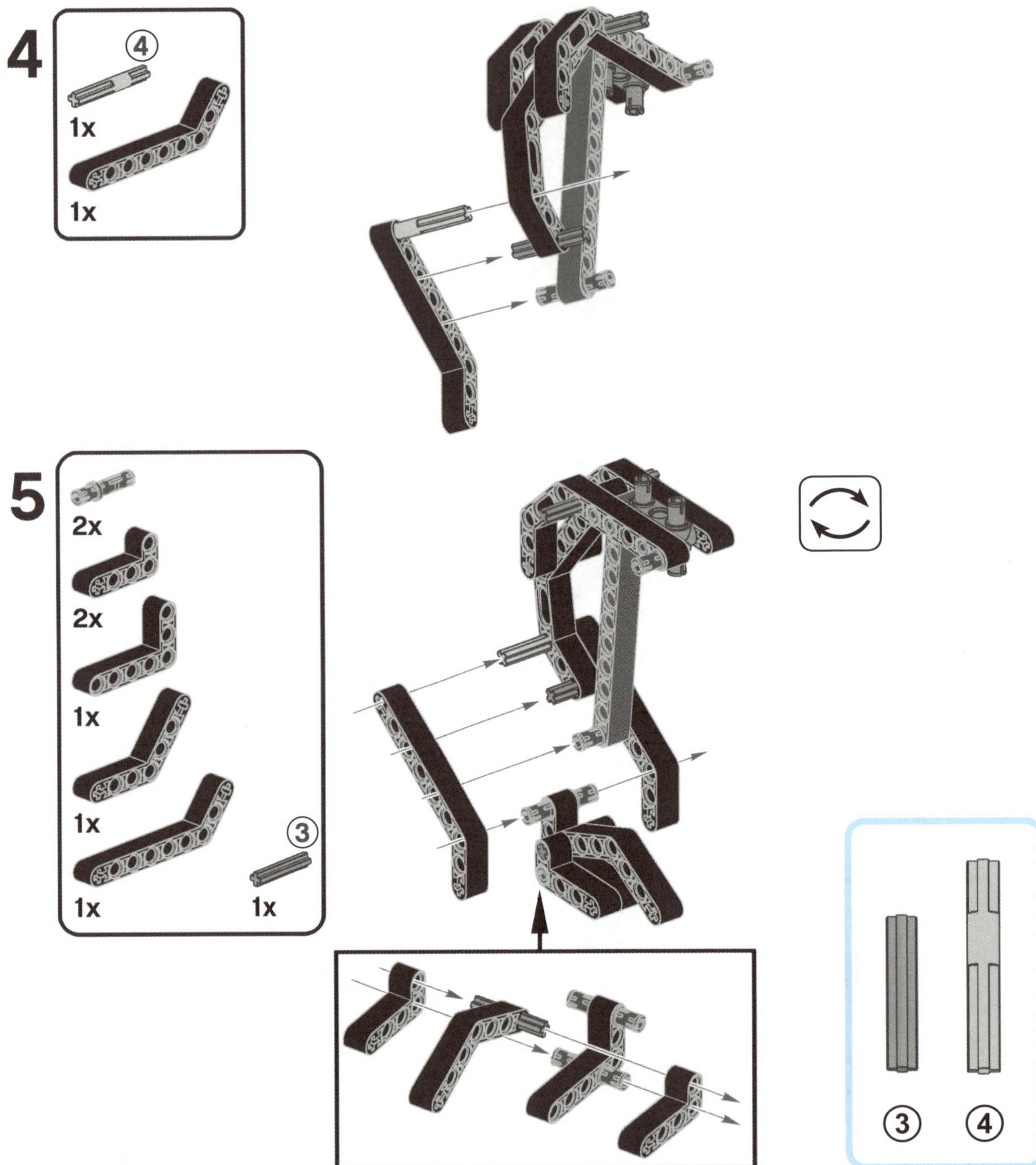

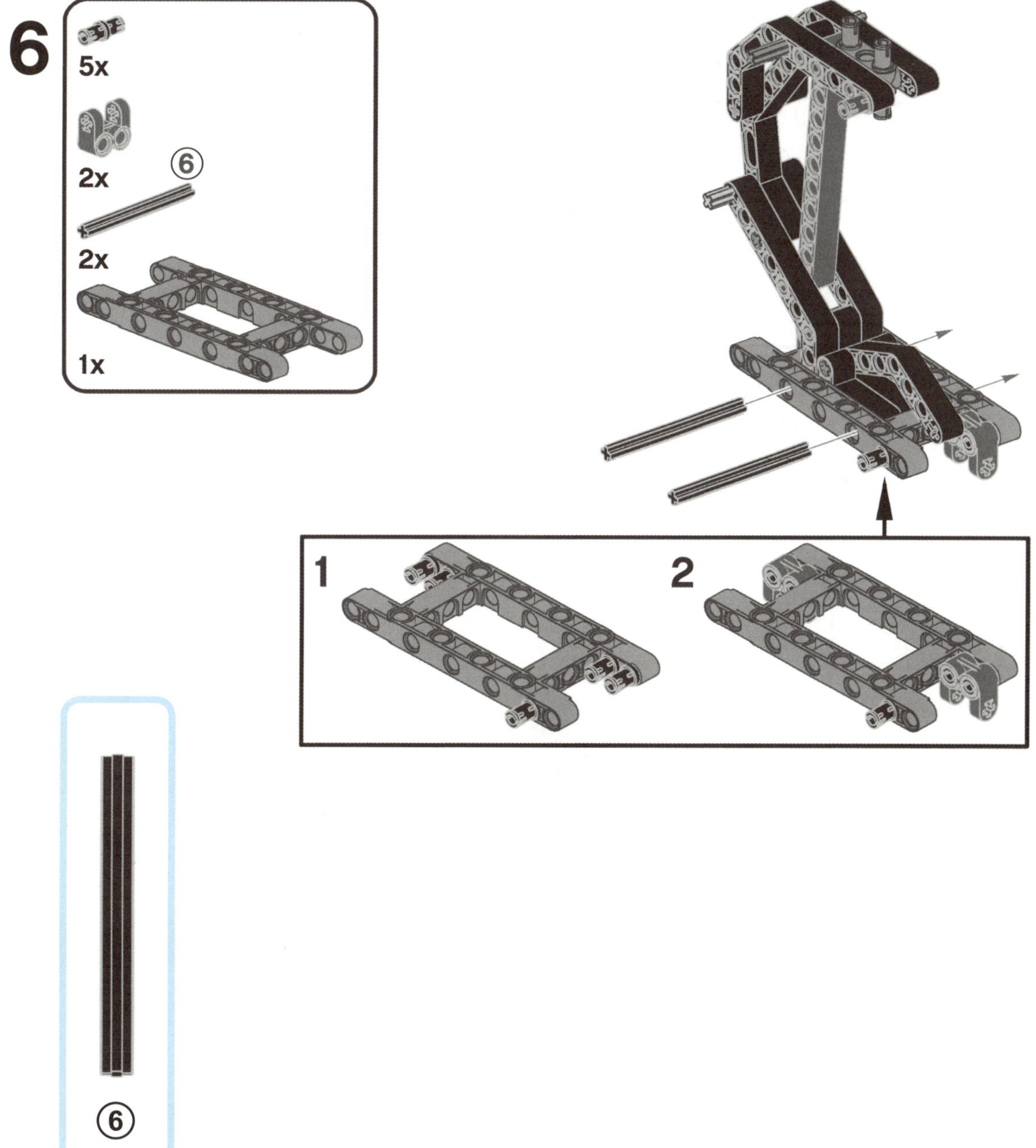

6
5x
2x
2x
1x
6
1
2
6

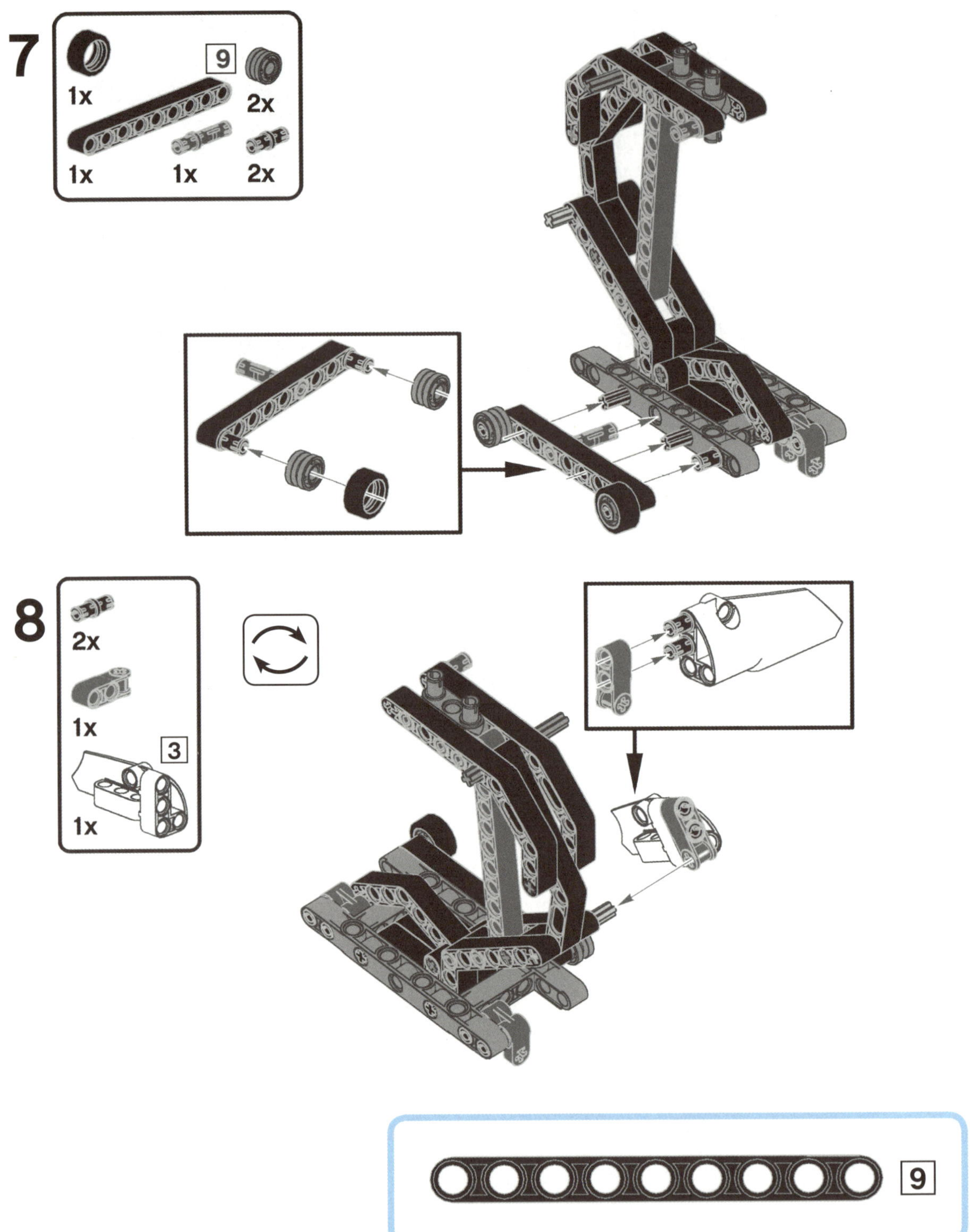

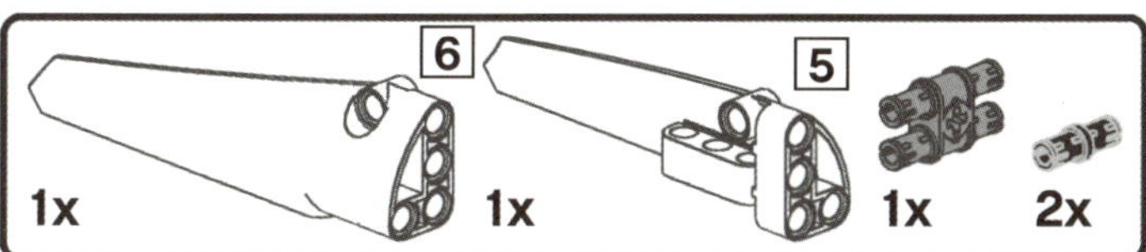

9

1x 1x 1x 2x

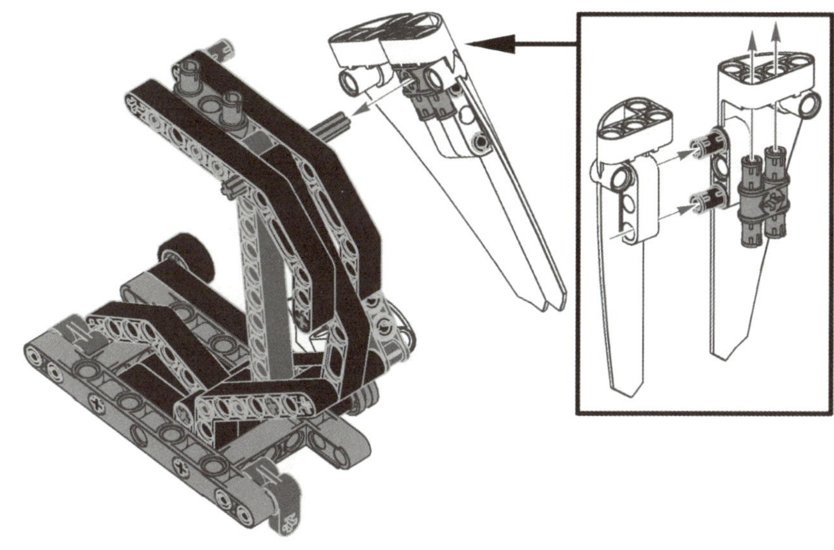

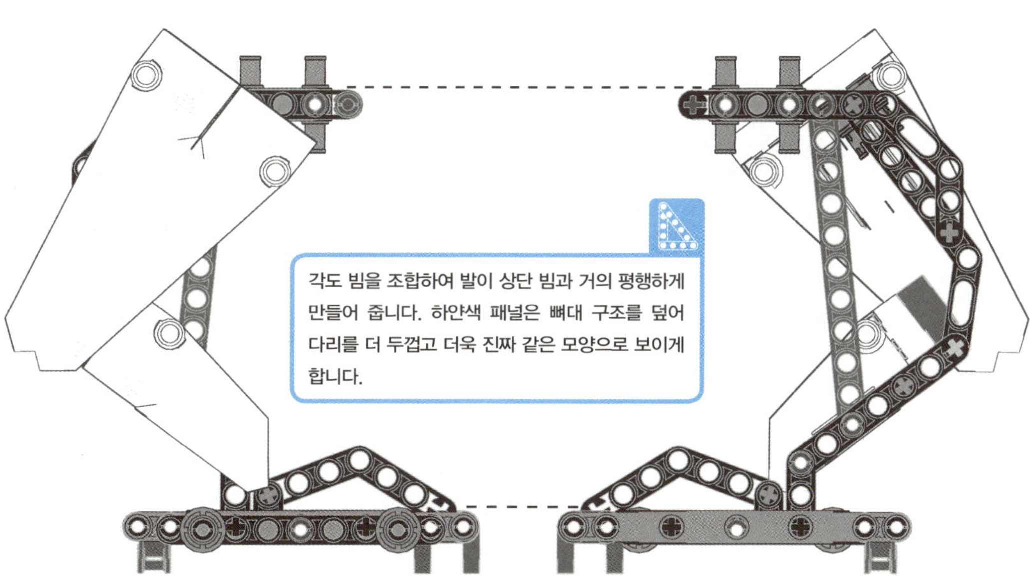

각도 빔을 조합하여 발이 상단 빔과 거의 평행하게
만들어 줍니다. 하얀색 패널은 뼈대 구조를 덮어
다리를 더 두껍고 더욱 진짜 같은 모양으로 보이게
합니다.

14

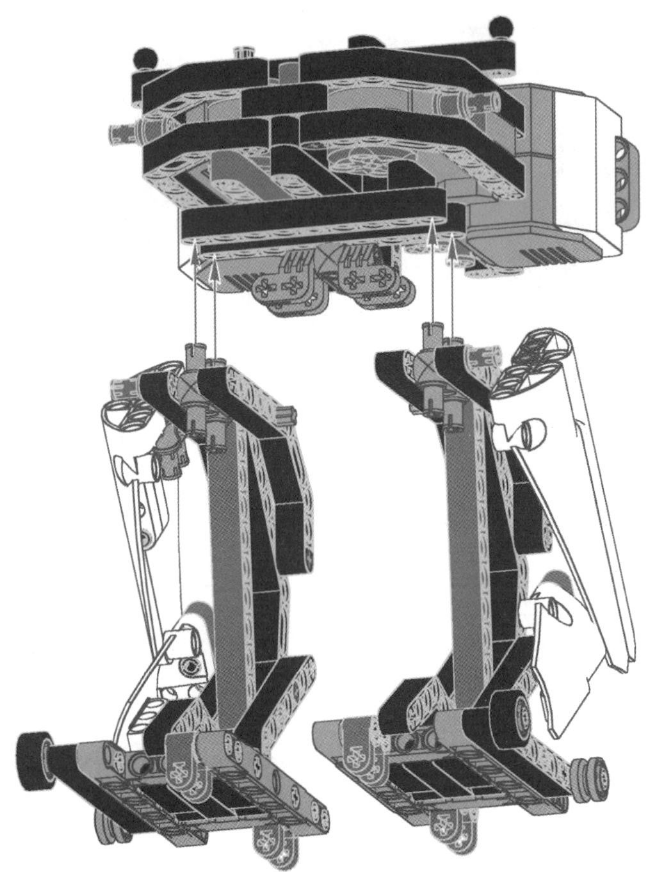

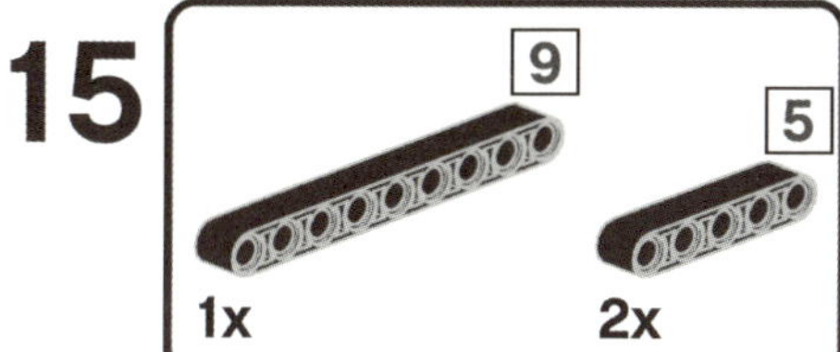

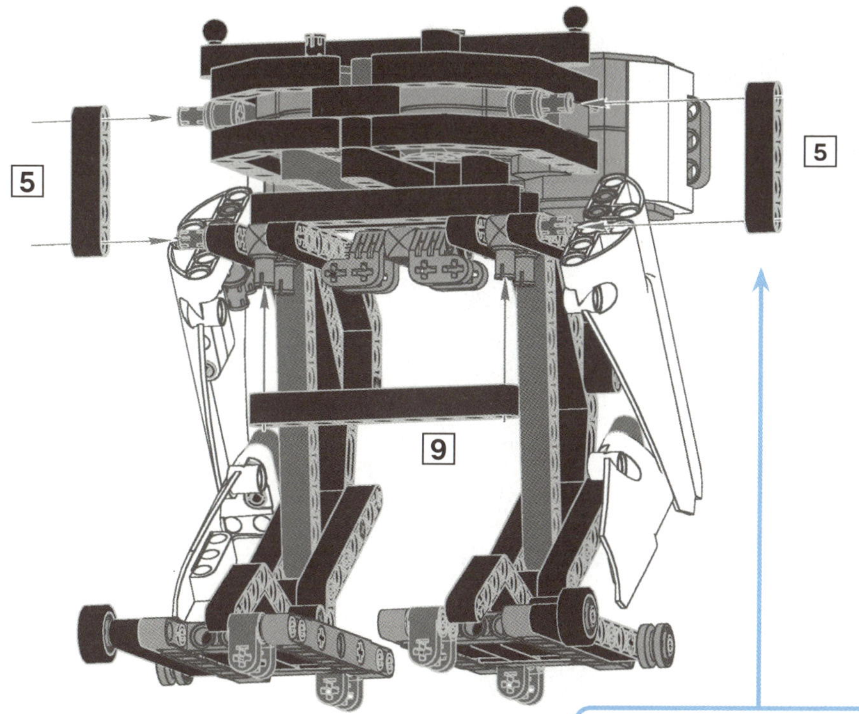

5M 빔은 다리가 제자리에 고정되고 걸을 때 흔들거리지 않도록 도와줍니다. 9M 빔과 다리는 평행사변형 같은 운동 링크 구조를 형성합니다.

16

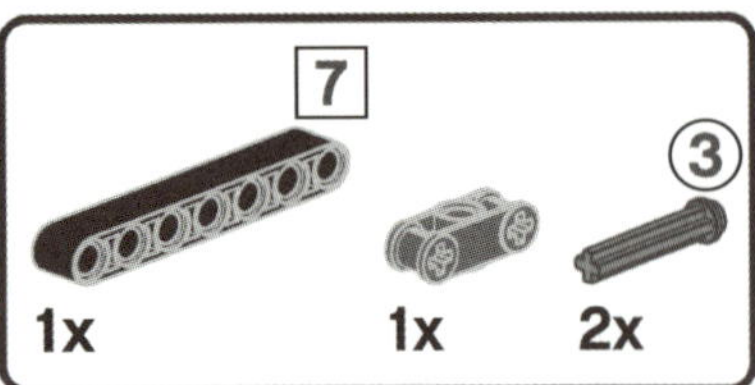

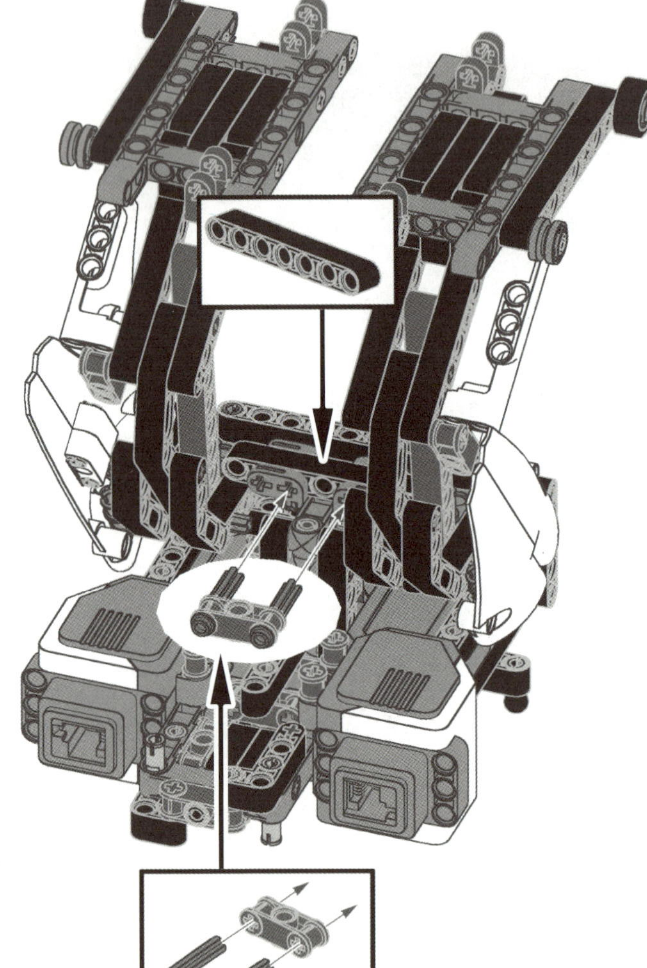

7M 빔이 제자리에 고정되면, 다리가 빠지지 않습니다. 이 강력한 다중 보강 설계는 로봇이 분해되는 것을 막아 줍니다.

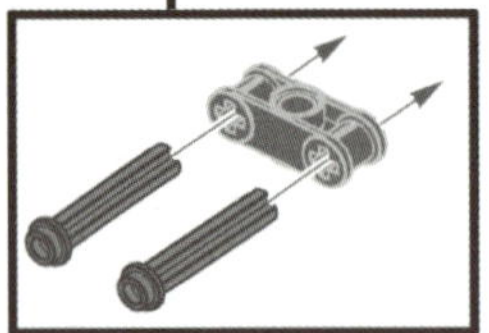

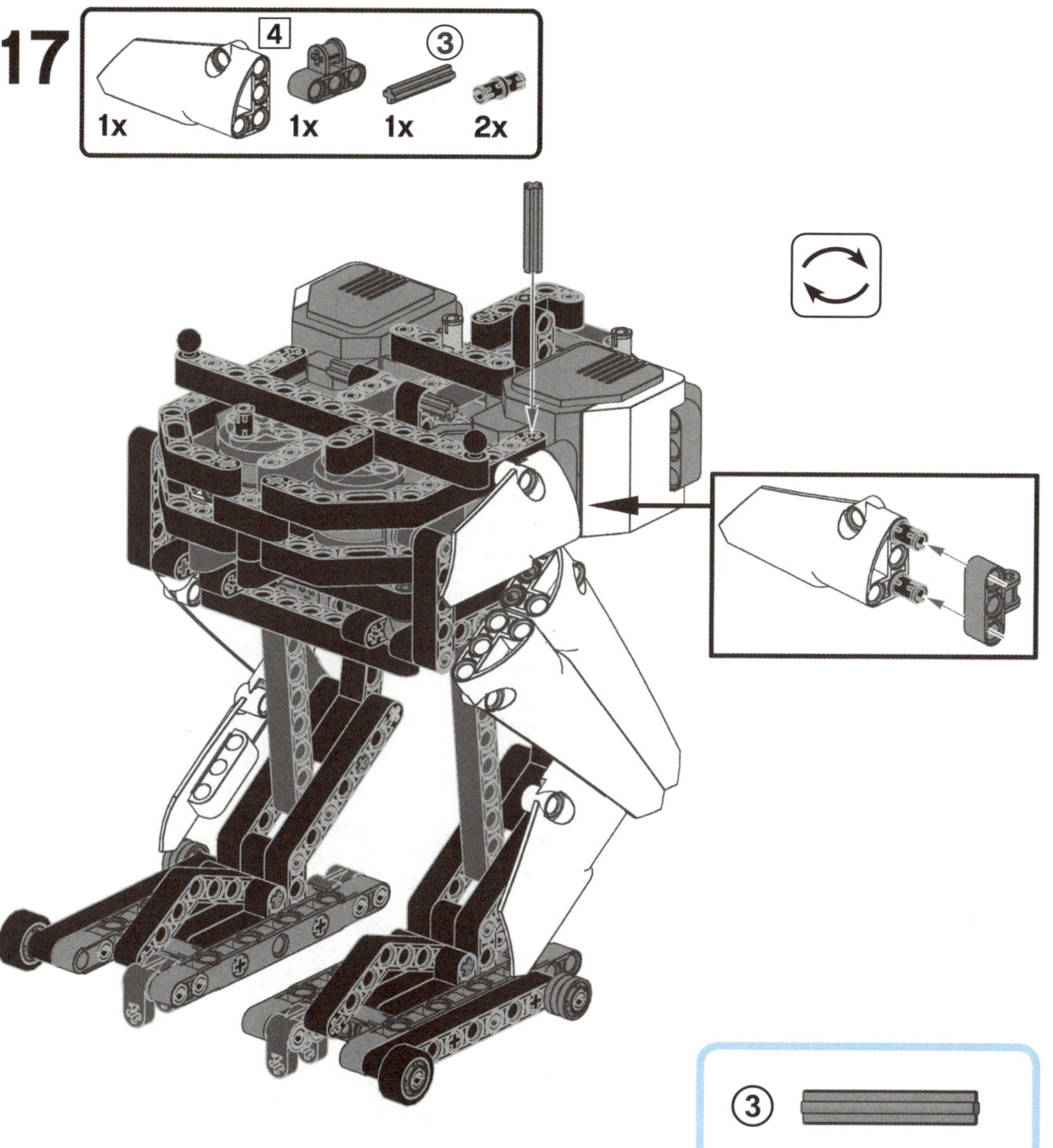

18

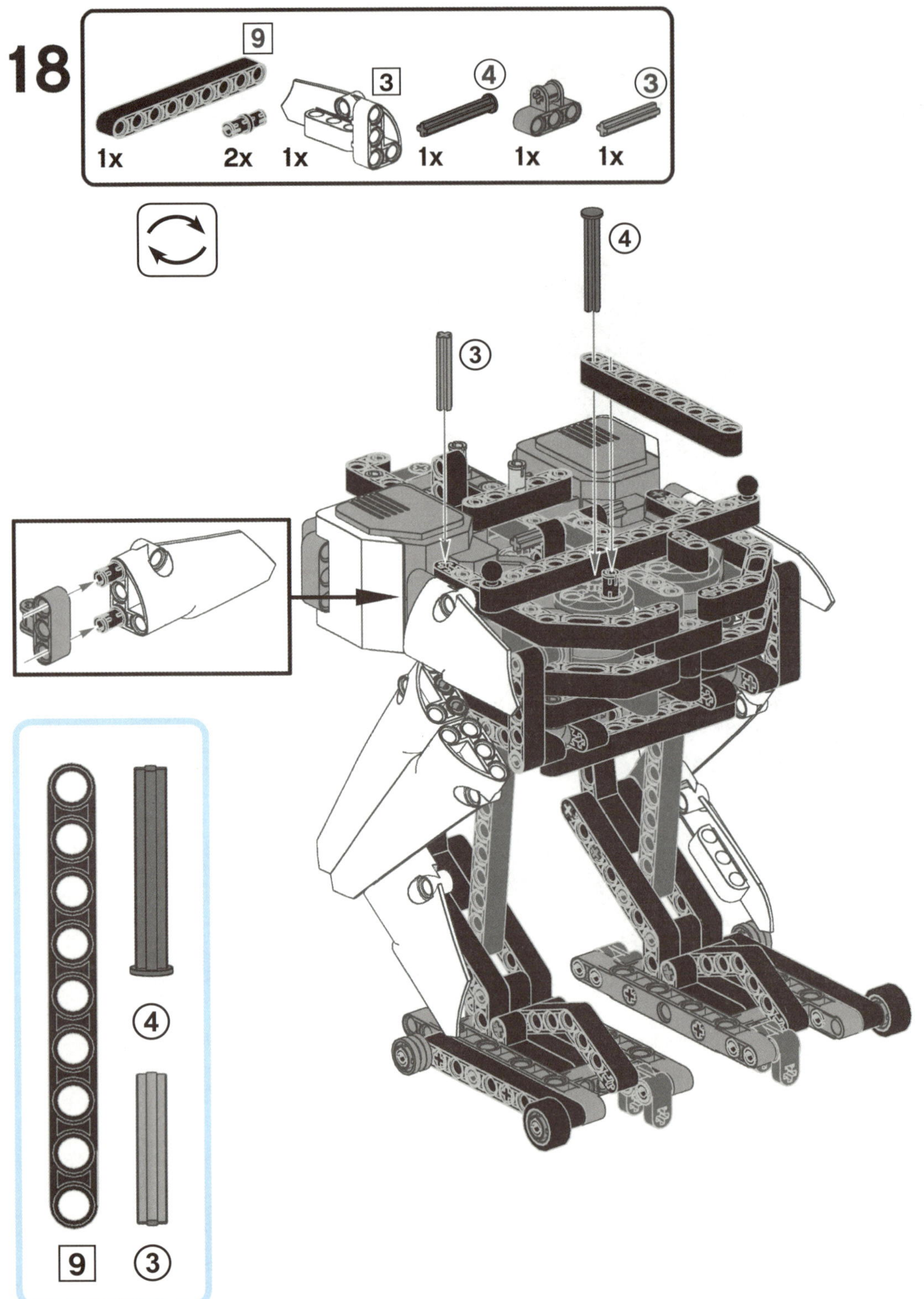

EV3 브릭 조립

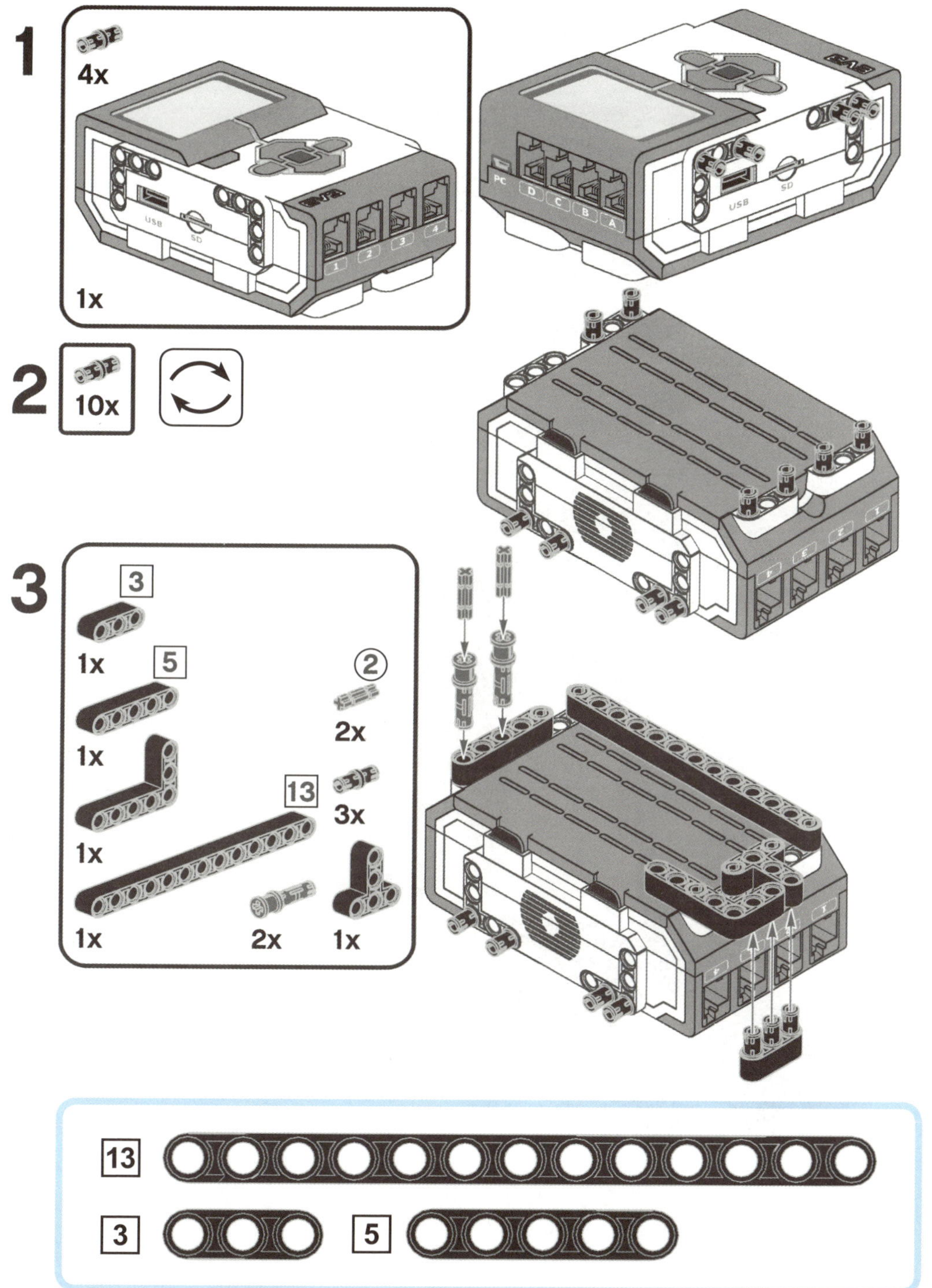

19

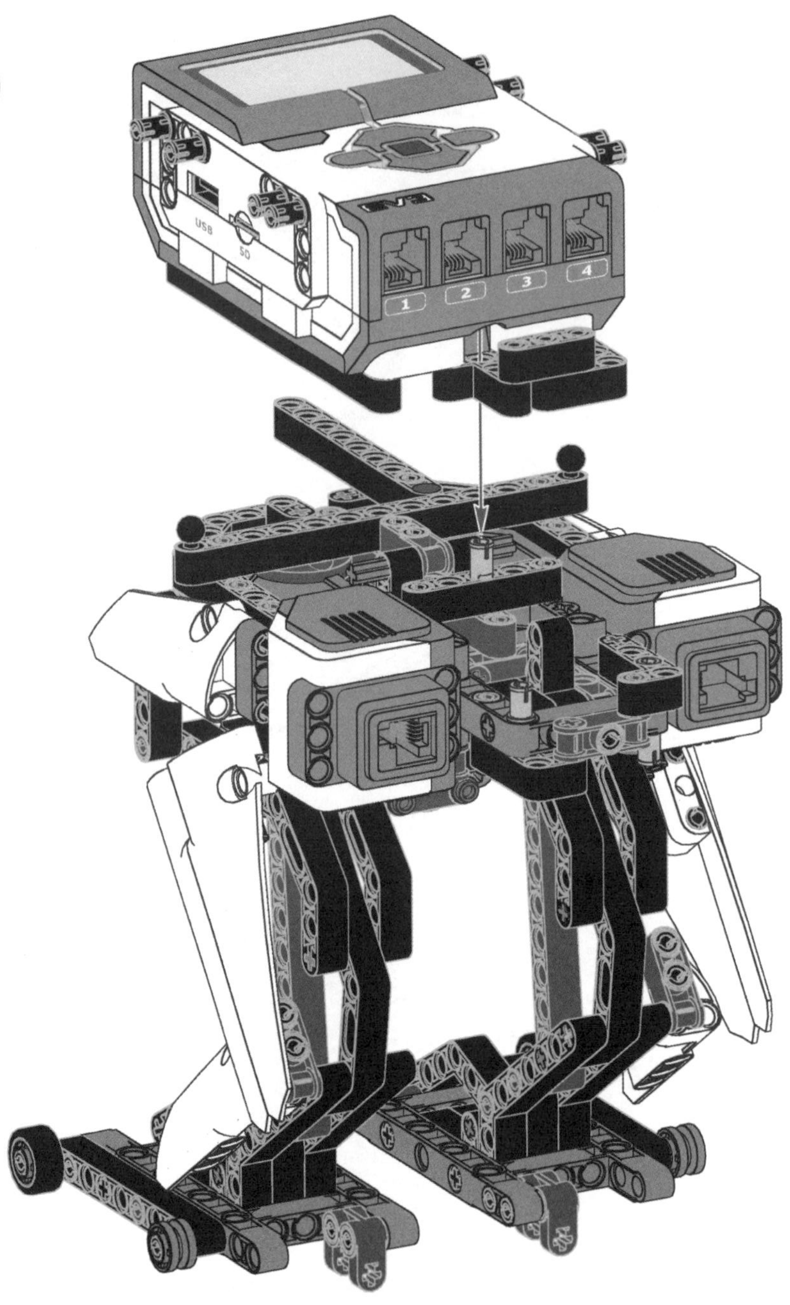

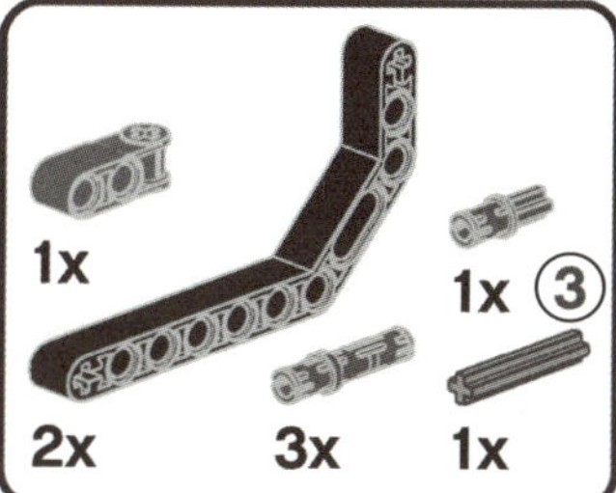

20

1x
2x
3x
1x ③
1x

이것은 브레이싱의 또 다른 예제입니다. 먼저, 오른편에 이중 각도 빔을 놓은 다음 왼쪽에서 하위 조립부를 붙여 먼저 자리 잡아 놓은 이중 각도 빔에 끼워 넣어 고정시킵니다. 이 빔은 EV3 브릭이 제자리에 있도록 잡아 줍니다 (다음 단계에서 고정을 완료합니다).

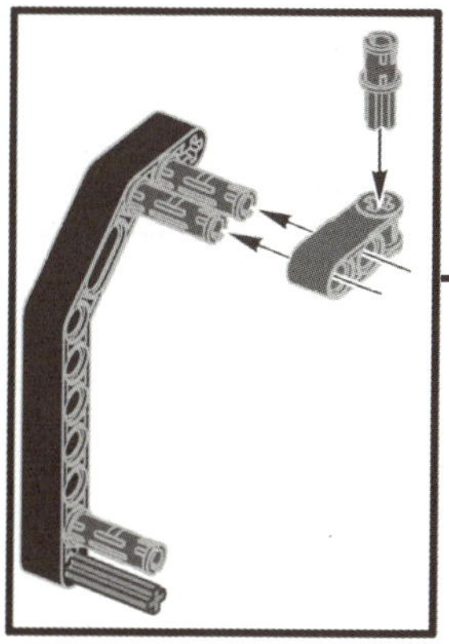

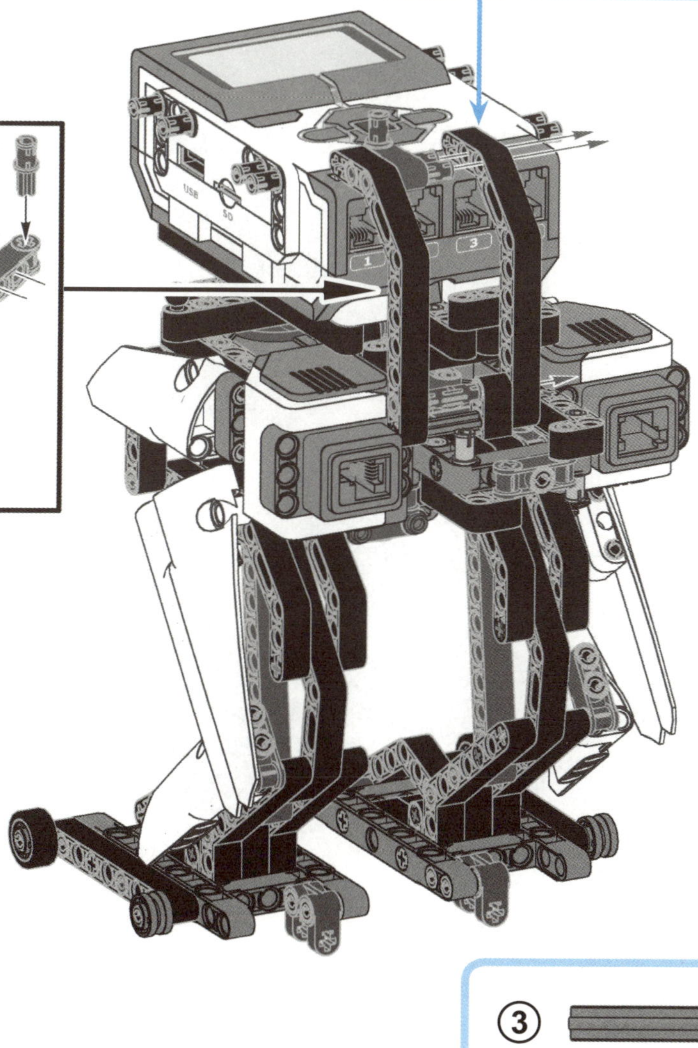

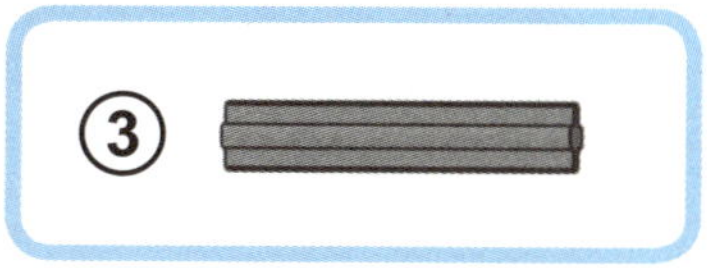

③

21

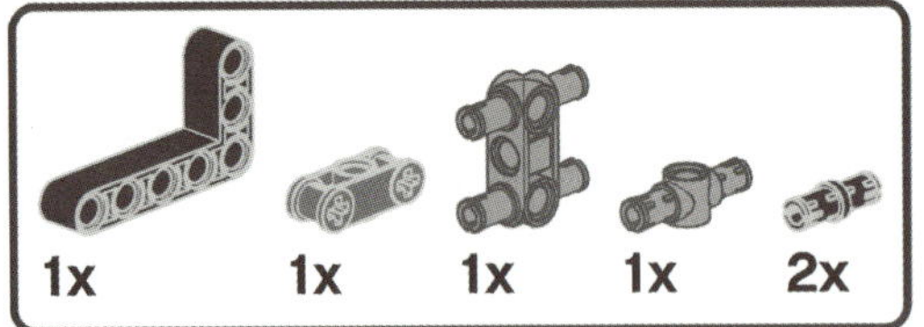

1x   1x   1x   1x   2x

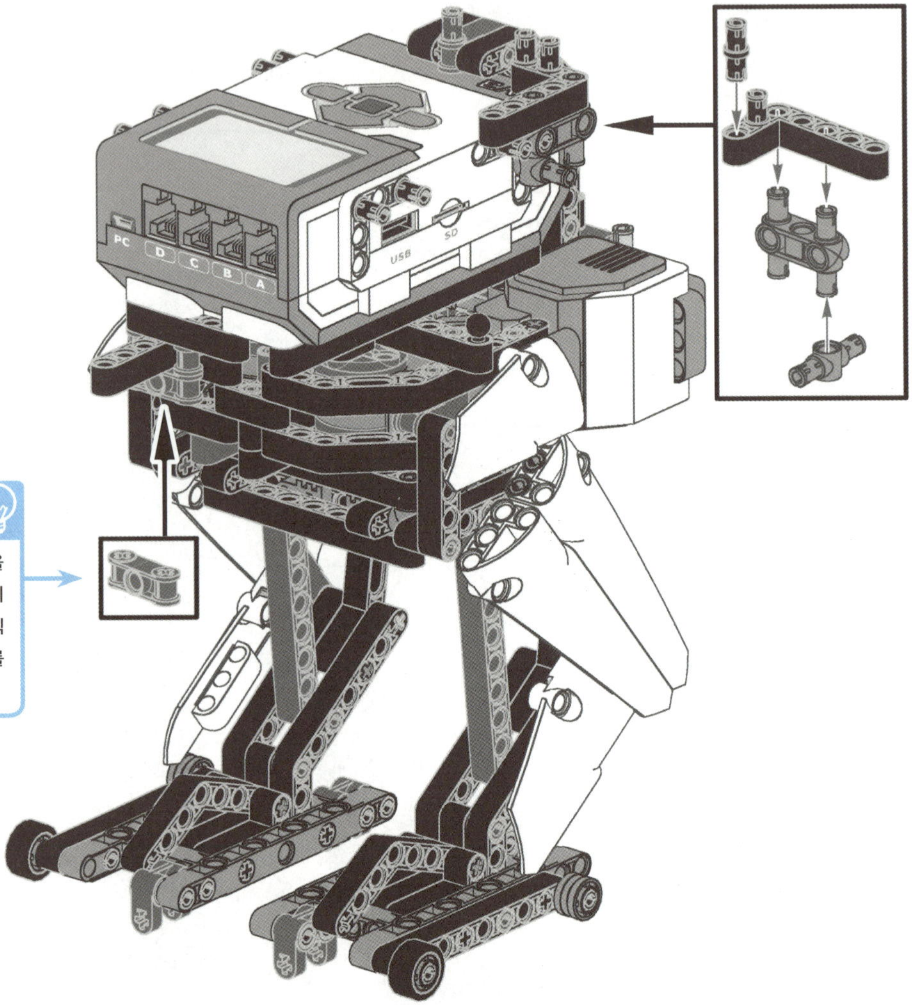

빨간색 이중 크로스 블록이 빔을 제자리에 고정시켜 줍니다. 이 조립부를 시험 삼아 손으로 움직여 보면 모터가 돌아가는 소리를 들을 수 있습니다.

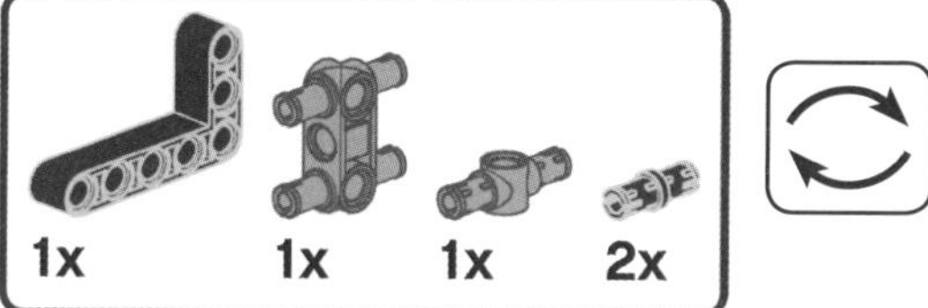

22
1x
1x
1x
2x

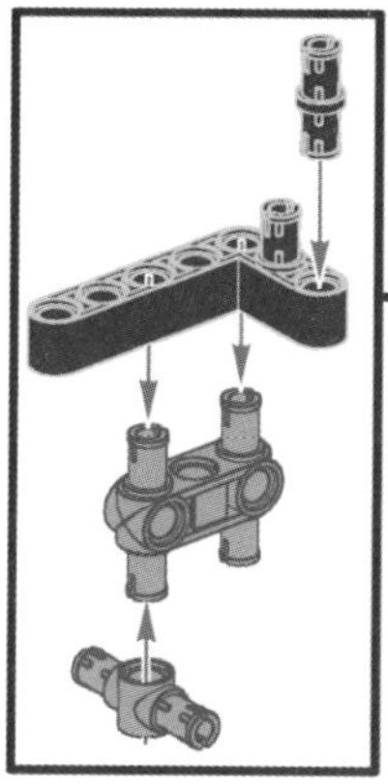

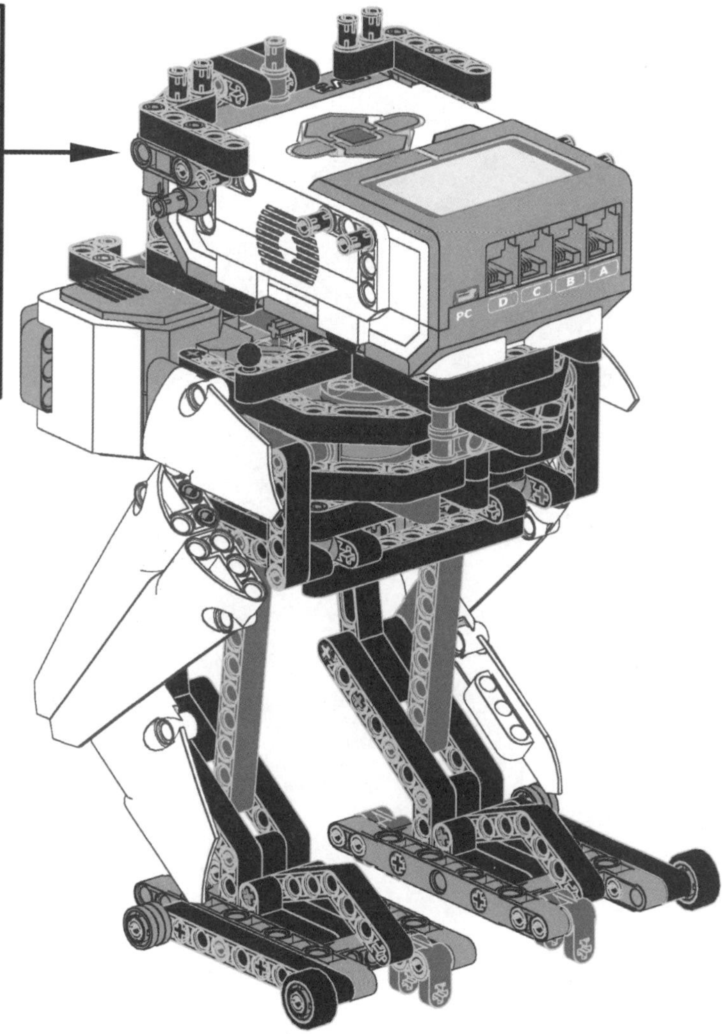

23

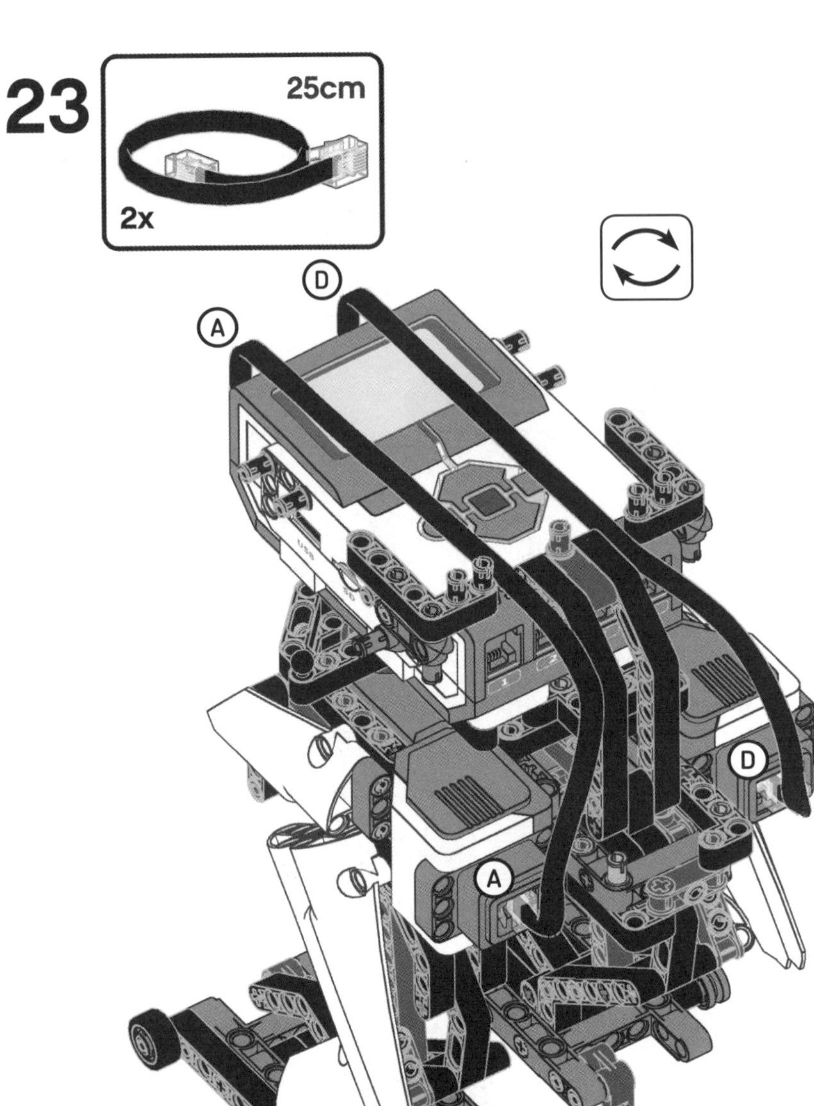

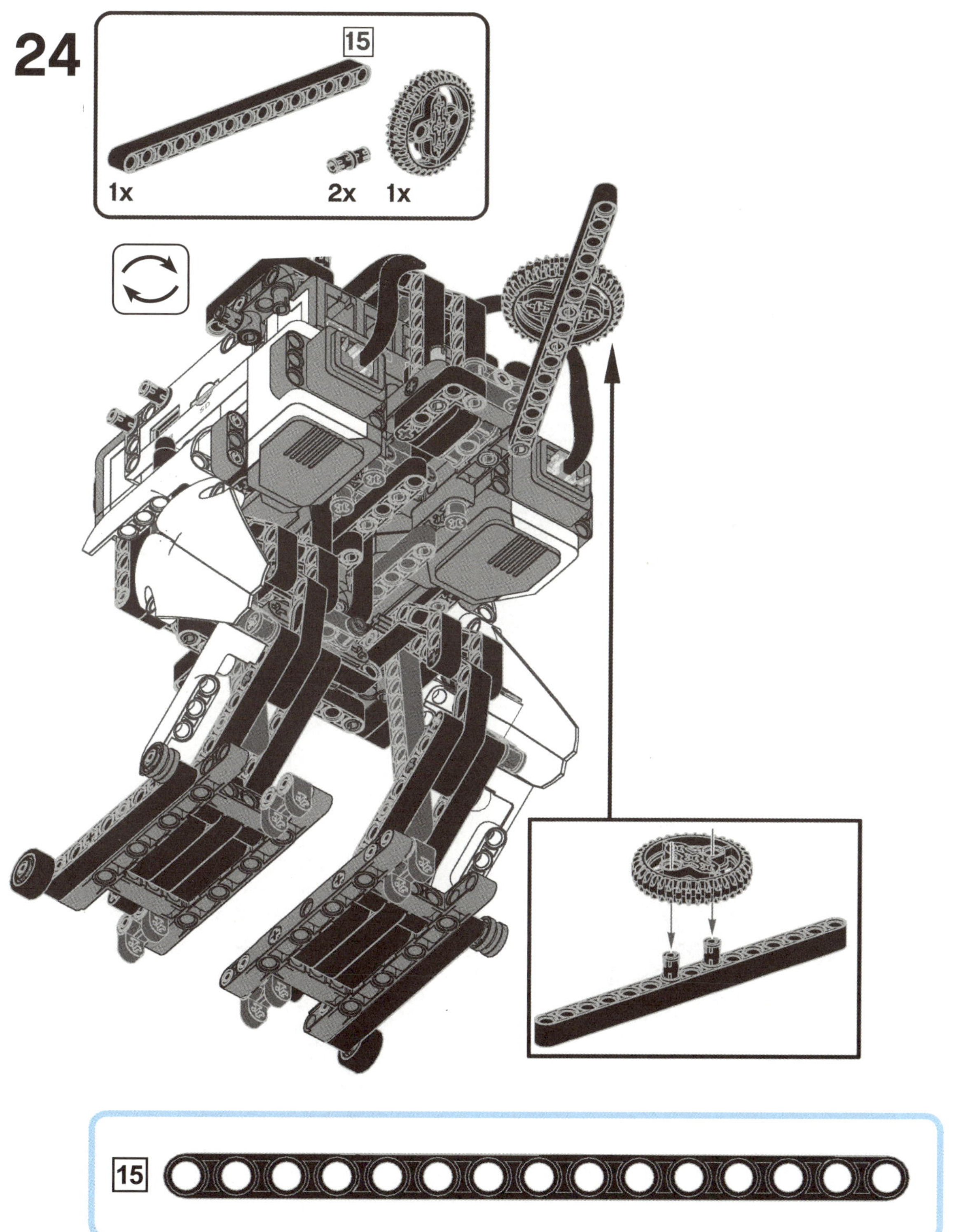
24
15
1x
2x
1x

25

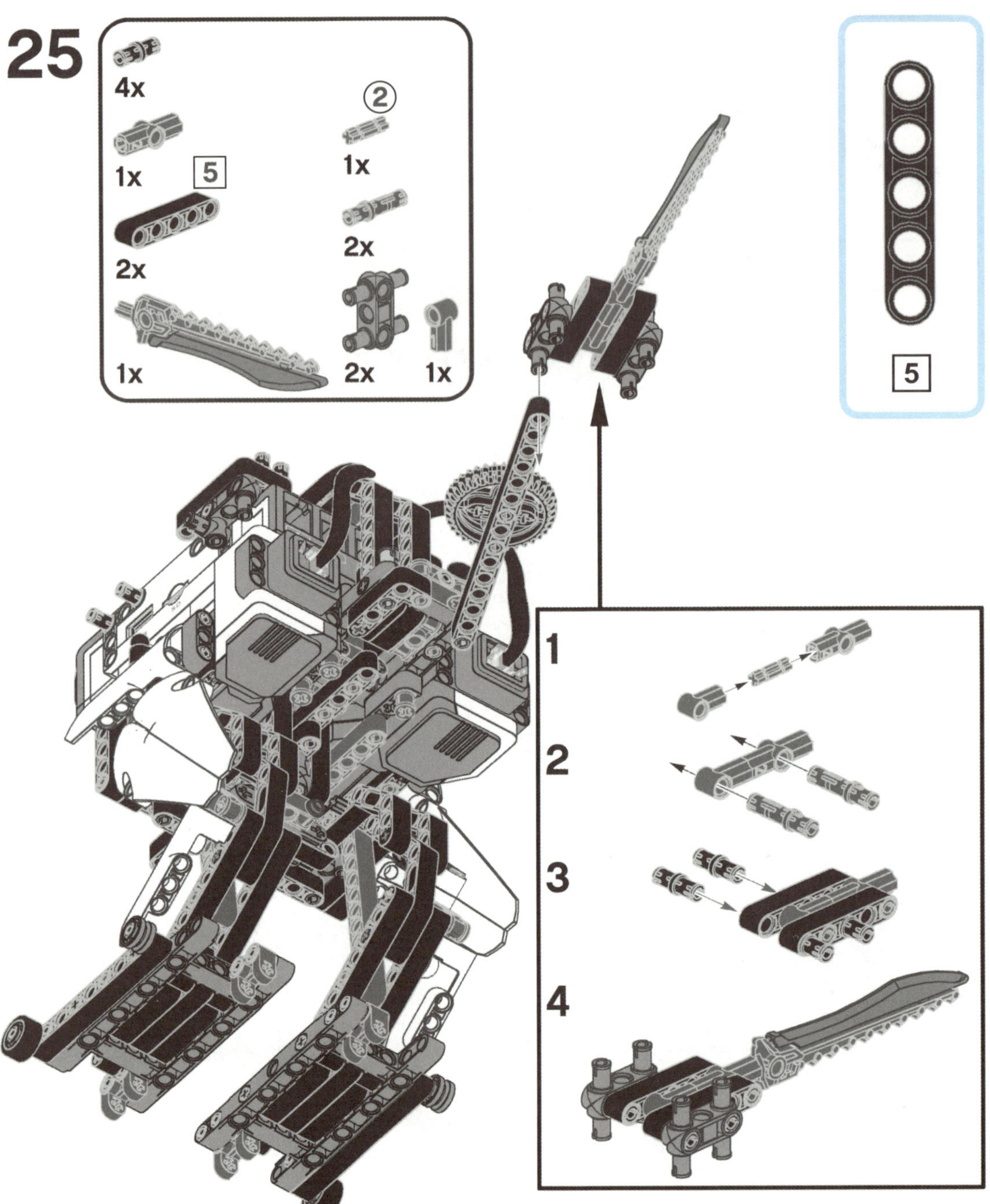

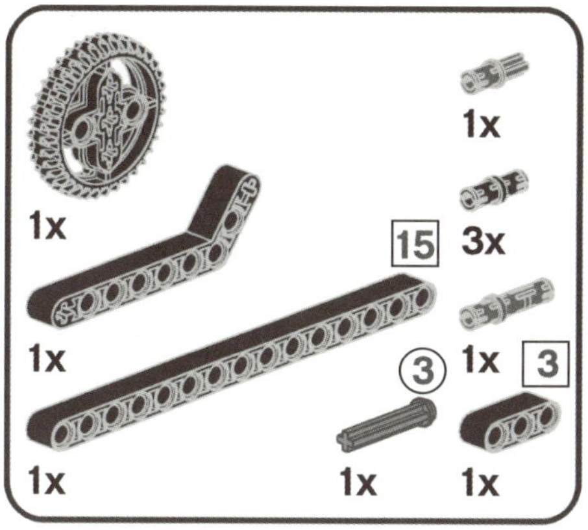

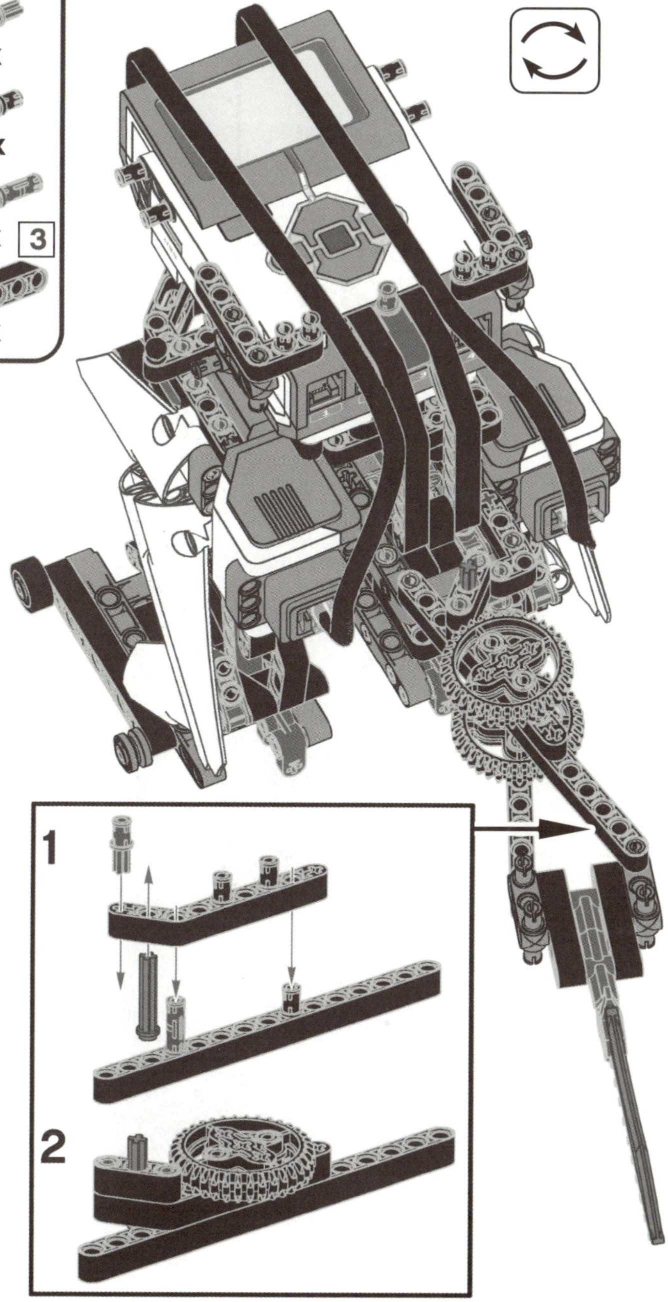

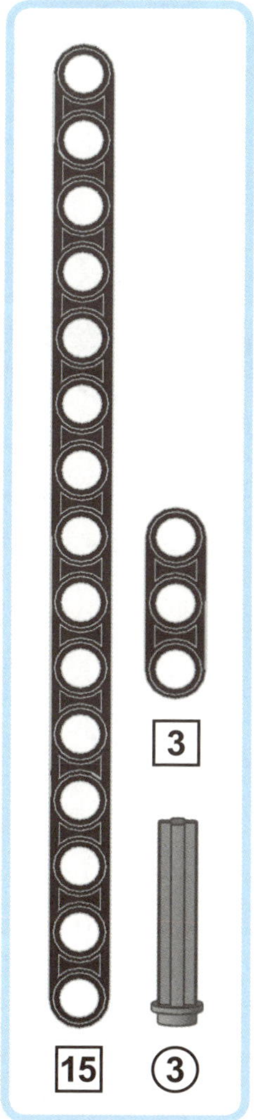

27
2x
5
6
2x
1x
1x
1x
1
2

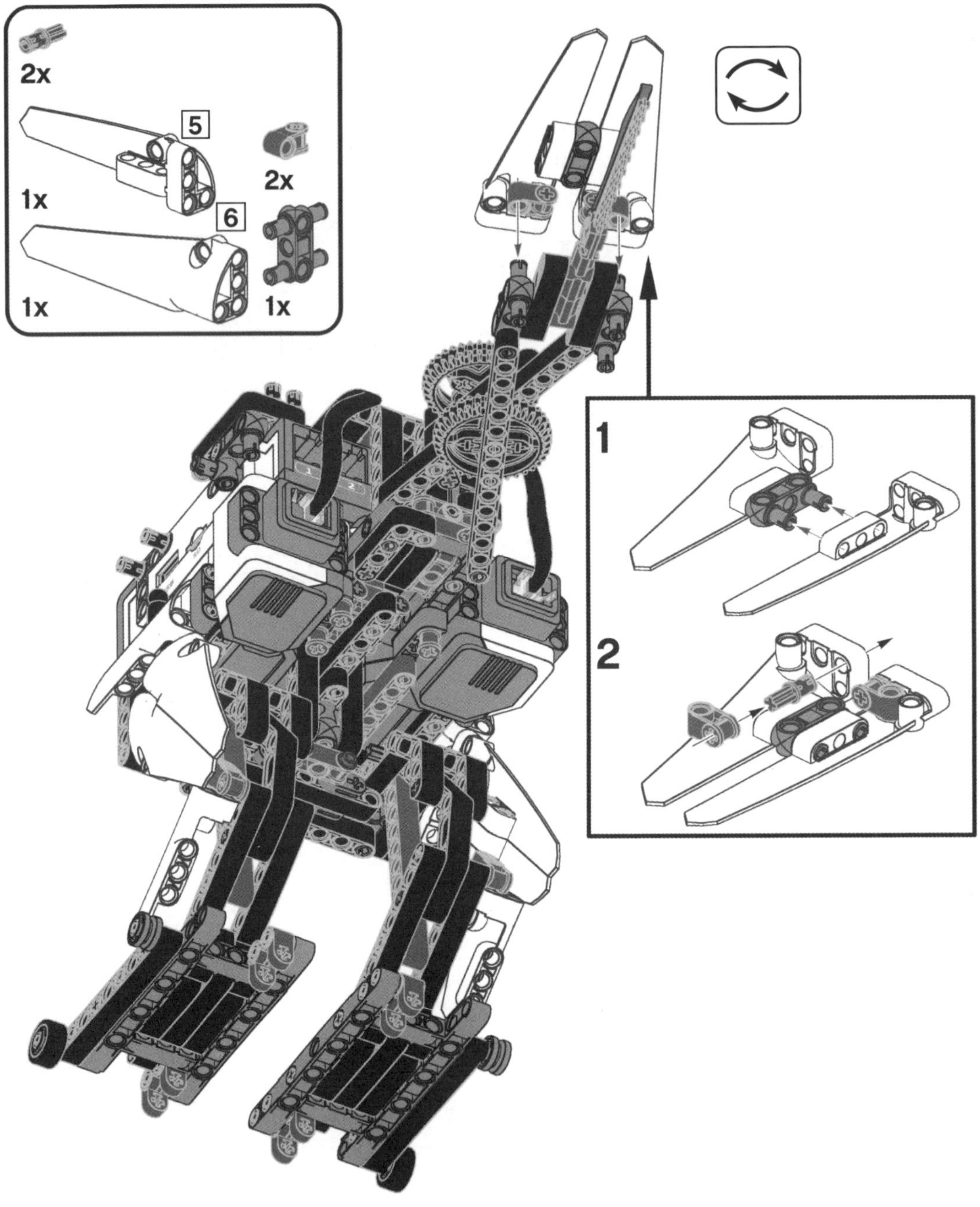

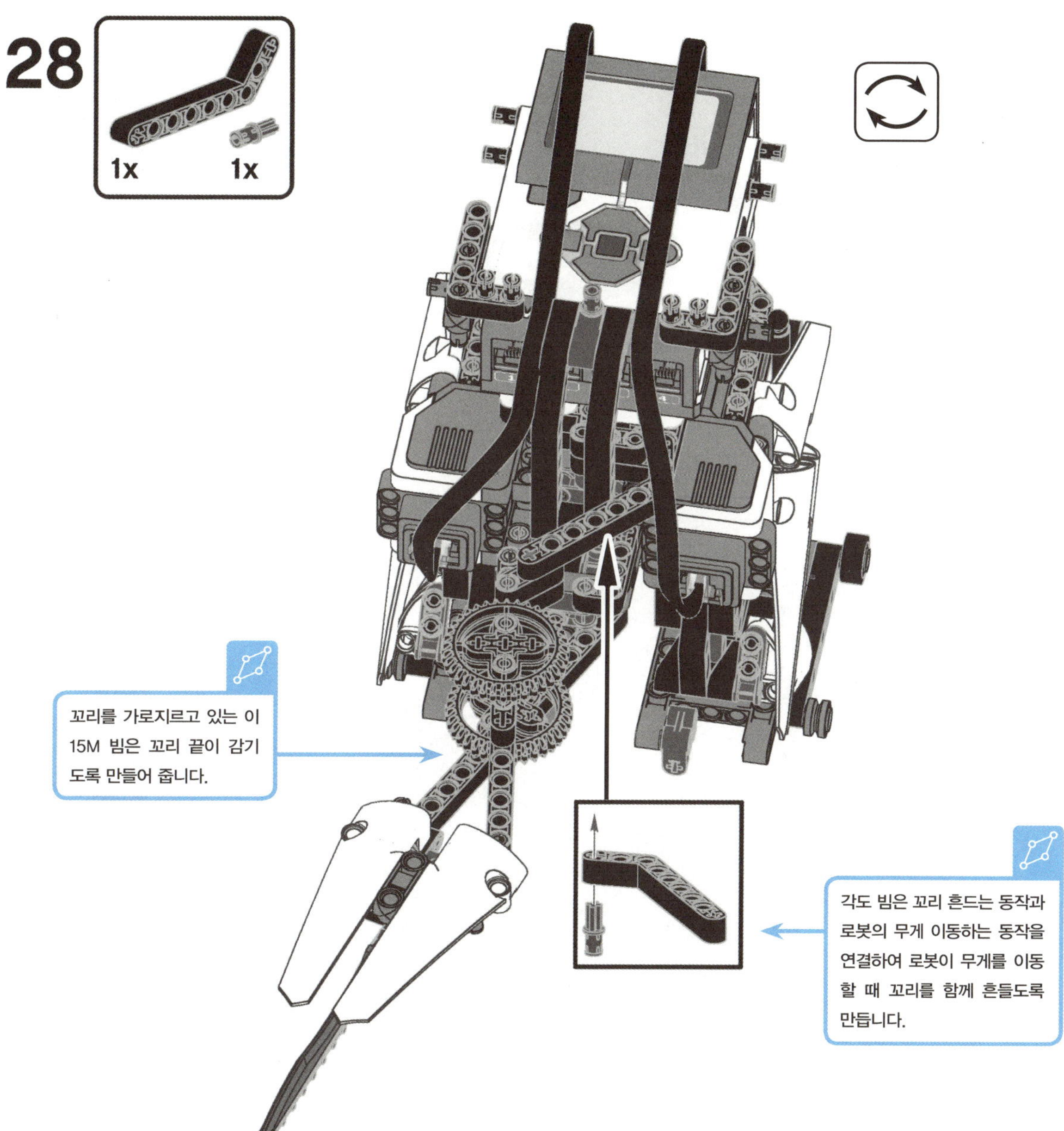
28
1x   1x
꼬리를 가로지르고 있는 이 15M 빔은 꼬리 끝이 감기도록 만들어 줍니다.
각도 빔은 꼬리 흔드는 동작과 로봇의 무게 이동하는 동작을 연결하여 로봇이 무게를 이동할 때 꼬리를 함께 흔들도록 만듭니다.

29

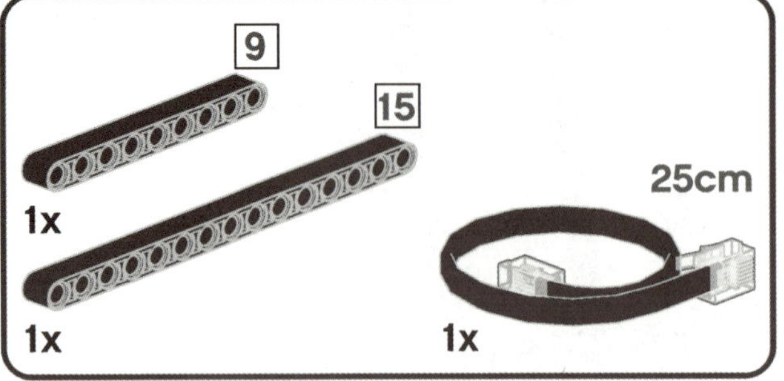

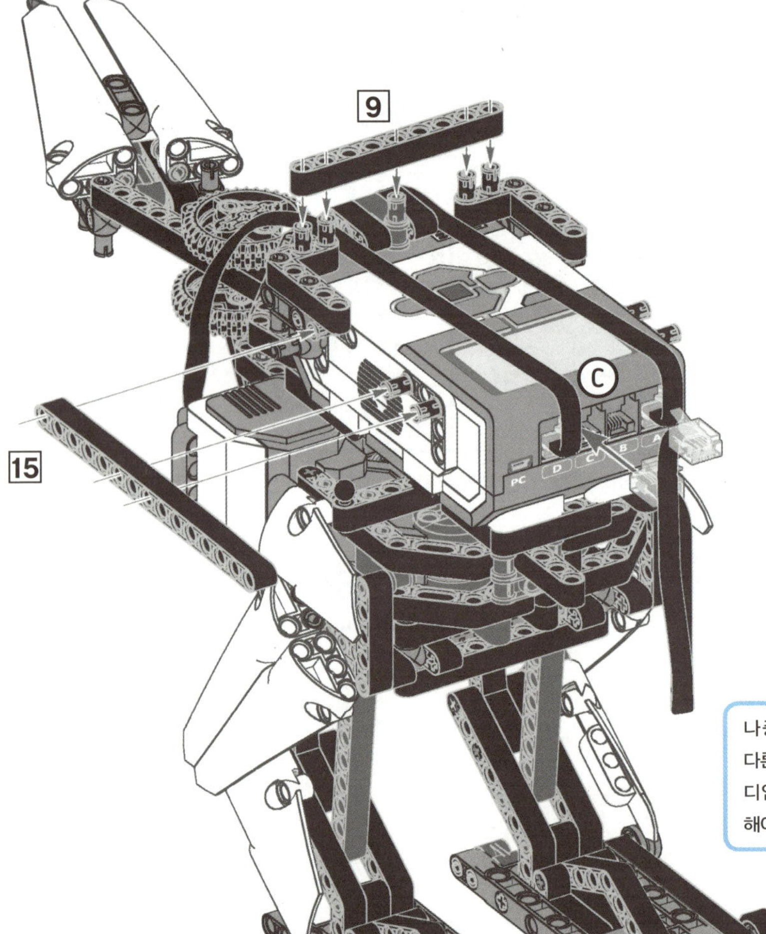

25cm

9 1x

15 1x

1x

머리 및 가슴 조립

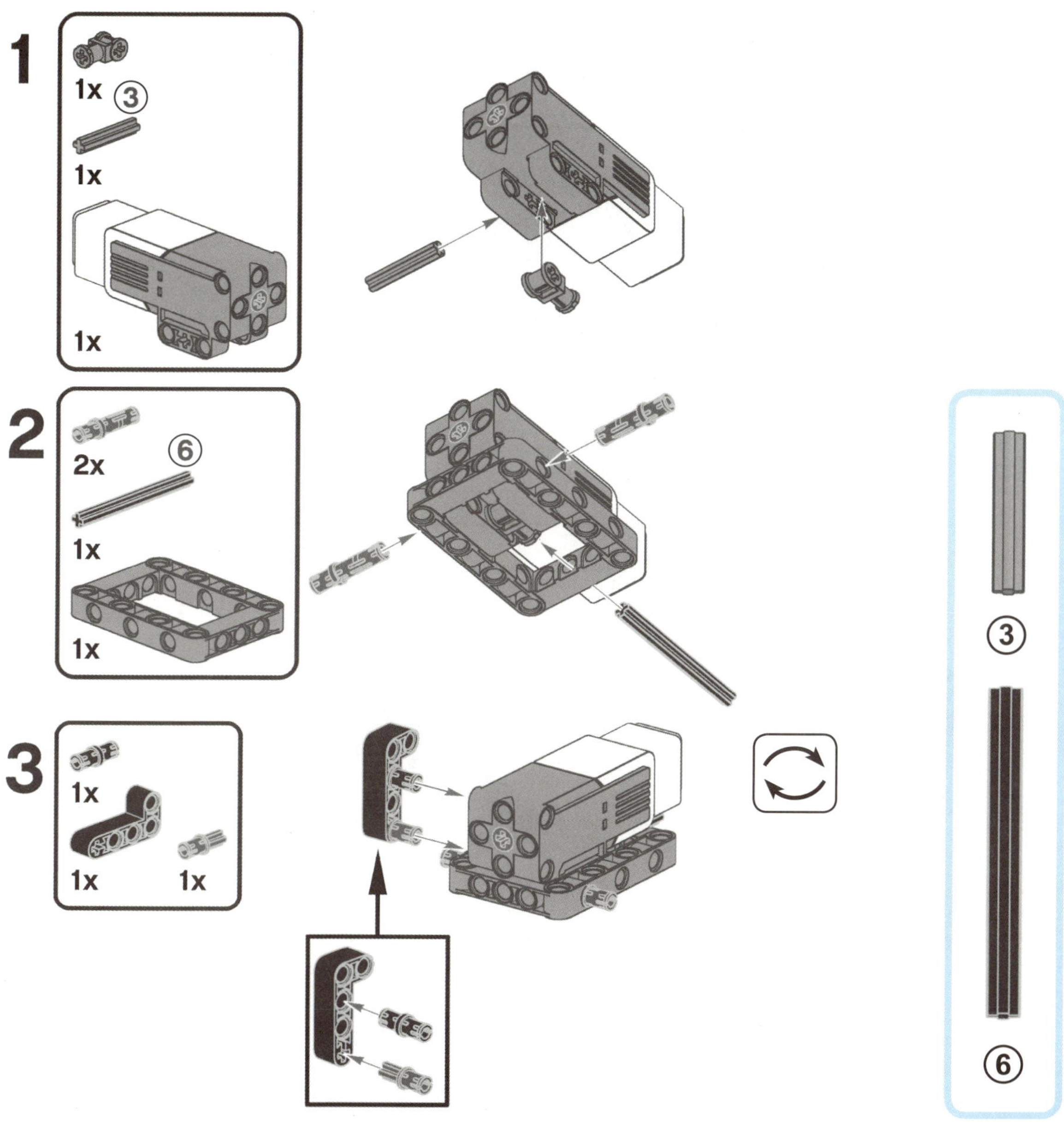

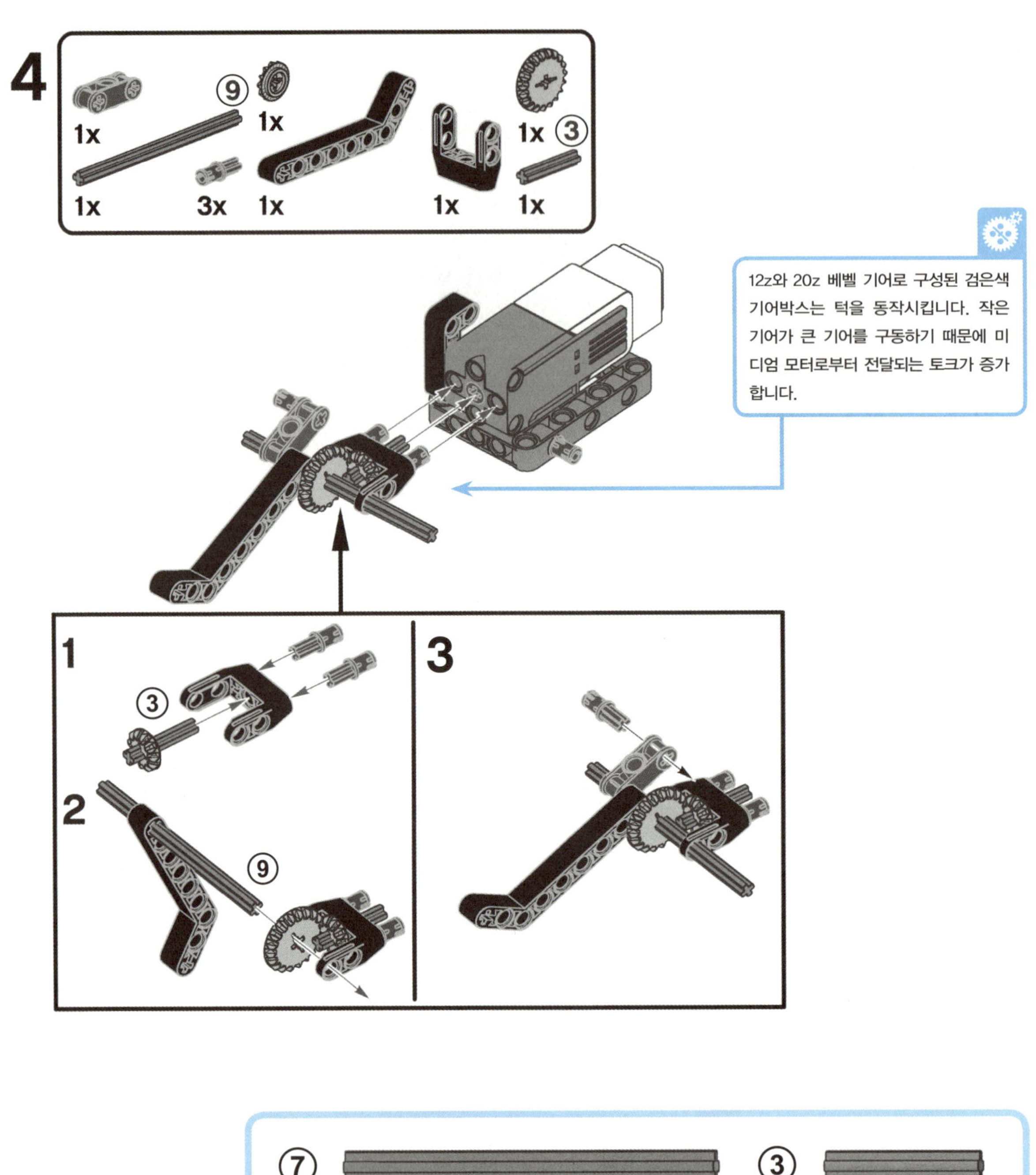

12z와 20z 베벨 기어로 구성된 검은색 기어박스는 턱을 동작시킵니다. 작은 기어가 큰 기어를 구동하기 때문에 미디엄 모터로부터 전달되는 토크가 증가합니다.

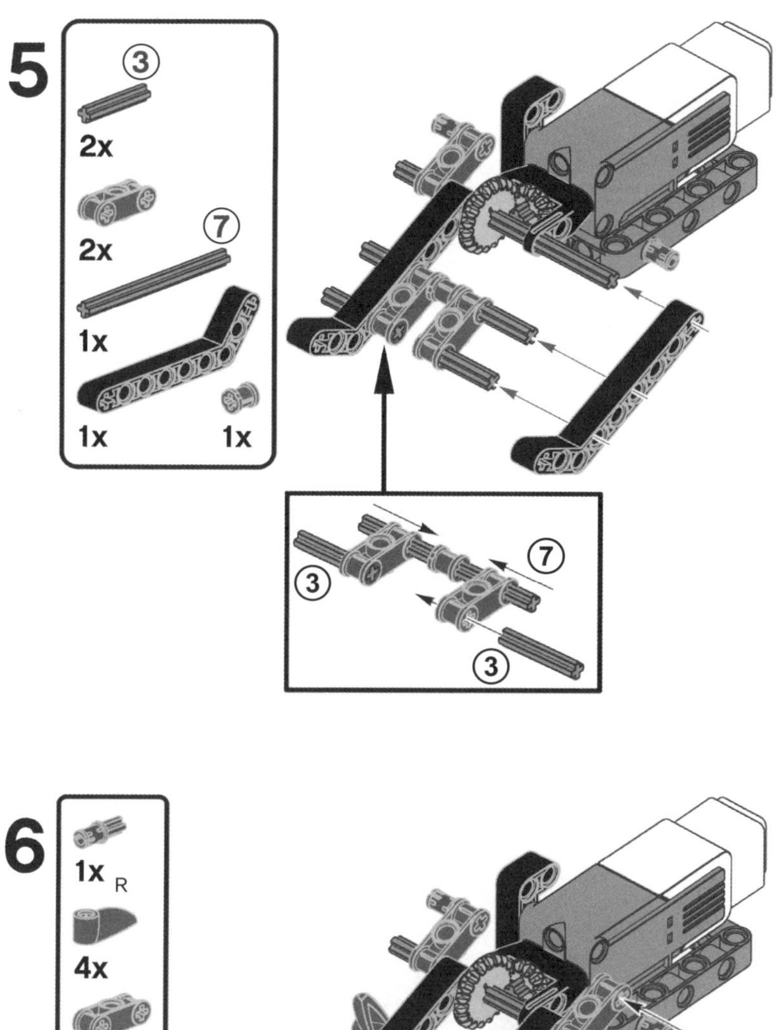

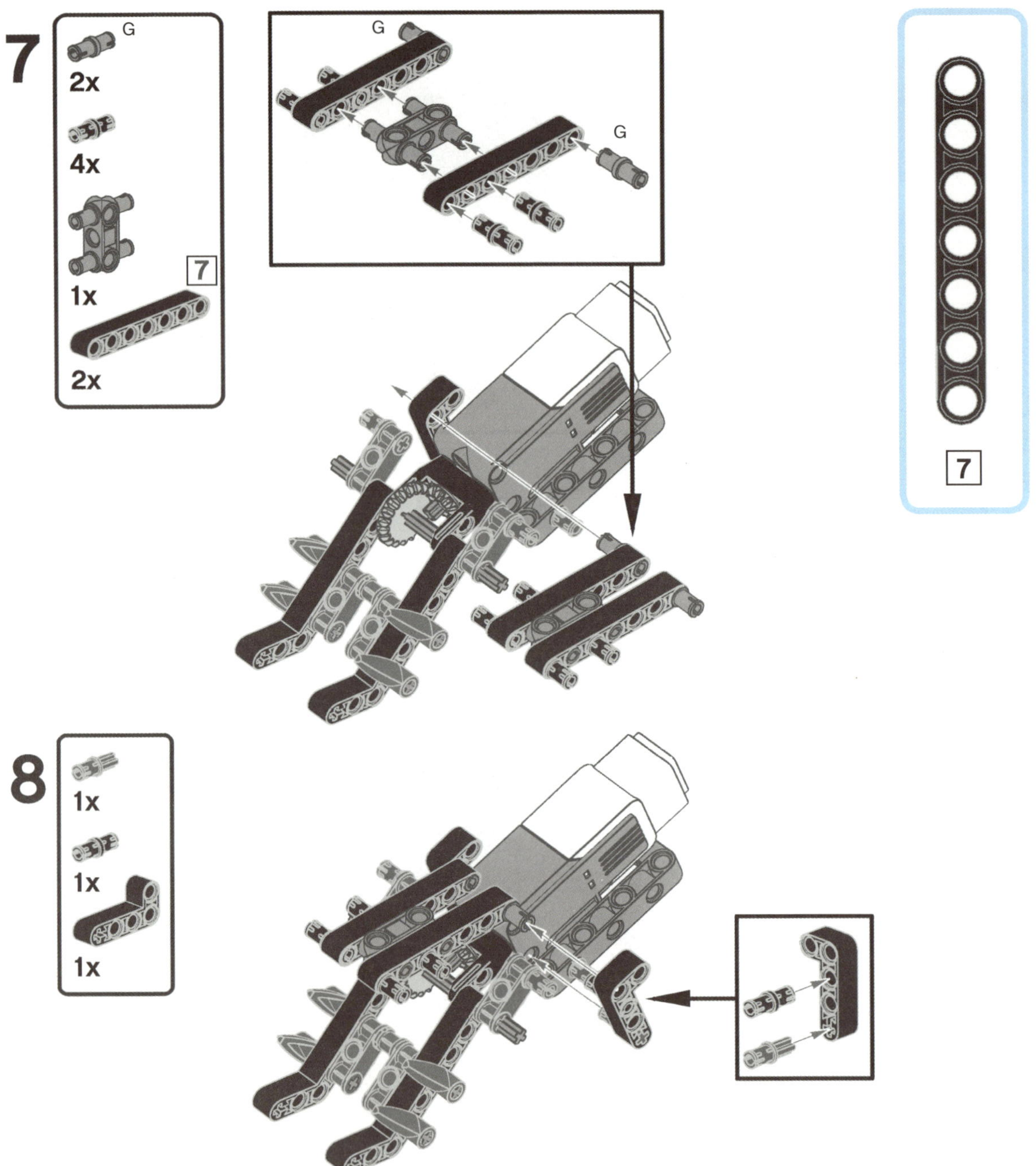

7
G
2x
4x
1x
2x
G
G
G
7
8
1x
1x
1x

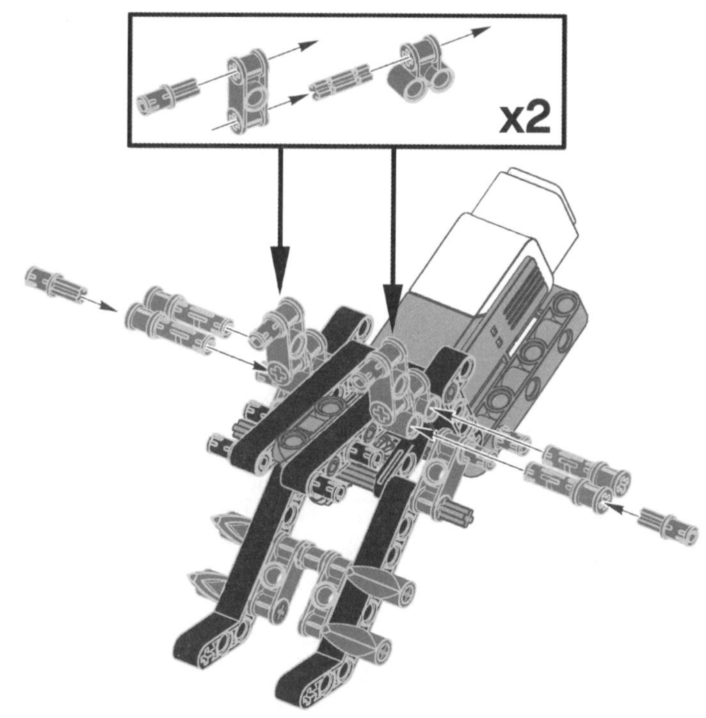

10

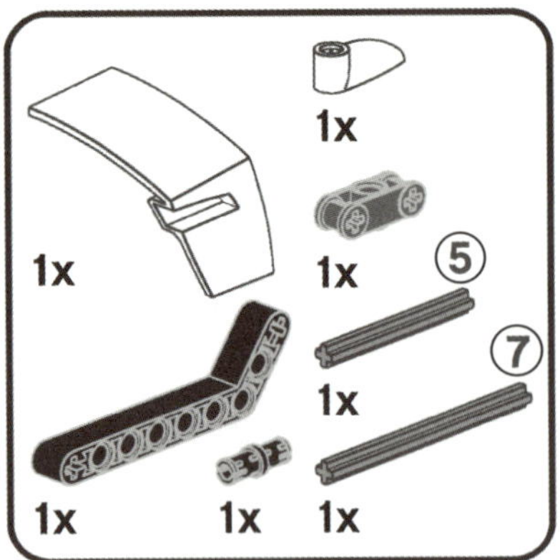

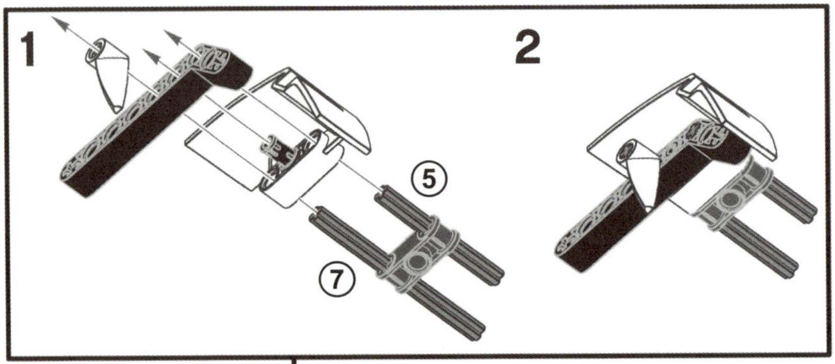

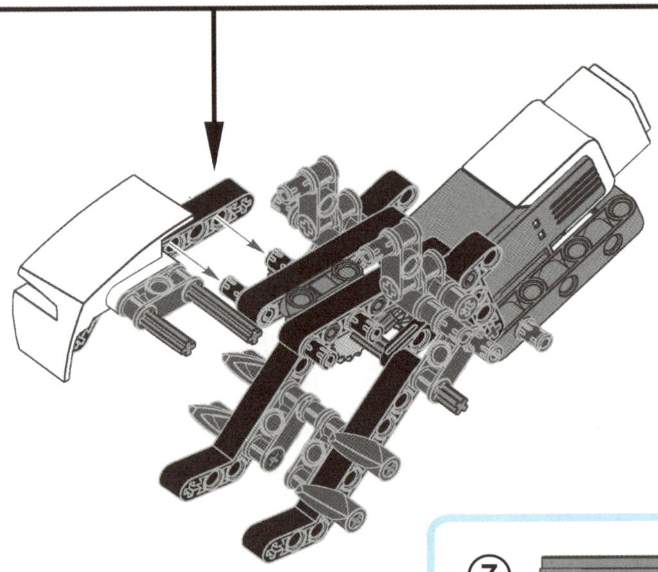

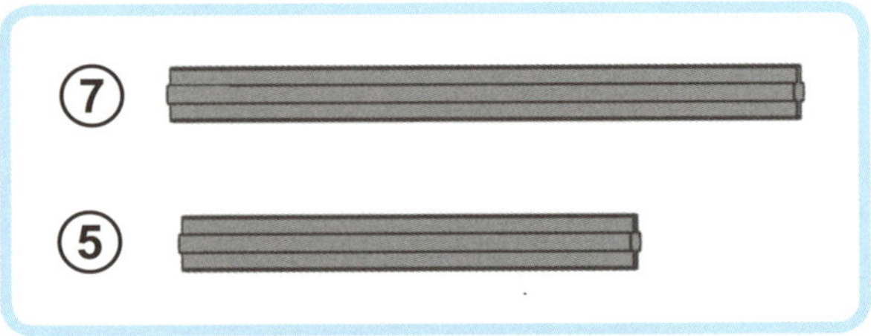

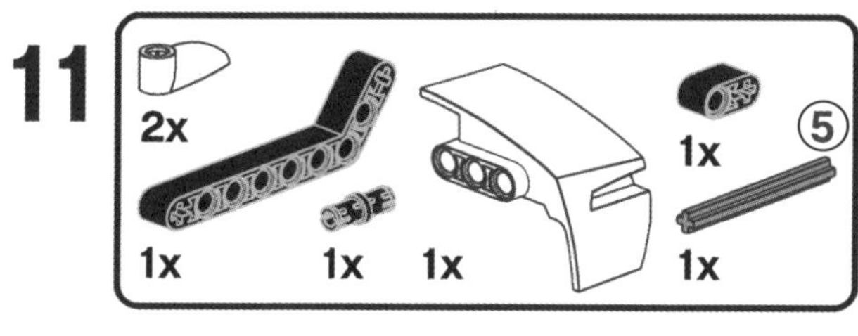

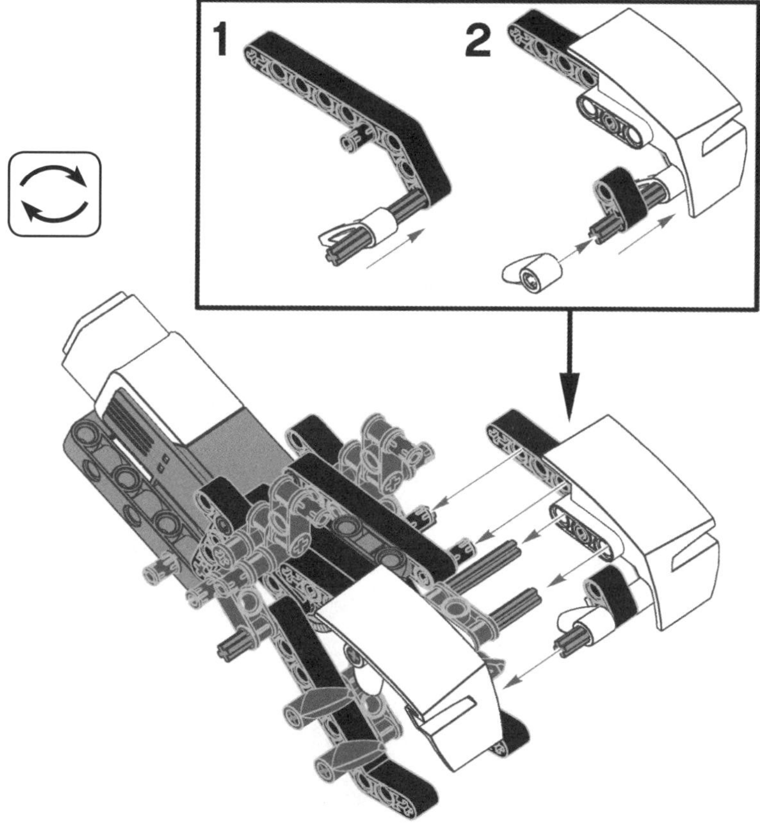

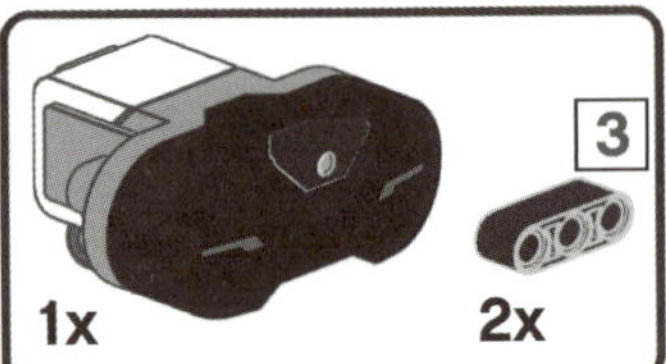

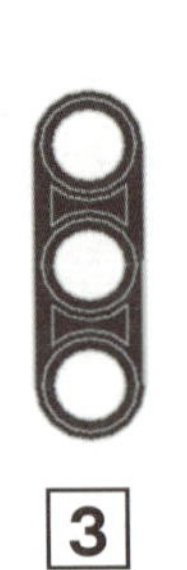

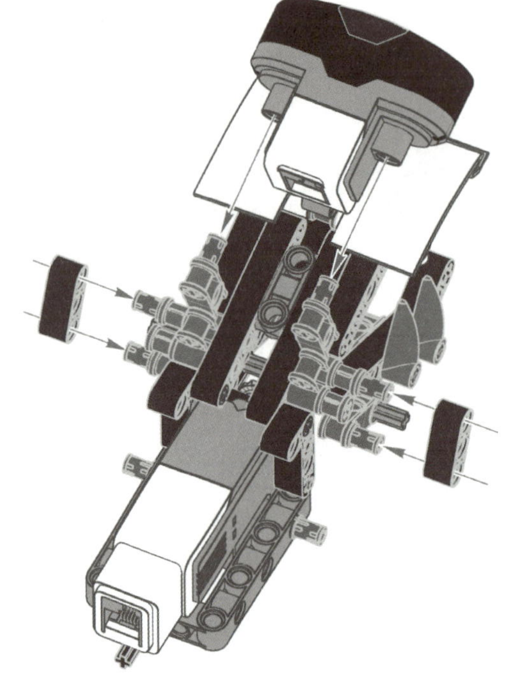

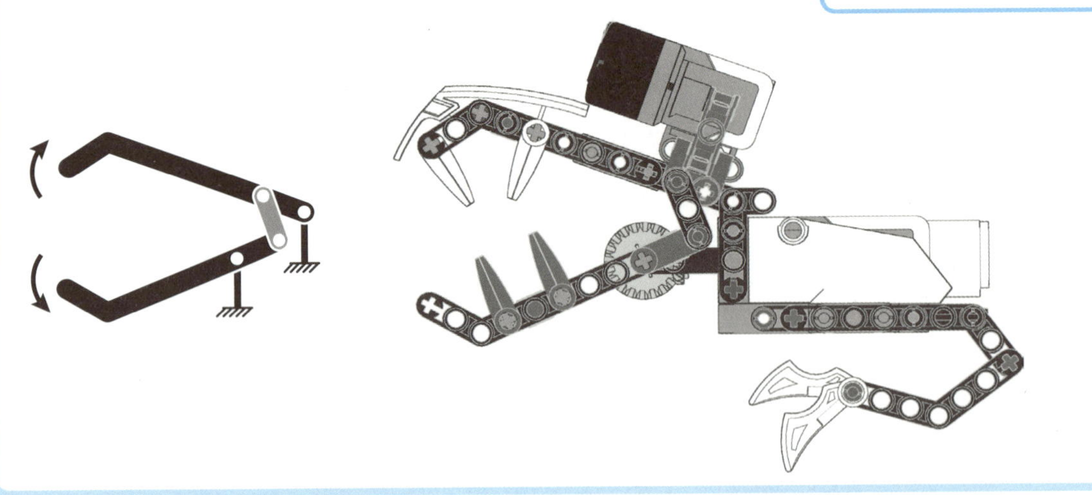
아래턱은 모터에 의해 움직입니다.
위턱에 움직임을 전달하는 3M 빔이
피봇 축 반대편에 연결되어 있어서
(아래턱에 붙어 있는 3M 빔의 위치와 비교
해보세요) 위아래 턱이 서로 반대 방
향으로 움직입니다.

13

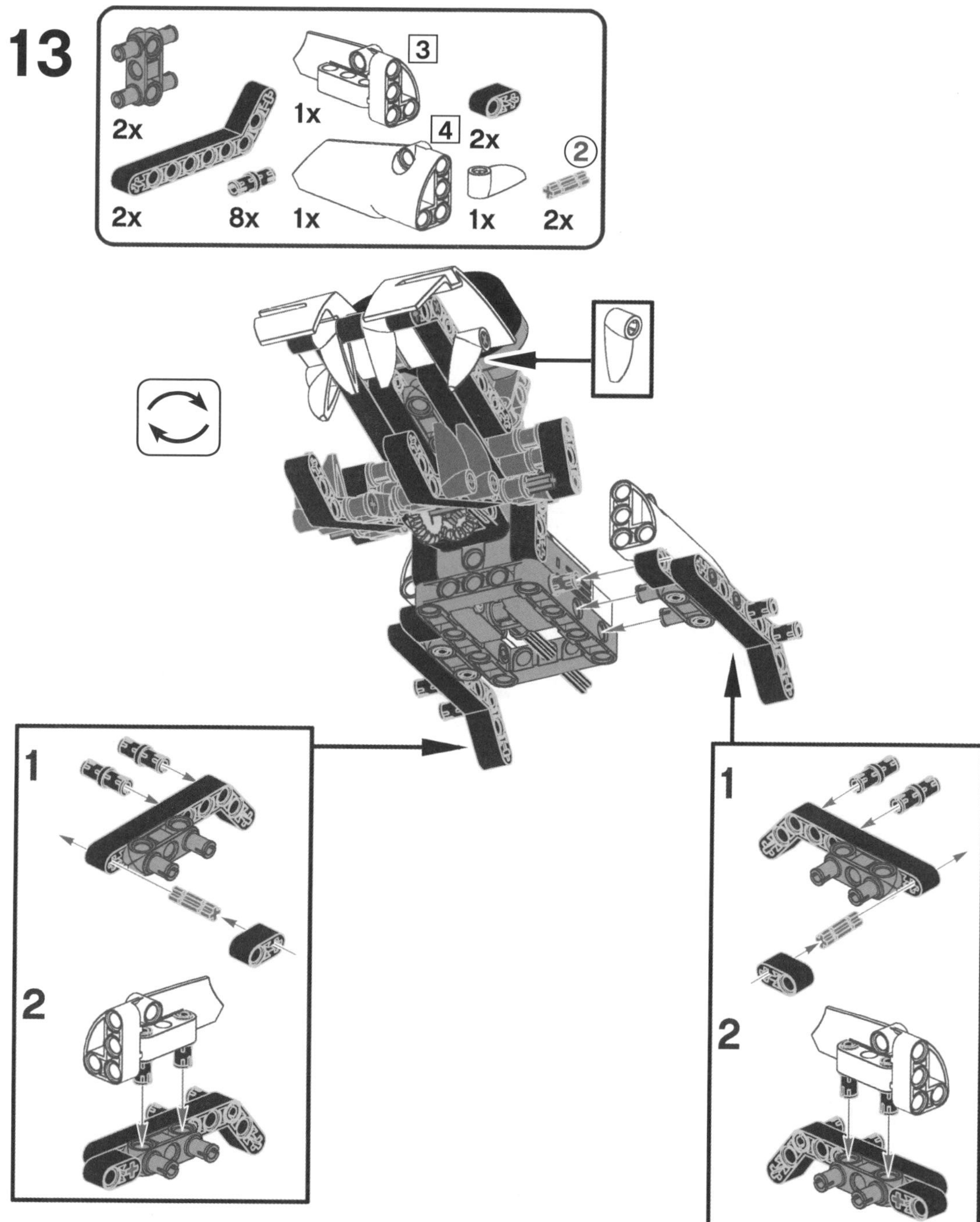

14

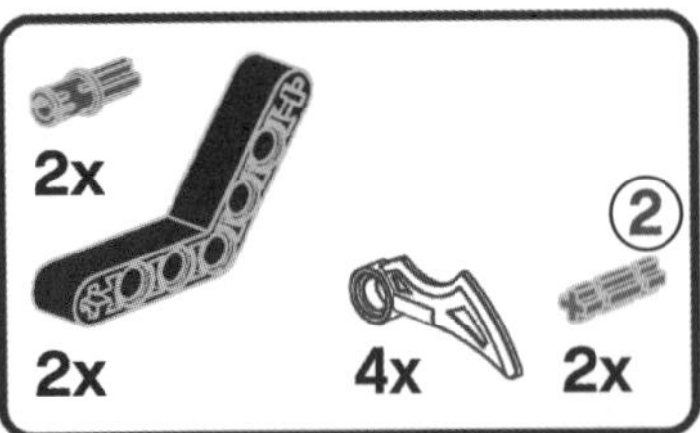

2x **2x** **4x** **2x** ②

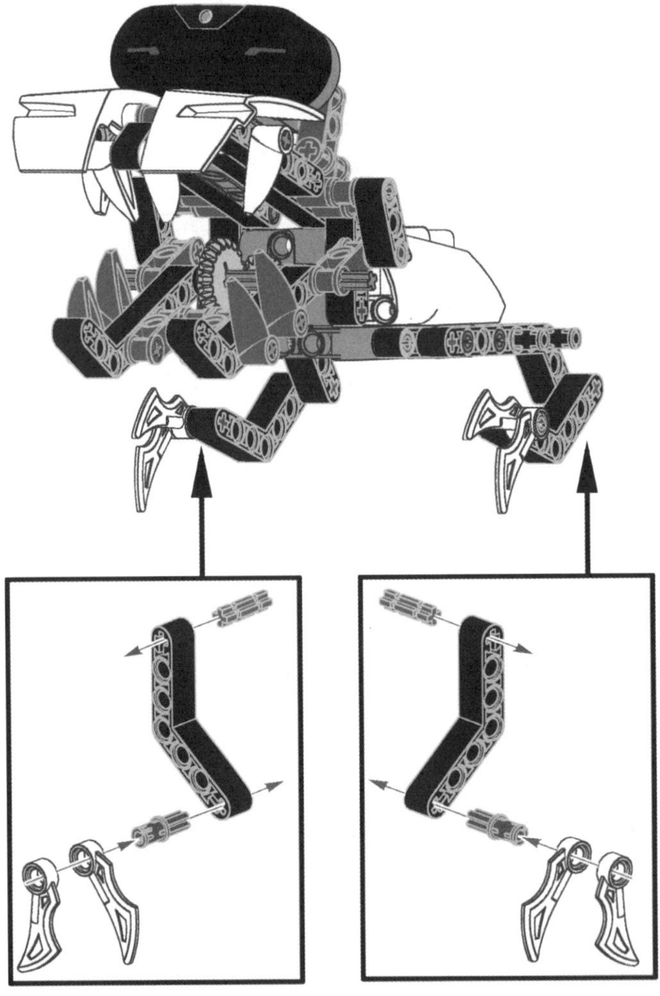

30

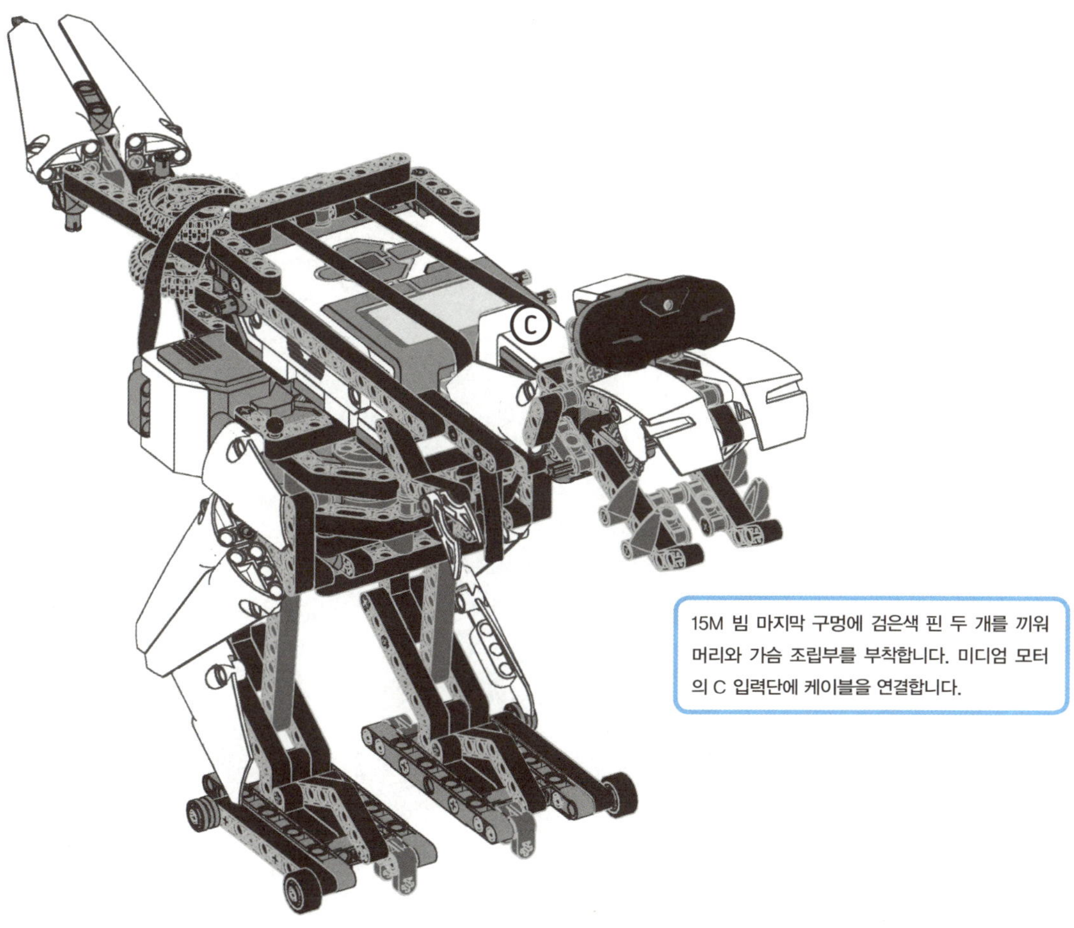

15M 빔 마지막 구멍에 검은색 핀 두 개를 끼워
머리와 가슴 조립부를 부착합니다. 미디엄 모터
의 C 입력단에 케이블을 연결합니다.

31

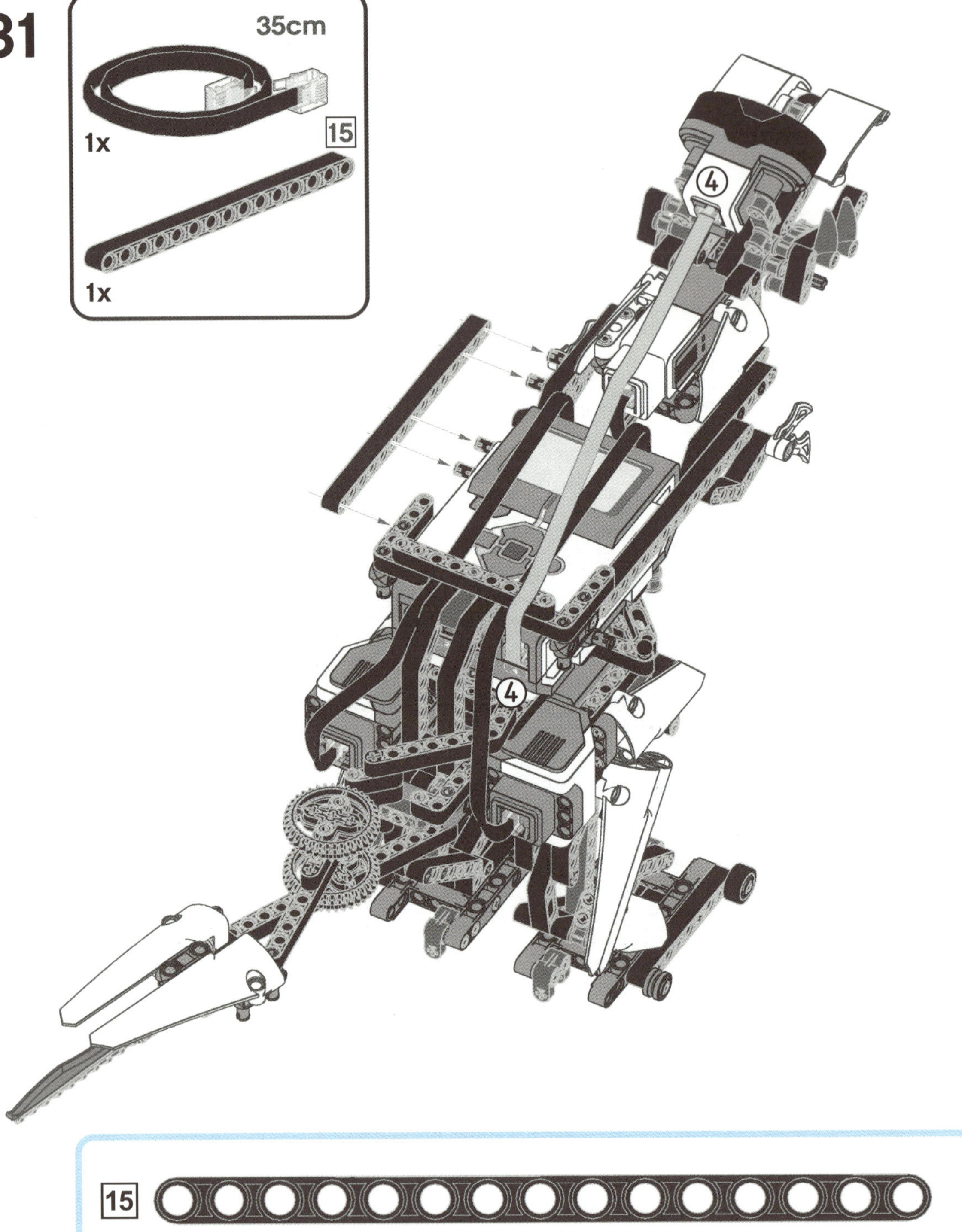

32

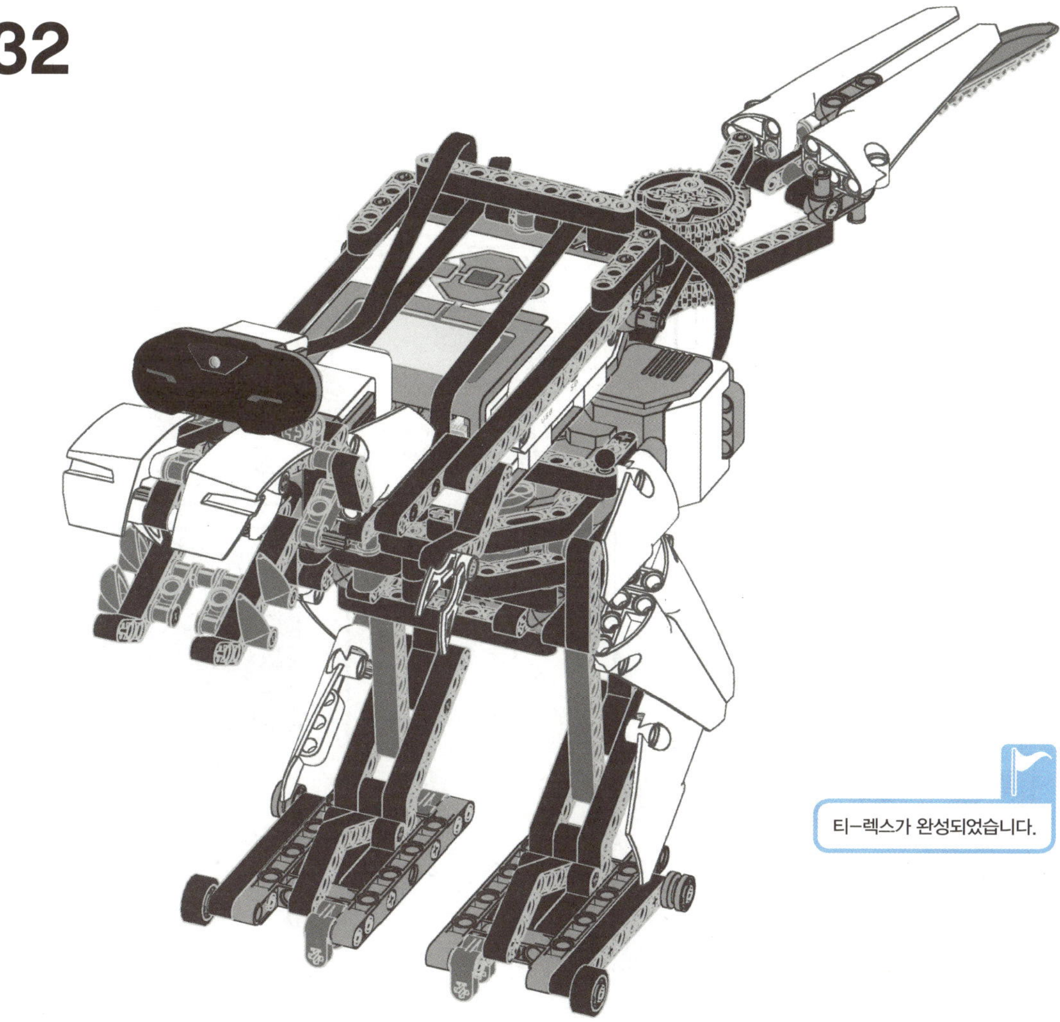

이 장을 마치며

이 장에서는 무시무시한 티-렉스를 만들고 이 과정을 통해 새로운 조립 기법 몇 가지를 발견하였습니다.

다음 장에서는 티-렉스가 으르렁거리며 주위를 탐사하도록 프로그래밍할 예정입니다. 또한 마치 생명체가 자율 행동을 하는 것처럼 로봇이 기분mood에 따라 동작하도록 만드는 방법을 배우게 됩니다. 즉 센서값과 타이머에 따라 다른 동작을 수행하도록 만들어 주는 것입니다.

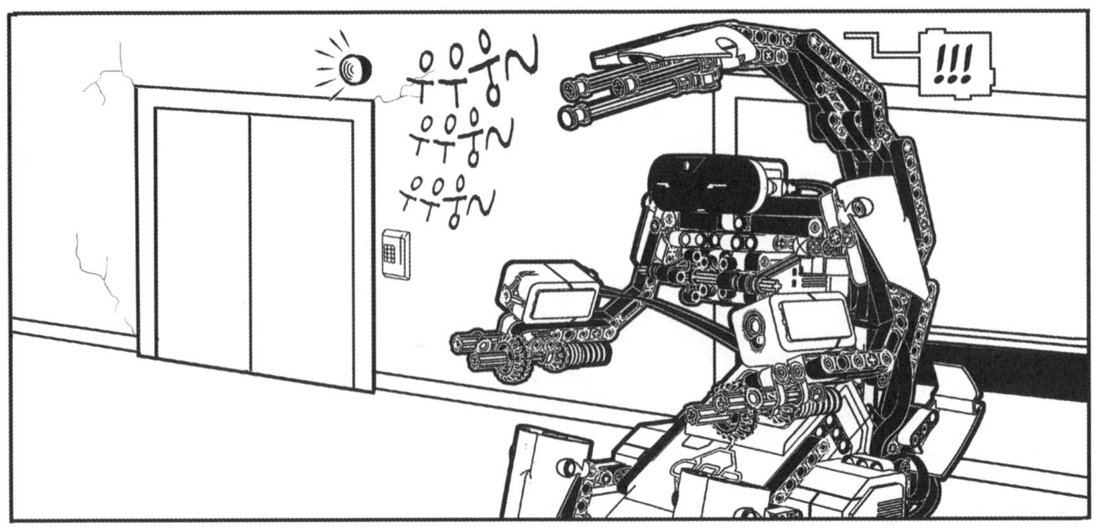

우우웅~
우우웅~
우우웅~
!!!

우우웅~
우우웅~
우우웅~

우우웅~
우우웅~
우우웅~
?
툭!
뿌리리리
철컥!
철컥!

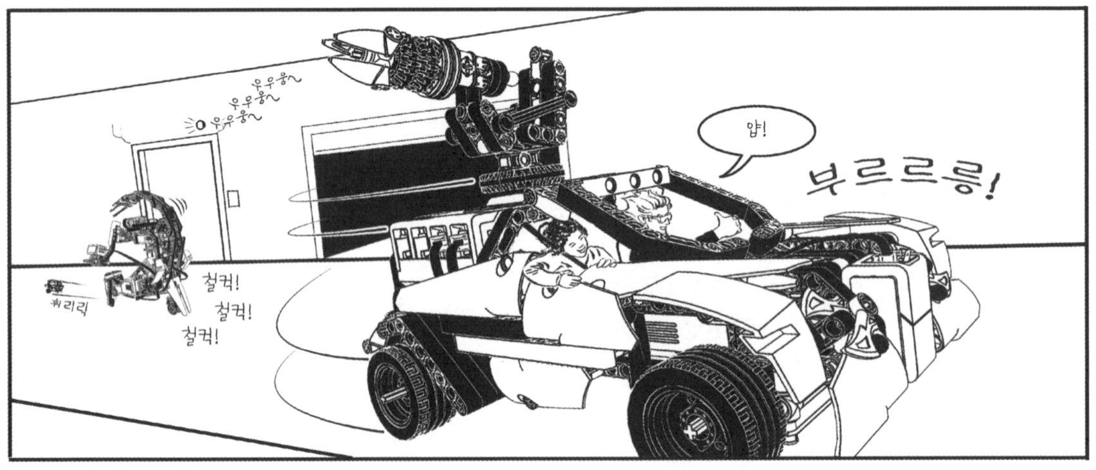

우우웅~
우우웅~
얍!
부르르릉!
철컥!
철컥!
철컥!
뿌리리

멋지게 따돌렸구나!
센티넬이 로버를 따라고 가고 있어요!!

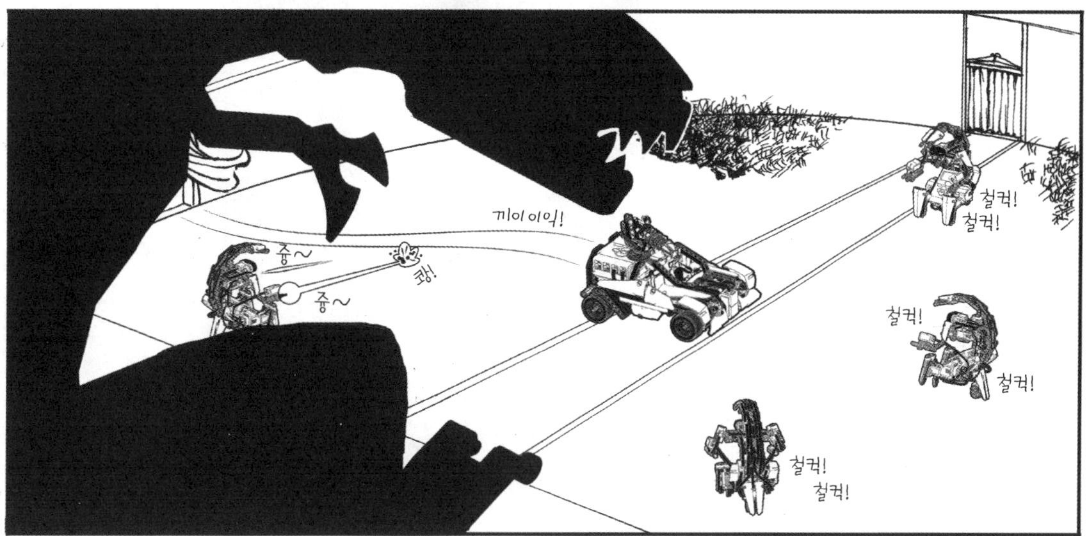

끼이이익!
줌~
줌~
쾅!
철컥!
철컥!
철컥!
철컥!
철컥!
철컥!

드디어 왔구나!
지지징
쾅꽝
콰고강

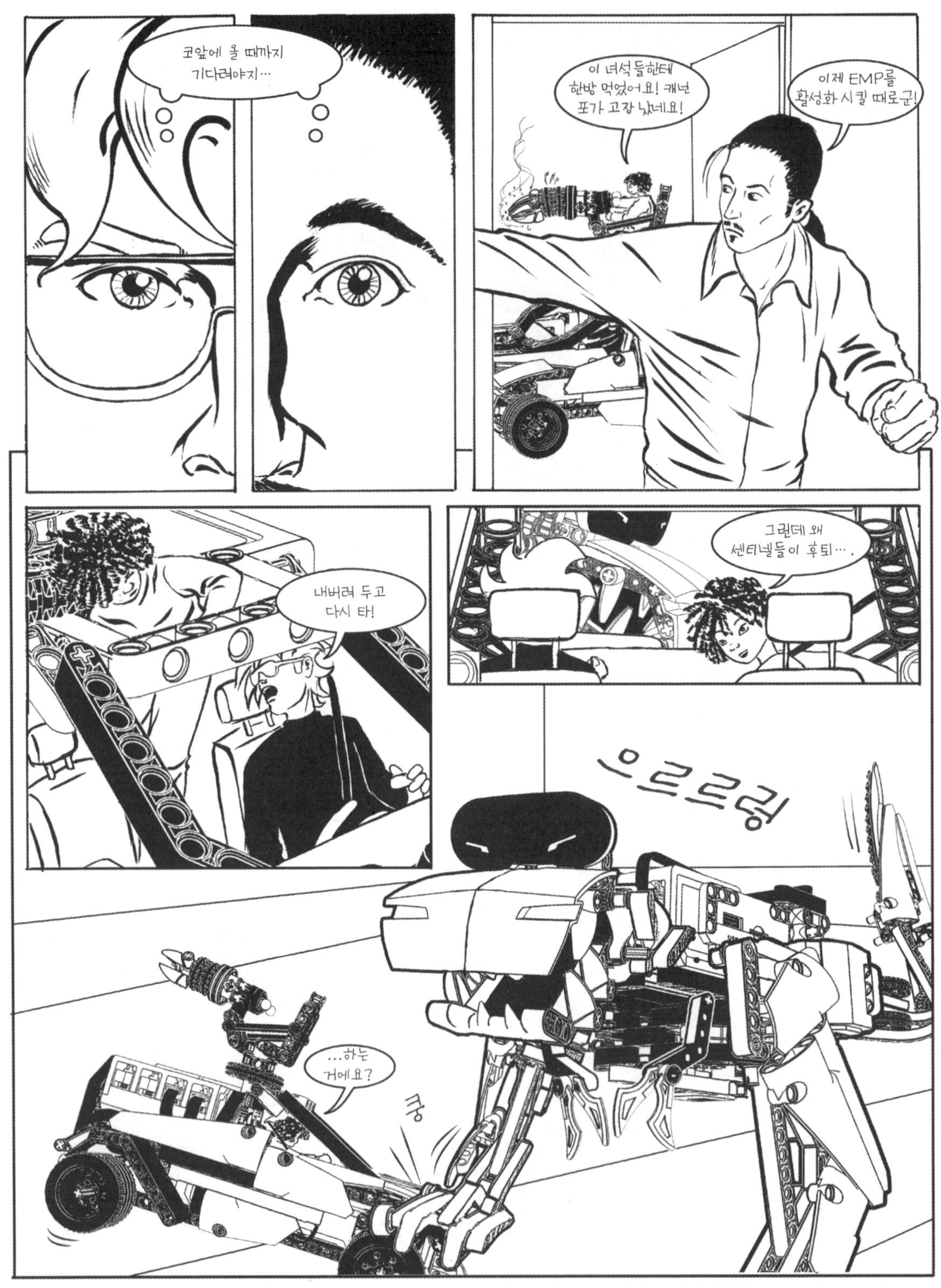

코앞에 올 때까지
기다려야지…
이 녀석들한테
한방 먹였어요! 캐넌
포가 고장 났네요!
이제 EMP를
활성화 시킬 때로군!
내버려 두고
다시 타!
그런데 왜
센티넬들이 후퇴….
으르르렁
…하는
거에요?
쿵

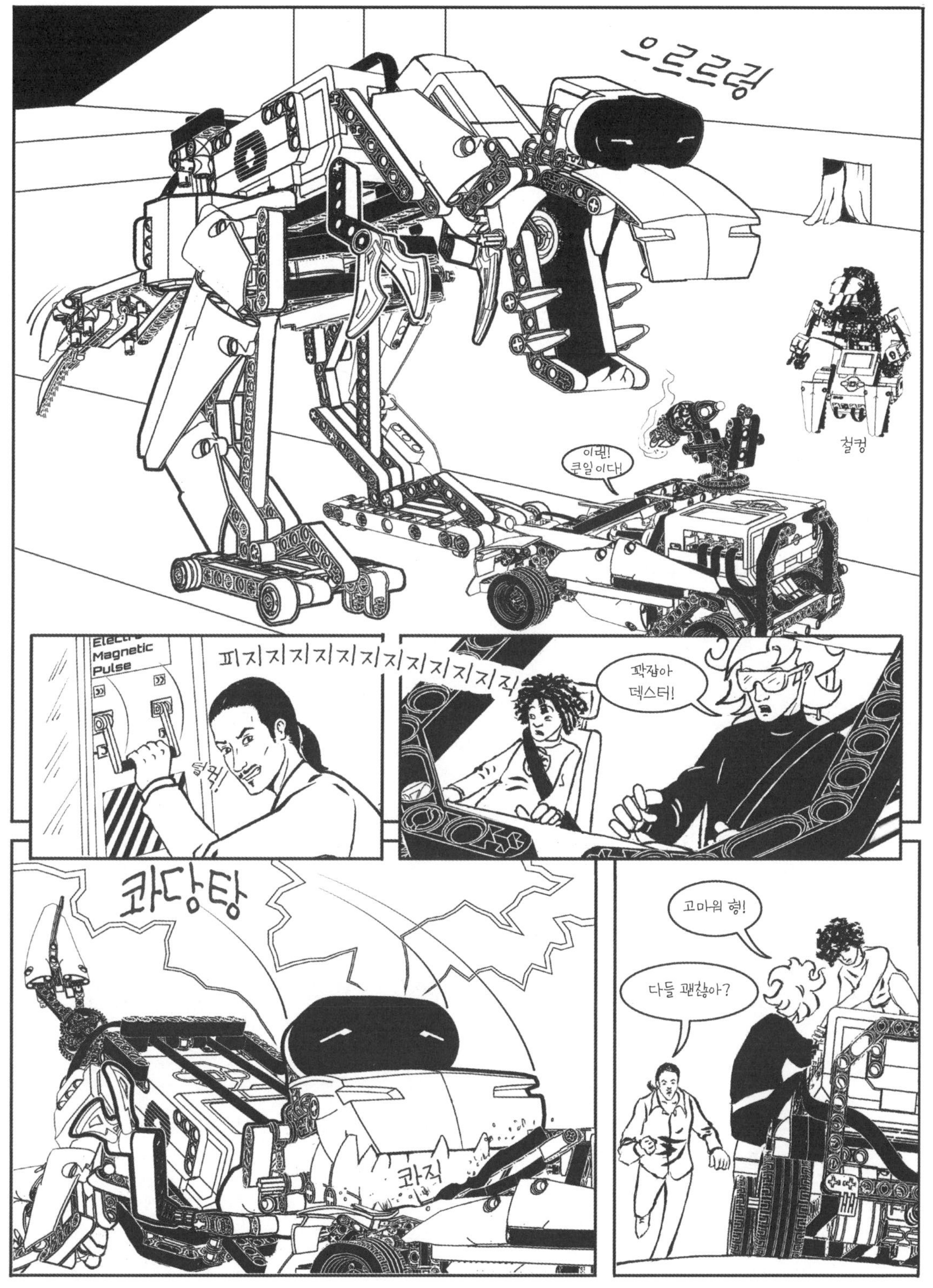

으르르렁
철컹
이런!
코일이다!
Electro
Magnetic
Pulse
피지지지지지지지지지지직
틸컥
꽉잡아
덱스터!
콰당탕
콰직
고마워 형!
다들 괜찮아?

16

티-렉스 프로그래밍

programming the T-R3X

이 장에서는 무시무시한 티-렉스를 프로그래밍해 보겠습니다. 먼저 이 공룡 로봇이 걷고, 장애물을 감지하고, 주변을 살펴보고 장애물을 피해가면서 주변 환경을 탐사하는 프로그램을 작성합니다.

그런 다음 티-렉스가 주변을 둘러보며 **먹이**(적외선 비컨)에 반응하고 먹잇감을 사냥하는 것과 같은 더 복잡한 자율 행동을 프로그래밍해 보려고 합니다.

또한 로봇 동작을 구현하기 위한 상태 기계State machine의 기초적인 사용법과 수학 방정식을 사용하는 복잡한 논리식 계산법을 배울 예정입니다.

Wander 프로그램을 위한 마이 블록 작성하기

티-렉스의 첫 번째 프로그램 'Wander'를 작성하기 전에 마이 블록 몇 개를 준비해야 합니다. 마이 블록을 작성하면서 주목할 만한 기법과 아이디어에 대해 알려 줄 예정입니다.

앞으로 작성할 마이 블록에는 시작할 때 다리 위치를 초기화하고, 로봇이 전진하고, 방향을 전환하고, 으르렁거리고, 먹이를 씹는 동작을 수행하는 기본 시퀀스들이 들어 있습니다.

그림을 통해 각 마이 블록을 구성하고 있는 블록 시퀀스를 나열하고 기본 입력값과 아이콘이 사용된 최종 마이 블록을 보여줍니다. 그림을 참고하여 각 마이 블록을 생성해 보세요.

Reset 마이 블록

Reset 마이 블록(그림 16-1)은 각 프로그램이 시작할 때 티-렉스의 모든 기계 구조를 시작 위치로 초기화시켜 주는 데 필요합니다.

몸체를 이동시키는 모터는 몸체가 기계적으로 움직이지 않을 때까지 회전합니다. 그다음 상체를 다시 중심으로 이동시킵니다. 그런 다음, 유사한 방법으로 다리를 움직이게 하는 모터가 다리를 정렬시킵니다. 그리고 병렬 시퀀스에서 미디엄 모터가 회전하여 공룡의 입을 다물게 만듭니다. 모든 모터의 회전수는 0으로 초기화됩니다.

MoveAbsolute와 MoveAbsolute2 마이 블록

MoveAbsolute 마이 블록(그림 16-2)은 라지 모터 블록을 포함하고 있으며 모터의 실제 위치와는 상관없이 모터가 초기화된 위치를 기준으로 절대적인 각도만큼 모터를 회전시켜 줍니다. (이 마이 블록을 그림 12-7에 있는 슈퍼카에 사용된 Steer 마이 블록과 비교해보세요.)

입력은 '포트' '파워' '각도' '정지방식'이라고 이름 붙입니다. 마지막 하나를 제외하고는 모두 숫자형 입력입니다. '정지방식'은 모터 블록과 같이 논리형 입력입니다. '포트' 파라미터에는 1(A 출력 포트), 2(B), 3(C), 4(D)를 사용할 수 있습니다.

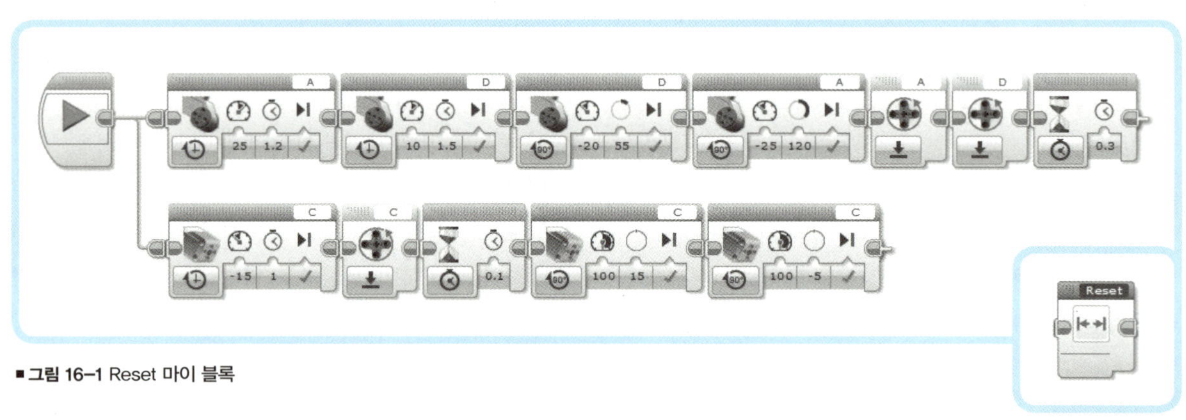

■ **그림 16-1** Reset 마이 블록

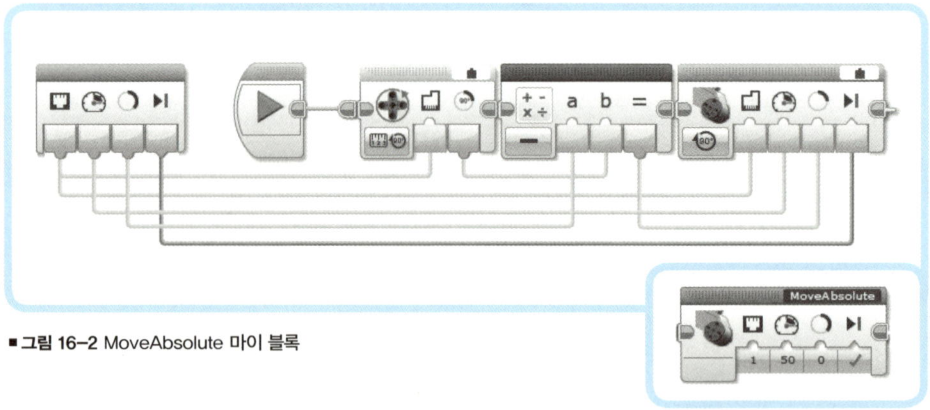

■ **그림 16-2** MoveAbsolute 마이 블록

MoveAbsolute2 마이 블록을 만들기 위해 프로젝트 속성에 있는 마이 블록 탭을 사용하여 MoveAbsolute를 복사하여 붙여 넣습니다. MoveAbsolute2라는 이름은 원래의 마이 블록을 붙여 넣을 때 자동으로 할당됩니다.

마이 블록은 '재진입성이 없기 때문에' MoveAbsolute 마이 블록과 똑같은 복사본을 만들어야 합니다. 즉, 동일한 마이 블록의 인스턴스instance 두 개를 '병렬로 수행시킬 수 없다'는 의미입니다.

만약 동일한 마이 블록을 병렬 시퀀스에서 중복하여 사용하였다면, 마이 블록 중 하나는 다른 마이 블록이 수행을 완료할 때까지 대기해야 합니다.

Step 마이 블록

Step 마이 블록(그림 16-3)은 몸을 좌우로 이동하고 다리를 앞뒤로 움직이면서 티-렉스가 걸음을 내딛도록 하는 기본 시퀀스를 담고 있습니다. MoveAbsolute 마이 블록과 대기 블록의 각 파라미터를 정확하게 선택하여 로봇이 적당한 속도로 보행하도록 만듭니다.

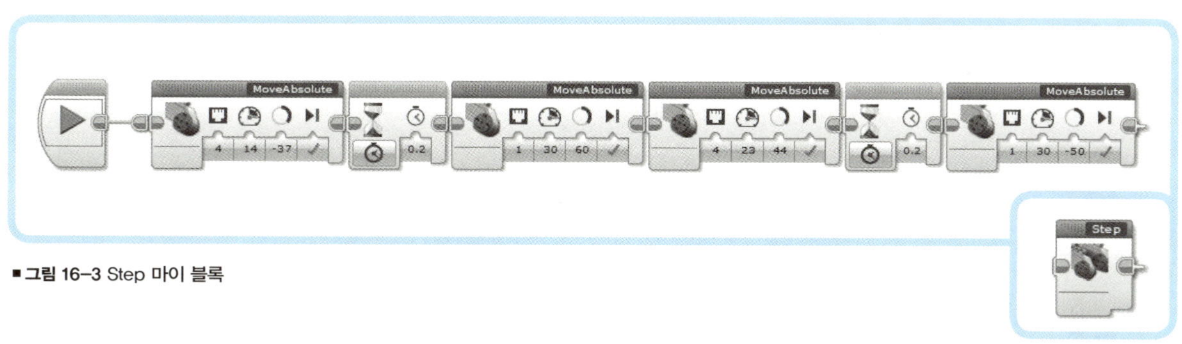

■ **그림 16-3** Step 마이 블록

Roar 마이 블록

Roar 마이 블록(그림 16-4)은 로봇이 입을 열고 닫는 동안 티-렉스의 울음소리를 재생합니다.

Chew 마이 블록

Chew 마이 블록(그림 16-5)은 로봇이 먹이를 씹는 동작을 하도록 만듭니다. 입이 열리고 닫히는데 맞추어 으드득거리는 소리를 냅니다. 사운드 블록의 재생 유형을 **1회**(1)로 설정하여 소리가 재생되는 동안 프로그램이 계속 수행되도록 만들어야 합니다.(만약 재생 유형을 **완료 대기**로 설정하면, 사운드 블록은 소리가 끝날 때까지 프로그램의 진행을 일시 중지시킵니다.)

Look 마이 블록

Look 마이 블록(그림 16-6)은 로봇이 몸(그리고 머리에 부착된 적외선 센서)을 좌우로 돌려 로봇 주변에 있는 물체와의 거리를 측정하게 만듭니다. 이 마이 블록은 '장애물이 가장 적은 방향'이라는 논리값을 출력합니다. 이 값은 로봇과 물체와의 거리가 멀어 로봇의 시선이 가장 멀리 확보되는 방향에 따라 결정됩니다.

'장애물이 가장 적은 방향' 출력값이 **참**이면 오른쪽 방향에 장애물이 가장 적다는 뜻이고, **거짓**이면 왼쪽 방향에 장애물이 적다는 뜻입니다. 이 출력값을 사용하여 로봇 눈높이에서 장애물이 없다고 생각되는 방향 혹은 가장 가까운 곳에서 물체가 감지되는 방향 중 하나로 로봇이 향하도록 만들 수 있습니다.

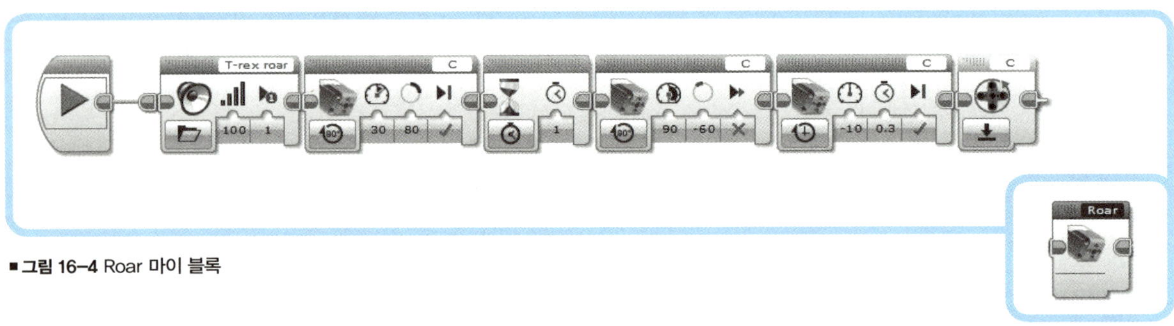

■ 그림 16-4 Roar 마이 블록

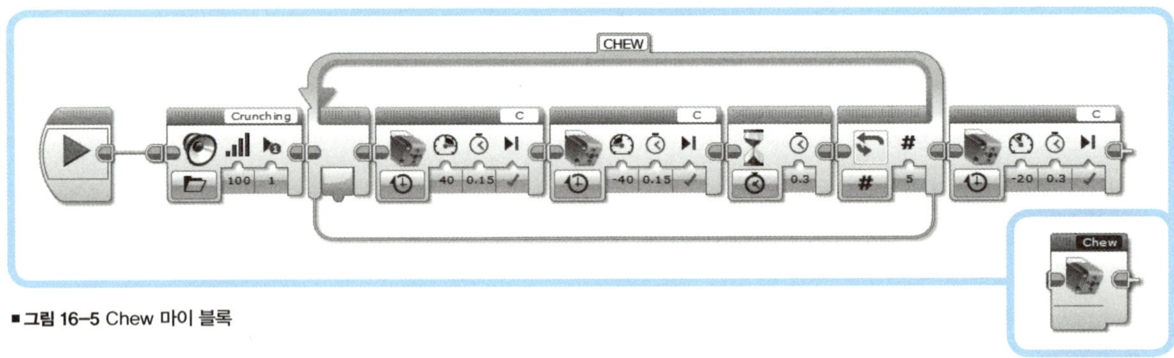

■ 그림 16-5 Chew 마이 블록

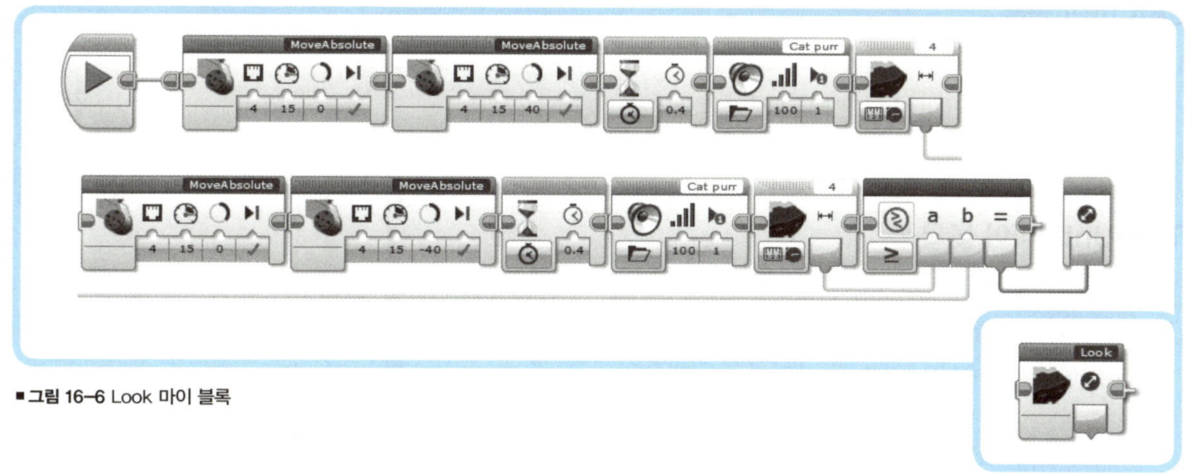

■ 그림 16-6 Look 마이 블록

Right 마이 블록

Right 마이 블록(그림 16-7)에는 로봇을 오른쪽으로 회전시키는 기본 시퀀스가 들어 있습니다. 로봇을 제자리에서 회전시키는 핵심은 '각(角) 운동량 보존의 법칙'을 이용하는 데 있습니다.

MoveAbsolute2 마이 블록이 다리를 움직이는 동안 세 번째 MoveAbsolute 마이 블록이 로봇의 가장 무거운 부분인 상체를 갑자기 이동시킵니다. 따라서 로봇의 가장 가벼운 부분인 다리에는 몸체가 회전하려는 것과 반대 방향으로 회전하는 힘이 작용합니다. 반면 로봇의 상체는 지면을 기준으로 여전히 그대로 남아 있습니다.

각 운동량 보존의 법칙은 외부로부터 회전력이 작용하지 않는 한 회전체의 각(角) 운동량은 항상 일정하게 보존된다는 법칙으로, 무거운 물체일수록 천천히 회전한다는 원리를 담고 있습니다. 그래서 로봇의 상체를 급격히 회전시키면 상대적으로 무거운 상체는 조금만 회전하고 그에 대한 반작용으로 가벼운 하체는 더 많이 회전하는 것입니다. 정지해 있는 자동차가 급출발하면 차는 가만히 있고 바퀴가 헛도는 상황도 이와 같은 이유입니다.

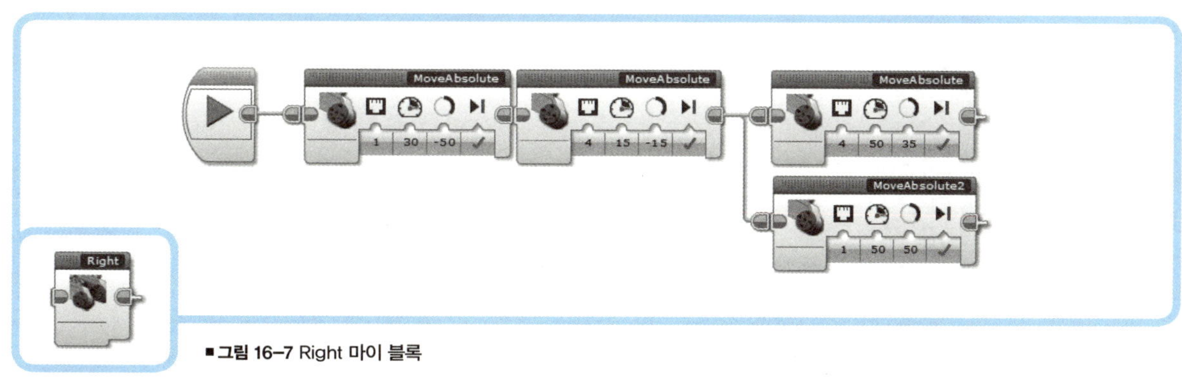

■ 그림 16-7 Right 마이 블록

Left 마이 블록

Left 마이 블록(그림 16-8)은 로봇을 왼쪽으로 회전시키는 시퀀스를 담고 있습니다. Right 마이 블록에서 그랬던 것처럼, 병렬 시퀀스가 MoveAbsolute2를 수행시킵니다.

TurnUntil 마이 블록

TurnUntil 마이 블록(그림 16-9)은 회전 방향을 설정하는 '방향' 입력값에 따라 오른쪽이나 왼쪽으로 회전하는 시퀀스를 반복 수행시킵니다. 이 시퀀스는 '횟수' 입력값으로 설정한 수만큼 반복 수행 되었을 때 혹은 적외선 센서로 측정한 근접도가 '근접' 숫자 입력값으로 설정한 경계값보다 클 때까지 계속 반복됩니다.

첫 번째 스위치 블록은 로봇을 회전시키는 시퀀스가 시작하기 전에 로봇의 무게중심을 정확한 지점으로 미리 이동시킵니다.

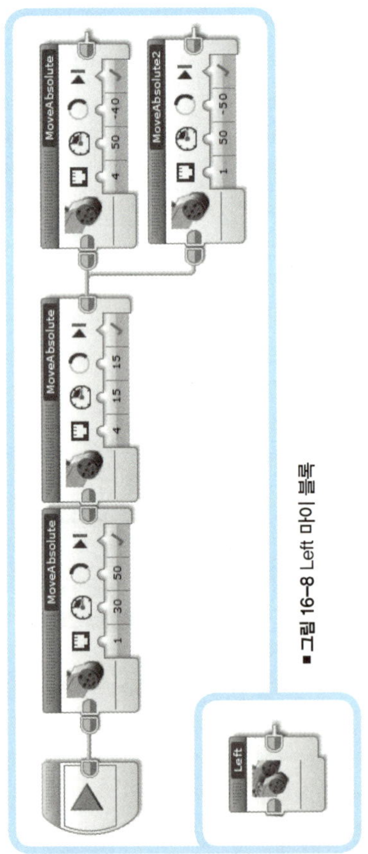

■ 그림 16-8 Left 마이 블록

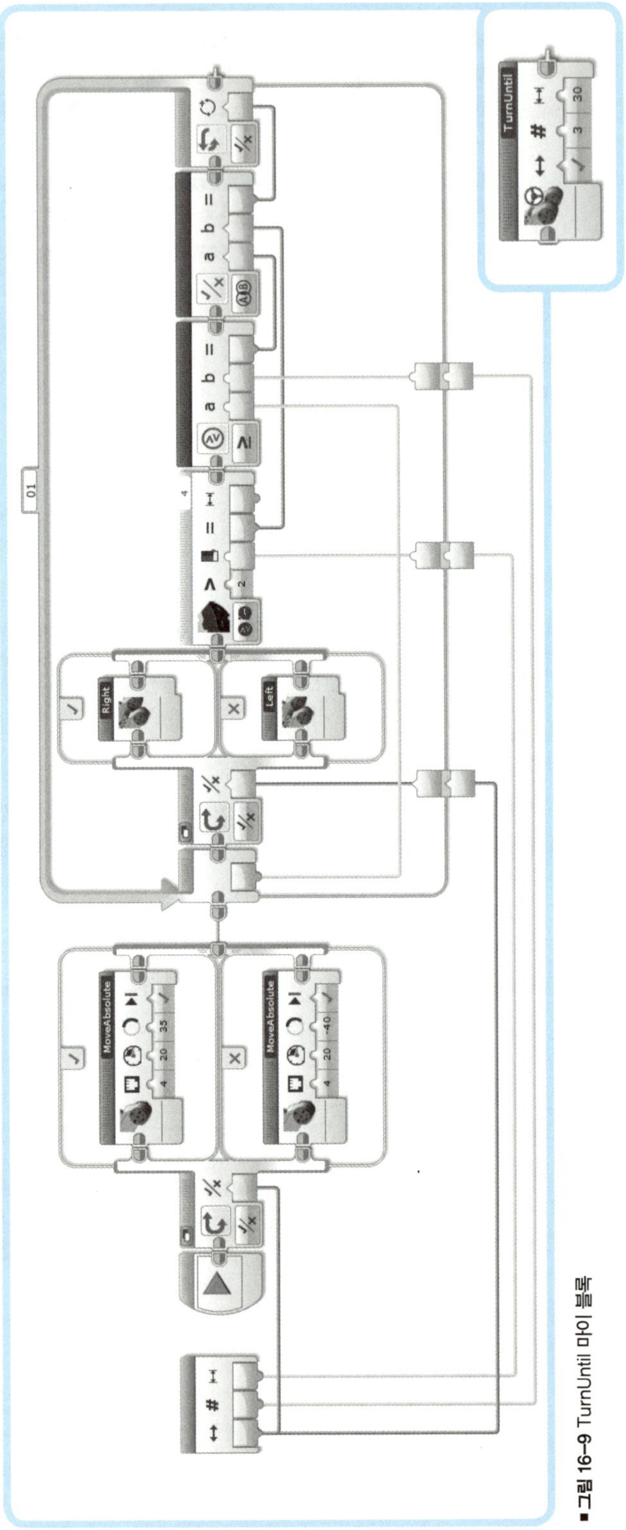

■ 그림 16-9 TurnUntil 마이 블록

티-렉스 Wander 프로그램

모든 마이 블록이 다 준비 되었으면 이제 티-렉스 Wander 프로그램을 만들 수 있습니다. 이 프로그램은 티-렉스가 걷고 장애물을 피해가도록 만들어 줍니다. 프로그램은 그림 16-10과 같습니다.

Step 마이 블록은 GO라고 이름 붙인 루프 안에서 반복 수행됩니다. 적외선 센서는 IR이라고 이름 붙인 루프 안에서 지속적으로 센서값을 체크합니다. 이 루프는 병렬 시퀀스에서 동작하고 있습니다.

장애물이 감지되면, 루프 인터럽트 블록이 GO 루프를 종료시켜 MAIN 루프 안에 있는 GO 루프 다음 블록들이 실행되도록 합니다. 티-렉스는 포효하고, 주위를 둘러보고, 장애물이 거의 없는 방향으로 회전합니다.

티-렉스 동작 설계

티-렉스의 동작을 설계할 때 이 선사시대 포식자의 사나운 본능을 먼저 고려하였습니다. 로봇이 공룡처럼 동작하고, 원격 적외선 비컨을 마치 먹이처럼 사용하여 로봇이 이 비컨을 사냥하도록 만들었습니다.

그림 16-11에 티-렉스 상태도가 나와 있습니다(상태도

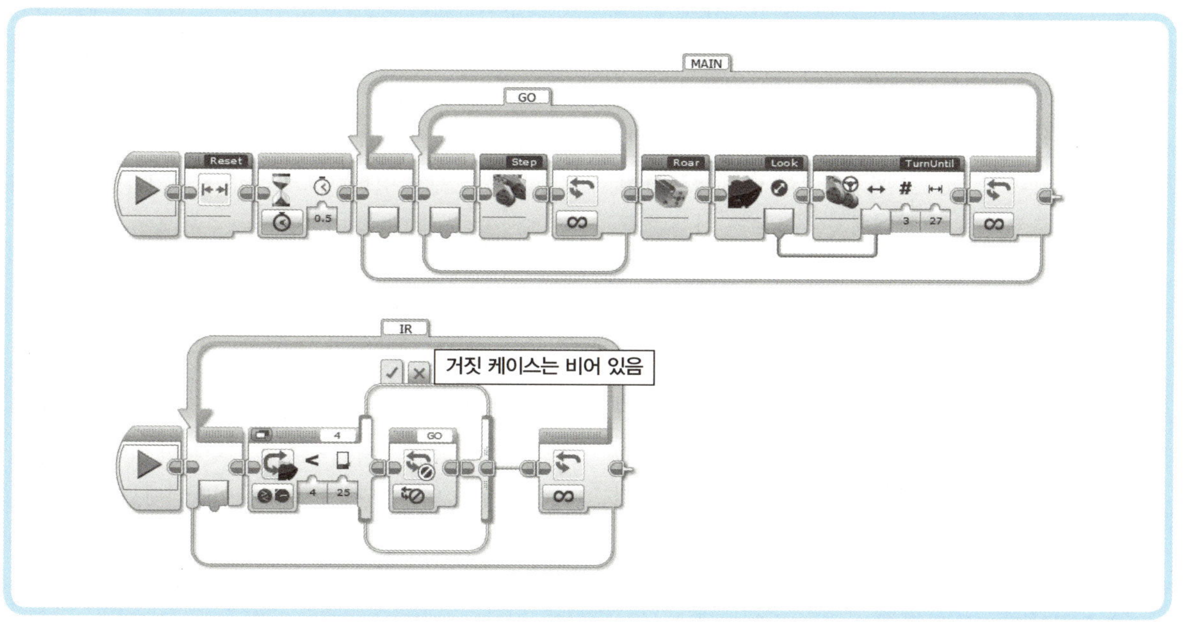

■ 그림 16-10 Wander 프로그램

에 대해 더 많은 정보를 알고 싶으면 400쪽의 '더 깊게 파보기: 상태 기계를 이용한 행동 모델링'을 참고하세요).

몇 가지 천이transition는 특정 상태의 동작을 수행하고 난 후 자발적으로 일어난다는 것에 주목하세요. 이러한 천이는 화살표 달린 점선으로 표시됩니다. 로봇이 먹이를 먹고 난 다음 휴식 상태로 들어가는 경우를 예로 들 수 있습니다.

상태도를 간단하게 만들려면 노드node에는 각 상태의 이름만 적습니다. 각 상태에서 수행되는 동작은 다음과 같습니다. 다음에 설명하는 상태 명은 뒤에서 스위치 블록의 케이스 이름으로 사용할 예정인데, 케이스 이름에는 한글을 사용할 수 없기 때문에 영어 표기를 같이 사용합니다.

- **시작**START 시작 상태에서는 로봇의 입, 몸, 다리와 같은 모든 기계장치를 초기화합니다. 지루함과 배고픔을 자연스럽게 자극하게 만드는 타이머 또한 초기화하고 임의의 수를 사용하여 타이머 종료 시간을 설정합니다.

- **대기**IDLE 로봇은 시작 상태 다음으로 대기 상태에 들어갑니다. 로봇이 이 상태에서 겉으로는 아무런 동작도 하지 않고 있는 것처럼 보이지만, 내부에서는 다른 이벤트가 발생하는 것을 감지하기 위해 적외선 센서와 타이머가 계속 동작하고 있습니다.

  적외선 센서는 근처에 있는 물체나 원격 적외선 비컨(먹이!)을 감지할 수 있습니다. 그리고 로봇이 배고픔이나 지루함 느낄 만큼 충분한 시간이 흘렀는지 판단하는 타이머가 계속 동작하고 있습니다.

- **둘러보기**LOOK 지루함을 판단하는 타이머가 종료 시간에 이르면 로봇은 둘러보기 상태가 됩니다. 로봇은 제자리에서 좌우를 살펴보고 가장 장애물이 적은 방향으로 회전합니다. 그런 다음 타이머 종료 시간

을 임의로 설정하여 타이머를 초기화시키고 로봇은 대기 상태로 돌아갑니다.

타이머는 알람시계처럼 정해진 시간이 지나면 알려주는 기능을 갖고 있습니다. 이 기능을 응용하면 티-렉스가 마치 살아 있는 공룡처럼 행동하도록 만들 수 있습니다. 타이머를 동작시킨 후 미리 정해둔 종료 시간이 되면, 종료 시간을 임의로 변경하고 타이머를 처음부터 다시 동작시킵니다. 그리고 타이머 종료 시간이 될 때마다 특정 동작을 수행시키면 로봇은 마치 변덕스런 동물처럼 임의의 행동을 불규칙적으로 반복하게 됩니다. 마치 밥을 먹고 난 뒤 어떤 날은 4시간 후에 배가 고플 때도 있고 어떤 날은 3시간 후에 배가 고플 때도 있는 것처럼 말이지요.

- **분노**ANGRY 만약 먹잇감이 달아나거나 배가 고픈데 시야에 먹이가 없거나 먹이 대신 다른 물체를 만나게 되면 로봇은 분노에 차서 으르렁거립니다. 그런 다음 로봇은 대기 상태로 돌아갑니다.

- **배고픔**HUNGRY 배고픔 타이머가 종료 시간에 이르면 로봇은 배가 고파지고 먹이를 찾습니다. 만약 먹이를 찾지 못하면 티-렉스는 분노 상태로 들어갑니다. 먹이를 찾으면 먹이 탐색 상태로 들어가서 사냥을 시작합니다.

- **먹이 탐색**SEEK 먹이를 찾으면, 이는 사냥을 시작하는 초기 상태가 됩니다. 로봇은 먹이가 있는 방향이 자신의 앞쪽인지 확인합니다. 그렇다면 먹이에 도달하기 위해 먹이 추격 상태로 들어갑니다. 만약 먹이가 왼쪽이나 오른쪽에 있다면 먹이가 있는 방향으로 회전합니다. 만약 먹이가 달아나면(시야에서 사라지면) 로봇은 분노 상태로 들어갑니다. 만약 티-렉스가 먹이에 도달하면 먹기 상태에 들어갑니다.

- **먹이 추격**CHASE 로봇이 먹이 탐색 상태에 있고 먹이

가 거의 직선으로 앞쪽에 있을 때, 로봇은 이 상태에 들어가고 먹이를 향해 앞으로 전진합니다. 만약 먹이가 오른쪽이나 왼쪽에 있다고 감지하면 로봇은 다시 먹이 탐색 상태로 들어가서 먹이 쪽으로 방향을 전환합니다. 만약 먹이가 달아나면, 로봇은 분노 상태로 들어가지만 먹이에 도달하게 되면 먹기 상태에 들어갑니다.

• **먹기**EAT 먹이가 근처에 있는 것을 보았을 때, 로봇은 먹이를 물어뜯고 조각을 내어 씹어 삼킵니다. 그런 다음 대기 상태로 돌아갑니다. 배고픔 타이머가 초기화 되고 임의의 시간 간격이 새롭게 선택됩니다.

위에 정리한 것과 같이 로봇 생명체의 행동을 자연 언어로 기술할 수 있습니다.

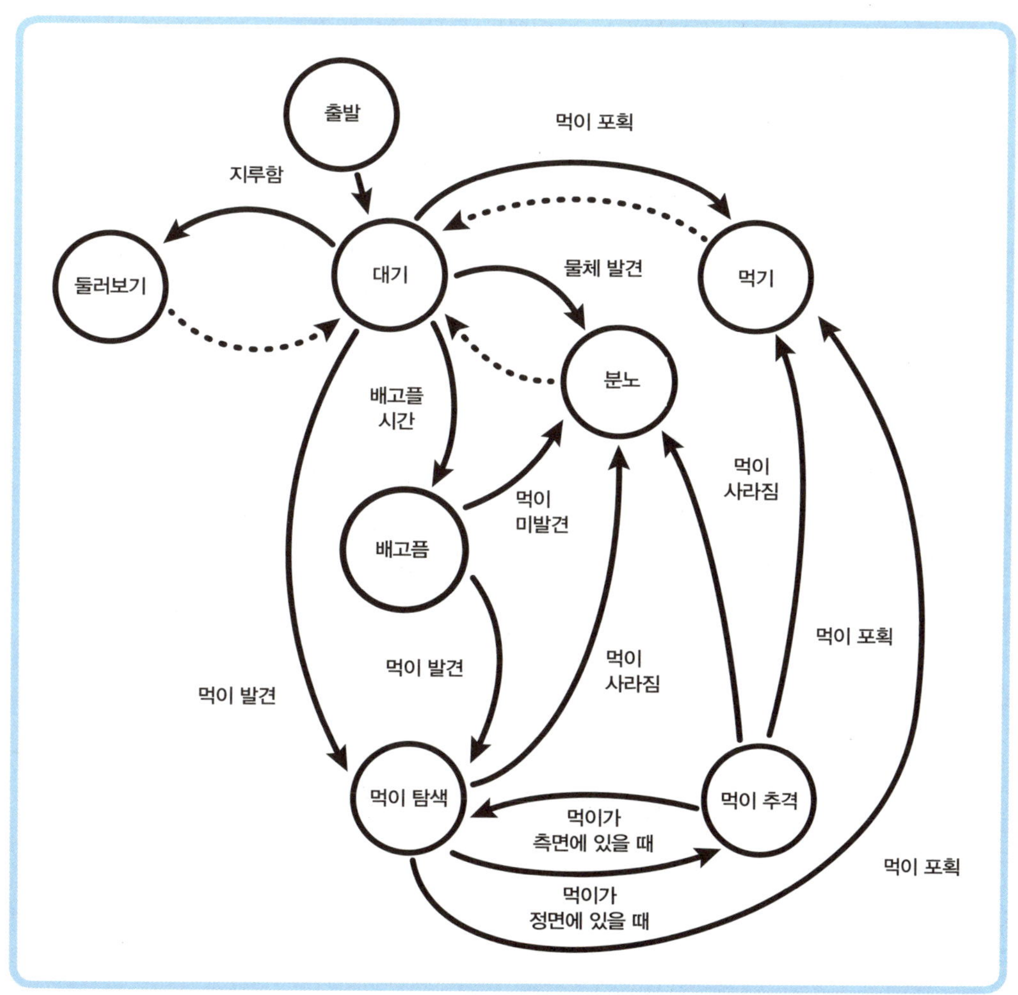

■ **그림 16-11 티-렉스 행동 상태도**

상태 기계를 이용한 행동 모델링

일반적으로 많은 로봇들이 루프 안에서 동작을 수행하기 때문에 그다지 재미있는 동작들을 보여주지 못합니다. 예를 들어, 로봇은 걷다가 장애물을 만나면 방향을 전환하고 다시 앞으로 걷기 시작합니다.

어떻게 하면 창작품에 생명의 불꽃을 심어 줄 수 있을까요? 그렇게 해서 로봇이 마치 자유의지를 갖고 있는 것처럼 행동하도록 말입니다. 해답은 유한 상태 기계(간단하게 상태 기계)를 사용하는 것입니다. 상태 기계는 로봇 행동을 모델링하는 프로그래밍 기법입니다. 상태 기계(혹은 상태 자동기계)는 상태, 상태 사이의 천이, 발생 가능한 이벤트의 집합 그리고 취할 수 있는 동작을 토대로 하여 행동을 모델링합니다.

- 상태state는 과거나 현재의 이벤트를 근거로 기계의 상황을 표현합니다. 그래서 상태는 시스템이 시작해서부터 지금까지 발생했던 과거 역사를 반영합니다. 대부분의 경우, 기계의 모든 과거가 현재 상태에 집약되어 있습니다.

- 상태 천이State transition는 볼 수 없습니다. 특정 상태에서 이벤트가 발생하면, 천이가 시작되어 기계를 한 상태에서 다른 상태로 옮겨놓습니다. 이벤트가 상태를 변경시킬 때, 이벤트 기반 상태 기계state machine라고 부릅니다.

- 이벤트Event는 예를 들어 센서로부터 받는 입력, 동작하는 타이머, 혹은 특정 값에 도달한 내부 카운터로 표현될 수 있습니다. 이벤트는 상태 사이의 천이를 일으킵니다.

- 동작Action은 기계의 출력과 눈에 보이는 행동을 말합니다.

상태 기계는 그림 16-12와 같이 상태도를 사용하여 표현할 수 있습니다. 원(노드) 안의 글자는 상태(S_0, S_i, S_j, S_k)를 표현합니다. 한 상태에서 다른 상태로 이어진 화살표는 '상태 사이의 천이'를 나타냅니다.

모든 화살표에는 'i' 상태에서 'j' 상태로 천이시키는 이벤트 'E_{ij}'가 표시됩니다. 'A_i'는 'S_i' 상태에서 수행하는 동작입니다.

그림 16-12에서 볼 수 있듯이, 어떤 상태 기계는 아무런 화살표도 들어오지 않는 시작 상태(S_0)를 갖고 있습니다. 로봇이 이 상태를 한번 벗어나면 다시 이 상태로 돌아올 수 없습니다. 이 상태의 동작은 단 한 번만 실행됩니다. 대개 이런 상태는 변수와 구동부를 초기화하는 역할을 합니다.

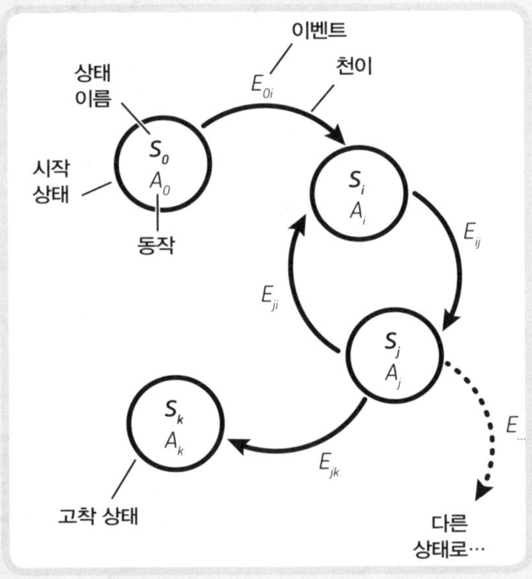

■그림 16-12 상태 기계를 표현하는 상태도

NOTE 상태 기계를 설계할 때 소위 말하는 고착 상태(탈출 경로가 없는)를 반드시 회피해야 합니다. 한번 이 상태에 도달하면 빠져 나올 수 없으며 기계가 정지하게 됩니다. 고착 상태에 빠지는 것을 피하려면 각 상태에서 다른 상태로 천이가 되는지 확인해야 합니다.

상태 기계 구현

이 절에서는 EV3 소프트웨어를 사용하여 상태 기계(SM: State Machine)를 어떻게 구현하는지 배웁니다. 상태 기계의 개념적인 구성 요소(상태, 천이, 이벤트, 동작) 각각은 프로그래밍 블록 시퀀스로 표현됩니다.(그림 16-13에 보이는 프로그램은 단지 일반적인 구조일 뿐입니다. 티-렉스의 상태 기계를 구현하는 방법을 나중에 자세하게 배울 예정입니다.)

일반 구조

상태 기계는 그림 16-13의 일반적 구조를 따라 EV3 언어로 구현할 수 있습니다. 메인 루프 이전에 상태 기계가 수행해야만 하는 첫 번째 상태(시작과 같은 상태)를 배치해서 로봇의 기계 구조, 이벤트 타이머, 상태 변수 S를 초기화 할 수 있습니다.

메인 루프 안에서는 상태 변수를 읽어서 스위치 블록의 다양한 케이스를 선택하는 데 사용합니다. 각 케이스는 하나의 상태를 나타내며, 상태 변수에 새 값을 할당하여 케이스 내부에서 동작, 이벤트 체크, 그리고 다른 상태로의 천이를 수행할 수 있습니다. (천이가 자발적으로 혹은 이벤트 기반으로 발생할 수 있습니다.)

프로그램을 간결하게 유지하기 위해 동작, 이벤트 체크, 천이를 한데 묶어 각 상태에 해당하는 하나의 마이 블록으로 만듭니다.

시작 상태

초기 시작 상태는 메인 프로그램 루프 앞에 하나 이상의 마이 블록을 배치해서 구현할 수 있습니다. 그림 16-13에 있는 일반적인 프로그램에서 INIT 마이 블록이 상태 변수, 타이머를 초기화하고 타이머 종료 시간을 임의로 설정하는 반면, Reset 마이 블록은 로봇의 기계 구조를 초기화합니다.

상태 변수

'S'라는 이름의 변수 하나로 기계의 상태를 표현합니다. 상태 변수는 전역 변수로 프로그램 어느 곳에서라도 이 변수에 접근할 수 있습니다.

만약 숫자형 변수를 고른다면 각 상태에 정수값을 연결시켜야 합니다. 예를 들어, 대기IDLE는 0, 둘러보기 LOOK는 1이 됩니다.

숫자형 상태 변수를 사용할 때 나타나는 문제점은 다양한 상태에 대한 코드를 잊어버리거나 혼동할 수 있다는 것입니다.

대안으로, 텍스트형 상태 변수를 만들어서 상태 변수에 IDLE, LOOK 등의 상태 이름을 그대로 써넣을 수 있습니다. 천이할 때 텍스트형 변수를 사용한다면 상태 변수에 정확한 상태 이름을 써넣어야 합니다.

그렇지 않으면 기계는 예상한 대로 동작하지 않을 것입니다. 상태 기계가 가려는 곳은 존재하지 않는 상태이므로 결국 기본default 상태(이 경우, 대기 상태)를 수행하게

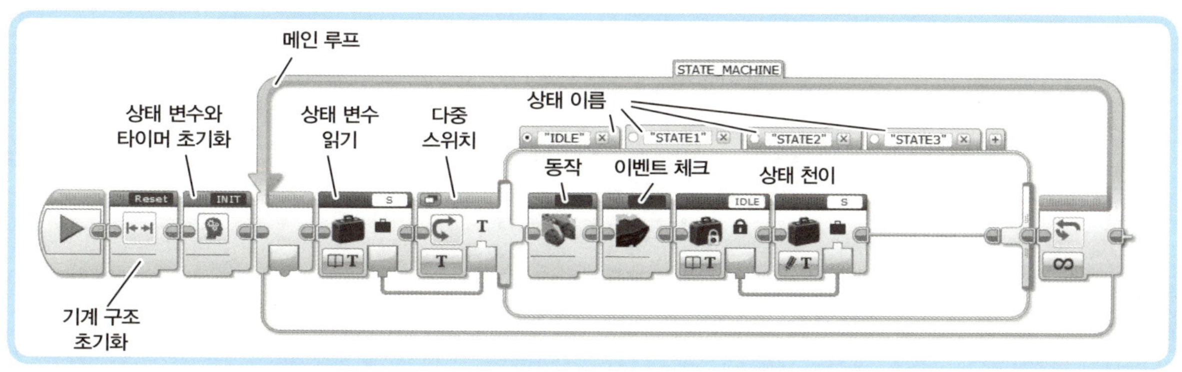

■ 그림 16-13 EV3 언어로 구현한 일반적인 상태 기계

됩니다. 그림 16-13에 있는 일반 프로그램의 상태 변수
는 텍스트형 변수입니다.

천이

천이는 이벤트에 의해 시작되거나, 혹은 상태의 모든 동
작을 수행하고 나면 천이가 자동으로 수행되도록 프로그
래밍할 수 있습니다. 천이를 시키려면, 메인 프로그램이
나 마이 블록 안에서 상태 변수S에 새 값을 할당합니다.

현재 상태에 해당하는 블록이 동작을 완료하는 즉시,
메인 루프에서 상태 변수를 다시 읽고 그 값에 따라 수행
할 다음 상태를 결정합니다. 상태 변수를 변경하지 않는
다면, 기계는 현재 상태에 머무르게 될 것입니다. 그리고
메인 루프는 현재 상태의 동작을 계속 수행할 것입니다.

센서 이벤트

각 상태에서, 특정 이벤트가 발생했는지 확인할 수 있고
그 이벤트가 발생했을 때 다른 상태로 천이할 수 있습니
다. 예를 들어, 그림 16-14와 같이 경계값과 센서 측정값
을 비교하여 조건을 만족하면 상태 변수에 새로운 값이
할당됩니다.

또한, 센서값을 읽는 모든 블록을 한데 묶어 하나의 마

이 블록으로 만들 수 있습니다. 그리고 이 마이 블록을 메
인 루프 안에 있는 탭 뷰 상태의 스위치 블록의 바깥쪽에
위치시킵니다. 기계의 상태와 관계없이 이 마이 블록은
항상 수행될 것입니다.

타이머 이벤트

그림 16-15에 보이는 것처럼 타이머의 종료 시간(블록 경
계값 입력)을 임의로 설정하고 타이머가 이 경계값을 넘어
설 때 시작되는 이벤트를 만들어서 로봇이 자발적으로
행동하는 것처럼 보이게 만들 수 있습니다.

타이머 이벤트 설정은 일종의 알람시계를 설정하는 것
과 비슷합니다. 배고픔용 타이머(1번) 하나, 지루함용 타
이머(2번) 하나 그리고 잠자기용 타이머 하나 등과 같이
흉내 내려고 하는 각각의 행동마다 타이머 하나씩이 필
요합니다.

그림 16-16에 보이는 것처럼 타이머에 의한 천이가
종료되는 즉시, 타이머를 초기화하고 타이머 경계값을
임의의 숫자로 설정합니다.

타이머를 사용하는 대신, 변수를 사용하여 이벤트가
몇 번 일어났는지 셀 수 있습니다. 예를 들어 터치 센서가
몇 번 눌렀는지 횟수를 세는 방법이 있습니다. 눌린 횟수
가 정해진 경계값보다 커지면 상태 기계는 다른 상태로
천이됩니다.

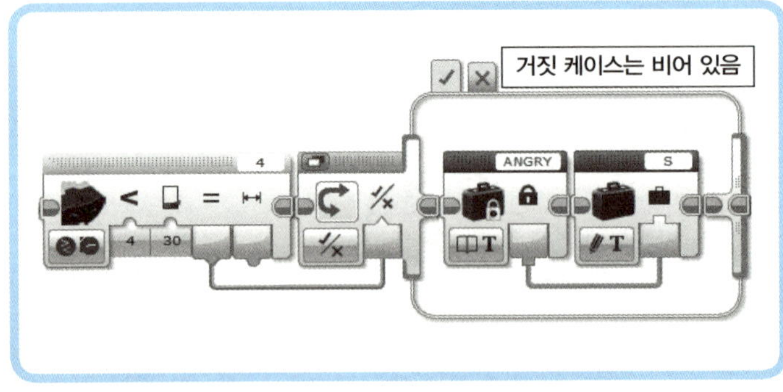

■그림 16-14 센서값을 체크하여 이벤트가 발생할 수
있습니다.

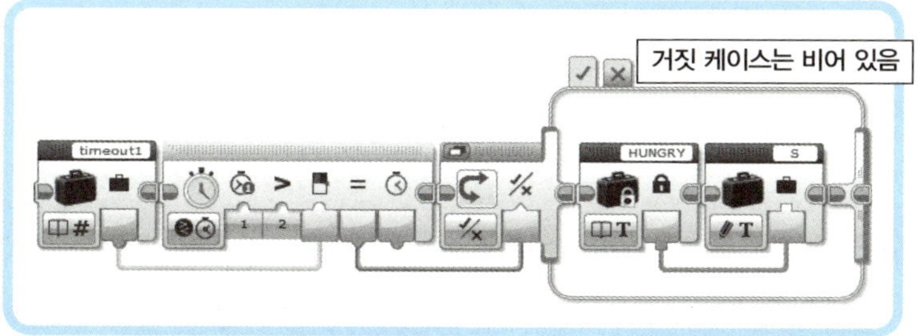

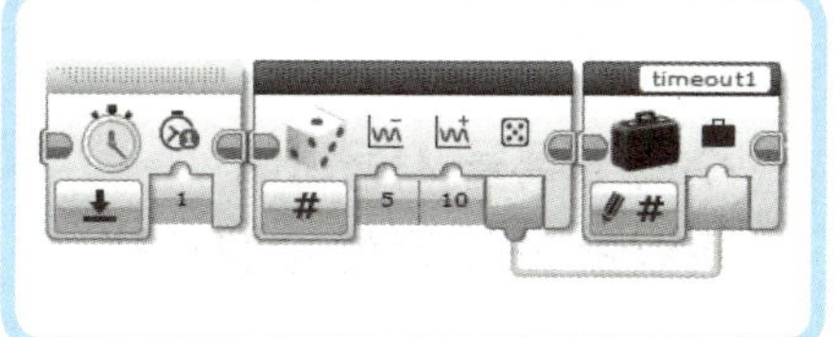

■ 그림 16-16 타이머가 초기화되고 타이머의 경계값도 임의의 숫자로 초기화되어 앞으로 자발적 이벤트를 발생하게 됩니다.

■ 그림 16-15 타이머가 경계값을 초과하면 다른 상태로 자발적인 천이가 발생됩니다.

타이머 필터링이벤트

어떤 논리 조건이 일정 시간 이상 만족되었을 때만 이벤트가 발생하여 천이가 시작되도록 만들고 싶을 때가 있습니다. 이것을 그림 16-17처럼 구현할 수 있습니다.

데이터 와이어를 통해 논리값이 1초이상 **거짓**으로 전달되면 상태 변수는 분노 상태로 설정되는 시퀀스입니다 (타이머-비교-시간 모드의 스위치 블록에 경계값을 1로 설정). 이 타이머는 논리 조건이 참(예상한 값의 반대)이 될 때마다 초기화됩니다.

만약 타이머가 특정 시간 동안 초기화되지 않으면, 타이머 경과 시간이 경계값을 초과하게 되고 스위치 블록의 참 케이스가 수행되어 상태 변수는 분노로 설정됩니다.

동작

현재 어떤 상태에 있는지에 따라 모터를 움직이거나, 소리를 재생하고, 라이트를 켜는 것과 같은 특정한 동작을 수행할 수 있습니다.

동작 시퀀스는 단지 몇 초 동안만 지속되어야 로봇이 새로운 이벤트가 발생했을 때 적절히 대응할 수 있습니다. 그리고 이 시퀀스에 무한 루프가 들어 있지 않아야 합니다. 그렇지 않으면 상태 기계는 어떤 상태에서 빠져나올 수 없어 동작을 멈추게 됩니다.

메인 루프는 반복되는 동작을 처리합니다.

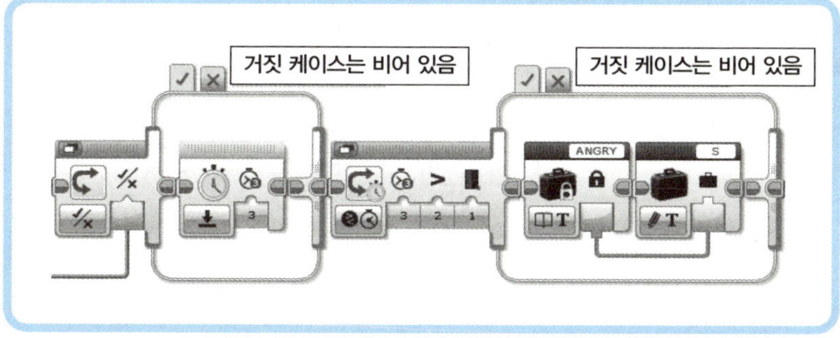

■ 그림 16-17 타이머를 이용하여 특정 시간 동안 조건이 변하지 않은 채로 유지되었을 때만 상태 천이를 시킬 수 있습니다.

수학 블록을 사용하여
복잡한 논리 연산 수행하기

EV3 블록으로 프로그래밍하는 것은 쉽지만, 가끔 논리식을 표현한 블록 시퀀스가 너무 길고 복잡해질 때가 있습니다. 예를 들어, 그림 16-18(a)에 보이는 것처럼 논리 변수 A, B, C를 결합하여 다음의 식을 계산하려면 논리 연산 블록 네 개와 많은 데이터 와이어가 필요합니다.

Result = (A AND B) OR (C AND NOT(B))

그러나 좀 더 우아하게 계산하는 방법이 있습니다. 6장에서 데이터 와이어를 사용하여 논리값을 숫자형 입력단에 연결하였을 때 입력된 논리값이 숫자형 값으로 자동으로 변환(참=1, 거짓=0)된다고 배웠습니다.

이런 변환 기법과 함께 수학 블록을 사용하여 논리 표현식을 계산하는 방법을 소개하고자 합니다. 이 방법을 사용하면 프로세스 안에서 블록과 와이어를 어지럽게 배치하지 않아도 됩니다.

1. 표 16-1에 각 논리 연산자에 대응되는 대수적 수식을 나열하였습니다. 이 테이블을 이용하여 논리식을 대수적 수식으로 바꾸어 **고급** 모드 수학 블록에 입력합니다.

2. 111쪽의 '숫자형 값을 논리형 값으로 변환하기' 에서 설명한 것처럼 비교 블록을 사용하여 수학 블록의 숫자형 결과를 논리값으로 변환합니다. 비교 블록의 모드를 **같지 않음**으로 설정한 후, 입력 B는 0으로 입력하고, 수학 블록의 출력에서 입력 A로 데이터 와이어를 연결합니다. 이 방법을 사용하면 0이 아닌 값들은 참으로 변환됩니다.

예를 들어, 그림 16-18(a)에 있는 것처럼 **고급** 모드 수학 블록에 공식 (A*B)+(C*(1-B))를 사용하여 같은 결과를 얻어낼 수 있습니다. 그리고 그림 16-18 (b)에 보이는 것처럼 비교 블록을 사용하여 숫자형 결과값이 0과 다른지 확인할 수 있습니다.

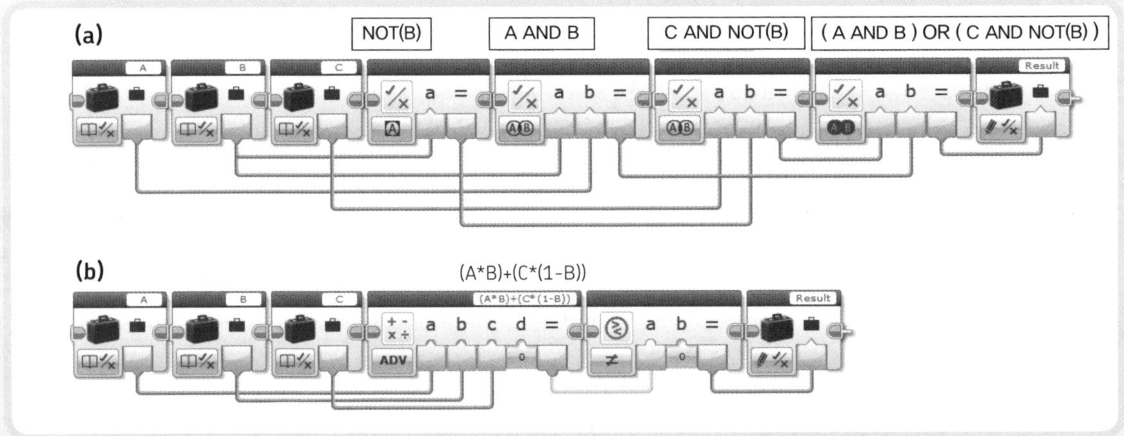

■ **그림 16-18** 복잡한 논리 표현식을 네 개의 논리 연산 블록과 수많은 데이터 와이어를 사용해 연산하는 방법(a)과 고급 모드 수학 블록과 비교 블록을 사용하여 연산하는 방법(b)

논리 연산식	대수식
NOT(A)	(1 − A)
A OR B	(A + B)
A AND B	(A * B)
A XOR B	(A − B)^2
A NOR B	(1 − A) * (1 − B)
A NAND B	(1 − A * B)

■ **표 16-1** 논리 연산식을 대수식으로 변환하기

NOTE 논리 AND 함수와 곱하기는 어떤 입력값 A와 B에 대하여 동일한 계산 결과를 갖습니다. (0 × 0 = 0, 0 × 1 = 0, 1 × 1 = 1) 반면, OR 함수는 더하기와 같습니다. 단 0이 아닌 값은 참으로 변환해야 합니다. 예를 들어, A와 B가 모두 1(참)일 때, A OR B의 결과는 A + B = 2가 됩니다. 이 결과는 유효한 이진수(즉 0과 1 둘 중 하나)가 아닙니다.
그러나 2는 0과 다르므로 비교 블록은 이 숫자를 참으로 변환합니다.

WARNING A와 B는 논리 입력값이어야 하며 다른 대수식으로 대체할 수 없습니다. 그렇지 않으면 틀린 결과를 얻게 됩니다. 예를 들어, NOT(A OR B)는 수식 (1−A)에서 피연산자 A에 A+B를 대입하여 만든 수식 (1 − (A + B))으로 대신 계산할 수 없습니다. 만약 그렇게 한다면 (1−A−B)라는 틀린 결과를 얻게 됩니다. A와 B 모두 참(1과 같으면)이면 대수식의 결과는 0(맞는 결과)이 아닌 −1(틀린 결과)이 됩니다.

표 16-2에 논리 표현식을 대수식으로 변환하는 몇 가지 예제를 나열하였습니다.

논리 표현식	대수식
NOT(A) OR NOT(B) OR C	(1 − A) + (1 − B) + C
(A AND B) OR (A AND C) OR NOT(A)	A * B + A * C + (1 − A) = A * (B + C) + (1 − A)
A AND NOT(B) AND C OR NOT(A)	A * (1 − B) * C + (1 − A)

■ **표 16-2** 논리 표현식을 대수식으로 변환하는 예제

이 변환 방법을 이용해서 티-렉스를 제어하는 데 필요한 마이 블록 몇 개를 없앨 수 있습니다. 이 기법이 프로그램 측면에도 도움이 된다는 사실을 여러분들 스스로 발견하게 되리라 생각합니다.

최종 프로그램에 필요한 마이 블록 만들기

최종 상태 기계 프로그램을 완성하여 티-렉스가 스스로 행동하고 사냥하도록 만들려면 추가적으로 마이 블록 몇 개를 더 준비해야 합니다.

Turn 마이 블록

Turn 마이 블록(그림 16-19)은 TurnUntil 마이 블록과 같습니다. 이 마이 블록은 '방향'이라는 로직 입력값에 따라 로봇의 방향을 전환시킵니다. 참은 오른쪽으로, 거짓은 왼쪽으로 방향을 전환하라는 의미입니다. 방향을 전환하는 시퀀스는 '횟수' 입력으로 설정한 숫자만큼 반복됩니다.

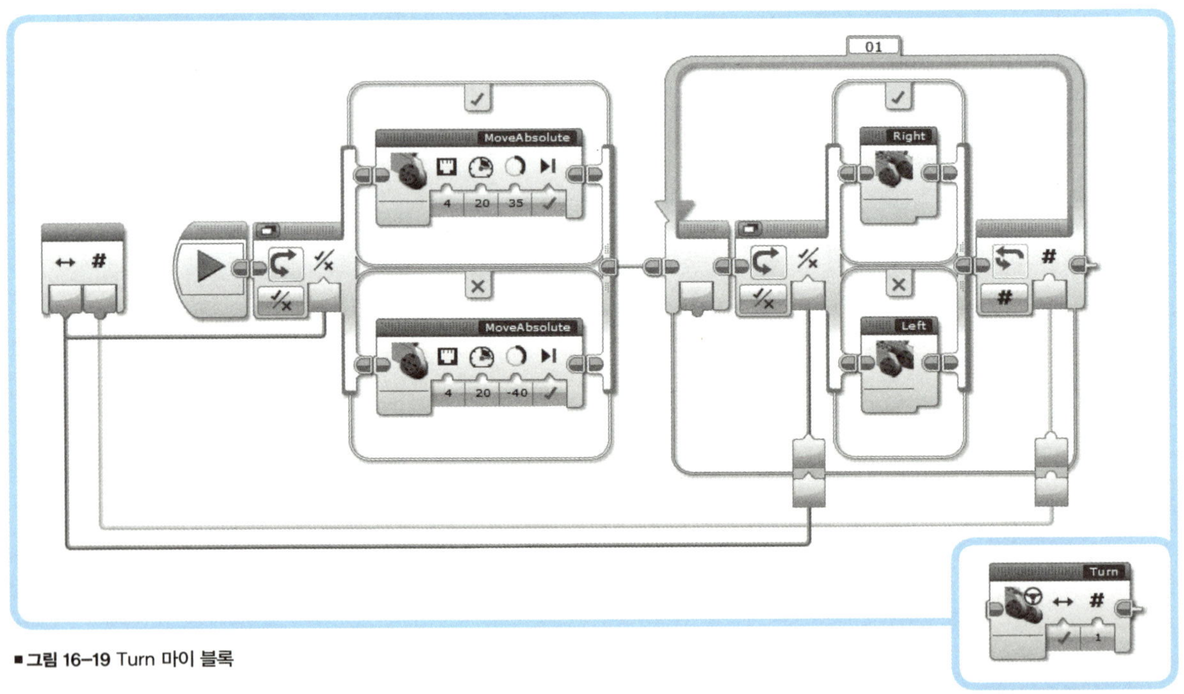

■ 그림 16–19 Turn 마이 블록

ReadBeacon 마이 블록

ReadBeacon 마이 블록(그림 16-20)은 **측정−비컨** 모드로
설정한 적외선 센서 블록을 담고 있습니다. 이 마이 블록
에는 네 개의 논리 출력값이 있습니다.

- '감지'가 **참**이 되려면 비컨이 감지되고 '근접감지 모
  드' 값이 100보다 작아야 합니다. 이러한 이중 확인
  작업이 필요한 이유는 적외선 센서의 감지 출력값
  이 '참'이면서 비컨이 감지 거리 밖에 있으면 '근접
  감지 모드' 값이 100이 나오는 경우가 종종 있기 때
  문입니다.
- '바깥쪽'이 **참**이 되려면 비컨의 범위가 −10보다 작
  거나 10보다 커야 합니다. 이 범위 안에 있을 때는
  비컨이 로봇 정면에 있다고 생각할 수 있습니다. 이
  값의 범위가 다소 넓기 때문에 로봇은 좌우로 오락
  가락하며 걸어가게 됩니다.
- '방향'이 **참**이 되려면 '범위'가 0보다 커야(비컨이 오
  른편에서 감지됨) 합니다. 이 값은 Turn 마이 블록의
  입력값으로 사용하여 로봇의 방향을 바꾸어 비컨을
  향하도록 만듭니다.
- '근처'가 **참**이 되려면 '근접감지 모드' 값이 6보다 작
  아야 합니다. 이 값은 로봇의 턱 근처에 먹이가 있다
  는 것을 알려줍니다.

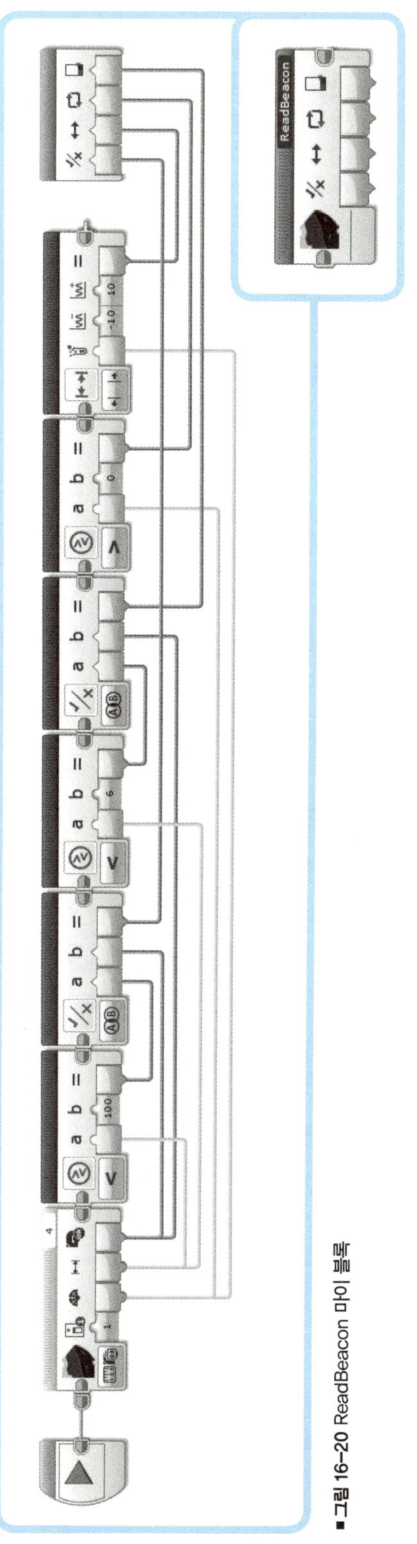

■ 그림 16−20 ReadBeacon 마이 블록

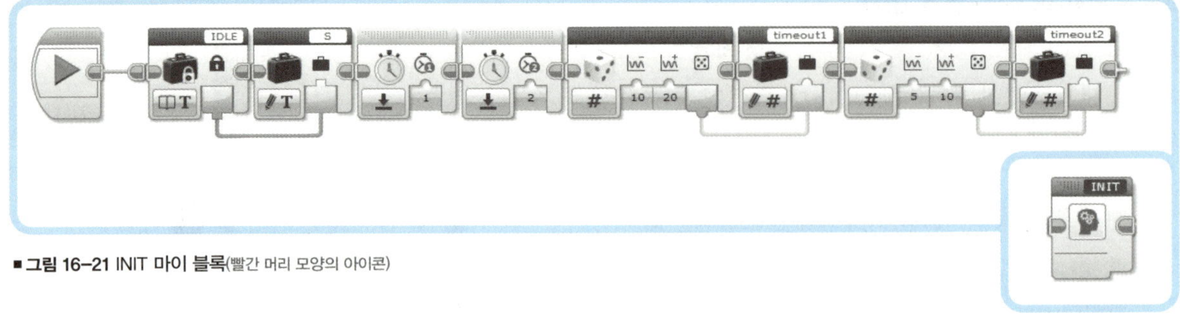

■ **그림 16-21** INIT 마이 블록(빨간 머리 모양의 아이콘)

INIT 마이 블록

INIT 마이 블록(그림 16-21)은 텍스트형 상태 변수 S를 대기IDLE로 설정하고, 1번 타이머(배고픔)와 2번 타이머(지루함)를 초기화하고, 각 타이머의 시간 경계값에 해당하는 임의의 숫자를 결정하여 상태 기계를 초기화합니다.

상태 변수를 텍스트로 설정하도록 만들어 놓으면 나중에 어느 누가 프로그램을 읽더라도 내용을 보다 명확하게 이해할 수 있습니다. (간단하게 입력란에 텍스트를 입력하여 변수에 텍스트를 써 넣을 수 있음을 명심하세요.)

IDLE 마이 블록

IDLE 마이 블록(그림 16-22)은 그림 16-11에 있는 상태도에서 대기 상태를 구현합니다. 이 마이 블록은 눈으로 보이는 동작을 수행하지 않는 대신에 적외선 센서로 근처의 물체를 확인하고 타이머 경과 시간이 경계값에 도달했는지 그리고 비컨이 감지되었는지 소리 없이 확인합니다.

2번 타이머 경과 시간이 경계값(A 조건)을 넘었거나 시야에 들어오는 물체가 없을 때(B 조건) '둘러보기 상태'로의 천이가 이루어진다는 것에 주목하세요. 2번 타이머가 이벤트를 발생시켰다는 것은 로봇이 지루해 한다는 의미입니다.

논리 표현식, (A AND NOT(B))는 대수식 A*(1-B)으로 바꾸어 **고급** 모드의 수학 블록에 입력합니다. (만약 이러한 표현식을 만드는 법이 기억나지 않는다면 404쪽의 '더 깊게 파보기: 수학 블록 사용하여 복잡한 논리 연산 수행하기'를 읽어 보세요.)

HUNGRY 마이 블록

HUNGRY 마이 블록(그림 16-23)은 그림 16-11에 있는 상태도에서 배고픔 상태를 구현합니다. 이 마이 블록은 먹이가 근처에 있는지 확인하고, 만약 비컨이 감지되었다면 먹이 탐색 상태로 천이시킵니다. 만약 그렇지 않다면 티-렉스는 분노 상태로 천이합니다.

다음의 케이스에서 1번 타이머(배고픔)가 초기화되고 타이머의 경계값에 임의의 값이 새롭게 생성되어 저장됩니다.

SEEK 마이 블록

SEEK 마이 블록(그림 16-24)은 그림 16-11의 상태도 있는 먹이 탐색 상태를 구현합니다. ReadBeacon 마이 블록에서 출력되는 논리값을 이용하여 먹이 탐색 상태에서 로봇의 동작을 조절합니다.

만약 로봇의 측면에 비컨이 있다고 감지되면(Read Beacon 마이 블록의 '바깥쪽' 출력값이 참), Turn 마이 블록이 로봇을 '방향' 출력으로 설정된 쪽으로 방향을 전환시킵니다.

만약 비컨이 로봇의 정면에 있다고 감지되면(Read Beacon 마이 블록의 '바깥쪽' 출력값이 거짓), 상태 변수는 먹이 추적 상태로 설정됩니다. 만약 비컨이 감지되지 않으면 다른 상태로 즉시 천이되지 않습니다.

3번 타이머가 동작하여 분노 모드로 천이되려면, 비컨이 1초 동안 감지되지 않아야 합니다(403쪽의 '타이머 필터링 이벤트'를 참고). 만약 비컨이 근처에서 감지되면('근처' 출

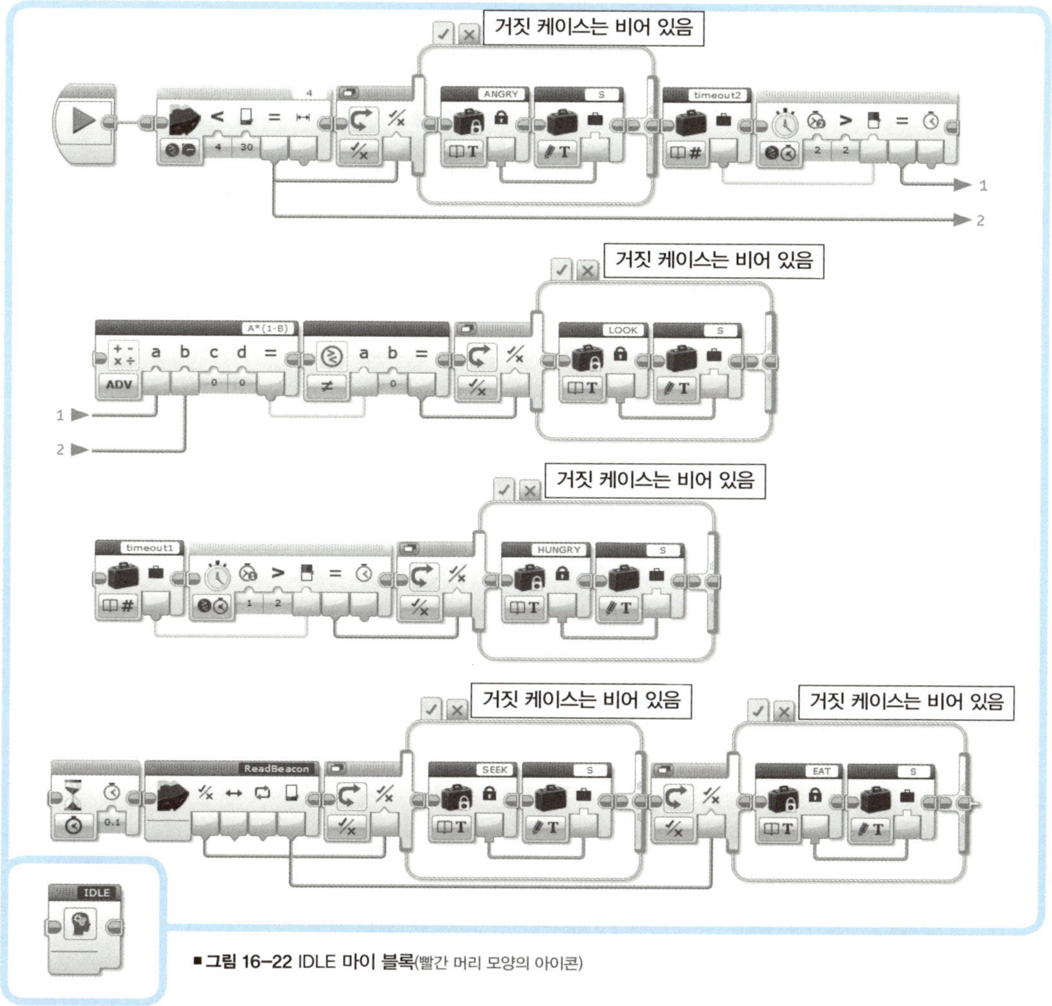

■ **그림 16-22** IDLE 마이 블록(빨간 머리 모양의 아이콘)

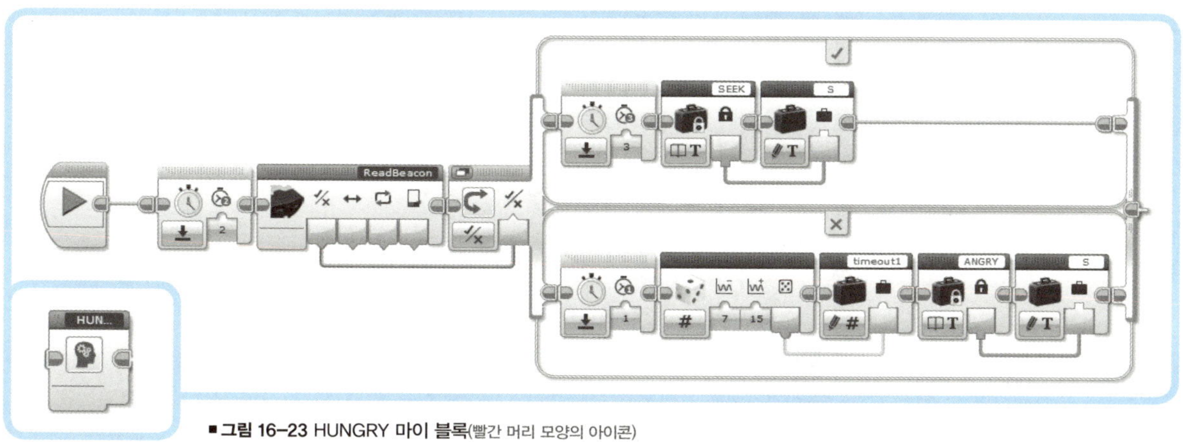

■ **그림 16-23** HUNGRY 마이 블록(빨간 머리 모양의 아이콘)

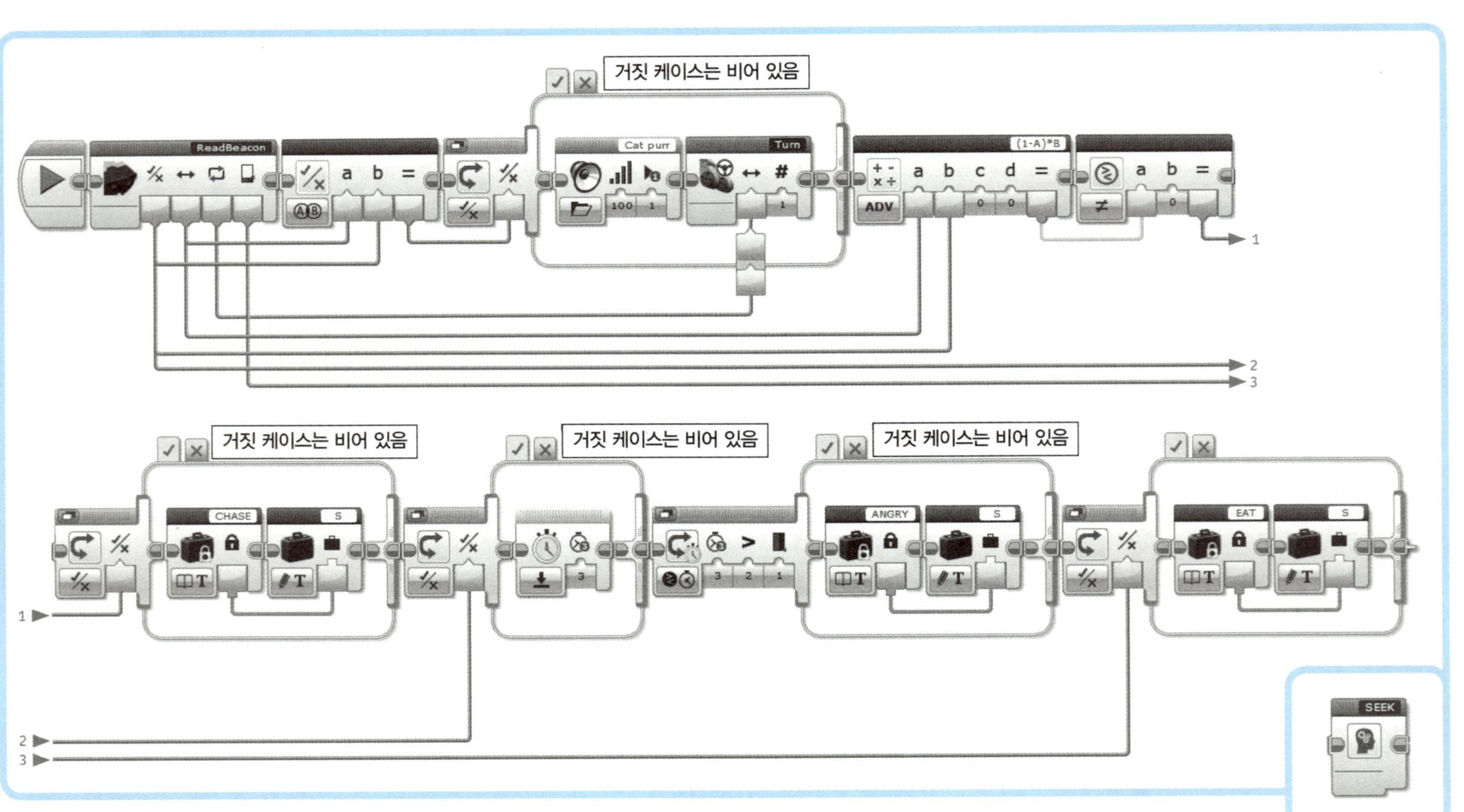

■ 그림 16-24 SEEK 마이 블록

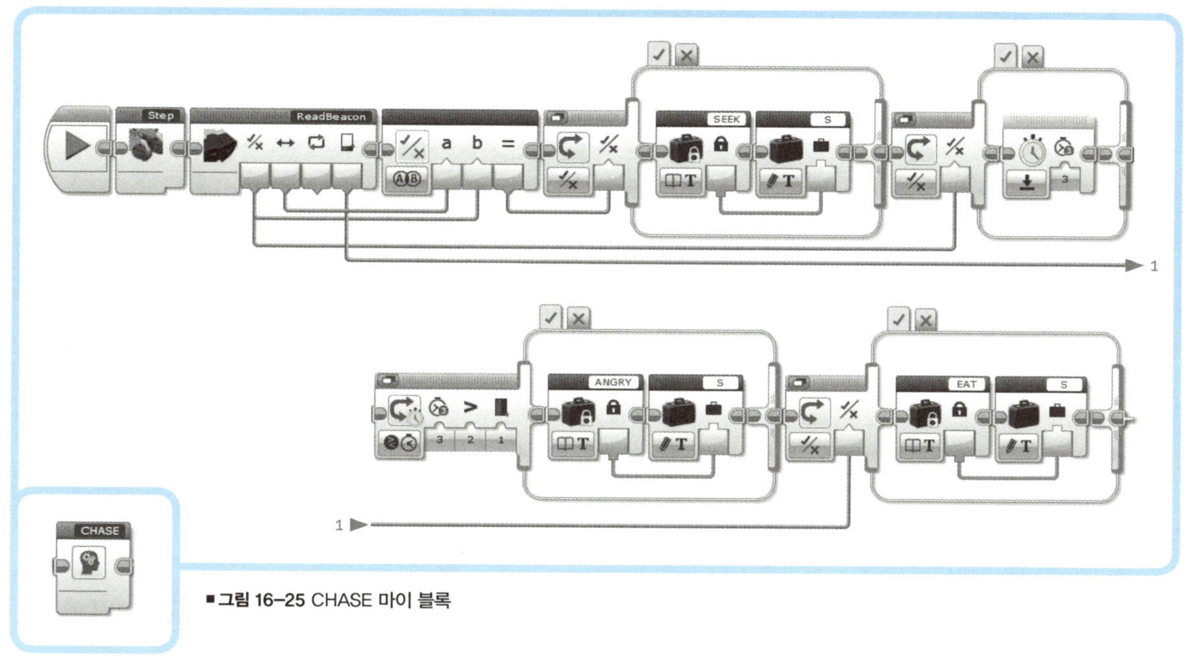

■ **그림 16-25** CHASE 마이 블록

력값이 **참**이면) 상태 변수는 먹기로 설정됩니다.

CHASE 마이 블록

CHASE 마이 블록(그림 16-25)은 그림 16-11에 있는 상태도의 먹이 추적 상태를 구현합니다. 이 블록은 만약 비컨이 로봇의 측면에서 있다면(즉 ReadBeacon 마이 블록의 '바깥쪽' 출력값이 **참**이면) 먹이 탐색 상태로 천이시킵니다.

비컨이 1초 이상 감지되지 않으면, 분노 상태로 변경됩니다. 마침내 비컨에 도달하면('근처' 출력값이 **참**이면) 먹기 상태로 변경됩니다.

상태 천이 우선순위 정하기

스위치 블록의 천이 조건을 만족할 때마다 새로운 값이 상태 변수에 써지면서 과거의 값을 덮어씁니다. 그래서 모든 천이는 우선순위가 낮은 것부터 순서대로 배치해야 합니다. 우선순위가 가장 낮은 천이는 테스트 시퀀스의 제일 앞에 위치해야 하고 우선순위가 가장 높은 천이는 마지막에 있어야 합니다.

사냥하는 티-렉스의 경우에 가장 높은 우선순위는 먹잇감을 공격하는 것입니다. 그래서 IDLE 마이 블록에서 둘러보기 상태로 천이하는 것이 먹기 상태로 천이하는 것보다 우선순위가 낮습니다.

만약 2번 타이머가 지루함을 판단하고 이벤트를 발생시켜 스위치 블록이 상태 변수를 '둘러보기'로 설정하더라도 비컨이 근처에 있다(ReadBeacon 마이 블록의 '근처' 출력값이 **참**)면 이전 값인 '둘러보기'를 덮어쓰면서 상태 변수는 '먹기'로 설정됩니다.

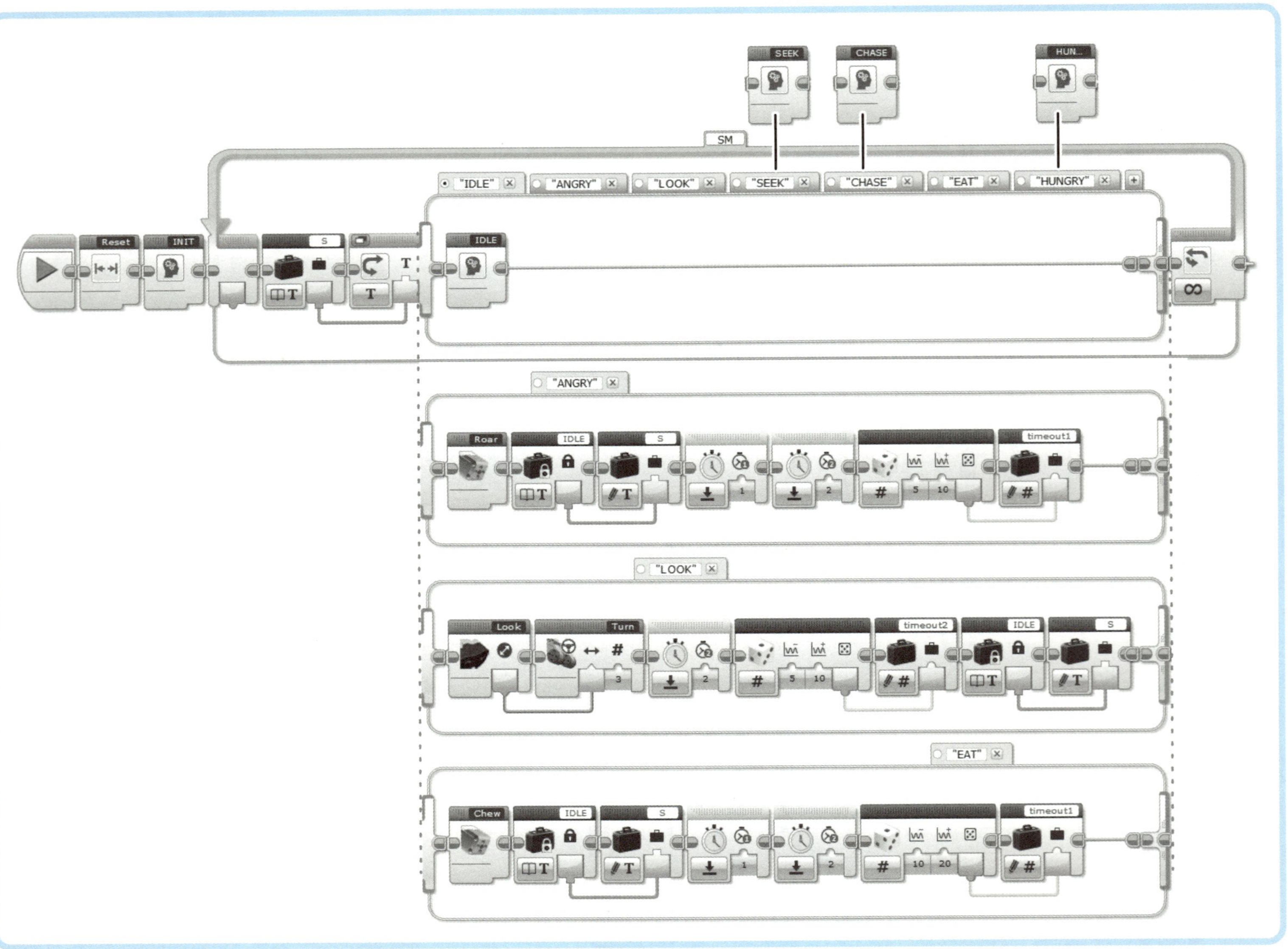

■ 그림 16-26 StateMachine 프로그램

티-렉스 행동 프로그래밍

이제 모든 마이 블록이 준비되어 마침내 그림 16-26에 있는 프로그램을 작성할 수 있게 되었습니다. 이 프로그램은 그림 16-11에 있는 티-렉스의 상태 기계를 구동시킵니다. 탑 뷰 상태 스위치 블록의 몇 개 케이스에는 마이 블록이 들어 있는 반면 다른 케이스에는 블록 시퀀스들이 들어 있습니다.

이제 프로그램을 수행시켜 티-렉스의 움직임을 테스트해 보세요. 타이머의 무작위 경계값 설정 범위를 변경하여 로봇이 더욱 신경질적이거나 혹은 덜 신경질적이도록 만들어 보세요.

도전과제 16-1

이 장에서 다루었던 상태 기계에서부터 아니면 처음부터 티-렉스의 또 다른 행동을 새로 설계해 보세요.

예를 들어, 티-렉스를 충분하게 자주 먹이를 주거나 쓰다듬어 주면 행복을 느끼는 전자 애완동물처럼 행동하도록 만들어서 이 녀석을 길들여 보세요.

원격 적외선 비컨을 사용하여 먹이를 주고 티-렉스를 쓰다듬어 줄 수 있습니다. 혹은 적외선 센서 감지 기능을 이용하여 먹이를 주고 EV3 브릭 버튼으로 어루만져 줄 수도 있습니다.

도전과제 16-2

티-렉스를 원격으로 조종하는 프로그램을 만들어 보세요.

원격 적외선 비컨을 사용하여 스위치 블록으로 다른 동작을 수행하도록 명령을 내려 보세요.

도전과제 16-3

세트에 남아 있는 LEGO 부품들을 사용하여 원격 적외선 비컨을 장식한 다음 티-렉스가 이것을 더 맛있어 하는지 시험해 보세요.

도전과제 16-4

23단계(366쪽)에서 조립을 멈추고 29단계(372쪽)에 보이는 9M 빔을 추가하면, 이 기본 이족 보행 구조를 이용하여 사용자의 입맛대로 개조할 수 있습니다. 이 기본 보행 구조로부터 시작해서 여러분만의 이족 보행 생명체를 만들어 보세요.

이 장을 마치며

이 장에서 티-렉스가 걷고, 회전하고, 장애물을 회피하게 만드는 프로그래밍 방법을 배웠습니다.

상태 기계를 사용하여 로봇의 고급 동작을 모델링하는 방법을 소개한 다음, 티-렉스가 자율 행동을 하도록 프로그래밍 하였습니다. 이를 통해 티-렉스에게 종잡을 수 없이 변하는 상태를 만들어 주었으며 비컨 먹이를 희생하여 사나운 사냥 본능을 심어주었습니다.

또한, 수많은 로직 연산 블록 대신 **고급** 모드 수학 블록을 사용하여 복잡한 논리 표현식을 계산하는 법도 배웠습니다.

왔노라, 보았노라,
쫓아내었노라
너희들에게 좀
보여줄게 있어.

여기 갇혀 있는 동안
마침내 완성한 거야.
와!
전자 기타쟎아.

멋진데.
연주해봐야지
와트 증폭기야.
아직 손을 좀 더 봐야해.
과부하가 걸릴 가능성이
좀 있거든.

덱스터
하지마…
…
NGH!
키—우우우우우

EV3 31313 세트 구성 부품

the EV3 31313 set bill of materials

이 부록에는 EV3 소매점 판매용 세트(제품번호 31313)에 들어 있는 레고 부품들이 나열되어 있습니다. 표의 각 칸에는 다음과 같은 내용을 담고 있습니다.

- 부품 이미지, 세트에 포함된 수량, 색상
- LDraw 부품 구별용, BrickLink.com 부품 검색용 디자인 ID
- 레고 그룹 부품 ID(색 정보 포함): A/S를 위한 Service. lego.com 부품 검색용
- 레고 그룹 내부에서 통용되는 이름
- 짤막해서 기억하기 쉬운 이름

NOTE 각 부품 명 앞에 '테크닉'이라는 명칭은 되도록 생략하였습니다. 축과 빔을 참고할 때, 길이가 X모듈인 것을 줄여 XM이라고 기재하였습니다.
예를 들어 11M은 11모듈의 길이를 의미합니다. 그리고 3×7 각도 빔은 '3 곱하기 7 각도 빔'이라고 읽으면 됩니다.

Brickset에서 부품 찾기

레고 그룹 공식 부품 명과 실제 모양을 확인하고 싶으면 www.brickset.com/parts/?part= 끝에 레고 그룹 ID를 추가하여 웹 브라우저 주소창에 입력해 보세요.

예를 들어 테이블의 첫 번째 부품을 확인하고 싶으면 www.brickset.com/parts/?part=6006140/을 입력합니다. 그러면 Brickset에 있는 해당 부품 페이지로 연결됩니다. 이 웹 페이지에는 레고 수집가와 동호인을 위한 정보가 가득 들어 있습니다.

모양	수량	색상	BrickLink 부품 번호	LEGO 부품 번호	LEGO 공식 부품 명	(약식) 부품 명
	10	검정	60483	6006140	1×2 십자/일반 구멍 빔	2M 십자 구멍 빔
	12	검정	32523	4142822	3M 빔	3M 빔
	10	검정	32316	4142135	5M 빔	5M 빔
	6	검정	32524	4495935	7M 빔	7M 빔
	8	검정	64289	4645732	9M 빔	9M 빔
	4	빨강	64290	4562805	11M 빔	11M 빔
	4	검정	41239	4522933	13M 빔	13M 빔
	4	검정	64871	4542573	15M 빔	15M 빔
	2	회색	64179	4539880	5×7 Ø4.85 프레임 빔	O 프레임
	2	회색	64178	4540797	5×11 Ø4.85 R. 프레임 빔	H 프레임
	4	검정	60484	4552347	3×3 Ø4.8 T 빔	T 프레임
	8	검정	32140	4120017	2×4 90도 각도 빔	2×4 각도 빔

모양	수량	색상	BrickLink 부품 번호	LEGO 부품 번호	LEGO 공식 부품 명	(약식) 부품 명
	6	검정	32526	4142823	3×5 90도 각도 빔	3×5 각도 빔
	4	검정	32348	4128593	4×4 각도 빔	4×4 각도 빔
	12	검정	32271	4140327	3×7 각도 빔	3×7 각도 빔
	12	검정	32009	4111998	3×7 45도 이중 각도 빔	이중 각도 빔
	1	회색	6632	4211566	3M 레버	3M 얇은 빔
	2	검정	6575	4143187	콤 휠	캠
	2	검정	32005	4629921	6M 트랙 로드	6M 링크
	4	검정	32293	4141300	스티어링 기어	9M 링크
	95	검정	2780	4121715	마찰 커넥터 펙	마찰 핀
	38	파랑	6558	4514553	3M 마찰 커넥터 펙	3M 마찰 핀
	28	파랑	43093	4206482	3M 십자 축/마찰 커넥터 펙	마찰 축 핀
	10	빨강	32054	4140806	3M 십자 구멍 마찰 스냅	3M 스톱 부시 핀
	4	회색	3673	4211807	커넥터 펙	일반 핀
	4	모래색	32556	4514554	3M 커넥터 펙	3M 일반 핀

모양	수량	색상	BrickLink 부품 번호	LEGO 부품 번호	LEGO 공식 부품 명	(약식) 부품 명
	6	검정	6628	4184169	마찰 스냅 볼	볼 핀
	6	회색	2736	4211375	십자 축 볼	볼 축 핀
	9	빨강	6590	4227155	십자 축 부시	부시
	11	노랑	32123	4239601	반 부시	반 부시
	12	빨강	32062	4142865	2M 홈 파인 십자 축	2M 축
	22	회색	4519	4211815	3M 십자 축	3M 축
	4	진한 모래색	6587	4566927	3M 노브 십자 축	3M 막힌 축
	4	진한 회색	87083	4560177	4M 종단 막힌 십자 축	4M 막힌 축
	3	모래색	99008	4666999	4M 막힌 십자 축	4M 중간 막힌 축
	9	회색	32073	4211639	5M 십자 축	5M 축
	2	진한 회색	59426	4508553	1M 막힌 5.5 십자 축	막힌 5.5M 축
	9	검정	3706	370626	6M 십자 축	6M 축
	2	회색	44294	4211805	7M 십자 축	7M 축
	6	진한 회색	55013	4499858	끝이 막힌 8M 십자 축	막힌 8M 축
	1	회색	60485	4535768	9M 십자 축	9M 축
	4	빨강	32013	4254606	0도 각도 부품[1]	1번 각도 커넥터
	6	빨강	32034	4234429	180도 각도 부품[2]	2번 각도 커넥터
	4	빨강	32192	4189936	135도 각도 부품[4]	4번 각도 커넥터

모양	수량	색상	BrickLink 부품 번호	LEGO 부품 번호	LEGO 공식 부품 명	(약식) 부품 명
	1	빨강	32014	4189131	90도 각도 부품[6]	6번 각도 커넥터
	3	빨강	59443	4513174	2M 십자 축 익스텐션	축 커넥터
	1	회색	57585	4502595	십자 구멍 세 갈래 십자 축	3축 커넥터
	2	회색	32039	4211553	십자 구멍 캐치	십자 축 커넥터
	2	회색	62462	4526985	Ø4.85 이중 구멍 튜브	핀 커넥터
	8	빨강	6536	4188298	90도 크로스 블록	2M 크로스 블록
	17	빨강	32184	4128598	이중 크로스 블록	이중 크로스 블록
	14	빨강	42003	4175442	3M 크로스 블록	3M 크로스 블록
	2	빨강	32291	4128594	2×1 크로스 블록	2×1 크로스 블록(미키)
	4	빨강	41678	4173975	2×1 크로스 블록/포크	2×1 크로스 블록(미니)
	2	회색	63869	4538007	3×2 크로스 블록	3×2 크로스 블록
	12	회색	48989	4225033	4 스냅 3M 빔	4핀 3M 크로스 블록
	6	회색	87082	4560175	Ø4.9 3M 이중 부시	3M 구멍 핀
	4	회색	32138	4211888	모듈 부시	4핀 2M 빔
	4	회색	32068	6013936	3M 스티어링 기어	3M 크로스 블록, 스티어링
	2	회색	92907	4630114	2×2×2 크로스 블록/폼	2×2×2 포크 크로스 블록
	1	검정	87408	4558692	Ø4.85 3M 포크 빔	기어박스 크로스 블록

모양	수량	색상	BrickLink 부품 번호	LEGO 부품 번호	LEGO 공식 부품 명	(약식) 부품 명
	4	검정	32072	4248204	각도 휠	노브 휠
	1	모래색	6589	4565452	단면 12톱니 베벨 기어	단면 12톱니 베벨 기어
	1	모래색	32198	6031962	단면 20톱니 베벨 기어	단면 20톱니 베벨 기어
	2	검정	32270	4177431	양면 12톱니 1M 원뿔 모양 휠	양면 12톱니 베벨 기어
	4	검정	32269	4177430	양면 20톱니 1M 원뿔 모양 휠	양면 20톱니 베벨 기어
	5	검정	32498	4255563	양면 36톱니 원뿔 모양 휠	양면 36톱니 베벨 기어
	2	진한 회색	3648	4514558	기어 휠	24톱니 기어
	2	회색	4716	4211510	웜	웜 기어
	4	회색	42610	4211758	Ø11.2×7.84 허브	스몰 휠
	3	회색	4185	4494222	Ø24 웨지 벨트 휠	미디엄 휠
	4	검정	56145	4299389	30/20 크로스 림 와이드	라지 휠
	2	검정	50951	4246901	Ø14.58×6.24 좁은 폭 타이어	스몰 타이어
	3	검정	2815	6028041	웨지–벨트 휠 타이어	미디엄 타이어

모양	수량	색상	BrickLink 부품 번호	LEGO 부품 번호	LEGO 공식 부품 명	(약식) 부품 명
	4	검정	44309	4184286	Ø43,2×22 일반 폭 타이어	라지 타이어
	2	검정	53992	4502834	캐터필러 트랙	고무 트레드
	4	흰색	41669	4173941	바이오니클 눈	이빨
	6	빨강	41669	4185661	바이오니클 눈	이빨
	1	색	61070	6015596	Ø4.85 스크린 우	4×7×4 흙받이 우
	1	흰색	61071	6015597	Ø4.85 스크린 좌	4×7×4 흙받이 좌
	3	흰색	64391	4547582	3×7 패널 우	4번 미디엄 패널
	3	흰색	64683	4547581	3×7 패널 좌	3번 미디엄 패널
	3	흰색	64393	4558797	3×11 패널 우	6번 롱 패널

모양	수량	색상	BrickLink 부품 번호	LEGO 부품 번호	LEGO 공식 부품 명	(약식) 부품 명
	3	흰색	64681	4558802	3×11 패널 좌	5번 롱 패널
	4	흰색	98347	4656205	테크닉 홀 블레이드	곡선 블레이드
	6	빨강/회색	98568	4657296	검	검
	1	빨강	85544	4544143	Ø24 V-벨트	고무줄
	1	검정	53550	6024109	Ø16,5 볼 탄창	볼 탄창
	1	검정	54271	6024106	발사기	볼 발사기
	3	빨강	54821	4545430	Ø16,5 볼	볼
	1	여러 색	95646	6009996	MS-EV3, P-브릭	EV3 브릭
	2	여러 색	95658	6009430	MS-EV3, 라지 모터	EV3 라지 모터

모양	수량	색상	BrickLink 부품 번호	LEGO 부품 번호	LEGO 공식 부품 명	(약식) 부품 명
	1	여러 색	99455	6008577	MS–EV3, 미디엄 모터	EV3 미디엄 모터
	1	여러 색	95648	6008472	MS–EV3, 터치 센서	EV3 터치 센서
	1	여러 색	95650	6008919	MS–EV3, 컬러 센서	EV3 컬러 센서
	1	여러 색	95654	6009811	MS–EV3, 적외선 센서	EV3 적외선 센서
	1	여러 색	72156	6014051	MS–EV3, 적외선 비컨 센서	EV3 원격 적외선 비컨
	4	검정	11145	6024581	250mm 케이블	25 cm / 10 in 케이블
	2	검정	11146	6024583	350mm 케이블	35 cm / 14 in 케이블
	1	검정	11147	6036899	500mm 케이블	50 cm / 20 in 케이블

교육용 세트와
소매점 판매용 세트의 차이점

differences between the education set and retail set

이 부록에 있는 표에는 31313 소매점 판매용 세트와 45544 교육용 세트의 차이점이 나열되어 있습니다. 두 세트에는 종류가 다른 부품과 센서가 있습니다.

교육용 세트에는 부품의 개수가 좀 더 적지만 여러 종류의 부품들이 균형 있게 들어 있어서 툴킷에 가까운 역할을 할 수 있습니다.

예를 들어, 교육용 세트에는 장식용 블레이드와 검 등이 별로 들어 있지 않지만 더 많은 기어가 포함되어 있습니다. 또한 특별한 철제 공이 들어 있어 이공을 소켓에 집어넣으면 부드러운 캐스터 휠이 됩니다. 이 휠을 바퀴 달린 로봇에 사용할 수 있습니다.

이 부록에서는 31313 소매점 판매용 세트를 45544 교육용 기본 세트로 바꾸는 데 필요한 부품과 45544 세트 혹은 45560 교육용 확장 세트를 이용하여 31313 세트를 만들 수 있는 방법을 제공합니다.

전자 부품

교육용 기본 세트에는 소매점 판매용 세트에 있는 적외선 센서와 원격 적외선 비컨이 들어 있지 않지만 축의 회전속도를 잴 수 있는 자이로스코프 센서와 센티미터나 인치로 거리를 잴 수 있는 초음파 센서 그리고 두 개의 터치 센서가 들어 있습니다.

교육용 세트에 있는 케이블 구성품은 소매점 판매용 세트에 들어 있는 것과 똑같습니다.

각 세트에는 정확하게 똑같은 EV3 브릭 하드웨어가 들어 있지만, 교육용 버전의 펌웨어는 온-브릭 데이터 측정 앱을 포함하고 있습니다.

EV3 소프트웨어

소매점 판매용 세트에 딸려오는 홈 에디션과 비교하여 교육용 EV3 소프트웨어는 다른 로비 화면과 실습 활동이 구성되어 있습니다. 게다가 실험을 수행하고 데이터를 분석할 수 있도록 복잡한 데이터 기록 환경을 만들어 놓았습니다.

교육용 소프트웨어에 들어 있는 콘텐츠 편집기는 선생님들이 강의실에서 사용하기 편리하도록 추가 기능을 가지고 있습니다. 그리고 프로그래밍 팔레트에는 초음파 센서, 자이로스코프 센서, 온도 센서, 파워 미터 센서와 같은 다양한 센서들를 제어하고 데이터를 관리하는 블록들이 추가로 들어 있습니다.

EV3 소프트웨어 교육용 에디션에서 작성한 프로젝트를 EV3 소프트웨어 홈 에디션에서 열어 볼 수 있습니다. 사실, 프로젝트에 홈 에디션에 없는 블록이 들어 있다고 하더라도 아무런 문제없이 프로그램을 열어 보고 EV3 브릭에 다운로드하고 실행시킬 수 있습니다.

하지만 교육용 소프트웨어에 새롭게 추가된 블록은 수정할 수 없습니다. (홈 에디션에서 사용할 수 있는 추가적인 센서 블록을 다음 주소에서 다운로드할 수 있습니다. http://lego.com/mindstorms/)

31313 세트 부품 구성을 45544 세트 부품 구성으로 바꾸기

31313 소매점 판매용 세트와 45544 교육용 기본 세트는 비록 색상은 다르지만 모양이 같은 부품들이 많이 들어 있습니다. 아래 표는 31313 세트를 가지고 45544 세트 기반으로 디자인된 로봇 모델을 조립하려고 할 때 추가로 필요한 부품을 나열한 것입니다.

이 표는 기본적으로 부시처럼 모양은 같고 단순히 색만 다른 부품은 포함하지 않았지만 예외적으로 추가한 부품도 있습니다.

31313 세트에는 충분한 개수의 3M 빔이 들어 있지만, 모두 검은색 뿐이기 때문에 45544 세트에 들어 있는 다양한 색상의 3M 빔 16개를 목록에 추가했습니다. 이 색상의 부품들과 컬러 센서를 함께 사용하면 다양한 동작을 해볼 수 있습니다. 예를 들어 색상별로 레고 부품을 분류하는 로봇이나 색상에 따라 각기 다르게 반응하는 로봇을 만들 수 있습니다.

모양	수량	색상	BrickLink 부품 번호	LEGO 부품 번호	LEGO 공식 부품 명	(약식) 부품 명
	4	노랑	32523	4153707	3M 빔	3M 빔
	4	빨강	32523	4153718	3M 빔	3M 빔
	4	파랑	32523	4509376	3M 빔	3M 빔
	4	초록	32523	6007973	3M 빔	3M 빔
	2	검정	41239	4522933	13M 빔	13M 빔
	2	검정	64871	4542573	15M 빔	15M 빔

모양	수량	색상	BrickLink 부품 번호	LEGO 부품 번호	LEGO 공식 부품 명	(약식) 부품 명
	1	회색	64179	4539880	Ø4.85 5×7 빔 프레임	O 프레임
	2	검정	32348	4128593	4×4 각도 빔	4×4 각도 빔
	4	검정	6629	4112282	4×6 각도 빔	4×6 각도 빔
	2	검정	32449	4142236	4M 반 빔	4M 얇은 빔
	2	검정	33299	4563044	핸들 커넥터 펙	3M 핀 빔
	4	회색	99773	6009019	5×3 반 삼각 빔	얇은 삼각 빔
	8	모래색	3749	4666579	커넥터 펙/십자 축	마찰 축 핀
	12	빨강	32054	4140806	3M 십자 구멍 마찰 스냅	3M 스톱 부시 핀
	6	회색	3673	4211807	커넥터 펙	일반 핀
	2	모래색	32556	4514554	3M 커넥터 펙	3M 일반 핀
	1	빨강	6590	4227155	십자 축 부시	부시
	4	검정	3705	370526	4M 십자 축	4M 축
	3	회색	44294	4211805	7M 십자 축	7M 축
	2	검정	3707	370726	8M 십자 축	8M 축
	1	회색	60485	4535768	9M 십자 축	9M 축

모양	수량	색상	BrickLink 부품 번호	LEGO 부품 번호	LEGO 공식 부품 명	(약식) 부품 명
	2	검정	3737	373726	10M 십자 축	10M 축
	2	검정	3708	370826	12M 십자 축	12M 축
	1	빨강	32014	4189131	90도 각도 부품[6]	6번 각도 커넥터
	3	빨강	59443	4513174	2M 십자 축 연장 커넥터	축 커넥터
	1	회색	57585	4502595	십자 구멍 세 갈래 십자 축	3축 커넥터
	2	회색	62462	4526985	Ø4.85 이중 구멍 튜브	핀 커넥터
	4	검정	45590	4198367	십자 구멍 2M 고무 빔	2M 고무 빔
	2	빨강	32291	4128594	2×1 크로스 블록	2×1 크로스 블록(미키)
	4	회색	63869	4538007	3×2 크로스 블록	3×2 크로스 블록
	4	회색	55615	4296059	3×3 각도 커넥터 펙	3×3 4핀 블록(퍼피)
	2	빨강	44809	6008527	90도 V 빔	V 크로스 블록
	4	진한 회색	10928	6012451	8톱니 기어 휠	8톱니 기어
	1	모래색	6589	4565452	단면 12톱니 원뿔 모양 휠	단면 12톱니 베벨 기어
	4	회색	94925	4640536	16톱니 기어 휠	16톱니 기어
	2	진한 회색	3648	4514558	24톱니 기어 휠	24톱니 기어

모양	수량	색상	BrickLink 부품 번호	LEGO 부품 번호	LEGO 공식 부품 명	(약식) 부품 명
	2	회색	3649	4285634	40톱니 기어 휠	40톱니 기어
	2	회색	99009	4652235	28톱니 턴 테이블 하	소형 턴 테이블 하
	2	검정	99010	4652236	28톱니 턴 테이블 상	소형 턴 테이블 상
	1	회색	4185	4494222	Ø24 웨지 벨트 휠	미디엄 휠
	1	검정	2815	6028041	웨지−벨트 휠 타이어	미디엄 타이어
	2	회색	41896	4634091	43.2×26 허브	43.2×26 휠
	2	검정	41897	6035364	Ø56×28 로 프로파일 타이어	56×28 라지 타이어
	1	진한 회색	92911	4610380	파워 조인트	볼 소켓
	1	스틸	99948	6023956	Ø36 스틸 볼	스틸 볼
	54	검정	57518	6014648	5×1.5 트랙 링크	라지 트랙 링크
	4	검정	57519	4582792	40.7×15 스프라켓	스프라켓

모양	수량	색상	BrickLink 부품 번호	LEGO 부품 번호	LEGO 공식 부품 명	(약식) 부품 명
	1	검정	87080	4566251	3×5 패널 좌	1번 짧은 패널
	1	검정	87086	4566249	3×5 패널 우	2번 짧은 패널
	1	검정	64392	4541326	5×11 패널 좌	17번 넓은 패널
	1	검정	64682	4543490	5×11 패널 우	18번 넓은 패널
	1	여러 색	95648	6008472	MS-EV3, 터치 센서	EV3 터치 센서
	1	여러 색	99380	6008916	MS-EV3, 자이로스코프 센서	EV3 자이로 센서
	1	여러 색	95652	6008924	MS-EV3, 초음파 센서	EV3 초음파 센서
	1	회색	56220	6012820	MS-EV3, 충전식 배터리	EV3 충전식 배터리

45544 세트 부품 구성을
31313 세트 부품 구성으로 바꾸기

다음은 31313 세트 부품으로 설계된 이 책의 로봇을
45544 교육용 기본 세트를 이용해 만들고자 할 때 추가
로 필요한 부품 목록입니다.

모양	수량	색상	BrickLink 부품 번호	LEGO 부품 번호	LEGO 공식 부품 명	(약식) 부품 명
	6	검정	60483	6006140	십자/일반 구멍 1×2 빔	십자 구멍 2M 빔
	6	검정	32316	4142135	5M 빔	5M 빔
	2	검정	32524	4495935	7M 빔	7M 빔
	2	검정	40490	4645732	9M 빔	9M 빔
	1	회색	64178	4540797	Ø4.85 5×11 R. 프레임 빔	H 프레임
	2	검정	32140	4120017	2×4 90도 각도 빔	2×4 각도 빔
	8	검정	32271	4140327	3×7 각도 빔	3×7 각도 빔
	8	검정	32009	4111998	3×7 45도 이중 각도 빔	이중 각도 빔
	1	회색	6632	4211566	3M 레버	얇은 3M 빔

모양	수량	색상	BrickLink 부품 번호	LEGO 부품 번호	LEGO 공식 부품 명	(약식) 부품 명
	2	검정	6575	4143187	쿰 휠	캠
	2	검정	32005	4629921	트랙 로드	6M 링크
	4	검정	32293	4141300	스티어링 기어	9M 링크
	35	검정	2780	4121715	마찰 커넥터 펙	마찰 핀
	8	검정	6558	4514553	3M 마찰 커넥터 펙	3M 마찰 핀
	8	파랑	43093	4206482	3M 십자 축 마찰 커넥터 펙	마찰 축 핀
	6	검정	6628	4184169	마찰 스냅 볼	볼 핀
	6	회색	2736	4211375	십자 축 볼	볼 축 핀
	1	노랑	32123	4239601	반 부시	반 부시
	2	빨강	32062	4142865	홈 파인 2M 십자 축	2M 축
	8	회색	4519	4211815	3M 십자 축	3M 십자 축
	2	진한 모래색	6587	4566927	3M 노브 십자 축	3M 막힌 축
	2	진한 회색	87083	4560177	종단 막힌 4M 십자 축	막힌 4M 축
	3	모래색	99008	4666999	막힌 4M 십자 축	중간 막힌 4M 축
	3	회색	32073	4211639	5M 십자 축	5M 축
	2	진한 회색	59426	4508553	1M 막힌 5.5 십자 축	막힌 5.5M 축
	5	검정	3706	370626	6M 십자 축	6M 축
	4	진한 회색	55013	4499858	종단 막힌 8M 십자 축	막힌 8M 축
	2	빨강	32034	4234429	180도 각도 부품[2]	2번 각도 커넥터

모양	수량	색상	BrickLink 부품 번호	LEGO 부품 번호	LEGO 공식 부품 명	(약식) 부품 명
	4	빨강	32192	4189936	135도 각도 부품[4]	4번 각도 커넥터
	2	회색	32039	4211553	십자 구멍 캐치	십자 축 커넥터
	9	빨강	32184	4128598	이중 크로스 블록	이중 크로스 블록
	14	빨강	42003	4175442	3M 크로스 블록	3M 크로스 블록
	6	회색	48989	4225033	4 스냅 3M 빔	4핀 3M 크로스 블록
	2	회색	87082	4560175	Ø4.9 3M 이중 부시	3M 구멍 핀
	4	회색	32138	4211888	모듈 부시	4핀 2M 빔
	4	회색	32068	6013936	3M 스티어링 기어	3M 크로스 블록, 스티어링
	2	회색	92907	4630114	2×2×2 크로스 블록/폼	2×2×2 포크 크로스 블록
	1	검정	87408	4558692	Ø4.85 3M 포크 빔	기어박스 크로스 블록
	1	모래색	32198	6031962	단면 20톱니 베벨 기어	단면 20톱니 베벨 기어
	2	검정	32269	4177430	양면 20톱니 1M 원뿔 모양 휠	양면 20톱니 베벨 기어
	3	검정	32498	4255563	양면 36톱니 원뿔 모양 휠	양면 36톱니 베벨 기어
	4	회색	42610	4211758	Ø11.2×7.84 허브	스몰 휠
	4	검정	56145	4299389	30/20 크로스 림 와이드	라지 휠

모양	수량	색상	BrickLink 부품 번호	LEGO 부품 번호	LEGO 공식 부품 명	(약식) 부품 명
	2	검정	50951	4246901	Ø14.58×6.24 좁은 폭 타이어	스몰 타이어
	4	검정	44309	4184286	Ø43.2×22 일반 폭 타이어	라지 타이어
	2	검정	53992	4502834	캐터필러 트랙	고무 트레드
	6	흰색	41669	4185661	바이오니클 눈	이빨
	1	흰색	61070	6015596	Ø4.85 스크린 우	4×7×4 흙받이 우
	1	흰색	61071	6015597	Ø4.85 스크린 좌	4×7×4 흙받이 좌
	3	흰색	64391	4547582	3×7 패널 우	4번 미디엄 패널
	3	흰색	64683	4547581	3×7 패널 좌	3번 미디엄 패널
	3	흰색	64393	4558797	3×11 패널 우	6번 긴 패널

모양	수량	색상	BrickLink 부품 번호	LEGO 부품 번호	LEGO 공식 부품 명	(약식) 부품 명
	3	흰색	64681	4558802	3×11 패널 좌	5번 긴 패널
	4	흰색	98347	4656205	테크닉 홀 블레이드	곡선 블레이드
	6	빨강/회색	98568	4657296	검	검
	1	빨강	85544	4544143	Ø24 V−벨트	고무줄
	1	검정	53550	6024109	Ø16.5 볼 탄창	볼 탄창
	1	검정	54271	6024106	발사기	볼 발사기
	3	빨강	54821	4545430	Ø16.5 볼	볼
	1	여러 색	95654	6009811	MS−EV3, 적외선 센서	EV3 적외선 센서
	1	여러 색	72156	6014051	MS−EV3, 적외선 비컨 센서	EV3 원격 적외선 비컨

45560 세트 부품 구성을
31313 세트 부품 구성으로 바꾸기

만약 45544 교육용 기본 세트와 45560 교육용 확장 세
트를 모두 가지고 있는 사람이라면 아마도 학교 선생님
일 가능성이 큽니다. 아래 표에 이 책에 수록된 모든 로봇
을 조립할 수 있도록 31313 소매점 판매용 세트와 같은
구성을 갖추는 데 필요한 부품을 나열하였습니다.

모양	수량	색상	BrickLink 부품 번호	LEGO 부품 번호	LEGO 공식 부품 명	(약식) 부품 명
	1	검정	32316	4142135	5M 빔	5M 빔
	8	검정	32271	4140327	3×7 각도 빔	3×7 각도 빔
	2	검정	32009	4111998	3×7 45도 이중 각도 빔	이중 각도 빔
	2	검정	6575	4143187	콤 휠	캠
	4	검정	32293	4141300	스티어링 기어	9M 링크
	4	회색	2736	4211375	십자 축 볼	볼 축 핀
	1	모래색	99008	4666999	막힌 4M 십자 축	중간 막힌 4M 축
	4	검정	3706	370626	6M 십자 축	6M 축

모양	수량	색상	BrickLink 부품 번호	LEGO 부품 번호	LEGO 공식 부품 명	(약식) 부품 명
	2	빨강	32192	4189936	135도 각도 부품[4]	4번 각도 커넥터
	5	빨강	32184	4128598	이중 크로스 블록	이중 크로스 블록
	2	빨강	42003	4175442	3M 크로스 블록	3M 크로스 블록
	2	회색	87082	4560175	Ø4.9 3M 이중 부시	3M 구멍 핀
	4	회색	32068	6013936	3M 스티어링 기어	3M 크로스 블록, 스티어링
	2	회색	92907	4630114	2×2×2 크로스 블록/폼	2×2×2 포크 크로스 블록
	1	검정	32269	4177430	양면 20톱니 1M 원뿔 모양 휠	양면 20톱니 베벨 기어
	3	검정	32498	4255563	양면 36톱니 원뿔 모양 휠	양면 36톱니 베벨 기어
	4	정	56145	4299389	30/20 크로스 림 와이드	라지 휠
	2	검정	50951	4246901	Ø14.58×6.24 좁은 폭 타이어	스몰 타이어
	2	검정	44309	4184286	Ø43.2×22 일반 폭 타이어	라지 타이어
	2	검정	53992	4502834	캐터필러 트랙	고무 트레드

모양	수량	색상	BrickLink 부품 번호	LEGO 부품 번호	LEGO 공식 부품 명	(약식) 부품 명
	3	흰색	41669	4185661	바이오니클 눈	이빨
	1	흰색	61070	6015596	Ø4.85 스크린 우	4×7×4 오른쪽 흙받이 우
	1	흰색	61071	6015597	Ø4.85 스크린 좌	4×7×4 왼쪽 흙받이 좌
	1	흰색	64391	4547582	3×7 패널 우	4번 미디엄 패널
	1	흰색	64683	4547581	3×7 패널 좌	3번 미디엄 패널
	2	흰색	64393	4558797	3×11 오른쪽 패널	6번 롱 패널
	2	흰색	64681	4558802	3×11 왼쪽 패널	5번 롱 패널
	4	흰색	98347	4656205	테크닉 홀 블레이드	곡선 블레이드
	6	빨강/회색	98568	4657296	검	검
	1	검정	53550	6024109	Ø16.5 볼 탄창	볼 탄창

모양	수량	색상	BrickLink 부품 번호	LEGO 부품 번호	LEGO 공식 부품 명	(약식) 부품 명
	1	검정	54271	6024106	발사기	볼 발사기
	3	빨강	54821	4545430	Ø16.5 볼	볼
	1	여러 색	95654	6009811	MS–EV3, 적외선 센서	EV3 적외선 센서
	1	여러 색	72156	6014051	MS–EV3, 적외선 비컨 센서	EV3 원격 적외선 비컨

이것 보세요, 이건 우리 아빠 차에요!
우리 귀염둥이 덱스 재밌었니?
응! 끝내줬어!
안녕하세요, 저는...
쉬이잇!
대니 박사님 맞으시죠? 저희 아버지께 말씀 들었어요. 전 덱스터의 누나, 제니에요.
이거 영광이네요.
덱스터는 정말 재능이 많더군요.
더할 나위 없이 좋네요. 아버님께 감사드립니다.
아버지께서 EV3L 연구실 복구 비용을 지원하시겠다는 말씀을 전하라고 절 보내셨어요. 박사님께서 호의의 표시로 받아들였으면 하시네요.
굿바이
내말 맞지? 단지 꼬마에게 기회를 주었더니 연구실을 다시 정상으로 돌려놓았잖아. 축하해야겠어!
일단 갑시다! 배고파 죽을 지경이야!
꽥!
THE END

기호, 숫자

B, C

E

조립 참조용 차트(1:1)

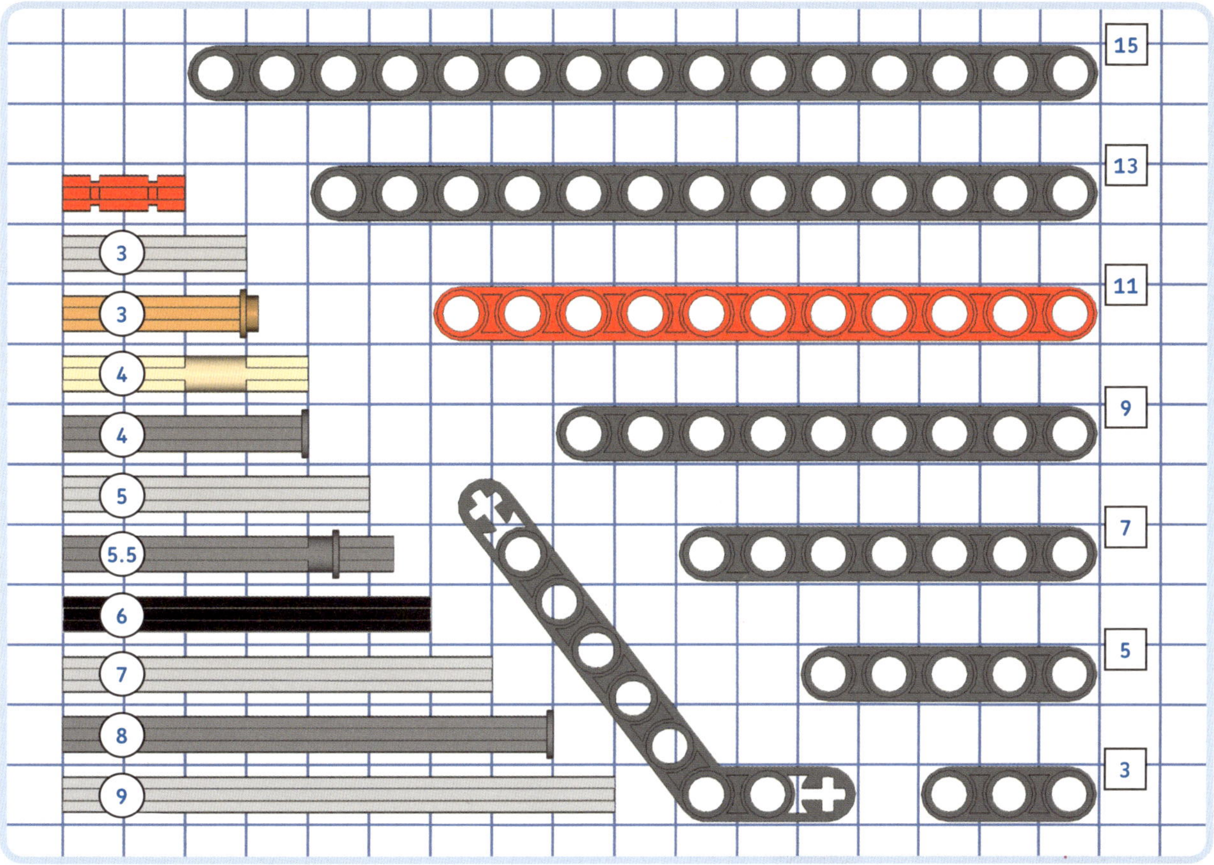

센서의 모드

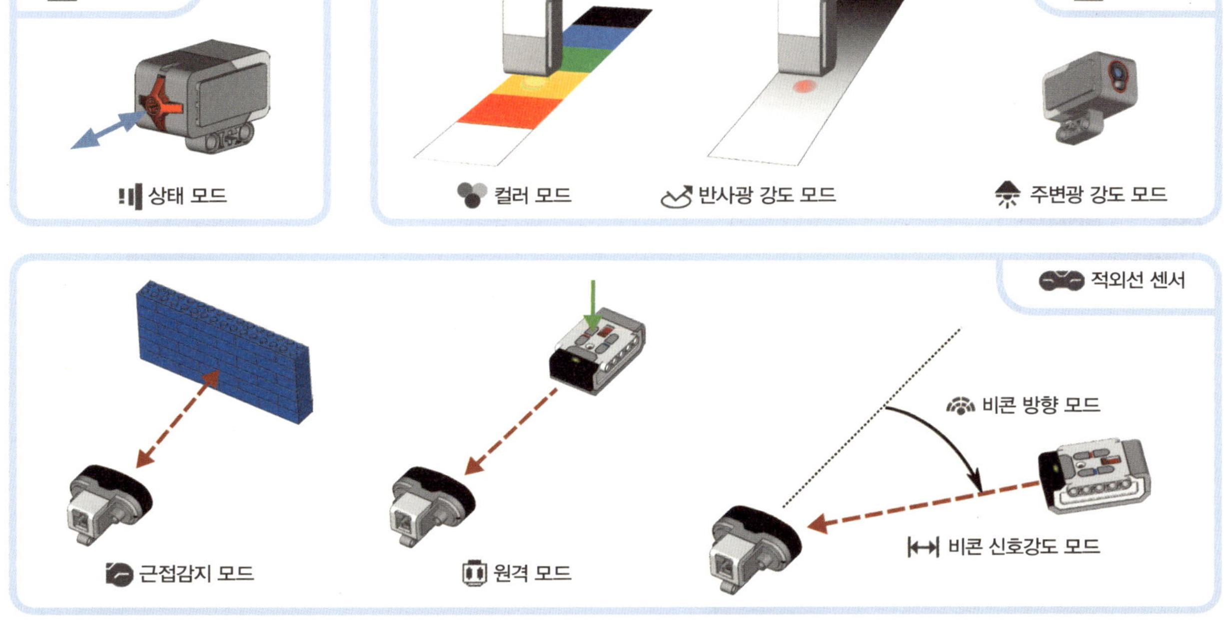

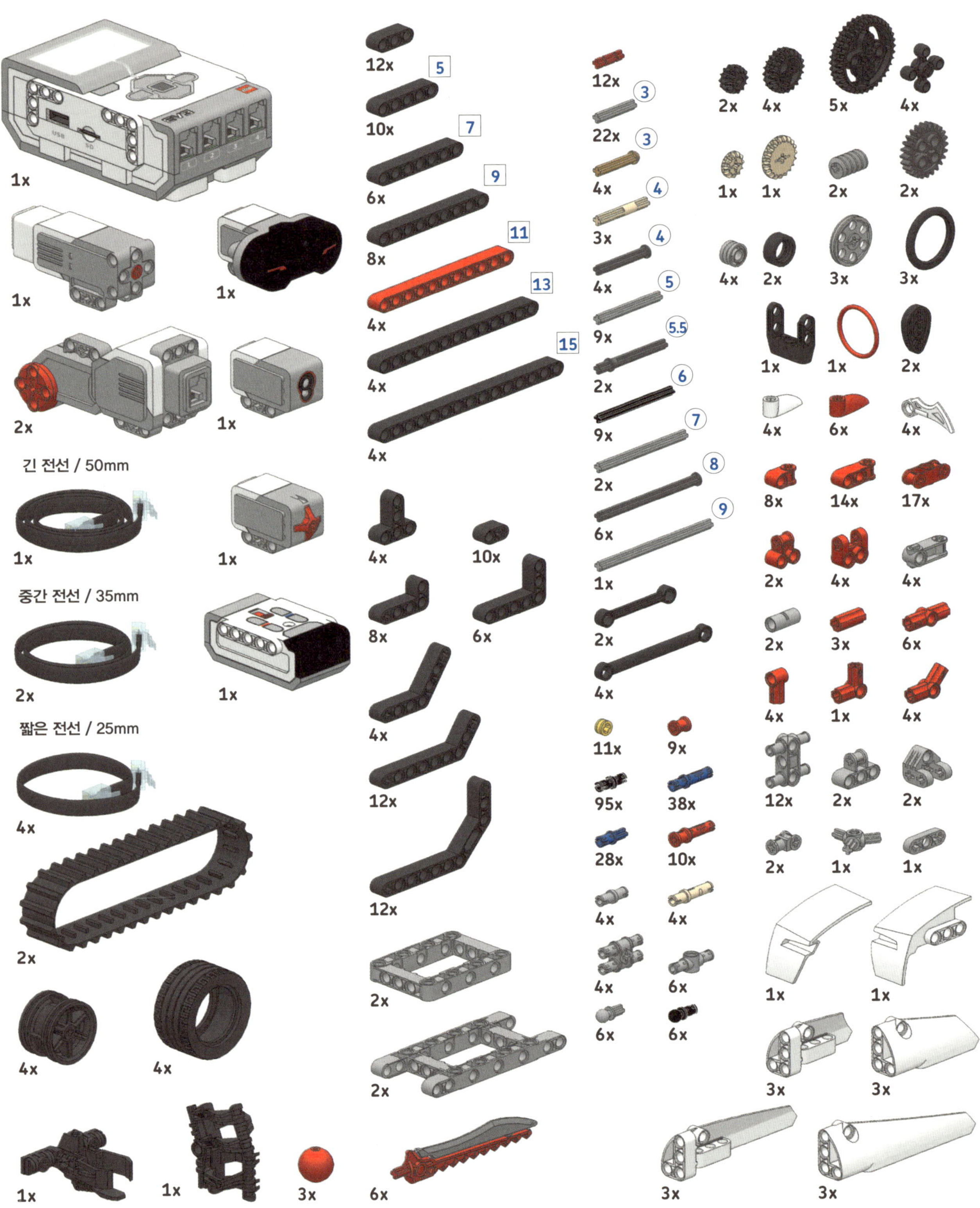